Luis R. Gómez . Cardy 著
博士 審閱
劉韻僖博士 校閱

人力資源管理

Managing Human Resources

4th Edition

PEARSON
Education
Taiwan
台灣培生教育出版股份有限公司

審閱序

人力資源管理儼然已成爲二十一世紀企業生存的重要顯學，在過往企業利用土地與錢財以及自然資源爲主要資產帶來收益，而現今企業靠人力資產帶來收益；一個企業要在全球化的開放體系下競爭，唯有人力資源可以無窮盡的利用，人類的知識可以無限的開發，企業做好各項人力資源管理工作，才是企業能繼續生存下去的根本。

「誰應該學人力資源管理？」這是在人力資源管理課程的第一次的上課時，我必定會問學生的第一個問題，而其答案是「每個人」；原因在於一個人不是管人就是被人管，而且常常是既管人又被人管，人力資源管理變成人人所必須瞭解與擁有的知識與技能。人力資源管理知識與技能內容的深淺可分成兩個層級，一個層級是給一般人或主管學習的內容，另一個層級是給人力資源管理專家所學習的內容，一般人或主管主要在應用人力資源管理的知識與技能，而人力資源專家則在於開發與建立人力資源管理的知識與技能；本書的內容層級最適合爲一般人或主管的學習用之教科書，當然也是爲人力資源管理專家初學時所用的教科書。

本書原作者群Dr. Gómez-Mejía, Dr. Balkin, & Dr. Cardy，在經歷前三版的洗練之後，修訂出本版（第四版）其內容眞有如完滿與一時之作，作者群將人力資源管理區分成六大部分，分別是人力資源管理的簡介、人力資源管理的背景、人員、員工的發展、薪酬及治理；並對人力資源管理的挑戰、工作分析、相關法律、人員多元性管理、招募與甄選、績效評估與管理、員工訓練、生涯發展、薪酬、獎勵、福利、員工關係、員工權利、紀律管理、工作場所安全與健康、國際化人力資源管理之議題做深入的解說與探討。

十分榮幸的參與這本書編審，我的主要工作在於刪除國內不需要的內容與節次，爲了求原汁原味的表現本書的完整性與其特色，我細讀本書英文版的每個句子與段落，期盼不會因我在刪除使得內容與涵意盡失，並將所有章次加以保留，甚至於加上台灣目前的相關資料。更感謝台灣培生教育出版股份有限公司的先進，使我有機會參與這次的編審工作。

本書之中文教師版均附上中文投影片(PowerPoint)的部分，希望能減輕採用本書老師在投影片製作的辛勞。

最後，再次推薦本書，期望各位先進不吝採用，並給予指正。

謝昌隆
銘傳大學企業管理學系助理教授

校閱序

對任何企業組織而言，人力是一個重要的核心資源。人力資源的管理不僅協助企業的運作，更是創造企業價值、延續組織生命的關鍵。近一、二十年來，人力資源的概念隨著「人的因素」對企業經營的影響力日增，其角色功能有很大的轉變，因此，人力資源管理已成爲管理者爲組織保有競爭力所必須學習的課程。

Gómez-Mejía, Balkin, Cardy三位皆爲人力資源管理領域的知名學者，Gómez-Mejía專長於薪酬策略、國際人力資源管理；Balkin專長於策略性人管、報酬系統設計；Cardy專長於績效評估、有效人資管理實務的運用。本書彙集這三位教授多年來教學、研究、輔導企業的經驗而成，可定位爲人力資源管理的入門書。

本書的特色簡要以下列四點說明：

1. 內容完整：本書共分爲六篇十七章，內容涵蓋人力資源管理在策略與作業執行兩大層面。策略層面意指如何整合企業整體策略與人力資源政策，所考慮的因素包括公司的目標、組織的文化價值觀、技術、及對外在環境限制條件的反應機制等。作業執行層面則是以執行徵才、留才、激勵等人力資源政策及計畫爲主，包含直線主管掌握人力之實務作業（如減少離職、曠職），及提供例行性人力管理之支援性服務（如招募、選才、任用、訓練、資遣）。

2. 各章架構系統明確：每一章節前面都先列出學習的目標挑戰，並利用圖表介紹該章的觀念性架構，方便讀者掌握學習重點與思路邏輯；之後的章節內容再以抽絲剝繭方式，引導讀者領略各觀念的精義。

3. 實例資料豐富新穎：由於作者本身擁有豐富的教學、研究，與企業輔導（如IBM, 杜邦, 綠巨人等）經驗，本書說明學理概念時，多能以生動活潑的方式引用各國實際公司的例子、提供實證研究的數據資料，並加插精彩的實務照片與說明，讓讀者有如直接與作者互動，且同時瞭解現實世界的狀況。

4. 提供輔助討論的個案：本書各章末均附有兩種討論式個案，一是較短實際案例的問題與討論，方便課堂上教學討論之用。另一爲詳述的新興趨勢個案分析，此提供關鍵性思考的問題與團隊練習的指引，輔助讀者培養整體性觀念與分析能力，有效應用所學。

本書的內容充實豐富、架構條理分明、理論與實務密切貼合、文辭撰寫生動活潑，對於管理相關領域的學生、初入人力資源管理的從業人員，或一般管理者在進入人力資源管理領域上，本書確可提供諸多助益。

劉韻僖
東海大學企業管理學系系主任

前言

在當今競爭的環境裡，企業要如何成功？企業成敗的關鍵在於「人」。企業員工的品質、他們對工作的熱情和滿意度、他們的經驗，以及他們覺得是否受到合理待遇的觀點，都會影響到公司的生產力、顧客服務、聲譽以及生存。簡而言之，人是一切的關鍵。

雖然人力資源管理課程的學生當中，日後沒有什麼人會成為人力資源領域的專家，不過幾乎每個人都會和別人共事。在企業服務一定得和別人應對，不論你是服務於會計、財務、營運管理或是其他的領域，我們相信每個管理者都得處理人力資源的議題，所以本書是為了日後打算將管理他人納入生涯規劃的學子所設計的。

《人力資源管理》本書的核心理念是未來所有的管理者都必須了解人力資源管理議題。我們涵蓋了所有核心的人力資源管理主題，但我們從管理者為出發點的觀點，讓每個商學領域的學子都可以應用。我們的重點在於如何管理人力資源，以及如何成功執行人力資源管理計劃。由於各個部門和功能的管理者每天都會碰到人力資源的議題，相信這樣的安排會優於單從人力資源部門的觀點為出發點來探討人力資源管理議題。

自從《人力資源管理》第一版付梓以來，愈來愈多管理者採取一般的管理觀點。這樣的趨勢主要是受到近年環境和企業的變化所推動。企業組織扁平化、網際網路之類的科技促進各階層人員之間的溝通，而且管理者必須是具備廣泛技能的通才（包括人力資源管理的能力在內）。而且，由高度中央集權、強大的人力資源部門監督、決策和控制整家公司人力資源議題的做法變得寥寥可數。

面對全球化的趨勢，企業必須具備更大的彈性來因應愈來愈激烈的競爭壓力。許多傳統的人力資源計劃是為了穩定且可以預期的環境所設計的（譬如，經過精心界定的工作，這些通常是作為設定薪資和選擇員工的基礎），可是在當代動盪的商業環境裡卻可能成為障礙。對於決策的判斷力不光是攸關於高層執行主管，對於公司各個階層都非常重要〔想想看近年Andersen顧問公司、世界通訊(WorldCom)安隆(Enron)等公司接連爆發的醜聞〕。

資訊科技的發展對於這個趨勢也有影響。爲什麼？科技已滲透到傳統人力資源功能的各個領域，分權化決策以及加強管理者和員工在人力資源各個層面的參與。管理者和員工可以透過正式的（網頁）、非正式（聊天室和電子郵件訊息）的管道，取得更多公司內外的人力資源資訊。網際網路讓傳統人力資源部門的領域民主化(democratize)。

不過，人力資源管理的一般管理觀點日益重要，不表示人力資源專家的重要性會因此減低。許多有關甄選、訓練、薪酬、績效評鑑以及各種傳統人力資源功能的工具和技巧，皆大幅提昇了聘用人員的品質、員工的技能、對於工作的滿意度以及員工的動機。不過人力資源專家的重點從控制轉變爲對前線經理的支援和建議，促成這種趨勢的要素還包括縮編、人力資源功能的委外、資訊科技和爲一般經理（而不是爲人力資源專家）設計的大學和研究所課程，以及執行主管教育課程納入人力資源。

我們希望在《人力資源管理》第四版加強對人的管理，而不是設計人力資源管理工具與技巧，或是人力資源管理部門的活動。有鑑於此，本書對於每個學商的學生都很實用。我們相信，不管學生希望進入哪個管理領域，都必須處理最重要的資源——「人」。譬如，我們應該僱用誰？應該支付新進人員多少薪資？如何處理背景各異的人們之間的衝突？公司進行縮編時，如何決定誰應該被裁撤？如何提供績效的意見回饋，充分發揮員工的長處？當公司（減少成本）、管理者（和諧的工作團隊）以及員工的利益（保住工作）在艱困的經濟情勢下不見得能夠彼此相容時，如何做出符合道德的決定？當某個資深員工被控性騷擾時，監督主管應該怎麼處理？學生未來對於這些議題和類似人力資源議題的處理方式，攸關著他們身爲管理者以及在公司裡的效能。選修人力資源管理課程的學生雖然應該學習如何運用可能有助於化解人力資源問題的工具或是技巧，但他們通常不會參與這些工具和技巧的實際設計。

本書每個章節都是以管理的角度來探討當今管理者會面臨的相關議題。從管理的角度來探討人力資源管理議題，乃促進學生參與和提升他們對於有效人員管理之學習興趣的關鍵。第四版提供更爲實用的內容，並且加強對於管理觀點的重視：

1.「經理人筆記：新興趨勢」單元，說明當代人力資源議題的管理。

2.「經理人筆記：以顧客爲導向的人力資源」單元。這個單元也是從一般的管理角度來探討議題，提供案例說明前線經理和員工如何運用人力資源計劃，加強在工作領域的效能。此外，以顧客爲導向的人力資源觀點也把員工視爲公司「顧客」。這樣有助學生考慮管理決策對於員工忠誠度和留任等結果的影響。這個新的單元更加突顯出「每個管理者都是人力資源經理」的主題。
3.根據採用本書之老師和學生所提供的意見回饋，我們增加每章後最的案例介紹。第四版更新了至少一半的個案。除了提供討論的問題之外，每章都有團隊練習。
4.第四版在各章最後增加兩個新的單元，配合文中「新興趨勢」和「以顧客爲導向的人力資源」單元的主題。這些新的單元包括分析問題討論以及角色扮演和辯論之類的團隊練習。
5.我們大幅增加對國際人力資源議題的討論，這個議題在各章大多都有探討。譬如，多樣性管理已經成爲西歐的重要議題，現在西歐的外國員工（大多是北非和東歐人）已佔總人口的10%到20%。

本書架構如下：

■ 第一章：迎接策略性人力資源的挑戰

本章經過大幅的修改，重點在於會影響到人力資源做法的環境和組織的新興趨勢。第四版特別注重的領域包括就業和薪酬風險、處理資訊超載、全球化、企業腐敗、安全議題以及平衡工作與生活，以吸引、留住員工的必要性。

■ 第二章：管理工作流程並進行工作分析

探討團隊的運用，其中包括虛擬團隊、解決問題的團隊。本章更進而探討委外人力資源管理活動和其成本與好處。

■ 第三章：了解公平機會和法律環境

說明法院對於種族、性別和殘障等領域的就業歧視有何最新的判決。另外還介紹懷孕歧視，以及如何處理性騷擾調查的資訊。

■ 第四章：管理多元性

提供無數的案例，說明企業如何處理職場的多元性。此外，本章也介紹不同背景的員工，以及各種員工族群特別注重的地方。當各國移民和女性進入職場的人數創下歷史紀錄之際，如何管理多元性就成爲全球性的問題。

■ 第五章：員工的招募和甄選

包括對於招募和甄選技術的介紹。本章內容是以顧客爲導向，也就是把應徵者視爲公司甄選過程的顧客，並且把公司產品或是服務的顧客視爲潛在員工。本章特別對背景查核和安全議題深入討論。

■ 第六章：員工離職、縮編和外部安置的管理

本章內容包括裁員以及應該如何處理裁員的議題。員工離職的成本、臨時人員的運用，以及如何避免成爲裁員的受害者都是新增的內容。

■ 第七章：績效評估與管理

新加入的內容包括輔導、自我管理、平衡計分卡以及績效評估軟體的利用。另外還介紹除了工作分析之外，可作爲績效標準的商業策略。

■ 第八章：員工訓練

新增的內容包括電子學習和受聘前的訓練。至於訓練成本和如何判斷訓練投資報酬的介紹則增加篇幅。

■ 第九章：生涯發展

新增的內容包括電子通勤對於生涯的影響，以及轉換產業會比轉換生涯跑道更爲容易的選擇。本章加強介紹當今職場、虛擬生涯建議以及輔導的優缺點，從而說明如何自我提升生涯之道。

■ 第十章：薪酬的管理

擴大討論薪酬的新趨勢，其中包括以變動薪資降低裁員的必要性，員工暴露在股票市場風險的程度，以資訊科技做出薪酬決定，全球薪酬計劃

的設計，以及在某些大都會地區「維生薪資」的立法。

■第十一章：獎勵績效

擴大討論獎工計劃的優缺點。新加入的內容包括非貨幣的獎勵方式，讓員工了解和薪資相關的風險，全球對於薪酬系統的運用，當代執行主管的薪資趨勢，以及網路上的獎工管理。

■第十二章：福利的設計與管理

擴大討論401(k)退休計劃，以及把退休計劃基金大量的比例投資在雇主公司的股票上會有何種風險。本章也對美國的失業保險福利和世界各國進行比較。另外新增的內容包括小型企業和自我聘僱者的健康保險計劃。

■第十三章：員工關係的建立

加強說明透過科技建立員工關係，譬如透過網站提出申訴，主管可以運用加以處理，以及透過網路進行工作滿意度的意見調查，讓員工可以針對公司各種政策和計劃立即提供意見回饋。本章並加強說明爲了提昇員工士氣而設計的肯定計劃。

■第十四章：尊重員工的權利和管理紀律

本章內容新加入雇主對於辦公室戀情的限制，以及對於公司禁止約會政策的討論。新增的內容包括員工的藥物檢測政策，譬如聘僱前的檢測和藥物檢測程序的可能原因。

■第十五章：與組織化的員工共事

本章增加工會組織成長、罷工活動以及其他國家勞工關係的最新資訊，並且加強介紹鐵路工會法案以及工會員工的Weingarten權（法院裁定沒有加入工會的員工也有權利在面臨紀律調查時由工會代表陪同）。

■第十六章：管理工作場所的安全和健康

新的內容包括憂鬱症和聽力受損。面對生化恐怖主義以及職場暴力的威脅，透過網路提升員工健康成爲新的管理考量。

■ **第十七章：國際人力資源管理挑戰**

本章新的內容包括全球招募、女性外派人員，以及如何針對特定文化設計人力資源政策，並與全球整合的需求達成平衡，以及利用資訊科技取得世界各國的技術員工。

主題

除了從管理的角度爲出發點，本書還探討下列主題：

■ 爲管理者和員工提供以顧客爲導向的人力資源計劃和服務。
■ 針對人力資源管理做法的新興趨勢進行分析，並建立主動的回應方式。
■ 促進前線經理和人力資源部門之間的合作。
■ 在法律架構之內的組織營運，以及合乎道德之行爲的重要性。
■ 人力資源管理組織、委外以及高品質管理的影響。
■ 員工多元性是取得全球經濟競爭優勢的關鍵。
■ 科技與其對於人力資源管理的影響。

特色

《人力資源管理》有許多創新的特色。每章都有學習目標，列舉管理上的挑戰，每章最後還有摘要說明、問題討論。此外，每章還有以下這些單元：

應思考的道德問題

這個單元突顯出和各章內容相關的道德問題，希望藉此激發大家對於道德難題的辯論和想法。

經理人筆記

第四版裡的經理人筆記單元當中大約三分之二的內容都已更新。這個單元分為三類。這些經理人筆記針對各種管理者每天會碰到的議題提供管理建議，內容包括從評估過程的意見回饋，乃至於為員工對裁員做好準備。第二類的經理人筆記是第四版新增加的，也就是「新興趨勢」的單元。這些經理人筆記討論日益重要以及未來可能逐漸獲得重視的人力資源管理做法。譬如，許多國家近來紛紛立法促進或是積極鼓勵以股票作為獎工計劃的工具。這表示多國企業需要重新考慮他們的獎工計劃，並適應這樣的趨勢。第三類的經理人筆記也是第四版新增加的單元，叫做「以顧客為導向的人力資源」，這個單元探討把員工視為公司顧客有何好處。譬如，有個經理人筆記的單元說明前線經理和員工如何自行立即取得好幾百個職位的薪資資料，並且加以分析以符合本身的需求（譬如根據地點或是經驗）。

你也可以辦得到！討論個案

每章最後皆提供實際案例，這些案例當中大約有三分之二的內容都是更新的。根據前一個版本所獲得的意見回饋，我們補充這些案例的說明，並且提供比較深度的介紹，而且加上關鍵性的思考問題和團隊練習。「你也可以辦得到！」案例現在可以分為三個部分，其中兩個是新的。第一類叫做「個案分析」，與前幾個版本成功運用的概念類似。這些個案研究可以提供學生具挑戰性的個案分析和團隊合作。第二類叫做「新興趨勢」，這是第四版新加入的單元。這個單元針對日後可能逐漸受到重視的人力資源相關議題提供範例說明。學生必須分析情勢，回答關鍵性的思考問題以及進行團隊練習。第三類叫做「以顧客為導向的人力資源」，也是第四版增加的單元。這提供範例說明人力資源計劃如何有效協助管理者和員工，克服人力資源的難題，以造福終端使用者。學生也必須分析情勢，回應關鍵性的思考問題和進行團隊練習。

管理挑戰：問題與討論

每章將近一半的問題討論皆已更新。這個單元擴大對當前議題的討論深度，並以相關的管理挑戰為重點。

目次

PART 2 人力資源管理的背景 89

PART 4 員工的發展 265

PART 5 薪酬 359

第10章 薪酬的管理 359

第11章 獎勵績效 397

迎接策略性人力資源的挑戰

挑戰

讀完本章之後，你將能更有效地處理以下這些挑戰：

1. 解釋企業的人力資源如何影響績效。
2. 說明企業如何透過人力資源方案，來處理職場上的變化和趨勢，例如：更多元化的勞動力、全球經濟的轉變 、縮編、以及新的立法等。
3. 區分人力資源部門和公司管理者，在有效利用人力資源上所扮演的不同角色。
4. 說明人力資源部門成員和公司管理者如何建立穩固的合作關係。
5. 擬定以及執行人力資源策略，協助公司維持長久的競爭優勢。
6. 找出適合公司和企業單位策略的人力資源策略。

本書的內容是關於公司裡的工作者以及他們和公司之間的關係。有很多不同的名詞可以用來形容這些工作者，像是員工(employees)、同仁(associates)〔例如在威名百貨(Wal-Mart)就用這種稱呼〕、人員(personnel)、人力資源(human resources)等等，這些名詞都是互通的，並沒有哪個名詞特別好。如同本書書名所示，我們在整本書中都將引用**「人力資源」**這個名詞。人力資源這個名詞表示員工是公司重要、不可取代的資源，所以過去這十年來，各界的接受度大幅攀升。有效的人力資源管理已成爲管理者主要的工作之一。

❖ 人力資源
(Human Resources)
在公司內工作的人，也稱為人事(personnel)。

❖ 人力資源策略
(Human resource strategy)
公司有計畫的運用人力資源，藉此維持超越競爭對手的優勢。人力資源策略可能是一個龐大的計劃或是一種普遍的方式，公司藉此確保有效運用人力達成使命。

❖ 人力資源戰略
(Human resource tactic)
有助公司達成策略目標的特定人力資源政策或方案。

人力資源策略(Human resource strategy)是指公司有計畫的運用人力資源，藉此維持超越競爭對手的優勢[1]。人力資源策略可能是一個龐大的計劃或是一種普遍的方式，公司藉此確保有效運用人力達成使命。**人力資源戰略**(Human resource tactic)則是特定人力資源政策或方案，有助公司達成策略目標。

本章重點在於特定人力資源活動和方案適合的一般架構。在人力資源部門的協助之下，管理者可以執行所選的人力資源策略[2]。在接下來的幾章當中，我們會從一般架構轉到特定架構，並探討人力資源策略範圍的詳細內容（譬如，有關工作設計、招聘、績效評估、生涯規劃以及薪酬等）[3]。

人力資源管理的挑戰

在討論管理者面臨哪些人力資源的挑戰之前，且讓我們界定管理者的定義，並簡單說明人力資源在企業當中的定位。**管理者**(Manager)是管理他人，正確、即時的執行任務，帶領其單位邁向成功的人。

❖ 管理者 (Manager)
管理他人，正確、即時的執行任務，帶領其單位邁向成功的人。

❖ 前線員工
(Line employee)
直接參與公司商品生產或提供服務的員工。

❖ 幕僚員工
(Staff employee)
支援前線人員的員工。

全體員工（包括管理者在內）都可以分爲**前線員工**(Line employees)和**幕僚員工**(Staff employees)兩種。前線員工是直接參與公司商品生產或提供服務的員工。前線經理(line manager)則是負責管理前線員工的人。幕僚員工爲支援前線人員的員工。譬如，在人力資源部門工作的人可被視爲幕僚員工，因爲他們的工作是提供前線員工支援性的服務。員工還可以根據他們所承擔的責任作不同的分類，資深員工(Senior employee)在公司服務的年資比資淺員工(junior employees)久，所承擔的責任也比後者多。不適用

現在的員工必須更加努力工作才能維持公司的競爭力；而公司為了留住員工更是想出許多奇招。建築公司Gould Evans Goodman為員工設立「小睡帳棚」(nap tent)，員工如果需要小憩一番，隨時都可以進去休息。另外有些企業則在職場提供員工瑜珈課、雕刻課程以及猶如旅館的櫃檯服務。

加班費規定的員工(exempt employees)〔有時也稱爲受薪員工(salaried employees)〕是指加班（每個禮拜工作時數超過40個小時）也不會有加班費的人。適用加班費規定的員工(Nonexempt)則有加班費可以拿。本書主要是爲了協助有心成爲管理者的學子，能有效處理人員管理上所面臨的挑戰。

圖1.1摘要說明當今管理者在人力資源領域面臨的主要挑戰。如果能有效處理這些挑戰，企業的績效可能會更爲傑出。

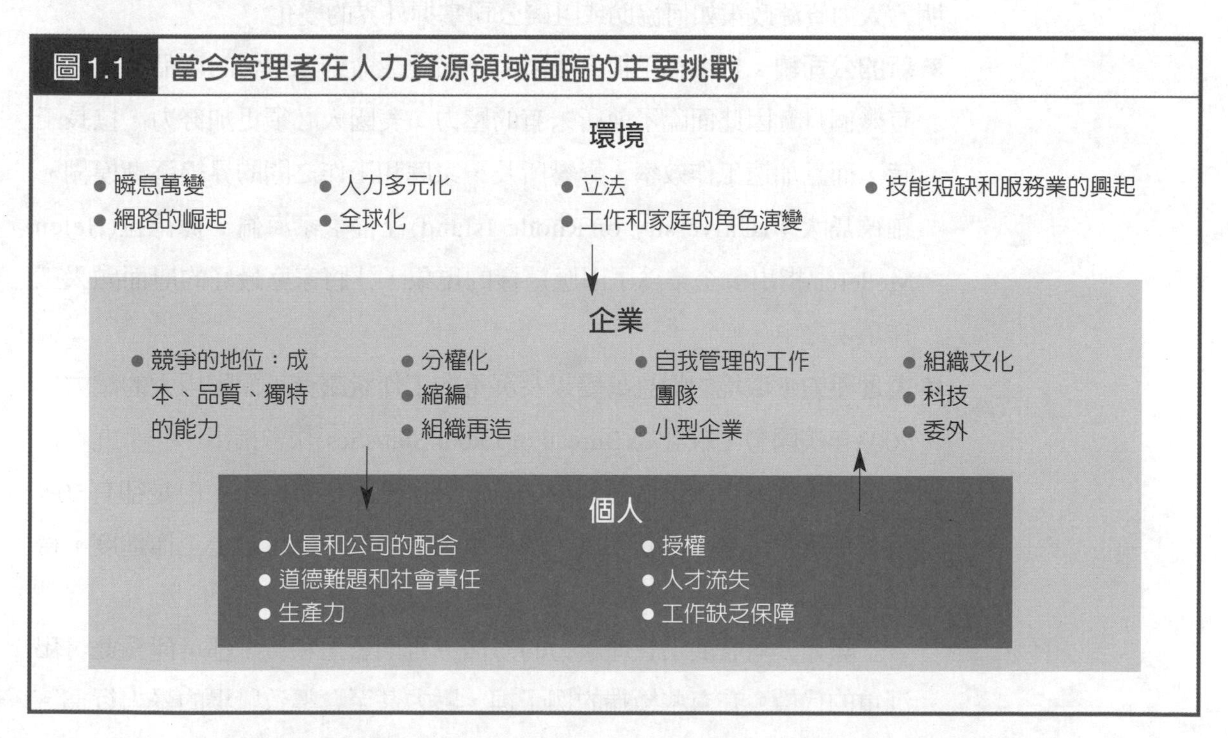

環境的挑戰

❖ 環境的挑戰 (Environmental challenges)

影響公司績效、但管理階層無法控制的外界力量。

環境的挑戰(Environmental challenges)是一種外在的力量，它會影響公司績效，但管理階層卻無法控制。所以，管理者得不時觀察外界環境蘊藏的機會和威脅，並能保持迅速回應挑戰的能力。閱讀《商業周刊》(*Business Week*)、《財星》(*Fortune*)以及《華爾街日報》(*Wall Street Journal*)等商業刊物是企業界觀察外界環境的普遍有效方法。

當今重要的環境挑戰有七大項：環境的瞬息萬變、網路的崛起、人力多元化、全球化、立法、工作和家庭的角色演變，以及技能短缺和服務業的興起。

應思考的道德問題

公司得負有多大的責任，保障員工免於環境瞬息萬變的影響？這種「吸震器」的方式對於管理階層會帶來什麼風險？

❖ 瞬息萬變

許多企業都面臨瞬息萬變的環境[4]。有鑑於此，IBM新任執行長山姆．帕米薩諾(Sam Palmisano)告訴他的經理們，他不相信超過一個禮拜的預測[5]。如果他們想要繼續生存並發展，就得迅速有效地適應環境的變化。如何有效的回應變化和人力資源有相當大的關係。在此以幾個例子說明，人力資源政策如何協助或阻礙公司掌握外界的變化：

■ **新的公司鎮**：企業爲了提昇生產力，因應生命週期短暫的產品（往往只有幾個月）因此面臨了前所未有的壓力，美國人必須更加努力，拉長工時，而且加速工作效率。影響所及，家庭和工作之間的界線逐漸模糊。羅德島大學(University of Rhode Island)社會學家海倫．梅德拉(Helen Mederer)指出，企業爲了因應這樣的現象，「將家庭最好的層面融入工作環境之中。」[6]

■ **處理壓力**：環境的瞬息萬變以及沉重的工作量讓員工面臨極大的壓力。2003年美國勞工統計局(Bureau of Labor Statistics)報告指出，一千九百八十萬名美國人中，每個禮拜至少有一天得把工作帶回家，但是卻有50%沒有加班費可拿。換句話說，好幾百萬名的員工爲了趕上工作進度，得在家裡加班[7]。

除非公司發展出管理壓力的方法，否則公司和員工都可能爲此付出沉重的代價。在有些極端的例子裡，壓力甚至會導致職場的暴力行爲。

不過通常來說，壓力處理不當的後果還不至於此，但它仍具有高度的破壞力，同時會對公司造成財務上的損失。

我們會在本書各章強調，企業如何透過人力資源策略，迅速而有效回應外界的變化。

❖ 網路革命

近年來網際網路的急劇成長，可能是影響企業和其人力資源策略最重要的環境趨勢。在1990年代中期，網路經濟(Web Economy)這個名詞還沒誕生；但時至今日卻成爲商業界常見的說法[8]。統計數據也顯示，「網路經濟」可不是誇張的說法，美國企業在網路科技上的支出於1998到2003年之間已成長五倍。根據美國商務部的數據，2002年54%的美國人使用網路，和三年前比較成長了兩倍[9]。網際網路對於企業人力資源的管理方式有著極廣泛的影響，請看以下例子：

■ **對寫作溝通能力的需求**：企業發現到，隨著網際網路的日漸普及，員工必須以電子郵件與客戶進行有效的溝通[10]。若要讓善變的網路顧客維繫對公司的忠誠，避免讓他們按幾個按鍵就投入競爭對手懷抱，那麼寫作的溝通技巧就是關鍵。

電子郵件的撰寫也可能牽涉到一些法律議題。譬如，員工對顧客申訴的回覆郵件，讓公司具有法律上的連帶責任，而且這是可茲證明的「書面」紀錄。所以這種「無須面對面」的新科技，迫使企業必須比以往更注意員工的書寫溝通技巧。

■ **資訊氾濫的處理**：自從1990年代末期以來，電子郵件的使用率已成長600%以上，2002年在北美地區，從企業寄出的郵件數量就約有一兆四仟億封之多[11]。員工每天花在接收、查詢、準備、寄發電子郵件的時間平均有四個小時，但每天花在非正式或正式的面對面會議時間卻只有一百三十分鐘。

根據估計，員工接收到的電子郵件當中，幾乎有三分之一都跟他們的工作無關；以員工目前每天平均接收三十封電子郵件觀之，這意味著每天有一個小時的生產力因此流失[12]。

■ **工作的重新界定**：網際網路突顯出這個複雜的問題：核心企業是由什麼

構成的？是一連串相關的產品？還是知識或智慧財產？提供服務的流程？還是像亞馬遜(Amazon.com)這樣橫跨好幾個產業？誠如《華爾街日報》所說：「當今企業有更多的自由可以選擇他們想要的」[13]。影響所及，許多公司的工作變得愈來愈模糊，以往將人員既有技能配合工作的模式也被視爲過時。在網路時代裡，適應力已成爲成功的關鍵特質[14]。

■ **瓦解就業市場的壁壘**：網際網路創造出一個公開的就業市場，全球勞資雙方的資訊都可以透過這個平台一覽無遺，而且以低廉的成本迅速取得，這是前所未見的現象[15]。撮合求職者和雇主的就業網站至少有二千五百個。譬如，就業網站Monster.com每個月瀏覽人數達二百五十萬之多，他們龐大的工作資料庫是由二百位業務人員造訪企業蒐集而來[16]。這些就業網站讓求職者可以直接獲得許多就業機會；在網際網路時代崛起之前，這些機會並不容易尋得。而且，現在人們可以輕易地寄發履歷表給好幾家人力就業網站，這表示企業必須快速回應優秀的求職者。

■ **留住員工**：就業市場愈有效率，對雇主不滿的員工就會加速轉換工作；企業因此必須改善對員工的待遇，否則人才就可能投入競爭對手的懷抱[17]。譬如，西雅圖WRQ軟體公司除了提供優渥的薪資之外，95%的員工都可以享有彈性工時，大多數辦公室都有相當壯觀的視野，公司還設置有榻榻米的午睡室，提供按摩服務，甚至還爲駕船通勤的員工提供船塢[18]。

■ **利用線上學習**：企業訓練的形式通常是在內部舉行「紙和筆」的訓練課程。但是過去這五到八年間，在教室內舉行訓練課程的傳統做法出現了重大改變，逐漸爲線上學習所取代[19]。譬如，通用汽車(General Motors)和美軍紛紛開始網路訓練計劃。從2003到2005年，企業對線上訓練和教育課程的支出金額很可能會從90億美元攀升到180億美元[20]。

■ **促使人力資源著重在管理上**：網際網路讓公司得以更爲迅速且有效地處理許多人力資源議題。人力資源人員因爲免於官僚體系下眾多文書處理的雜務，可以投入更多的心力解決管理問題，並支援前線經理處理人力資源的相關問題。根據保險公司Amerisure人力資源部副總裁德瑞克．亞當斯(Derick Adams)表示，拜網際網路之賜，只有十四人編制的人力資源部門得以投入更多心力在重要的管理事務上。舉例來說，他的部門「把資料輸入的工作交給網路人力資源軟體與服務提供商Employease

後，得以著手發展變動的薪資結構。」[21]

❖ 人力的多元化

全美各地企業的管理者每天都面臨人力日漸多元化的挑戰。目前美國工作人力當中大約有三分之一是由非裔、亞裔、拉丁裔和其他少數民族所組成的[22]。在許多大型都會區，如邁阿密、洛杉磯和紐約，工作人力至少有半數是由少數族裔組成的。女性大量投入職場也是美國勞動力結構的重大變化之一，擁有六歲以下孩子的職業婦女，是現在美國人力市場中迅速成長的一個族群。此外，目前受雇男性當中，有75%以上的配偶也都是受薪階級，1980年的比例僅有54%[23]。

這些趨勢在未來很可能會加速發展。2050年之前，美國人口預期會增加50%，其中將近半數人口是由少數族裔組成。非白人移民（大多數是拉丁裔）將占人口成長的60%。儘管有些人會擔心移民無法和社會融合（很久以前，就有人對義大利、愛爾蘭和猶太裔移民的後代有這樣的疑慮），但其實來自移民家庭的小孩，和同樣社經階級的當地小孩比起來，表現更爲出色[24]。這也就是爲什麼美國四萬八千戶拉丁裔的家庭於2003年的年收入高達10萬美元以上，這水準是1993年的兩倍[25]。

而且，由於異族通婚的比率大幅攀升，種族融合的規模也是前所未見的[26]。由於混血兒具有多種族裔背景，所以傳統的分類方式也得重新定義。

這些趨勢對於管理者而言，一方面是重大的挑戰，但另一方面也是一大契機[27]。企業若能利用員工的多元化擬定來執行人力資源策略，將更有機會在市場上生存與發展。第四章將著重於管理多元化員工的議題；另外本書其他篇章也將討論到這個主題。

❖ 全球化

在邁向21世紀之際，如何和國內外之外國企業競爭，也是美國企業面臨最重大的挑戰之一。迫於時勢，許多美國企業已開始放眼天下；不過長久以來，企業已習慣在少有外國競爭者的龐大國內市場裡做生意，頓時要他們採取全球化的思維並不是件容易的事情。已開發國家的貿易壁壘已瓦解了90%。譬如，北美自由貿易協定(North American Free Trade

Agreement)同意墨西哥等國家每年對美國出口價值1千530億美元的商品，而無須負擔以往進出口關稅和相關規定的限制。此外，美國企業在墨西哥經營的加工工廠區maquiladoras僱用大約一百萬名墨西哥員工，以低廉的勞力成本生產商品，行銷全世界[28]。然而，經過一段時日後，薪資逐漸上漲令這些公司開始覺得吃不消。2003年這些工廠的平均薪資爲每小時3.52美元，高於1997年的2.29美元。除非這些加工廠工人學習更先進的技術，讓廠商願意付出這麼高的薪資；否則這些工作機會很可能會外移到中國、越南或瓜地馬拉[29]。2001年到2002年間，該區總共有三百五十家加工工廠結束營運，外移到薪資水準更低的國家，導致二十四萬名墨西哥人失業[30]。

全球經濟對於人力資源管理造成許多影響，以下列舉幾項加以說明：

- **全球性的公司文化**：有些公司試圖建立全球企業的定位，藉此化解國內員工和國際員工之間的文化差異。企業在將這些差異降到最低程度之際，不但能促進合作，還能對獲利帶來重大的影響。譬如，高露潔／棕欖(Colgate／Palmolive)歐洲分公司的人力資源主管表示：「我們試著建立共同的公司文化，希望他們全部都是高露潔的人。」[31]
- **全球性的招聘活動**：有些公司在全球招聘人才，特別是高科技產業，這個領域的專業知識和專長並不會受限於國界。譬如，優利系統(Unisys)（這是一家電子商務解決方案公司，三萬七千名員工在一百個國家協助顧客應用資訊科技）每年招聘人數在五千到七千人之間，其中50%是資訊科技(IT)的專業人才。
- **全球聯盟**：有些公司和外國公司成立國際性的聯盟，或在海外收購企業，藉此攻佔全球市場。這類聯盟關係需要受過高度訓練和對工作極爲投入的員工配合。譬如，飛利浦(Philips)（荷蘭的照明和電子設備公司）和電訊公司AT&T成立合資企業，並進行多項重大的收購案——其中包括GE Sylvania〔這已成爲西屋(Westinghouse)的照明部門〕部分單位、美格福斯(Magnavox)以及法國最大的照明公司——藉此成爲全世界最大的照明設備製造商[32]。
- **虛擬人力**：由於美國對移民配額的限制[33]，美國企業雖然僱用外國的技術員工，但不能讓他們搬到美國。網際網路的出現讓企業只要支付一些額外的費用就能充分利用外國人才。譬如，微軟(Microsoft Corp.)和串流媒體公司Real Networks Inc.請印度班加羅爾(Bangalore)一家叫做Adite的公司協助他們處理顧客的電子郵件[34]。

以上的例子說明，企業如何運用人力資源策略獲得全球的競爭優勢。本書第十七章整章的主題就是企業在海外市場拓展時面臨的人力資源議題。此外，本書大多數篇章在討論主題時，也都會以國際的角度來探討。我們也配合許多國際的例子，來說明外國企業如何管理其人力資源。

❖ 立法

過去這三十年來，人力資源的功能主要是協助公司避免觸犯法律[35]。大多數的公司都非常擔心人事相關決定可能會違反美國國會、立法機關或地方政府制定的法律[36]。政府機關、聯邦法庭、州政府的法庭和美國高等法院在審理成千上萬筆案件時，一再對這些法律規定進行解讀[37]。

企業對其人力資源管理是否成功，絕大多數要看公司有效配合政府規定的能力而定。在法律架構的規範之下營運，一方面需要掌握外界法務環境的變化，一方面還得建立內部的體系（例如監督訓練和申訴程序），藉此確切遵守法律規定，並將不滿程度降到最低。許多公司現在都正式建立性騷擾的處理政策，在員工打算提出訴訟之前，建立內部管道處理這類申訴案件。在美國這樣一個興好訴訟的國家[38]，花時間和金錢從事這方面的努力是值得的。

法律規定適用的對象可以分為公部門和私部門（公部門也就是政府機構；私部門是指除了公部門之外的所有組織）。有些法律只適用於公部門的組織。譬如平權措施的相關規定（參考第三章）就是針對公部門組織以及承接公部門機構合約的包商。然而，大多數的法律規定都適用於公私兩部門的組織。事實上，要想出不受政府規定影響的人力資源策略可不容易。有鑑於此，本書每章都會討論相關的法律議題，第三章則會提供整體的架構，說明主要的法律議題和當今雇主面臨的相關挑戰。

❖ 工作和家庭的角色演變

夫婦兩人都上班的雙薪家庭比率近年來快速增加。不過，太太面臨兼顧家庭和工作的雙重負擔，每個禮拜平均有四十二個小時花在辦公室裡，另外花三十個小時貢獻給家庭和小孩。男性每個禮拜則花四十三個小時在辦公室工作，花在家庭的時間只有十二個小時[39]。

愈來愈多企業推出「家庭友善」的計劃，藉此在就業市場上爭取競爭優勢[40]。企業透過這些人力資源戰略，僱用並留任最優秀的人才（不論男女），而且往往受益良多。例如，六大會計師事務所招募的員工當中半數都是女性，但只有5%的合夥人是女性。許多女性員工覺得，要爬到公司合夥人的位置需要十年到十二年的時間，在這期間他們必須徹底犧牲家庭生活，因此往往在接受漫長的訓練之後就打了退堂鼓。這些公司已開始修正這方面的政策，並看到相當的成效。有項日漸熱門的人事方案叫做「PTO」，也就是「有薪請假」(paid time off)。不同於傳統的病假（員工往往不是因爲生病才請這種假），PTO讓員工可以任何理由請假，而且請假的時間長度不一（幾個小時、一天、一個禮拜等等），只要提前通知上司即可。在2002年，大約有三分之二的企業施行PTO計劃，大約爲1997年的兩倍[41]。

第十二章「員工服務」當中，將討論家庭友善的方案。第四章則將討論女性在職場面臨的特殊議題。

應思考的道德問題

雇主對缺乏基本識字和數字能力的員工負有什麼道德責任？法律是否應規定公司爲這類員工提供訓練？

❖ 人才短缺以及服務業的崛起

過去四十年來，美國服務業的成長要比製造業快速許多。根據勞工統計局估計，這樣的趨勢在未來十年還會加速發展。2003年到2012年期間，服務業的就業人數預期會增加32%；製造業的成長率則接近零。成長最快速的類別預期爲專業人士(27%)以及技術人才(22%)，這些職位需要至少兩年的大學訓練[42]。服務業就業機會之所以大幅成長，歸於幾個原因：消費者品味和偏好變化、法律與規定改變、科學與科技的日新月異，讓許多製造業的工作因此淘汰，以及企業組織和管理方式的改變。

不幸的是，目前許多員工皆未具備這些工作所需的技能。即使現在，許多公司還是抱怨技術人才的供應萎縮，他們必須提供員工基本的訓練來彌補教育體系的不足。

爲了彌補這方面的不足，企業一年花費至少550億美元在各式各樣的訓練課程上。除此之外，聯邦政府每年還花了240億美元在訓練課程上[43]。

儘管如此，技能短缺很可能依然是美國企業面臨的主要挑戰。第八章重點在於訓練；第五章（人員招聘）、第七章（員工績效評估）以及第九章（生涯發展）都會討論工作所需技能和知識相關的議題。

組織挑戰

組織挑戰(Organizational challenges)是指公司內部的問題或疑慮，往往是受到環境變遷的影響，因爲沒有任何一家公司是在眞空環境下營運。儘管如此，管理者對於組織挑戰的控制能力，往往還是高於對環境挑戰的控制。有效能的管理者會找出組織議題，並加以處理，以免這些議題日後惡化爲重大的問題。「主動」(proactivity)爲其關鍵點：企業必須在問題變得棘手之前加以處理，這可由熟悉人力資源和組織挑戰的管理者進行。這些挑戰包括對競爭地位和彈性的需求、縮編和組織再造的問題、自我管理團隊的運用、以及小型企業的崛起、創造強大組織文化的必要、科技的角色以及委外制度的興起。

❖ **組織挑戰**
(Organizational challenges)
意指公司內部的問題或疑慮，往往是受到環境變遷的影響。

❖ 競爭地位：成本、品質或獨特的能力

人力資源在許多公司都是最重要的成本支出項目。在客機之類資本密集的公司，公司人力成本約佔36%；在美國郵政(U.S. Postal Service)之類勞力密集的公司則佔80%。在競爭日益白熱化的環境裡，公司運用人力資源的成效，對其競爭（或生存）能力會造成極大的影響。

如果公司有效運用員工獨特的技能，來開發大環境的機會和化解威脅，其表現會凌駕在競爭對手之上。人力資源政策能控制成本、改善品質，並創造獨特的能力，進而影響公司的競爭地位。

■ **控制成本**：公司取得競爭優勢的方法之一，就是維持低成本和雄厚的現金流量。誠如我們將在第十章和第十一章所討論的，公司的薪資體系若能配合獎勵策略控制勞工成本，則可以有效協助公司成長。一個完善的薪資制度會根據員工的表現給予獎勵。

除了薪資政策之外，還有其他的方法可以控制成本，提昇公司的競爭力：這些方法包括加強員工的甄選，選擇穩定性高且績效較佳的員工

（第五章）；訓練員工，加強他們的效率和生產力（第八章）；和諧的勞資關係（第十五章）；有效管理職場的健康和安全議題（第十六章）；以及將工作加入系統化，避免將不必要的時間和資源，浪費在設計、生產和交付高品質的產品或服務（第二章）。

❖ **全面品質管理** (Total quality management, TQM)
改善公司產品與服務的所有相關流程。

■ **改善品質**：獲得競爭優勢的第二個方法是不斷追求品質的改善。許多公司都已施行**全面品質管理**(Total quality management, TQM)計劃。這種計劃旨在改善產品與服務相關的所有流程。在TQM計劃裡，公司每個層面都是以改善產品或服務的品質爲導向。對於許多人而言，TQM已經過時，一部分是因爲1990年代一窩蜂的熱潮，一部分則是因爲TQM被過度誇大爲解決公司各種疑難雜症的萬靈丹。儘管如此，愈來愈多證據顯示，能有效執行品質計劃的企業，往往創造更傑出的績效[44]。美國汽車的品質雖然已有改善，但《消費者報告》(*Consumer Reports*)仍將美國車的品質定在1985年日本車的水準；這樣的說法雖然令人沮喪，但卻是千眞萬確的[45]。

■ **創造獨特的能力**：獲取競爭優勢的第三個方法，就是充分利用具備獨特能力的人才，讓公司獲得某個特定領域無人可及的能力〔譬如，3M在粘合劑市場的能力、Carlson公司在旅遊業務的領導地位、以及全錄(Xerox)在影印機市場的主導地位〕。想要透過人力資源的有效運用，爲公司建立獨特能力的管理者而言，本書第五章（討論人員招聘和甄選）、第八章（訓練），以及第九章（員工的長期培養）都是和這個議題特別相關的章節。

❖ 分權

❖ **分權** (Decentralization)
將職責和決策的權力，從中央辦公室轉移到接近實際狀況的人們和地點。

在傳統的組織結構裡，大多數的重大決策都是由高層決定，然後交給低階人員執行。企業往往將人力資源、行銷和生產等主要部門集中在單一地點（通常是企業的總部），也就是公司的指揮中心。公司通常需要許多管理階層來執行高層發布的命令，並且由上而下控制低階員工。努力工作的員工假以時日通常能獲得升遷，有些人把這樣的升遷管道稱做「內部就業市場」(internal labor market) [46]。不過，傳統由上而下的組織模式所費不貲，而且過於僵化，無法有效地競爭，因此很快就過時，而由**分權**

(decentralization)取而代之。分權是將職責和決策的權力從中央辦公室轉移到接近實際狀況的人們和地點。拜網際網路之便，人員之間的溝通更為暢通，無須仰賴傳統金字塔的組織型態，讓公司得以更快速地進行分權[47]。

人力資源策略可藉由改善公司內部的決策流程，提昇組織的彈性。本書許多章節都有探討人力資源策略在創造和維繫組織彈性的必要性，像是討論工作流程程的第二章、討論薪資的第十章和第十一章、探討訓練的第八章、招聘的第五章，以及全球化的第十七章。

❖ 縮編

❖ **縮編 (Downsizing)**
公司減少人力，以改善其獲利。

公司定期減少人力，藉此改善獲利——這種做法通常叫做**縮編**(Downsizing)——它已成為商業界的常態，即使在AT&T、IBM、柯達(Kodak)以及全錄這些向來以「不裁員」政策聞名的企業也不例外[48]。跟其他工業化國家比起來，美國企業一直傾向藉由裁員作為降低成本的手段，不過隨著全球化的發展，這樣的差距也逐漸縮小。例如在2002到2003年間，向來以工作保障著稱的日本企業〔如新力(Sony)與日立(Hitachi)〕裁撤了成千上萬個工作[49]。德國和義大利這些國家雖然設有強烈反對裁員的規定，但在本書進行期間，德國企業——從電子巨擘西門子(Siemens)、晶片大廠英飛凌科技(Infineon Technologies)、乃至於德國商業銀行(Commerzbank)——都紛紛宣佈裁員上千名。像法國之類的國家，政府當局一再阻撓企業透過裁員來節省成本的企圖；但出於好意的做法卻往往造成反效果，導致許多企業宣佈破產。電器製造商萬能(Moulinex)就是面臨這樣的命運，該公司曾經是法國產業的象徵，但在2002年關門大吉，導致將近九千名員工失業[50]。

這種短暫的聘僱關係除了讓員工缺乏對公司的承諾之外[51]，對於在就業市場上競爭的公司和人們也會帶來新的挑戰。同時，對政府機構也造成了很大的困擾，人們因為工作沒有保障而造成一些社會問題（包括失去健康保險以及精神上的疾病）。不過從好的方面來看，以往遭到裁員或開除的人往往背負著表現不好的恥辱，不過現在這樣的負面印記已逐漸消失[52]。近年因為不景氣而遭到裁員的人，半數都在幾個禮拜之內找到新的工作。這份意見調查還顯示，員工對於特定公司的依附程度迅速下降，每五位員工當中就有一位在三個月內換工作[53]。

本書第六章將主講企業縮編，以及如何有效管理這樣的流程。其他章節也會提到這個重要的議題，譬如主講福利的第十二章、法務環境的第三章、勞資關係的第十五章以及員工關係和溝通的第十三章。

❖ 組織再造

過去二十年來，企業組織出現了巨大的變化。企業爲了加強競爭力，減少執行長與最低階員工之間的管理階層，將原本疊層架屋的管理模式扁平化。

併購案已盛行了好幾十年，在2002年更達到將近1兆7千億美元的新高[54]。人力資源體系和公司文化無法融合，往往是導致合併案失敗的原因[55]。近年來愈來愈多企業採取合資企業、聯盟、合作等新的跨組織型態，一方面可以保持獨立，一方面則可以針對特定產品合作，藉此分攤成本和風險。例如，可口可樂和玉泉公司(Schweppes)合資經營一家大型的飲料裝瓶工廠，爲雙方省下可觀的成本。福特汽車(Ford)和日產(Nissan)則成功地合作設計出minivan休旅車，福特汽車和馬自達(Mazda)的策略聯盟也已成功運行將近二十五年的時間。

組織再造需要有效的人力資源管理配合才能成功。例如，公司需對人員需求、工作流程、溝通管道、訓練需求等進行周詳的檢討，才能進行組織扁平化。至於合併案以及其他跨組織關係的型態也是同樣的道理，企業得對彼此各異的組織結構、管理方式、技術專長等成功進行融合。第二章將針對這些議題進行探討；其他像是第五章（招聘）、第八章（訓練）、第九章（事業發展）和第十七章（國際管理）也會探討相關的議題。

❖ 自我管理的團隊

另外一項重大的組織改變，就是上司和屬下的關係。在傳統的體系之下，個別員工只對單一上司報告（這個上司負責監督三到七位部屬，但現在有些公司則以自我管理的團隊體系取而代之。在這樣的體系之下，員工和同儕組成小組共同負責某個領域或任務。據估計，40%的美國員工都是在某種團隊環境下工作。[56]

這類自我管理團隊的效能，幾乎沒有科學性的研究可以佐證，不過許多個案研究卻充分顯示，利用團隊的企業能獲得相當可觀的收穫。譬如，通用汽車的費茲洛德電池工廠(Fitzerald Battery Plant)就是以團隊的型態組織，比起傳統組織型態的工廠節省了30%到40%的成本。美國運通(FedEx)把一千名職員組成每五到十人為一組的團隊，減少13%服務方面的問題[57]。

有關自我管理團隊的人力資源議題，會在第二章（工作流程）、第十章（薪資）和第十一章（績效獎勵）深入討論。

❖ 小型企業的成長

根據美國小型企業管理局(U.S. Small Business Administration, SBA)，小型企業的定義視其所屬產業而定。以製造業為例，公司員工人數不得超過五百到一千五百人（視其製造業類型而定），才被視為「小型企業」。在批發業，企業員工人數不得超過一百人，才算是小型[58]。

不幸的是，小型企業失敗的風險很高。雖然每年都有一百三十萬家新公司成立，但有40%的公司在第一年就告失敗，60%在進入第三年之前失敗，能存活十年的只有10%[59]。小型企業若要生存並蓬勃成長，就必須有

像芭拉科(Juanita Powell Baranco)一樣的女性創業者愈來愈多。她擁有市值好幾百萬美元的汽車公司；在這個通常由男性主導的領域，她就是自己的老闆。

效管理其人力資源，它們不像比較成熟、有規模的企業那樣經得起失敗打擊。譬如，在員工人數只有十人的公司裡，只要員工當中有一個人的績效平庸，很可能就是公司虧損或獲利的關鍵。在員工人數達一千人的企業裡，一個人績效平庸所造成的影響會被稀釋，不太可能對公司獲利造成太大的影響。

本章大多數篇章都會配合小型企業的例子，說明小型企業在這些人力資源議題方面的需求。

❖ 組織文化

❖ **組織文化** (Organizational culture)
公司成員共享的基本假設和信念，這些信念是出於潛意識，而且公司對其本身和環境的看法，會理所當然地受到這些信念左右。

組織文化(Organizational culture)是指公司成員共享的基本假設和信念，這些信念是出於潛意識，而且公司對其本身和環境的看法，理所當然地受到這些信念左右[60]。組織文化的關鍵要素如下[61]：

1.當人們互動時，可以觀察得到的行爲模式；譬如用語和行爲舉止。
2.工作成員發展出來的標準(norm)，例如做多少事拿多少錢。
3.公司秉持的主要價值觀，例如產品品質或低價政策。
4.以員工和顧客爲導向的公司理念(philosophy)。
5.在公司內和諧相處的遊戲規則——新進人員必須學習的「行規」，以期被其他成員接受。
6.公司實際陳設所傳遞出來的感覺和氣氛，以及成員和彼此、和顧客與外界人士互動的方法。

企業若能配合環境變遷調整組織文化，可能比食古不化、不知變通的公司更能創造傑出的績效。IBM的官僚文化——強調階級制度、中央集權的決策方法、終身聘僱以及嚴格遵守內部升遷的政策——是它在1990年代初期陷入困境的主要原因[62]。同樣的道理，許多人也將康寶濃湯(Campbell's Soup Co.)在2000年面臨的問題，歸咎於公司的標準和價值未能配合消費者口味的迅速變化來做調整。「這種文化絕對是規避風險、以控制爲導向的；重點只有兩個：財務控制和產品的創新開發。康寶濃湯必須獎勵冒險，移除組織的路障，並迅速、定期展開大膽的計劃。」[63]相對地，十幾年前曾被封爲管理最佳的新公司之一的惠普(Hewlett-Packard)，直到2000年代都還能保持這樣的佳績。許多人認爲惠普之所以能夠成功，主要是因爲1980年代公司進行業務分割，讓公司變得更爲靈敏，得以迅速推出新的產品[64]。

基於其普及性，組織文化的議題將分布在本書各章中討論——譬如，在討論工作設計、績效評估、績效獎金、勞資關係以及員工安全等主題時都會提到組織文化的議題。

❖ 科技

隨著科技的日新月異，企業也以前所未見的速度發展；美國工作人口當中至少半數曾因科技趨勢而改變職務[65]。儘管機器人之類的科技發展極爲迅速，但某個特別領域的科技發展對人力資源帶來革命性的變化，那就是資訊科技[66]。三年前尖端的電腦系統現在已經過時，被速度更快、價錢更低廉、用途更廣泛的系統取而代之[67]。通訊技術(telematics technologies)——包括個人電腦、網路程式、電訊和傳眞機在內的各種工具——相當普遍，不管是什麼規模的公司（就算是一人公司）都可以負擔得起。這些技術配合網路的崛起，對企業的人力資源管理造成許多影響：

- **電子通勤(telecommuting)的崛起**：拜科技進步之賜，資訊的儲存、擷取和分析變得更爲容易，在家上班（至少一部分工作是在家裡進行）的企業員工人數（電子通勤者）每年以15%的速度成長。根據一項調查顯示，2002年每五個員工當中就有一位參與某種型態的電子通勤——在家中、在路上、在通訊工作中心(telework center)或在衛星辦公室。大多數的電子通勤者年薪在4萬美元以上[68]。電子通勤在未來預料還會持續成長，有關績效評估和事業規劃等重要問題也隨之浮現。
- **妥當使用資料的道德**：資訊科技的日新月異（特別是網際網路的普及），同時也帶來許多疑慮，譬如資料控制、正確性、隱私權以及職業道德等議題都日益引起爭議[69]。現在只要透過個人電腦就能進入大量的資料庫，擷取有關信用卡、就業歷史、駕駛紀錄、病歷、犯罪紀錄以及家庭成員等資訊。譬如，有個網站宣稱只要繳交7美元的費用，他們就能「提供內含兩百萬筆紀錄的個人檔案」[70]。面臨有關聘僱、升遷、國際任務指派之類的人事決定時，這類資料就顯得很有吸引力。
- **老闆知道你上了哪些網站**：許多企業都採用相當精密的軟體（譬如

Telemate）監督員工對網路的使用，了解他們何時上網、上網的途徑及理由。只要是有上網的辦公室，都逃不過老闆的法眼。這類軟體還能把個別員工上的網站粗略分為二十幾種並加以排名：例如遊戲、笑話、色情網站，乃至於邪教、購物和找工作的網站——這些都是大多數雇主不願見到的。除此之外，軟體還能立刻做出紀錄，說明誰在什麼時候上了哪些網站[71]。

在2003年，幾乎有三分之一的美國大型企業開始查核員工的電子郵件，這是三年前的兩倍。這些做法的爭議性愈來愈高，而且不擇手段的上司或主管很可能濫用此職權[72]。因為只有少數公司採取「零容忍度的政策」(zero tolerance policies)，禁止員工將公司電腦作為私人用途；所以當經理有權檢驗這些數據時，主觀判斷和解讀的空間就很大。譬如，有的用語在某個經理看來可能是淫穢不堪，可是在別的經理看來就不過是句俚語罷了。而且有時候，人際關係的好惡，也可能影響上司對檢驗網路犯行的「嚴格」程度。

■ **平等主義的提昇**：由於現在可以立刻、廣泛地擷取資訊，組織結構也因此變得更為平等(egalitarian)，也就是說全體員工之間的權力和職權分配更為平均。所以，高層主管和第一線經理之間的管理階層就沒有那麼重要，因為高層主管可藉科技之助直接和第一線經理溝通。此外，拜群組軟體(groupware networks)之賜，好幾百人可以同時分享資訊，以往把持在高層主管手中的資訊[73]，現在也可普及到辦公室的員工，讓一般員工也可和高層執行主管參與線上討論。在這類互動中，員工在公司的階級並不重要，重要的是他們的意見[74]。

本書每一章都會就科技日新月異對人力資源帶來的挑戰和影響力——特別是資訊科技——加以討論。

❖ 內部安全性

2001年的911事件，讓美國對嚴格地為保全問題把關，企業對於監督員工和篩選求職者的需求大增。許多顧問公司現在都將主力集中在找出安全上的可能疏失。有兩家知名的公司專攻這些領域，一家是Visionics公司（臉部辨認軟體製造商），另外一家則是Kroll公司，後者提供各式各樣的服務，從員工的背景查核到找出員工潛在的保安問題等。這波風潮之所以崛起是因為人們認為下一波恐怖攻擊只是時間早晚問題，而且下次的目標可能不再是航空公司。因此各式各樣的企業和產業集團（從卡車協會到主辦運動賽事的機構）都將安全篩選視為首要之務[75]。譬如，國家美式足球聯盟(National Football League)首度將超級盃定位為「全國性的安全特殊活動」，以便根據聯邦調查局(FBI)提供的清單檢核工作人員和體育場員工[76]。

除了恐怖攻擊的陰影之外，還有其他安全性的考量。其中之一是職場的暴力行為，近年來這類案件有逐漸升高的趨勢。另外還有駭客、對公司不滿的員工和離職員工可能侵入破壞電腦系統。根據FBI的估計，這類攻擊行動平均造成270萬美元的損失。

安全查核有其必要性，但從人力資源的角度來看，如何確保求職者和員工的權利不會遭到侵害？一旦發現可疑問題時，是否有適當的處理程序？這是值得注意的問題。當人們以不同的方式處理問題時，可能會產生相當的爭議性。譬如，如果某個人十五年前曾有酒醉駕車的違規紀錄，現在是否無法勝任空服員？如果某人十幾歲時曾經有扒竊前科，現在還能擔任收銀員的工作嗎？要是十年前某個學生因為在宿舍抽大麻而被大學開除，是不是自動喪失了當警察的資格？這完全要看評估者的主觀意識，判斷這些過往記錄是不是值得注意的警訊（譬如，畢業於中東的大學、經常更換工作、經常離婚等等）。許多健康網站可讓醫療專業人員和公司追蹤資料，包括愛滋病和癌症檢驗的結果[77]。公司應該把這些資訊納入他們的甄選流程嗎？

❖ 外包

許多大型企業近年來紛紛將原本內部從事的工作轉給外界的供應商和承包商，這種做法就叫做**外包**(Outsourcing)。他們的動機很簡單：外包可以省錢。《華爾街日報》報導指出，《財星》五百大企業當中有40%以上已將部分部門或服務外包出去——從人力資源管理到電腦系統等[78]。譬如，美國航空公司(American Airlines)將他們在二十八個較小型機場的營運外包出去，這種做法為公司省下相當可觀的成本。美國航空資深員工的時薪高達19美元，而且還有福利。但承包商聘請的員工從事同樣的工作只要

❖ 外包 (Outsourcing)
把工作承包給外界專門處理或對這類工作比較有效率的公司。

7到9美元，而且要求的福利也最低[79]。

外包這種做法對企業的人力資源會造成幾種挑戰。這固然有助公司減少成本支出，可是當員工原本的工作被要價最低的承包商標走後，就會面臨失業的命運。譬如，快遞業者優必速(United Parcel Service, UPS)把六十五個客服中心的五千個工作都外包出去[80]。除此之外，企業需對其承包商的行爲負責，如果不仔細監督、評估承包商的表現，很可能會導致顧客的不滿。許多人都認爲，承包商往往接了過多的案子超出自己的負荷[81]，這樣一來小型企業就可能無法獲得最好的服務。

我們會在本書各章討論外包和其對人力資源管理帶來的挑戰。第二章會討論在縮編環境之下的外包議題，在主講勞資關係的第十五章，則就外包對工會的影響進行探討。

個別性挑戰

❖ **個別性挑戰**
(Individual challenges)
處理和員工最為切身相關的決策。

在個別層次的人力資源議題是處理和員工最爲切身相關的決策。這些**個別性挑戰**(individual challenge)反映出大型企業的狀況；譬如，科技會影響到個人的生產力，至於公司如何運用資訊做出人力資源的相關決策，也牽涉到道德的問題（譬如，根據求職者的信用狀況或醫療紀錄，來決定僱用哪個人）。公司如何對待個別員工的方式，也可能會影響到先前討論的組織挑戰。譬如，如果許多重要員工離職投入競爭對手的懷抱，那麼公司的競爭地位很可能也會受到影響。換句話說，組織和個別性挑戰之間的關係是雙向的。環境和組織挑戰之間的關係則是單向的（參考圖1.1），沒有幾項組織挑戰能對環境造成影響。當今最重要的個別性挑戰牽涉到人員和公司的配合、道德和社會責任、生產力、授權、人才流失以及工作保障。

❖ 人員和公司的配合

研究調查顯示，當公司利用人力資源策略來吸引、留任最符合公司文化和整體企業目標的人才時，便能爲公司帶來最大的績效。有份調查顯示，高層執行主管的能力和人格可能阻礙或促進公司的績效，這要看公司的業務策略而定。在成長迅速的企業裡，管理者若具備強大的行銷和業務背景，願意冒險，而且可以容忍不確定的狀況，往往能有更爲亮麗的表現。不過若在發展成熟、產品已有相當基礎，重心在於維繫（而不是擴大）市場佔有率的企業裡，這類管理特質反而會對公司績效造成反效果[82]。另外有份研究報告顯示，對於小型科技公司而言，適合該公司的員工是那種願意在高度不確定性、變化迅速、低薪的環境裡工作的人，他們追求成就感，同時期待有朝一日公司的產品一炮而紅，爲他們帶來滾滾而來的財富[83]。

第五章將特別討論如何讓員工和公司做最好的配合，來提昇公司的績效。

❖ 道德和社會責任

近年來安隆(Enron)、世界通訊(WorldCom)、泰科電子(Tyco)和電信公司Global Crossings等各大企業接連爆發高層貪瀆的醜聞，讓許多員工開始關切高層的道德問題[84]。即然是知名的會計師事務所和顧問公司，似乎也難避免這樣的醜聞；這樣難堪的事實讓大眾深信，企業的貪婪心態已蒙蔽了誠實正直[85]。不幸的是，許多接受高階職位訓練的學子似乎也認同這樣的做法，認爲只要不被抓到，就可以做些不道德的事情。最近《今日美國報》(*USA Today*)針對四百四十三名MBA學生進行意見調查，結果顯示52%的受訪者會根據朋友透露的內線消息買股票，26%會因爲禮品餽贈而影響對公司的採購決定，13%會爲了成交而提供回扣[86]。

企業不道德風氣的惡化，很可能是因爲管理決策通常都不夠明確。事實上對於安隆和其他下市的公司而言，主管階層爲了積極「提昇營收」所做的決策中，在技術層面大多都沒有違法、也沒有違反會計準則[87]。而且，會計師事務所和其理應監督的企業之間，往往基於「當稽核人員充分了解其客戶時，稽核品質會更好」的理由，而維持著非常緊密的合作關係[88]。除了極少數非常明顯的案子之外（例如刻意的捏造事實），道德和非道德之間的界線是有爭論的空間。即使是最詳細的道德準則，管理階層還是可以再斟酌。相較於公司其他領域，有關人力資源管理的決策更需要周詳的判斷，而且往往因爲缺乏理想的方案而陷入兩難的困境[89]。

誠如先前所說的，有些公司利用網路監督員工的上網行爲模式；不過另外有些公司則是以網路向員工和經理們灌輸道德價值觀。

近年來，社會責任的觀念經常和道德議題相提並論。具有社會責任感的公司會努力實踐對各界的承諾——不光是對其投資人，還包括對公司員工、顧客、其他企業以及所屬的社會。譬如，麥當勞多年前成立了麥當勞叔叔之家(Ronald McDonald House)，爲在外地就醫的病童家人提供住所。百貨巨擘Sears和通用電器(General Electric)則支持藝術家和表演者；許多地方上的商人則支持當地兒童的運動隊伍。

本書第十三章將主講員工權力和責任，以及勞資關係中重要的道德問題。然而，由於本書其他章節大多都牽涉到道德議題，所以各章都會探討相關的道德問題，但是這些問題並無明確的解答。

❖ 生產力

從1970年代初期到1990年代中期，美國生產力持續攀升，但成長速度卻慢於其他工業化國家。大多數的專家都認爲，1990年代中期以來，由於科技提昇生產力，讓經濟面出現極大的改變，不但經濟持續成長，失業率低，而且通貨膨脹也低。**生產力**(productivity)是衡量個別員工對公司生產的商品或服務所增加的價值。個人產出愈多，公司的生產力就愈高。譬如，美國員工只需要二十四分鐘就可以生產一雙鞋子，中國的員工則需要三個小時[90]。科技的發展形成「以知識爲基礎的經濟」狀況，無形人力資本的價值對於企業成功的重要性愈來愈高。這種人力資本可能是「其設計者（譬如英特爾）的創意、其軟體的精密度〔譬如昇陽(Sun Microsystems)〕、其行銷人員的知識〔譬如寶鹼(Procter & Gamble Co.)〕、甚至於內部文化的強度〔譬如西南航空(Southwest Airlines)〕[91]。」

❖ 生產力 (productivity)
個別員工對公司生產的商品或服務增加多少價值的衡量方式。

公司可以透過聘僱和工作安排的過程選擇最適任的員工，進而改善員工的**能力**(ability)，也就是他們執行工作的能力[92]。第五章會針對這個過程加以說明。公司也可透過訓練和職涯發展計劃，磨練員工的技能，協助他們爲其他的職責做好準備。第八章和第九章都將針對這些議題進行討論。

❖ 能力 (Ability)
執行工作的能力。

動機(Motivation)是指人們的一種渴望，渴望爭取到最好的工作，或是盡最大的努力完成交付的使命。動機會激勵、導引和維持人們的行爲。影響員工的動機有幾個重要的因素，我們會在本書中一一討論，包括第二章（工作設計）、第五章（人員和工作條件的配合）、第十一和第十三章（獎

❖ 動機 (Motivation)
一種渴望，渴望爭取到最好的工作，或是盡最大的努力完成交付的使命。

勵）以及第十四章（正當程序）。

愈來愈多企業相信，如果員工相信公司能提供高度的**工作生涯品質**(Quality of work life)，他們比較願意投入這家公司的懷抱。高度的工作生涯品質攸關員工對於工作的滿意度；從員工缺勤率以及流動率的狀況可以略知一二[93]。公司在改善工作生涯品質上所做的投資是有所回饋的，客服品質會因此獲得改善[94]。我們會在第二章探討工作設計，以及工作設計對員工態度與行爲所造成的影響。

❖ **工作生涯的品質**
(Quality of work life)
員工對其工作安全度和滿意度的衡量方式。

❖ 授權

許多企業紛紛減少員工對上司的仰賴，進而強調個人對自己工作的控制（和職責）。這樣的過程稱爲**授權**(Empower-ment)，將原本來自外界的指引力量（通常是來自直屬上司）轉爲內在的力量（個人想要有所表現的渴望）。授權的過程提供員工決策的技巧和職權，讓他們做出向來由管理者負責的決定。公司授權的目的是希望員工對工作充滿熱情和承諾，並基於對工作的信念和樂趣激發出亮麗的表現（內在控制）。這跟員工爲了避免懲處或爲了拿到薪水（外部控制）而乖乖聽命的做法是大不相同的。

❖ **授權**
(Empowerment)
提供員工決策的技巧和職權，讓他們做出向來由管理者負責的決定。

授權會激發員工的創意和冒險的精神，在瞬息萬變的環境裡，這些都是企業競爭優勢的要素。固特異(Goodyear)旗下Kelly Springfield輪胎公司的退休總裁李．費德(Lee Fielder)表示：「授權員工是最困難的，因爲這意味著放棄對員工的掌控；不過，管理者如果凡事都得指導員工該做些什麼、怎麼做，有才華的員工不會願意接受這樣的控制，到頭來公司只能留住平庸的員工。」[95]爲了鼓勵員工勇於冒險，奇異電器前任執行長傑克．威爾許(Jack Welch)敦促其經理和員工要「勇於突破」(shake it shake it break it)[96]。

我們將在第二章（工作流程）探討內部和外部力量對行爲控制的人力資源議題。

❖ 人才流失

由於企業的成功愈來愈仰賴某些特別員工的知識，因此也愈來愈容易受到人才流失的打擊；所謂**人才流失**(brain drain)，是指重要人才轉赴競爭

❖ **人才流失**
(Brain drain)
重要人才轉赴競爭對手或新興公司服務。

對手或新興公司服務。高科技企業特別容易受到這種問題的打擊，半導體和電子等重要產業都深為員工高流動率所苦，受到龐大獲利的潛力吸引，這些產業許多重要員工紛紛離開公司自行創業。人才流失可能對公司的改革造成負面影響，並延誤新產品的上市[97]。更糟糕的是，離職的員工（特別是高層管理者）還會挖走其他人才，對公司造成嚴重的打擊。

為了避免員工投效競爭對手，有些公司特別擬訂策略避免人才流失。

本書許多章節都有討論人才流失和如何有效因應的議題，特別是第三章（平等就業和法務環境）、第四章（管理多元化）、第六章（員工調職）以及第十一章（績效獎勵）。

❖ 工作缺乏保障

大多數員工都不敢指望穩定的工作和定期升遷。美國每年有將近五十萬個工作遭到裁撤，即使在獲利最優渥的企業〔包括寶鹼、美國家用品公司(American Home Products)、AT&T、食品巨擘Sara Lee和全錄〕都曾經裁員。工作缺乏保障並非僅限於美國而已，近年來，愈來愈多日本企業也放棄終身聘僱的傳統政策[98]。

企業界主張，當前的競爭環境猶如割喉戰，不論公司的狀況多好，裁員都是相當重要的競爭手段。此外，股市會因為裁員的消息而受惠。不過對於員工而言，工作缺乏保障是壓力的主要來源，而且可能導致績效和生產力低落。

近年來加入工會的人數逐漸下降，不過許多員工仍為工會成員，而且工作保障現在已成為工會關注的首要議題。然而，為了爭取工作的保障，許多工會領袖必須在薪資和福利方面做出重大的讓步。

我們會在第六章討論裁員的挑戰，以及如何讓留任的員工有安全感和受重視感。我們進而會在第十六章討論員工的壓力（以及如何舒緩壓力），並在第十五章探討工會與管理階層之間的關係。

策略性人力資源政策的規劃和執行

為了成功，企業的人力資源策略和方案（戰略）必須跟環境、商業策略以及公司特質和獨特能力密切配合才行。如果人力資源策略界定得模糊不清，或商業策略無法充分配合人力資源，公司很可能會成爲競爭對手的手下敗將。同樣地，公司就算具備明確的人力資源策略，但若執行不力，仍可能嚐到失敗的苦果。

策略性人力資源規劃的好處

策略性人力資源規劃(Strategic human resource)是擬定人力資源策略，確立方案或戰略，並加以執行。如果正確執行策略性的人力資源規劃，能爲公司帶來許多直接和間接的好處。

❖ **策略性人力資源規劃 (Strategic human resource)**
擬定人力資源策略，確立方案或戰略，並加以執行。

❖ 鼓勵主動而不是被動的回應

主動的意思是前瞻，爲公司找到發展的方向，以及如何運用人力資源達成目標。相對地，被動回應則意味碰到問題時才有所回應。被動回應的公司可能會偏離長期的發展方向，主動積極的企業對於未來比較有萬全的準備。例如，2000年代許多企業破產，企業需要緊握其關鍵人才，爲績效頂尖的人員提供特殊誘因，儘管「在公司連帳單都付不出來時，還在員工薪酬方面額外支出，看起來好像沒有什麼道理。」[99]

❖ 明確溝通公司的目標

策略性的人力資源規劃有助公司建立明確的策略目標，充分發揮其特殊人才，並瞭解達成目標的方法，

譬如，3M的策略非常明確，就是憑著創新能力在市場上一較長短。公司的目標是產品營收當中至少有25%來自最近五年推出的產品。爲了達成這樣的目標，3M的人力資源策略就是「聘請每個領域最頂尖的科學家，充分授權給每個人，然後退到一邊，讓他們充分發揮。過去幾十年來，這樣的策略讓公司推出成千上萬的新產品，從錄音帶、黏貼便條紙Post-It，以及保溫產品thinsulate insulation等。」[100]

❖ 刺激批判性的思考以及對假設的持續檢驗

管理者往往會仰賴個人的觀點和經驗來解決問題、做出決定。他們賴以做出決策的假設若能和產業的大環境配合，往往能帶來成功。可是，當這些假設不合時宜時，卻可能造成嚴重的後果。在1980年代，IBM主管擔心個人電腦的成長會排擠利潤豐厚的大型主機業務，因此並未推廣個人電腦的銷售。這個決定讓競爭對手有機可趁，積極進攻個人電腦市場，對IBM造成極大的打擊[101]。

策略性的人力資源規劃流程可激發公司批判性的思考，重新檢討其假設，了解是否有必要修改或終止。然而，策略性的人力規劃流程必須是經常性的，而且有一定的彈性，才能激發批判性的思考和開發新的方案，如果是僵化的程序則沒有這樣的效果。這也是爲什麼許多公司讓人力資源專業人士和執行長組成執行委員會，定期討論策略方面的議題，並對公司整體的人力資源策略和方案進行調整。

❖ 找出目前狀況和未來目標的落差

策略性的人力資源規劃也有助公司找出「我們當今狀況」和「我們未來目標」之間的落差。策略規劃迫使管理者以前瞻性的思考找出變革的契機，並動員公司資源提昇未來的競爭優勢。讓我們回到3M的例子，儘管該公司的實驗室擁有10億美元預算和七千名員工，但近年來的成長並不理想，一部分原因是有些研發工作缺乏焦點，而且預算的支出不夠嚴謹。爲了加速成長，3M在2002年對個別業務的主管宣佈一連串的績效目標，並在同年推出經過特殊訓練的「黑帶」階級主管，爲研發和業務等部門剷除缺乏效率的現象[102]。

❖ 鼓勵前線經理的參與

如同大多數的人力資源計畫，策略性的人力資源規劃若無前線經理的積極參與，也不會有什麼實質的價值。不幸的是，高層主管（包括人力資源專業人士）有時候把策略性規劃視爲己有，前線經理只是負責執行而已。人力資源策略若要發揮成效，各階層的前線經理必須心悅誠服才行，否則，這些策略可能會失敗。舉例來說，某大化妝品製造工廠決定推出獎勵計劃，工作小組若能推出高品質的產品，就能獲得優渥的紅利，希望藉此促進員工之間的合作。不過這項由高層執行主管諮詢人力資源部門開發的計劃卻造成反效果，經理和監督人員開始挑出犯錯的個別員工，導致團隊的分裂和各個監督人員之間的衝突。這項計劃最終還是宣告失敗。

❖ 找出人力資源的限制和機會

不論是哪種策略性的商業方案，人力資源對其成敗都扮演著關鍵性的角色。當整體的商業策略規劃結合人力資源規劃時，公司可藉此找出執行人員可能具備的潛在問題和機會。

摩托羅拉就是個很好的例子，成功地將其商業策略結合人力資源策略。摩托羅拉的商業策略是擬定、鼓勵和以財務支援新產品的開發計劃。這項策略由摩托羅拉內部開發小組來執行，該小組通常是由五到六人組成，分別來自研發、行銷、業務、製造、工程和財務部門。這些成員的職務界定都很廣泛，讓他們得以充分發揮創意，並支持新的點子。

❖ 加強凝聚力

策略性人力資源如果規劃得宜，讓各個階層的人員都得以參與，能爲公司創造出共同的價值觀和期望。這是很重要的，因爲相當多的研究報告顯示長期而言，具備「我們是誰」這種強烈意識的企業，往往會比其他企業表現得更好。策略性的人力資源計劃若能強化、調整或重新引導企業目前的文化，同時也能培養如以客爲尊、創新、快速成長和合作的價值觀。

策略性人力資源規劃的挑戰

企業在開發有效的人力資源策略時，可能面臨許多重要的挑戰。

❖ 維持競爭優勢

企業擁有的競爭優勢往往因爲其他公司的仿效而無法維繫下去。不僅是科技和行銷方面的優勢，人力資源的優勢也面臨同樣的挑戰。譬如，許多高科技企業會仿效其他成功的高科技公司，「借用」他們對重要科學家和工程人員的獎勵計劃。

人力資源方面的挑戰在於建立足以維持公司競爭優勢的策略。譬如，公司可透過精心策劃的生涯發展階梯（參考第九章），讓目前員工的潛力獲得最大的發揮，同時又有條件地配股（譬如規定如果員工在某個日期之前離職，就得放棄這些股票），提供員工豐富的獎勵。

❖ 強化整體的商業策略

開發人力資源策略來支援公司的整體商業策略有許多挑戰。第一，高層主管不見得能明確表達公司的整體商業策略。第二，哪些人力資源策略該用來支援整體的商業策略，可能有許多不確定或意見分歧之處。換句話說，特定的人力資源策略對於公司策略的貢獻通常都不夠明顯。第三，大型企業可能有不同的業務單位，每個單位各有自己的商業策略。理想的情況下，各個單位應能擬定最符合本身商業策略的人力資源策略。譬如，生產高科技設備的單位可能以高於平均水準的薪資吸引、留任最優秀的工程人員，而消費性產品單位則可能以平均薪資水準支付其工程人員。如果這兩個單位的工程師彼此接觸的話，這樣的差異可能會出現問題。所以，不同的人力資源策略可能會讓人覺得不公平，甚至覺得厭惡。

❖ 避免過度專注在日常的問題上

有些管理者把大多數的心力都投注在迫在眉睫的問題上，反而沒有時間顧及長期的展望。成功的人力資源策略必須從公司長期發展的目標著眼，所以策略性人力資源規劃的一大挑戰就是如何點醒人們，讓他們退後一步，想想長遠的全局。

要讓人從眼前的情勢抽離出來，爲公司未來的方向構思宏觀計劃並不容易。對於許多小型企業而言特別如此，他們的人員往往忙碌於眼前的業務，沒有時間著眼於明日的全局。而且，小公司的策略性人力資源規劃往往把持在公司老闆或創辦人手中，但他們卻可能抽不出時間來擬定這些計劃。

❖ 配合公司特質開發人力資源策略

沒有任何公司是一樣的；不論發展歷史、公司文化、領導風格、還是科技，各家公司都有不同之處。人力資源策略或計劃就算再有野心，如果沒有配合公司的組織特質，還是可能失敗[103]。擬定人力資源策略的主要挑戰是：避免與公司目前狀況產生衝突的前提下，爲公司創造未來的願景。

❖ 因應環境

同樣的道理，公司所處的環境也各有不同。有些公司所處的環境瞬息萬變（譬如電腦產業）；有些則處於較穩定的環境（譬如食品處理器的市場）。有些公司的商品和服務享有絕對的需求（譬如醫療提供者）；有些公司則得面對不穩定的需求（譬如時裝設計）。即使在較爲狹隘的產業裡，有些公司是以顧客服務作爲競爭利器（譬如IBM的傳統競爭優勢），有些公司則是以成本考量爲主〔譬如生產能與IBM相容之組裝電腦(clone)的公司〕。開發人力資源策略的主要挑戰，就是配合公司獨特的環境擬定

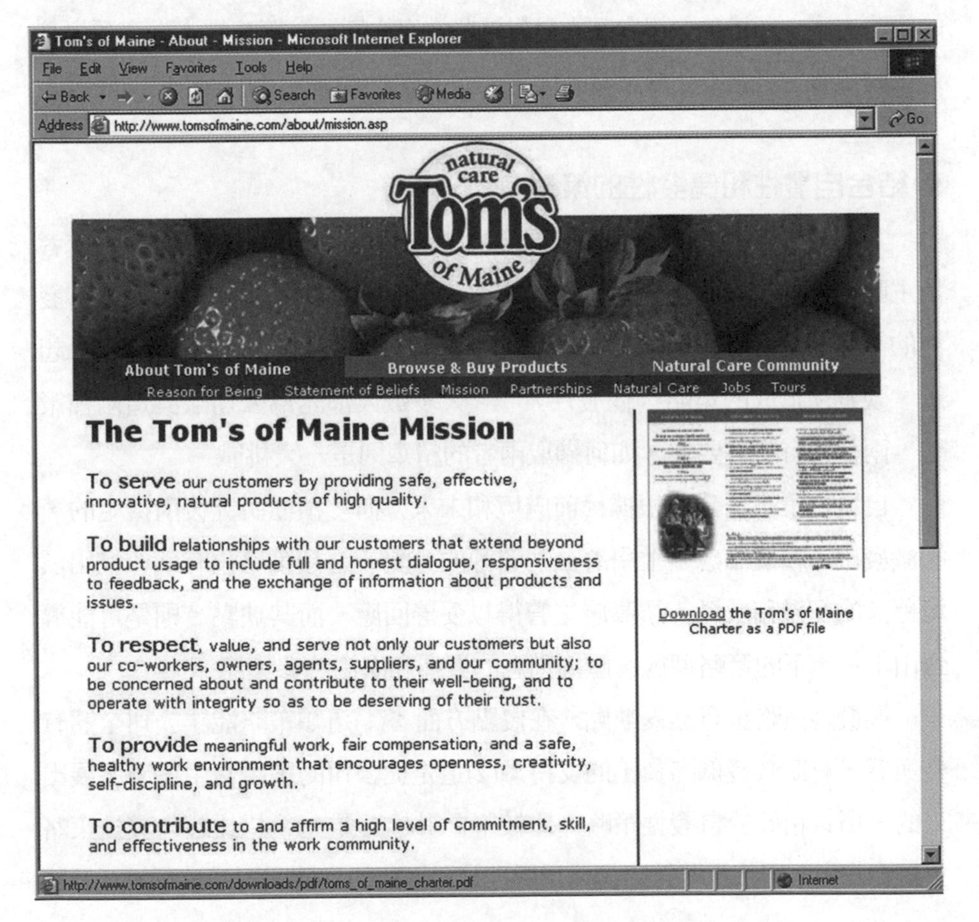

天然產品提供商Tom's of Maine的公司使命必須具備足夠的彈性，在帶領公司邁向未來的同時，不能和當前的目標產生衝突。Tom's of Maine的使命說明列舉出前瞻性思考的公司願景。

策略，讓公司維持競爭優勢。

❖ 確保主管階層的承諾

由人力資源部門擬定的人力資源策略若缺乏各階層經理（包括高層執行主管）的全力支持，到最後成功的機會還是很渺茫。爲了確保管理者對這些策略的投入，人力資源專家在擬定策略時必須和他們密切合作。我們在本書會一再強調這個重點。

❖ 將計劃化為行動

策略性的計劃在紙上作業時看起來好像很理想，可是卻往往因爲執行不力而失敗。不管是什麼策略性的計劃，是否能有實際的影響力則是一大考驗。如果計劃對實務並無影響，員工和經理會認爲這不過是一場空談而已。

如果公司高層主管經常更動，每個新上任的高層主管都有自己一套新的策略方案，必然會引起內部人員對這些方案的嘲諷。策略性人力資源規劃最大的挑戰，可能不在於策略的擬定，而是在於如何讓這些策略發揮成效。

❖ 結合自發性和偶發性的策略

人們對於自發性(intended)或偶發性(emergent)的策略迭有爭議——前者是主動、理性、有計畫開發出來的方案，旨在達成預先設定的目標（自發性的）；後者則是「模糊」的模式，透過公司內部權力、政治、臨時起意、談判所形成的策略（偶發性）[104]。大多數人都認爲公司兼具這兩種策略，兩種都有其必要性，如何擷取兩者的精華則是一大挑戰。

自發性策略是公司根據目前處境和未來方向，積極研究後所擬定的，能激發出一種使命感，並引導公司資源的分配。這類策略也有助於找出環境蘊藏的契機和威脅，讓高層主管得以妥善回應。而其缺點，則是可能導致由上指示下的策略型態，壓抑創意的發揮和廣泛的參與感。

偶發性策略也有其優缺點。在優點方面：(1)這類策略能讓公司全體有參與感，有助激發低階員工的支持；(2)這是從公司的經驗當中逐漸發展出來的，所以相較於自發性策略，比較不會引起反彈；(3)這比起自發性策略更切合實際，因爲這些策略是爲了處理公司面臨的具體問題或議題。至於缺點方面，這類策略可能缺乏強大的領導，無法爲公司帶來有創意的願景[105]。

管理者必須結合公司正式的計畫（提供強大的指導和擬定任務的輕重緩急）以及全體員工所提出的一些鬆散想法（透過各種未經計劃之活動所擬定的偶發性策略），才能有效地整合自發性和偶發性策略。

❖ 配合變化

策略性的人力資源方案必須有足夠的彈性因應變化。策略性計劃如果僵化堅持某個特定的方案，當有變化來臨時就無法迅速回應。公司可能只是因爲不甘心先前的投資，而繼續把資源投入有問題的方案中[106]。如何在擬定策略、設計方案之際保持因應變化的彈性，將是企業面臨的一大挑戰。

策略性人力資源的選擇

策略性人力資源選擇(Strategic HR choices)是公司設計其人力資源體系可用的選擇。長期而言，這些策略性的選擇會對公司的績效造成有利或不利的影響。

❖ **策略性人力資源選擇 (Strategic HR choices)**
公司設計其人力資源體系可用的選擇。

圖1.2說明策略性人力資源選擇的範例。這裡有三個重點，第一，策略性人力資源選擇並非僅侷限於圖1.2所列舉的這幾項。第二，這些選擇各有許多不同的人力資源方案或做法可以配合。譬如，如果公司決定依績效敘薪，那麼可以採用許多不同的方案來執行這項決定，其中包括現金獎勵、一次給付年度紅利(lump-sum)、根據主管評估調薪以及頒發當月優良員工獎項。第三，圖1.2列舉的策略性人力資源選擇代表兩極的情況，有些公司會比較接近右手邊的情況，有些比較接近左邊，有些則接近中間，但眞正落在兩極的公司則是少之又少。

以下就圖1.2列舉的策略性人力資源選擇進行簡單的介紹。我們會探討這些選擇，並在接下來幾章裡提供範例，說明公司在這些領域做出的策略決定。

❖ 工作流程

工作流程乃組織工作，達成生產或服務目標的方式。企業在組織工作

圖 1.2 策略性人力資源的選擇

工作流程（第二章）	
效率	創新
控制	彈性
明確的工作說明	廣泛的工作分類
詳細的工作規劃	鬆散的工作規劃
招聘（第五章）	
內部人才招募	外部人才招募
上司做出聘僱的決定	人力資源部門做出聘僱的決定
強調人才和公司文化的「配合」	強調求職者的「技術資格和技能」
新員工的非正式聘僱	新員工的正式聘僱
員工離職（第六章）	
鼓勵志願性的退休	裁員
凍結人事	有需要時招募人員
對離職員工持續提供支援	遭到裁撤的員工得自行另覓高就
優先重新聘用政策	沒有優惠待遇
績效評估（第七章）	
量身打造的評估方式	統一的評估程序
著眼於發展的評估方式	以控制為導向的評估方式
多重目的的評估	焦點集中的評估
由多方進行評估（上司、同儕、屬下）	僅由上司進行評估
訓練和發展（第八章與第九章）	
個別的訓練	團隊訓練
在職訓練	外部訓練
特定的工作訓練	強調彈性的一般訓練
以更高薪資聘僱有經驗員工，藉此「買」到技能	以低薪僱用比較缺乏經驗的員工，然後提供訓練「培養」技能。
薪資（第十章、第十一以及第十二章）	
固定薪資	變動薪資
根據工作敘薪	個人不同的薪資
根據年資敘薪	績效敘薪
由中央主導的薪資決定	薪資決策乃分權進行
員工關係（第十三章）與勞資關係（第十五章）	
由上而下的溝通	由下而上的溝通和回饋
壓制工會	接受工會
逆向策略	啓發性的管理

圖1.2 策略性人力資源的選擇（續）

員工權利（第十四章）		
強調紀律以減少錯誤	↔	強調預防性的措施以減少錯誤
強調雇主的保護	↔	強調員工的保護
非正式的道德標準	↔	明確的道德準則以及執行程序
國際管理（第十七章）		
創造全球企業的文化	↔	適應當地的文化
仰賴外國人	↔	仰賴當地人
返回原居地協議	↔	沒有正式的返回原居地協議
全球統一的公司政策	↔	根據不同國家制定公司政策

流程（第二章）時所強調的重點如下：

■ 效率（以最低成本完成工作）或創新（鼓勵創意、探索以及新的做事方式，即使生產成本因此增加也在所不惜）。

■ 控制（建立預先設定的流程）或彈性（允許例外和個人判斷的空間）。

■ 明確的工作說明（每個工作的職責和條件都周詳地列舉出來）；或廣泛的工作分類（員工執行多種工作，公司希望如有需要，員工有能力應付不同的工作）。

■ 仔細的工作規劃（事前周詳列舉流程、目標和時間表）；或鬆散的工作規劃（根據需求的改變，臨時對活動和時間表進行修改）。

❖ 人員招募、甄選與社會化

招募人員旨在確保適任的人才在適當的時機能留在適當的位置上（第五章）。招募、甄選員工以及使其適應公司，都是人員招募的流程──企業在進行這些步驟時，有幾種策略性的人力資源選擇。

■ 從內部拔擢（內部招募）；或是向外延攬（外部招募）。

■ 授權直屬上司做出招募人選的決定；或是將這些決策集中由人力資源部門決定。

■ 強調求職者和公司之間必須配合良好；另外一種則是不管人際關係的考量，只選擇專業知識最淵博的人才。

■ 透過非正式管道僱用新人；或透過比較正式、有系統的方式聘請人才。

❖ 員工離職

員工離職是指員工因爲志願或非志願因素離開公司（第六章）。當公司在處理員工離職的情況時，有幾種策略性的人力資源選擇：

■ 採用志願性的誘因（譬如提早退休方案）進行縮編；另外一種則是透過裁員的手段。

■ 凍結人事以避免裁撤現有員工；另外一種則是在有需要的時候招募員工，必要時也會裁撤現有員工。

■ 爲離職員工提供持續的支援（可能是協助他們找到新的工作）；或者是裁撤的員工必須自行另覓高就。

■ 承諾如果情況好轉，會重新聘僱遭到裁撤的員工；另外一種做法則是避免對離職員工提供任何聘僱的優惠待遇。

❖ 績效評估

經理會透過績效評估了解員工執行任務的表現（第七章）。有關員工績效評估的選擇包括：

■ 根據不同員工族群的需求，量身打造評估體系（譬如，爲各個不同的工作族群設計不同的評估型態）；或是透過標準化的評估體系對全體員工進行評估。

■ 把評估資料視爲協助員工改善績效的工具；把評估視爲控制的方法，淘汰績效低的員工。

■ 採用多重的目標設計評估體系（譬如訓練、升遷和甄選的決定）；或是根據單一的目標設計評估體系（譬如僅憑薪資決定）。

■ 設計能鼓勵各個員工族群（譬如監督人員、同儕和屬下）積極參與的評估體系；另外一種評估體系的設計只採納員工上司的意見。

應思考的道德問題

事業生涯發展專家指出，當今商業和經濟環境愈來愈加混亂，個別員工得做好轉換工作和事業跑道的準備。雇主有沒有道德上的責任，協助員工爲這幾乎無法避免的轉變做好準備？

❖ 訓練和生涯發展

訓練和生涯發展的計畫旨在讓員工的能力符合企業的需求，並協助員工發揮最大的潛力（第八章和第九章）。這些計畫的選擇包括：

■ 對個別員工提供訓練；或對來自公司不同領域之員工所組成的團隊提供訓練。

■教導工作上所需的技能；或是仰賴外界提供訓練。

■強調和工作相關的特定訓練；或是提供一般性的訓練。

■以高薪向外延攬已經具備公司所需技能的人才（購買技能），另一種做法則是對內部員工投資，訓練公司較低薪員工所需的技能（培養技能）。

❖ 薪酬

薪酬乃員工勞力付出的報酬。美國企業採取的薪酬方式各有很大的差異（第十、第十一、第十二章）。有關薪資的策略性人力資源選擇包括：

■提供固定薪水和福利方案（每年的變化很小，所以風險也最低）；或是根據變化支付變動薪資。

■根據員工的職責支付薪資；或是根據他們個別對公司的貢獻支付薪資。

■根據員工花在公司的時間來支薪；或是根據他們的績效敘薪。

■由單一單位掌握薪資的決定（譬如人力資源部門）；另外一種做法是授權給上司或工作小組做出薪資相關決定。

❖ 員工的權利

員工權利乃有關公司和個別員工之間的關係（第十四章）。公司在這個領域面對的策略抉擇包括：

■強調紀律乃控制員工行爲的機制；或一開始就主動鼓勵適當的行爲。

■強調保護雇主權益的政策；或是強調保護員工權益的政策。

■仰賴非正式的道德標準；或建立明確的標準和程序。

❖ 員工和勞資關係

員工和勞資關係（第十三章和第十五章）是指員工（個別員工或由工會代表）和管理階層之間的互動。公司在這些領域面臨的策略性人力資源選擇包括：

■仰賴「由上而下」的溝通管道，由管理者對屬下進行溝通；另外一種是「由下而上」，由員工對經理提供意見回饋。

■積極避免或壓抑工會組織的活動；另外一種則是接受工會，將其視爲員工利益的代表。

■ 以負面的態度處理員工事務；另外一種則是回應員工的需求，消除他們組織工會的動機（啓發式的管理方式）。

❖ 國際管理

對於在國外經營的企業而言，如何在全球管理人力資源（第十七章），有幾項策略性的選擇，它們包括了：

■ 建立共同的公司文化，減少各國之間文化的差異；另外一種則是讓外國分公司採納當地文化。

■ 派遣國內員工去管理外國分公司；另外一種選擇則是在當地聘請人才管理當地分公司。

■ 和派遣海外的員工簽訂返回原居地的協議（詳細規定外派人員返回後的升遷與薪資等）；另外一種做法則是避免對外派人員作出任何型態的承諾。

■ 建立所有分公司都必須遵循的公司政策；另外一種則是採取分權政策，授予各分公司擬定政策的權利，讓他們制定自己的政策。

選擇人力資源政策，提昇公司績效

人力資源策略本身並無「好」、「壞」之分。其實，人力資源策略的成功與否，端視當時的狀況。換句話說，人力資源策略對於公司績效的影響，完全要看這些策略和其他要素的配合，配合得好，公司績效就得以提昇，缺乏配合，則會導致績效下降——許多研究結果都印證這樣的看法[107]。這裡所說的「配合」是指人力資源策略和公司其他重要層面的連貫性或相容度。

圖 1.3 說明公司在選擇有利的人力資源策略時，應該考慮的關鍵要素：組織策略、環境、組織特質和組織相容性。誠如該圖所示，人力資源策略對於公司績效的提昇包括：

1. 人力資源策略和公司整體組織策略配合得更好。

2. 人力資源策略和公司所處環境配合的程度更高。

3. 人力資源策略更能配合公司的組織特性。

圖 1.3　擬定和執行有效的人力資源策略

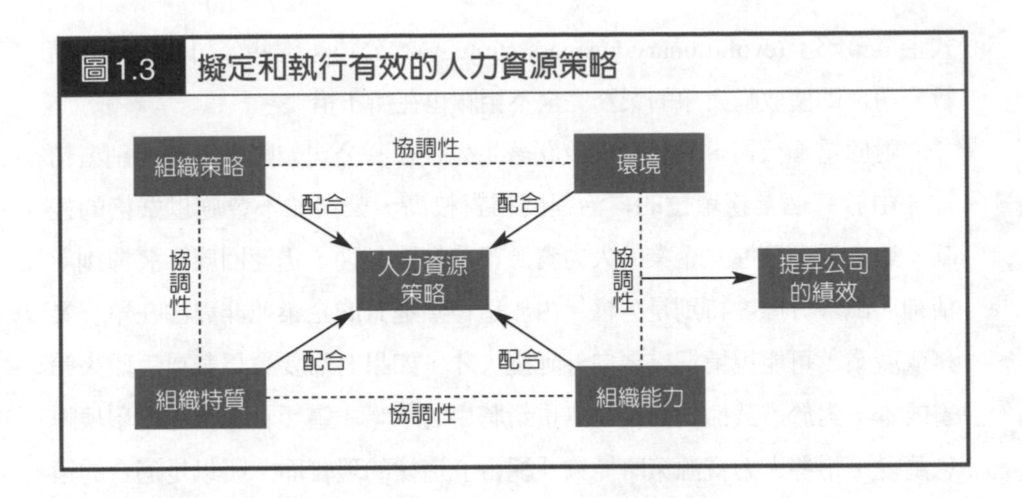

4. 人力資源策略讓公司能夠發揮更大的獨特能力。

5. 各項人力資源策略彼此更能配合，而且相輔相成。

和組織策略的配合

根據公司的規模和複雜程度之不同，可從兩個層次來檢視組織策略：一個是企業層次；另外一個則是業務單位層次。一個企業可能有許多性質相同或完全相異的業務單位。**企業策略**(Corporate strategy)是指公司決定擁有的業務組合，以及這些業務之間的資源流動。企業層次主要的商業決策包括收購、出售資產、轉投資以及成長。**企業單位策略**(Business unit strategy)是指自治程度較高的公司（可能是某大型企業集團的一部分）對於策略的擬定和執行。譬如，AT&T 是擁有好幾百家大型獨立公司的集團，這情況直到近年才有所轉變。AT&T 所擁有的公司包括香水製造商以及速食店 Hostess Twinkies，各家公司各有自己的商業策略[108]。同樣地，多元化經營的企業巨擘杜邦(DuPont)結合製藥、農業和化學等業務[109]。若是生產單一產品或高度相關產品或服務的公司，其企業策略和企業單位策略則是完全一樣的。公司若具備不同的企業策略和企業單位策略，必須針對這些策略和人力資源策略的配合程度進行檢驗。

❖ **企業策略**
(Corporate strategy)
公司決定擁有的業務組合，以及這些業務之間的資源流動。

❖ **企業單位策略**
(Business unit strategy)
自治程度相對較高的公司（可能是某大型企業集團的一部分）對於策略的擬定和執行。

❖ 企業策略

企業策略和配合的人力資源策略可以分爲兩種。第一種是採取「演進式企業策略」(evolutionary business strategy)的公司；這些公司會積極收購新公司，即使收購對象的業務完全不相關也在所不惜[110]。

對於這類公司，變革管理攸關著生死存亡。公司鼓勵大家發揮創業精神，由於每個業務單位的自治程度相對較高，公司並不會施以嚴格的控制。適合這類演進式企業的人力資源策略鼓勵彈性、迅速回應、發揮創業精神、風險分攤、特別是分權。由於這種漸進式的企業並非專注在單一業務或產業，可能視情況需要向外延攬人才，如果有需要會以裁員手段來節省成本，對於遭裁撤的員工並無重新聘用的承諾。這類企業所處的環境瞬息萬變，這些人力資源策略能夠「配合」這樣的現實面，所以是適合的策略。

應思考的道德問題

策略規劃的黑暗面在於——員工往往被視爲預算裡的金額或數字，而不是血肉之軀。當企業單位進行分割或合併時，個別員工會受到極大的衝擊。雇主對於受影響的員工有什麼樣的責任？

另外一種則是採取「穩定狀態策略」(steady-state strategy)的企業。這類企業對於成長的方式相當謹慎，避免收購非自身產業或跟本身產業差異性極大的公司。採取穩定狀態策略的公司是以內部爲焦點，高層主管對公司施以直接的掌控，主張員工應仰賴上司，並不鼓勵員工獨立作業或發揚創業精神。對於這類公司而言，新產品和科技的內部開發，以及各單位之間的協調都非常重要[111]。Rubbermaid公司就是如此。這是一家以生產垃圾筒和畚箕聞名的公司，這些產品雖然平常無奇，但Rubbermaid的革新紀錄卻非常輝煌，公司推出新產品的速度是一天一款[112]。最適合這種公司的人力資源策略強調效率、周詳的工作規劃、內部拔擢員工升遷、長期事業生涯發展、中央集權以及家長式的管理態度（譬如，當經濟情勢好轉時，優先招回先前遭裁撤的員工）。

❖ 波特的企業單位策略

波特(Porter)[113]和麥爾斯與史諾(Miles and Snow)[114]各自開發出非常知名的企業單位策略分類法，可以分析哪種人力資源策略最適合公司的企業策略。

波特找出三種有助企業因應競爭環境和凌駕同業的企業單位策略。如表1.1所示，這些策略都有最適合的人力資源策略相配合[115]。

總成本領導策略(overall cost leadership strategy)旨在透過低成本爭取競爭優勢。財務考量和預算限制對於人力資源策略的擬定佔有關鍵性的地

表 1.1　波特的三大企業策略以及配合的人力資源策略

企業策略	共同的組織特色	人力資源策略
總成本領導策略	● 持續進行資本投資和取得資本的管道。 ● 對勞工進行嚴密的監督。 ● 嚴密的成本控制，需要經常、周詳地進行控制報告。 ● 低成本分配體系。 ● 有結構的組織和職責。 ● 便於製造的產品。	● 有效率的生產。 ● 明確的工作說明。 ● 詳細的工作規劃。 ● 重視技術方面的資格和技能。 ● 重視和工作相關的訓練。 ● 重視以工作敘薪。 ● 以績效評估作為控制工具。
特殊化企業策略	● 強大的行銷能力。 ● 產品工程。 ● 強大的基本研究能力。 ● 企業具備高品質或技術領導的名聲。 ● 足以吸引高技術人才、科學家或創意人才的舒適環境。	● 強調創新和彈性。 ● 廣泛的工作分類。 ● 鬆散的工作規劃。 ● 外部招募。 ● 團隊訓練。 ● 重視以個人為基礎的敘薪方式。 ● 以績效評估作為發展的工具。
焦點企業策略	● 結合成本領導和特殊化策略，以單一策略為目標。	● 以上人力資源策略的綜合。

資料來源：Common organizational characteristics: Porter, M. E. (1980). *Competitive Strategy,* 40-41. New York: Free Press.

位。公司必須積極興建有效率的工廠設施（這需要持續的資本投資）、對勞工進行嚴密的監督、積極節省成本，以及對成本和經常性費用進行嚴格的控制和分配，才能施行成本領導策略。成功施行低成本領導策略的公司包括引擎與鋤草機製造商Briggs & Stratton、艾默生電氣公司(Emerson Electric)、德州儀器(Texas Instruments)、電鋸製造商Black & Decker以及杜邦[116]。

採取低成本策略的公司通常很重視有結構的工作和職責、便於製造的產品，以及成本預測的精確度。適合低成本導向的人力資源策略重視的是效率、低成本生產；強調遵守合理、高度有組織的程序，藉此將不確定性降到最低；並不鼓勵創意和創新（這些可能導致所費不貲的實驗和錯誤）。所以，有效的人力資源策略包括：仔細列舉每個員工需要完成的工作、工作相關的訓練、僱用具備公司所需資格和技能的員工、根據員工負責的工作敘薪、並仰賴績效評估淘汰績效不佳的員工。

採取「特殊化企業策略」(differentiation business strategy)的公司，則

是透過獨特的產品或服務爭取競爭優勢。這類公司的共同特徵是：具備強大的行銷能力、重視產品設計和基本研究、生產高品質的產品，以及足以吸引高技術人才的舒適環境。特殊化企業策略可以許多型態呈現，包括設計或品質形象〔譬如Fieldcrest的頂級毛巾和亞麻織品；汽車產業的賓士(Mercedes-Benz)〕；技術（譬如輕型卡車的Hyster、音響零件的Fisher以及露營設備的Coleman)；特色（譬如電子產品的Jenn-Air)、顧客服務（電腦業的IBM）以及經銷商網路〔譬如營建設備的開拓重工牽引機部門(Caterpillar Tractor)〕。

特殊化企業策略之所以能賦予公司競爭優勢，是因爲這種策略有助於促進品牌的忠誠度。具有品牌忠誠度的顧客比較不會受到價格變動的影響，所以採取這種策略的公司享有比較高的毛利，進而得以投資在較爲昂貴、風險較高、但有助提昇其產品或服務優越性的活動。這類活動包括延伸性的研究、實驗新的創意和新產品設計、滿足不同顧客的需求，以及支援經理和員工從事創意方案。

適合這種公司的人力資源策略強調創新、彈性、向外挖角更新公司人力、爲獨特的人才提供機會，以及鼓勵發揮創意（而不是抑制)。對於採取特殊化策略的公司而言，採用廣泛的工作分類、鬆散的工作規劃、外部招募各階層人才、團隊學習、根據個別員工的能力（而不是職稱）來支付薪資，並且以績效評估作爲發展工具（而不是控制的機制）——都是有益的具體人力資源策略。

焦點策略(focus strategy)則是綜合低成本和特殊化策略的特性，目標是在狹隘的單一目標市場提供優於其他公司的服務。採取這種策略的公司會積極滿足特定目標的需求或降低服務目標市場的成本，或綜合這兩種方式以便和同業有所區隔[117]。成功運用這項策略的企業包括伊利諾斯工具公司(Illinois Tool Works)（工業用附著劑、焊接設備製造商）、建寶園(Gymboree)（爲五歲以下兒童提供創意活動和用品的全國性連鎖店）、Fort Howard Paper（特殊工業用紙製造商）以及Porter Paint（專業房舍油漆製造商）。

適合焦點策略的人力資源策略綜合了低成本和特殊化策略的特質。以伊利諾斯工具公司而言，董事長強調和顧客密切合作，不但了解顧客的需求，同時也讓顧客了解伊利諾斯工具如何協助他們降低營運成本。公司的人力資源策略乃積極提昇效率，以便壓低成本。伊利諾斯工具公司的業務分爲二百個相當小型的營業單位，負責各單位的主管是根據其單位的業績和獲利敘薪。公司的員工並無工會代表，這也有助於降低成本。爲了讓公司產品更加符合顧客的需求，管理階層非常重視研發。伊利諾斯工具公司每年的研發支出幾乎達4000萬美元，讓創意獲得充分的發揮，他們擁有四千多項專利權[118]。

❖ 麥爾斯與史諾的企業策略

麥爾斯與史諾創造另外一種非常知名的企業策略分類法[119]。他們把成功的企業主要分爲防禦者策略(defender)和前瞻者策略(prospector)。

採取防禦者策略的企業較保守，傾向在穩定的產品或服務領域中維持穩定的地位，而不是積極拓展陌生的領域。防禦者試圖保住自己的市場佔有率，免於競爭對手的蠶食鯨吞，而不是從事新產品的開發。採取防禦者策略的企業通常都具備非常正式的組織，而且重視成本控制，並在穩定的環境之中營運。這類公司大多對升遷、調職和獎勵員工建立周詳的內部體系，比較不受外界就業體系的不確定性影響。公司會以工作保障和升遷展望來吸引員工的長期承諾。防禦者偏好穩定而非創新，所以並不鼓勵冒險的行爲。

表1.2列舉最適合防禦者需求（如圖1.2列舉的六大策略人力資源選擇）的人力資源策略。這些策略包括強調管理控制和穩定性的工作流程；旨在促進員工長期承諾的人員招募與離職政策；以及重視工作保障的薪資政策。

不同於防禦者，前瞻者的主要目標在於找出、探索新的產品和市場契機，在穩定的市場提供有效率的服務，藉此獲得成功[120]。前瞻者重視的是成長和創新、開發新產品、企圖成爲新產品或市場的先趨（即使失敗也在所不惜）。前瞻者策略牽涉到有彈性、分權的組織結構、複雜的產品（譬如電腦和製藥）以及瞬息萬變的環境。

表1.2也摘要說明適合前瞻者導向的人力資源策略，其中包括能夠促進創意和適應力的工作流程；以根據外界就業市場爲主的人員招募和離職

表1.2 麥爾斯與史諾的兩大企業策略以及配合的人力資源策略

策略性的人力資源領域	防禦者策略	前瞻者策略
工作流程	● 有效率的生產 ● 重視控制 ● 明確的工作說明 ● 周詳的工作規劃	● 創新 ● 彈性 ● 廣泛的工作分類 ● 鬆散的工作規劃
人員招募	● 內部招募 ● 人力資源部門做出招募的決定 ● 重視技術方面的資格和技能 ● 正式的招募和適應過程	● 外部招募 ● 主管做出甄選的決定 ● 重視求職者和公司文化的配合 ● 非正式的新進員工招募和適應過程
員工離職	● 志願性的離職誘因 ● 人事凍結 ● 持續關心離職員工 ● 重新僱用的優惠政策	● 裁員 ● 有需要才招募 ● 離職員工得自力更生 ● 對裁撤員工沒有優惠待遇
績效評估	● 統一的評估程序 ● 作為控制工具 ● 狹窄的焦點 ● 高度仰賴上司	● 量身打造的評估方式 ● 作為發展工具 ● 多重目的的評估 ● 多重的評估意見來源
訓練	● 個別訓練 ● 在職訓練 ● 工作相關的訓練 ● 培養技能	● 團隊或跨部門的訓練 ● 外部訓練 ● 強調彈性的一般訓練 ● 購買技能
薪資	● 固定薪資 ● 依工作敘薪 ● 依年資敘薪 ● 中央集權的薪資決定	● 變動薪資 ● 依個人敘薪 ● 依績效敘薪 ● 分權式的薪資決定

資料來源：Gómez-Mejìa, L. R. (2003). Compensation strategies and Miles and Snow's business strategy taxonomy. Unpublished report. Management Department, Arizona State University.

政策；根據各種目的（包括員工的發展）設計參與式的員工評估方式；以廣泛的技能爲目標之訓練策略；以及鼓勵冒險和績效的分權薪資體系。

和環境的配合

人力資源策略除了強化企業整體策略之外，還應該協助公司掌握環境的契機，或因應獨特的環境影響要素。我們可從四大層面來檢驗相關環境：(1)不確定性的程度（有多少正確的資訊可以做出適當的商業決策）；(2)波動程度（環境變化的頻率）；(3)變化的規模（變化的劇烈程度）；(4)複雜度（有多少環境要素會影響公司，不論是個別還是集體的影響）。多數電腦和高科技產業在這四個層面的程度都非常高：

■ **不確定性的程度**：康柏電腦(Compaq)以為顧客願意繼續支付較高的價格購買其高性能的電腦，不過由於戴爾(Dell)、Packard Bell和AST等低成本競爭對手迅速切入康柏電腦的市場，因此這項策略在1990年代慘遭失敗的打擊。

■ **波動程度**：1980年代末期，市場對IBM大型電腦主機的需求大幅衰退時，IBM因為措手不及而付出慘痛的代價。

■ **變化的規模**：每一代電腦微處理器晶片（譬如英特爾的386、486、奔騰）推出後，先前販售的機種幾乎立刻過時。2002年，數位相機在市場上迅速普及，拍立得公司(Polaroid)主要產品（即拍立得的相片）幾乎一夕之間就被市場淘汰，因而不得不宣佈破產。

■ **複雜度**：無論國內還是國外，電腦產品的數量和類型近年來大幅增加。由於市場上不斷的推陳出新，讓先前的設備和軟體很快就遭到淘汰，現在的產品壽命很少會超過三年。

公司在制定和執行人力資源策略之前，應該檢驗自己在這些環境層面屬於高或低。如表1.3所示，在這四大環境層面都很高的公司，較適合的人力資源策略是：強調彈性、適應力、迅速回應、技能轉移能力、有需要時可向外延攬人才的能力、透過變動薪資和員工分攤風險。

相對的，如果公司面臨的環境不確定性、波動程度、變化規模以及複雜度都很低，那麼所適合的人力資源策略則是以井井有條、合理、固定的方式因應相對較為穩定、可以預期的環境。「昔日的」AT&T（在轉投資之前）、自由化之前的航空和卡車業、公用事業以及政府機構在這四大環境層面的程度都很低。表1.3顯示，適合這類企業的人力資源策略通常比較機械性：周詳的工作規劃、與工作相關的訓練、固定薪資、明確的工作說明以及中央集權的薪資決定等等。

表1.3 配合四大環境層面的人力資源策略

環境層面	低	高
不確定性的程度	• 周詳的工作規劃 • 工作相關的訓練 • 固定薪資 • 高度仰賴上司	• 鬆散的工作規劃 • 一般的訓練 • 變動薪資 • 多重的評估意見來源
波動程度	• 重視控制 • 有效率的生產 • 工作相關的訓練 • 固定薪資	• 彈性 • 創新 • 一般的訓練 • 變動薪資
變化的規模	• 明確的工作說明 • 正式的新進員工僱用和適應過程 • 培養技能 • 統一的評估程序	• 廣泛的工作分類 • 非正式的新進員工聘僱和適應過程 • 購買技能 • 量身設計的評估方式
複雜度	• 強調控制 • 內部招募 • 中央集權的薪資決定 • 高度仰賴上司	• 彈性 • 外部招募 • 分權的薪資決定 • 多重的評估意見來源

資料來源：Based on Gómez-Mejia, L. R. and Balkin, D. B. (2002). *Management.* New York: Irwin/McGraw-Hill; Gómez-Mejia, L. R. and Balkin, D. B. (1992).*Compensation, organizational strategy,* and firm performance. Cincinnati, OH: South-Western; Gómez-Mejia, L. R. and Balkin, D. B. and Milkovich, G. T. (1990). Rethinking your rewards for technical empoyees. *Organizational Dynamics, 18*(4), 62-75; Gómez-Mejia, L. R. (1992). Structure and process of diversification, compensation strategy, and firm performance. *Strategic Management Journal, 13,* 381-397.

和組織特性的配合

每家公司都有其獨特的歷史和做生意的方式。人力資源策略要充分發揮效能，就必須根據組織的特質量身設計。組織的特質可以分為幾類：

❖ 化投入為產出的生產流程

生產流程較固定（譬如大規模的鑄鐵廠、木材廠以及汽車工廠）的公司，通常適合強調控制的人力資源策略，譬如明確的工作說明和工作相關的訓練。至於生產流程不固定的公司則正好相反（譬如廣告公司、客製化印刷以及生物科技公司）。這些公司適合有彈性、有助提昇適應能力、迅速回應變化和以創意做決策的人力資源策略。這些有彈性的策略可能包括了廣泛的工作分類、寬鬆的工作規劃以及一般的訓練。

❖ 公司的市場取向

銷售業績成長率高，並爲各種市場推出創新產品的公司，通常適合能夠支援成長和創新活動的人力資源策略。這類策略包括了對外延攬人才（購買技能）、分權的薪資決定以及量身設計的評估方式。至於成長率低、針對單一市場推出少數創新產品的公司則正好相反。這類公司適合的人力資源通常重視效率、控制以及公司所需的知識。他們適合的人力資源策略包括內部招募（培養技能）、在職訓練以及高度仰賴上司的評估方式。

❖ 公司的整體管理哲學

公司高層主管如果排斥風險、採取獨裁的領導風格、建立強大的內部階級制度，並以內部而非外界爲焦點，那麼適合這類公司的人力資源策略可能包括：以年資敘薪的薪資政策、正式的新進員工聘僱和適應過程、甄選決策由人力資源部門決定、並採取由上而下的溝通管道。如果公司的管理哲學爲勇於冒險、高度參與、強調平等，並以外部和主動的環境爲導向；那麼適合的人力資源策略包括：變動薪資、授權上司決定聘僱決策、雙向溝通管道，以及多重意見來源的績效評估方式。

❖ 公司的組織結構

若一個公司有高度正式化的組織，並將組織分爲各個功能領域（譬如行銷、財務、生產等等）、同時決策權集中在高層主管，它所適合的人力資源策略包括對：加強控制、中央集權的薪資決策、明確的工作說明和以工作內容敘薪。對於組織結構比較不緊密的公司，則適合不同的人力資源策略，其中包括：非正式的新進員工聘僱和適應過程、分權的薪資決定、廣泛的工作分類以及依個人敘薪。

❖ 公司的組織文化

公司在擬定和執行人力資源策略時，必須考慮到兩個重要的文化層面：創業精神和道德承諾。提倡創業精神的公司適合鬆散的工作規劃、非正式的新進員工聘僱和適應過程，以及變動薪資等人力資源策略。不鼓勵創業精神的公司一般來說，都比較重視控制、偏好周詳的工作規劃、正式的新進員工聘僱和適應過程以及固定薪資。

道德承諾(moral commitment)是指公司試著和員工之間建立長期的情感聯繫。非常重視道德承諾的公司適合的人力資源策略包括：以預防勝於治療的管理方式處理員工的錯誤、保護員工的權益，並以明確的道德準則監督和指導行為。至於道德承諾度低的公司，則通常仰賴員工和公司之間的權利關係，適合的人力資源策略包括：重視紀律、以懲處減少員工犯錯的機率、僱用關係意願法(Employment at will)（在第三章和第十四章討論）以及非正式的道德標準。

配合組織能力

❖ **獨特的能力**
(distinctive competencies)
賦予公司競爭優勢的特質。

公司的組織能力包括其**獨特的能力**(distinctive competencies)——賦予公司競爭優勢的特質（譬如技術能力、管理體系和名聲）。譬如，賓士汽車以其設計和工程上的品質廣受各界認同，普遍被認為是較優越的品牌。威名百貨(Wal-Mart)之所以能這麼成功，一部分是因為他們比競爭對手更能追蹤從供應商到顧客的商品供應流程。

人力資源策略愈是能夠(1)協助公司找出特定優勢或長處，並截長補短(2)協助公司擅加利用其獨特人力技能和資產，對於公司績效的貢獻就愈大。

以下例子說明薪資策略如何配合公司的組織能力[121]：

- 以卓越的顧客服務而聞名的公司，薪資策略中通常只有一部分是採佣金型態，藉此減少業務人員的行為令人反感，以及超賣的可能性。
- 規模較小的公司則可採取低薪政策，但配合優渥的配股。這項策略讓公司得以充分利用有限的現金，促進未來的成長。
- 組織可以利用本身多餘的「容量」來作為一種薪資策略。譬如，大多數的私立大學會讓其教員和其直系親屬得以免學費就讀。如果以私立大學一年學費超過1萬3000美元的平均水準來看，這項福利讓教員得以省下大筆的現金，可幫助私立大學吸引、留任優良教授，而且對其成本結構的負面影響最低。

選擇互相協調、妥當的人力資源執行策略

誠如先前說的，就算是精心策劃的人力資源方案，如果執行不利照樣會落得失敗的後果[122]。除了配合以上所說的四大要素之外（組織策略、環境、組織特質以及組織能力），公司的人力資源策略還必須彼此配合。也就是說，人力資源策略彼此相輔相成時（而不是目標彼此牴觸）會比較有效。譬如，許多企業現在都試圖組織工作小組來改善績效，可是他們往往還是根據傳統的績效評估方法，針對個別員工進行績效評估。這樣的評估體系需要重新調整，改以團隊績效爲重心。

人力資源方案能不能達成目標，不見得在事前就看得出來，所以有必要定期對人力資源計劃進行評估。下頁以「有效嗎？」爲題的經理人筆記(Manager's Notebook)，列舉一連串檢討人力資源方案時應該提出的問題。公司在選擇新方案以及執行這些方案時，應該回答這些問題（本書每章都有經理人筆記的單元）。

人力資源部門和各部門經理的合作關係

本書是從管理方式的角度來探討人力資源和人力資源策略。所有的經理——不論他們在公司內的功能、階級地位、亦或是所屬公司的規模——都必須有效處理人力資源的議題，因爲這些議題攸關他們身爲管理者的成敗。

公司人力資源部門扮演的角色在於協助各部門經理處理人力資源的相關議題，而不是取代他們在這方面的職責。譬如，人力資源部門建立一套協助經理評估屬下績效的模式，但實際進行評估的還是這些經理。換句話說，人力資源部門的主要職責在於設計人力資源計劃，從而協助公司達成其商業目標，可是這些計劃的執行則要靠各部門的經理。從某個層面來看，每個經理都可說是一種人力資源經理。

人力資源專家需徹底了解公司業務——不光是人的層面而已，他們還得了解經濟、財務、環境、技術等影響因素[123]。他們扮演的不是幕僚的角色，而是內部顧問，以其專業知識和能力協助前線經理解決人力資源方面的問題。他們應將人力資源活動和公司的商業需求進行有效的配合[124]。

經理人筆記

以顧客爲導向的人力資源

有效嗎？以下是在執行人力資源方案之前，應檢討的問題：

書面上看起來很好的人力資源計劃，卻可能因爲和公司所處現實面有太多牴觸，反而成了一場大災難。爲了避免這種意外狀況，公司在執行新的人力資源方案之前務必要回答以下這些問題。

1. 這些人力資源方案對於執行人力資源策略是否有效？

✔ 這些人力資源提案是不是執行公司人力資源策略最適合的提案？

✔ 公司可曾對過去、目前或計劃中的人力資源方案進行分析，研究他們對於公司執行人力資源策略有什麼貢獻或阻礙？

✔ 這些人力資源提案是否可以輕易調整或修改，以配合新的策略考量，同時無須違反公司和員工的「心理」或法律契約？

2. 人力資源方案是否符合資源上的限制？

✔ 公司有沒有能力執行這些人力資源計劃？換句話說，這些人力資源方案是否務實？

✔ 這些方案推出的速度是否容易讓人接受？推出的時機和變革的程度，是否會導致員工的困惑和強烈排斥？

3. 要如何和員工溝通這些人力資源計劃？

✔ 這些人力資源計劃是否容易讓執行者（譬如前線主管和員工）理解？

✔ 高層主管是否了解這些提案會對公司的策略目標造成什麼影響？

4. 誰來推動這些人力資源方案？

✔ 人力資源部門是否扮演內部顧問的角色，協助執行這些人力資源方案的員工和經理？

✔ 高層主管是否在行動上努力支持這些計劃？

爲了公司好，經理們得和人力資源部門密切合作。不幸的是，這兩方一向缺乏合作，即使時至今日，經理們和人力資源專業人士彼此看不順眼仍是很普遍的現象。這些負面的觀點往往造成溝通上的落差，讓這兩方無法建立有效的合作關係。表1.4列舉人力資源專家成爲公司營運策略夥伴所需具備的五組能力。

公司可以採取某些方法，來促進經理們和人力資源部門之間的有效合

表1.4　人力資源部門成為策略夥伴所需具備的能力

領導	● 了解領導的本質和風格，並在專業職責的表現上展現適當的領導特質。 ● 在多重的表現層次上展現領導風範： ＊個人　＊團隊　＊單位或組織
對公司事業的了解	● 了解公司的事業（結構、願景和價值觀、目標、策略、財務和績效）。 ● 了解單位業務，包括對競爭對手、產品、技術和競爭優勢。 ● 了解內部和外部顧客。 ● 了解企業和個別業務所處環境（內部和外部）。 ● 了解： ＊主要的業務領域。 ＊業務全球化的本質、規模，以及對人力資源造成的影響。 ＊資訊科技對競爭力和業務流程的影響。
人力資源策略的思維	● 了解策略性的業務規劃流程。 ● 了解並應用有系統的人力資源規劃流程。 ● 選擇、設計、以及整合人力資源系統，或為公司建立有組織的思考模式、能力和競爭優勢。 ● 在企業人力資源的架構之下，建立和整合業務單位的人力資源策略。
流程技能	● 所有的人力資源專家都應該具備主要企業流程的能力，了解特定業務單位的管理流程。 ● 了解某些主要流程，包括諮詢、解決問題、評估／診斷、研討會設計等。 ● 了解組織變革和發展的基本原則、方法以及流程。 ● 促進和管理組織的變革。 ● 在不確定性和矛盾之中，得以平衡、整合以及管理。
人力資源科技	● 所有人力資源專家在探討公司競爭優勢時，應對人力資源體系和做法採取通才的觀點。 ● 通才能夠設計、整合以及執行人力資源體系，從而開發組織的能力，以及創造公司的競爭優勢。 ● 專才能夠設計／提供尖端的做法，滿足公司對競爭的需求。 ● 所有的人力資源專家都能夠衡量人力資源體系和做法的效能。

資料來源：Adapted with permission from Boroski, J. W. (1990). Putting it together: HR planning in "3D" at Eastman Kodak, *Human Resource Planning 13*(1), 54. Copyright 1990 by The Human Resoure Planning Society.

作[125]：

■ 分析人力層面對生產力的影響，而不光著重於技術方面的問題解決方案。這表示經理們得接受某種人力資源技能的訓練，而且公司得鼓勵經理們重視人力資源，將其視為組織效能和績效的關鍵要素。

■ 把人力資源專業人士視為內部顧問，他們能提供寶貴的建議和支援，改善公司的營運管理。換句話說，應將人力資源部門視為協助經理們解決人事問題、規劃未來、改善產能利用的專業人員；而不是一群執行官僚程序的人。

- 在公司灌輸同舟共濟的共識，而不是個別單位或部門競爭的輸贏關係。也就是說，公司得建立誘因，鼓勵各部門經理和人力資源專家彼此合作，達成共同的目標。
- 將管理經驗納入人力資源專家的訓練，讓人力資源部門人員更能體會經理們面臨的問題。
- 當所有人力資源計劃和策略進行設定、執行和檢討時，讓高層主管和各部門經理也積極參與，和人力資源部門密切合作。這麼做有助於高層承諾會有效執行這些方案。
- 要求人力資源部門的高層執行主管和各部門經理（行銷、財務）以對等的地位合作，共同擬定公司的策略方向。

❖ **人力稽核 (HR audit)**
定期檢討公司運用其人力資源的效能。通常包括人力資源部門本身的評估。

企業應該定期進行**人力稽核**(HR audit)，也就是定期檢討公司運用其人力資源的效能。這種人力稽核通常由人力資源部門進行，處理的問題相當廣泛，譬如：

- 人員流動率是否過高或過低？
- 辭職者是對目前工作受挫的優良員工？還是表現平庸的員工？
- 公司對招募、訓練和以績效敘薪計劃的投資，有沒有獲得很高的回饋？
- 公司是否遵守政府的規定？
- 公司在管理員工多元性的成效如何？
- 人力資源部門是否提供前線經理所需的服務？
- 人力資源管理政策和程序是否有助公司達成其長期目標？

人力稽核有系統地處理以上這些問題以及其他重要的議題，讓公司得以維繫有效的計劃，並更正或淘汰無效的計劃。

人力資源管理的專門化

過去這三十年來，人力資源部門的規模出現相當可觀的成長。這反映出政府法規的增加和複雜，同時也反映出大眾體認到人力資源議題對於企業目標的達成有多麼重要。

許多大專院校都提供人力資源的學士、碩士和博士學位。擁有大約六萬名成員的人力資源管理協會(Society for Human Resource Management, SHRM)更成立認證機構，提供人力資源專業人士獲得「專業人力資源」(Professional human Resources, PHR)或「資深專業人力資源」(Senior Professional Human Resources, SPHR)正式認證的機會。SHRM認證需要相當程度的經驗和精通這個領域的知識，才能順利通過周詳的檢驗（如需更詳盡的資料和申請表格，請至www.shrm.org)。其他像是WorldatWork（昔日的American Compensation Association）、人力資源規劃協會(Human Resource Planning Society)以及美國訓練與開發協會(American Society for Training and Development)等機構的成員，也都專精於人力資源管理的特定領域[126]。

近年來，人力資源專家薪資的成長速度淩駕在其他工作之上，此現象反映出人力資源專業化的程度大增，同時企業充分了解到管理得宜的人力資源能協助公司維持競爭優勢。人力資源主管的平均年薪爲7萬8968美元，不過這個領域高層的薪資卻超過五十萬美元。在特殊的分項領域裡，薪資最高的分別爲執行訓練人員（薪資中值爲11萬7600美元），企業薪酬主任（薪資中值爲10萬9975美元），福利主任（薪資中值爲10萬5865美元），企業安全經理（薪資中值爲10萬零2500美元，這是在2001年九月十一日恐怖攻擊之後許多公司都新加的職務）[127]。

摘要與結論

❖ 人力資源管理：挑戰

當今管理者面臨的主要挑戰可以分爲三大類：環境上的挑戰、組織的挑戰，以及個人的挑戰。

環境的挑戰在於環境瞬息萬變、網路的崛起、人力的多元化、經濟全球化、立法、工作和家庭的角色演變、技術短缺以及服務業的興起。

組織上的挑戰在於競爭定位的選擇、分權、縮編、組織再造、自我管理的工作小組興起、小型企業數目日漸增加、組織文化、科技的日新月異以及外包的崛起。

個人的挑戰則牽涉到人與組織的配合、以符合道德準則的態度對待員工、從事符合社會責任的行爲、提昇個人的生產力、決定是否授權給員工、採取步驟避免人才流失以及處理和工作缺乏保障的相關議題。

❖ 策略性人力資源政策的規劃和執行

策略性的人力資源規劃如果執行得宜，可以爲公司帶來許多直接和間接的好處。這些好處包括了鼓勵主動的行爲（而不是被動回應）；明確地溝通公司目標；刺激關鍵思維並對假設不斷進行檢驗；找出公司目前狀況和未來願景之間的落差；鼓勵前線經理參與策略規劃的流程；找出人力資源的限制和機會；並爲公司內部建立凝聚力。

在開發有效的人力資源策略時，組織會面臨幾個挑戰：所選策略必須能爲公司創造、維持競爭優勢，並強化整體的企業策略；還得避免過度專注於日常問題上；所建立的策略必須配合公司獨特的組織特色以及公司所處的環境；確保管理階層的承諾；將策略規劃付諸實行；結合自發性和偶發性的策略；以及配合變化。

策略性的人力資源選擇是公司在設計其人力資源體系時可用的選擇。公司在許多人力資源領域必須採取策略性的選擇，其中包括工作流程、人員招募、員工離職、績效評估、訓練和事業生涯發展、薪資、員工權益、員工與勞資關係以及國際管理。

❖ 選擇人力資源策略以提昇公司績效

人力資源策略必須配合整體的組織策略、公司營運的環境、獨特的組織特色以及組織能力才會有效。人力資源策略也得彼此配合，相輔相成。

❖ 人力資源部門和各部門經理：重要的合作關係

各部門經理得負責人力資源的有效運用。所以，所有的經理都可說是人事經理。人力資源專業人士是內部顧問或專家的角色，協助經理們把自己的工作做得更好。

過去這三十年來，典型人力資源部門的規模大幅成長。這反映出政府法規的複雜和成長，以及大眾更加體認到人力資源議題對達成公司目標的重要性。

問題與討論

1.本章介紹的環境、企業和個別性的挑戰當中，在你看來，哪個對二十一世紀的人力資源管理最為重要？哪個最不重要？請說明你自己的經驗。

2.根據2002年USA Today/CNN/蓋洛普意見調查結果，只有10%的受訪者相信美國企業會照顧員工利益。在最近的封面報導中，USA Today指出，「十幾家大型企業——從拍立得、IBM和思科——取消離職金、暫緩健康醫療福利、凍結人事、調整退休金方案或發布錯誤的稽核報告。結果呢？降低了員工對國內商業機構的信賴[128]。對企業而言，缺乏員工的信任會帶來什麼樣的影響？企業可以什麼樣的人力資源政策來提昇人們的信任？

3.紐約市立大學(City University of New York's Baruch College)朱迪斯(Judiesch)和林里斯(Lyness)教授進行的研究發現，排除年紀、性別、教育和工作要素等因素，基於1993年家庭與醫療休假法(Family and Medical Leave Act of 1993, FMLA)而休假的員工，會遭到嚴厲的懲罰（這項法案允許員工基於家庭或醫療的理由無薪休假，最多休十二個禮拜）。休假的員工獲得升遷的機會比不休假的員工低，而且休假該年的工作績效評等會比較低，加薪幅度跟評等同樣低的同事比起來還要少[129]。這些現象的原因可能有哪些？在你看來，這項結果對於由政府干預，企圖改變人力資源的做法有何意義？請說明。

4.許多人認為，相較於行銷、財務、生產和工程等領域，高層主管對於人力資源較不關心。為什麼人們會有這樣的看法？你會怎麼加以改變？

你也可以辦得到！ 新興趨勢個案分析

❖ 加強安全還是侵犯隱私？

當你們在和求職者面談時，可曾想過對方有沒有犯罪紀錄？濫用毒品的問題？對方所提供的證件或文憑是否作假？

這些機率很可能超出你們的想像。坐落在維吉尼亞州溫徹斯特(Winchester)的美國背景資訊服務公司(American Background Information Service Inc., ABI)發現，他們篩選的人當中有12.6%隱匿自己的犯罪紀錄。

其他專家也認為這是很普遍的數字。堪薩斯引波利亞(Emporia)柏區電信(Birch Telecomm)人力資源經理蘭迪·貝克(Randy Baker)表示：「10%到20%的求職者都有說謊」。

InfoMart公司執行長布萊爾·科恩(Blair Cohen)表示，大約8.3%的求職者有犯罪紀錄，23%的人謊報就業紀錄或教育背景。InfoMart公司坐落於亞特蘭大，專門爲企業對求職者進行背景調查。其他同業所顯示的數字幾乎是其兩倍高[130]。

在某些產業，這個數字更是高得嚇人。根據加州堤摩庫拉市(Temecula)背景查核國際LLC公司(Background Check International LLC)業主凱特·佛萊明(Kit Fremin)表示，電話行銷工作的求職者高達30%到40%有犯罪紀錄。克里夫蘭(Cleveland)的背景資訊服務公司(Background Information Services Inc.)總裁兼執行長傑森·摩里斯(Jason B. Morris)表示，在2001年九月十一日之前，大多數的企業都是查核犯罪紀錄或信用卡報告。不過在世貿大樓和五角大廈慘遭恐怖攻擊之後，針對求職者背景進行調查的公司業務突然暴增。舉例來說：

- ASI Bussiness Solution公司是座落於賓州普魯士王市(King of Prussia)的電腦軟體公司。該公司人力資源部門經理唐娜·波利爾(Donna Polier)表示，公司將查核全體員工之犯罪紀錄、汽機車報告、教育背景以及前三任雇主。對於管理階層的求職者，公司還加上完整的信貸報告。
- 座落於加州卡爾斯巴(Carlsbad)的衛星通訊公司和政府工程承包商ViaSat公司，對全職員工和臨時雇員都進行完整的背景查核。人力資源部門副總裁凱西·亞金(Cathy Akin)表示：「我們向來把這個工作外包，不過因爲承包商是以州來計價，所以如果求職者曾經在各州搬來搬去，費用可能高達300美元，成本過於昂貴」。如果人力允許的話，ViaSat打算將查核求職者就業和教育背景的工作收回由內部處理，因爲這些是比較容易的工作。
- 柏區電訊的貝克表示，他雖然對承包查核工作的業者感到滿意，不過他自己打電話給求職者以前的雇主還可以查到更多資訊。承包商通常只打電話給求職者前任雇主的人力資源部門，根本不會跟求職者以前的直屬主管談到話。
- 座落於南卡羅來納州Greer市的萊恩家庭牛排屋(Ryan's Family Steak Houses Inc.)內部稽核和保全部門主任艾迪·泰隆(Eddie Tallon)表示，多年來公司都有對其經理們進行背景查核，不過三年前也開始對鐘點員工進行查核的工作。他說：「公司從來沒有發生過意外。我們非常重視保全工作，希望藉此提供顧客和團隊成員一個安全的環境。」萊恩牛排屋委託外界公司對他們全體員工進行安全查核、追蹤犯罪紀錄，並調查收銀員和經理們的信用紀錄。

隨著全國對保全的重視與日俱增，原已將背景查核工作外包的企業，對新進人員或現有員工進行更加周詳的查核工作。科恩表示，某大企業要對過去兩年聘用的員工逐一進行第二次的查核，調查有無聯邦犯罪紀錄、是否爲全國性的通緝犯、確認身分以及進行國際性的調查。

國際性的調查需求正逐漸增加。位於紐約Massapequa市的正確資訊系統公司(Accurate

Information Systems Inc.)營運經理凱文．麥可蘭(Kevin McCrann)表示：「進行國際查核的成本要高得多」。他公司對美國每郡收費15美元，但國際查核則是從35美元起跳，最高可達135美元。ABI執行副總裁蓋瑞．史耐得(Gary W. Schneider)表示，國際查核的熱潮正逐漸展開，不過問題是大多數的國家都不像美國一樣保持完整的紀錄。Pre-employ.com的馬特表示，即使在英國這類保持完整紀錄的國家，但因隱私權保護法的限制，使得這類查核工作窒礙難行。

美國中央情報局(CIA)提供系統研究開發公司(Systems Research and Development, SRD)資金，找出犯罪的可能性和保全上的風險。系統研究開發公司查核大量的資料，從中找出不爲人知的關聯性──譬如某個賭場員工和賭場老千的電話居然一樣。該公司將這種技術叫做Nora，代表「不明顯關係意識」(Non-obvious relationship awareness)，也就是從各種資訊來源（譬如求職申請、交易紀錄、顧客清單、「通緝犯」名單等等），找出潛藏的關聯性。一旦發現有可疑的關聯，系統研究開發公司的客戶即可進行進一步的調查。

❖ 關鍵性的思考問題

1. 有些人認爲保全措施（譬如在此單元列舉的各種做法）違反求職者和現有員工的隱私權，而且員工會有被監視的感覺。你同意這樣的看法嗎？請說明理由。

2. 安全查核系統有個潛在的問題，有些人不過是犯些芝麻綠豆的小錯（譬如遲了兩次的信用卡付款），就可能遭到不合理的處罰，有時候甚至連自己都不知情。公司應該建立什麼樣的政策，來判斷哪些事情對公司安全微不足道、哪些則是嚴重威脅？請說明之。

3. 安全查核系統可能會造成假警報，特別是當公司花錢聘請民間的保全公司調查目前員工或求職者和顧客有沒有安全上的風險。而且不管是否出於故意，難免會出現種族偏見的可能性。公司要如何避免這類錯誤的發生，以及避免安全查核造成種族歧視的可能性？請說明之。

❖ 團隊練習

有家生產汽車零件的公司即將聘請外界的承包商，查核公司全體目前員工和求職者的背景，以避免安全上的風險。公司內部成立一個委員會，負責決定應以哪些標準選擇這樣的承包商，並對承包的稽查公司指示應蒐集的資訊。請將學生分爲五人爲一組，對這個情境進行角色扮演，並對全班提出報告。

學生分成小組後，自行選擇某個大眾人物，利用可得的資訊（大多是透過網路蒐集而來）進行「安全查核」。每個小組接著對全班進行報告，說明如何取得這些資訊，從這些資訊所得的推論，以及蒐集這些資訊的困難和挑戰。

資料來源：Adapted from Mayer, M. (2002, January). Background checks in focus. *HR Magazine,* 10-15. See also Weber, T. (2002, January 11). To find security risks, company sifts data seeking obscure links. *Wall Street Journal,* A-1; and Armour, S. (2002b, June 19). Security checks worry workers. *USA Today,* A-1.

管理工作流程與進行工作分析

挑戰

讀完本章之後，你將能更有效地處理以下這些挑戰：

1. 列舉在管理者的控制之下，會影響員工動機的要素。
2. 進行工作分析以及準備工作說明和工作規範。
3. 採用有彈性的工作設計，適應員工面臨工作和家庭衝突，或雇主面臨產品需求起伏不定的情況。
4. 開發保護人力資源資訊系統資料的政策和程序，讓員工的隱私權獲得保障。

工作：組織的觀點

❖ 組織結構
(Organizational structure)
組織內部人與人之間正式和非正式的關係。

❖ 工作流程
(Work flow)
安排工作、達成組織生產或服務目標的方式。

組織結構(Organizational structure)是指組織內部人與人之間正式和非正式的關係。**工作流程**(Work flow)是安排工作、達成組織生產或服務目標的方式。在這個單元，我們會討論策略和組織結構之間的關係，三種基本的組織結構，以及工作流程分析的應用。

策略和組織結構

企業根據其長期目標發展其商業策略。而長期目標是根據以下兩點來建立：(1)分析環境的機會和威脅；(2)評估企業如何配置資產以求最大競爭效能。企業主管選擇的策略會決定公司最適合的組織結構[1]。只要管理階層變動其商業策略，就應該對其組織結構重新進行評估。

第一章提到過，在市場穩定以及產品已有基礎的情況下，公司會選擇防禦者策略。管理採中央集權的方式，由高層主管負責重要的決策，然後由上而下透過指揮鏈交付執行。員工得聽命於直屬上司的指示，這些直屬上司的指示則是來自中階主管，中階主管則得聽命於公司高層執行主管。

應思考的道德問題

本章重點在於強調組織變革攸關存亡。然而，組織變革往往會令個別員工承受巨大的壓力，特別是必須不斷學習新技能滿足工作條件的壓力。企業有沒有道德上的責任，讓員工免受變革的壓力困擾？

公司若處於不確定的商業環境，需以彈性因應環境變化，則會選擇前瞻者策略。成長快速、在充滿動能的市場上推出許多新產品的公司，比較可能選擇這樣的策略。採取前瞻者策略的公司裡採取分權制度，讓各個單位都有些自治權，可自行做出決定影響其顧客，並授權接觸顧客的員工，讓他們可以迅速回應顧客的需求，無須經過直屬上司的同意。

工作流程分析

❖ 工作流程分析
(Work flow analysis)
檢視工作要如何組織，才能為公司流程創造或增加價值的流程。

我們先前提到過，工作流程乃安排工作，達成組織生產或服務目標的方式。管理者得進行**工作流程分析**(Work flow analysis)，檢視工作要如何組織，才能為公司現有流程（流程乃增加、創造價值的活動，譬如產品開發、顧客服務和訂單履約[2]）創造或增加價值。工作流程分析檢驗的是工作如何從顧客（工作的需求乃起始於顧客）透過公司（員工透過一連串創造價值的步驟為工作增值），直到最後以產品或服務的型態離開公司為止。

公司裡每個員工都應該把接下的工作視爲一種投入，做些有用的事情爲其增加價值，然後把工作交給下個負責的員工。工作流程分析通常透露出哪些工作或步驟可以整合、簡化，甚至刪除。在某些案例裡，這種分析促使工作重新組織，使得價值創造的來源從個別員工轉爲工作小組。

工作流程分析可以強化員工工作和顧客需求之間的配合，也有助公司透過企業流程再造大幅提昇績效。

❖ 企業流程再造

「再造」(reengineering)這個名詞最早出現在麥可・韓默(Michael Hammer)和詹姆斯・錢辟(James Champy)的著作《企業再造》(*Reengineering the Corporation*)之中。韓默漢和錢辟強調，「再造」不能跟「重組」混爲一談，也不是單純爲了消除管理階層而進行裁員[3]。**企業流程再造**(Business process reengineering, BPR)並不是特效藥，而是徹底重新思考、革新設計企業流程，以期大幅改善成本、品質、服務和速度[4]。「再造」針對公司生產產品或提供顧客服務的核心流程進行嚴密的分析，從而檢討公司經營業務的方式。透過電腦科技和各種組織人力資源的方式，公司或許能因此自我改造(reinvent)[5]。

❖ 企業流程再造 (Business process reengineering, BPR)
徹底重新思考、革新設計企業流程，以期大幅改善成本、品質、服務和速度。

企業流程再造藉由工作流程分析找出可以刪除或整合的工作，進而改善公司的績效。圖2.1說明IBM信貸公司(IBM Credit Corporation)在施行企業流程再造之前，處理貸款申請的步驟。在企業流程再造之前，工作流程分析顯示貸款申請的處理流程分爲五個步驟，分別由五位貸款專員負責。整個流程平均需要六天的時間完成，顧客正好可以趁著這段時間去找其他的融資機會[6]。大多數的時間，貸款申請案不是處於過渡階段，就是擺在某個貸款專員的桌上等著處理。

企業流程再造之後，這五位貸款專員的工作重新組織，變成只要一位案件組織人員(deal structurer)就可以處理。案件組織人員利用新的軟體印出標準化的貸款合約，進入不同的信用查核資料庫，設定貸款利率並在合約上補上相關條款。在這種新的流程之下，貸款申請可以在四個小時之內完成，而不是六天[7]。

反對再造的人士批評說，半數的再造計劃都無法達成目標，而且裁員

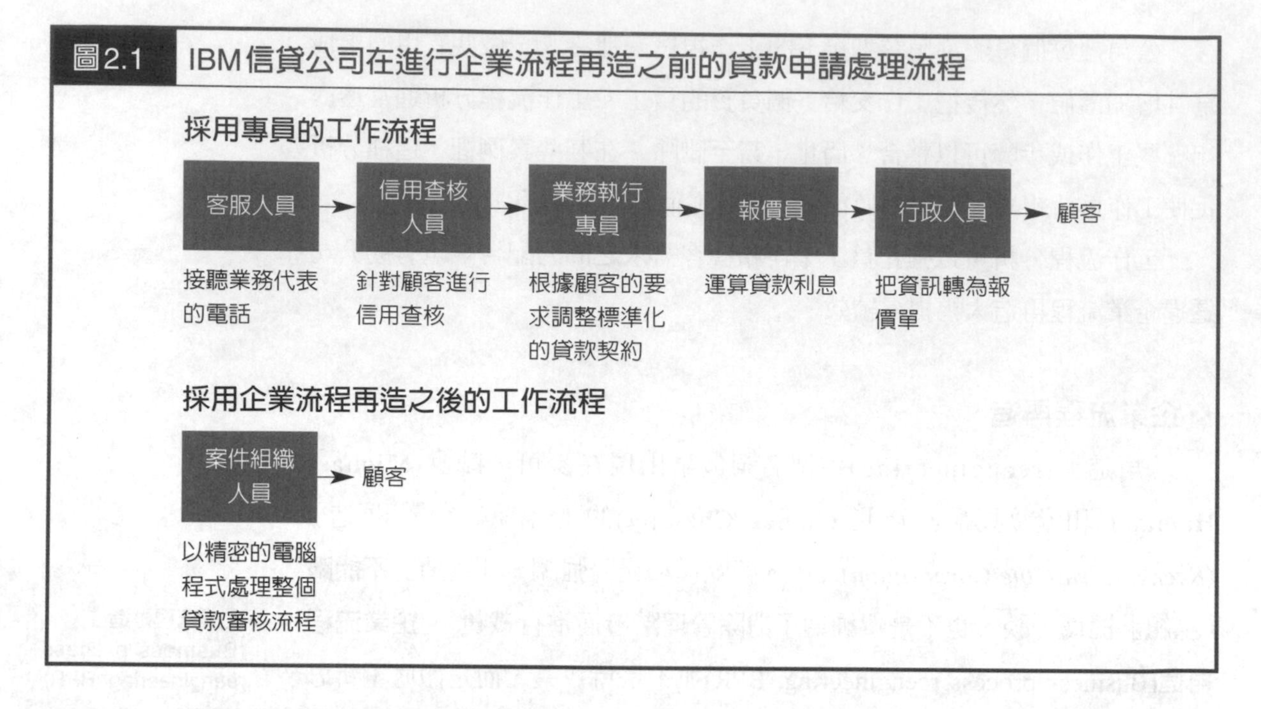

和生產模式的混亂會造成公司和員工的痛苦[8]。然而，CSC Index這家頂尖的再造顧問公司有份意見調查卻顯示，再造在美國和歐洲都很受歡迎。這份報告針對六百二十一家大型歐洲和美國企業進行調查，結果發現69%的美國企業和75%的歐洲企業已經進行再造工程，其餘超過半數則在考慮展開這樣的再造計劃。

工作：團隊的觀點

現在且讓我們從員工團體的觀點來探討工作。在扁平和無疆界的組織結構裡，團隊工作是不可或缺的要素。誠如我們所見，對於這兩種組織結構而言，團隊都是其建構的基石。

❖ 團隊 (Team)
一小群技能互補的人們，為了共同負責的目標一塊努力。

團隊究竟是什麼？這是怎麼運作的呢？**團隊**(Team)是指一小群技能互補的人，爲了共同負責的目標一塊努力[10]。大多數團隊的規模包括六到八位員工[11]。不同於仰賴上司指示的工作小組(work groups)，團隊是仰賴成員領導、指引方向[12]。團隊也可以組織成部門的型態，譬如，在同一家公司裡可能有產品開發團隊、製造團隊和業務團隊。

當今企業運用許多不同類型的團隊。對美國企業影響最大的類型是

「自我管理的團隊」。

自我管理的團隊

採行自我管理團隊的企業主要是藉此改善品質和生產力，並降低經營成本。**自我管理團隊**(Self-managed team, SMT)是負責生產整個產品、零件，或某種進行中服務的團隊[13]。有些自我管理團隊的成員接受過各種工作的交叉訓練，有些成員擁有不同領域的技能——譬如，接受其他領域訓練的科學家和工程師。自我管理團隊的成員負有許多管理上的職責，其中包括工作排程、選擇工作方法、訂購原料、評估績效以及管理團隊成員[14]。

❖ **自我管理團隊 (Self-managed team, SMT)**
負責生產整個產品、零件，或某種進行中服務的團隊。

自我管理團隊對於公司的獲利貢獻良多。譬如，Shenandoah人壽公司採行自我管理團隊之後發現申請案件增加50%，而客服人員則減少10%[15]。採行自我管理團隊的全錄(Xerox)工廠比不採行的工廠，生產力高出30%[16]。波音(Boeing)採行自我管理團隊後，新款777噴射客機開發過程中碰到的工程問題數量，減少了一半以上[17]。

團隊成員一開始可能缺乏所需技能，所以自我管理團隊需要幾年的時間才能充分發揮成效[18]。不過公司可以透過人力資源部門訓練團隊成員所需的技能，加速團隊成功運作的速度。重要的技能包括以下這三項[19]：

1. **技術上的技能**：團隊成員必須接受新技能的交叉訓練，才能視情況需要輪調不同的工作。經過交叉訓練的團隊成員能賦予團隊更大的彈性，而且團隊以較少的員工就能有效地運作。
2. **管理行政方面的技能**：團隊需要處理許多原本由主管負責的工作。所以，團隊成員必須接受管理／行政方面的技巧訓練，譬如編列預算、排程、監督和評估同儕，以及和求職者面談。
3. **人際關係的技巧**：團隊成員需要良好的溝通技巧，才能組成有效的團隊。他們必須能有效表達意見，方能分享資訊、處理衝突，以及對彼此提供意見的回饋[20]。

其他類型的團隊

除了自我管理團隊之外，企業還可利用其他類型的團隊：問題解決團

❖ **問題解決團隊**
(Problem-solving team)
由各單位或部門志願人員組成的團隊，成員每個禮拜見面一、兩個小時討論如何改進品質、降低成本或改善工作環境的議題。

隊、特殊目的團隊以及虛擬團隊[21]。**問題解決團隊**(Problem-solving team)是由各單位或部門志願人員組成的團隊，成員每個禮拜見面一、兩個小時，討論如何改進品質、降低成本或改善工作環境的議題。這種團隊的組成並不會對公司組織造成影響，因爲它們只會存在一段時期，當任務達成後就會解散。當公司決定採行完全品質管理(TQM)時，通常會組織這種問題解決團隊，專注於改善產品或服務品質。

❖ **特殊目的團隊**
(Special-purpose team)
成員跨越部門或公司疆界的團隊或工作小組，其目的在於探討複雜的議題。

特殊目的團隊(Special-purpose team)是成員跨越部門或公司疆界的團隊或工作小組，其目的在於探討複雜的議題──譬如，推出新的技術、改善跨部門的工作流程品質，或鼓勵勞資在沒有工會的環境下合作。工作生活品質(quality of work life, QWL)計劃就是一種特殊目的團隊；工作生活品質計劃的團隊成員（包括工會代表和經理們）攜手合作，共同爲了改善工作生活的各個層面（包括產品品質）而努力。福特和通用汽車的工作生活品質計劃是以改善產品品質爲焦點，而美國鋼鐵工人聯合會(United Steel Workers of America)和其他主要鋼鐵公司之間的工作生活品質計劃，則是開發新方法提昇員工士氣和工作環境[22]。

❖ **虛擬團隊**
(Virtual team)
當團隊成員因實體距離而彼此分離時，得仰賴互動式科技合作的團隊。

虛擬團隊(Virtual team)成員雖然實體距離相隔遙遠，但可利用網路、群組軟體(groupware)（讓分處不同電腦工作站的人，同時就專案進行合作）等互動式的電腦科技以及視訊會議共同合作[23]。虛擬團隊跟問題解決團隊類似，都無須團隊成員全職的承諾。這兩者之間的差異在於，虛擬團隊成員是透過電子設備彼此互動，而不是面對面[24]。

虛擬團隊兼職的特性和無遠弗屆的彈性，讓公司可以發揮以往無法充分利用到的人力。譬如，有家管理顧問公司在舊金山爲當地某家銀行進行一項專案，但參與這項專案的成員還有來自紐約和芝加哥分公司的財務專家。這類團隊讓公司可以打破組織疆界，連結顧客、供應商和商業上的合作夥伴，共同合作提昇品質和推出新產品的速度。

工作：個人的觀點

我們探討工作流程和結構的第三個、也是最後一個觀點，是從個別員工和工作爲出發點。我們首先會探討激勵員工提昇績效的不同理論，以及如何設計工作以達成最高生產力的方式。在接下來的單元，我們將會探討工作分析，蒐集和組織有關特殊工作之任務和職責的資訊。這個單元包括了工作說明，而這正是工作分析的主要結果之一。

激勵員工

動機(Motivation)的定義爲鼓舞、指導和維繫人類行爲的力量[25]。在人力資源管理的領域裡，動機是達成最佳表現或付出最大努力完成交付使命的渴望。動機的一大特色就是以目標爲導向的行爲。

❖ **動機 (Motivation)**
鼓舞、指導和維繫人類行為的力量。在人力資源管理的領域裡，動機是達成最佳表現或付出最大努力完成交付使命的渴望。

❖ 二因子理論

由赫茲柏格(Frederick Herzberg)發展的動機二因子理論(two-factor theory of motivation)試圖找出並說明員工對工作感到滿意或不滿意的因素[26]。第一組因子稱爲「激勵因子」(motivator)，讓員工對工作感到滿意和激發更強烈動機的內部工作要素。要是缺乏這種激勵因子，員工可能對其工作感到不滿或無法充分發揮自己的潛力。這類激勵因子的例子包括：

■ 工作內容 ■ 職責
■ 成就感 ■ 升遷的機會
■ 肯定

值得注意的是，薪酬並不算是激勵因子。赫茲柏格認爲，薪酬屬於第二組的因子──他將此稱爲保健因子(hygiene)或維繫因子(maintenance factors)，這是指工作的外部因子，它們屬於工作環境。如果缺乏保健因子，可能導致員工對工作感到極爲不滿，士氣低落。在某些極端的情況下，甚至會徹底逃避工作。保健因子包括：

■ 公司政策 ■ 員工福利
■ 工作狀況 ■ 和上司與經理的關係
■ 工作保障 ■ 和同事的關係
■ 薪酬 ■ 和部屬的關係

根據赫茲柏格的理論，如果管理階層提供妥當的保健因子，員工不會對工作感到不滿，但也不會受到激勵充分發揮潛力。要想激勵員工，管理階層必須提供一些激勵因子。

二因子理論對工作設計的影響有二：

- 工作設計應該盡量提供激勵因子。
- 光是對薪資或工作環境之類的（外部）保健因子進行調整，長期而言不太可能維繫員工的士氣，除非對工作本身（內部）也進行調整才有可能。

❖ 工作調適理論

每個員工各有不同的需求和能力。工作調適理論(Work adjustment theory)主張，員工動機和對工作滿意的程度，端視他們的需求與能力，和工作與公司特質之間的配合[27]。個人特質和工作環境之間的配合度低，可能導致士氣低落。工作調適理論的主張如下：

- 某個員工覺得很有挑戰性、激勵人心的工作，在別的員工看來卻可能不是如此。譬如，速食店裡智障的員工可能覺得重複性的工作很有挑戰性，可是對於大學畢業生而言，同樣的工作卻很無聊。
- 並不是所有的員工都想要參與決策。參與需求度低的員工可能非常不適合自我管理的團隊，因爲他們可能排斥管理其他團隊成員以及對團隊的決定負起責任。

❖ 目標設定理論

目標設定理論(Goal-setting theory)是由艾德溫．洛克(Edwin Locke)提出，主張員工的目標影響他們的動機和工作績效[28]，因爲：動機乃以目標導向的行爲，所以明確且有挑戰性的目標，比起模糊不清且容易的目標，更能激發員工高昂的動機。

目標設定理論主張，管理者可以透過管理目標設定的流程來提昇員工動機，所以這套理論對於管理者有些重要的意義[29]：

- 當員工有明確且具體的目標時，想要表現的動機會更強烈。如果店經理設定具體目標「未來六個月本店的獲利能力增加20%」，那麼會比光說「盡你們最大的力量」激發更大的動力。
- 困難的目標比容易的目標更能激發員工的動機。當然，目標得切合實際，否則可能讓員工感到氣餒。譬如，沒有經驗的電腦程式設計師答應的交案時間可能不切實際。他的主管可以和他一塊定出比較務實、但仍具挑戰性的截止期限。

■ 在許多情況下（並非全部），員工參與設定的目標會比上級指示的目標激發更大的動力。經理可以透過目標管理(management by objectives, MBO)（這將在第七章討論）和員工共同設定彼此同意的目標或成立自我管理團隊，讓他們負責設定自己的目標。

■ 員工在朝目標邁進時，若能經常獲得有關其進度的意見回饋，會比只有零散意見或根本沒有意見回饋的員工，展現更高的動機和表現。譬如，餐廳經理可以蒐集顧客就服務品質的意見，然後和員工分享這些資訊，從而激發服務人員提供更好的服務。

❖ 工作特性理論

工作特性理論(job characteristics theory)是由李察・哈克曼(Richard Hackman)與葛萊格・歐漢(Greg Oldham)所開發的。這套理論主張工作具有特定的核心特質，這些核心特質會形成員工某些重要的心理狀態，對工作成果帶來好處（包括高昂的工作動機）[30]。工作特性、心理狀態以及工作成果之間的關連強度，則取決於個別員工對成長的需求強度（也就是說，員工認爲隨著工作成長和發展的重要性有多高）。

有五種核心工作特性會激發三種重要的心理狀態。這些核心工作特性爲[31]：

1.技術的多樣性(Skill variety)：員工能夠從事不同工作以及利用各種技能、能力和才華的程度。

2.任務的明確性(Task identity)：員工可以從頭到尾完成工作，並提出明確成果的程度。

3. 任務的重要性(Task significance)：員工的工作對別人（對公司內外）產生重大影響的程度。

4. 自主性(Autonomy)：員工在工作排程、決策、工作方式等方面，享有自由、獨立以及決定權的程度。

5.意見回饋(Feedback)：員工明確而直接獲得有關其成果和表現的資訊。

受到核心工作特性影響的三種心理狀態爲[32]：

圖2.2 工作特性理論

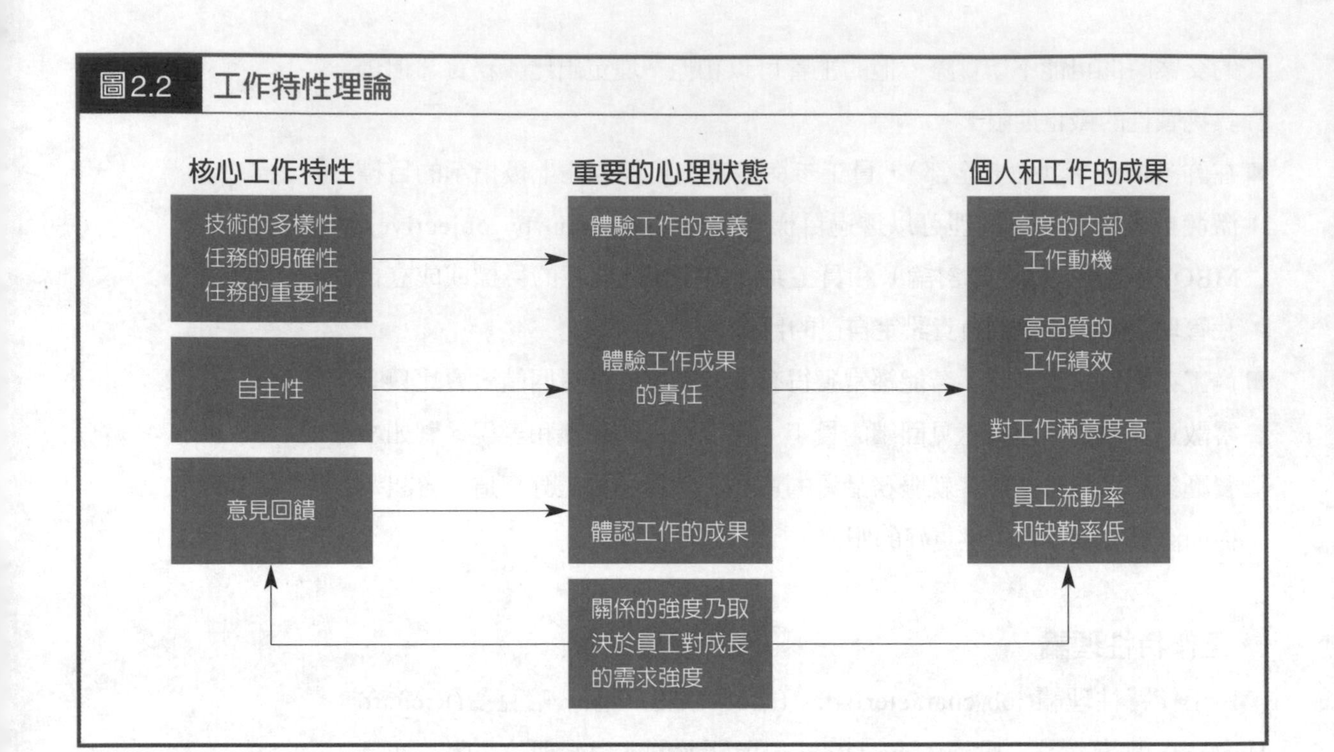

1.體驗工作的意義：員工體會到工作重要、有價值且值得的程度。

2.體驗工作的職責：員工體會到應對工作成果負責的程度。

3.體認工作的成果：員工定期了解其工作表現效能的程度。

如圖2.2所示，技術的多樣性、任務的明確性、任務的重要性，都跟員工體會工作的意義有關。自主性則跟員工體會工作的職責有關，意見回饋則跟員工體認工作的成果相關。

工作特性若能讓員工體驗到這三種重要的心理狀態，維繫員工追求表現的動機[33]，對公司內部有很大的好處。這些好處出自於個人對於本身在乎的任務（體驗工作意義）[34]，知道（體認工作成果）自己表現得很好(體驗工作職責)。此外，這種狀況產生的結果對於雇主也有益：高品質的表現、員工滿意度高、員工流動率和缺勤率降低。工作特性理論主張工作可以透過設計，將員工覺得有收穫和受到鼓舞的特性包含其中。

設計工作和進行工作分析

以上介紹的各項理論都顯示，工作可以經過設計來提昇動機和績效。

工作設計(Job design)是為某特定工作進行組織的流程。

❖工作設計
(Job design)
為某特定工作進行組織的流程。

工作設計

工作設計的影響要素有三。其一是工作流程分析，這是確保公司裡每個員工都把接下的任務視為一種投入，做些有用的事情為其增加價值，然後把工作交給下個負責的員工。另外兩個影響要素分別為企業策略以及最適合該策略的組織結構。譬如，在官僚式的組織結構裡，由於工作是專業分工(division of labor)的型態，所以高度專門化的工作可能會備受重視。

我們將會探討五種工作設計的方式：工作簡化、工作擴大化、工作輪調、工作豐富化以及團隊為基礎的工作設計。

❖ 工作簡化

工作簡化假設工作可以分解為簡單、重複性的工作，讓效率極大化。這種工作設計把大多數思考方面的工作（譬如規劃和組織）交給經理和主管，員工則單純負責執行的工作。工作簡化可以有效地運用人力，生產大量標準化的產品。譬如汽車組裝線上，員工從事高度機械性、重複的工作。

儘管工作簡化在穩定的環境裡很有效率，但是在變動的環境裡，顧客需要的是高品質客製化的產品，工作簡化就比較不適合。而且，工作簡化往往會導致高度的員工流動率以及員工滿意度低落（其實，採用工作簡化的地方，員工可能覺得有必要組織工會，藉此對工作取得一些控制權）。最後，高層專業人士可能過於專精於自己的工作，而無法看清這些工作會對公司整體產品或服務造成什麼樣的影響，結果員工的工作對顧客並無價值可言。過去十年來，由於企業發現高度專業的工作並未對消費者提供價值，因此許多專業員工都在公司進行組織再造時慘遭淘汰。

工作簡化不能和工作刪除(work elimination)混為一談。工作刪除是公司試圖消除每個工作步驟的挑戰，觀察是否能藉此找到更好的工作方式。即使工作中有些部分不能刪除，但還是可以簡化或和其他工作進行整合。

❖ 工作擴大化與工作輪調

❖ 工作擴大化
(Job enlargement)
擴大工作職責的流程。

❖ 工作輪調
(Job rotation)
讓員工在各種性質狹隘的工作之間輪調，但不會阻斷工作的流程。

工作擴大化和工作輪調是用來重新設計工作，藉此避免員工對於執行簡化、高度專門化的工作感到倦怠和無聊。**工作擴大化**(Job enlargement)乃擴大工作職責的流程。譬如，汽車組裝廠內專門舖設車內地毯的員工可能擴大工作範圍，連帶負責安裝汽車座椅和儀表板[35]。

工作輪調(Job rotation)是讓員工在各種性質狹隘的工作之間輪調，但不會阻斷工作流程。譬如在汽車組裝線上，負責舖設地毯的員工會定期輪調去第二個工作站，只負責安裝汽車座椅。稍後則輪到第三個工作站，負責安裝汽車的儀表板。在一天的工作當中，這名員工可能每隔兩個小時就在這三個工作站之間轉換工作內容。

工作擴大化和工作輪調這兩者都有其限制，因爲這些方法主要都是消除工作中不利提昇士氣的部分，所以在五種核心工作特質當中只能改善其中一種（技術多樣性）。

❖ 工作豐富化

❖ 工作豐富化
(Job enrichment)
整合專門工作的過程，讓一個人負責整個產品或服務的生產。

工作豐富化是直接應用工作特性理論（參考圖2.2），讓工作更有趣，以期提昇員工士氣。**工作豐富化**(Job Enrichment)把專門化的工作整合起來，讓一個人可以負責整個產品或服務的生產[36]。

工作豐富化擴大了工作的各個層面。這不是讓人們在一個或多個工作站上工作，而是淘汰整個組裝線的流程，讓員工負責組裝整個產品，譬如廚房電器用品或收音機[37]。好比說，摩托羅拉的通訊部門，現在個別員工得負責組裝、測試以及包裝口袋型無線電呼叫器。先前，這些產品是在組裝線上，分成一百個不同的步驟，並由許多員工分別進行而成的[38]。

工作豐富化讓員工有自治和回饋意見的機會，同時也讓員工對排程、工作方式以及判斷品質等決定負起更大的責任[39]。不過，工作豐富化的成功執行卻受限於生產技術以及負責生產產品與服務的員工能力。有些產品非常複雜，需要非常多的步驟，無法由一個人有效率地進行生產。另外有些產品則需要許多不同技術的配合，公司無法提供員工全部的技術訓練。譬如，波音777客機組裝所需的全部技術，單一員工可能要花一輩子的時間才能全部精通。

❖ 以團隊為基礎的工作設計

以團隊爲基礎的工作設計是把完整的工作交付給團隊完成，而不是個人[40]。公司授權給團隊成員，讓他們自行決定如何完成工作[41]。團隊成員接受不同技術的交叉訓練，然後輪流從事團隊內不同的工作。以團隊爲基礎的工作設計最適合扁平、無疆界的組織結構。

工作分析

在工作流程分析以及工作設計完成後，雇主得界定個別員工的工作，並且和他們溝通對工作的期望。**工作分析**(Job analysis)是最好的途徑，這是有系統地蒐集工作相關資訊。工作分析將工作放在顯微鏡下檢驗，找出其中重要的細節。具體來說，工作分析是判斷某特定工作的任務、職務以及責任。

❖ **工作分析**
(Job analysis)
有系統地蒐集工作相關決策的資訊之流程。工作分析是判斷某特定工作的任務、職務以及責任。

- **任務(task)**：工作的基本元素，這是執行工作職務必要的步驟。
- **職務(duty)**：包括一個或多個任務，這些是執行工作重要活動的構成元素。
- **責任(responsibility)**：一個或多個職務，這些職務會說明這項工作存在的主要目的或理由。

所以，以行政助理的工作來說，他的任務之一可能是完成出差授權表格，這是追蹤部門出差費用的職務之一，而追蹤出差費用則是管理部門預算之責任的一部分。

工作分析提供的資訊可以回答以下這些問題：工作從哪來的？必須採用哪些機器和特殊設備？負責這項工作的人必須具備什麼知識、技術和能力？需要多少的監督？這項工作需要在什麼樣的工作狀況下進行？對這份工作表現的期望如何？負責這份工作的人必須仰賴誰來進行這項工作？他們必須和誰互動？工作分析可以回答這些問題，對於管理者而言是極爲寶貴的資訊，可協助他們開發更有效的人力資源管理政策和方案。

❖ 誰進行工作分析？

根據不同的分析技巧，工作分析可由人力資源部門的成員或由目前職

通用汽車釷星部門的團隊可以自行管理本身的活動，譬如這個負責釷星S系列車款的內部設計團隊。每個團隊自行面談、僱用團隊成員，管理本身的預算，追蹤產生的廢料，以及找出提昇效率的辦法。

務負責（目前負責這項工作的人）進行。某些公司則由一位經理進行工作分析。

❖ 蒐集工作資訊的方法

公司蒐集工作資訊的方法包括：面談、觀察、日誌以及問卷。成本和工作複雜度等要素會影響對於蒐集方式的選擇。

- **面談**：面談者（通常是人力資源部門的某個成員）跟具有代表性的工作負責人進行有結構的訪談。這種有結構的面談包括一系列跟工作相關的問卷，依序在每次面談中提出。
- **觀察**：個人觀察職務負責人實際進行工作的情況，並且紀錄觀察到的核心工作特性。這種方法適用於相當例行性的工作，觀察者可在合理的時間之內找出工作的重點。工作分析人員可能將職務負責人工作的情況錄影下來，以便進行更深入的研究。
- **日誌**：公司要求部分職務負責人記錄日常工作活動的日誌，並記錄每項活動所耗費的時間。經過一段時間（可能是幾個禮拜）對這些日誌的分析，工作分析人員得以掌握工作的重要特性。

■ **問卷**：由職務負責人填寫問卷，問卷中列舉一系列有關工作所需的知識、技術與能力、職務以及責任的問題。每個問題都有量化的規格，可以衡量工作要素的重要性或發生的頻率。接著透過電腦計算問卷的分數，並列印出工作特性的摘要說明。這種電腦化蒐集工作資訊的方式是成本最高的方法。

❖ 工作分析的應用

工作分析衡量工作的內容，以及各種工作職務和責任的相對重要性。這類資訊有助公司遵守政府規定，避免誤蹈不公平或歧視的指控。我們將在第三章看到，當公司遭到歧視的指控時，一般的辯解都是宣稱該項決定（聘僱、加薪、裁員）乃是基於工作相關的理由。而工作分析能為這類辯護提供佐證的文件。譬如：

■ 如果公司可以透過工作分析證明駕車是業務代表的工作中很重要的一個項目，所以業務代表必須具備有效駕照。否則，如果有盲人應徵業務代表職務，而且堅持自己符合資格的話，根據美國殘障人士法案（請見第三章）的規定，公司必須提供他合理的協助。

■ 速食店老闆以週薪支付經理特助（沒有任何的加班費），如果工作分析證明經理特助的工作可豁免公平勞動標準法案(Fair Labor Standards Act, FLSA)（參考第十章）對於加班的規定，面對違反加班規定的指控時，或許可充分地自我辯護。

除了法務方面的目的之外，工作分析對於以下這些人力資源活動也很有用：

■ **招募**：工作分析有助人力資源部門在報紙徵人廣告上，針對合格的求職者輕易說明工作內容，從而找到高品質的求職者。

■ **甄選**：工作分析可以用來判斷，某個特定工作的求職者是否應該接受個性測驗或其他類型的測驗。工作分析也可能透露出，衡量外向與否的個性測驗和其他的工作內容關聯性極低，所以不應用在這些工作的甄選過程上。

■ **績效評估**：升遷、獎勵、懲處或裁員所憑藉的員工績效標準應該跟工作相關。根據聯邦法律的規定，公司若面臨相關指控，必須證明其評估體系採用的績效評估標準與工作相關。

■ **薪酬**：工作分析的資訊可以用來比較各個工作對公司整體績效貢獻的相對價值。每個工作貢獻的價值都是判斷薪資水準的重要依據。在典型的薪資結構之下，工作若需比較複雜的技術或負起更大的責任，則薪資水準會高於其他只需基本技術或責任不高的工作。

■ **訓練和生涯發展**：工作分析對於判斷訓練需求而言是很重要的依據。比較各個員工運用在工作上的知識、技術以及能力，經理可以找出員工在技術上的落差，接著可藉由訓練計劃改善員工在工作上的表現。

❖ 工作分析的技巧

表2.1列舉工作分析的八大技巧。這些技巧的詳細說明不在本書的範疇之內，不過，我們會簡短說明其中的四種：任務存量分析(Task inventory analysis)、關鍵事件法(critical incident technique, CIT)、定位分析問卷(position analysis questionnaire, PAQ)以及功能工作分析(functional job analysis)，讓各位熟悉工作分析的細節。至於如何有效進行工作分析，請參考經理人筆記的「進行工作分析的指導原則」。

1 任務存量分析(Task Inventory Analysis)

❖ **知識、技能與能力(Knowledge, skills and abilities, KSAs)**
成功執行工作所需的知識、技能和能力。

任務存量分析源於美國空軍的任務存量法(task inventory method)[42]。這套技巧用來判斷成功執行工作所需的**知識、技術和能力**(Knowledge, skills and abilities, KSAs)。這項分析包括三個步驟：(1)面談；(2)意見調查；(3)KSAs矩陣產生的任務。

面談這個步驟的重點在於列舉工作的任務項目。面談對象包括目前進行該項工作的員工以及他們的經理。其目的在爲任務存量意見調查中的個別任務建立具體的說明。

至於意見調查這個步驟，則是進行有關任務說明和評估的意見調查。意見調查可能讓受訪者（目前的職務負責人）評估各個任務的重要性、頻率和所需的訓練時間。至於意見調查是針對一部份員工進行樣本調查、還是針對全體員工，則要看員工的人數以及工作分析的經濟限制而定。

最後一個步驟是由KSAs矩陣產生任務，這是用來評估各種KSAs對於

表2.1 工作分析的技巧

技巧	針對的員工族群	蒐集資料的方式	分析的結果	說明
1. 任務存量分析	所有——需要大量的員工	問卷	任務評估	由目前職務負責人*、監督者或工作分析者對任務進行評估。評估項目可能包括任務重要性和從事時間之類的工作特性。
2. 關鍵事件法	任何	面談	行為說明	為工作各個層面建立代表低、中、高的表現評估。
3. 職位分析問卷 (PAQ)	任何	問卷	一百九十四個工作要素的評等	將這些工作要素分為六大項（例如運用的範圍、工作的重要性）進行評等。接著以電腦對這些評等進行分析。
4. 功能性的工作分析 (FJA)	任何	群組面談／問卷	評估目前職務負責人跟人員、資料和事務的關聯	起初的設計是為州政府當地職業介紹所登記的人，改善諮詢和職業安排。這種方式先提出任務說明，然後由目前職務負責人就頻率和重要性之類的層面進行評估。
5. 方法分析（動作分析）	製造	觀察	每工作單位時間	有系統地判斷各種工作所需的標準時間。以觀察和工作時間為基礎。
6. 指導原則導向的工作分析	任何	面談	所需的技術和知識	目前職務負責人判斷執行工作所需的職務、知識、技術、具體能力和其他特性。
7. 管理職位說明問卷 (MPDQ)	管理階層	問卷	一百九十七項檢查項目	經理勾選其職責項目的敘述
8. Hay Plan	管理階層	面談	對公司工作的影響	對管理者就其職責進行面談，並將其回覆根據四個進行分析：目的、層面、本質與範疇、責任。

* The term *job incumbent* refers to the person currently filling a particular job.

成功執行各項任務的重要程度。表2.2簡短說明KSAs的評估矩陣。這種矩陣評估通常會交由不同的專業人士（包括監督者、經理、顧問和目前職務負責人）評定。

任務存量分析有兩大優點。第一，這是在特定情境下有系統地分析任務的方法。第二，使用量身打造的問卷，而不是已經準備好的庫存問卷。這套技巧可以用來建立工作說明和績效評估表格，並找出適當的甄選測驗。

表2.2 KSAs矩陣的任務樣本

評估方式
成功執行任務特性的重要性

1	2	3	4	5
非常低	低	中等	高	非常高

工作任務	工作特性									
	數學推論	分析能力	服從指示的能力	記憶力	理解力——口語	理解力——書面	表達力——口語	表達力——書面	解決問題的能力	文書工作的正確性
1. 檢討生產流程，判斷正確的工作順序										
2. 找出有問題的工作，並採取行動更正										
3. 判斷對於特殊工作順序的需求，並提供需求										
4. 記錄日誌並進行任務指派										
5. 和監督人員協商，判斷緊急情況的關鍵日期										
6. 分析可得的資料並維持訂單										
7. 準備工作組合										
8. 維護顧客訂單檔案										
9. 和採購談判，以確定物料的獲得										
10. 判斷未來顧客訂單的產品可得性										
11. 決定承諾顧客的日期和服務										
12. 根據預測的資料，判斷物料是否充足										

2 關鍵事件法(Critical Incident Technique)

關鍵事件法是用來建立工作的行爲說明[43]。關鍵事件法中，上司和員工會形成工作績效的行爲事件 。這種技巧包括四個步驟：(1)形成層面；(2)形成事件；(3)重新詮釋；(4)指派效能價值。在形成層面這個步驟，上司和員工找出工作的主要層面。「層面」(dimensions)單純是指績效的層面。譬如，和顧客互動、訂貨和平衡帳目都是零售業的重要層面。當上司和員工一旦就工作主要層面達成共識，就可以建立行爲的「關鍵事件」，也就是每個層面績效水準的高、中、低。

關鍵事件法能對工作提供詳細的行爲說明，它通常作爲績效評估系統和訓練計劃的基礎，同時可藉此發展出以行爲爲基礎的面試問題。

3 職位分析問卷

職位分析問卷是一種工作分析的問卷，其中包括一百九十四個不同的項目。職位分析問卷以五階段的評等方式，判斷執行某特定工作時，各個項目涉入的程度[44]。這一百九十四個項目總共分爲六大項：

1.資訊輸入(Information input)：員工在何處以及如何取得執行工作所需的資訊。

2.心智流程(Mental process)：執行工作時牽涉到的推論、決策、規劃以及資訊處理活動。

3.工作產出(Work output)：員工在進行這項工作時，採用的實際活動、工具和設備。

4.和其他人員的關係：和其他進行此工作的人員之間的關係。

5.工作背景：進行工作的實際和社會背景。

6. 其他特性：其他跟工作相關的活動、狀況和特性。

完成職位分析問卷之後，電腦會進行分析，爲該項工作做出一個記分表，並彙整出工作特性。

4 功能性的工作分析(Functional job analysis)

功能性的工作分析用在公共部門的工作分析，可以透過面談或問卷的型態進行[45]。這種技巧可蒐集以下這些工作層面的相關資訊[46]：

經理人筆記

以顧客爲導向的人力資源

進行工作分析的指導原則

管理者在進行工作分析時需要五個步驟：

1. **決定工作分析的用途**：譬如，如果工作分析是作爲績效評估的基礎，那麼所蒐集的資料應該針對工作績效的層次。如果是作爲判斷訓練需求的基礎，那麼工作分析蒐集的資料應該是有關有效進行工作所需的知識、技術和能力。
2. **選擇進行分析的工作**：選擇進行工作分析的工作時，應該考慮的要素包括工作內容的穩定或時效性（變化迅速的工作需要更頻繁地進行工作分析）。低階工作（需要甄選工具決定僱用誰和淘汰誰）也需要定期進行分析。
3. **蒐集工作資訊**：在預算內利用最適合的工作分析技巧，蒐集所需的資訊。
4. **驗證工作資訊的正確性**：目前職務負責人和其直屬上司都應該檢視工作資訊，以確定這對實際工作具有代表性。
5. **撰寫工作說明以紀錄工作分析**：在工作說明中記載工作分析的資訊。在工作說明中摘要說明工作的主要職務和責任，以及所需的知識、技術和能力。這種文件讓管理者得以比較各種工作不同的層面，是許多人力資源方案裡很重要的部分。

資料來源：Adapted from Gatewood, R. D., and Feild, H. S. (2001). *Human resoure selection* (5th ed.) Fort Worth, TX: Harcourt College Publishers.

1. 目前職務負責人對於人員、資料和事務所做的事。
2. 目前職務負責人進行工作的方法和技巧。
3. 目前職務負責人使用的機械、工具和設備。
4. 目前職務負責人生產的物料、提出的專案或服務。

❖ 工作分析和法務環境

公司甄選或評估員工績效的方式若遭到指控，工作分析可能是他們打贏或輸掉官司的依據，所以公司所做的工作分析務必要周詳地紀錄下來。

工作分析有兩個重要的問題。第一，哪種工作分析方法最好？工作分析的技巧雖然有很多種，但不能說哪一種最好。譬如任務存量分析和以指導原則爲導向的工作分析，這些設計是爲了因應法律需求，但法律並未偏好其中任何一項。公平就業機會委員會(Equal Employment Opportunity Commission, EEOC)公佈的統一指導原則(Uniform Guidelines)雖然說應該進行工作分析，但是並未說明偏好哪種技巧。

一般來說，資訊愈明確、愈容易觀察愈好。所以，像任務存量分析或關鍵事件法這類能夠提供明確任務或行爲說明的分析方式，可能會比較受歡迎。關鍵事件法因爲需要監督者和員工投入相當的時間，所以可能所費不貲。

由於沒有一個最好的分析方式，所以在選擇工作分析技巧時，應該在預算的限制之內，根據分析的目的再做選擇。

❖ 工作分析以及組織的彈性

有關工作分析的第二個問題是：當今企業需要保持彈性和創新才會有競爭力，周詳的工作分析資訊應該如何配合這樣的企業呢？

不管採用哪種技巧，工作分析都是對目前工作的靜態觀點，而這種靜態觀點對強調彈性和創新的企業而言都是不適合的。譬如，美國西部航空公司(America West Airlines)試著讓員工負責各種不同的任務，藉此壓低勞工成本。同一個人在一個禮拜之內可能得擔任空服員、票務、行李處理人員等不同的職務。當今隨著資訊與通訊科技的日新月異，幾乎所有的工作都會受到影響，就算是最周詳的工作分析，都很可能在極短的時間內因此失效。

在變化迅速和強調創新的組織環境中，工作分析的重點最好集中在員工的特質，而不是在工作的特性上。工作內容或許會有所改變，但是諸如創新、團隊導向、人際關係技巧和溝通技巧之類的員工特質，卻可能仍是公司成功的關鍵。不幸的是，除非這些特質跟眼前的工作有直接關聯，否則大多數的工作分析技巧都不會以員工的特質爲焦點。但是，現在愈來愈多企業強調跟公司的配合程度是甄選人才的重要要素之一[47]，所以未來的工作分析可能會變得更以員工爲重心[48]。昇陽(Sun Microsystems)、美國豐田〔Toyota(USA)〕以及玻璃製造商AFG Industries等企業，都已將工作分析的領域擴大到潛力員工和公司之間的配合度。

工作說明

❖ 工作說明
(Job description)
說明、敘述、界定工作職務、責任、工作狀況以及規格的書面文件。

工作說明(Job description)是將工作分析過程中蒐集到的資訊摘要說明。它是說明、敘述、界定工作職務、責任、工作狀況以及規格的書面文件。工作說明有兩種：具體的工作說明和一般的工作說明。

具體的工作說明是對工作的任務、職務和責任進行詳細的摘要說明。與這種工作說明相關的工作流程策略強調效率、控制和詳細的工作規劃。它最適合的組織結構具備明確的疆界、功能區分和不同層次管理的官僚體系。表2.3的範例說明服務與安全監督人員的具體工作說明。要注意的是，這份工作說明跟安全監督人員的工作密切相關，所以納入紅十字會急救程序和安全規章的具體工作知識，但並不適合任何其他的監督工作（譬如，當地超級市場的監督人員)。

一般性的工作說明的歷史還很短，其相關的工作流程策略強調創新、彈性和鬆散的工作規劃。這種工作說明最適合扁平或無疆界的組織結構，各部門和管理階層之間幾乎沒有阻隔[49]。

一般性的工作說明裡只記載工作最一般性的職務、責任和技巧[50]。表2.4顯示「監督人員」的一般工作說明。各位要注意的是，表2.4所說的工作職務和責任適用於所有「監督人員」──監督會計、工程師、甚至表2.3所說的服務和安全監督人員。

一般性工作說明的幕後推手可能來自TQM計劃或企業流程再造[51]。譬如，公用事業公司亞利桑納公共服務(Arizona Public Service, APS)發現他們三千六百個員工卻有一千份具體工作說明後，開始朝一般性工作說明發展[52]。這麼多的具體工作說明令各個部門之間興起假性的壁壘，讓變革窒礙難行，而且讓APS無法提供高品質的顧客服務。透過一般性的工作說明，APS得以減少其工作說明的數量到四百五十個。

❖ 工作說明的要素

工作說明有四個要素：確認資訊、工作摘要、工作職務和責任、以及工

表2.3　具體工作說明的範例

工作職稱： **服務與安全監督人員**	單位：塑膠 部門：製造 撰寫人：無名氏 工作分析人員：約翰．史密斯 分析日期：12/26/03 薪資分類：可豁免 驗證者：比爾．強生 驗證日期：1/5/04
工作摘要	服務與安全監督人員接受「浸軋(Impregnating)與層壓(Laminating)經理」的指示：**安排**勞工的時間表；**監督**園丁、清潔人員、廢物處理人員、工廠安全人員的工作；**協調**工廠安全計劃；**保持**每日有關人員、設備和廢棄物的紀錄。
工作職務和責任	**1.** **安排**勞工的時間表，為所有製造部門提供支援人力；**準備**工作指派的時間表以及**指派**個別員工到各部門，根據例行性和特殊需求，以維繫工廠適當的勞力水準；每週**通知**產業關係部門有關勞工的假期和裁員狀態、契約爭議以及其他就業相關的發展。 **2.** **監督**園丁、清潔人員、廢物處理人員、工廠安全人員的工作；根據每週需求**規劃**庭院、清潔和安全活動；每日**指派**員工任務和責任；**監督**進度或指派任務的狀態；**訓練**員工。 **3.** **協調**工廠安全計劃；**教導**安全人員、監督人員以及約聘人員基本的急救程序，以應緊急狀況之需；**訓練**員工滅火和處理危險物料的程序；**確定**工廠遵守OSHA新的或改變的規定；在公司全體的安全計劃和會議中**代表**部門。 **4.** **保持**每日有關人員、設備和廢棄物的紀錄；對成本會計部門**報告**廢物和廢棄物的數量；如有需要，**更新**人員紀錄；**檢討**車子的維修查核表。 **5.** 進行其他指派的雜項職務。
工作要求	**1.** 應用基本的監督原則和技巧之能力： **a.** 對於監督基本原則和技巧的知識。 **b.** 規劃和組織他人活動的能力。 **c.** 讓別人接受意見和指導一群人或個人完成任務的能力。 **d.** 調整領導風格和管理方式以達成目標的能力。 **2.** 以書面和口語溝通明確表達想法的能力。 **3.** 對於目前紅十字會急救程序的知識。 **4.** 了解OSHA規定對於工廠運作的影響。 **5.** 對於勞工、公司政策和勞動契約的知識。
基本資格	十二年的一般教育或相當資格；一年監督經驗；以及急救指導員的資格。**或是**以四十五小時課堂的監督訓練取代監督經驗。

資料來源：Jones, M. A. (1984, May). Job descriptions made easy. *Personnel Journal.* Copyright May 1984. Reprinted with the permission of *Personnel Journal.* ACC Communications, Inc., Costa Mesa, California; California; all rights reserved.

表2.4 監督人員的一般工作說明範例

工作職稱： 服務與安全監督人員	單位：塑膠 部門：製造 撰寫人：無名氏、S. Lee 工作分析人員：約翰．史密斯 分析日期：12/26/03 薪資分類：可豁免 驗證者：比爾．強生 驗證日期：1/5/04
工作摘要	監督人員接受經理的指示：**規劃**目標；**監督**員工工作；以意見回饋和輔導**開發**員工；**維繫**正確的紀錄；和他人**協調**，以最有效利用公司資源。
工作職務和責任	**1.** **規劃**目標和**分配**達成目標的資源；**監督**達成目標的進度，如有需要，調整達成目標的計劃；根據優先要務，**分配**以及**安排**資源，以確定其可得性。 **2.** **監督**員工工作；在指派員工工作時，對員工**提供**明確的指示和說明；**安排**以及指派員工之間的工作，以達到最大的效率；**監督**員工的績效以達成指派的目標。 **3.** 透過直接績效的意見回饋和工作輔導**開發**員工；定期和每個員工**進行**員工績效評估；當員工達成卓越的績效時，**提供**員工稱讚和肯定；當員工績效無法達到理想的水準時候，立刻**更正**他們。 **4.** **維繫**正確的紀錄並記錄行動；即時**處理**文件，並注意細節；**記錄**決策和行動的重要層面。 **5.** 和他人**協調**讓公司資源獲得最適當的利用；和公司其他部門的同事**維持**良好的工作關係；在單位或公司開會時，**代表**其他人。
工作要求	**1.** 應用基本的監督原則和技巧之能力： **a.** 對於監督基本原則和技巧的知識。 **b.** 規劃和組織他人活動的能力。 **c.** 讓別人接受點子和指導一群人或個人完成任務的能力。 **d.** 調整領導風格和管理方式以達成目標的能力。 **2.** 以書面和口語溝通，明確表達想法的能力。
基本資格	十二年的一般教育或相當資格；一年監督經驗**或是**以四十五小時課堂的監督訓練取代監督經驗

資料來源：Jones, M. A. (1984, May). Job descriptions made easy. *Personnel Journal.* Copyright May 1984. Reprinted with the permission of *Personnel Journal.* ACC Communications, Inc., Costa Mesa, California; California; all rights reserved.

作規範和最低資格[53]。表2.3和2.4顯示這些資訊如何在工作說明中被組織。

為了遵守聯邦政府法律，工作說明文件只能記載工作的重要層面，否則合格的女性、少數族裔以及殘障人士可能無法達到特定的工作要求，而無意間遭到歧視。譬如，如果工作可以加以調整，讓沒有駕照的殘障人士也能進行，那工作說明裡就不能要求必須具備有效駕照。

1 確認資訊

工作說明裡第一個部分就是確認工作職稱、地點和工作分析資訊的來源；撰寫這份工作說明的人是誰；工作分析和工作說明驗證的日期；以及工作是否豁免公平勞動標準法案(Fair Labor Standards Act, FLSA)的加班條文規定，還是應該遵守加班費的水準。為了確保公平的就業機會，人力資源人員應該：

- 職稱避免性別。譬如，用「業務代表」(sales representative)，而不是「業務員」(salesman)。
- 工作說明應該定期更新。工作說明若超過兩年，不但不可靠，還可能提供錯誤的資訊。
- 目前職務負責人的上司應該驗證工作說明，以確保此份工作說明真正代表實際的職務和責任（熟悉這份工作的經理也可對說明進行驗證）。

2 工作摘要

工作摘要是一份簡短的說明，摘要說明工作的職務、責任，以及在公司結構內的定位。

3 工作職務和責任

工作的職務和責任說明工作成就哪些事情、如何達成，以及為什麼要達成這些事情[54]。

每份工作說明通常都會列舉三到五項最重要的責任。每項責任說明都以動詞開頭。譬如，表2.4對監督人員的工作說明列舉了五項責任，這些都是從動詞開始：規劃、監督、開發、維繫和協調。每個責任都跟一項或多項工作職務相關，這些職務也是以動詞開頭。譬如表2.4裡，跟「規劃目標」有關的職務有二：(1)監督朝目標邁進的進度；(2)分配和安排資源。這些工作職務和責任說明可能是工作說明裡最重要的部分，因為這會影響到工作說明其他所有的部分。所以，這方面的說明必須周詳、而且正確。

4 工作規範和基本資格

❖ 工作規範
(Job specifications)
成功執行工作所需的人員特質。

工作規範(Job specifications)和基本資格列舉員工成功執行工作時所需的特質(KSAs)。這些KSAs代表執行這份工作的員工能夠做的事情。

在紀錄KSAs時，只能列舉跟成功執行工作有關的部分，現任職務負責人跟工作無關的知識則無須記錄。譬如，電腦程式設計師精通的程式語言當中有些可能跟工作表現無關，這些部分就不應該列舉在工作說明當中。

基本資格(minimum qualifications)爲求職者必須具備、公司才會予以考慮的基本標準。公司可以這些標準在招募和甄選過程中篩選求職者。基本資格必須非常具體，以免任何求職者遭到歧視。公司在紀錄基本資格時應該考慮到以下這些要素：

- 除非大學學歷跟成功執行工作有關，否則大學學歷不應作爲基本資格。譬如，在大型會計師事務所當會計，學士學位可能是基本資格；不過對於在速食餐廳裡當值班經理則未必需要。其他的教育水準也是同樣的道理，其中包括高中學歷或高等教育學歷。
- 工作經驗資格的說明應該非常具體，以免對任何少數族裔或殘障人士造成歧視。譬如，表2.4的工作說明指出，「以四十五小時課堂的監督訓練取代一年的監督經驗」，這項條款讓過去沒有機會從事這份工作的人也有機會申請，而公司則能從更爲多元的求職者當中甄選適合的人才。

彈性的勞動力

彈性是現代企業不可或缺的要素之一。我們已探討過企業如何組織以及如何設計工作以達成最大彈性的方式。在這個單元，我們會進而探討如何確保彈性的兩大策略。第一是臨時性員工的運用，第二則是彈性工時。彈性工時的安排讓公司得以運用以往無法投入職場的人才。

❖ 核心員工
(Core workers)
公司全職員工。

❖ 臨時性員工
(Contingent workers)
雇來處理公司工作量臨時增加的部分，或處理不屬於公司核心能力的部分。

臨時性員工

員工可以分爲兩種：一種是**核心員工**(Core workers)，另外一種則是**臨時性員工**(Contingent workers)。公司的核心員工是指全職員工，享有許多臨時性員工沒有的福利。許多核心員工都跟雇主維持長期的關係，其中包括在公司內的事業生涯發展、完整的福利和工作保障。相對的，臨時性員工的工作則視雇主的需求而定。公司僱用臨時性員工，是爲了協助他們處理突然增加的工作量，或處理不屬於公司核心能力的業務。當公司不再需要臨時性員工的服務時，可以很輕易地裁撤他們。當景氣走下坡時，臨時性員工是第一個會被裁員的對象，所以他們可說是保護核心員工的緩衝。譬如，有些大型日本企業就是如此，他們在商業環境改變時，很快就會裁撤掉大批的臨時性員工，讓核心員工的工作得到保障。

臨時性員工包括短期員工、兼職員工、委外的承包商、契約員工(contract workers)、以及大學實習人員。根據美國勞工統計局的估計，2001年臨時性員工佔全體工作人口的24%。這些臨時性員工的工作相當廣泛，其中包括秘書、保全、業務、和組裝線員工、乃至於醫生、大學教授、工程師、經理、甚至執行長。

❖ 短期員工

短期就業介紹所提供企業短期員工(temporary employees，又稱temp)，從事短期的工作派遣。短期員工爲短期就業介紹所工作，在目前的派遣工作結束後，會再度接受指派爲其他的雇主工作。短期員工是用來填補正式員工因爲病假或家庭因素請假所留下的空缺；另外當公司產品需求增加時，可以聘請短期員工增加產出，讓他們處理一些周邊的工作。全美七千家短期就業介紹所當中，規模最大的就是Menpower，它也是全國最大的私人雇主，旗下有七十五萬的在職人員。[56]

短期員工對於雇主而言有兩大好處：

- 短期員工的薪資一般都低於核心員工。短期員工不太可能取得服務公司的健保、退休金或年假等福利；短期就業介紹所通常也不會提供這些福利給他們。
- 許多雇主會從表現最好的短期員工當中挑選全職員工，這樣的可能性讓短期員工更具工作的動機。由於雇主可以在正式的工作環境裡篩選短期員工，挑出具有長期發展潛力的人才，而且潛力不夠的短期員工也可以很容易打發掉，這讓公司僱到不適任人選的風險大爲降低。

雇主應該了解長期採用短期員工的法律限制。根據聯邦上訴法庭的判決，在微軟服務超過幾個月的員工（即使是由短期就業介紹所安排的人員），有權要求跟長期員工一樣的福利[56]。

世界各國對短期員工的運用愈來愈頻繁。在法國，每五個員工當中就有一個是短期員工或兼職約聘人員，英國的工作人口當中超過25%是兼職。西班牙於2000年的新工作當中，幾乎33%都是短期員工[57]。

❖兼職員工

兼職員工(part-time employee)工作的時數少於全職的核心員工。雇主有彈性可以在需要的時候，安排這些兼職員工上工。兼職工作提供的福利少於全職員工，所以讓雇主可以省下大量的成本。兼職員工向來以服務業爲大宗，服務業在尖峰時段和離峰時段的差異相當大。譬如，餐廳和市場就僱用許多兼職員工，在尖峰時刻（通常是在傍晚和週末）提供顧客服務。

現在企業有許多利用兼職員工的新方法。美國UPS就爲在每個分站負責送貨的辦事員和管理者，設計了一星期二十五工時的兼職工作。有些公司進行縮編，以節省薪資成本，然後將全職的核心工作改爲兼職的職位。

❖ 工作分享
(Job sharing)
兩個或兩個以上員工分攤工作職責、上班時數以及福利的工作安排。

兼職就業當中有一種特殊的型態叫做**工作分享**(Job sharing)，這是把一份全職工作分割爲兩個或兩個以上的兼職工作。工作分享的人會分攤工作的責任、時數和福利。杜邦在縮減人力時，曾在管理、研究和秘書領域運用過工作分享的安排，以避免裁員[58]。

❖外包／委外

應思考的道德問題

美國許多員工和工會代表對於企業外包工作的做法怨聲載道，特別是外包給外國。他們認爲，企業這麼做是爲了規避美國員工期望的合理薪資和福利。這是道德的議題嗎？如果是，企業在決定是否外包時應該有什麼考量？

誠如我們在第一章所說的，外包(outsourcing)〔又稱爲委外(subcontracting)〕是雇主把例行或周邊的工作，委託給另外一家專精且有效率執行這些業務的公司。雇主把比較不重要的工作外包，一方面可以改善品質，另一方面也可以節省成本。雖然雇主有彈性可以更新或終止外包的合作關係，但是外包仍有可能讓雇主和承包商維持長期的關係[59]。

由於愈來愈多企業採取「虛擬企業」的組織模型，外包將是未來的潮流[60]。虛擬企業(virtual company)只有少數核心全職員工，並不斷更換臨時性員工的人力安排。

隨著這波外包的風潮，許多企業也把人力資源活動外包出去。譬如，薪資、福利、訓練和招募等活動往往外包給外界的服務提供商[61]。這些活動以往是由公司內部處理，事實上，人力資源外包業務的規模在2002年已

經理人筆記

新興趨勢

人力資源活動外包的優缺點

把人力資源活動外包給專精這方面的服務提供商有好處也有壞處。管理者在做出決定之前應該考慮到成本和利益。所需考慮的要素如下：

外包的優點

- 承包商可以提供更高品質的人員以及最新的做法和資訊。由於這類服務提供商專精人力資源的活動，所以可以做得很好。譬如，專門訓練員工如何使用文字處理軟體的公司，當這套軟體出現更新版，提供最新的功能和應用時，這家公司也能訓練員工使用最新版本。
- 由於外包商可以做得更有效率，而廣大的顧客網路讓其獲得經濟規模，所以外包的做法有助於公司降低管理費用。
- 外包特定的活動和與工作文化不合的員工，可以避免破壞強大的公司文化或員工士氣。譬如，律師事務所的公司文化是由受訓成爲律師的人所共享，所以可以把福利管理的活動外包出去。

外包的缺點

- 把人力資源活動的配置外包給承包商，可能導致公司喪失對重要活動的控制，並因此造成嚴重的問題。譬如，把員工招募活動外包給外界的招募公司，要是承包商還有其他更重要的客户，那麼可能會讓這家公司錯過某些具有時效性的專案。
- 把人力資源活動外包，可能讓公司沒有機會了解對其他公司有益的流程和活動。譬如，把執行訓練和開發工作外包給提供標準化訓練課程的公司，可能導致客户公司沒有機會了解公司如何配合本身文化塑造領導的獨特方式。

資料來源：Kaplan, J. (2002, January 14). The realities of outsourcing *Network World,* 33; and Baron, J., and Kreps, D. (1999). *Strategic human resources: Frameworks for general managers.* New York: John Wiley & Sons.

成長爲800億美元的產業，而且產業總收益較上年增加33%[62]。把薪資之類的例行人力資源活動外包出去固然有助提昇效率，但訓練或績效評估之類關鍵的人力資源體系如果也外包出去，則可能導致公司喪失對重要體系的控制，或無法從最佳的人力資源做法當中學習，喪失對人力資源活動進行根本改善的機會。很顯然的，人力資源外包的做法並不是萬靈丹，公司在決定是否外包之前，應該周詳地權衡利弊。

對於決定外包的公司而言，和承包商建立正確的關係是非常重要的。雖然有些公司把承包商視爲策略合作夥伴，另外有些公司則認爲，公司和承包商的利益終究不一樣。

班尼頓(Benetton)就是以外包作爲競爭優勢的公司。這家義大利跨國企業生產的服飾行銷全球一百一十個國家。班尼頓自視爲「服飾服務」公司，而不是零售商或製造商[63]。公司把大量的成衣製造外包給當地的供應商，但會提供承包商相關的成衣製作技術，班尼頓認爲這是維繫品質和成本效率的關鍵要素[64]。

❖ 契約員工

契約員工是指和雇主在特定期間內或爲特定工作直接建立關係的員工（不是透過外包跟承包商建立關係）[65]。契約員工可能是自我聘僱(self-employed)的工作者，自行提供工具，並決定契約的時數。有時候，契約員工也稱爲顧問(consultants)或自由工作者(freelancer)。由於契約員工並不屬於公司的編制，所以管理者可以利用他們的服務，但又不會抵觸公司爲了避免薪資成本對於招募政策所設的限制。

許多具備專門技術的專業人士都成爲契約員工[66]。譬如，醫院會採用契約人員擔任急診室的醫師；大學聘請他們教授基本課程。小貝爾電訊公司(Baby Bell)旗下的U.S.West，就採用契約人員從事許多人力資源的工作。

契約員工往往比內部員工更有生產力且更有效率，因爲自由工作者的時間通常不會爲公司官僚體制和會議所佔，他們也可以提供公司新的外界觀點。然而，他們也會構成一些管理上的挑戰。對於自由工作者而言，你只是他們眾多客戶當中的一家，每個客戶都有急迫的專案和截止時間，要激勵他們的工作動機不見得是件容易的事情。

❖ 大學實習生

臨時性工作領域裡最新的發展之一就是雇用大學實習生。這些大學實習生是短期從事全職或兼職工作（通常是一個學期或利用暑假），藉此累積一些工作經驗。有些實習生是有薪的，有些則否。雇主讓實習生提供專業人員人力上的支援，有時候，公司會觀察實習生的工作，作爲他們畢業後是否聘用他們擔任核心員工的考量。採用大學實習生的大型企業包括IBM和奇異電器（電子工程師有實習生的制度）、Big Six會計師事務所（採用實習生爲客戶進行稽核工作）、寶鹼（在業務和行銷領域採用實習生）。

許多小公司也採用大學實習生，希望藉此吸引想跟公司一塊成長的人才。譬如在Seal Press（這是一家位於華盛頓西雅圖的小型出版公司），其行銷部門主任當初就是從行銷實習生開始，後來一路從行銷助理做到部門主管的位置。編輯部門的實習生可以登入電腦、閱讀稿件、撰寫詳細的讀者心得報告，有時候還參加員工會議。由於這份工作很有挑戰性，所以有一長串的申請人。

彈性的工作時間安排

彈性的工作時間安排改變的是工作時間，至於工作設計和勞資關係則維持不變。雇主可以有彈性的工作時間表來調整傳統周一到周五、九點到五點的工作時間，這種安排對勞資雙方都有好處。雇主獲得的生產力和工作滿意度都會大幅提昇[67]，員工則覺得受到管理階層的信賴，這樣的信賴能讓勞資關係品質獲得改善（參考第十三章）[68]。而且，有彈性的工作時間安排讓員工得以避開交通顚峰時間，也有助於降低壓力。

有彈性的工作時間安排當中，最常見的三種分別爲彈性工時(flexible work hours)、壓縮工作天(compressed workweek)以及電子通勤(telecommuting)。

❖ 彈性工時

彈性工時(flexible work hours)讓員工可以控制自己每天上下班的時間，每個禮拜必須上滿四十個小時的工作時數，但是可以控制他們執行工

❖ 彈性工時
(Flexible work hours)
讓員工控制何時上班、何時下班的工作安排。

❖ **核心時間 (Core time)**
當全體員工都應該上班的時間，屬於彈性工時的一部分。

❖ **彈性時間 (Flextime)**
員工可以選擇不上班的時間，屬於彈性工時安排的一部分。

作的時間。彈性工時把工作時間區分為「**核心時間**」(core time)──這是指全體員工都應該上班的時間；以及「**彈性時間**」（flexible time，又稱flextime）──這是指員工可以配合個人的活動組織例行工作。

採用彈性工時的企業在他們提供員工的彈性上各有不同。惠普的政策是讓員工有彈性從早上六點半和八點半之間開始上班，並在工作八個小時後下班。惠普的核心工時是從早上八點半到下午兩點半[69]，會議和團隊活動都安排在這段核心時間。

❖ 壓縮工作天

壓縮工作天(compressed workweeks)是把工作日的時數增加到十個小時以上，藉此調整每個禮拜工作的天數。其中一種做法是每個禮拜有四天工作十個小時，另外一種則是四天工作十二個小時，然後休息四天。這種時間安排讓員工每隔十六天就可以有連續兩次休息四天[70]。

壓縮工作天的做法對於雇主而言有兩大好處。第一，對於提供二十四小時服務的機構而言（譬如醫院和警察局），這種時間安排比較不會中斷服務。第二，對於工作地點偏遠，需要長途通勤上班的公司（譬如，離岸鑽油平台）而言，這種時間安排能降低缺勤率。

壓縮工作天的安排對於員工而言有好處也有壞處。主要的好處是，員工可以有三到四天的週末和家人相處或從事個人活動。然而，採取這種壓縮工作天的員工可能會覺得工作壓力大，並覺得倦怠[71]。雇主在選擇員工時，應該挑選能長時間工作而不會影響工作表現的人。

❖ 電子通勤

❖ **電子通勤 (Telecommuting)**
這種工作安排讓員工得以在家中全職工作，並透過電話、傳真和電腦維持和辦公室的聯繫。

電子通勤(Telecommuting)提供彈性的工作時數和工作地點。個人電腦、數據機、傳真機、電子郵件和網際網路（和國際網路連線）讓美國上百萬人可以在家上班[72]。電子通勤讓員工得以兼具全職工作和自己想要的生活型態[73]。

電子通勤的安排讓雇主可以僱用到平常無法出外就業的人才（譬如有小孩要照顧的人），雇主也可以節省辦公室空間的成本。然而，電子通勤對於管理者而言還是有些挑戰。我們會在第十三章詳細進行討論。

吉爾．史密斯(Jill Smith)在家電子通勤，擔任捷藍航空(JetBlue Airways)的票務人員。

人力資源資訊系統

誠如我們所見，許多企業選擇非傳統的結構，透過工作的設計突破員工之間的壁壘，並採用各種技巧確保人力的彈性運用。這些策略雖然有助於提昇組織效能，但卻也讓公司很難追蹤內部所有的服務人員。幸好，電腦的硬體和軟體讓人力資源的追蹤工作變得輕鬆得多。

人力資源資訊系統(Human resource information systems, HRIS)是用來蒐集、記錄、儲存、分析以及擷取有關組織人力資源資料的系統[74]。當今大多數的HRIS都已電腦化，所以我們就以此為焦點。儘管這不在本書的範疇之內，但我們還是要簡短說明兩個相關的要素：HRIS的應用以及HRIS相關的管理安全和隱私權議題。

❖ **人力資源資訊系統(Human resource information system, HRIS)**
用來蒐集、記錄、儲存、分析以及擷取有關公司人力資源資料的系統。

HRIS的應用

電腦化的HRIS包括電腦硬體和軟體的應用程式，軟硬體的配合讓管理者得以做出人力資源的相關決策[75]。硬體可能包括大型電腦主機或成本相當低廉的個人電腦。軟體則可能是客製化的程式或現成的套裝軟體（後者比較可能用在個人電腦上）。表2.5顯示企業目前對HRIS軟體的用途，其中包括：

- **員工資訊**：公司可利用員工資訊程式建立資料庫，提供基本的員工資訊：姓名、性別、地址、電話號碼、生日、種族、服役狀態、工作職稱以及薪資。公司還可以其他的應用程式，利用員工資訊資料庫中的資料作為更專門的人力資源用途。
- **求職者追蹤**：求職者追蹤程式可將招募過程中比較勞力密集的活動自動化。這些活動包括了儲存求職者的資訊，好讓使用者可以應用在不同的用途上；以及對求職者的評估；安排跟不同經理面試的時間；更新求職者的狀態，譬如求職者是否獲得另外一份工作，或是否具備特殊的個人情況（譬如雙薪婚姻）；通信（譬如，錄取或拒絕的通知信）；以及遵守政府規定，建立所需的公平就業機會(equal employment opportunity, EEO)記錄。
- **技術庫存**：技術庫存是追蹤雇主人力庫當中的技術供應狀況，並為技術供應和公司對技術的需求進行撮合。技術庫存可以用來支援公司對內拔擢的政策。
- **薪資**：薪資應用程式會計算出員工的總薪資、聯邦稅率、州政府的稅

表2.5 部分人力資源資訊系統應用的應用

• 求職者追蹤	• 就業歷史	• 工作評估	• 技術庫存
• 基本員工資訊	• 目標設定系統	• 工作刊登	• 繼任規劃
• 福利管理	• 健康與安全	• 勞資關係的規劃	• 時間與出勤
• 紅利和獎勵管理	• 健康保險的利用	• 薪資	• 出差成本
• 事業生涯開發和規劃	• 聘僱程序	• 退休金與退休	• 流動率分析
• 薪資預算	• 人力資源規劃和預測	• 績效管理	
• 平等就業機會之遵守事項	• 工作說明／分析	• 短期與長期的殘障	

資料來源：Dzamba, A. (2001, January). What are your peers doing to boost HRIS performance? *HR Focus,* 5-6; Kavanagh, M., Gueutal, H., and Tannenbaum, S. (1990). *Human resource information systems: Development and application,* 50. Boston: PWS-Kent. Reproducrd with the permission of South-Western College Publishing. Copyright 1990 by PWS-Kent. All rights reserved.

率、社會安全等其他稅率以及淨薪資。這種程式也可以經過設定，扣除薪資單上的其他的費用，譬如健保費用、員工自行負擔的退休金計劃以及工會費用等。

- **福利管理**：福利管理程式可將福利的紀錄工作自動化，這方面的工作如果由人工處理，會耗費相當可觀的時間。這可以應用在各種福利計劃的管理上，或提供福利選擇的建議（譬如，判斷某個員工的退休基金是否足夠，讓他得以提早退休）。福利軟體也可以提供每位員工年度的福利說明。

HRIS安全與隱私權

人力資源部門必須建立政策和指導原則以保護HRIS的安全和完整性。未經授權使用HRIS可能會造成很大的混亂。譬如，有家證券公司的執行主管進入公司的HRIS，取得員工的姓名和地址提供給她先生——他是個人壽保險經紀人，利用這些個人資訊寄發廣告信函給他太太的同事。結果這些員工提出求償好幾百萬美元的集體訴訟，控告公司侵犯隱私[76]。另外還有個例子，有個電腦程式設計師侵入公司的HRIS，把一些員工的薪資資訊（包括執行主管和高層經理）透露給其他員工知道。結果員工發現他們的薪資水準居然有這麼大的差距，憤怒的情緒讓狀況一發不可收拾。

為了保護HRIS紀錄的安全性和隱私權，公司應該：

- 控制員工使用電腦和電腦資料檔案，藉此對HRIS的進入設限。設置電腦和敏感資料庫的房間應該上鎖。有時候，資料可以編碼格式呈現，未經授權的使用者便無法理解。
- 只有密碼和特殊編碼才能進入不同部分的資料庫。譬如，經理可能有使用授權，並有特殊編碼可以進入技術庫存資料庫，不過對於福利資料庫裡敏感的醫療資訊，則沒有使用授權。
- 只有在非知道不可的情況下，才提供進入員工資料庫的授權。
- 開發政策和指導原則，管理對員工資訊的使用，並對員工說明這些政策的運用。
- 讓員工得以檢查自己的個人資料，以確認資料正確無誤，如果有必要則進行更正。

摘要與結論

❖ 工作：組織的觀點

公司的商業策略決定其工作結構。在防禦者策略之下，工作可以根據分工的原則，分派給各功能單位，有效率地安排爲功能性結構。在前瞻者策略之下，分權和低度分工則比較適合。當公司所處環境穩定時，官僚組織結構可能是最有效的。但當公司所處環境不確定性高，而且需要彈性配合時，公司比較可能採取扁平式、無疆界的組織結構。

工作流程分析是檢討工作如何爲目前的商業流程創造或增加價值，這有助於管理者判斷工作是否達到最高效率。工作流程分析對於TQM計劃和企業流程再造相當有用。

❖ 工作：團體的觀點

扁平和無疆界的組織結構下，自我管理團隊的運用可能會備受重視。這種自我管理團隊是由六到十八個員工組成的小型工作單位，負責生產整個產品、零件或進行中的服務。企業也運用另外兩種的團隊設計：問題解決團隊網羅某個單位或部門的志願者，每個禮拜聚會一或二個小時，討論如何改善品質、降低成本以及改善工作環境；特殊目的團隊的成員則橫跨各個部門或跨越公司的疆界，其目的在於檢討複雜的議題；虛擬團隊讓分處各地的員工得以透過電腦或其他科技合作從事專案，或解決特殊的問題。

❖ 工作：個人的觀點

動機理論說明各種工作設計如何影響員工的動機。四大重要的工作動機理論爲：二因子理論、工作調適理論、目標設定理論以及工作特性理論。

❖ 設計工作和進行工作分析

工作設計是把工作組織爲任務的過程。工作設計的方式包括：簡化、工作擴大化、工作輪調、工作豐富化、以團隊爲基礎的工作設計。

工作設計是對工作任務、職務和責任相關資訊，有系統地蒐集並加以組織的流程。這是許多重要人力資源活動的基石。工作分析的用途包括遵守法律規定、招募、甄選、績效評估、薪資、訓練和事業生涯發展。由於並沒有任何一個工作分析技巧是最好的，所以選擇工作分析方式時，應該根據分析目的來作爲考量。

工作說明是對工作的重要職務、責任、工作狀況和規範進行說明。這些資訊是來自工作分析。工作說明可以分爲具體和一般兩種，其中有四個要素：確認資訊、工作摘要、工作職務和責任以及工作規範和基本資格。

❖ 彈性的人力安排

彈性的工作設計讓管理者得以應付環境的突然變化，以及配合多元化人力的需求。爲了維繫人力的彈性，雇主可以採用臨時性員工（短期員工、兼職員工、外包給承包商、契約員工以及大學實習人員）。他們可以有彈性的工作時間〔彈性工時(flexible work hours)、壓縮工作天(compressed workweek)以及電子通勤(telecommuting)〕來調整工作。

❖ 人力資源資訊系統

人力資源資訊系統是用來蒐集、記錄、儲存、分析和擷取人力資源相關資料的系統。人力資源資訊系統的資料有許多不同的用途，可以支援人力資源的各種活動，這當中包括求職者的追蹤、技術庫存、薪資管理以及福利管理。人力資源部門必須建立政策保護人力資源資訊系統資料的安全以及員工的隱私權。

問題與討論

1.爲什麼判斷一個新進員工是否積極上進會很困難？影響員工動機的要素有哪些？

2.有些管理專家並不認爲虛擬團隊眞的算是一種團隊。根據團隊的定義，虛擬團隊有哪些條件滿足團隊的定義？可哪些層面讓人質疑不符合團隊的定義？假設你得組織一支虛擬團隊，結合分散在不同城市的顧問，爲客戶進行一項重要專案，你可以採用哪種人力資源管理的做法，讓虛擬團隊成員的行爲就像眞正的團隊一樣（譬如自我管理或問題解決的團隊）？

3.近年來愈來愈多企業把「員工」歸爲「契約員工」；有些人認爲自己有權享有「員工」身分者所享有的特定福利和特權，便一狀告到法院。員工享有哪些福利和特權是契約員工無法享有的？雇主僱用契約員工有哪些是固定職員所無法提供的好處？契約員工如何對法院證明，他其實是正式職員，只不過是被公司歸錯爲契約員工？

4.經理可能質疑其臨時性員工對工作的承諾嗎？當公司員工大多是短期員工和臨時性員工時，管理上可能會受到什麼影響？

你也可以辦得到！

新興趨勢個案分析

❖ 撰寫工作說明

工作說明是記錄工作內容的有效工具，有助於招募、人員任用、訓練、薪資和人力資源規劃的決策。這個練習是讓各位體驗撰寫工作說明，在準備的時候請仔細研讀「工作說明」的單元，以及該單元對於具體和一般工作說明提供的範例圖解。

接下來，選擇一份工作作為工作說明的標的。你的工作說明最好是根據你自己熟悉的工作，也就是你目前從事的工作或最近做過的工作，兼職或全職的工作都可以。如果你並沒有工作經驗，那麼去問個朋友或親戚，請他們提供本身工作的詳細資訊。

當你為這項練習選定工作後，就可以開始進行。

❖ 關鍵性的思考問題

1.你覺得具體工作說明和一般性的工作說明之間有何主要的差異？

2.假設你撰寫工作說明的工作，是由有好幾個人同時受雇執行該項工作，那麼有沒有必要為每一個從事同樣工作的人撰寫不同的工作說明？

3.仔細遵循表2.4「具體工作說明」的格式，為你所選的工作撰寫工作說明。確定其中要包括以下這些要素：(1)工作職稱和確認的資訊；(2)工作摘要；(3)工作職務和責任；(4)工作要求；(5)基本資格。檢查你的成品，確定工作說明的風格盡量要貼近本書的範例。

❖ 團隊練習

找一個同學搭檔，或由三到四人組成小組，交換彼此撰寫的工作說明。讀過彼此的工作說明之後，根據本書所提的範例提出改善的建議。和合作夥伴或小組成員輪流討論建議要修改的地方，讓每個人的工作說明都能獲得意見回饋。對你的工作說明進行所需的修改，加以改善。工作說明在完成之前要進行多次修改是很正常的。現在請檢查你剛才寫的工作說明並加以修改。跟合作夥伴或小組討論，這份工作說明可以如何運用在公司的決策上。接著討論最後還得進行哪些額外的步驟，這份工作說明才能真正用在公司的聘僱決定上。

了解公平機會和法律環境

挑戰

讀完本章之後，你將能更有效地處理以下這些挑戰：

1. 說明遵守人力資源相關法令對於經商而言為何如此重要？
2. 遵守人力資源法令的修改、規定和法院的判決。
3. 管理應遵守公平就業機會法，並了解平權措施的規定。
4. 管理決策應避免法律責任。
5. 了解何時需針對人力資源管理事務尋求律師的意見。

了解法律環境為何如此重要

了解以及遵守人力資源相關法令之所以重要有三點原因：這有助你們作對的事、了解公司人力資源和法務部門的限制，並盡量避免公司負擔法律責任的可能性。

作對的事

遵守法令之所以重要，第一個原因就是因爲這是對的事情。我們在此討論的法令當中，或許有些不盡認同，不過這些法令的主要訴求就是正確的管理方式。公平就業機會法(Equal Employment Opportunity, EEO)最新法令規定男女員工應該同工同酬，這就是正確的要求。最近EEO法律還規定求職者或員工若能勝任工作，公司就不得以其殘障的理由予以歧視。這也是正確的做法。

遵守這些法令還有其他的好處。歧視女性的薪酬制度不但可能引來法律責任，還可能打擊員工士氣和降低工作滿意度，這會對工作績效造成打擊。歧視身體殘障、但能勝任工作的員工也沒有道理可言，因爲這樣做，公司會錯失僱用留任頂尖人才的機會。麥當勞率先僱用有學習障礙的年輕人，這種做法不但負起社會責任，而且讓許多顧客對麥當勞留下良好印象[1]。

了解人力資源和法務部門的限制

公司的人力資源部門對於人力資源法令負有相當大的責任，這包括了記錄、撰寫和執行良好的人力資源政策，以及監督公司的人力資源決策。然而，如果管理者做出很差的決定，人力資源部門不見得能夠解決這樣的問題。譬如，假使經理對績效很差的員工打了很高的分數，人力資源部門無法解決這個決定所造成的傷害，也無法提出開革該名員工所需的佐證文件。

管理者造成的問題也不是法務部門能夠神奇化解的。不論是內部還是外部的律師，其主要職責就是在問題發生後，盡量避免事態蔓延。不過管理者應該從一開始就避免問題發生。

當經理做出的人力資源相關決定可能涉及法律問題時，人力資源部門的成員可以提供協助，在旁監督經理的決定或扮演顧問的決策。譬如：

■ 上司想以無故缺勤的理由開除某個員工，這時他可以諮詢人力資源部門，查看有否足夠的證據可以「正當理由」開除這個員工。人力資源部門可以協助這位經理和公司，避免惹上「不當開除」的官司。

■ 有個經理接到某家公司的電話，詢問某個離職員工的資格。這個經理不確定可以透露多少這個離職員工的工作歷史，所以諮詢人力資源部門的意見。人力資源可以協助避免惹上污衊的官司（對第三方提供錯誤的資訊造成員工的名聲受損）。

避免法律責任

違反人力資源法令或相關法令規定可能會造成巨額的財務損失。對年紀、性別、種族或殘障的歧視官司，法院通常會根據被告公司的規模判決對原告提供5萬美元到30萬美元不等的賠償。不過，個別的賠償金額可能會更高。在2001年，特洛伊．史溫頓(Troy Swinton)指控華盛頓Woodinville的U.S.Mat公司，在他就職的六個月期間，身爲全公司一百四十名員工裡唯一的非裔美國人，不斷遭到有關種族的「笑話」和歧視性的話語汙辱。他對公司提出告訴後，陪審團判決該公司必須提供史溫頓103萬美元懲罰性的損害賠償(punitive damage)，補償欠薪以及所承受的壓力。這項判決並獲得美國聯邦上訴法院的支持[2]。同樣在2001年，患有多發性硬化症(multiple sclerosis)的土木工程師拉奇．李察斯(Lachi Richards)控告錢任雇主國際工程公司CH2M Hill對殘障者的歧視，加州法院判決CH2M Hill必須提供92萬5000美元的情緒壓力賠償以及 47萬6000美元的經濟損失賠償。

一旦被控歧視的消息曝光，公司還可能面臨公關上的夢魘。90年代初期有樁相當著名的案例，Denny's連鎖餐廳多家店經理和員工遭到控告，涉嫌歧視非裔顧客。這家公司後來不但得支付非裔顧客4600萬美元，以及870萬美元進行和解，公司在顧客之間的形象更遭到很大的打擊[3]。不過近

Denny's對待少數族裔的方式對公司的大眾形象造成不小的打擊，自此之後，Denny's大刀闊斧地進行改革。阿金．歐拉汪(Akin Olajuwon)是該公司第二大加盟業者。少數族裔擁有三分之一以上的連鎖餐廳，《財星》雜誌更將其甄選為1998年最適合亞裔、黑人和西班牙裔工作的公司之一。

年來，Denny's已大刀闊斧地進行改革：1998年七百三十七家連鎖店當中少數族裔就擁有35%，非裔美國人阿金．歐拉汪(Akin Olajuwon)擁有六十三家聯鎖店，讓他成爲Denny's第二大的加盟業者。在1993年，只有一家連鎖店是由非裔美國人所擁有[4]。

遵守法律挑戰

管理者在遵從人力資源相關法令規定時會面臨一些挑戰。這些挑戰包括動態的法務環境、法令複雜性、公平就業的策略衝突，以及無心之過。

動態的法務環境

許多法律都會影響到人力資源管理，其中許多都是在最近這十年間通過的法案。

法院判決也會對這樣的動態環境造成影響。譬如，1971年高等法院對名爲「Griggs對Duke Power」的案子做出判決[5]，爲民權立下里程碑。此外，這項判決還讓雇主在就業歧視的案例裡必須負起舉證之責。

不光是司法程序出現迅速的變化。自從1991年備受全國矚目的克萊倫斯‧湯姆斯(Clarence Thomas)和安妮塔‧希爾(Anita Hill)因爲性騷擾案對簿公堂以來，性騷擾便成爲重要議題。性騷擾相關法規在1980年代初期爲公平就業機會委員會(Equal Employment Opportunity Commission, EEOC)所採取，並於1986年獲得高等法院接受。自此企業、律師和法官紛紛試圖了解這些法規的意義和條件。各界對於這些議題看法分歧，這意味著不同的法院對於性騷擾的構成要件可能會有不同的決定。在高等法院做出更多的判決或國會澄清相關法律之前，管理者必須特別注意這些議題的後續發展。

法令複雜性

人力資源法令和其他的法令一樣，都非常複雜，個別的法律都有一大堆的冗長的條文。譬如，1990年美國殘障人士法案(Americans with Disabilities Act, 1990)的技術手冊有好幾百頁長。而且，有份研究分析更指出，影響四千三百多萬美國人的殘障型態有一千種之多[6]。就算是人力資源法律的專家也很難理解某條特定法律可能造成的所有影響，更何況是管理者。

不過，大多數的人力資源法令都相當直接了當。管理者應該可以輕易了解這種法律規定的基本動機，而且在大多數的情況下，他們的認知都足以遵守這類法律的規定。

公平就業的策略衝突

什麼是達成平等人力資源法律最好的辦法，社會、政界代表、政府機構員工和法官對此看法莫衷一是。這方面最主要的爭議在於達成**公平就業**(Fair employment)目標的策略彼此衝突。公平就業是指聘僱決定不爲非法歧視所影響的情況。大多數民權法律都禁止雇主根據員工的種族、性別或年紀做出決定（聘僱、績效評估、薪酬等）。所以要達成平等就業的目

❖ **公平就業**
(Fair employment)
EEO立法與規範的目標：聘僱的決定不會受到非法歧視的影響。

❖ 平權措施 (affirmative Action)
呼籲雇主僱用過去遭到歧視的特定族群，藉此達到公平就業的策略。

應思考的道德問題

少數族裔和婦女過去都是廣遭歧視的對象，拒絕對他們提供優惠待遇是不是符合道德的行爲？

的，其中一個辦法就是聘僱的決定不能以這些特性爲依據。第二個策略乃**平權措施**(affirmative Action)又可稱爲反歧視行動、承諾性行動，呼籲雇主僱用過去遭到歧視的特定族群，藉此達到公平就業的策略，所以平權措施是根據（至少一部分是根據）種族、性別或年紀等特質來做出聘僱的決定。很顯然的，這兩種策略彼此衝突──其一主張唯有「盲目」聘僱的做法才公平，另外一種則主張公司必須聘用某種類型的人才算是公平（圖3.1）。

無心之過

法律、政府方案或企業政策很可能會出現各種意料之外的結果，其中許多會造成反效果。人力資源法令自然也不例外。譬如，美國殘障人士法案(ADA)主要是增加身心障礙者就業的機會。可是施行以來，以ADA提出申訴的大多是因公受傷的在職者，求職者反而較少。以往，州政府員工的薪酬法（參考第十二章）規定應該繼續給予因公受傷員工應有的福利，其中包括繼續支付薪資。沒有人會想到ADA會成爲國家員工的薪酬法，但情勢看來的確是如此。對於管理者而言，其挑戰在於預期和處理法律條文在預料之中和預料之外的結果。

圖3.1 公平就業的競爭策略

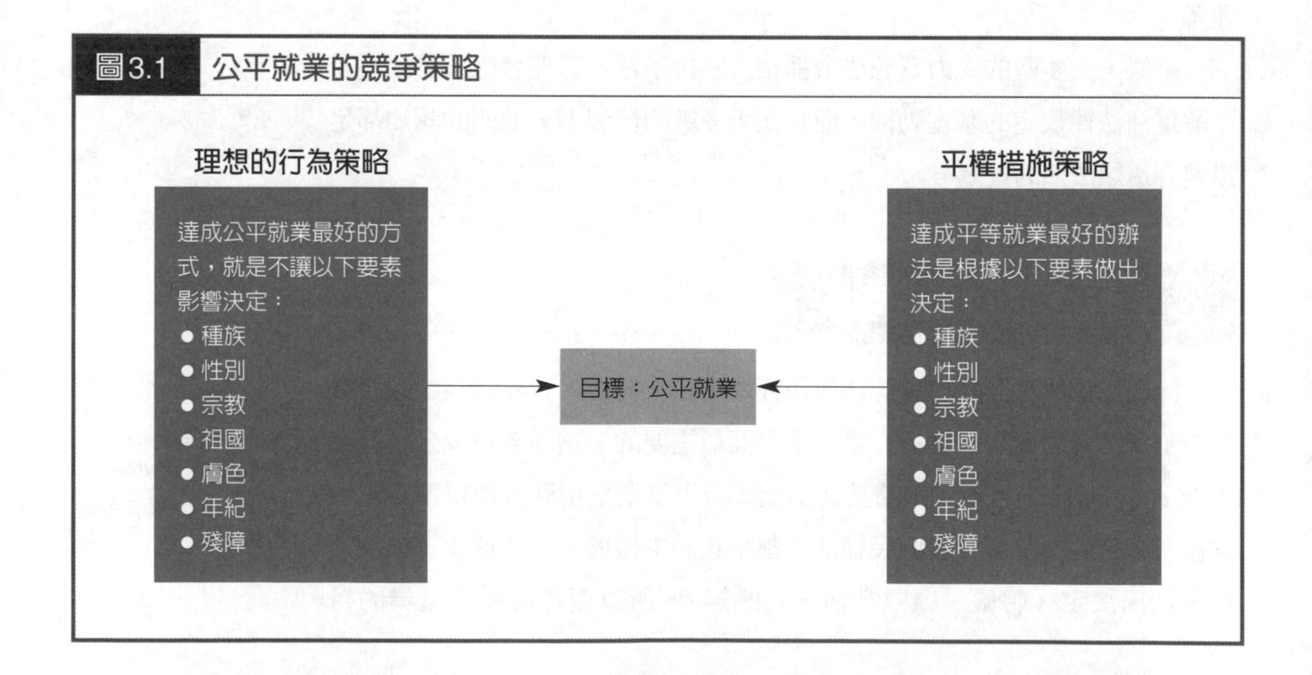

公平就業機會法

會影響人力資源議題的法令可以分爲兩大類：(1)公平就業機會法；(2)其餘的法令。本章大部分都在討論EEO法，因爲這些法令對管理者日常的行爲影響最大。此外，我們在本書討論到的其他議題幾乎都牽涉到EEO法。其他法令的焦點通常更爲具體，我們會在討論到相關議題時加以討論。譬如，我們在第十五章討論有關工會活動的法令，以及在第十六章討論職業安全與健康法案(Occupational Safety and Health Act of 1970, OSHA)。

主要的EEO法令包括1963年公平薪資法(Equal Pay Act, 1963)、1964年民權法案第七條(Title VII)、1967年禁止年齡歧視的就業法(Age Discrimination in Employment Act, 1967)以及1990年美國殘障人士法案。1964年的民權法案(civil Rights Act)經過多年的修正，最新的版本是在1991年抵定。這些法令的主題很簡單：聘僱的決定不得以種族、性別、年紀或殘障等特性爲依據。

1963年公平薪資法

❖ 公平薪資法
(Equal Pay Act, 1963)
規定同一家公司內男女員工必須同工同酬的法律規定。

1963年立法的**公平薪資法**規定，同一家公司內，從事同樣工作的男女員工必須同工同酬。「同酬」的意思是完全不能接受任何的差異。

要判斷兩個員工做的工作是否一樣並不容易。該法明定，如果工作所需的技術條件、付出的努力、所負責任以及工作狀況相等，那麼就是同樣的工作。所以，如果這兩個員工之一負有額外的職責，譬如監督的責任，那麼雇主得以支付較高的薪資。不同班次的薪資也可以不同。該法也指出，唯有在同樣地理區域的工作，才需遵守同酬的規定。所以公司得以根據當地生活成本，以及有些地區可能比較難找到合格員工的情況調整薪資水準。

這項法令還有一些明顯的例外。第一，這項法令並未禁止功績加薪(Merit pay)──功績加薪是指倘若男性員工的績效優於女性同仁，雇主得以支付這名男性員工較高的薪資。此外，雇主也得以根據生產量和品質的差異支付差別薪資。年資也是一項例外，如果男性員工在公司服務的年資比其女性同仁久，公司得支付他較高的薪水。最後，這項法令還指出，只要不是基於性別，其他的要素都可以作爲差別薪資的依據[7]。

民權法案第七條：1964年民權法案條文，規定雇主聘僱員工的決定不得基於種族、膚色、宗教、性別或祖國。

1964年民權法案第七條

❖ 民權法案第七條 (Title VII)

1964年民權法案條文，規定雇主聘僱員工的決定不得基於種族、膚色、宗教、性別或祖國。

民權法案第七條雖然不是歷史最悠久的民權法，但各界普遍認爲這是至今通過最重要的法案。這項法案是在1960年代民權運動進行得如火如荼之際通過的。通過的前一年，人權領袖馬丁路德·金恩博士(Dr. Martin Luther King Jr.)方於華盛頓的民權大遊行上發表「我有一個夢想」著名演說。

❖ 一般條文

民權法案第七條禁止雇主根據一個人的種族、膚色、宗教、性別或祖國作爲聘僱的依據。這裡所說的聘僱決定包括「聘僱的薪酬、條件、狀況或享有的權利」。

❖ 受保護的族群 (protected class)

過去飽受歧視、但現在則由司法系統提供特殊保護的族群。

民權法案第七條涵蓋的對象包括任何種族、膚色、宗教、性別和祖國。不過隨著這項法令的相關法院案例和規定逐漸增加，**受保護的族群**(protected class)理論也隨之受到重視。受保護的族群是指過去飽受歧視、但現在則由司法系統提供特殊保護的族群。根據民權法案第七條，受保護的族群爲非裔美國人、亞裔美國人、拉丁裔、美國原住民以及婦女。以民權法案第七條爲依據提出告訴的原告若爲不受保護的族群，雖然贏得官司未必不可能，但卻是極爲罕見的情況。

❖ 歧視的界定

❖ 歧視 (Discrimination)

製造差異。以人力資源的背景來說，就是在人們之間製造差異。

「**歧視**」(Discrimination)這個名詞雖然帶有負面的意義，不過單純是指「有所區分」──在人力資源的背景下，也就是對人加以區分。所以，即使是最進步的公司，當他們在決定升遷、功績加薪、裁撤對象時，也會進行這樣的區分。民權法案第七條禁止的是根據其種族、膚色、宗教、性別或祖國而給予差別待遇。所以，非法的歧視可以分爲兩種。

❖ 差別待遇 (Disparate treatment) 當人們因為屬於受保護族群而受到差別待遇時所產生的歧視。

第一種歧視是**差別待遇**(Disparate treatment)，也就是雇主對屬於受保護族群的人差別待遇。各位想到歧視時，首先想到的可能就是這種差別待遇。譬如，羅伯特．費瑞茲(Robert Frazier)是非裔的砌磚工人，有回跟一名白人砌磚工人起了口角而遭到開除，然而那名白人砌磚工人雖然用一塊破的磚頭丟費瑞茲，但並未受到老闆的懲處。聯邦法院判決費瑞茲因爲種族的關係而遭到較爲嚴厲的懲處，也就是遭到差別待遇的歧視[8]。

❖ 逆向衝擊 (Adverse impact) 雇主對所有求職者或員工施以同樣的甄選標準，但這些標準卻會對受保護的族群造成比較負面的影響，這種歧視就叫做逆向衝擊，亦稱為差別衝擊(disparate impact)。

第二種是**逆向衝擊**(Adverse impact)——亦稱爲差別衝擊(disparate impact)，雇主對所有求職者或員工施以同樣的甄選標準，但這些標準卻會對受保護的族群造成比較負面的影響，這種歧視就叫做逆向衝擊。譬如美國的警察局以往會對警官的基本身高有所要求，但這項規定會對婦女、拉丁裔和亞裔美國人造成逆向衝擊（在身高標準的限制之下，遭到淘汰的女性會超過男性，而遭到淘汰的拉丁裔和亞裔美國人則會超過非裔美國人和非少數族裔），現在大多數的警局都已放棄這項規定。表3.1摘要兩種歧視的區別。

❖ 歧視指控的辯護

當歧視案件告到法庭時，原告（提出告訴者）負有舉證的責任，必須提出歧視狀況的確發生過的證明。這樣的證據在法律上叫做表面證據(prima facie)，也就是「當面」(on its face)的意思。以差別待遇的案子來

表3.1　兩種歧視

差別待遇	逆向衝擊
● 直接歧視。	● 間接歧視。
● 不公平待遇。	● 造成不公平的後果或結果。
● 決定是根據種族／性別為前提。	● 決定會影響到有關種族／性別的後果或結果。
● 故意歧視。	● 無意歧視。
● 充滿偏見的行為。	● 出於自然的行為。
● 對不同族群有不同的標準。	● 對不同族群的標準雖然一樣，但卻有不同的後果。

資料來源：Adapted from Ledvinka, J., and Scarpello, V. G. (1991). *Federal regulation of personnel and human resource management* (2nd ed.). Boston: PWS-Kent. Reproduced with the permission of South-Western College Publishing.

說，要建立表面證據，原告只需顯示該公司並未僱用她（或他），她可以勝任這份工作，而且公司在拒絕她後繼續試圖僱用別人。這些條件——起源於美國麥道公司(Mcdonnell Douglas)官司的法院判決——通常叫做「麥道實驗」(McDonnell-Douglas test)[9]。至於逆向衝擊的官司，原告只需證明有限制性的政策，也就是說，被告公司的僱用決定會影響到過多受保護族群的人。

❖ 80%原則
(Four-fifths rule)
EEOC提出人力資源有歧視性做法，並造成逆向衝擊的表面證據之條款。如果受保護族群的聘僱比例低於多數族群僱用率的80%，這種做法就會造成逆向衝擊。

EEOC條款當中有一項叫做**80%原則（五分之四原則）**(Four-fifths rule)，這是提出人力資源有歧視性做法，並造成逆向衝擊的表面證據之原則。譬如，假設某家會計師事務所聘用50%的白人男性求職者從事低階的會計工作；而非裔美國人的男性求職者只有25%受僱從事同樣的工作。根據80%的原則，這就是該會計師事務所歧視性聘僱決定的表面證據，因爲50%×4/5＝40%，而40%超過25%的非裔男性求職者的聘僱比例。

當原告提出表面證據後，舉證的負擔就轉到公司身上。換句話說，雇主接著必須證明他們並無非法歧視的行爲。這可能很難證明。假設有個業務經理爲了找業務代表而和一男一女面試，這兩個求職者的資格在履歷表上看來旗鼓相當，但面試時這名男性求職者較爲積極，所以業務經理僱用了他。遭到拒絕的女性求職者則對該公司提出告訴，指控其差別待遇性的歧視。她的表面證據幾乎垂守可得（她符合資格，但公司聘請別人）。現在這名業務經理必須證明，這個決定是根據求職者的動機，而不是性別。

這些案件雖然棘手，但雇主還是有勝算。雇主可以用的基本辯護有四：

■ **工作相關**：雇主必須證明他們的決定是依據工作相關的理由。如果雇主有書面文件可以支持和說明這樣的決定，那就容易得多。在我們的例子裡，這名業務經理必須提出具體的工作相關理由，支持其聘用男性擔任業務代表的決定。誠如第二章所說的，不管是哪種人力資源的決定，工作說明對於工作相關理由的紀錄特別有用。

❖ 真正職業資格
(Bona Fide Occupational Qualification)
某特定工作所有員工都必須具備的特質。

■ **真正職業資格(Bona Fide Occupational Qualification, BFOQ)**：這是某特定工作所有員工都必須具備的特質，譬如電影導演對於需要女演員的角色只能考慮女性而已。

■ **年資**：公司在正式的年資體系下所做的決定就算會對特定受保護族群造成歧視，還是能被允許的。不過這樣的年資體系必須有良好的基礎，而且放諸四海皆準（不是只適用於少數情況而已），公司才能以其作爲辯護的理由。

- **公司的需求**：雇主可以公司需求來作爲辯護，表示其聘僱的做法是爲了公司安全和有效率的營運，而且這種歧視性的做法有非常重要的商業目的，譬如員工的藥物測驗可能對少數族群造成逆向衝擊，不過爲了安全起見（爲了保護其他員工和顧客），這樣的藥物測驗程序有其必要。

這項辯護的理由當中，工作相關性是最常見的，因爲法院對BFOQ、年資和公司需求等辯護理由都有相當嚴格的限制。

❖民權法案第七條

1978年國會修正民權法案第七條，明文規定不得因爲婦女有無懷孕的能力或實際懷孕而歧視她。1978年的懷孕歧視法案(Pregnancy Discrimination Act of 1978)規定雇主對於懷孕員工的對待方式，必須跟任何其他有相同病徵的員工一樣[10]。如果雇主讓有頭暈想吐相關症狀的員工請病假，那麼懷孕相關的不適（譬如晨間的暈吐）也可以請病假。這項法律也規定公司不得設計把懷孕剔除在外的員工健康福利計畫。這些都是很

美國法律規定雇主對待懷孕員工的態度必須和任何其他有醫療狀況的員工一樣。此外，1993年家庭與醫療休假法(Family and Medical Leave Act of 1993, FMLA)規定，雇主必須提供合法員工不支薪的休假，最長可達十二個禮拜去生產或領養小孩、照顧生病的父母、小孩或配偶[12]。

嚴格的規定，請看以下的案例。

有關懷孕歧視法案的案例，有位服務於美國郵政局(U.S. Postal Service, USPS)的婦女宣稱，她服務一年期滿後未獲重新聘僱是遭受懷孕歧視的緣故。美國郵政局則指稱她缺勤，而且她是屬於高危險懷孕，只能從事輕鬆的工作。然而，EEOC發現，原告因爲懷孕的緣故，所遭到的對待劣於其他相等的員工。EEOC判決所依據的法律規定，雇主對待懷孕員工的方式必須跟任何其他短期身體不適的員工一樣[11]。

佛羅里達州帕拉斯帕克市(Pinellas Park)有位女警官宣稱她因爲懷孕而受到歧視，她懷孕後要求較輕鬆的工作，卻被上司降級去當收發員。她舉證指出，男性上司說，他被迫僱用女性，如果女性員工懷孕，他會特別指派她們去從事最沒有人要的班次和休假日以作爲處罰。該市和這位女警官達成和解，並且恢復她的警官職位。

❖ 性騷擾

民權法案第七條禁止性別歧視的規定一般也被視爲對性騷擾的禁令。不同於對懷孕的保護措施，禁止性騷擾的保護法令並非增修條文，而是1980年EEOC對法令的解釋[13]。表3.2說明EEOC對性騷擾的定義，以及1993年EEOC發布一般騷擾的定義。至今大多數的騷擾案件是性騷擾，不過這情況在未來可能會有改變[14]。法院似乎將性騷擾的定義擴大到其他受

表3.2 EEOC對於騷擾的定義

1990年性騷擾的定義

不受歡迎地吃豆腐、要求給予性服務，以及其他出於性本質的口語或肢體接觸，在下列情況就構成性騷擾：

1. 明確或暗示對方必須屈服這種行為以保住工作。
2. 個人屈服於或拒絕這種行為，決定此人是否繼續被聘僱。
3. 這種行為有干涉個人工作表現，或建立令人害怕、敵意或冒犯人的工作環境之目的或影響。

1993年騷擾的定義

違法的騷擾行為乃因對方的種族、膚色、宗教、性別、祖國、年紀或殘障，或因他的親屬、朋友或同事，而以言語或肢體行為觸發或顯示對對方的敵意或反感，以及：

1. 有建立令人害怕、敵意或冒犯人的工作環境之目的或影響。
2. 有不合理干涉個人工作表現的目的或影響。
3. 對個人的就業機會造成負面影響。

保護的族群，譬如種族、年紀和殘障。

廣義來說，性騷擾可以分為兩種。第一是**交換型性騷擾**(quid pro quo sexual harassment)，這涵蓋了EEOC定義的前兩個部分。交換型性騷擾是要求以性服務保住工作或換取工作相關利益的騷擾[15]。譬如1994年，麻省大學醫療中心有位女性採購人員做證指出，長達一年多的期間，上司強迫她每個禮拜和他發生一至兩次的性關係以保住工作。她後來贏得官司獲得100萬美元的賠償[16]。

❖ **交換型性騷擾 (quid pro quo sexual harassment)**
以性服務保住工作或換取工作相關利益的騷擾。

第二種則是**敵意工作環境的性騷擾**(Hostile work environment sexual harassment)，當工作環境裡任何一個人（同事、上司或顧客）出現以性為本質的行為，而且員工認為這種行為不足取，並且感覺被冒犯，便屬於這種騷擾[17]。

❖ **敵意工作環境的性騷擾 (Hostile work environment sexual harassment)**
當工作環境裡任何一個人出現以性為本質的行為，而且員工認為這種行為不足取，並且感覺被冒犯。

有些性騷擾的案件牽涉到許多員工。譬如1998年EEOC代表三菱(Mitsubishi)汽車美國分公司三百多位女性員工提出性騷擾的指控，這些女性員工表示在公司遭到不當碰觸、不雅手勢、要求透露性偏好以及露骨的性圖片。結果三菱付了3400萬美元進行和解[18]。自此之後，三菱大舉改善這樣的情況，其中包括對性騷擾採取零容忍的政策，並提供全體員工訓練，讓他們了解騷擾的非法性以及事發時如何對指控進行調查[19]。

性騷擾的案件不但昂貴，還會導致商業和政治組織造成分裂。譬如當寶拉・瓊斯(Paula Jones)控告柯林頓總統性騷擾期間，美國政府的行政部門形同停擺。瓊斯指控柯林頓在1991年擔任阿肯色州州長期間，曾對當時擔任州政府員工的她性騷擾。在1999年，總統柯林頓支付了85萬美元達成和解[20]。

應思考的道德問題

有些公司是以性的主題作為號召。譬如貓頭鷹餐廳(Hooters)就是以性號召吸引顧客。許多廣告更以性為主題。這些行銷手法符合道德規範嗎？對於採用這些行銷手法的公司而言，這些大眾形象可能對其工作環境造成什麼樣的影響？

至於如何避免性騷擾的指控，請參考下頁經理人筆記單元「避免被控性騷擾的官司」的說明。

美國高等法院最近對性騷擾的判決對性騷擾案件裡雇主的責任有直接的影響，這點管理者必須了解。首先，監督人員對部屬的犯行就算沒有向高層報告，雇主可能還是得負責任。

第二，高等法院也建立雇主在性騷擾官司中的辯護立場。雇主必須證明兩件事情：

■ 公司有即時避免和糾正性騷擾的問題[21]。

經理人筆記

避免被控性騷擾的官司

爲了減少被控性騷擾的可能性，管理者應該：

■ 建立書面的政策明文禁止騷擾行爲。
■ 說明政策和訓練員工，讓他們了解哪些行爲構成騷擾。
■ 建立有效的申訴程序。
■ 對所有指控立刻展開調查。
■ 對於過去的騷擾行爲採取補救性措施並更正。
■ 如果原告需調職，要確定他不會調任到較不理想的職位。
■ 採取後續行動，避免騷擾行爲繼續發生。

資料來源：Commerce Clearing House. (1991). *Sexual harassment manual for managers and supervisors.* Chicago: Commerce Clearing House.

■ 原告並未利用內部程序報告性騷擾的問題[22]。

如果員工有理由相信呈報犯行並非可行的選擇，那麼雇主不能以此作爲自我辯護的理由。內部程序必須包括合理的調查在內[23]。下頁經理人筆記「如何處理性騷擾調查」提供部分的指導原則，協助管理者調查員工對

兩家福特汽車工廠的女性員工宣稱遭受不當碰觸和中傷造成工作環境的敵意。這場官司的結果是支付巨額和解金賠償受害人。

經理人筆記

如何處理性騷擾調查

當員工向經理申訴性騷擾的問題時，經理有責任對這項指控展開調查，一旦案子呈上法庭，雇主也必須負責。以下是如何就性騷擾案件進行調查的指導原則：

■ **時間線**：經理應該在員工申報性騷擾的二十四小時到四十八小時之內迅速回應。如果延遲，公司可能因為任由員工暴露在危險環境中，而被視為疏於保護之責。

■ **記錄**：經理應該提出開放性問題，盡量了解性騷擾指控的細節。面談過程中的筆記在會議結束後應重新打字或繕寫。經理應該根據和指控者的面談內容撰寫報告。

■ **員工同意**：經理在記錄報告之後，應該和指控者回頭思考整個事件，看看有沒有應該補充的部分，並由該名員工簽署表示認同經理對事件的陳述。

■ **解決**：經理應該詢問該名員工希望何種結果。對此不勝其擾的人通常會回答希望停止騷擾行為，至於有深仇大恨的人通常會希望公司開除被指控的一方。

■ **找出事實**：經理應該和目擊者面談，由他們佐證或反駁性騷擾的指控。接著經理應該和被控者面談，讓他有機會自我辯護。經理應該撰寫一份「找出事實」的文件，記錄所有指控的事實，文件完成後，調查也算是大功告成。

■ **補救措施**：雇主的責任僅限於採取合理行動制止騷擾行為。雇主有權利決定適當的行動方案。有效的性騷擾政策會讓經理有選擇的彈性，可以根據騷擾的嚴重性在各種方案中進行選擇。這些制止措施包括寫信警告騷擾者停手或把騷擾者降級調職。

資料來源：Covery, A. (2001, July). How to handle harassment complaints. HR Focus, 5-6; Segal, J. (2001, October). HR as Judge, jury, prosecutor and defender. HRMagazine, 141-154.

於性騷擾事件的指控。

為了避免性騷擾的指控，專家建議雇主建立零容忍度的性騷擾政策，並對員工溝通這項政策，讓受害者可以報告相關犯行而無遭報復之虞[24]。

❖1991年的民權法案

1991年，基於高等法院對於民權法案第七條的重視不若以往，國會通過一連串的增修條文，也就是所謂的1991年民權法案(civil Rights Act of 1991)。這些增修的法律條文固然偏向技術性，但對許多企業卻有非常實際的影響力。1991年增修條文最重要的影響力包括：

■ **舉證的負擔**：如先前所說，雇主在歧視案件負有舉證的責任。當求職者或員工提出歧視訴訟，並提出一些足以佐證的理由，公司就必須提出跟工作相關的理由說明其決定，以自我辯護。這樣的標準起始於1971年的「Griggs 對Duke Power」案件判決。接著高等法院於1989年對「Wards Cove Packing公司對Antonio」的判決讓原告負有較多的舉證責任[25]。1991年的增修條文讓Griggs的標準更形加強。

■ **配額(Quotas)**：爲了避免逆向衝擊，許多組織（包括勞工部）紛紛調整聘僱測驗的評分政策，讓特定比例的受保護族群得以獲得僱用。1991年民權法案第七條的增修條文則禁止這種**配額**的做法。「配額」是雇主調整聘僱的決定，確保特定族群有特定人數獲得僱用。所以，1991年之前，高等法院對配額的做法看法並不一致，現在則明文禁止。採取平權措施（偏好受保護族群求職者）的雇主在「偏好」（這是允許的）以及「滿足配額」（這是禁止的）之間必須非常小心。

❖ 配額 (Quotas)
雇主調整聘僱的決定，確保受保護的族群有特定人數獲得僱用。

■ **賠償和陪審團**：起初民權法案第七條規定原告在勝訴後，只得領取積欠的薪資。不過少數族裔也可以引用1866年的法律取得傷害**懲罰性賠償**(Punitive damages)和**補償性賠償**(Compensatory damages)。懲罰性賠償乃爲了懲罰被告，給予原告的罰款。補償性賠償是爲了補償原告財務損失或心理傷害，給予原告的賠款。1991年的增修條文讓提出性別、宗教或殘障歧視訴訟的原告，更有可能取得傷害懲罰性賠償和補償性賠償。這樣的賠償金額在5萬美元到30萬美元之間，這要看雇主的規模而定[26]。此外，這項法令還允許原告要求由陪審團陪審。

❖ 懲罰性賠償 (Punitive damages)
為了懲罰被告，給予原告的罰款。

❖ 補償性賠償 (Compensatory damages)
為了補償原告財務損失或心理傷害，給予原告的賠款。

有些人認爲1991年民權法案對配額的明文禁止，讓減少就業歧視的有效機制同樣也窒礙難行。許多企業發現，綜合運用配額和認知能力測驗(cognitive ability test)可以有效避免逆向衝擊。雇主會從各個族群的求職者中選出特定比例參加認知能力測驗，藉此挑選各族群表現最佳的人才。這種聘僱策略一方面可以維繫人力品質，一方面能提昇少數族裔在就業市場的參與程度。儘管如此，1991年民權法案明文禁止配額的做法，形同對這項機制下了一道禁令[27]。

❖11246執行命令

執行命令乃總統針對聯邦政府和承包聯邦政府業務的組織所頒布之政策。11246執行命令乃於1965年由詹森總統頒布（爲11375執行命令增修），並不屬於民權法案第七條，不過禁止歧視的族群跟民權法案第七條試圖保護的族群是一樣的。此外，11246執行命令比民權法案第七條還更進一步要求命令針對對象（承包政府合約價值在5萬美元以上，以及員工人數在五十人或五十人以上的公司）建立平權措施計劃，拔擢受保護族群的員工。譬如，航太大廠Northrop Grumman和國防武器承包商洛克希德馬丁公司(Lockheed Martin)之類的政府承包商都必須建立積極的平權措施計劃。

❖執行命令
(Executive order)
具備法律效力的總統命令。在人力資源的背景，所有和聯邦政府有業務往來的聯邦機構和組織都必須遵守的政策。

1967年禁止年齡歧視的就業法

1967年**禁止年齡歧視的就業法**(Age Discrimination in Employment Act, ADEA, 1967)禁止歧視四十歲以上求職者。在1967年施行時，其保護對象是年紀在四十到六十五歲的人。後來增修條文把保護的年紀提高到七十歲，在1986年則開始沒有上限。

❖1967年禁止年齡歧視的就業法
(Age Discrimination in Employment Act, 1967)
禁止歧視四十歲以上求職者的法律規定。

大多數根據ADEA提出訴訟的人都是遭到革職的員工。譬如，有位五十七歲的電腦化控制業務員原先任職於奇異電器Fanuc Automation公司，但在公司「人力縮減」當中成了唯一被裁撤的員工，他的工作後來被六個較年輕的業務代表取代。他對公司提出告訴，宣稱他被裁撤是因爲年齡的關係，底特律陪審團判決公司必須支付他110萬美元的賠償，並彌補薪資和福利的損失[28]。職場不入流的笑話也可能讓雇主輸掉官司。好幾樁有關年齡歧視的官司，就是因爲離職員工握有證據可以證明上司開年紀的玩笑，而讓雇主輸掉官司[29]。

ADEA有個重要的增修條文就是1990年的年長員工保護法案(Older Workers Protection Act, OWPA, 1990)，這項法案禁止雇主根據年紀提供員工福利的歧視性行爲。譬如，雇主不得只提供六十歲以下的員工殘障福利，或要求年長殘障員工提早退休。OWPA另外一項條文讓公司更難在縮編和裁員時，要求年長員工簽署棄權聲明書（表示放棄未來提出年紀歧視訴訟的權利）才能保住飯碗[30]。

1990年美國殘障人士法案

❖ 1990年美國殘障人士法案
(Americans with Disabilities Act, 1990)
對於不論有沒有合理配合，都能執行工作重任的殘障人士，雇主在聘僱決定上不得歧視的法律規定。

近年主要的EEO法令是1990年**美國殘障人士法案**(Americans with Disabilities Act, ADA, 1990)。這項法案於1990年立法，自此便逐步付諸實施。ADA有三個主要的部分。第一條款的內容是有關就業，第二和第三則是有關州政府和地方政府的作業以及旅館、餐廳和雜貨店等公共場所。就業條文在1994年七月二十六日付諸施行，美國大約，六十六萬六千家員工人數在十五人以上的雇主都受其影響[31]。

ADA第一條的主要要求為：

> 對於不論有沒有合理配合，都能執行工作重任的殘障人士，雇主在聘僱決定上不得歧視。

這項規定有三個部分需要加以界定。

❖ 殘障人士

❖ 殘障人士
(Individuals with disabilities)
因肢體或心智殘障而對個別或多項日常活動造成極大影響的個人。

殘障人士(Individuals with disabilities)是指因肢體或心智殘障而對個別或多項日常活動造成極大影響的個人。這裡所說的主要日常活動包括[32]：

■ 走路　■ 執行手上工作　■ 看　■ 照顧自己
■ 說話　■ 坐　■ 聽　■ 工作
■ 呼吸　■ 舉物　■ 學習　■ 閱讀

❖ 重要功能

❖ 重要功能
(Essential functions)
這種職責是特定職位的人必須從事或處理，才算是有效能的員工。

EEOC把工作職務和任務分為重要和邊際兩種。**重要功能**(Essential functions)指每個員工皆必須從事或處理，才算是有效能的員工。邊際功能(Marginal functions)是指只有部分員工需要處理，或對工作績效並非關鍵性的工作職務。以下範例說明兩者間的差異：

■ 有家公司徵求「浮動」監督人員，替代早班、晚班和夜班固定的監督人員缺勤的工作。所以任何時間都能工作的能力就是工作的重要功能。
■ 有家公司希望拓展在日本的業務，對於新進人員的要求除具備業務經驗，還必須會說流利的日文。語言能力就是一種重要的工作功能。

■要求會用電腦的工作，員工都必須具備進入電腦終端機、輸入或擷取資訊的能力。不過由於有語音辨識輸入和聽覺輸出(auditory output)技術，所以對於員工而言，手工輸入或擷取資訊或許不算是重要的工作功能。

■有群化學學家一塊在實驗室工作，偶爾還得接電話。如果並非每個人都能這麼做（因爲其他化學學家可以接電話），便屬於邊際的工作職務。

ADA規定，雇主對有殘障的求職者，只能根據其能力能否勝任工作之重要功能來作爲決定的考量。

❖ 合理配合

雇主必須採取合理行動讓殘障員工便於工作。這方面的要求主要包括：

■雇主對於求職者或員工已知的殘障必須提供**合理的配合**(Reasonable accommodation)，讓殘障人士也可享有平等就業機會[33]。

■除非提供合理配合會對雇主造成過度困難(undue hardship)，否則雇主不得爲了避免提供合理配合而不僱用殘障人士。過度困難是高度主觀的認定，這是根據配合的成本和雇主的資源而定。

■如果該人並不符合該職位的資格，雇主便無提供配合的必要。

■殘障人士通常得主動要求雇主提供合理配合。

■如果配合的成本會造成雇主過度困難，雇主應該讓殘障人士有提供這項

❖ **合理配合** (Reasonable accommodation)
配合殘障求職者或員工的安排，讓他們也能享有平等的就業機會。

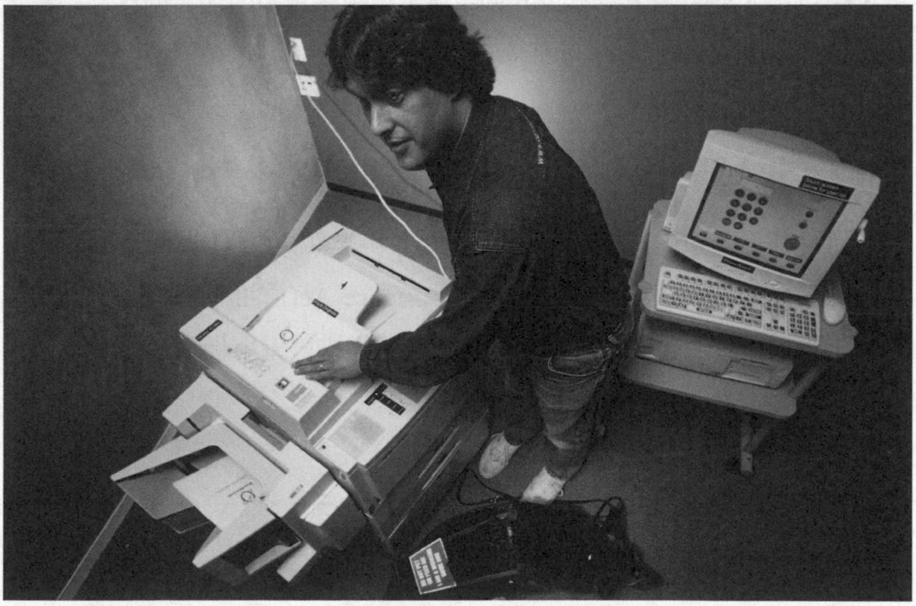

大衛・瑞曼(David Redman)為失明的辦公室職員，他使用有盲人點字法的影印機，這是雇主為遵守ADA規定，為提供合理配合所購買。

配合的選擇。

配合的種類包羅萬象，有時候讓人意想。譬如有家專門製造特殊攝影底片的小型家族企業（員工人數大約兩百五十人）Kreonite公司就致力於僱用聽障人士。由於多位員工都是聽障，Kreonite請當地一所非營利性質的訓練中心教導其聽力正常的員工手語。這項訓練課程爲免費性質，三十位員工志願參與。

EEOC建議的潛在合理配合還包括[34]：

- 重新分配邊際工作職務。
- 調整工作時間表。
- 調整考試或訓練資料。
- 提供合格閱讀機或通譯者。
- 允許員工爲了治療請假（支薪或不支薪）。

❖1973年職業復健法案

1973年職業復健法案(Vocational Rehabilitation Act)是ADA前身。然而，這項法案不光應用在聯邦政府和承包商上。跟11246執行命令一樣，聯邦復健法案不光是禁止歧視（歧視殘障），還要求涵蓋對象須具備平權措施計劃，提昇殘障人士就業機會。熟悉這項法令對於ADA的遵守很有用，因爲接下來的二十多年間，法院判決和相關規範的決定同樣都是禁止對殘障歧視作爲出發點。

1974年越戰退伍軍人就業援助法案

另外還有個EEO法值得一提。1974年越戰退伍軍人就業援助法案(Vietnam Era Veterans' Readjustment Assistance Act)禁止聯邦承包商歧視越戰退伍軍人。該法也要求聯邦承包商採取平權措施僱用越戰退伍軍人。

EEO的施行和遵守

EEO法律的施行是由總統領軍的政府執行部門負責。這個單元我們要介紹各種EEO的規範機構，以及遵守平權措施要求的計劃。

規範機構

負責施行EEO法的機構主要有二：公平就業機會委員會(Equal Employment Opportunity Commission, EEOC)、聯邦合約計劃辦事處(Office of Federal Contract Compliance Programs, OFCCP)。

❖ 公平就業機會委員會

公平就業機會委員會基於民權法案第七條所成立，主要功能有三。第一是處理歧視控訴，第二是發布書面規定，第三為資訊蒐集和散佈[35]。

❖ **公平就業機會委員會 (qual Employment Opportunity Commission, EEOC)**
負責執行公平就業機會法的聯邦機構。

在處理歧視方面的案件時，EEOC採取以下三個步驟：

- **調查**：當求職者或員工認為自己遭到歧視對待時，會對EEOC提出申訴。EEOC接著通知被控的公司這樣的申訴，該公司負有確保該申訴案件的相關文件紀錄安全無虞之責。EEOC累積了相當多的相關案件，因此可能要兩三年後才能對申訴案件展開調查。而這類案件的數量還在加速攀升當中，1989年到1990年增加4.6%，1992到1993年增加21.6%[36]。在2001年，EEOC接到八萬零八百四十樁申訴案件，1990為六萬二千一百件。
- **調節**：EEOC如果發現雇主的確違反EEO法，那麼會試圖為雙方進行調節。**調節**(Conciliation)包括三方之間的談判：投訴者、雇主和EEOC。調節的目的是避免訴諸法院，達成合理的和解。

❖ **調節 (Conciliation)**
企圖在投訴者、雇主和EEOC達成合理的和解。

- **訴訟**：如果不可能調節，EEOC有兩個選擇。EEOC沒有權力強迫雇主支付任何型態的賠償，這只能透過法院判決達成。因為官司打起來所費不貲，只有相當少部分的案子會訴諸這個管道。如果EEOC決定不繼續這個案子，會發給申訴者訴訟權(right-to-sue)的信函，讓申訴者帶著EEOC的祝福（如果不是財務或法律方面的協助）訴諸法院。

當ADA在1990年簽署立法時，EEOC有責任發布規定，讓雇主知道他們應該如何遵守這項法令。EEOC網站(www.EEOC.gov)列舉各項規定。表3.3列舉部分最著名的EEOC規定。

表3.3 EEOC主要的規定

- 性歧視的相關指導原則
- 有關懷孕不便和生殖危害(reproductive hazards)的問題與回答
- 有關宗教歧視的指導原則
- 有關祖國歧視的指導原則
- 年齡歧視的就業法之解讀
- 員工甄選的指導原則
- 有關員工甄選指導原則的問題和回答
- 有關性騷擾的指導原則
- 紀錄和報告
- 平權措施的指導原則
- 聯邦政府的EEO
- 平等薪資法的解讀
- 生產福利的政策說明
- 有關1986年民權法案第七條和移民改革與控制法案(Immigration Reform and Control Act)之間關係的政策說明
- 生殖危害與致命危險的政策說明
- 民權法案第七條對於宗教的政策說明
- 殘障歧視的指導原則

資料來源：Adapted from Ledvinka, J., and Scarpello, V. G. (1991). *Federal regulation of personnel and human resource management* (2nd ed.). Boston: PWS-Kent. Reproduced with the permission of South-Western College Publishing.

EEOC也蒐集資訊，監督企業對於聘僱人才的做法。EEOC要求員工人數在一百人以上的公司，必須發布年報(EEO-1)說明九大工作類別當中女性和少數族裔的員工人數。EEOC會檢驗這些資訊，找出公司可能的歧視模式。

最後，EEOC會散發海報給雇主，對員工說明如何自我保護，免於受到就業歧視以及如何申訴。EEOC會要求雇主把海報貼在明顯之處（如公司餐廳）。

❖聯邦合約順從計劃辦事處
(Office of Federal Contract Compliance Programs, OFCCP)
個聯邦機構負責監督、執行應用於聯邦政府和其承包商的法律規定與命令。

❖ 聯邦合約順從計劃辦事處

聯邦合約順從計劃辦事處(Office of Federal Contract Compliance Programs, OFCCP)負責監督、執行應用於聯邦政府和其承包商的法律規定與執行命令。具體而言，OFCCP負責執行命令11246和職業復健法案的施行，這兩者除了禁止歧視之外，還要求涵蓋對象的雇主採取平權措施計劃。

OFCCP許多規定跟EEOC類似，不過兩者還是有兩大差異。第一，相對於EEOC，OFCCP會積極監督其規定的遵守狀況。也就是說OFCCP不是等員工或求職者申訴，而是要求規定針對的雇主繳交年度報告，說明平權措施計劃的狀況。第二，不同於EEOC，OFCCP具備相當可觀的執行力。承包政府工程被視爲一種特權，而不是權利。OFCCP如果認爲承包商並未遵守規定，可以剝奪他們承包政府工程的特權。OFCCP也可以施以罰款和其他型態的處罰。

平權措施計劃

所有政府機關和承接政府大量業務的企業都必須採取平權措施計劃。建立平權措施計劃的步驟有三：進行利用分析、建立目標和時間表，以及決定行動方案。

❖ 進行利用分析

建立平權措施計劃的第一步是進行利用分析(utilization analysis)，了解公司目前的人力和就業市場上合格員工的比較。利用分析有兩個部分，第一是把公司內所有工作進行分類，然後判斷目前人力的組成狀態。譬如所有的管理職務分爲一類，所有庶務和秘書的工作分爲第二類，所有的業務職務分爲第三。針對這些類別的職務，判斷各個受保護族群在這些職務裡各佔多少百分比。

第二個部分是判斷就業市場裡受保護族群的百分比。公司在蒐集資訊時，需要考慮到表3.4裡列舉的八大資訊。譬如合格且可用的經理有多少百分比爲女性？有多少百分比爲非裔美國人？有多少百分比爲亞裔？OFCCP提供指導原則以判斷這些數字。如果可得的數字高於任何類別目前僱用的數字，那麼該工作類別對於受保護族群的僱用程度便不足。

❖ 目標和時間表

第二個步驟是爲利用率不足的情況建立更正的目標和時間表。

表3.4 可得性分析(Availability Analysis)的八大要素

判斷以下這些族群當中，受保護族群各佔多少百分比：

- 當地人口
- 當地勞動力
- 你們招募的勞動市場裡合格之員工
- 當地教育和訓練計劃為該工作類別培訓的人才
- 當地失業者
- 當地就業市場合格的員工
- 可能升遷到該工作類別的目前員工
- 由雇主贊助的訓練計劃之參與者

OFCCP明文規定不得對設置僵化的數字配額。雇主應該考慮利用率不足的規模、員工流動率，以及人力成長還是萎縮等問題。設定目標和時間表的另外一個考量依據，是雇主打算採取哪種行動方案。

❖ 行動方案

建立平權措施計劃最後的步驟是決定行動方案。OFCCP提出以下建議：

- 招募受保護族群的成員。
- 重新設計工作，讓代表性不足的員工較有機會符合資格。
- 為準備程度不足的求職者提供專業訓練課程。
- 消除不必要的就業障礙。譬如，如果公司所在地區沒有大眾交通工具可以到達，公司或許可以考慮為特定地區提供交通車服務，讓缺乏交通工具的潛在求職者也有機會加入公司服務。

判斷對利用程度不足的受保護族群應該給予多少優惠待遇（或是否應該給予優惠）是公司的主要考量。譬如，幾年前在加州聖塔克萊拉郡(Santa Clara)的交通部有個升遷的職缺，經過正常甄選過程後，根據候選人在測驗和面試的評分進行排名。該郡規定允許從前七名候選人當中選出。本來主管打算選擇排名第二的候選人——保羅．強森(Paul Johnson)，他是個白人。不過排名第四的白人女性戴安．喬斯(Diane Joyce)則打電話給該郡的平權措施官員，最後爭取到這份職缺。

❖ 逆向歧視
(reverse discrimination)
由於試圖招募、聘僱受保護族群的成員，導致不受保護的族群反而遭受歧視的現象。

強森後來提出申訴，他的訴求很直接：民權法案第七條禁止性別歧視，而他無法得到該份工作就是因為他是男性。這是典型的**逆向歧視**——由於試圖招募、聘僱受保護族群的成員，導致不受保護的族群反而遭受歧視。在這個案例裡，他們爭取的這個工作分類總共有兩百三十八個職位，沒有一個是由女性擔綱。強森一路告到高等法院，在1987年，法院判決同意加州聖塔克萊拉郡的決定[37]。

美國並非唯一採取平權措施的國家。其他國家也採取類似的政策，保護劣勢族群平等的就業和教育機會。譬如，印度曾經試圖改善賤民（種姓制度裡最低階層）地位，提供較為優惠的就業和教育機會。可是這項政策的結果卻很不一致，因為有些較高階層的成員對此感到相當憤怒。

馬來西亞為伊斯蘭馬來人提供優於華人（一般來說較為富裕，而且教育程度也高於馬來人）的就業和教育機會。當地華人面對這樣的政策，紛紛決定移民到亞洲其他國家和北美[38]。另外有些國家雖然也有劣勢族群，但決定不對這些族群提供任何優惠的就業政策。

其他重要法律

1990年移民法案(Immigration Act of 1990)通過後，外國的技術移民比較容易進入美國。美國先前的移民政策所偏好的移民乃(1)家庭成員為美國國民；(2)來自美國政府根據歷史趨勢給予大量移民配額的國家，但這項移民法則對這種政策進行調整[39]。

應思考的道德問題

美國雇主聘用的全體員工在工作地點都只講英文，是否符合道德？

1988年職場無毒法案(Drug-Free Workplace Act of 1988)要求政府承包商必須確保其工作環境並無使用毒品的問題。雇主必須避免其工作地點使用非法毒品，以及教育其員工有關使用毒品的危害。這項法令雖然並未強迫雇主採取毒品測試，以及其他更為周詳的法令和規定，但讓全美各地對毒品測試的接受度大幅提昇（包括目前員工和求職者）[40]。《財星》200大企業當中約有98%現在都會進行某種型態的毒品測試[41]。

1994年統一服務就業與再就業權利法案(Uniformed Services Employment and Reemployment Rights Act of 1994)保護民間企業員工抽出時間短期服役的權利（譬如後備軍役）。這項法律保障員工年資和福利，並讓他們免受雇主在聘用、升遷或裁員決策上的歧視。

避免EEO的問題

美國員工和求職者當中絕大多數都屬於一種或多種受保護的族群。這意味著管理者所做的決定當中，只要是會影響到員工的就業狀態，都可能面臨法律的挑戰。在大多數的例子裡，穩健的管理做法不但有助管理者避免EEO訴訟，還有助公司獲利提昇。在此建立五種特定的管理方式：提供訓練、建立申訴解決流程、記錄決定、誠實，以及只問求職者你需要知道的問題。

提供訓練

避免EEO問題最好的辦法之一就是提供訓練。這種訓練有二。第一，人力資源部門應定期爲監督人員、經理以及執行主管更新EEO和各種勞工相關議題的資訊，因爲這個法律領域會不斷地變化[42]。高等法院的案件判決也會影響人力資源部門的做法。管理者縱然可以透過閱讀期刊或上網搜尋取得最新的資訊，但大多數管理者因爲日常事務太過繁忙而無暇整理。由人力資源部門定期舉辦目標集中的訓練課程，是讓管理者獲取這些資訊最有效率的辦法。

第二，雇主應該專注於向員工溝通，讓他們了解公司致力塑造無歧視工作環境的努力。譬如，全體員工都應該了解什麼是性騷擾、如何制止這種行爲以免問題逐漸坐大，以及如果這種行爲的確構成問題應如何處理。漢威(Honeywell)設有殘障員工委員會，其功能之一就是促進公司全體對於殘障議題的認知[43]。

建立申訴解決流程

每家公司都應該建立內部流程，解決EEO和其他類型的員工申訴案件。這些申訴案件尚未牽涉到EEOC、OFCCP和法律委員會之前，要解決還不會太過昂貴。更重要的是，如果員工能將憂慮的事情向上級報告，也有助於士氣和對工作的滿意度（我們會在第十三章和第十五章詳細介紹申訴解決體系）。

一旦設定申訴解決流程就應該確實遵守。AT&T因爲能證明管理階層一旦接獲申訴，便能立刻採取補救措施，因此得以避免性騷擾案件的責任。

記錄決定

大家都知道金融交易和決定都有詳細的紀錄以便稽核和摘要，從中找出問題，加以解決。有關員工的決定也是一樣的道理。人力資源決策的本質及其理由都應該有明確的紀錄。EEOC和OFCCP都有特定的申報要求。

雇主如果設有穩健的人力資源資訊系統，就不會覺得遵守這些規定會很困難。各種文件紀錄當中，績效評估是很重要的一類。第七章進行評估的各種理由當中，只有一種是爲官司訴訟提供文件紀錄，不過這個理由卻很重要。

在歧視的訴訟案件中，一般原告都是指控雇主所做的決定整體而言（或一部分）是基於非工作相關的特性（性別、年紀、種族、宗教等）。而雇主的辯護一般而言其決定是根據工作相關的理由，如果雇主能夠提供書面紀錄來支持這樣的論點會更有說服力。

誠實

通常來說，求職者和員工若非覺得自己遭到不平對待，也不會提出EEO的申訴。這種不平對待的感覺往往源自於員工或求職者的期望過高。假設這個狀況：有個五十歲的員工過去二十年來在績效評估中一直都能取得高分，但有一天主管卻以績效不佳的理由請他走路。這個員工很可能會提出訴訟，因爲多年來他一直以爲自己是備受公司重視的員工，所以公司突然請他走路的唯一理由就是他的年紀。對員工提供誠實的意見回饋，短期而言或許會很痛苦，但長期而言卻是理想的管理方式，法律方面的問題可能會因此減少。

只問你需要知道的問題

聘僱流程當中的申請和面談步驟，是可能被告上法院的主要來源。一般來說，公司只能詢問求職者跟工作表現有關的資訊。譬如，你不能問求職者宗教信仰的問題，不過你可以問對方能否在一周當中的某一天工作。同樣的，你可以問求職者能否勝任工作需要用到體力的重要部分（最好具體地列舉），不過詢問對方有關健康狀況的問題，可能被解讀爲違反ADA的規定。表3.5列舉幾個例子，說明在面談時以及在申請表格裡哪些問題是妥當的。

表3.5 求職申請表格或面談時，可以接受或不能接受的問題範例

問題主題	可以接受的問題	不能接受的問題	評論
姓名	● 你叫什麼名字？ ● 你曾經以別的名字為這家公司服務過嗎？	● 你娘家姓什麼？	有關求職者姓名的問題如果可能透露其婚姻狀態或祖國，則應該避免。
年紀	● 你有超過十八歲嗎？ ● 一旦獲得錄取，所有員工都必須提供合法的年紀證明資料。你能提供這樣的年紀證明嗎？	● 你的出生日期？ ● 你幾歲？	要求對方提出年紀相關資料，可能讓年紀較長的人比較不願提出申請。
種族和身體特徵	● 公司必須具備全體員工的相片。如果你一旦獲得錄用，可以提供相片嗎？ ● 你能以外國語言說、讀、寫嗎？	● 你屬於什麼種族？ ● 你的身高和體重？ ● 你願意隨同申請表附上照片以作為辨認之用嗎？ ● 你的頭髮是什麼顏色？ ● 你的眼睛是什麼顏色？ ● 你平常使用什麼語言？ ● 你為什麼能以外國語言閱讀、書寫或交談？	身體特徵相關資訊可能牽涉到性別或種族。
宗教	● 工作日、小時和班次的雇主可能發表之聲明。	● 你的宗教信仰是什麼？ ● 你會因為宗教信仰而不能在週末加班嗎？	因為有些人的宗教信仰，有關申請者能否配合加班的問題可能會用來作為淘汰之用。
性別、婚姻狀態和家庭	● 如果你未成年，請寫下父母或監護人的姓名地址。 ● 請寫下緊急聯絡人的姓名、地址和電話號碼。	● 你的性別？ ● 說明你目前的婚姻狀態。 ● 你有幾個小孩和他們的年紀 ● 如果你有小孩，請說明你對托兒有何安排。 ● 你跟誰住？ ● 你有任何扶養親屬或緊急聯絡人嗎？ ● 你比較偏好被稱為小姐、太太或女士？	有關婚姻狀態、小孩、懷孕和育兒計劃的直接、間接問題往往對女性造成歧視，可能違反民權法案第七條的規定。
身體狀況	● 如果你申請的工作本質需要身體檢查，你願意接受嗎？	● 你有沒有任何肢體上的不便？缺陷或殘障？ ● 你怎麼形容自己平日的健康狀況？ ● 你上次接受身體檢查是什麼時候？	將殘障者剔除在總括保單(blanket policy)之外是歧視性的行為。如果身體狀況是聘僱的條件之一，雇主應該在申請表單上和身體狀況有關的問題上註明公司的需求。

表3.5　求職申請表格或面談時，可以接受或不能接受的問題範例（續）

問題主題	可以接受的問題	不能接受的問題	評論
服役	● 請列舉你在服役期間，任何具體的教育或工作經驗是你覺得對目前申請的工作有用的。	● 請說明你除役的日期和類型。	少數族裔以非榮譽除役的比例比較高。如果公司政策排斥非榮譽除役的求職者，可能會對少數族裔造成歧視。
嗜好、俱樂部和組織	● 你有沒有任何跟目前申請工作相關的嗜好？ ● 在你參與的俱樂部或組織當中，列舉和你目前申請之工作相關的組織或俱樂部。	● 列舉任何你可能擁有的嗜好。 ● 列舉你參與的俱樂部和組織。	如果提出有關俱樂部／組織員的問題，應該順帶告知求者，跟年紀、種族、性別或宗教有關的組織可以遺漏不說。
信用評等	● 沒有	● 你擁有自己的車子嗎？ ● 你擁有自己的住宅嗎？還是租屋？	信用評等相關問題往往會對少數族裔的求職者造成逆向衝擊，並被視為不合法的行為。除非能舉證為工作相關，否則有關汽車擁有權、房屋擁有權、居住期間、薪資等問題都可能違反民權法案第七條的規定。
被捕紀錄	● 你可曾因為跟工作相關的犯罪行為遭到定罪？譬如侵占公款跟銀行放款人員相關。	● 你可曾因為犯罪遭到逮捕？	詢問求職者有沒有遭到逮捕，違反人權法案第七條的規定，因為這樣的問題會對少數族裔求職者造成負面影響。

資料來源：Adapted from Gatewood, R. D., and Feild, H. S. (2001). *Human resource selection,* 5th ed. Fort Worth, TX: Harcourt College Publishers. Copyright © 2001 by the Harcourt College Publishers, reproduced by permission of the publisher and Bland, T., and Stalcup, S. (1999, March). Build a legal employment application. *HRMagazine,* 129-133.

摘要與結論

❖ 了解法律環境為什麼如此重要

了解和遵守人力資源相關法令之所以重要有三點原因：(1)這是對的事情；(2)有助了解你們公司人力資源和法務部門的限制；(3)盡量避免公司負擔法律責任的可能性。

❖遵守法律的挑戰

人力資源法規具有挑戰性有四點原因。法律、規定和法院判決都是動態法務環境的一部分。法律和規定相當複雜，要求平等就業的規定和法律有時候會彼此衝突，而不是互相補強。而且法律往往會造成意外的結果。

❖公平就業機會法

EEO法當中最重要的包括：(1)1963年公平薪資法——規定同一家公司內，從事同樣工作的男女員工必須同工同酬；(2)1964年民權法案第七條——禁止雇主根據一個人的種族、膚色、宗教、性別或祖國作爲聘僱的依據。經過增修或解讀後，還禁止對懷孕的歧視（1978年的懷孕歧視法案）及性騷擾。1991年民權法案增修條文最後抵定，規定歧視的案件裡，被告（雇主）必須負有舉證的責任，並禁止使用配額，以及允許懲罰性賠償、補償性賠償和採用陪審團。11246執行命令禁止歧視的族群跟民權法案第七條試圖保護的族群是一樣的，不過11246執行命令比民權法案第七條更進一步要求政府機關和承包商採取平權措施計劃，拔擢受保護族群的員工。(3)1967年禁止年齡歧視的就業法——禁止歧視四十歲以上求職者。(4)1990年美國殘障人士法案——對於不論有沒有合理配合，都能執行工作當中重要功能的殘障人士，雇主在聘僱決定上不得加以歧視。1973年職業復健法案是ADA的前身，僅應用在聯邦政府和其承包商上。(5)1974年越戰退伍軍人就業援助法案——禁止聯邦承包商對越戰退伍軍人的歧視，該法也要求聯邦承包商採取平權措施僱用越戰退伍軍人。

❖EEO的施行和遵守

負責施行EEO法的機構主要有二：公平就業機會委員會和聯邦合約計劃辦事處。EEOC執行EEO法，其主要的功能有三。第一是處理歧視控訴，第二是發布書面規定，第三爲資訊蒐集和散佈。OFCCP負責監督、執行應用於聯邦政府和其承包商的法律規定與執行命令。OFCCP還監督平權措施計劃的品質和效能。

❖其他重要法律

1986年移民改革與控制法案要求雇主記錄其員工的合法工作狀態。1990年的移民法案讓外國的技術移民比較容易進入美國。1988年職場無毒法案要求政府承包商必須確保其工作環境並無使用毒品的問題。1994年統一服務就業與再就業權利法案保護民間企業員工抽出時間短期服役的權利。

❖ 避免EEO的問題

雇主可以藉由穩健的管理方式避免許多跟人力資源法律相關的問題。最重要的做法包括：提供訓練、建立申訴解決流程、記錄決定、跟員工誠實溝通，以及只問求職者雇主需要知道的問題。

問題與討論

1.建立平權措施計劃的三個步驟爲何？雇主在建立具體的計劃時有多少彈性？

2.雇主應該有套政策禁止同事約會嗎？這樣的政策是否合法？符合道德嗎？

3.假設你是某家工廠的經理，有個員工很難控制自己的脾氣，常因躁鬱症(bipolar disorder)情緒起伏不定。你知道他在接受精神科醫師的治療。這名員工最近以暴力威脅同事，你暫停他的職務，等候精神科醫師證明他的情緒狀況已經穩定爲止。這名憤怒的員工能以ADA要求公司給予合理的配合，要求恢復工作或調整職務嗎？你需要什麼資訊進一步評估這個議題？

4.「性騷擾是兩個員工之間的問題。公司不應對行爲不檢的員工負責。」你同意這個說法嗎？請說明你的回答。

你也可以辦得到！ 新興趨勢個案分析3.1

❖ 在911事件之後，職場忍耐的重要性

紐約世貿大樓、華盛頓特區五角大廈遭到恐怖攻擊的911事件發生後，保障員工在職場免於宗教和祖國歧視的必要性顯得更爲重要。EEOC報告指出，因爲宗教或祖國而遭到歧視的案件大幅增加。這些案件的申訴人大多是被視爲回教徒、阿拉伯人、南亞人或錫克教信徒，申訴的原因主要是遭到騷擾和開除。

民權法案第七條和1964年民權法案禁止職場根據宗教、族裔、祖國、種族和膚色，而就任何層面的聘僱決定有所歧視，這些包括招募、聘用、升遷、福利、訓練、工作職務和解僱。民權法案第七條也禁止職場的騷擾行爲。此外，雇主必須爲宗教儀式提供合理的配合，除非這樣做對雇主過度困難。

請看以下這些有關聘僱決定的情境，並回答接下來的問題：

❖ 情境一：在短期派遣的工作崗位上戴頭巾

蘇珊是個經驗豐富的職員，她因爲回教信仰戴著頭巾。ABC短期派遣公司派蘇珊長期服務某家客戶。可是這家客戶聯絡ABC，要求他們告訴蘇珊在櫃檯工作時不能戴頭巾，否則ABC必須派遣另外一個無須戴頭巾工作的員工，這樣蘇珊就等於是丟了這份工作。根據這家客戶的說法，蘇珊的宗教穿著違反該公司的穿著規定，而且塑造「錯誤的形象」，因爲他們是很保守的公司。ABC應該配合這家客戶的要求嗎？

❖ 情境二：對祈禱者提供宗教上的配合

X-Cell儀器公司儀板設計部門的三十名員工當中有十名爲回教徒，其中有三位詢問經理可否使用大樓的會議室作爲祈禱之用。在提出這樣的要求之前，這些員工是在他們的工作站祈禱。X-Cell儀器公司的經理應該怎麼做？

❖ 情境三：這是騷擾還是開玩笑？

穆罕默德爲阿拉伯裔的美國人，他在Friendly汽車公司服務，這是一家大型的二手車公司。穆罕默德去找經理申訴，抱怨同事比爾經常罵他，說他是「阿拉圖拉」、「本地的恐怖份子」、「駱駝騎士」，而且還故意在顧客前面汙辱他，說他無能。當經理質問比爾，比爾宣稱他是在跟穆罕默德開玩笑，而且他還給同事取了「矮子」、「鄉下人」、「臭鬼」的綽號，別人從來都沒有抱怨過，他們反而還覺得這些綽號很有意思。這個經理應該如何處理這個狀況？

❖ 關鍵性的思考問題

1. 在第一個情境，ABC短期派遣公司或客戶要求蘇珊拿掉頭巾會有任何差別嗎？如果客戶堅持蘇珊不得在其辦公室戴頭巾，ABC派遣公司應該怎麼辦？

2. 在第二個情境，如果這間會議室是作爲商業用途，X-Cell的經理能拒絕這些員工把這間會議室作爲宗教用途嗎？如果會議室幾乎都是用來開會之用，那麼公司可以提供回教員工什麼，讓他們得以進行祈禱？

3. 在第三個情境，這個員工宣稱他只是跟穆罕默德開玩笑，穆罕默德得放輕鬆點，學習美國人的幽默感，了解取外號不過是工作場所開玩笑的方法而已。經理應該相信這些說辭嗎？笑話和騷擾間的界線又在哪裡？

❖ 團隊練習

假設你是某家公司的經理，你注意到阿拉伯和回教員工紛紛抱怨遭到其他員工騷擾或迴避。請和三到四位同學建立一套策略，處理這種針對阿拉伯裔和回教員工的敵意行爲。這些騷擾事件應該被視爲美國總統對恐怖主義宣戰影響所及的「特殊案件」，還是當作騷擾案件處理？說明你們的理由。

資料來源：The U. S. Equal Employment Opportunity Commission (2002, May 14). Questions and answers about employer responsibilities concerning the employment of Muslims, Arabs, South Asians, and Sikhs. www.eeoc.gov/facts/backlash-employer.html; *HR Focus*. (2001, November). The growing importance of tolerance in the workplace, 3-5.

你也可以辦得到！ 新興趨勢個案分析3.2

❖ 女性正突破玻璃天花板嗎？

玻璃天花板(Glass ceiling)是指公司裡阻礙女性和有色人種的員工升遷到特定層級的無形或人爲障礙。這也說明了美國企業以及其他國家的企業裡，高階管理層次的女性嚴重不足的現象。在美國，女性在全體經理裡佔30%，但在執行主管層次則只有5%。

玻璃天花板並非阻止女性和少數族裔進入公司的歧視型態，而是一種細微的歧視，這裡頭包括了性別刻板印象、女性缺乏機會吸取升遷所需的工作經驗，以及高層並未積極支持一個可讓女性升到高層執行層級的工作環境。

玻璃天花板是一種無形的障礙，很難透過立法途徑破除。私下的人脈網路和導師制(mentoring)通常能增加女性晉升爲執行主管的機會。不過，男女員工之間跨性別關係可能會受到抑制，因爲這其中的性別張力可能模糊專業和個人生活之間的界線。在某些情況下，和年輕的女性員工建立師徒關係，可能讓位居高層的男性主管面臨遭控性騷擾的潛在危機。在性騷擾的指控當中，女性因爲層級較低，往往被視爲被害者，這樣的指控可能會讓高層男性主管的事業毀於一旦。女性的師徒關係比較不會有這方面的問題，這是由女性資深執行主管培養深具發展潛力的女性屬下。不過有些好不容易爬到高位的資深女性主管，對於事業發展看似較爲順利的女性屬下可能產生厭惡的心理，所以不見得願意提供輔導。

儘管有這樣的玻璃天花板，但2002年成爲《財星》美國前五百大企業執行長或董事長的女性人數卻比1997年出現了長足的成長，她們顯然已成功地突破玻璃天花板：

- 惠普執行長菲奧莉娜(Carly Fiorina)。
- 雅芳執行長鍾彬嫻(Andrea Jung)。

- 全球最大的廣告公司之一J. Walter Thompson公司董事長夏綠特・比爾斯(Charlott Beers)。
- 朗訊科技(Lucent Technologies)執行長派翠夏・羅梭(Patricia Russo)。
- 全錄執行長兼董事長安妮・慕凱西(Anne Mulcahy)。
- Harpo娛樂集團董事長歐普拉(Oprah Winfrey)。
- 培生(Pearson)執行長瑪喬麗・斯卡迪諾(Marjorie Scardino)。

❖ 關鍵性的思考問題

1. 請上雅芳(www.Avon.com)、朗訊科技(www.lucent.com)、惠普(www.hp.com)和全錄(www.xerox.com)網站，這些公司的執行長或董事長皆爲女性擔綱。其中有些網站有「執行長自傳」的網頁，點選進去進一步了解其執行長和其他高層執行主管。另外也可以雅虎的搜尋引擎，輸入公司名稱和執行長或董事長姓名，藉此蒐集她們事業生涯發展的背景。根據所蒐集道的資訊，說明這些女性如何突破「玻璃天花板」，成爲美國主要企業的高層執行主管。

2. 有些男性資深執行主管會避免成爲年輕女性的「導師」，因爲擔心這樣可能反而被控性騷擾（作爲交往不成的報復），或被辦公室八卦傳成兩人之間有在交往。你覺得這樣的憂慮合理嗎？女性員工知道有些資深男性執行主管有這樣的顧慮，要如何才能跨越障礙，建立師徒關係呢？

❖ 團隊練習

請和四或五位同學建立一套人力資源計劃，突破公司裡男性主導高層的玻璃天花板。有些由男性主導的產業包括高科技〔譬如英特爾、德州儀器和思科(Cisco Systems)〕、國防（波音、洛克希德馬丁公司和General Dynamics）和能源〔艾克森(Exxon)、BP-Amoco和Chevron〕。想設想具體的人力資源活動，突破女性晉升爲高層執行主管的障礙，爲這些公司「增加價值」。像訓練、招募和甄選、薪酬、福利、工作系統、人力資源訓練、績效評估、員工關係和懲處等人力資源功能都可能締造豐碩的成果。請做好準備，對其他同學提出你們的計劃，並加以辯論。

資料來源：Bell, M., McLaughlin, M., and Sequeira, J. (2002, April). Discrimination, harassment, and the glass ceiling: Women executives as change agents. *Journal of Business Ethics,* 65-76; and Haben, M. (2001, April/May). Shattering the glass ceiling. *Executive Speeches,* 4-10.

管理多元性

挑戰

讀完本章之後，你將能更有效地處理以下這些挑戰：

1. 連結平權措施計劃和員工多元性計畫，確保這兩者相輔相成。
2. 找出公司內部促進多元性管理的成功要素。
3. 減少員工間因文化衝突和誤解而爆發衝突的可能性。
4. 撰寫員工分類（比較不屬於公司主流的員工）簡介，針對各員工類別的需求設計政策。
5. 執行人力資源體系協助公司成功管理多元性。

何謂多元性？

❖ 多元性 (Diversity)
讓人們彼此不同的人類特質。

多元性(diversity)雖然定義各家不一，但單純是指讓人們彼此不同的人類特質。造成差異的原因複雜，大致可分爲兩類：一種是人們無法控制的，另一種則是人們可以局部控制的[1]。

個人無法控制的個人特質包括種族、性別、年紀等生物特質、身體特定特徵、出身家庭和社會。這些要素會對個人定位以及人與人之間的對應造成直接且強大的影響。

第二大類則是可以透過自己選擇和努力建立、放棄或調整的特質，包括工作背景、收入、婚姻狀態、服役經驗、政治信仰、地理位置和教育。

你必須記住多元性來源和多元性本身之間的差異。要是沒有分別，往往會產生刻板印象。刻板印象是假設團體裡每個成員都具有相同的傾向，譬如曾服役的員工比沒有服役經驗的員工更能夠接受威權式(authoritarian)的管理方式。

其實，要說哪個特質在兩個族群之間沒有大量重複的實在很困難。這方面的討論重點在於，企業員工雖然多元，但其族群成員的多元程度其實不高。

我們在本章會針對特定族群具有的典型特質做討論。這樣的說明很寶貴，因爲提醒管理者其員工的多元性，但另一方面也很危險，管理者很容易以爲個別員工皆具團體特性。有效能的管理者將員工視爲個體，而非特定族群的成員。誠如我們在第三章所見，根據特定族群的特質來做出聘僱決定是違法的。這些法律突凸顯一項有效管理的重要原則：將人們視爲個體，而非某個團體的代表。

爲何要管理員工的多元性？

除非有效管理，否則員工間的多元性可能會製造誤解，對生產力和團隊合作造成負面影響。無法打入公司主流團體的人，可能會遭到公司資源掌控者公開地或暗地裡歧視。

不讓特定族群的成員加入公司除違法之外，對生產力也無好處，因爲有效能的人才無法繼續留在公司貢獻力量。

當今社會異質性加劇，要在這樣的環境下生存且蓬勃成長，企業必須利用員工的多元性，激發競爭優勢。譬如組合國際電腦公司(Computer Associates International)從世界各國僱用許多軟體開發人才，填補產業人力嚴重不足的空缺[2]。由於其中許多員工的母語並非英文，公司還免費提供英文課程作爲他們的第二語言[3]。雅芳也是企業利用多元性追求競爭優勢的案例，以員工的意見，有效且迅速地反應女性瞬息萬變的需求。化妝品產業往往忽略有色人種婦女對美的需求，但雅芳在少數族裔員工（幾乎佔全體員工的1/3）協助之下找到產業的利基[4]。ATT根據多樣特質組織的員工網路〔譬如亞太島民的商業資源團體(Asian Pacific Islanders' Business Resource Group)〕只要能對管理階層提出商業計劃，顯示出對公司的貢獻，均能獲得公司肯定和支持[5]。

平權措施與管理員工多元性

許多人把多元性管理視爲平權措施的舊瓶新裝，事實上這是兩種截然不同的概念[6]。平權措施起源自政府對企業界施壓，要求提供更多的就業機會給女性和少數族裔。相反的，**多元性管理**(Management of diversity)則是體認到由白人男性主導的傳統企業已成爲過去。愈來愈多人發現，企業績效的關鍵要素在於女性和少數族裔的非傳統員工(nontraditional employees)充分整合、彼此有效合作以及和白人男性同仁共事的程度。基於此，許多企業將多元性視爲充分利用來自不同背景、經驗和觀點之人才的能力[7]（參考表4.1：公司如何界定多元性案例）。

❖ **多元性管理**
(Management of diversity)
將非傳統員工（女性和少數族裔）整合到公司人力中，並以其多元性增加公司競爭優勢的連串活動。

如今許多企業都將多元化管理視爲必要工作，而非達成社會目標或遵守政府的規定（跟許多人對平權措施的看法一樣）[8]。多元化管理的理由包括：人口統計趨勢、將多元性視爲資產的必要和行銷考量。

❖ 人口統計趨勢

勞動力組成結構的改變令就業市場急遽變化。表4.2顯示各人口族群的成長率及其在勞動力裡的參與程度，1990到2000年爲歷史資料，2000

表4.1 公司如何界定多元性

- **人力資源管理協會**(Society for Human Resource Management, SHRM)：「提昇多元化的重點在於體認和重視個別差異。SHRM致力成為促進職場多元性的領導者。人們往往將多元化視為種族、性別、年紀、宗教、殘障、祖國和性取向造成的差異，多元化其實包括個人特質和經驗，其中包括溝通風格、身高體重等身體特徵，以及學習和理解速度。」
- **微軟**(Microsoft Corporation)：「在微軟，我們相信多元化豐富了公司的績效和產品，豐富了生活和工作的社群以及員工的生活。社群和全球市場日趨多元之際，我們的員工也反映出這樣的趨勢，我們致力了解差異性的價值，並將此融入公司的環境，這樣的努力變得愈來愈重要。在微軟，我們採取多項計劃促進公司內部多元性，並向全世界展現這樣的努力。」
- **德州儀器**：德州儀器把多元性界定為：「利用不同背景、經驗和觀點的人才之效能，這是我們競爭優勢的關鍵……多元化是一種德州儀器的核心價值，德州儀器價值聲明的核心即在於重視人員的多元性……各階層的人員都必須致力建立一個促進多元性的環境……每個德州儀器的業務都將建立多元化策略和衡量標準……。」

資料來源：Sociey for Human Resource Management (2003, Feb. 13). Where HR meets the world. How should my organization define diversity? www.shrm.org/diversity.

表4.2 根據性別、種族和族裔區分的勞動力（單位以千計）

	程度		百分比變化		百分比分布	
	2000	2010	1990-2000	2000-2010	2000	2010
年紀						
16～24歲	22,715	26,081	1.0	14.8	17.9	16.1
25～54歲	99,974	104,994	13.2	5.0	70.2	71.0
55歲以上	18,175	26,646	21.0	46.6	12.9	16.9
性別						
男性	75,247	82,221	9.0	9.3	53.4	52.1
女性	65,616	75,500	15.5	15.1	46.6	47.9
族裔						
非裔美國人	16,603	20,041	20.8	20.7	11.8	12.7
亞裔美國人和其他民族	6,687	9,636	43.7	44.1	4.7	6.1
西班牙裔美國人	15,368	20,947	43.4	36.3	10.9	13.3
非西班牙裔的白人美國人	102,963	109,118	5.3	6.0	73.1	69.2

資料來源：Bureau of Labor Statistics, Employment Projections Home Page (2003). stats.bis.gov.

年到2010年乃預測資料，本章稍後討論特定族群時都會引用本圖的數據。未來十年左右，五十五歲以上人口將快速成長(46.6%)。亞裔美國人、拉丁裔美國人和其他少數族裔自1990年來便高速成長，預料未來十年依舊會繼

雅芳全球員工和領導階層主要都是女性。該公司的女性經理比任何其他的《財星》五百大企業都要多，其中包括美國產品行銷集團總裁鍾彬嫻。

續上升。近年來這些人口投入勞動力的程度也見上升，情況也會持續下去。白人美國人在2010年還是勞動力大宗(69.2%)，比較2000年(73.1%)則見下降。女性參與比例預料會繼續上升，男性則持續下降。

許多美國人想到員工多元性，以爲這是指貧窮的少數族裔和女性從事較無須技能的低薪工作，專業和管理階層的工作則由白人男性主導。這樣的刻板印象在過去固然沒錯，現在卻迅速瓦解當中。譬如貝爾實驗室(Bell Laboratories)，出生於美國的物理學家已成爲少數。美國Shering-Plough藥廠的研究實驗室，生物化學家的第一語言可能是韓文、印度語、中文、日文、德文、俄文、越南話或西班牙文，而不是英文。拿到美國工程博士學位的人才大多非以英文爲母語，而是非歐洲國家來到美國。近年來調查顯示，1970年代中期移民美國的兩千五百多萬人，十五年之內，平均收入已達美國當地水準。居住美國十五年到二十年的移民，貧窮率比出生在美國的本地人更低[9]。2002年，美國本地人和移民平均收入差異大約爲12%，比大多數人想像要低了許多[10]。

未來十年預計會有兩千萬個新工作，其中75%將由女性和少數族裔取得。這意味著公司必須積極爭取、留任這些族群中受過教育的人才，故各產業大多數大型企業爲了建立吸引非傳統員工的環境而不遺餘力。

❖ 將多元性視為資產的必要

人力多元性曾被視爲造成溝通不良和衝突，以及導致工作環境較無效率的問題來源。現在許多企業了解到，其實多元性有助於提昇公司效能。員工多元性有助於刺激創意、解決問題和創造更大的體系彈性，讓企業發揮更大功能[11]。哈佛大學著名企業顧問肯特(Rosabeth Kanter)指出，大多數有創意的公司體認到必須匯聚各種觀點才能解決問題，因此會特地塑造各種工作團體，「藉此創造點子的市集」[12]。

- **激發更大創意**：員工多元性讓人們注意到較易遭到忽視的方案。有家公司執行長正打算裁員，其工作小組建議裁撤10%人力，工作小組裡有位西班牙裔男性和一位白人女性，這兩個人卻認爲此建議會打擊員工士氣。這個工作小組成員大多是白人男性，起初都認爲這兩個人「心腸太軟」，無法做出冷靜的商業決定。不過執行長進一步考慮之後，決定採取這兩個人的建議，不進行裁員，並透過提早退休、不支薪休假、以公司股票換取員工減薪5%的方式降低薪資成本。大多數員工的反應都非常好，都認爲這項計劃提昇了他們對公司的忠誠度和承諾[13]。
- **更能夠解決問題**：同質的團體往往會出現群體迷思(groupthink)現象，由於成員思維和著眼點相同，很快會陷入錯誤的解決方案中[14]。異質的團體由於成員擁有較廣泛豐富的經驗和文化觀點，群體迷思的可能性就小得多。
- **更大的體系彈性**：在當今變化萬千的商業環境裡，彈性是企業成功的重要特質。如果管理得宜，員工多元性可爲公司帶來更大的彈性。不同層次的多元性，讓人們更能接受新的點子和不同的做事方式。

❖ 行銷考量

最成功的企業都知道，有效管理多元員工能讓公司獲得更好的行銷策略，針對多元文化、種族的人口進行行銷。譬如：

- 威名百貨(Wal-Mart)的成長以城市地區最爲顯著，爲了反映市場，這家擁有九十六萬名員工的零售商開始積極進行人力的多元化。威名百貨高層主管當中有42%是少數族裔。「顧客想去讓他們覺得自在的商店。」佛羅里達州南部的區域副總裁羅斯．瑞茲(Rose Reze)表示[15]。

■ 合資企業，服務美墨邊境每年2億美元規模的市場，讓公司獲利大幅提昇[16]。

■ 美國運通公司(American Express Company)和美林(Merrill Lynch & Co.)在黑人博物館之類的地點以非裔美國人的員工舉辦研討會以爭取顧客，這項策略似乎奏效。推出兩年內，美國運通新的業務有68%來自黑人客戶[17]。

■ 電訊公司Verizon在西班牙裔市場大有斬獲。2001年，Verizon建立多語言顧客服務中心(Multilingual Call Center)，每個月處理超過三十一萬通以西班牙文溝通的電話。「我們的顧客滿意度超過95%，至今仍不斷提昇。」該公司多語言業務和解決方案主任安娜．賈西亞佩拉(Ana Garcia-Piedra)表示。Verizon多元性辦公室(Office of Diversity)副總裁奧斯卡．葛梅茲(Oscar Gomez)表示，「我們不但匯聚說『這種語言』的員工，還充分利用他們跟所屬社區的文化關聯。」[18]

管理員工多元性的挑戰

儘管員工的多元性提供公司許多提昇績效的機會，但對管理者而言，也帶來許多新的挑戰。這些挑戰包括如何妥善評估員工多元性、在個人需求和團體公平間尋得平衡、處理對變革的排斥、確保團體的凝聚力以及開放的溝通、避免員工產生反感和反彈、留住有價值的人才，以及為全體創造最大的機會。

評估員工多元性

從某些方面來說，崇尚多元性的概念跟「大融爐」的傳統是彼此衝突的——大融爐指個人應融入美國主流中，此傳統讓有些人較難適應差異性[19]。根據顧問喬．文德克拉特(Jo VanderKloot)的說法，管理多元性最主要的障礙就存在：「美國文化裡不成文的規定……因為差異性代表缺陷，所以你不能回應差異性。」[20]

在許多層面，「差異性代表缺陷」的觀點（假設每個人，不論文化或種族都應該盡量同化）已逐漸為「差異性比較好」的觀念所取代。其實，

應思考的道德問題

許多公司都設有政策要求某族群的成員（譬如女性或非裔美國人）加入某些委員會。這類政策有無風險？是否利大於弊？

威名百貨員工組合以顧客為導向，反映出顧客的多元性。在多元員工的協助下，威名百貨在滿足少數族裔顧客的需求方面，比競爭對手更有效率。

1970和1980年代主張平權措施的運動就是根據大融爐的原則：爲女性和少數族裔打開企業的大門，讓他們有機會融入既有的企業文化，學習由白人男性建立的行爲、技術和策略[21]。

有關差異性的爭論日益升溫，引起大眾矚目。反對多元性的人士認爲，美國正逐漸喪失維繫社會所需的共同性，而主張多元性的人士認爲，同化所假設的前提是錯誤的——技術和行爲都以白人男性爲依歸，女性和少數族裔只有遵從的份。企業往往發現無論怎麼做都會遭到兩派人馬的攻擊，因此對於有效管理員工多元性的工作往往感到欲振乏力。誠如某大企業的部門經理所說的：

> 我老覺得在公司做事如履薄冰，不管怎麼做都會有人覺得不對。如果使用「多元性」字眼，有些人會說我們想搞「政治正確」(political correctness)。如果我們不公開提倡多元性，別人又會說我們歧視女性和少數族裔。不管怎麼做都不對[22]。

儘管如此，偏見還是依然存在。企業和商界人士得眞正重視女性和少數族裔的貢獻。譬如，最近Rutgers大學法學院就公平就業機會委員會的資料進行分析後發現，儘管歧視的現象整體而言有減少，但部分地區的員工依然備受歧視困擾。譬如這份研究報告指出，在華盛頓州員工人數在五十人以上的雇主當中，25%依然故意歧視女性。在喬治亞州，大型公司接近40%的雇主有種族歧視，30%對女性有偏見[23]。

個人需求和團體公平間的平衡

管理階層配合不同員工團體的人力資源計劃應該做到什麼程度？這個跟「差異性會造成分裂與否」議題一樣引人爭議。如果前線監督人員得管理大批拉丁裔的員工，那麼公司是否應以會說西班牙語作為聘僱的條件？管理階層是否應該要求非裔美國人員工的績效評估全由非裔美國人的經理來作？如果員工的文化背景沒有準時觀念，公司對其準時上班和交案截止日期的要求應該降低嗎？如果員工認為穿西裝打領帶是歐洲傳統，跟他們的生活型態並不吻合，管理階層對於服裝的要求應該為他們開特例嗎？這些可不是假設性的問題，某些公司已對這些問題認真展開討論。

文化相對性的管理概念主張管理做法應配合多元員工不同的價值觀、信念、態度和行為。**普世的管理概念**(Universal concept of management)則是主張標準化的管理做法。**文化相對性**(Cultural relativity concept of management)應該取代普世概念的程度，這是個極為複雜的問題。支持普世概念的人士相信，配合多元人力的管理會種下長期文化衝突的種子，由於員工覺得受到不公平的對待，職場上將會不斷發生衝突。譬如當Lotus軟體公司將福利涵蓋對象擴大到同性戀配偶時，同居的異性戀配偶會覺得遭到遺漏。相反地，支持文化相對性的人士認為，公司的人力資源做法若未能配合多元人口需求，可能會使大多數的員工感覺疏離，降低員工潛在的貢獻。

❖ **普世的管理概念**
(Universal concept of management)
所有管理階層都應該奉為圭臬的管理概念。

❖ **文化相對性的管理概念**
(Cultural relativity concept of management)
這種管理概念主張管理做法應該配合多元員工不同的價值觀、信念、態度和行為。

對變革的排斥

儘管員工多元性很常見，但公司組成份子大多依舊以白人男性為主。有些人認為長久以來的企業文化非常排斥變化，成為女性和少數族裔在企業界生存和躍升的主要障礙。

團體凝聚力和人際衝突

儘管員工多元性有助促進創意和解決問題，但如果各族群之間缺乏信賴和尊重，也可能導致衝突和混亂。也就是說，隨著公司日漸多元化，員工不願有效合作的風險增加。人際之間的摩擦可能成爲常態，取代彼此合作。

區隔的溝通網路

應思考的道德問題

許多經理和執行主管利用打高爾夫球的機會結合工作和娛樂。這種做法會對公司多元化的努力造成什麼樣的傷害？有沒有任何娛樂活動有助於提昇公司對多元化的努力？

職場的區隔溝通網路(segmented communication channels)通常能強化經驗的分享。有份研究發現，企業內大多數的溝通都是在同性和同族裔同仁之間進行的。各專業類別均爲如此，就算是少見的女性和少數族裔高層也是如此[24]。

區隔溝通的存在會對公司造成三個主要的問題：第一，公司無法充分利用多元員工的觀點，因爲他們依然侷限在自己的族群之內。第二，區隔溝通讓公司難以跨越不同族群建立共識[25]。第三，女性和少數族裔因爲不屬於主流溝通網路，往往因此錯失機會或遭到無心處罰。

反感

平權措施雖然至今已有幾十年的歷史，但仍爭議不斷。主要是平等就業機會是由政府施行的，而非自發性。這是強制性的改變，非自願進行改變。這種強迫性的改變在許多情況下，只會讓人不甘願地配合[26]。

這種強迫的配合會造成一種副作用，有些管理者和主流員工會更加認爲公司爲了遵守EEO法令而降低標準。有些人認爲EEO法律是「強迫性的多元化」，考量重點並不在績效和能力，而是政治正確。

基於這樣的背景，認爲女性和少數族裔獲得升遷機會乃歸因於平權措施的人當中，白人男性是女性和少數族裔的兩倍，這樣的結果或許並不需要訝異[27]。這樣的看法代表兩個問題。第一，女性和少數族裔就算位居要職，掌握權力和責任，恐怕也不會像白人男性那樣受到重視。第二，有些白人男性自覺遭到不公平待遇，因此可能對女性和少數族裔這些他們認爲受到優惠待遇的員工發洩不滿。

反彈

有些白人男性覺得自己成了社會病態的代罪羔羊，有些人利用性別和種族在公司資源上佔盡便宜（譬如升遷、薪水和工作保障），他們必須起而捍衛自身權益。所以，白人女性和少數族裔可能將公司的「文化多元性政策」視爲改善其晉升的機會，白人男性則可能將此視爲威脅。對多元性概念備感威脅的人往往會把「打擊白人男性」(white male bashing)這類貶低性的說法掛在嘴上。很顯然的，如何處理這樣的反彈（由於目前白人男性依然享有可觀的優勢，這樣的反彈或許並無理由可言），將對企業構成一大挑戰[28]。如果白人男性員工（其中有些或許位居高位）對員工多元性抱持敵意，公司怎麼能對此有效管理將令人感到懷疑。

留任

女性和少數族裔工作滿意度往往比白人男性低。女性和少數族裔主要不滿他們缺乏事業生涯成長的機會。他們在向上晉升的過程中，位置愈高就愈覺得升遷管道受到玻璃天花板的阻擾。**玻璃天花板**(Glass ceiling)乃公司裡阻礙女性和少數族裔員工升遷到核心層級的無形障礙。工作滿意度低落會導致員工辭職率高漲，使得公司流失寶貴的人才，由於流動率高，公司必須付出更高的訓練成本。

❖ **玻璃天花板**
(Glass ceiling)
公司裡阻礙女性和少數族裔員工升遷到核心層級的無形障礙。

機會的競爭

美國少數族裔的人口不斷快速成長之際，就業機會的競爭可能也會變得更加白熱化。少數族裔之間爭取晉升機會的緊張氣氛已逐漸升高。雇主必須判斷哪些少數族裔最值得獲得這些機會[29]。各位不妨參考以下例子：

- 「黑人佔盡大家的便宜」，舊金山消防隊墨西哥裔的隊長彼得．羅柏(Peter Rogbal)不滿地表示。「爲了平息黑人社區，其他族裔反而遭到遺忘。」
- 在洛杉磯，當地雇工工會Laborers Local 300提供拉丁裔在爭取非技術性營建工作方面優惠待遇，該組織的黑人和白人成員因此提出告訴、要求推翻這項決定。
- 多元性專家指出，「非裔美國人」獲得相當大的政治利益，他們開始擔心在朝權力晉升的過程中會遭到西班牙裔的組饒。拉丁裔則質疑黑人會

應思考的道德問題

針對特定族群的員工給予優惠待遇可能會產生什麼道德上的問題？

不會讓一條路讓他們走[30]。

面對這些挑戰時，沒有任何一種方法可以保證絕對不會失敗。不過管理者應該謹記在心的原則是把員工視爲個體，而不是某個團體的成員。秉持這樣的原則，這些挑戰就不會那麼棘手。

現在我們要討論特定員工族群所關切的事情。爲了說明之便，我們必須以概括的說法介紹，但這些說法又容易遭到誤用。我們的目的是讓各位對員工多元性的複雜度稍具概念，不再以刻板印象衡量個人。

公司的多樣性

多樣性的元素（譬如種族、族裔和性別），對於人與人之間的對應往往會有很大的影響。此單元我們將討論在企業主流裡最容易遭到「遺漏」的族群。當然，同一個人所屬的族群可能不只一個。

非裔美國人

非裔美國人在美國勞動力大約佔有12%的比例（參考表4.2）。歷經好幾個世紀的奴役，非裔美國人在1960年代之前都還是備受歧視的族群。

非裔美國人在企業之中面臨兩個主要的問題。第一，在第一次爭取民權大獲勝利約四十年後，明顯且故意的種族歧視依然存在[31]。非裔美國人並非唯一受到種族歧視的族群，但可說是受害最深的一群。

第二個問題是非裔美國人的教育程度不若白人[32]。這個問題並非僅限於非裔美國人，西班牙裔的教育程度也不如白人。

儘管歧視問題仍然存在，而且黑人的經濟狀況遠不如白人，但仍有値得樂觀之處。在過去三十年間，黑人家庭所得成長的速度幾乎比白人所得快兩倍。在已婚家庭中，約51%的非裔美國人收入爲5萬美元以上。在1980年，年紀在二十五歲以上有高中文憑的非裔美國人還不到二分之一，但在2003年，將近80%的比例有高中文憑，而且二十五歲到二十九歲之間的黑人，比例更高達86%，跟白人的比例一樣。不到二十年間，黑人大學畢業生的人數已成長一倍[33]。自從1966年以來，擔任管理職務的非裔美國人已經成長至少五倍[34]。

亞裔美國人

亞裔美國人在美國勞動力裡佔有大約4.7%的比例。1990年到2000年之間這個族裔投入勞動力的比例增加44%，預期在2010年之前還會增加44%。就如同西班牙裔包括許多不同人種一樣，亞裔美國人也包括各種族和國籍（譬如日本人、中國人、韓國人、印度人和巴基斯坦人）[35]。亞裔美國人在技術領域的表現相當搶眼，在職場上也擁有較高的學歷，不過他們在企業高層的代表性仍不足[36]。部分原因可能包括雇主的歧視，他們對亞裔美國人的刻板印象往往是過於謹慎保守，缺乏領導能力。而且由於亞裔美國人在學業上的成就，雇主往往以爲在聘僱和升遷的決定上無須對他們給予特殊考量，結果針對女性和少數族裔的平等就業計劃比較無法造福亞裔美國人。

殘障人士

美國大約有四千三百萬名殘障人士，其中一千五百萬人有工作，六百萬人則是靠社會安全福利金和殘障保險過活[37]。目前至少三百七十萬名嚴重殘障者投入職場[38]，其餘的則是失業（假設由家人支持），或不到工作的年紀。殘障人士在職場上主要面臨四個問題。第一，社會對殘障人士的接受度並未提昇。第二，殘障人士的能力往往被視爲低於其他人。第三，許多雇主不願僱用殘障人士或讓他們擔任要職，擔心他們只要壓力一大就會遞出辭呈。第四，自從1990年美國殘障人士法案通過之後，許多雇主高估配合殘障員工所需的成本。事實上，雇主近日發現這樣的配合其實簡單且成本不高，平均在200美元到500美元之譜[39]。

外國出生的移民

美國人口大約11%是在外國出生，多集中在加州、德州南部、佛羅里達州南部和紐約市，比例逼近四分之一[40]。由於非法移民和人口普查的低

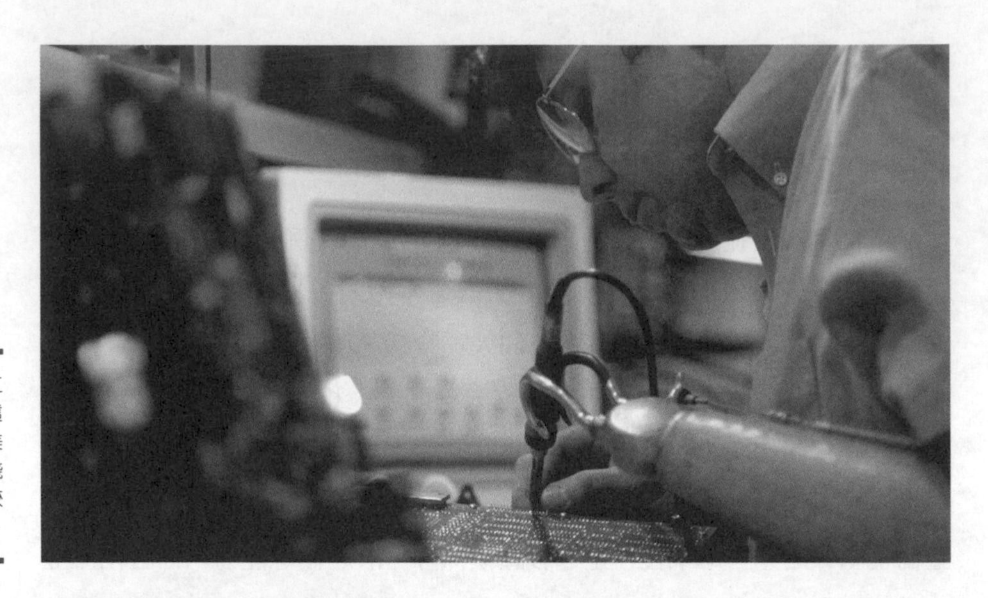

許多公司高估配合殘障員工所需的成本。研究指出，這樣的配合成本平均在200美元到500美元之譜。由於殘障員工缺勤率和流動率較低，其實對雇主利大於弊。

估（許多黑工擔心遭到遣返，因此希望繼續隱姓埋名），所以很難找到可靠的統計數據，不過過去三十年來至少有三千萬名移民來到美國[41]。此外，五十萬名外國學生以臨時簽證在美國大學就讀，每年花大約110億美元在學費和生活費上[42]。許多人拿到學位後就留在美國。根據美國憲法，不論父母的法律地位如何，凡是在美國出生的兒童都自動成爲美國國民。

社會需要破除對於移民勞工的諸多迷思。第一，移民並非都沒有受過教育。第二，現在靠社會福利過活的移民比例並未比本世紀初高。第三，大多數移民的經濟狀況並不會比本地人差。第四，大規模移民的現象並非侷限在美國而已。最後，沒有證據顯示非法移民的犯罪率較高。

同性戀

雖然1940年代的初期研究顯示大約有10%的比例人口爲同性戀者，不過這個數字還是廣受爭議，估計1～2%到10%[43]。近年來，同性戀團體相當積極爭取自身權益，主張性取向不應作爲人事決定的標準。不過同性戀在許多工作環境依舊是個禁忌。

拉丁裔（西班牙裔美國人）

西班牙裔這個標籤是指祖先或本身來自拉丁美洲國家的人。拉丁裔這

經理人筆記

新興趨勢

全球規模的多元性

員工多元性與日俱增的現象並非僅限於美國，而是全球的現象。目前有上億人口住在出生地之外的國家。在許多已開發國家，移民已成爲人口統計變化的主要因素。根據美國人口普查局(U.S. Census Bureau)最新預測，美國人口將會增加一億兩千九百萬人，但如果移民停止，美國增加人口則只有五千四百萬人。這樣的現象並非僅限於美國。在1996到2002年期間，國際移民當中有27%來到美國，相當比例的移民則是移到西歐國家(21%)。如果不是移民，歐洲在未來五十年間將會減少大約兩千八百萬人。比較不爲人知的大規模移民也出現在非洲（譬如，南非和其鄰國之間）、部分阿拉伯國家（譬如，科威特一半以上的工作人口都到鄰近國家工作）、香港和中國大陸之間、中美洲（至少一百萬名尼加拉瓜人在哥斯大黎加，約佔人口的20%）以及南美洲（過去二十年間，大量移民從哥倫比亞移到委內瑞拉、從巴拉圭移到阿根廷）。全世界各國政府至今尚無法制止這樣的潮流，因爲勞工會遷移到薪資水準較高、就業條件較佳的地區，而且雇主也願意僱用移民來降低成本。事實上，過去幾年來，許多國家的政府紛紛通過限制移民的立法（譬如香港就通過非常嚴格的邊境管制法，讓中國大陸人難以取得永久居留）。可是在執行方面，這些政府卻又睜一隻眼閉一隻眼（在大多數的國家裡，移民都是從事當地人不願意從事的工作）。隨著來自不同背景的人逐漸融合，對於各種族的看法最終也會出現新的風貌。值此同時，企業得對日益提昇的多元性進行更有效的管理。

資料來源：Doyle, R. (2002, Feb.). Assembling the future: How international migrants are shaping the 21st Century, *Scientific American,* 30., Baker, S., Cappel, K., and Carlisle, K. (2002, March 18). Crime and politics: Suddenly it is the hottest of issues—and linked closely to immigration. *Business Week,* 50-51. Associated Press (2002, Jan. 11). Hong Kong to oust immigrants. *Arizona Republic,* A-15.

個名詞則是這些族群（包括在美國國內和海外）作爲文化自我定位，以及和其他非拉丁裔北美人的文化定位加以區隔的方法。西班牙裔這個標籤（美國政府使用的正式說法）乃「便於行政機構和研究人員使用的名詞」[44]。

年長員工

美國勞動力逐漸老化，勞工平均年紀為三十八歲，在2010年預計會逼近四十二歲，45%的員工目前都超過四十歲。年長員工在工作環境裡面臨許多重要挑戰。第一，美國是以年輕人為導向的文化，尚未順應其人口組成結構的改變[45]。年過四十歲以後（特別是在五十歲以上），員工就會面臨各種刻板印象，阻礙事業生涯的升遷。近年來公平就業機會委員會接獲雇主年紀歧視的案件數量，在所有歧視申訴案件中佔22%的比例，這可能就是其中的部分原因[46]。第二是可能爆發世代衝突(generational conflict)。年長的員工有時候會覺得自己的職位和地位飽受威脅，因為年輕一代的員工老想把「過氣」的員工擠到一旁。這樣的緊張氣氛可能對團隊和工作單位的凝聚力造成負面影響，也可能使老闆和部屬間的關係惡化。第三，年長員工縱然健康狀況不錯，終究還是比較容易出現健康上的問題。由於公司無法或不能找到適當的機會，讓年長的員工擔任新進員工的「導師」(mentor)，發揮其豐富的判斷力、知識和能力，使得許多年長員工被迫離開工作崗位。再者，年長員工因薪資較高，往往成為公司裁員的目標，此種做法雖然違法，但很難在法院上舉證[47]。

女性

過去三十年來美國人口組成結構最主要的變化之一，就是女性大量投入職場。從1970年以來，女性投入勞動力的比例成長一倍以上。職場女性的比率預期在2010年會增長到48%（參考表4.1）[48]。不幸的是，女性的所得並未反映這樣的成長。男女所得比率在1975年降到59%的低點後，終於緩步上升到目前的73%，比1920年的63%只高出十個百分點（1920年代投入職場的女性只有20%）[49]。

❖ 生物限制和社會角色

顯然的，只有女性能懷孕生小孩。儘管經過三十年的女權運動，但女性在角色和行為上依舊面臨相當僵化的社會期望。女性主要還是負責照顧小孩和大多數的家務，男性依然是養家的人，以及負責庭院的工作。許多調查發現，男性認為女性應以持家為重[50]。1990年代末期意見調查估計，全職女性從事家務的時間依然是男性的三倍。

❖ 男性主導的企業文化

大多數女性覺得由男性主導的公司文化是讓她們無法成功的阻礙[51]。不過，大多數的性別差異都和表現無關，尤其是白領階級，體力並非必備條件。

有幾項研究顯示，男性在美國文化下能夠晉升到領導的位置，是因為他們比女性更可能展現出管理職位所需的「特質」：(1)更積極的行為和請向；(2)更主動展開口語的互動；(3)專注在有關「產出」議題的言論（而不是「流程」）；(4)比較不願意透露資訊和暴露自己的弱點；(5)更以任務為導向；(6)比較不敏感；這讓他們得以迅速做出困難的決定[52]。文化對性別的期望往往會反映在現實上，至於展現「女性特質」（專注在流程上、以社會導向等）的人比較可能擔任部屬的角色，從事執行的工作。

❖ 排外的人脈網路

許多女性都無法打入**老男人關係網路**(Old boys' network)（高層男性執行主管之間非正式的關係）。誠如本章稍早提及，大多數溝通都是在同性團體成員之間進行，就算在公司高層也是如此。由於大多數高層職位皆由男性把持，女性往往無法打入有助男性晉升的談話之中[53]。譬如康寧(Corning)的性別認知研討會裡，有些女性執行主管就抱怨男性同仁從來不邀她們共進午餐，沒有機會聽到重要的內線消息，譬如哪些員工即將調職或老闆對新產品種類有沒有興趣等[54]。

> ❖ **老男人關係網路** (Old boys' network)
> 男性高層執行主管組成的非正式社交和商業網路，女性和少數族裔通常都不得其門而入。打入這樣的關係網路，往往是事業晉升的要素。

❖ 性騷擾

女性比男性更容易碰到性騷擾的困擾。以往女性要是被高層男性吃豆腐，又覺得除了辭職沒有其他逃避的管道，往往會因此放棄深具發展潛力的事業[55]。1991年十月安妮塔．希爾(Anita Hill's)在高等法院的聽證會，讓這樣的議題出現了轉捩點。許多女性自此將她們在職場遭遇的性騷擾提出申訴。

改善多元性管理

成功管理多元性的企業往往有些共同的特性，其中包括高層主管對於重視多元性的承諾、多元性訓練課程、員工的支援團體、對於家庭需求的配合、資深人員的輔導和師徒計劃(apprenticeship program) 、溝通標準、有組織的特殊活動、多元性稽核，以及要求管理階層對多元性管理效果負責的政策。

近年來，《財星》雜誌公佈「五十家最適合亞裔、黑人和西班牙裔工作的公司」，評審所根據的標準許多皆和以上所說的相同。

高層主管對於重視多元性的承諾

對於單位經理、中階經理、監督人員和其他主管而言，除非他們相信執行長和執行主管對於提昇多元性是百分之百的投入，否則不太可能會捍衛多元性的政策。全錄、杜邦、康寧、寶鹼、雅芳和《邁阿密先鋒報》(*Miami Herald*)、數位設備公司(Digital Equipment Corporation)、U.S.West等成功管理多元性的企業，執行長都是百分之百投入這樣的理念。譬如，雅芳成立一個多文化參與委員會（包括執行長在內），成員會定期會晤。同樣地，康寧執行長在十頁的彩色手冊裡宣佈，多元性管理乃康寧三大要務之一（另外兩項為完全品質管理和提昇股東獲利）。在IBM，即將離開的執行長葛斯納(Lou Gerstner)對於多元性計畫的指導非常積極，經常和董事會和資深管理團隊會晤，討論多元性的相關問題，並要求資深主管負責少數族裔和女性的招募、留任和晉升[56]。

多元性訓練計劃

❖ **多元性訓練計劃 (Diversity training programs)**
配合多元性的訓練計劃，教育員工特定文化和性別上差異，以及在職場上應該如何回應。

管理人員需要學習新的技巧以管理和激勵多元化的員工。Orrtho-McNeil藥廠、惠普、富國銀行(Wells Fargo)、美國最大的私人醫療保健供應商Kaiser Permanente、微軟以及其他公司，紛紛在公司內成立廣泛的**多元性訓練計劃**(Diversity training programs)，提供認知訓練和研討會，教育經理和員工特定的文化和性別差異，以及在職場上應該如何回應[57]。最近有份針對執行長的意見調查顯示，他們執行多元性訓練計劃大多都是為了「開發多元顧客和市場」(44%)。只有2.9%的受訪者是為了避免被控訴的緣故[58]。

包括惠普、杜邦、柯達(Eastman Kodak)等公司都針對員工的小孩推出「多元性方案」(diversity kits)。這些公司提供員工資訊，請他們和自己的小孩分享[59]。誠如先前擔任全錄多元性經理的茱莉·貝斯京布魯克(Julie Baskin Brooks)所說，如果社會讓人們從小就對多元性議題保持敏感，「那麼當他們二十多歲的時候，社會或許就不會這麼混亂。」[60]

2002年，人力資源管理協會發表檢討多元性訓練計劃的報告指出，多元性訓練乃「多元性方案的基本元素，是公司訓練其資深主管和人員多元性議題的機會」[61]。然而，這份報告也指出，這類計劃的結果往往不若預期，其效果受到折損的原因可以歸納如下[62]：

第一個原因是，這些訓練計劃推出的時候，員工可能正埋首於更急迫的要務（譬如縮編、工作量增加，或在緊迫的時間限制下推出新產品）。第二，如果員工覺得這些訓練是為了配合外界壓力（譬如法院命令或政治人物頒布的法令），他們可能會予以排斥。第三，如果這類訓練把某些人描述為加害者，其他人則為受害者，那麼覺得自己被抹黑的人可能會抱持著防衛態度。第四，如果多元性被視為少數團體的領域（譬如女性和有色人種），其他人可能覺得受到冷落，而且認為這是別人的事情，跟他們無關。

為了避免這四個問題，人力資源管理協會提出各種建議，其中包括跟排斥訓練的人舉行焦點團體(focus group)、建立多元委員會、代表意見和態度各異的員工，並避免以傳統教室的型態舉行訓練課程（譬如一對一的輔導、協助管理者處理多元性的挑戰或應邀參與團隊會議）[63]。

支援團體

有些員工覺得企業界不尊重他們的文化和背景，甚至充滿敵意。「你不屬於這裡」或「你之所以能在這兒工作，是因為我們得遵守政府法規」的態度，是許多企業裡少數族裔流動率居高不下的主要原因。

為了克服這種疏離的感覺，許多公司〔譬如聯邦快遞(FedEx)、美國銀行(Bank of America)、Allstate保險公司、杜邦、Marriott和Ryder〕高層主管紛紛成立**支援團體**(support group)。這類支援團體的設計是為多元員工提供友善的環境，以免他們覺得孤立無援。透過這類團體，屬於同樣種族背景或性取向的員工得以在龐大公司官僚體系中找到彼此[64]。

❖ 支援團體
(Support group)
雇主為提供員工支援的環境所組成之團體，以冤員工覺得孤立無援。

應思考的道德問題

雇主為員工提供托兒照顧的責任應該到什麼程度？

配合家庭需求

如果公司願意協助女性兼顧家庭和事業，可大幅降低女性員工的流動率。雇主可以下列方案協助女性。不幸的是，大多數企業至今尚未提供這些服務[65]。

❖ 托兒所

女性成家之後讓他們兼顧家庭和工作最好的辦法就是提供托兒照顧。美國企業提供托兒照顧的數目雖然已見增加，但大多數公司並不認為托兒是公司的責任[66]。美國政府對於托兒照顧採取「放任」政策，這跟其他大多數工業化國家的做法（這些政府對於托兒照顧扮演積極的角色）大相逕庭。

❖ 其他工作模式

桂格燕麥公司(Quaker Oats)、IBM、汽巴嘉基(Ciba-Geigy)和Pacific Telesis集團等企業都願意嘗試新的辦法，協助女性兼顧事業目標和照顧幼兒的角色，因此留住許多優秀的人才[67]。誠如第二章所見，這些計劃有各種不同的型態，其中包括彈性工時、彈性時間和電子通勤。其中有一種日益受到歡迎的方案是由兩個人分攤原本由一個人負責的全職工作。2002年Hewitt Associates顧問公司針對一千多家公司進行的意見調查顯示，28%的公司都提供工作分攤方案，比1990年的12%高（參考下頁經理人筆記單元的「公平的分攤工作量」）[68]。另外一個方案是**延長休假**(Extended leave)。這項比較少見的福利讓員工長期休假（有時長達三年），但仍能保有公司福利，而且復職後仍能從事相等的工作職務。有些公司要求員工在

❖ 延長休假
(Extended leave)
這項福利讓員工得以長期休假，但仍能保有公司福利，而且復職後仍能從事相等的工作職務。

經．理．人．筆．記

以顧客爲導向的人力資源

公平的分攤工作量

兩個都有小孩的女性員工分攤同一份工作。對於想要減少工作時數以照顧家庭、但又不想因此阻礙事業發展的女性而言，這是很理想的安排。這是怎麼安排的？

希拉蕊．郝斯曼(Hilary Hausman)和莎拉．摩爾(Sarah Moore)分攤同一份工作。她們對這樣的安排都十分滿意——好過從事全職工作、犧牲和家庭相處的時間，也好過從事兼職工作，讓事業生涯停滯不前。工作分攤——由兩個人輪流從事同一個職務——對於想要減少工作時數，但又不想因爲婦女彈性上班制而影響事業發展的女性而言是很理想的安排。過去十年來，工作分攤的做法已成長。Hewitt Associates顧問公司針對一千多家公司進行的意見調查發現，28%的受訪公司提供工作分攤，高於1990年的12%。在我們一百家最佳企業名單中，幾乎都有提供這種安排。

許多有家庭的職業婦女都疲於奔命。上班的時候老會分心：趁著開會空檔打電話去學校，利用午餐時間跑銀行。但工作分攤的安排讓她們得以利用輪休時處理這些事情。「當我在上班的時候，心思絕對在工作上」，摩爾表示。這項方案不但造福分攤工作的員工，對雇主而言也是一大利多。對於監督工作分攤方案經驗老道的保羅．安維克(Paul Anovick)表示，「如果他們能有100%的表現我就很滿意的，不過他們的表現其實是200%。」

工作分攤的團隊強調他們是一個人，不過事實上兩個人分攤工作也有助於降低壓力。「要分攤工作是我們的決定，即使面臨阻礙也在所不惜」，摩爾表示；「我們的表現往往超出上司的要求。」

大多數成功分攤工作的員工都是如此，這對雇主而言無疑是撿到便宜。通常來說，分攤工作的人會平分薪水、健保、休假和退休金——這樣的安排還是要比當兼職人員優渥許多。不過兩個人一個禮拜裡各自工作二十五到三十個小時，有一天重疊，就跟摩爾和郝斯曼以及大多數工作分攤者的安排一樣，其實對公司的貢獻要比單一員工還要多。「如果是一個人一個禮拜工作六十小時，到後來往往會筋疲力盡」，摩爾表示。

「希拉蕊和莎拉是典型二加二等於五的例子」，她們的老闆表示。「她們的生產力比單一員工高出20%；而且他們在輪休的時候，至少有人留在工作崗位上。」

資料來源：Adapted with permission from Newman, A. M. (2002, February). *Working Mother,* 64-76.

休假期間，仍需應公司需要從事兼職性的工作[69]。

這些另類的工作模式通常被稱爲「婦女彈性上班制」(momy track)。這個名詞可能有負面的意思，也可能是正面的意思，端視公司如何看待需要兼顧家庭和事業的女性員工[70]。「男性彈性上班制」(daddy track)這個名詞則較爲少見，這是指想要多花些時間照顧小孩的男性如何兼顧事業生涯的發展。有項由Robert Half國際顧問公司進行的意見調查指出，受訪的男性當中74%爲了多花些時間和家人相處願意接受較爲緩慢的事業升遷[71]。此外，受訪男性中有21%表示要不是爲了薪水，他們寧可待在家裡照顧家人[72]。

資深師徒計劃

❖ **資深師徒計劃**
(Senior mentoring program)
資深主管找出有發展潛力的女性和少數族裔員工，並在協助他們的事業晉升上扮演重要角色的支援計劃。

有些公司鼓勵**資深師徒計劃**(Senior mentoring program)，這是由資深主管找出有發展潛力的女性和少數族裔員工，並在協助他們的事業晉升上扮演重要角色的支援計劃[73]。譬如Marriott公司爲每位新進殘障員工配合一位輔導的經理。漢威和3M則將有經驗的執行主管和年輕女性和少數族裔員工組合起來，提供他們有關事業生涯策略和公司人事鬥爭的建議，全錄、匹茲堡的公用事業公司DQE也是如此[74]。

見習制

❖ **見習制**
(Apprenticeship)
讓有發展潛力的人在實際受雇為全職員工之前接受訓練的計劃。

見習制(Apprenticeship)跟資深師徒計劃類似，是讓有發展潛力的人，在實際受雇爲全職員工之前接受訓練的計劃。公司也鼓勵經理積極參與見習制，譬如百貨業巨擘Sears建立見習計劃，提供學員維修電子設備和家電之基本技術的實際訓練。最優秀的學員能獲得公司聘用，每個禮拜在Sears服務中心工作十個小時。這種職場訓練跟學校的課程整合在一起，最優秀的人才往往會在完成訓練後獲得公司任用。

科技和多元性

透過電子郵件和網際網路互動，由於互動的重點在於內容，而不是溝通者的膚色、性別或文化背景，所以有助於降低對潛在新進人員、員工和公司老闆的刻板印象。貝蒂．福特(Betty A. Ford)在她City Boxers的網站上銷售手工縫製的拳擊褲，她發現到網路可以匿名的特性對產品銷售有很大的好處。身為一位黑人創業者，她知道在實體零售商店銷售產品，膚色和性別應該不重要，但事實上她銷售產品的能力卻受到這些因素的影響。相對的，福特發現在網路上「人們購買與否的決定是看拳擊褲的樣式，而不看賣的人是誰。」[75]

溝通標準

有些溝通風格可能會令女性和少數族裔覺得遭到冒犯。譬如，說到管理者時，以「他」的代名詞，說到秘書時則用「她」的代名詞；年報裡不當代表或忽視少數族裔；未以各族裔的英文字母順序排行〔亞裔(Asian)、拉丁裔(Latino)等等〕；並使用「受保護族群」和「外國人」之類的名詞，這些名詞縱然有法律上的意思，但對於所指稱的族群卻有冒犯的可能。為避免這些問題，企業應該建立溝通的標準，將多元員工覺得敏感的議題納入考量。

企業也應該建立政策避免科技的使用造成刻板印象的盛行。譬如，公司應該明文禁止電子郵件內容涉及種族、性別歧視或有關同性戀歧視的言論和笑話。如果處理得宜，這樣的政策可以強化管理階層對於多元性的承諾。

組織活動

提倡多元性的社會活動對我們在此介紹的各種方案可能都有補強的作用[76]。譬如，美國最大的速凍食品企業Pillsbury在其自助餐廳定期提供各民族食品和舉辦特殊活動。微軟的視窗平台單位(Windows Platform Division)在各大產業會議上，為其IT社群主辦平等福利演唱會(equal Access Benefit Concert)。過去參與過盛會的表演者包括Sinbad、Ziggy Marley以及Melody Makers、Kool和the Gang（由JT Taylor主唱）、Brian Setzer交響樂團、B-52和Santana。平等演唱會的門票在Comdex、

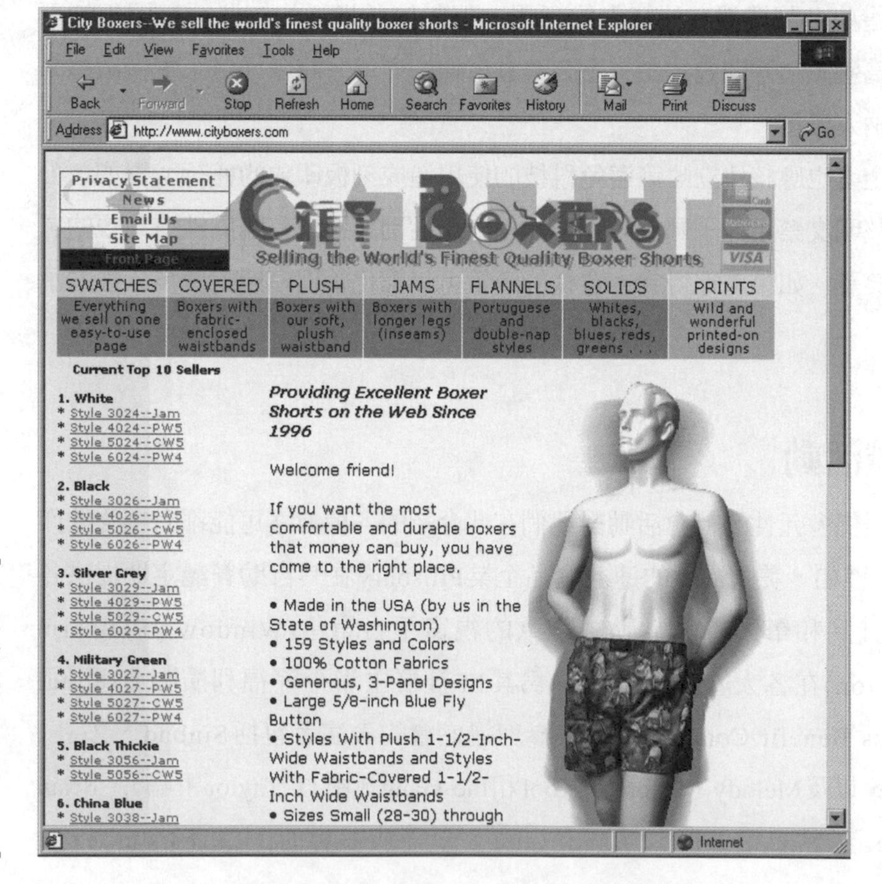

City Boxers的老闆貝蒂·福特在網路上推出其拳擊褲的銷售業務，以免傳統對於性別和種族的刻板印象造成銷售阻礙。

資料來源：Crockett, R. (1998, October 5). Invisible—and loving it. *BusinessWeek*, 124-125.

Windows World以及Networld+Interop之類的展覽會上已成為「必備」。過去幾年來參加過微軟視窗單位平等福利演唱會的IT專業人士已超過一萬三千五百個人次[77]。

多元性稽核

員工多元性的問題（譬如少數族裔的流動率高）癥結通常並不明顯。在這類情況下，公司可能得以**多元性稽核**(Diversity audit)的型態進行研究，找出偏見可能出於何處。譬如全錄發現到女性和少數族裔員工在進公司之初所從事的職位，跟成功管理者當初從事的低階工作並不一樣，公司於是致力分派女性和少數族裔員工從事發展潛力較大、較快的工作。微軟更開發出一套指數，可以衡量多元性活動和策略的成敗，以及這些活動對公司的影響[78]。有關這套指數的詳細內容請參閱www.microsoft.com/diversity。

❖ 多元性稽核
(Diversity audit)
對公司多元性管理計劃的效能進行檢討。

管理階層的責任

除非主管和監督人員對多元性管理的執行負起責任，並得因成功執行而獲得獎勵，否則多元性管理不會成為公司的要務和正式的公司目標。至少，公司對主管階層的績效評估項目當中，應該將成功的多元性管理納入。譬如噴射機引擎製造商Garrett公司的紅利發放就是根據主管管理多元性的績效而定。

警告

多元性管理計劃要成功就得避免以下兩個陷阱：(1)避免讓人覺得「打壓白人男性」；(2)避免加深刻板印象。

避免讓人覺得「打壓白人男性」

有些人認為管理多元性不過是犧牲白人男性權益，以提供女性和少數族裔機會的新說法而已。多元性計畫管理要成功，就必須反駁這樣的指控才行，否則這些計劃可能讓備感威脅的人更覺得排斥、焦慮、偏見更深。由於資源有限，競爭是難以避免的，如何細膩拿捏平衡是很重要的。至少，管理階層應該不斷強調(1)公司必須靠著多元性計畫爭取競爭優勢；(2)這些計劃能爲全體員工創造最大利益，藉此強調多元性計畫的好處。訓練計劃如果設計得宜，可以有效率地傳遞這些訊息。另外，公司也可以透過獎勵計劃。譬如，惠而普(Whirlpool)密西根Benton Harbor工廠某年因爲生產力和品質的提昇，每位員工都額外獲得2700美元的獎金。這家工廠有很多少數族裔的員工，這種集體獎勵的方式促使全體員工更加緊密地合作，朝雙贏境界邁進[79]。

避免強化刻板印象

誠如先前所說，多元性計畫本身有個風險，也就是人們可能更加以爲可以單純根據個人所屬團體的特質來評斷一個人。但要記住，團體成員之間的差異通常要比團體和團體之間的差異來得大。**文化決定論**(Cultural determinism)──可以根據個人所屬族群推論其動機、興趣、價值觀和行爲特徵──會剝奪員工的獨特性，並產生「他們vs.我們」這種造成分裂的想法。

❖ 文化決定論 (Cultural determinism)
可以根據個人所屬族群推論其動機、興趣、價值觀和行為特徵。

不幸的是，文化認知相關計劃和其他多元性訓練活動，往往（無意中）過度強化多元性。這可能讓參與者對各族群抱持完全錯誤（而且往往令人覺得不悅）的假設，並將這些錯誤的認知套用在特定的員工身上[80]。

每個員工都有獨特的需求體驗、動機、興趣和能力，公司應個別看待。多元性計畫的目的應該是促進個體的價值，爲求達到這個目標，或許得就族群差異和特質進行討論，不過這些討論絕對不能侷限於此。管理者必須謹記這項原則，並加以運用，才能充分發揮其全體員工的能力。

摘要與結論

❖ 多元性是什麼？

多元性是指人們之所以彼此不同的人類特質。當今的勞動力極爲多元。如果有效進行管理，多元性可以供公司強大競爭優勢，因爲這能夠刺激創意、有助解決問題，並爲公司注入彈性。

❖ 管理員工多元性的挑戰

公司在利用員工多元性帶來的契機之際，也會面臨許多重大挑戰，這些挑戰包括：(1)眞正重視員工的多元性；(2)在個人需求和團體公平之間尋得平衡；(3)克服對變革的排斥；(4)確保團體的凝聚力；(5)開放的溝通；(6)留住有價値的人才；(7)爲全體創造最大的機會。

❖ 公司多元性

有些族群可能被「遺漏」在公司的主流之外。非裔美國人還是備受歧視的族群，而且在職場上的教育程度通常較低。亞裔美國人面臨的刻板印象爲──有的人說他們過於謹愼保守，而缺乏領導能力；有的人則認爲他們會不擇手段達到商業目的，另外還有人認爲他們的教育程度很高，無須少數族裔的優惠待遇。殘障人士尚未獲得社會的全然接受，他們的能力往往被視爲低於他人，或一碰到壓力就容易放棄，職場爲了配合他們而得付出高昂代價，以上都是錯誤的觀點。

移民勞工會面臨語言和文化上的障礙，有時候更面臨種族偏見。美國各族群由於認爲移民搶了他們的工作，故充滿歧視。

同性戀不但會面臨歧視（拒絕聘僱或留任），還會面臨同事之間和主管的排斥。拉丁裔則面臨語言和文化上的困境，有時候還會面臨種族歧視。

年長員工則面臨負面的刻板印象，一般人會質疑他們的能力、精力、適應力和體力，而且可能被年輕員工排斥。女性在男性主導的公司文化裡通常居於不利的地位，這類公司文化展現出男性領導取向，並且讓女性無法打入「老男人關係網路」。而女性面臨性騷擾的機會也大於男性。

❖ 改善多元性管理

能夠充分發揮多元人力資源，藉此獲得競爭優勢的企業，高層主管對提倡多元性通常都不遺餘力，而且公司還具備穩固、持續的多元性訓練計劃，並備有支援團體提供非傳統員工所需的支援，以及設有政策配合員工的家庭需求。他們也有師徒制和見習制計劃，鼓勵員工的事業生涯發展，並設有溝通標準，禁止歧視性的言語，透過各種有組織的活動促進多元性，透過多元稽核找出偏見的癥結，並要求主管對有效執行多元性政策負責。

❖ 警告

多元性管理計劃要成功就得避免下列兩個陷阱：(1)避免讓人覺得「打壓白人男性」；(2)避免加深刻板印象。

問題與討論

1.女性和少數族裔往往被籠統地放在同一等級。這兩個族群有何相似之處？主要差異爲何？請解釋之。

2.少數族裔爲了爭取有限的工作和升遷機會，可能會爆發衝突。公司要如何避免這樣的衝突發生？

3.有些人依然認爲管理最好的辦法（而且可能是唯一公平的方法），就是平等對待全體員工，不論其性別、種族、肢體殘障和其他的個人特色。你同意嗎？請說明之。

4.IBM前任執行主管道格．道科羅斯基(Doug Dokolosky)對於女性員工的輔導特別有心得，他認爲「要升遷到高層，就必須有所犧牲，長時間的工作。如果你有這樣的野心，就不要想兼顧家庭和工作……」。道科羅斯基說大多數美國企業配合家庭的政策不過是施些小惠而已，你同意他的說法嗎？你能舉出值得注意的例外嗎？

你也可以辦得到！ 新興趨勢個案分析4.1

❖ 撥出時間生小孩

女性懷孕的機會從二十七歲起開始下降。在二十歲時，流產的機率大約爲9%；這個數字在三十五歲時加倍，然後在四十出頭時再增加一倍。在四十二歲時90%的女性卵子異常。由於許多女性全心發展事業，延緩生小孩的時機，以便專心在工作上，導致過去二十年來四十到四十四歲無子的女性人數增加了100%。經濟學家希維亞．安．惠利特(Sylvia Ann Hewlett)在其新書《創造新生命：專業婦女與對小孩的渴望》(*Creating a Life: Professional Women and the Quest for Children*)(*Talk Miramax Books*)指出，對於許多事業心強的女性而言，如果她們以為可以全心追求事業，等到三十五歲以後才成家生小孩的話，可能是給自己選了條錯誤的道路。

女性如何平衡工作和家庭生活的爭論已延續了一個世代，至今依然沒有定論。惠利特的新書也不例外。在1989年，費利斯．斯瓦茲(Felice Schwartz)在《哈佛商業評論》(*Harvard Business Review*)文中討論如何為有小孩的職業女性提供更大的彈性〔她本身並未使用「婦女彈性上班制」(momy track)這個名詞〕；但卻被稱為「大開女權倒車」、「危險」的批評，因為她的提議可能讓企業有阻礙女性晉升的藉口。對其說法抱持質疑態度的人士認為，放慢事業發展的腳步去成家，以後可能永遠都趕不上。

惠利普指出，許多女性抱持只專注於事業發展的「男性模式」(male model)，結果造成許多專業女性普遍的「無子」現象。她針對一千六百四十七名「高成就女性」進行全國性的意見調查，這些受訪者當中一千一百六十八名的所得在其族群中屬於金字塔頂尖的10%，並擁有法律或醫學領域的學位，另外四百七十九名受訪者也是受過高等教育，但已退出職場。這項意見調查的結果讓她大吃一驚。她發現，美國企業界（員工人數在五千人以上的企業）高成就女性當中有42%年四十依然無子。收入在10萬美元以上的女性，這個比例更高達49%。另外許多女性由於成家過晚，只能有一個小孩。「她們固然賺到很多錢，」史丹佛大學頂尖的生殖專家大衛．亞當森博士(Dr. David Adamson)表示，「但無法挽回流逝的時間。」

近期的人口普查數據更印證了惠利普的研究：過去二十年來無子現象已增加一倍，四十到四十四歲的女性有20%沒有小孩。在這個年紀層和較為年輕、具有研究所和專業學歷的女性，這個數字則為47%。這個族群裡，生小孩對於某些女性而言從來不是生命的要務。對她們而言，由於就業市場開啓了許多新的機會，讓她們不當母親也能得到成功的滿足。不過惠利普認為，除了這些人之外，其實許多女性並不排斥生小孩。當她請受訪女性回憶大學畢業時想要做什麼時發現，只有14%的受訪者斬釘截鐵說不想要小孩。

對於絕大多數的受訪者而言，無子的結局都是不知不覺出現的，並非她們的抉擇。時間流逝得很快，工作壓力很大，還有出差、工作時間都是問題──而且夫妻關係很難維繫。等到女性結婚，覺得夠穩定，可以考慮生小孩時往往為時已晚。「她們去看醫生，抽血做過檢驗後發現，這場遊戲根本還沒開始就已結束，」梅德森(I.A.Madsen)表示，「她們會大感震驚、備受打擊，而且充滿憤怒。」女性通常知道生殖能力會隨著年紀逐漸下降，只是不知道會下降得這麼迅速明顯。

根據惠利普的說法，「我們原本是擔心生殖能力過強；可是在短短三十年之內，卻將這樣的能力浪費殆盡——而且是在不知不覺當中就這樣消失的。」

❖ 關鍵性的思考問題

1.惠利普的書中指出二十幾歲女性的問題：生育小孩最好的年紀卻跟發展事業的黃金時機相衝突。你覺得女性應該如何處理這樣的情況？男性在其配偶面臨這種困境時，應該扮演什麼角色？請說明之。

2.有些人認爲公司應該分攤員工托兒的部分責任——這對社會的自我保存(self-preservation)絕對有其必要。諸如「婦女彈性上班制」、「育嬰假」(baby paid sabbatical)和「在職托兒」(child care at work)都是企業可以負起這方面責任的提案。你同意嗎？你覺得如果沒有政府強制要求，企業會自發性地提供這類方案嗎？請說明之。

3.許多管理者對於「履歷表裡的空檔」（也就是求職者沒有工作的期間）會抱持負面的態度。女性爲了照顧家庭而暫時離開職場，當她試圖重回職場時往往會處於不利的地位。大多數管理者都不會承認這樣的心態，但他們因爲擔心年屆育嬰年紀的女性懷孕，因此不太願意僱用她們或讓她們擔任責任較大的職位。公司可以怎麼做，解決這種潛在的偏見？請說明之。

❖ 團隊練習

假設某高科技公司的高層執行主管希望協助女性員工平衡事業和家庭。這些主管認爲，吸引和留任有才華的女性能賦予公司競爭優勢。請學生分成六人一組，最好有三位男性和三位女性，角色扮演這樣的情境，並爲高層主管提供建議。老師可以扮演執行長的角色。

資料來源：Adapted with permission from Horowitz, J. M., Rawe, J., and Song, S. (2002, April 15). Making time for a baby. *Time*, 49-58.

你也可以辦得到！ 新興趨勢個案分析4.2

❖911後在美國的生活

種族側寫(racial profiling)在美國並非現在才有的現象。第一次世界大戰期間，許多德裔美國人都遭遇過，日裔美國人在第二次世界大戰期間則被監禁在集中營，非裔美國人成爲交通警察臨檢的目標，西班牙裔美國人經常成爲查緝非法移民的標的。在2001年911恐怖攻擊事件之後的五個月內，看似回教徒的人遭到種族歧視攻擊的事件攀升了150%。阿拉伯裔商人在美國當今的處境如何？只要問問美國國旗最大零售商Alamo Flags的執行長即可知道。

法瓦茲．伊斯梅爾(Fawaz Ismail)在九月中的午後，開著賓士正要離開他最喜歡的阿富汗餐廳時，聽到震耳欲聾的警車鈴聲。警官告訴他這只是例行性的查詢，他得出示一些可以證明身份的文件。這位警官沒有說的是（但伊斯梅爾很清楚），阿拉伯裔美國人出現在維吉尼亞郊區(距五角大廈和華府都非常近)，情況自然不會單純。

伊斯梅爾照辦，除了出示自己的駕照之外，還拿了兩個美國國旗的別針。這些別針是他公司生產的，其客戶包括白宮、大多數的政府機構，以及華府大多數的外國使館。他甚至為CIA設計特別的五十週年旗幟。

「你在電視上看到布希總統，他衣服上別的就是這些別針」，伊斯梅爾告訴這位警察。「可是我不能收這些東西，」這位警察迴避地說。「那就給你朋友吧」，伊斯梅爾說完後，就面帶微笑地開走了。

有些人覺得伊斯梅爾看起來像希臘人，有些人則認為他像義大利或拉丁裔。不過911事件後，對於一個緊張不安的警察而言，這個四十歲巴勒斯坦裔美國人卻符合潛在恐怖份子的種族側寫。

現在許多阿拉伯裔和回教徒都曾碰到類似的經驗。911事件發生後幾個禮拜，全國三百萬名阿拉伯裔美國人都得忍受高漲的種族歧視、憤怒和懷疑。有的乘客甚至拒絕跟阿拉伯裔的乘客（或任何看起來有點像阿拉伯人的人）同乘一班飛機。以往友善的鄰居蓄意破壞阿拉伯裔美國人的家園。還有自稱愛國的狂熱份子當街攻擊阿拉伯裔的男性、女性和小孩。美國阿拉伯反歧視委員會(American-Arab Anti-Discrimination Committee)在911事件後兩個月內，接獲四百四十多起針對阿拉伯裔和回教徒的仇恨犯罪、歧視和騷擾案件。不幸的是，911事件後，其他「看起來像外國人」的人也遭到仇恨犯罪的池魚之殃。譬如，亞利桑納州有個印度裔的加油站員工遭到暗殺，殺手後來還跟警方吹噓他殺了恐怖份子。

❖ 關鍵性的思考問題

1. 刻板印象對於人們彼此相處的方式通常會有很大的影響。根據刻板印象的「種族側寫」不論是否為別有用心的政策，都可能導致種族歧視。公司可以怎麼做避免這種潛在問題？請說明之。

2. 安全考量的重要性在2001年911事件之後大幅增長，聯邦政府接連發布恐怖攻擊警報，更增加人們對這方面的疑慮。既然不可能盯住每一個人，阿拉伯裔美國人或看起來像外國人的

「高風險」族群就成了密切監視的目標。當然，這些族群會覺得爲了自己沒有做過的事情遭到排斥。公司應該如何處理這樣的偏見？

3.如果你符合某種特定的刻板印象，在職場上你要怎麼做，才能避免成爲種族側寫的標的？如果你覺得自己已經成爲這種標的，是否採取什麼措施自我保護？請說明之。

❖ 團隊練習

有家航空公司指出，當有阿拉伯裔美國人的乘客時，有些飛行員和空服人員會拒絕上班機，即使這些乘客已通過嚴密的安全審核也是一樣。最近有樁案件更是舉國矚目，布希總統的首席安全顧問當中有位剛好是阿拉伯裔，結果這位阿拉伯裔的安全人員因此被迫下飛機。有的情形則是員工拒絕和阿拉伯裔同仁共事。學生請以五人爲一組，就該公司執行長要求資深飛行員團隊建議如何處理這類事件的情境進行角色扮演。

資料來源：Adapted with permission from Simmions, J. (2002, January 7). Living in America. *Fortune,* 92-94.

員工的招募和甄選

挑戰

讀完本章之後，你將能更有效地處理以下這些挑戰：

1 了解人力資源的供需。

2 權衡內部和外部招募的利弊。

3 區分各種甄選人選的主要方式，並從中挑選在法律上最穩固的方法。

4 制定讓最多頂尖人才獲得聘僱和升遷的招募決定。

5 了解聘僱流程的法律限制。

人力資源的供需

❖ 勞動供給
(Labor supply)
具備所需技能的員工可用性，可滿足公司對勞工的需求。

❖ 勞動需求
(Labor deman)
公司未來需要的員工人數。

❖ 人力資源規劃
(Human resource planning, HRP)
公司賴以確定他們有足夠適任員工生產特定程度產出或服務的流程。

勞動供給(Labor supply)是指具備雇主可能需要技能的員工之可用性。**勞動需求**(Labor deman)是指公司未來需要的員工人數。勞動供需的估計和這兩者之間的平衡措施，都需要事前規劃。

人力資源規劃(Human resource planning, HRP)是公司賴以確定未來有足夠適任員工，可用來生產特定程度產出或服務的流程。未進行人力資源規劃的公司可能無法滿足未來的勞動需求〔出現人力短缺(labor shortage)〕，或可能得訴諸裁員（人力過剩的情況下）。

公司若未能進行規劃，可能得承受龐大的財物損失。譬如，公司大舉裁員時，必須支付失業保險體系更昂貴的稅金；如果公司要求其員工加班，則需支付額外的加班費（第二章討論過這兩個議題）。此外，公司有時候進行人力資源規劃是爲了遵守法律對於平權措施的要求（第三章）。在大型企業裡，人力資源規劃通常採取中央集權的方式，由受過特殊訓練的人力資源人員負責規劃。

圖5.1摘要說明人力資源規劃的流程。人力資源規劃活動的第一步就是預測勞動需求。勞動需求可能隨著公司產品或服務的需求增加而攀升，並隨著勞動生產力增加而減少（這通常是因爲科技推陳出新，更少的員工數便可生產出更多的產出）。

人力資源規劃流程的第二個步驟爲估計勞動供給。勞動供給可能來自公司現有員工（內部勞動市場）或來自公司外部（外部勞動市場）。

在估計未來勞動供需情況之後，公司會面臨三個情況，這些情況各自需要不同的回應方式。第一種情況：公司的勞動需求超過供給。爲公司增加勞動供給的辦法包括：訓練或留任現有員工、培養目前員工接掌空缺（接任規劃）、從內部拔擢、向外延攬新員工、把部分工作外包給承包商、僱用兼職人員或臨時雇員、支付現有人員加班費。

至於哪些方法最爲妥當，則要看勞動力不足的現象預期會持續多久、及其相對的成本而定。譬如，如果供不應求的程度不高，那麼勞動力不足應該指是短期現象，支付現有人員加班費的成本應該會比較低，因爲僱用新員工的話，公司還得負擔訓練和提供法律規定的福利，這些都會滋生額

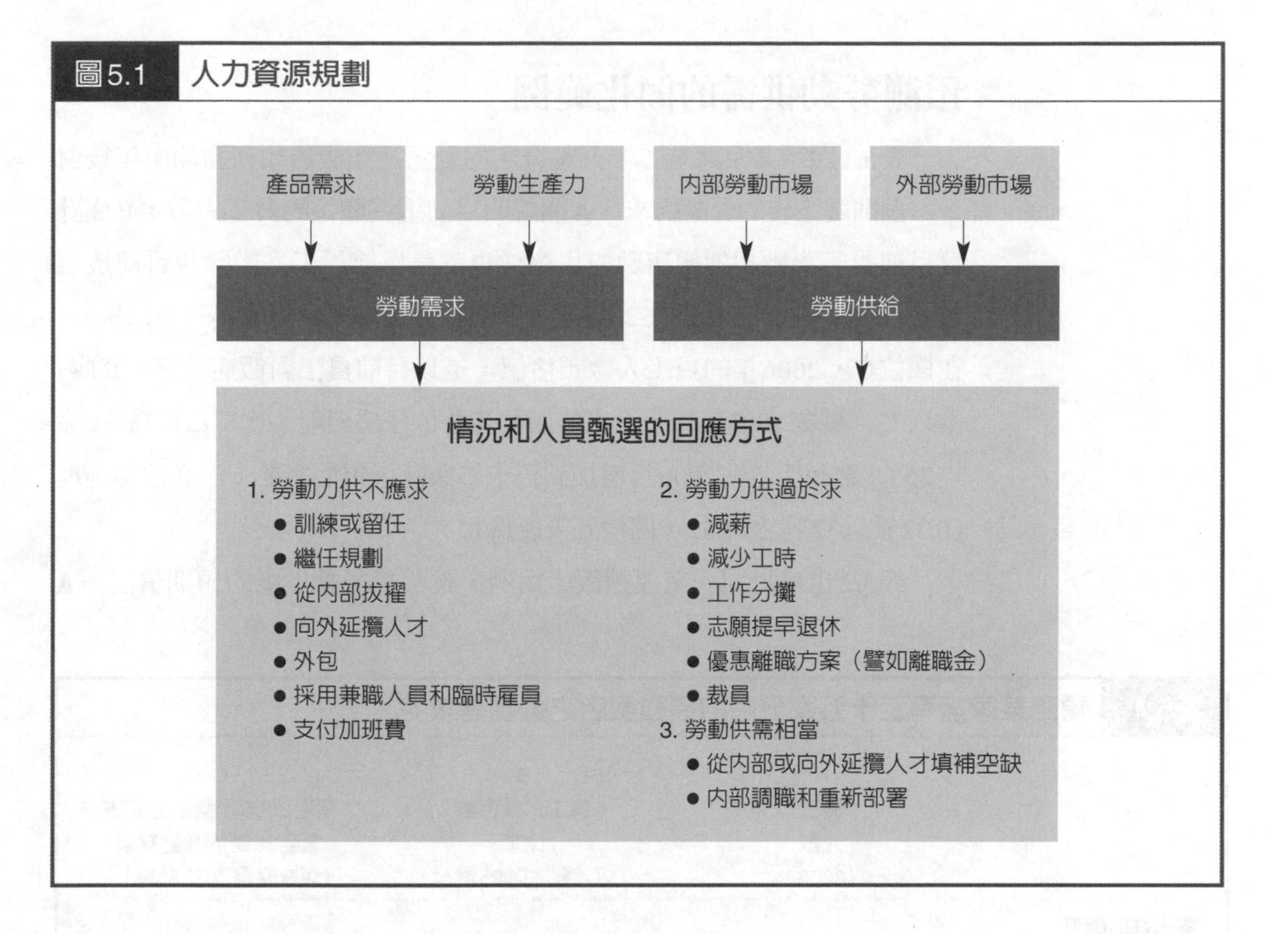

外的成本（譬如社會安全支出和員工的救濟保險）。

第二種情況是勞動供給預期會超過需求，也就是公司員工人數超過所需。這種情況有幾種方式可以處理，其中包括減薪、減少工作時數、工作分攤（這些方式都可以裁員）。此外，公司也可以透過策略的整合來減少工作人數，其中包括提早退休的獎勵計劃、離職金、裁員（第六章和第十三章將深入討論）。如果勞動供過於求的情況預期還算溫和，公司最好只是減少工作時數，而不是訴諸裁員。根據聯邦法律，公司若採取後者這種方案，就必須負擔更高的失業救濟保險金(unemployment compensation insurance)。而且，減少工作時數而非裁員，當勞動需求上升時，雇主就無須再負擔額外的招募和訓練成本（2002年Controller報告）[1]。

第三種情況是勞動供需相當。公司可以從公司內部拔擢或向外延攬來填補離職員工留下的空缺。公司也可以對內調職或重新部署員工，並提供訓練和事業生涯發展計劃配合這樣的行動。

預測勞動供需的簡化範例

表5.1顯示某家擁有二十五家分店的全國連鎖飯店如何預測兩年後對十六個關鍵工作的勞動需求。A欄說明目前這些職位的員工人數，B欄計算目前員工人數相對飯店數的比率（也就是目前員工人數除以目前飯店數）。這家連鎖飯店預期在2006年多了七家分店（總數將成爲三十二家）。在欄位C，2006年的員工人數預估值，是以目前員工對飯店比率（B欄）乘以32。譬如2003年二十五家飯店共有九位住房經理，比率爲0.36（9除以25）。當飯店數在2006年增加到三十二家時，預估需要十二名住房經理（0.32乘以32等於11.52，四捨五入後爲12.0）。

表5.2也是以同一家連鎖飯店爲例，說明其勞動供應的預期情況。A

表5.1 預測某家擁有二十五家分店的連鎖飯店之勞動需求

	A 員工 人數 （2003）	B 員工／飯店數 比率 （以A欄除以25計算）	C 預期2006年當飯店家數 增至32時的勞動需求 （以B欄乘以32計算）*
關鍵性的職位			
總經理	25	1.00	32
住房經理	9	.36	12
飲食部門主任	23	.92	29
控管人員	25	1.00	32
助理控管人員	14	.56	18
首席工程師	24	.96	31
業務主任	25	1.00	32
業務經理	45	1.80	58
會議經理	14	.56	18
外燴主任	19	.76	24
宴會經理	19	.76	24
人事主任	15	.60	19
餐廳經理	49	1.96	63
行政主廚	24	.96	31
副主廚	24	.96	31
行政管家	25	1.00	32
總數	379		486

＊以上爲四捨五入後的數字

欄顯示這16個關鍵職位的人員在過去兩年（2001到2003年間）離職的百分比。把這個數字乘以各個關鍵職務目前的員工人數，即可得知目前員工有多少人在2006年之前會離職。譬如，總經理當中有38%在2001到2003年之間離職，因爲現在這個職務的人數有二十五名，所以預測在2006年之前，這當中有十位會離開公司（0.38乘以25等於9.5，四捨五入後爲10）。

C欄列舉各關鍵職位的預期流動率，也就是說，2006年之前，目前擔任總經理的人當中有十五名（25減掉10，參考D欄）依然會在公司服務。因爲2006年總經理人數的預期勞動需求爲32（參考表5.1），所以2006年之前公司得僱用十七位新的總經理（32減掉15）。

在過去，許多公司都避免人力資源規劃，主要是因爲員工埋首於每天的文書工作就已經分身乏術，沒有時間有效進行規劃。譬如，聯邦快遞以

表5.2　預測某家擁有二十五家分店的連鎖飯店之勞動供給

	A 離職 百分比 人數 （1998-2000）*	B 目前 員工人數 （參考表5.1 的A欄）	C 預期 2006年 的流動率 （A欄乘以B欄）	D 2006年 留下的 員工人數 （B欄減C欄）	E 預期2006年 勞動需求 （參考表5.1 的C欄）	F 預期 2006年 新僱用人數 （E欄減D欄）
關鍵性的職位						
總經理	38	25	10	15	32	17
住房經理	77	9	7	2	12	10
飲食部門主任	47	23	11	12	29	17
控管人員	85	25	21	4	32	28
助理控管人員	66	14	9	5	18	13
首席工程師	81	24	16	8	31	23
業務主任	34	25	9	16	32	16
業務經理	68	45	30	15	58	43
會議經理	90	14	13	1	18	17
外燴主任	74	19	14	5	24	19
宴會經理	60	19	12	7	24	17
人事主任	43	15	6	9	19	10
餐廳經理	89	49	44	5	63	58
行政主廚	70	24	17	7	31	24
副主廚	92	24	22	2	31	29
行政管家	63	25	16	9	32	23
總數		379	257	122	486	364

* 以上爲四捨五入後的數字

往是仰賴長達二十頁的就業申請表，填完這份表格然後再檢查有無錯誤會耗費相當可觀的時間。如果事後發現這些申請文件裡出現錯誤，公司還得打電話召回這些申請人。聯邦快遞每年都僱用兩萬五千名新的時薪員工，想想看這過程當中牽涉到多少時間和文書工作[2]。後來聯邦快遞採取無紙張的網路系統，讓申請者填寫、以提供人力資源經理評估，先前龐雜的過程終於告終。這種網路系統讓公司無須使用紙張，而且申請者一填寫完畢，就可以立刻找出錯誤。從申請者填寫到招募者審閱的過程，所需時間減少一半以上，而且完全無須增加人力資源的招募人力。此外，網路求職申請系統跟人力資源的資訊系統(human resource information system, HRIS)整合在一起，讓人力資源的供應和需求資料可以自動更新。諸如PeopleSoft、Lawson、SAP以及甲骨文(oRACLE)之類的軟體公司，現在都有推出人力資源規劃的電腦程式[3]。

預測技巧

預測勞動力供需的方法有量化(quantitative)和質化(qualitative)這兩種。表5.1是高度量化的技巧。現在有許多運用到精密數學技巧的量化方式可以估計勞動力的供需情況[4]。

量化技巧雖然比較常見，但有兩個主要的限制。第一，這類方式大多得仰賴過去的數據，或人員招募水準和其他變數（譬如產出或營收）之間先前的關係。可是過去的關係不見得適用於未來，而且過去招募人員的做法最好隨著時間調整，而不是一成不變。

第二個問題是，這類預測技巧大多是在1950年代、1960年代和1970年初期開發出來的，適合那個時代的大型企業（穩定的環境和就業人口）。可是在當今，企業面對各種不穩定的要素，譬如科技的日新月益和強烈的全球競爭，這些技巧就不太適合。企業在這些變動要素的影響之下也跟著出現劇變，而這些變化是很難從過去的數據預測出來。譬如，有家成衣製造商通常是對零售店銷售其產品，但現在打算透過網路擴大顧客群，這樣一來，該公司可能需要招募具備相關技術和能力的人才，而這些技術是他們原先並不需要的。

不同於量化技巧，質化技巧是仰賴專家對於品質的判斷或對於勞動供需狀況的主觀判斷。專家可能包括高層主管，這些高層主管對人力資源規劃流程的投入和支持本身就是值得追求的目標。質化技巧的好處之一在於具備足夠彈性，可以納入專家認爲應該考慮的要素或條件。換句話說，質化技巧並不會受到過去的關係限制，然而這些技巧還是有其潛在的缺陷：主觀的判斷可能比較不正確，預測結果可能沒有量化技巧來得精密。

通常來說，最可能正式運用勞動供需預測技巧的主要是人力資源部門人員。不過，所有的經理都應該了解預測技巧的基本架構，這些技巧當中，有些不見得只能用在勞動力供需的預測上。如欲更進一步了解這些量化和質化技巧，表5.3列舉一些重要的技巧，及其主要的優劣之處。

表5.3　預測需求的方法

量化技巧	● **迴歸分析(regression analysis)**：以統計方式找出工作環境規模的預測値。以方程式預測未來的人力資源需求。 ● **比率分析(Ratio anaylsis)**：檢驗職場規模的歷史比率（譬如顧客數相對於員工人數的比例），並以這些比率預測未來的人力資源需求。
判斷技巧	蒐集資訊以及主觀權衡，以預估人力資源的需求。 ● **由上而下法(Top-down)**：高層主管所做的預測。 ● **由下而上法(Bottom-up)**：由低階經理各自進行初步的估計，然後進行整合，這個過程會一直進行到高層主管，高層主管進行最後的估計。
預測需求的方法	量化技巧 ● **馬可夫分析(Markov analysis)**：將勞動移動轉為轉換機率(transition probabilities)，以估計內部勞動力的供給。
判斷技巧	● **執行主管的判斷(Executive review)**：高層主管對升遷、重新指派工作或裁員的對象做出判斷。透過這個過程，可以了解哪些管理職務的供過於求或供不應求。 ● **繼任規劃(succession planning)**：找出已為繼任目前經理職務做好準備或即將合格員工。這種技巧可以凸顯出發展的需求，以及管理階層人力可能出現短缺的地方。 ● **空缺分析(Vacancy analysis)**：判斷員工可能出現的變化。透過這種技巧的比較來判斷需求，可以預期勞力短缺或過剩的情形。

資料來源：Adapted from Heneman, H. G., and Heneman, R. L. (1994). *Staffing organizations.* Middieton, WI: Mendata House.

聘僱流程

公司一旦決定其招募人員的需求後，就需要僱用最佳人才來塡補職務空缺。如圖5.2所示，聘僱的流程主要有三個步驟：招募(recruitment)、甄選(Selection)和社會化(Socialization)。

❖ 招募 (recruitment)
為特定工作尋覓合格求職者的流程，乃聘用流程的第一步。

招募是指爲特定工作尋覓合格求職者的流程。公司必須對市場宣佈其職缺，吸引合格人才來申請。公司可以在內部尋找適合的人才、向外延攬或兩者並行。

❖ 甄選 (Selection)
為某個工作決定「僱用」或「不僱用」求職者的過程，乃聘用流程的第二步。

甄選是爲某個工作決定「僱用」或「不僱用」求職者的過程。這個過程通常包括判斷有效執行工作所需的特性，然後衡量申請者有沒有這些特質。至於判斷有效執行工作所需的特質，可透過工作分析進行（參考第二章）。根據求職者在各項測試的計分或他們在面談時留下的印象，主管會決定僱用人選。這樣的甄選過程往往會用到淘汰分數(cut scores)，也就是說，主管不會考慮分數低於某個水準的求職者。

❖ 社會化 (Socialization)
提供新進員工在公司或服務單位職前訓練的流程，乃聘用流程的第三步。

招募人員的流程並非（也不應該）在員工一旦獲得僱用或升遷就告結束。公司如此小心翼翼甄選出的人力資源，若要充分發揮這些人才的效能，公司就得費心協助他們適應(socializing)。**社會化**是提供新進員工在公司或服務單位職前訓練的流程。新進員工必須熟悉公司的政策和程序，以及公司對其績效的期望。社會化有助新進員工擺脫外人的心態，覺得自己也是團隊的成員。社會化是聘僱流程裡很重要的步驟，儘管如此，公司在聘任人才之後還是得持續進行這項活動。第八章將深入討論社會化的過程。

圖5.2 聘僱過程

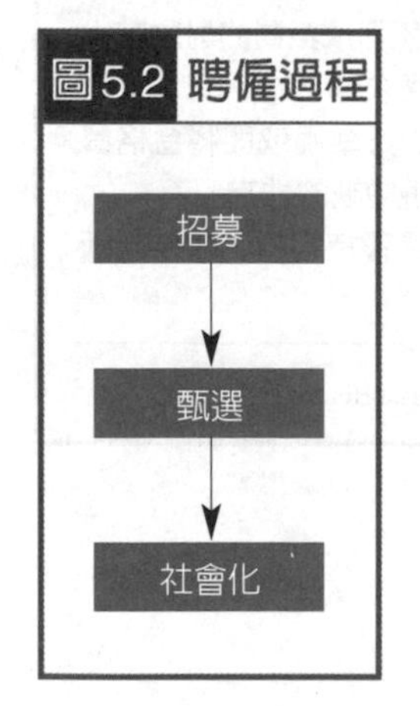

聘僱流程的挑戰

公司應該僱用和升遷最合格的候選人，大多數人都認同這種說法。長期而言，聘用最頂尖的人才能爲公司績效帶來極大貢獻。據估計，平均水準之上的員工對公司的價值會比一般員工的薪資高出40%[5]。所以，水準之上的新進人員如果薪水爲4萬美元，那麼他對公司的價值會比從事同樣職務的一般員工高出1萬6000美元。十年來，水準之上的員工爲公司增加的價值共達16萬美元！

聘僱決定如果做得不好，對公司同樣會造成嚴重的負面影響，而且可能從第一天開始就問題不斷。不合格或不積極的員工可能需要上司更嚴密的監督和指示，且他們可能需要額外的訓練，就算如此，可能還是無法達到所需的績效水準。他們也可能提供顧客不正確的資訊，或讓顧客投入競爭對手的懷抱。

這些問題都凸顯出一個簡單的重點：如果公司一開始就做出正確的聘僱決定，一切都會好得多。基於這點理由，讓前線經理和其前線員工參與聘僱過程是很重要的。儘管人力資源部門在招募、甄選和社會化新員工的過程中扮演相當積極的角色，但前線人員在這個過程中同樣扮演重要的角色。到頭來，得嚴密監督新進人員的還是這些前線經理，而這些前線經理往往具備工作相關的精闢見解，這些正是人力資源部門可能缺乏的。此外，前線員工會和新進人員互動，並成為他們的同儕，而這些前線員工十分了解應該具備什麼條件才能把工作做好。

甄選最佳人才的重要性雖然如此明顯，但聘僱過程還是有許多挑戰。其中最重要的挑戰包括：

- 判斷最攸關績效的個人特質。
- 衡量這些特質。
- 評估求職者的動機程度。
- 決定誰應該做出甄選的決定。

判斷最攸關績效的個人特質

有效執行工作所需的個人特質不見得很明顯，其中理由包括：第一，工作本身往往是個移動的標的，譬如現在優秀的電腦工程師必須具備的知識、技術和能力（KSA：參考第二章的說明），隨著硬體和軟體的持續演進絕對會有所變化。第二，公司文化也得納入考慮。位於加州聖博納迪諾(San Bernardino)的Arrowhead中央信用聯盟(Arrowhead Central Credit Union)在旗聘僱流程中，專注的是求職者的態度和人格，藉此觀察他們能不能融入公司的環境。Arrowhead Central的資深副總裁表示，「我們從經驗中發現，技術可以教，但態度是沒有辦法教的。」[6]

同樣地，位於加州帕薩迪納(Pasadena)的顧問公司Reprovich-Reynold集團在評估求職者時觀察他們和公司文化的配合度。該顧問公司認爲，如果求職者跟公司文化能配合得很好，表現自然亮眼，就算所具技術程度較低也不例外。然而，如果跟公司文化無法吻合，員工「絕對無法跟同事建立和凝聚穩固的關係，也無法充分發揮其技術。」[7]

第三，公司裡不同的人對於新進人員的特質各有不同的要求。譬如，高層主管可能希望工程部門的新進經理具備財務方面的敏銳度，至於工程師們則希望新進經理具備技術方面的專長。

衡量攸關績效的特質

一旦決定了攸關工作績效的特質之後，我們就得考慮如何衡量這些特質？假設數學能力很重要，光是看人的外表，是無法判斷他具備多高的數學能力，你得對他們進行一些測驗來判斷其數學能力，這些測驗的成本可能有很大的差異，對於工作績效的預測成果也有高低之分。

動機要素

有關聘僱的決定大多是著重於能力，而不是動機。衡量數學能力、口語能力和技術能力的測驗無以數計，可是誠如以下這個方程式所顯示的，動機對於表現也很重要：

表現＝能力×動機

這個方程式顯示，如果動機低落，那麼就算能力很高，工作表現仍然會很差。同樣的，如果缺乏能力，就算動機高昂也沒有用（我們會在第七章討論其他影響表現的體系要素）。這個表現方程式在概念上說得通，近年的實證研究也支持能力和動機都攸關表現的論點。譬如，商管碩士(MBA)畢業生初期事業的成功，經研究發現，跟能力和動機程度都息息相關[8]。

不幸的是，動機程度很難衡量。許多雇主都試著在面試時評估動機程度，可是（誠如我們在本章稍後所見），這種方式的問題很多。此外，背景環境對於動機的影響，要比對能力的影響大得多。如果你是一般的學生，那你努力用功的動機要看你對課程內容的興趣、你喜歡和尊重老師的程度，以及老師評分的方式而定。你在各課程的學業能力大致維持穩定，不過動機變動的程度則要大得多。工作情況同樣也是變動的：你喜歡工作職責的程度、你跟老闆相處得好不好、薪資水準如何，都會影響你努力工作的程度。

決策者爲何人？

許多公司人力資源部門會定期做出人員招募的決定，特別是針對低階的工作。由人力資源部門負責招募流程有兩個主要的理由：第一（也是最重要的理由），公司必須確保其聘僱人員的做法遵守法律規定（如第三章所說），讓人力資源部門人員負責所有的聘僱決定，有助於避免這方面的問題。第二個理由則是爲了方便。因爲人力資源部門人員通常負責和求職者初步聯繫，而且求職者的資訊通常都集中在人力資源部門，所以許多公司覺得讓他們負責後續的聘僱決定較爲省事。

然而，讓人力資源部門在聘僱決定上扮演關鍵性的角色，有個明顯的缺點：這種做法讓前線人員無法參與攸關營運效能的流程。畢竟，最熟悉前線工作、而且最後得和新進人員共事的是這些前線人員。

如果公司決定讓前線人員參與聘僱的決定，那麼應該讓誰加入？至少有三大類：第一（也是最明顯的）是負責監督新進人員的經理，第二類則是新進人員的同事。第三類（則是視情況而定）是新進人員的下屬。

誠如Specialty Cabinets公司，這些族群對於新進員工哪些特質才算重要未必會有一致的看法。

克服有效人員招募的挑戰

誠如先前所說，選擇適任人才能爲公司帶來龐大的效益，大幅提昇生產力和顧客滿意度。要是選錯人，則可能造成營運停滯不前、顧客流失等問題。基於這些理由，人員招募的過程（招募、甄選和社會化）每一步都必須審慎加以管理。我們將討論前兩個步驟。

招募

招募的目的是吸引合格的求職者。我們強調「合格」這兩個字，是因爲如果吸引到不合格的求職者，純粹是浪費時間和金錢。公司需要處理求職者的履歷、甚至加以測驗、進行過面試後，才能淘汰不合格的求職者。爲了避免成本浪費，公司招募的對象應以具備工作基本資格的求職者爲目標。

招募流程其實是一種推銷的活動。求職者就是你的顧客，你得對他推銷這份工作。請參考經理人筆記：以顧客爲導向的人力資源「以顧客爲導向的方法推銷招募活動」。

經理人筆記

以顧客爲導向的人力資源

以顧客爲導向的方法推銷招募活動

人們爲什麼購買？基本上，人們做出購買的決定，是因爲有人跟他們推銷「某個東西」對他們有利。購買的決定通常是在權衡各種特質的利弊之後做出決定。有些特質可能很明顯，譬如價格；有些特質則比較主觀，譬如品牌和聲譽。

和購買產品或服務一樣，招募活動也是讓求職者對你們的職缺做出購買的決定。招募是一種推銷活動，你得讓深具發展潛力的新人才想要加入你們公司。招募是讓你對求職者推銷公司和職缺（甚至你們社區）的機會。把求職者視爲顧客，有助於提昇說服求職者選擇你們職缺和工作的機率。

以下列舉一些關鍵性的問題，可以幫助各位以顧客爲導向的策略進行招募。這些問題分爲三大類：招募活動的準備、流程和求職者。只要是參與招募流程的人員都可以回答以下這些問題：

準備

■ 你爲什麼在你公司工作？

■ 在這裡工作有何好處？
■ 為這家公司工作最大的好處是什麼？
■ 這兒有何事業生涯的機會？
■ 哪些事情可以獲得肯定和獎勵？
■ 住在這個社區有何好處？

流程

■ 你把求職者視為顧客嗎？
■ 你是否根據求職者的偏好安排面談時間？
■ 求職者覺得面談愉快，還是覺得在接受連串的考驗？
■ 你歡迎每個求職者嗎？
■ 你是否將求職者視為來賓對待，還是當作有待處理的小玩意？
■ 你有沒有解釋評估方式（譬如測驗或面談），讓求職者了解所需評估的目的和理由？
■ 有沒有未經支付的面談成本（因為你想要降低成本）？

求職者

■ 求職者想要從工作中獲得最重要的收穫是什麼？
■ 求職者想要從公司獲得最重要的收穫是什麼？
■ 求職者想要從社區獲得最重要的收穫是什麼？
■ 如果求職者可以改變目前工作的某個部分，將改變什麼？

從以上有關求職者問題的答案中，可以了解求職者的需求和偏好，這時請思考公司如何滿足這些需求和偏好。為有效回應每位求職者的需求和偏好，你們需深入了解這份工作、公司和社區能提供些什麼。準備這個階段的妥善處理非常重要。

經過甄選過程後，如果求職者符合工作所需條件，公司會聘請求職者，這時候當然是希望求職者會「接受」。不過就算求職者沒有得到這份工作，或「回絕」公司的聘請，把求職者視為顧客的做法對你們還是有好處的。在招募過程中，把求職者視為顧客，就算最後沒有聘請他們，他們還是會對公司留下良好的印象，可能成為公司產品或服務的顧客，並向其他找工作的人推薦這家公司。良好的印象可能是招募過程中將求職者視為顧客的直接影響。

資料來源：Partially adapted with permission from Bozell, J. (2002). Cut to the chase. *Nursing Management,* 33, 39-40.

❖ 招募的來源

公司有許多招募的來源[9]，最常見的來源包括：

- **目前的員工**：許多公司在對外招募之前，會先告知內部員工目前的工作職缺；這種做法讓目前的員工有機會得到比較理想的工作。不過，內部招募的做法會自動產生另外需要塡補的空缺。
- **目前員工的推薦**：研究顯示，透過目前員工推薦獲聘的員工，通常會在公司服務較長的時間，而且對於工作的滿意度與對公司的忠誠度，都比透過其他管道招募來的員工要高[10]。Dr. Pepper/Seven Up公司就是靠內部員工的推薦，找出最優效的求職者[11]。該公司僱用的新進員工當中，大約有40%來自員工的推薦。如果員工推薦的人選獲得公司聘用，並達成該職位所設定的目標，公司會提供推薦人500美元的紅利。然而，內部員工推薦的人選，往往跟推薦人屬於同樣的人口統計背景，這樣會產生公平就業機會的問題。
- **前任員工**：公司可能決定聘用以前的員工，通常來說，這些是先前遭到裁撤的員工，不過也可能是季節性的員工（譬如在暑假或報稅期間增加的人手）。由於雇主對這些人已有合作的經驗，所以聘用原班人馬會比較有保障。建立前任員工線上網路，可說是一種簡單且具成本效益的辦法，可匯聚有競爭力求職者的資料[12]。重新獲得聘用的員工因爲已經經過甄選的過程，所以留在公司服務的期間通常比完全的新進人員更久，而且招募的成本更低。此外，在上任後第一季，重新獲得聘用的員工通常比完全的新進人員更具生產力。需要能夠立刻上手的人嗎？考慮重新僱用先前服務於公司的員工吧。而且，前任員工比較熟悉公司、公司的文化和價値觀，所以前任員工的人脈網路也可作爲人才推薦的來源。
- **平面和廣播的廣告**：雇主可以透過廣告在當地進行招募（報紙），以及針對區域、國家或在國際市場上招募人才（貿易或專業性的出版品）。譬如，心理學家可以透過美國心理協會(American Psychological Association)月報裡的工作欄找到工作。
- **在網路上登廣告或透過求職網站**：愈來愈多雇主會透過網路招募人才，因爲線上的廣告比報紙的徵人啓示更便宜且更動態。此外，由於網路無遠弗屆的特性，全世界要找工作的人才都可以看到企業的徵才廣告[13]。

網路不光是經濟且有效率的招募管道，也是個相當便利的求職工具。網路上有成千上萬的求職網站，而且幾乎全部都提供求職者免費登錄。其中最有名的求職網站之一是Monster.com，這個網站上據估計有一百萬個工作機會[14]。求職者可以根據產業、地理位置、甚至根據工作說明來搜尋工作機會。以往的求職者通常是拿著螢光筆勾選週日求才版上合適的廣告，但這種做法已迅速走入歷史。表5.4列舉一些有助尋找工作的網站。

- **職業介紹所**：許多企業會跟外界的承包商合作，由他們負責招募和甄選某個職位的候選人。通常來說，職業介紹所所抽取的費用是根據新人的薪水而定。如果公司需要具備特殊技能的員工，職業介紹所會特別有效。職業介紹所另外一個好處是他們所找的通常是目前已有工作、無須新工作的人才，這表示這些人才目前的雇主對他們的表現很滿意。
- **臨時雇員**：臨時雇員似乎在勞動市場上無所不在。他們讓企業得以安然度過淡旺季，而無須做出永久性的聘僱決定。1998年，勞動市場上平均有兩百九十萬名臨時雇員，比1997年增長9%[15]。然而，根據勞工統計局，臨時雇員占全體勞動力的比例不到10%[16]。這樣的比例從1995年勞工統計局開始追蹤臨時雇員或約聘人員以來就一直持平。
- **顧客**：顧客對於公司和其產品和服務已相當熟悉，公司可藉此作爲招募人才的創新管道[17]。顧客不光是產品或服務的購買者或消費者而已，他們還有更大的價值[18]。熱心的顧客可以協助公司改善流程，而這樣的關係還可以逐漸演變爲聘僱關係。這些人成爲忠實顧客必然是對公司的產品或服務感到滿意，相較於其他比較不熟悉公司的求職者而言，他們對

表5.4　求職網站

網站	說明
www.careerbuilder.com	各網站上兩百多萬個不同的工作機會。
www.ajb.dni.us	勞工部的就業銀行。
www.careermosaic.com	求才廣告和產業界的資訊，譬如專業協會的求才啓示。
www.careerpath.com	大約九十份報紙和各個求才網站上每個禮拜的求才啓示。
www.monster.com	刊登工作機會和登錄履歷表的熱門網站。

隨著求職者紛紛上網尋覓理想的工作機會，hotjobs.com等網站的熱門程度隨之暴漲。

公司的工作環境具有更大的熱誠。而且，顧客使用過公司的產品或服務，可爲公司提供如何改進的寶貴意見。顧客的下一代也是可以聘僱的對象。譬如在印地安納州印第安納波利斯(Indianapolis)經營咖啡館的凱斯．瑞特曼(Kassie Ritman)就聘用顧客的小孩作爲員工[19]。由於認識他們的父母，瑞特曼對員工的價值觀和背景都有相當的認知，而且員工對她會格外尊重，視她爲權威的角色。

至於哪種招募管道比較妥當，則要看工作的種類和經濟狀況而定。當失業率高的時候，企業會覺得很容易招募到合格的人才。當失業率低的時候，企業就需要更多的資源才能找到合格的求職者。

至於雇主要如何評估各種招募管道的效能呢？其中一個辦法是看招募到的人員在公司待多久的時間。研究顯示，如果員工對公司認識較深，而且對工作沒有不切實際的期望，他們在公司服務的時間往往會比其他人長久[20]。

另外一個評估招募管道的辦法是從成本著手。企業應該仔細考慮最具成本效益的招募辦法。登廣告跟以獎金鼓勵員工推薦人才，以及在當地招募與在外地招募（這牽涉到調派新進員工）等辦法的成本都有很大的差距。如果有必要到外地招募員工，公司經理出差到別的城市，進行員工面談可能要比支付旅費讓求職者到公司面談更合乎邏輯。

經理可以針對各種招募管道的品質不斷提供相關意見，藉此提昇人力資源部門的效能。譬如經理可以建立一份簡單的試算表（如本頁下方所附的表格），列舉招募管道，並在欄位紀錄其效能的評分（譬如1到10分）。另外也可以在欄位追蹤各種招募管道的成果，譬如聘請人數、接受職位的人數、一年的流動率以及一年的員工績效評等。經理本身可能定期更新資料，或將這份工作交給某個人或團隊成員負責，負責人會對人力資源部門解讀這些資料，並提供建議〔有些資料可能是機密的（譬如績效評等），只能提供給管理階層作爲考量依據〕。

❖ 非傳統的招募管道

非傳統的勞工來源可能包括服刑人、靠社會福利金生活的人、銀髮族和外國勞工，譬如健保產業由於相關工作數量快速增加，以及求職者對這類領域的興趣下降，而面臨勞動力不足的窘境[21]。由於人員不足，有些醫院開始從加拿大、歐洲和亞洲進口員工。在南達科他州的Rapid City，有家區域性的醫院僱用菲律賓的非技術工人(unskilled)，從事環境服務領域的工作。這些菲律賓的勞工拿的是H2B（非專業人員）的簽證，不得爲單一雇主連續工作十一個月以上的時間。這家醫院爲遵守這項規定，跟一家當地的醫院分享員工。爲了留住優秀有禮的員工，醫院認爲這樣的努力也是值得的。萬豪酒店(Mariott)則是招募靠社會福利金過活的人，並為有心

招募管道	聘請人數	接受職位的人數	總成本	一年後的流動率	一年的平均績效評等
推薦					
平面廣告					
網路廣告和求職網站					
職業介紹所					
顧客					

萬豪酒店(Mariott)招募人員的辦法包括為新進員工提估訓練計劃。麗莎．傑克遜(Lisa Jackson)有兩個小孩，以往從未工作過，她先接受為期六個禮拜的訓練課程，然後才開始為當地的萬豪酒店工作。

發展事業者提供爲期六個禮拜無薪的訓練計劃[22]。

非傳統的勞力市場雖然是招募員工的實用管道，但這些人通常缺乏經驗和教育，而且可能也缺乏和顧客與同事有效互動所需的社交技巧。許多公司無法或不希望肩負訓練這些人的負擔，所以有些非營利性質的機構便出面提供訓練方面的支援。和這類非營利機構合作的企業可以招募到額外的員工，而原本缺乏機會的人可以接受訓練、找到工作，對於社會也有好處。

勞工短缺的問題在各個時代、各國都不一樣。譬如，1980年代初期15%的失業率是很普遍的現象。日本因爲經濟陷入衰退，國內十五歲到十九歲的失業率大約爲10%。[23]

❖ 外部和內部的人選

不論從外延攬或對內招募都各有其優缺點。向外聘用人才讓公司可以獲得嶄新的觀點，並以不同的方式做事。與其負擔訓練目前員工新流程或科技的相關成本，對外延攬專家的做法比較具備經濟效益。

從缺點來看，目前員工可能覺得從外頭招募來的新進員工爲「菜鳥」，藐視他們的觀點，如此公司特地向外延攬人才，希望爲部門或爲公司注入新氣象的努力便會付諸流水。另外一個缺點是從外部延攬而來的員

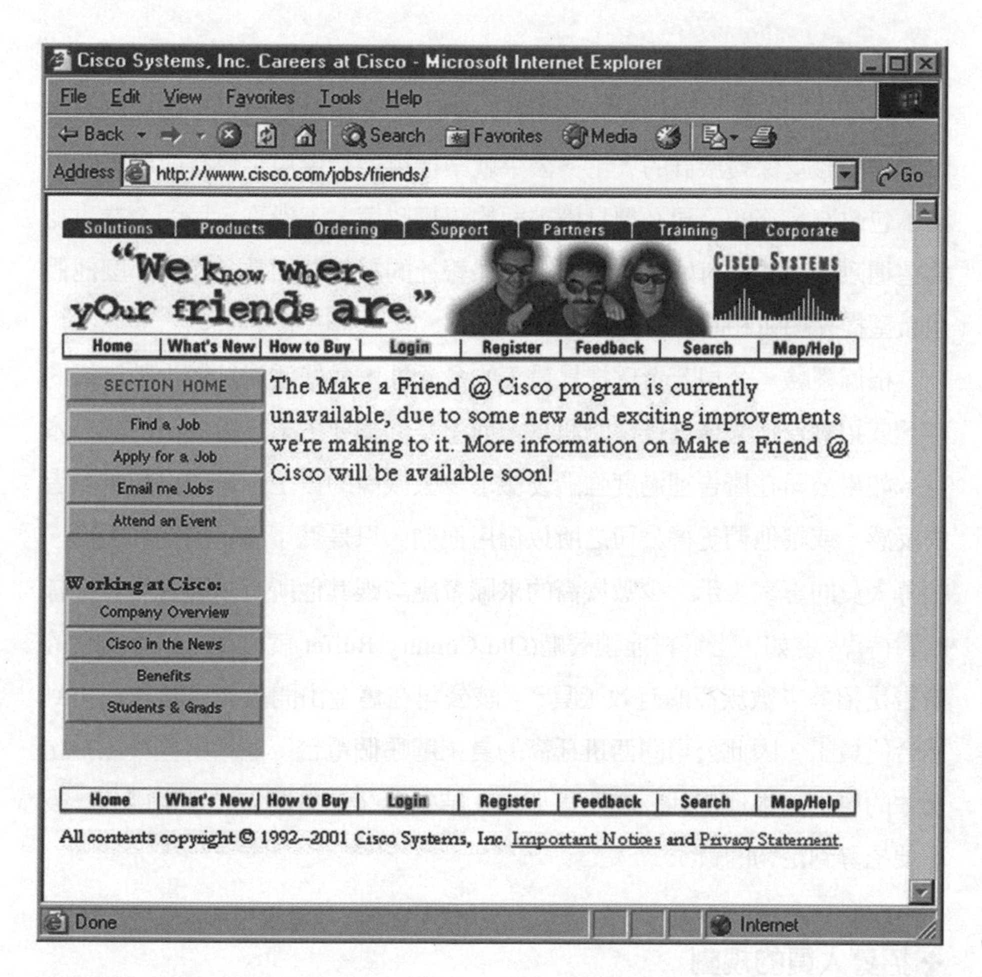

思科(Cisco)的「好友計劃」(friends)以創新的方式招募人才：公司的員工會協助可能加入公司的人才了解思科的工作環境。

工需要時間熟悉公司的政策和程序，這可能需要好幾個禮拜的時間，新進人員才能充分熟悉自己的工作領域。而且，內部人員可能覺得新進人員搶了原本應該是內部合格人才的職位，而對他們抱持敵視的態度。此外，外部人才的風格可能跟工作單位的文化互相牴觸。

內部招募人才通常是以升遷和調職的型態進行，這也有其優缺點。優點方面，內部拔擢人才的成本通常低於向外延攬。而且這讓公司目前員工明確認知到公司會提供他們晉升的機會。內部招募的人才已對公司的政策、流程和習慣相當熟悉。

不過從缺點來看，內部招募人才的做法會降低公司引入創新和新點子的可能性。另外一個缺點則是員工獲得升遷後，由於部屬對他們極爲熟悉，權威感可能因此而降低。譬如，當某個員工晉升爲經理或上司後，以往共事的同仁可能期待他能給予特殊待遇。

❖ 招募受保護的族群

許多公司不論是對內晉升或向外延攬，都會招募女性、少數族裔、殘障者等屬於受保護族群的人士。公平就業機會委員會規定只有政府機關以及承包政府業務的公司必須具備書面的平權政策，不過許多民間企業也認爲這種政策對他們有好處。譬如，如果報社的讀者群相當多元，那麼他們也希望提昇編輯和記者的多元性。

根據經驗，公司若希望提昇員工的多元性，最好透過針對少數族裔的媒體或招募管道來傳遞這樣的訊息，而不是仰賴要徵求少數族裔的訊息本身。如果公司在廣告裡過度強調要徵求少數族裔的員工，可能引起求職者的反感，或讓他們覺得公司之所以僱用他們，只是爲了滿足規定的配額。招募人員的專家表示，少數族裔的求職者應該跟其他所有求職者受到一樣的對待[24]。譬如，老鄉村連鎖餐廳(Old Country Buffet)就發現，廣播電台的廣告是招募少數族裔的有效工具[25]。該公司在舊金山開設新店時曾找不到適合的員工，因此公司問西班牙裔的員工聽哪個電台，並給這些員工一份徵才的廣告，由他們翻譯成西班牙文。結果呢？這份廣告才登了兩天，餐廳便招募到足夠的員工。

❖ 招募人員的規劃

招募活動必須和人力資源規劃互相配合才會有效[26]。誠如我們在本章先前所見，人力資源規劃是將目前人員的能力和未來的需求互相比較。譬如，分析結果可能顯示，以公司目前的擴張計劃和預期的市場狀況來看，公司需要增加十名員工。公司在決定招募人數時，應以這樣的資訊作爲重要參考。

在進行人力資源規劃時，還是要考慮到一個重要的問題：每個職位應該吸引到多少位求職者？這個答案要視產出比率(yield ratios)而定：也就是招募活動投入和產出之間的關係。譬如，如果公司每聘請兩個人當中，只有一個會接受，那麼從這樣聘請對接受的比率可以得知，公司大約聘請兩百個人當中，有一百人會接受公司的聘請。這家公司面談對聘請的比率可能一直爲1：3，這樣的比率表示，該公司得進行至少六百個面談，才會錄取兩百個人。其他還要考慮的比率包括邀約對面談比率(invitations-to-interview

表5.5　圖書館提供的求職資源

管道	說明
《事業生涯指南》(*The Career Guide*)：就業機會指南	根據地區、產業和領域列舉公司名單，列舉它們對教育和工作經驗的條件。
標準普爾之企業、董事以及執行主管登錄(*Standard & Poor's Register of Corporations, Directors and Executives*)	列舉五萬多家企業，大多數是民間企業。
穆迪投資服務手冊(*Moody's Investment Services Manuals*)	提供公司報告和其他來源的資訊。
《職稱字典》(*The Dictionary of Occupational Titles*)	提供有關職責和所需教育與經驗水準的資訊。

資料來源：Walberg, M. (1995, March 20). Job hunters find library offers company data, search assistance. *Arizona Republic,* E5.

ratio)以及廣告或聯繫對求職者比率(advertisements or contacts-to-applicant ratio)。每家公司各自設定本身求職人數對職缺數的比率。如果公司錄取條件設定得特別高，那麼可能得更加努力進行招募才能找到適合的人才。

❖ 為謀職進行規劃

這個單元的重點在於招募人才，不過招募的另外一面，則是尋找適合雇主的過程。你們正在找生平的第一份工作嗎？還是正在轉換事業生涯的跑道？找工作可以從當地的圖書館作爲起點。表5.5列舉各種求職管道的相關資訊來源，並提供簡短說明。此外，許多圖書館都有提供線上和光碟的搜尋服務。

甄選

如果公司聘請的人員並不適任，結果其他員工必須跟著收拾殘局，可能令他們心生反感，引起同儕之間的摩擦，甚至導致比較優秀的人才另覓高就。這些都會造成經濟層面的影響[27]。

事實上，如果甄選過程得宜，經濟價值遠超過大多數人的想像。譬如，聯邦政府以能力測驗甄選低階職務的人選，這種做法據估計每年爲政府省下超過150億美元的經費[28]。

管理者得考慮到識人不清的風險，才會更加了解到甄選得宜的好處，這點對於小型企業特別重要。譬如，有位專門負責薪資的經理在上任後兩個月就遭到解僱，並遭公司控告侵占3萬美元的公款[29]。他當初交給公司的履歷表都是一派胡言，而公司也沒有對他進行背景查核。誠如這個例子所示，識人不清所造成的成本可能令小型企業或新興公司受到沉重打擊，甚至因此關門大吉。

甄選過程可運用的技巧很多，各位應該先了解甄選過程的兩大概念：信度(reliability)和效度(validity)。

信度與效度

❖ **信度 (Reliability)**
衡量結果的一致性，不會因為衡量時間或判斷者的不同而有所差異。

信度指衡量結果的一致性，不會因爲衡量時間或判斷者的不同而有所差異。如果衡量結果都很一致，結果將非常穩定。譬如，如果五個禮拜之中，你每個禮拜都考一次數學，而且分數都一樣，那麼你數學技巧的衡量結果可說是非常穩定。同樣的道理，如果五個不同面談者對你社交技巧水準的評價相同，表示你的社交技巧具有極高的信度。

然而，就算有人能達到絕佳的信度，頂多也是鳳毛麟角。衡量過程難免會有一些錯誤，而這些錯誤可視爲「噪音」(noise)或不穩定性。衡量的噪音程度愈高，衡量結果就愈難判斷。譬如，你接連幾個數學考試成績差異愈大，就愈難判斷你眞正的數學程度。而且，如果面談者對你的評價差異愈大，你社交技巧的水準就愈難判斷。從概念上來說，信度是指衡量裡的噪音程度；不過從實際的操作來說，信度則是看不同時間和裁判對於分數一致性的認同程度而定。

衡量方面的錯誤可分爲兩種：一種是缺陷錯誤(deficiency error)，另外一種則是污染錯誤(contamination error)[30]。缺陷錯誤是指衡量領域的要素並未納入衡量。譬如，基本數學評量裡未將減法納入試題就是一種缺陷衡量：讓人無法掌握基本數學技能的眞正程度。

污染錯誤是指衡量過程受到干擾。譬如，面談者可能面臨其他職責的時間壓力，因此沒有充分時間正確評估求職者的能力。此外，求職者給人的第一印象可能特別好，讓面談者對其工作技能的判斷受到影響。或是求職者當中可能有人特別優秀，讓其他人相形失色，結果平均水準的求職者在面談者看來，卻掉到平均水準之下。

不論是測驗、面談或其他技巧，甄選方式的主要目的是衡量跟工作有關的資格。信度是了解衡量方式受到多少錯誤影響的指標。

❖ **效度** (validity)
衡量方式對知識、技術或能力的衡量程度。應用在甄選的背景裡，效度則是指測驗分數或面談評比相對於實際工作績效的程度。

效度是衡量方式對知識、技術或能力的衡量程度。應用在甄選的背景裡，效度則是指測驗分數或面談評比相對於實際工作績效的程度。效度是有效甄選的核心，這表示公司衡量特定職務求職者的技巧及其工作績效之間的相關程度。不具效度的技巧不但沒有用，而且可能會產生法律上的問題。事實上，紀錄甄選技巧效度的文件是公司面臨法律訴訟時最佳的辯護依據。萬一求職者對公司聘僱的做法提出歧視訴訟，甄選方式跟工作的相關性（效度）就是公司自保的關鍵證據[31]。

顯示甄選方式的效度，主要有內容和實證這兩種基本策略。內容效度(content validity)策略是評估甄選方式的內容（譬如面談或測驗）對工作內容的代表程度。工作知識的測驗通常就是屬於內容效度策略。譬如，某家航空公司會要求應徵飛行員的求職者接受美國聯邦航空管理局(Federal Aviation Administration)規定的一連串考試。這些考試評估的是應徵者是否具備安全，以及有效駕駛客機所需的知識。不過，光是通過這些測驗並不表示應徵者具備優秀飛行員所需的其他能力。

實證效度策略(empirical validity)指甄選方式和工作績效之間的關係。甄選方式的分數（譬如面談的判斷或考試成績）會跟工作績效進行比較。如果應徵者在甄選方式的分數很高，而且其工作績效的確也比較優秀，實證效度建立。

實證效度〔也叫做效標效度(criterion-related validity)〕有兩種：同時效度(Concurrent validity)與預測效度(Predictive validity)[32]。同時效度顯示甄選方式評分跟工作績效水準之間的相關程度（這兩者大約在同時進行衡量)。譬如，公司為了增加人手而建立一套測驗，為了解這套測驗顯示工作績效的程度，該公司要求目前員工進行這套測驗。公司接著將測驗成績和上司剛完成的工作績效評分進行相關分析。測驗成績和工作績效評分的關係會呈現出該測驗的同時效度，因為兩者是同時進行衡量的。

預期效度是顯示甄選方式的成績跟未來工作績效之間的關係。譬如，公司要求全體應徵者接受測驗，並在十二個月後查核工作績效。考試成績和工作績效之間的關係會顯示測驗的預期效度，因爲甄選方式的衡量在評量工作績效之前進行的。

在開發或選擇甄選方式時，就算以實證效度爲目標，衡量方式還是應該具備內容效度(content validity)[33]，也就是說衡量內容應該跟工作相關。建立跟工作相關的衡量內容，應該從工作分析開始（參考第二章）。不過，內容效度不見得就是實證效度的保證。譬如，某個衡量方式固然有內容效度，但卻難到沒有人能通過，那麼可能就不具實證效度。而且，如果對實證效度進行評估，那麼同時和預測這兩種型態各有其優缺點。

同時效度可以相對較快、較輕易地進行。不過，同時效度不見得能準確反映出衡量方式在評估求職者方面的有效程度。因爲，目前的員工對於求職者可能不具代表性，一方面，目前的員工可能年紀比較大、可能是白人男性，再者目前員工進行測驗的動機不像應徵者那麼高。所以我們可以了解到同時效度不見得能準確呈現甄選方式在實際運用時的效度。

至於預測哪個應徵者日後的績效最爲優秀，則和預測效度密切相關。然而，評估衡量方式的預測效度需要相當多的人參與，至少要有三十個人的甄選和工作績效評分。而且可能要六到十二個月後，當工作績效衡量完成後，才能對預測效度進行更進一步的評估。

接下來介紹各種甄選方式之前，我們得先強調信度和效度的一大重點。甄選方法或許穩定，但不見得有效度，然而甄選方法若不可靠，則不可能有效度。這個重點對於實際運用方面有著極大的影響。求職者有沒有M.B.A學位的衡量方式具有絕佳的可靠度。不過，如果光有文憑但工作績效並未見改善，那麼M.B.A.學位文憑就不是有效的甄選標準。較有衝勁的應徵者在工作表現上應該會比較出色，可是如果公司賴以衡量衝勁的方式充滿錯誤或不夠穩定，就不能做爲有效的工作績效指標。

預測工作績效的甄選工具

這個單元探討最常見的甄選方式，每個方式都有其限制和優勢。

❖ 推薦函

一般來說，推薦函跟工作績效的關聯性並不高，因為推薦函的內容大多都非常正面[34]。然而，這並不表示所有的推薦函都無法呈現求職者的工作績效。不好的推薦函可能具有高度的預測性，不應忽視。

以內容評估推薦函可提昇這種甄選工具的效度。這種方式專注於推薦信的內容，而不是看有多少讚譽之詞[35]，公司評估的是推薦函中對求職者特質的描述[36]。譬如，兩個應徵者同樣都提出正面的推薦函，不過第一位應徵者的推薦函形容他是注意細節的人，第二位應徵者的推薦函則把他描述為外向、樂於助人。工作所需的人選可能得具備某種特質；譬如顧客關係的工作需要個性外向、樂於助人的人，至於庶務性的工作則需要注意細節的人員。

不論是推薦函還是口頭的推薦（參考「推薦查核」），都可以針對關鍵性的工作所需能力來進行評估，這是以比較積極的方式來增加推薦的效度和實用性。與其問些「請說說你對這位應徵者的看法？」之類廣泛的問題，還不如請對方說說應徵者具備哪些技術可以應用在這份職缺上。譬如，請推薦者舉個例子，說明這位應徵者在碰到某種情況（跟日後工作時可能碰到的情況類似）時，會如何因應。由於是以跟工作相關的特質為重，所以你們拿到的書面或口頭推薦，跟你們聘請傑出員工[37]的任務可能更具效度和用處。

應思考的道德問題

假設有個朋友請你寫份推薦函，你雖然很喜歡這個朋友，但覺得他不夠可靠。你雖然覺得這個朋友不會是個好員工，但還是幫他寫了相當正面的推薦函，這是有道德的行為嗎？如果不是，你明知道自己對這個朋友的能力不會有太正面的評估，卻還同意為他寫推薦函，這又合乎道德嗎？

❖ 申請表

企業通常會以申請表作為篩選的工具，藉此判斷應徵者是否符合工作的最低條件，特別是低階工作。申請表通常會問應徵者過去的工作和就業狀態。

傳統的申請表格最近出現新的變化，也就是「自傳資料表」(biodata form)[38]。這種自傳資料表所詢問的問題比傳統的申請表更為深入，應徵者得回答有關自己背景、經驗和偏好的連串問題，他們對這些問題的回答會進而評分。譬如，問題可能包括應徵者出差的意願、偏好哪些休閒活動，以及具備多少的電腦經驗。在設計申請表之前，應該先透過工作分析找出跟工作關聯性最大的自傳資料。自傳資料在預測工作績效方面的效度中等。

❖ 能力測驗

從口語和定性技巧(qualitative skills)乃至於感知速度(perceptual speed)，各種能力各有不同的測驗可以評量。認知能力測驗(cognitive ability test)衡量應徵者在特定領域的潛力，譬如數學，能力測驗若以工作分析作爲依據，可作爲工作績效的有效指標。

有幾項研究對於一般認知能力(general cognitive ability)(g)對於預測工作績效的校度進行評估。一般認知能力的衡量通常是把口語和定性能力的分數加總起來。g衡量一般的智商，程度愈高顯示學習速度愈快，能夠更迅速適應狀況的變化。g水準高的人，工作績效也比較好，至少部分而言是如此，因爲現在沒有什麼工作是靜態的[39]。

有些測驗是衡量體能或機械方面的能力。譬如，警察局和消防隊會以體能測驗(physical ability tests)衡量應徵者的體力和耐力；他們會根據這些測驗的成績評估應徵者在執行體力任務時的生產力和安全性。然而，企業可以觀察應徵者在實際工作時的表現，藉此對其表現能力進行更爲直接的評估。這種方式叫做工作樣本測試(work sample tests)，也就是要求應徵者進行跟實際工作完全一樣的任務。譬如，李維牛仔褲(Levi Strauss)的工作樣本測試就要求應徵維修工作的求職者拆解、重組縫衣機的零件[40]。

工作樣本測試只要能適切掌握實際工作的多樣性和複雜度，一般都認爲是衡量工作績效公平且有效的指標。工作樣本測試的成績甚至可以用來作爲評估一般智能(mental ability)甄選方式[41]校度的標準。然而，體能衡量方式淘汰掉的女性和少數族裔應徵者會多於白人男性。在進行測試之前進行體能上的準備，可以大幅減少這樣的逆向衝擊[42]。

❖ 人格測驗

人格測驗(personality test)評估的是特質(traits)，也就是個別員工持久的個性。人格測驗在1940和1950年代廣爲應用在甄選員工決策上，如今則很少應用在工作相關行為的預測上，這主要是因爲信度和校度的相關問題上，個人特質是很主觀的認定，並不穩定，跟工作績效無關，而且法律上也不容許以此作爲篩選的工具[43]。

人格測驗不再風行的主要原因，可能是因爲缺乏一套大家認同的特質衡量方式。特質可以各種不同的方式衡量，由於缺乏一致性，在信度和校度方面都會產生問題。然而，近期有關人格特質的研究顯示，衡量人格的方式也可以很可靠[44]，並歸納出五大層面[45]。這「五大」向度現在已廣爲人格心理學(personality psychology)所接受[46]：

■ **外向型**(Extroversion)：擅言、擅於社交、活躍、易於激動的程度。

■ **友善型**(Agreableness)：信賴人、親切、慷慨、容忍、誠實、合作、有彈性的程度。

■ **謹慎型**(Conscientiousness)：可靠、井井有條、對工作堅持不懈的程度。

■ **情緒穩定**(Emotional Stability)：穩定、冷靜、獨立且自主的程度。

■ **對經驗開放**(Openness to experience)：智慧、哲理、見解、創意、藝術特質以及好奇心的程度。

在這五大向度當中，謹慎型顯然跟工作績效的關係最深[47]。很難想像會有任何衡量工作績效的方法不對可靠性有所要求，或任何企業不會因爲僱用謹慎型的員工而受惠的。所以「謹慎」是評估工作績效最有效的人格指標。

其他人格向度的校度則要視工作而定，因此我們在此得對人格測驗提出兩點警告。第一，人格特質是不是工作績效的有效指標，要看工作和衡量工作績效的標準而定。和所有其他的甄選技巧一樣，工作分析應該先找出有助提昇工作績效的人格向度。第二，對於特定績效衡量方式（譬如工廠生產線上的生產數量，這可能主要得看生產線速度之類的要素而定）的預測上，「人格」所扮演的角色可能微不足道。不過對於比較沒有這麼有系統、需要團隊合作和彈性配合的工作而言，「人格」則扮演了關鍵的角色[48]。在某些工作情境裡，某些類型的人可能會比其他人更爲適合。近期研究顯示人格不但能正確預測求職者[49]日後的績效，連大學學生[50]的學業表現也是很準確的預測指標。

❖ 心理測驗

連鎖零售店、銀行和其他服務業的企業長久以來，都會以書面的心理測驗型態淘汰可能監守自盜的應徵者。現在，心理測驗的型態包羅萬象，有的是判斷應徵者是否具備強大的工作道德、強大的衝勁，或會否被工作上的挑戰所打敗。這些測驗提出「若要成功，運氣比辛勤工作更爲重要，你是否認同這樣的說法？」之類的問題，來了解應徵者可能的行爲模式。Wet Seal公司（加州Irvine一家銷售女性服飾的零售店）從1990年起，每年耗費10萬美元在心理測驗上，藉此選出更具工作衝勁的員工。採用這些測驗六個月後，各分店經理都說新進人員「更加積極服務顧客的意願好像獲得提昇」[51]。儘管Wet Seal和其他企業〔譬如漢堡堡王(Burger King)以及JP食品服務公司[52]〕以心理測驗作爲甄選工具的做法都很成功，但雇主在運用這類測驗時還是應該謹慎。測驗中考驗每個應徵者的問題和計分的方式都必須一視同仁，而且必須跟工作相關，而不是窺探員工的私生活。

❖ 誠實測驗

最近全國零售業安全調查(National Retail Security Survey)和年度零售業偷竊調查(Annual Retail Theft Survey)兩項調查結果都顯示，零售業由於員工監守自盜所蒙受的損失居然超過順手牽羊造成的損失。美國2000年零售業者的庫存耗損(shrinkage)總額爲322億美元，占年營業總額的68%[53]。在過去，企業通常以測謊器作爲預先淘汰應徵者的工具之一，藉此在面試時測量應徵者在回答連串問題時的脈搏、呼吸頻率以及出汗的狀況。他們認爲當應徵者說謊時，這些生理狀況會出現變化。然而，1988年聯邦受雇人測謊保護法案(Federal Employee Polygraph Protection Act)通過後，雇主以測謊方式淘汰應徵者的做法大多銷聲匿跡。

誠實或正當性測驗(Honesty or integrity test)的設計是爲了解應徵者是否可能涉及竊盜和其他不正當的行爲。現在正當性測驗可以各種型態進行，其中包括以紙筆進行的書面測驗、透過電話、網路進行等等。誠實測驗的成本大約在8美元到14美元之譜[54]，這要視其深度和長度而定。通常來說，這類測驗是衡量應徵者對於誠實的態度，特別是應徵者是否認爲不誠實的行爲是一種常態，不算犯罪[55]。譬如，測驗內容可能是衡量應徵者對別人偷竊的容忍度，以及應徵者認爲大多數人經常偷竊的程度。

有份由獨立研究人員進行的調查印證了誠實測驗的校度[56]。他們針對零售便利商店職位應徵者的誠實測驗分數進行調查後發現，這些測驗結果跟實際的偷竊事件有些關聯。特別是誠實測驗分數低的求職者，監守自盜的可能性會比較高。此外，最近某大誠實測驗出版商發表的調查報告更凸顯出這項衡量方式的校度。有家零售商開始在其一千九百家分店中的六百家進行正當性測驗。在一年之內，採用這項測驗的分店庫存耗損率就降了35%，未採用這項測驗的分店庫存耗損率則上升10%[57]。

儘管如此，誠實測驗還是頗具爭議性的。抱持反對意見的人士大多認爲這會有誤報的問題：應徵者雖然很誠實，但測驗成績卻很差。通常來說，接受測驗的人當中至少有40%無法通過[58]。

❖ 面談

工作面談可能是最常見的甄選工具，但其低信度和校度[59]卻常遭非論。無以計數的研究發現，面試主管對於應徵者的評估都不盡相同。其他的批評論點還包括人類判斷力的限制和面試主管的偏見。譬如，早期有份調查發現，大多數面試主管會在面試進行的兩到三分鐘內對應徵者做出決定[60]。這麼迅速的決定會對面試的校度造成負面影響，因爲他們是根據有限的資訊做出的決定。不過比較近期的調查則顯示，面試主管可能不會這麼草率做出決定[61]。

而且，傳統進行面試的方式會隨著不同的應徵者而有所不同。譬如，面試主管一開始就提出這樣的問題：「請自我介紹」。然後再根據應徵者的回答進行其餘的面試問題，這樣的做法非常雜亂無章，而且公司賴以甄選的工具會因人而異，這也難怪傳統的面試方試信度非常低。然而，下頁名爲「沒有章法不表示沒有準備：進行大多數的工作面談」的「經理人筆記」中列舉多項原則，只要根據這些原則，傳統且沒有結構的面試還是能提昇效果的。

由於傳統缺乏結構性的面談方式有許多爲人詬病之處，使得「結構性面談」這種新的方式隨之崛起。**結構性面談**(Structured interview)是根據周詳的工作分析進行的工作面談，對同一份工作的全體求職者提出相同的問題以及預先擬定的回覆[62]。表5.6列舉結構性面談常見的三種問題[63]。

❖ **結構性面談**
(Structured interview)
根據周詳的工作分析進行的工作面談，對同一份工作的全體求職者提出相同的問題以及預先擬定的回覆。

■ **情境問題**：面試者可藉這類問題了解應徵者遇到特定工作情境時會如何

經理人筆記

沒有章法不表示沒有準備：進行大多數的工作面談

管理者只要專注在以下六項簡單的原則，就能提昇沒有結構的面談效果。

■ **做好準備**：這是童軍的座右銘，面試主管同樣也能秉持這個原則。缺乏準備是面試者最常見且昂貴的錯誤。至少在面試前一天，面試者得根據應徵者的履歷，以及和關鍵人員的討論建立一份面談議程，並在面試之前花至少十五分鐘的時間檢討這份議程。

■ **面試前幾分鐘先讓應徵者放鬆心情**：對於應徵者而言，走入辦公室後看到面試主管還在打業務電話、甚至即席和其同僚開會，沒有什麼會比這些舉動更讓人感到不安。面試主管請先把自己的業務處理好，然後跟應徵者打招呼，先以一些輕鬆的對話讓他們放鬆心情，然後才提出面試的各種問題。

■ **勿草率決定或受限於刻板印象**：刻板印象對於管理者或公司都沒有好處。壓抑自己草率做出判斷的衝動，要隨時謹記在心，你面對的是個人，不要被刻板印象影響自己的判斷。

■ **提出以成果為導向的問題**：所提的問題不但得了解應徵者曾經做過什麼，還得了解其行動造成的結果。

■ **勿低估沉默的力量**：許多面試主管常犯的錯誤是在對話停頓時，大談自己對於管理和對公司的看法。其實應徵者可以趁著對談停頓時，吸收資訊、構思問題或評論，而這些通常都值得期待的。

■ **謹慎結束面談**：有些面談主管會讓面談一直拖延下去，直到雙方都覺得不知所措，或談到興趣全失爲止。另外，有的主管則因爲電話或同事干擾而斷然結束面談。主管最好爲面談計劃好時間的限制，自然而然地爲面談畫上句點，而不是因爲外界干擾打斷雙方的對談。

資料來源：Excerpted, with permission of the publisher, from Uns, A. (1988). *88 mistakes interviewers make and how to avoid them.* New York: Amacom Books. © 1998 AMACOM, a division of the American Management Association. All rights reserved.

反應。這類問題可以透過工作分析當中的關鍵事件法來設計：監督人員和員工把行爲的關鍵事件(critical incidents)重新撰寫爲情境式的面談問題，然後構思可能的回答，並對其評分。在面談時，應徵者對這些情境問題的回覆會根據預先擬定的回答來評分[64]。

■ **工作知識的問題**：這類問題是用來評估應徵者是否具備執行工作所需的

表5.6　結構性面談的問題範例

類型	範例
情境問題	你正將行李裝到車上，準備跟家人渡假去，這時候你突然想起今早跟某個客戶有約。你沒有把這個約定記在記事本上，所以直到現在才想起來。此時你會怎麼做？
工作知識的問題	鑄鐵時判斷鎔爐溫度的正確程序為何？
員工條件的問題	公司業務有時極為忙碌，你對加班的看法如何？

基本知識。

- **員工條件的問題**：這類問題是評估應徵者在工作碰到挑戰時努力克服的意願。

結構性的面談是判斷工作績效的有效指標[65]，原因如下：第一，結構性面談的內容設計局限於工作相關的要素。第二，這種面談對所有應徵者都提出一樣的問題。第三，所有的回覆都是以同樣的方式進行評分。最後，由於這種結構性面談通常是由多位主管進行，所以個別面談主管的偏見和看法就不會造成那麼大的影響。

通常來說，這種面談是在一天或兩天的時間對全體應徵者進行面談，如此比較容易回憶應徵者的回覆，並一視同仁地進行比較。每次面試之後，面談小組成員就會立刻以一到兩頁的表單（其中列舉各項重要工作層面以及1到5點的評分）對應徵者進行評分。接著面談成員之一（通常是

在結構性的面談流程當中，面談主管小組會詢問每位應徵者和工作有關的相同問題。這類面談的結果對於預測工作績效具有很高的校度。

人力資源部門的專業人員或聘僱的經理）會協助大家進行討論，讓面談小組對應徵者的評分達成共識。在所有應徵者都接受過面談後，面談小組會對錄取的應徵者進行排名[66]。

如果結構性面談如此有效，爲什麼傳統面談方式還是較爲熱門？其中一個原因是，結構性面談是以小組型態進行面談，許多人把這種型態跟壓力測驗(stress test)畫上等號。另外一個原因則是，企業覺得傳統的面談方式頗爲實用，這可能是因爲這種型態除了甄選之外還有許多功能[67]，譬如這也是有效的公關工具，面談主管能爲公司留下正面的印象。即使應徵者沒有得到工作，但仍可能保留這樣正面的印象。

最後一點，傳統不具結構的面談方式可能比結構性面談更能淘汰不適合的應徵者[68]。許多應徵者雖然履歷表看起來相當不錯，但在非結構性面談時卻會透露出一些不理想的特質。人類的判斷雖然可能會有錯誤和受到偏見影響，但卻能相當準確地評估應徵者跟公司的配合程度。

不論是採用結構性還是非結構性的面談，雇主都必須確定其面談的問題不會觸犯法律。企業透過申請表或在面談過程中，若詢問應徵者特定問題（譬如其種族、信仰、性別、原本的國籍、婚姻狀況或小孩人數），都有被告的風險。

爲了遵守法律規範，面談主管應該謹記以下這面談的九大禁忌[69]。

1. 不要問應徵者有沒有小孩，是否計劃要生小孩，或他們安排什麼樣的托兒照顧。
2. 不要問應徵者的年紀。
3. 不要問應徵者有沒有會干擾工作表現的體能或智能障礙。法律規定，雇主唯有在應徵者通過所需的體能、智能或工作技術測驗，並錄取該應徵者後，才得以探討有關體能或智能障礙方面的問題。
4. 不要問應徵者有關身高或體重等辨識特徵的問題。
5. 不要問女性應徵者娘家的姓氏。有些雇主會藉此推斷應徵者的婚姻狀況，這類問題不論是男性還是女性應徵者都應該避免。
6. 不要問應徵者的國籍。
7. 不要問應徵者的前科紀錄。不過，你們可以問應徵者是否曾經犯罪。
8. 不要問應徵者是否抽煙。因爲有很多州以及地方上的規定禁止在某些大樓抽煙，所以比較妥當的問法是問應徵者是否知道這些規定，以及是否願意遵守。

9.不要問應徵者是否有愛滋病，或是否為HIV帶原者。

各位要謹記的重點是：不要問跟工作無關緊要的問題。面談主管的焦點應該擺在聘請適任的合格人才上。

❖ 評鑑中心

評鑑中心(Assessment center)是公司要求求職者執行的連串模擬任務或練習（通常是管理職位）。接著觀察人員會對求職者在模擬任務的表現進行評分，並藉此評估其管理技巧和能力。許多企業〔包括勤業眾信會計師事務所(Deloitte & Touche)、資誠會計師事務所(PricewaterhouseCoopers)以及BBC〕對外延攬人才以及內部人員晉升都是採用評鑑中心。有份歐洲意見調查結果顯示，大型企業（員工人數在一千人以上的企業）半數以上都採用評鑑中心[70]。

❖ **評鑑中心**
(Assessment center)
公司要求求職者執行的連串模擬任務或練習（通常是管理職位）。

評鑑中心的費用雖然昂貴，但卻是預測管理職位績效的有效指標[71]。如果請到或晉升不適任的人選會造成沉重代價時（就跟警官或消防隊員的甄選一樣）[72]，評鑑中心便深具價值。然而由於預算有限，評鑑中心的成本往往讓人望而卻步。譬如，馬里蘭州以前規定公立學校校長的聘任必須以評鑑中心進行，但由於每個應徵者1200到1500美元的成本實在過於沉重，因此在最近取消了這樣的規定。

評鑑中心通常是在公司以外的場地進行，為期一到三天，一次可能有六位應徵者共同角逐。大多數的評鑑中心會評估每個應徵者在這四個領域的能力：組織、規劃、決定以及領導。不過每家評鑑中心進行的練習、進行的方式以及評鑑的方式都有很大的差異[73]。

待辦文件夾練習(in-basket exercise)可能是評鑑中心最常見的活動。在這種練習中，可能包括了管理者待辦文件夾裡各種可能的情況，譬如各種問題、訊息、報告等等。應徵者得在適當的時機處理這些議題，評鑑中心會針對他們依照輕重緩急安排處理順序的能力、在處理各個議題時的創意以及反應能力、決定的品質，以及各種其他要素進行評分。應徵者在待辦文件夾練習的表現會透露出相當多的資訊。有些應徵者在其他評鑑方式看來可能只是中庸之輩[74]，但在評鑑中心卻能突顯出他們的能力。

應思考的道德問題

有些專家認爲，尿液分析是侵犯人權的做法，所以除非有合理的理由懷疑員工使用毒品，否則這種做法應該禁止。對於公司而言，堅持應徵者必須接受尿液分析是不是符合道德的行爲？假設有家公司想要節省健保費用，決定對全體應徵者測試其膽固醇的水準，藉此淘汰容易有心臟病的應徵者。這種做法是有道德的行爲嗎？這是合法的嗎？

❖ 藥檢

企業例行的甄選過程中，通常會要求應徵者接受藥物檢測的分析以作爲預先的淘汰機制。應徵者如果藥物檢測結果爲陽性通常就會被淘汰，如果他們對檢驗結果有意見，也可自費另外再接受測試[75]。

預先進行藥物檢測的目的在於避免日後可能成爲問題員工的人。重點在於這種藥物檢測的效果如何。藥物檢測的結果跟應徵者日後的工作績效眞的有關係嗎？答案是肯定的。美國郵政局蒐集五千個應徵者的尿液樣本，但聘僱的決定並未參考檢測結果。六個月到一年後，他們發現尿液樣本呈現陽性反應的應徵者曠職頻率比其他人高出41%，遭解僱的比率則高出38%。藥物檢測顯然是預測工作績效的有效指標[76]。

❖ 就業紀錄調查

應徵者未來表現最佳的預測方法之一，就是看他們過去的就業紀錄。由於擔心毀謗的官司，許多企業都不願提供離職員工跟工作相關的資訊。然而，避免聘僱疏失官司最好的辦法，就是對應徵者進行就業紀錄的查核。聘僱疏失是指員工在任期間所造成的傷害，雇主也必須負責。企業應該怎麼做才好？

幾乎每州的法院都主張，雇主（前任和潛在的雇主）享有「誹謗免訟特權」(qualified privilege)，可以討論員工過去的工作表現。不過要享有這樣的特權，公司必須遵守以下這三個規定。第一，詢問者的出發點必須有跟工作相關。第二點，前任雇主必須提供正確的資訊。第三，EEO相關的資訊（譬如員工的種族或年紀）不得公開[77]。

❖ 背景查核

背景查核跟就業紀錄的調查有所差別，根據職缺的性質而定，背景查核的內容可能包括犯罪紀錄查核、學術成就的驗證、駕駛紀錄、移民狀態的查核，以及社會安全查核。企業進行背景查核的主要目的在於避免聘僱疏失的訴訟。不過在2001年九月十一日的恐怖攻擊之後，企業出於安全考量對於應徵者篩選的項目更爲擴大。2001年十一月通過的愛國者法案(Patriot Act)規定必須對處理毒素的人員進行背景查核，並禁止曾犯過重罪者以及非法移民等人士處理這類的物質[78]。由於工作申請表上經常出現錯誤的訊息，更加突顯出進行背景查核的必要性。經理人筆記：新興趨勢「自找麻煩」單元裡，對主要的背景查核類別進行說明。

❖ 筆跡分析

歐洲雇主通常會以筆跡學分析應徵者的人格或各種特質，作爲篩選應徵者的工具，而歐洲也正是筆跡學的發源地。筆跡當中有三百多處可以進

經・理・人・筆・記

新興趨勢

自找麻煩

企業可對應徵者或員工所提供的資訊進行各種查核，藉此驗證其資訊的正確性，或證實此人的確具備執行工作所需的技能或經驗。以下是背景查核的主要類型。

- **犯罪紀錄**：會對員工進行篩選的雇主，幾乎都會查核其員工在曾居住國家是否有犯罪的紀錄。
- **社會安全查核**：根據應徵者的社會安全號碼查核其姓名與地址，這類查核有助確認應徵者的身分。
- **就業紀錄**：雇主驗證應徵者的就業日期、職稱以及薪資歷史。
- **教育**：雇主驗證應徵者的學歷、專業證照。
- **駕駛執照**：如果工作需要駕車，雇主會對此進行查核。
- **信用報告**：除非應徵者的信用管理紀錄跟工作有關，否則公司通常不會驗證應徵者個人的信用報告。
- **勞工傷殘給付(Worker's compensation claims)**：由於各州對這類資料的使用有嚴格規定，所以雇主對於這些紀錄的查核通常也相當謹慎。
- **民事法庭紀錄**：雇主通常不會對此進行查核，若有也是以工作相關的官司爲重點。

資料來源：Adapted and used with permission from Steen, M. (2002, March 25). Under security. *San Jose Mercury News*, E, 1.

行分析，譬如字母的斜度、字母t交叉的高度和寫字的壓力。筆跡分析的應用在美國固然沒有像歐洲那麼普及，但據估計有三千多家美國企業會以這套分析作爲篩選應徵者的工具。在這數據之外，不爲人知且偶爾使用的企業可能更爲普及，而且可能正在成長當中[79]。當然，重要的問題是：筆跡分析是不是預測工作績效的有效指標。這個議題的相關研究顯示答案是否定的。

綜合指標

企業往往會採用各種方式來蒐集有關應徵者的資訊。譬如，經理的人選可能是可能根據應徵者過去績效的評等、評鑑中心的評估，以及公司直屬上司和他們的面試成果所選出來的。

公司應該如何整合這些資訊，藉此做出有效的甄選決定呢？基本的策略有三：第一是在各種甄選方式完成之後做出初步決定。這種方式叫做「多重障礙策略」(multiple hurdle strategy)，因爲應徵者必須克服障礙才能進入下一關。未能克服障礙的應徵者就會遭到淘汰。

另外兩種方式則是蒐集齊全資訊後才做出決定：其中差異在於資訊蒐集的方式。在「臨床策略」(clinical strategy)裡，決策者對所有資訊做出主觀評估做出整體判斷。在「統計策略」(statistical strategy)裡，各種資訊會根據數學公式進行整合，再錄取得分最高的應徵者。

當公司考慮的應徵者人數眾多時，通常會採用多重障礙策略。通常來說，公司會先以成本較爲低廉的方式淘汰明顯不合格的應徵者。研究顯示，統計策略通常比臨床策略可靠和有效[80]，不過許多人（而且可能大多數的公司）都比較偏好臨床策略。

甄選和人員／公司的配合度

許多企業成功運用各種甄選工具聘請到優秀的員工，爲公司獲利帶來很大的貢獻[81]。不過隨著公司的數量日益增加，傳統的甄選方式可能不足以因應。許多公司活動和決定都已分權化，而且員工得在跨部門的團隊裡通力合作[82]。在這樣的情況下，應徵者在充分授權和高度參與的環境裡有效執行工作的能力，可能要比其工作技能（由甄選測試所衡量）更爲重要。

基於這點理由，有些公司開始尋找可以衡量應徵者和公司之間「配合度」的方式[83]。然而，甄選過程當中衡量配合度的做法至少有兩點值得注意。第一，在歧視官司裡，公司能不能以「缺乏配合度」爲理由（而不是以「缺乏工作所需技能」）自我辯護尚是個未知數。第二，大多數研究對甄選方式的驗證是根據上司對特定工作相關特質之績效評估。所以，我們雖然知道哪種甄選工具能預測特定的工作績效，但卻無從得知這些工具對員工和公司之間配合度的預測程度。

對甄選工具的反應

接下來的單元裡，我們將討論各種甄選工具對於工作績效的預測程度。我們會探討應徵者和管理者對於以上介紹的各種甄選工具有何反應？他們的反應可能攸關是否提出官司訴訟的決定，因此這個問題的答案顯然是非常重要的。

1.應徵者對甄選工具的反應：應徵者是甄選體系的主要顧客；他們希望（並要求）公司採用公平的甄選工具。而且，應徵者對於甄選方式的反應，可能影響到他們對於公司的看法和受到公司吸引的程度，以及獲得錄取後是否接受聘請的決定[84]。應徵者對甄選工具的反應也會影響到他們日後是否購買該公司產品的意願[85]。

應徵者對哪種甄選測試反應最好和最差呢？有些研究發現相當有趣的結論。譬如，雖然愈來愈多公司採用人格評估工具來預測應徵者日後的工作表現，但許多應徵者都認爲人格特質是「可以假裝的」，而且跟工作無關。此外，爲自傳資料雖然具有極高的校度，但應徵者卻認爲跟工作無關且侵犯隱私，應徵者對於認知能力測驗的反應通常也不好。最受應徵者青睞的甄選方式爲模擬（譬如評鑑中心的練習）和面談。

2.管理者對於甄選體系的反應：管理者需要可以迅速、輕易管理的甄選體系，而且所提的結果必須能讓人輕易理解。然而，針對管理者對甄選體系看法進行的研究猶如鳳毛麟角。有份報告針對三十八個州政府機關六百三十五位管理者[86]對於甄選過程（包括甄選方式）相關各種要素之看法進行意見調查，調查結果則用來修改這些機關的甄選體系和各種人力資源的做法。

企業應該如何拿捏信度和校度的傳統衡量方式，以及應徵者與管理者對於甄選體系之反應之間的平衡，是個關鍵性的議題。很顯然的，信度和校度不能完全不顧。信度和校度的傳統衡量標準，以及應徵者與管理者反應的品質標準之間應維持合理的平衡。

人才招募的法律議題

法律相關議題對於人才招募扮演著極為重要的角色，特別是甄選過程。許多法律方面的限制(特別是聯邦政府的立法即其對非法歧視的定義)都會影響到人才招募。

禁止歧視的法律

1964年的民權法案和其增修條文1991年的民權法案禁止雇主對種族、膚色、性別、宗教以及原始國籍有所歧視，就業條款內容有這樣的歧視都是違法的。這些法律條文對於甄選以及公司其他計劃（譬如績效評估和訓練）都會有所影響。

為了降低遭控歧視的可能性，企業應該確定甄選過程跟工作相關。換句話說，自我辯護最好的證據就是甄選過程的校度。

1967年禁止年齡歧視的就業法和1978年增修法案禁止歧視四十歲以上人士。同樣的，如果年長的應徵者遭到淘汰（特別是如果資歷相當，但年紀較輕的應徵者獲得錄取)，企業應該要有甄選過程的校度以茲證明。

1991年美國殘障人士法案(ADA)擴大1973年的職業復健法案，為體能或智能障礙的人士提供法律保障。ADA規定，對於可能因為殘障無法執行重要工作功能的人士，雇主必須提供合理的配合，除非這麼做會對雇主造成過度的困難。所以，雇主得判斷構成工作重要的功能的要素是什麼。該法雖然並未明確界定「合理的配合」是什麼，但法庭可能認為調整時間表、設備和設施之類的行動是合理的。以甄選來說，ADA禁止雇主在聘請應徵者之前詢問對方有沒有殘障或要求他們接受健康檢查。然而，雇主可以詢問應徵者能不能執行工作的重要功能。此外，雇主可以健康檢查的結果作爲錄取的附帶條件。

平權措施

平權措施也必須加以考慮。11246執行命令規定政府承包商或下游承包商必須具備平權措施。這些計劃的設計旨在消除政府就業措施中利用不足的現象（參考第三章）。平權措施跟民權法案第七條以及相關立法要求的就業平等並不一樣。甄選決定不得對少數族群加以歧視，跟設定利用目標並不同。然而，不屬於政府承包商或下游承包商的企業，如果因爲歧視而遭定罪，可能會失去單純以預期工作績效作爲甄選決定依據的特權，如此他們必須設立平權措施。

聘僱疏忽

人才招募最後一個法律方面的考量是「聘僱疏忽」(negligent hiring)的官司。聘僱疏忽是指雇主在聘僱員工時不夠仔細，日後該名員工在任職期間犯罪的情況。由於這類官司近年來大幅增加[87]，管理者對此應該特別注意。譬如，艾維士(Avis)租車公司雇了一名員工，但並未徹底查核他的背景；該名員工後來強暴一名女性同事。艾維士因爲聘僱疏忽的罪名成立，必須支付80萬美元的賠償。要是公司有仔細查核該名員工求職申請表上的資訊，就會發現表上說他在就讀高中和大學的那段期間其實是在坐牢。雇主有責任對求職者的背景進行詳細的調查。就業之間的斷層或先前犯罪紀錄等資料都應該立刻進行更深入的查核。爲了避免聘僱疏忽的責任，雇主應該[88]：

- 就聘僱和員工處分與開除建立明確的政策。聘僱政策應該包括詳細的背景查核，其中包括教育、就業以及住處資訊的驗證。
- 查詢各州對於僱用有前科應徵者的法律規定。各州對此的法律規定有很大的差異。
- 盡量了解應徵者過去工作的行爲，包括暴力行爲、威脅、說謊、毒品或酗酒、攜帶槍械以及其他問題。各位應該記住，隱私權和歧視的相關法律禁止雇主詢問應徵者個人和工作無關的活動。行爲方面的問題，可能只有會影響工作表現的部分才能加以調查。

摘要與結論

❖ 人力資源的供需

人力資源規劃是公司賴以確定未來有足夠適任員工，可用來生產特定程度產出或服務的流程。人力資源規劃可以量化或質化的方法預測勞動力的需求和供應情況，並根據這些估計值採取行動。

❖ 聘僱流程

聘僱流程包括三個活動：招募、甄選和職前訓練。

❖ 聘僱流程的挑戰

聘僱流程充滿了各種挑戰。其中包括(1)判斷哪些特質對於績效最爲重要；(2)衡量這些特質；(3)評估應徵者的動機；(4)決定由誰做出聘僱的決定。

❖ 克服有效招募的挑戰

選對人才對於公司的生產力和顧客的滿意度有著極大的正面影響，因此聘僱流程每個步驟都得仔細地加以管理。

❖ 招募流程

招募應該以吸引合格應徵者爲重點，不論對內或對外。招募活動應該跟公司的人力資源規劃相關聯。爲了確保聘僱人員和其工作之間的配合，並避免法律方面的問題，公司應該進行工作分析。

❖ 甄選流程

甄選工具包羅萬象，其中包括推薦函、就業申請表、能力測驗、人格測驗、心理測驗、面試、評鑑中心、藥檢、誠實測驗、就業紀錄查核以及筆跡分析。最好的（在法律上最具辯護能力的）甄選工具必須兼具信度和校度。

❖ 人才招募的法律議題

有些聯邦法律規範雇主在人才招募的做法。民權法案以及禁止年齡歧視的就業法和美國殘障人士法案都禁止各種型態的歧視行爲。11246執行命令則是有關平權措施的政策。雇主也必須採取行動，以免遭到疏忽聘僱的相關指控。

問題與討論

1. Smith & Nephew DonJoy公司是一家快速成長的小型製造廠商，在聖地牙哥郡從事醫療設施的生產。由於近期南加州航太和國防產業進行縮編，DonJoy公司每個職缺的應徵人數都是幾年前的五倍之多。一個工程師的職務可能有三百個人來應徵。你可能以爲在這樣的情況之下，公司可以很容易找到適當人選。不過縮編時期選擇性的裁員以及人們試圖轉換新的事業跑道，產生大量資格不夠理想的應徵者。DonJoy可以哪些甄選工具從眾多的應徵者當中挑出最符合資格的人選？一般來說，你覺得哪些甄選工具對於工作績效的預測是最好的指標？

2. 有位前洛杉磯警官從蒙大拿返回洛杉磯，他原本以爲返回警界工作應該會相當容易，畢竟，他在洛杉磯警察局(LAPD)工作有十年的歷史，並贏得其同僚和長官的讚揚和尊敬。不過他回到洛杉磯兩年後，還是無法重返工作崗位。爲什麼？因爲他是白人男性，而且他在測驗中的口語部分得到九十八分。

　　1993年八月，白人男性在洛杉磯警局得到工作的唯一辦法就是得到滿分一百分。拉丁裔男性最低的合格分數爲九十六分，非裔美國男性則是九十五分，所有女性求職者則是九十四分。當初該市同意爲招募少數族裔和女性警員設定目標，因此建立這樣的分數標準。

　　你覺得洛杉磯警局有無其他辦法可以招募合格少數族裔和女性員工，而不會對白人男性的招募造成負面影響？請說明。一般來說，你會如何設計甄選流程以促進員工的多元化以及聘請最合格的員工？

3. 面試不合格的應徵者可能讓人感到氣餒，而且對於管理者、同儕或任何負責面談的人都是浪費時間。人力資源部門可以如何將這樣的問題降到最低？甚至完全消除呢？

你也可以辦得到！

新興趨勢個案分析5.1

❖ 自動化的招募活動

「實在是太棒了！」寶鹼(Procter & Gamble)人力資源部門的主管林達．普林思(Linda Prince)說道。她是指互動式語音回應(interactive voice response, IVR)的招募系統。IVR系統具備免付費電話號碼，應徵者不論從何處都可以打電話過來。通常來說，免付費電話號碼是在當地報紙上刊登，需要複頻式(Touch Tone)電話。IVR系統會提供自動化的問題，並根據應徵者的經驗、可用性、工作所需特質以及與公司文化的配合度來進行篩選。如果應徵者對這些自動化篩選問題的回答令人滿意，IVR會安排面談的時間。

不過値得注意的是，IVR並不便宜。每個應徵者平均要回答二十五個問題，每分鐘電話費用爲40到50美分，每通電話通常耗時八分鐘，所以成本大約爲4美元。

寶鹼利用IVR系統爲其製造工廠尋找生產技術人員。公司會設定淘汰應徵者的標準。凡是曾犯過重刑、沒有高中文憑或相等學歷、拒絕輪班或不願接受底薪的人都會被淘汰。通過初次篩選的人則可以接受自動化的技能測驗。接著通過這項測驗的人就可以安排面談的時間。普林思女士認爲，IVR系統爲應徵者提供更多的機會，因爲電話線一個禮拜七天，一天二十四小時可通，而且不會佔線。而且，這套系統可以迅速淘汰不合適的應徵者，省下進一步處理這些應徵者的成本，在這方面，IVR系統可能要比人工作業更有效。

❖ 關鍵性的思考問題

1. 你也認爲IVR系統爲求職者提供更多的機會，而且在淘汰不適合的應徵者方面可能比人類更有效嗎？寶鹼的IVR系統是你服務的公司想要採用的聘僱流程系統嗎？請說明之。

2. 在什麼樣的情況下，你覺得應該或不應該使用IVR系統？譬如，如果你管理一家小型公司，需要僱用兩個人，這套系統適合嗎？

3. 愈來愈多公司相信，甄選流程有其公關要素的影響力。他們把應徵者視爲潛在客戶，所以致力讓全體應徵者無論錄取與否，都能對公司都能留下正面的印象。應徵者對於甄選過程的滿意度是公司能否留下這種正面印象的重要衡量指標。對於這類把應徵者視爲顧客的公司而言，你覺得IVR系統是有效的工具嗎？請說明之。

資料來源：Adapted from Thaler-Carter, R. E. (1999). Reach out and hire someone. *HRMagazine,* May, 8-12.

你也可以辦得到！ 新興趨勢個案分析5.2

❖ 線上招募

網際網路逐漸成爲人才招募的工具。這種方式的特色正逐漸浮現，而且有些商店才剛開始採用網路作爲招募和甄選之用。網際網路雖然方便，但並不是沒有問題。

最近有份調查發現，《財星》五百大企業當中有89%在其公司網站上有人才招募的單元(a)。這些人才招募的單元當中大約75%有列舉職缺，並接受線上申請。儘管許多公司都接受線下(off-line)的應徵方式，但朝完全數位化應徵發展是大勢所趨。另外一個趨勢是以網路作爲預先篩選的工具，從應徵者當中找出合格的人。

加州河邊郡(Riverside county)人力資源部門就是政府部門機關近年採用線上應徵的例子(b)。人力資源網站上列舉職缺、薪資資訊以及應徵資訊。目前該郡的員工以及外部應徵者可以線上遞交履歷表，以及觀賞由目前員工談論在該郡生活、工作感想的錄影帶。

河邊郡還進行線上測試，預先淘汰應徵者，此舉可能是他們最創新的特色。根據應徵職位之不同，線上測試可能包括一百多項，但能爲應徵者提供立即的意見回饋，並爲人力資源部門迅速、輕易地列舉可以進入決賽的合格應徵者。相對的，傳統淘汰應徵者的測驗在一年當中只有特定時候才會舉行。此外，人力資源部門人員每年必須以手工的方式更新大約十二萬五千名應徵者的資料。現在這些更新工作都已自動化。

❖ 關鍵性的思考問題

1. 雇主好像可以免費且輕易地取得線上履歷表，可是事實上並非如此。許多人對工作其實並無眞正的興趣或者並不合適該公司，只是在網路上四處投遞履歷表，所以現在很多公司爲了從眾多履歷表中篩選出合適人選都大傷腦筋。譬如，紐約的公關公司史塔克曼公司(Starkman Inc.)總裁艾瑞克．史塔克曼(Eric Starkman)決定，他公司再也不收電子履歷表(c)。結果呢？履歷表的量大幅減少，而其品質卻隨之提昇。

史塔克曼的方式雖然跟履歷表數位化的趨勢大相逕庭，但卻突顯出一個眞正的議題。

a. 你認同史塔克曼的方法嗎？請說明爲什麼。

b. 你可以如何管理或減少「垃圾履歷表」和應徵的數量？

2. 除非你沒有上網，否則網路的確很方便，可是並不是每個人都能上網。對於沒有上網工具的人而言，雇主應該提供他們其他的應徵管道嗎？還是說，你覺得這些不能上網的人反正也不會是好的人選？這樣的假設對於哪種工作可能成立？

❖ 團隊練習

1. 線上預先淘汰的做法是一種便捷且有效率的方式，可以讓雇主判斷哪些應徵者具備所需的資格，不過這樣的評估方式卻也很容易造假。應徵者可以從別處取得答案，甚至請槍手代爲回答線上測驗的問題。河邊郡人力資源部門對於通過線上測驗題的應徵者，會請他們回答一份書面的測驗題。他們發現其中3%的應徵者在線上測驗中作弊。

a. 3%的比例並不高，你覺得線上應徵過程作弊的問題很嚴重嗎？請說明你的理由。

b. 對於哪種情況或工作而言，作弊會是個比較嚴重的問題？請說明之。

2. 線上測驗可以由公司內部製作，也可以由外界專門設計篩選應徵者測驗題的公司承攬。基本上若不是由自己設計，就是向外購買，不過這樣的決定也可能會變得很複雜。相關的考慮要素包括職缺數量、內部專才的程度，以及校度的建立。測驗設計公司的收費結構各有不同，有些是對開發測驗題收費，有些並不收測驗題設計費，但根據測驗筆數收取較高的費用。

a. 分組開發決定策略，根據情況的不同，判斷「自行開發」或「購買」預先篩選應徵者測驗題的做法會比較好？

b. 假設應徵者控告你公司在聘僱決定上有歧視的行爲，而你們的測驗校度的確有問題。在這樣的情況下，測驗題是由內部開發、還是向外購買會比較好？請說明你的理由。

c. 請和班上同學分享你的策略和意見。

資料來源：[a]Human Resource Department Management Report (2002). Latest trends in recruiting via the corporate Web site. March newsletter of the Institure of Management & Administration. [b]Bingham, B., Ilg, S., and Davidson, N. (2002). Great candidates fast: On-line job application and electronic processing-Washington State's new Internet application. *Public Personnel Management, 31,* 53; and Mooney, J. (2002). Preemployment testing on the Internet: Put candidates a click away and hire at modem speed. *Public Personnel Management, 31*, 4. [c]Maher, K. (2002, January 29). Career journal-The jungle: How to apply online. *Wall Street Journal, 13*, 8.

員工離職、縮編和外部安置的管理

挑戰

讀完本章之後，你將能更有效地處理以下這些挑戰：

1. 判斷員工離職的相關成本和好處。
2. 了解志願性和非志願性離職的差異。
3. 避免提早退休政策的設計出現問題。
4. 設計人力資源管理政策，為公司提供裁員之外的其他縮編選擇。當其他計劃都失敗時，建立一套有效且對全體利害關係人都很公平的裁員計劃。
5. 了解外部安置計劃的重要性和價值。

何謂員工離職？

❖ **員工離職**
(Employee separation)
公司員工身份的終止。

❖ **離職率**
(Turnover rate)
公司員工離職的比率。

員工離職(Employee separation)是指員工不再是公司的成員之一[1]。**離職率**(Turnover rate)則是衡量員工離開公司的比率。企業對員工離職率進行監督和控制，是爲了對取代員工的成本進行監督和控制。譬如，美國海軍空戰隊飛行員的取代成本超過100萬美元[2]。在1999年，資訊科技(IT)專業人員的整體離職率爲20%，取代成本平均爲3萬3000美元[3]。在2002年，據估計資訊科技的職缺超過八十萬個[4]。在健康醫療產業，離職率據估計爲24%，爲十年來最高水準[5]。如果離職率遠高於業界標準，那麼往往是公司裡出現問題的徵兆。

員工離職是可以管理的，而且也應該這麼做。不過在進一步討論如何管理之前，最好先探討離職的成本和好處。

員工離職的成本

員工離職成本的高低要看管理者是打算把職位撤銷、還是另請高明取代離職的員工。如果是裁掉職位，公司可以節省長期的成本。這也是爲什麼過去十年來，許多企業紛紛對其勞動力進行縮編。不過如果處理不當，裁員固然能解決短期的經濟問題，卻會對公司造成長期的問題。而且即使裁掉職位，仍可能滋生相當可觀的離職成本。

各家企業的離職成本都不一樣，有些可能難以估計。譬如，有些公司因爲地理位置的關係使得新員工招募的成本居高不下，所以員工離職成本也會特別高。如果因爲員工離職或生產和研發人才離開而導致顧客流失，也可能導致相當可觀、難以估計的成本。儘管每家公司的離職成本都不盡相同，而且可能包括許多難以量化的層面，但通常可以保守估計爲離職員工年薪的25%[6]到150%之間[7]。以最保守的數字估計，如果平均年薪爲3萬美元，離職成本是6000美元。如果公司員工有一千人，離職率爲25%，那麼每年離職成本至少有120萬美元，這樣的成本可不低，視情況這個數字還可能更高。表6.1說明取代員工相關的各種成本。這些成本可以分爲招募成本、甄選成本、訓練成本以及離職成本。員工離職相關的成本不光是

表6.1　取代員工相關的各種成本

招募成本	甄選成本	訓練成本	離職成本
● 廣告	● 面談	● 職前訓練	● 離職金
● 校園招募	● 測驗	● 直接訓練成本	● 福利
● 招募人員的時間	● 推薦函查核	● 訓練者的時間	● 失業保險成本
● 獵人頭公司的費用	● 遷居	● 訓練期間損失的生產力	● 離職面談
			● 外部安置
			● 職缺

這些而已（其他還包括生產力下降、知識和才華的流失、顧客的流失、對其餘留任的員工造成負面影響等）。

❖ 招募成本

取代離職員工的招募成本可能包括登廣告的費用，以及專業招募人員到各個地點出差的費用（包括在大學校園招募）。對於執行主管或技術複雜的專業人員職缺，由於適當的人選可能本身已有工作，所以公司可能得聘請獵人頭公司尋覓。這類獵人頭公司跟公司收取的費用通常是員工年薪的30%。

❖ 甄選成本

甄選成本是甄選、聘請以及安置人才有關的成本。甄選可能牽涉到和求職者面談，相關成本包括去面談地點出差的費用，以及安排面談和舉行會議決定錄取人選時公司所流失的生產力。

其他的甄選成本包括考驗求職者和進行背景查核，確定求職者的資歷合格。最後，公司可能得支付遷居成本(relocation costs)，包括員工個人財產的搬遷費用、旅行費用，有時候甚至包括住房的費用。住房費用包括賣掉以前的房子，以及在較昂貴的市場裡購新屋的交易成本。

❖ 訓練成本

企業提供新進員工工作所需知識時必須承擔相關費用。大多數新進員工都需要特定訓練才能執行工作，譬如業務代表需要公司產品線的訓練。對新進員工介紹公司的價值觀和文化，這類職前訓練也會產生訓練成本。

直接的訓練成本也很重要，特別是訓練課程的介紹、書籍和教材成本，譬如開發技術軟體的訓練成本可能高達3萬美元，或者甚至更高[8]。最後，新進員工在接受訓練的時候，工作表現不如已經接受過完整訓練的員工，所以公司會損失一些生產力，譬如新的電腦程式設計師在同樣的時間內，所撰寫的程式碼可能比有經驗的程式設計師少個幾行。

❖ 離職成本

員工離職不管有沒有新人遞補都會產生離職成本。最主要的離職成本是對薪資和福利的補償。大多數企業會爲遭到資遣的員工提供離職金(severance pay，又稱爲separation pay)。有經驗的員工離職時，拿到的離職金可能是好幾個月的薪水。

有些企業會讓離職員工繼續享有醫療保險，直到他們找到新工作爲止。此外，裁員的企業可能得繳交更高的失業保險費，如果因爲企業裁員使得州政府必須支付資遣員工失業救濟金，將會調高該企業的稅賦作爲懲罰。

❖ 離職面談 (Exit interview)
員工離職後最後一次的面談。這種面談的目的在於了解員工離職的原因（如果是志願性離職）或提供諮詢或另覓高就的協助。

❖ 外部安置協助 (Outplacement assistance)
公司提供即將離職員工找工作技巧的相關訓練，協助他們加速找到工作的計劃。

其他的離職成本則跟離職成本的管理有關，這通常包括**離職面談**(Exit interview)，公司會藉此了解員工離職的原因（如果是志願地離職），或提供諮詢和協助他們找到新工作。現在大型企業常見的做法是提供離職員工**外部安置協助**(Outplacement assistance)，提供他們找工作技巧的相關訓練，可以加速他們找到工作。最後，如果職缺找不到適當的人選，工作無法完成，雇主也會因此產生成本。結果可能導致產品減少或對顧客和客戶的服務降低。譬如，2000年代初期，美國許多城市都出現勞力短缺的問題，許多餐廳因此都缺乏廚師和服務人員，結果因爲人員不足而減緩服務的速度，使得常客覺得不滿，轉到其他服務較佳的餐廳用餐。

離職面談是一種挑戰，因爲雇主往往很難讓離職員工坦白說出他們對公司的想法，這通常是因爲他們不想「斷了後路」。下頁經理人筆記「離職面談秘訣」的單元將提供一些建議，讓雇主可以獲得誠實的表白。

員工離職的好處

儘管許多人對離職抱持負面的看法，但其實員工離職還是有些好處。

經理人筆記

離職面談秘訣

1. 一開始就假設不容易取得開誠佈公的回答。
2. 由有技巧的面談人員進行，最好是人力資源部門的人員。非常小型或家族經營的公司不可能這麼做，不過他們可以寄問卷到離職員工的家中。這種意見調查的型態未必不好，因爲回覆者通常會提供比較坦白的回答。
3. 向離職員工保證他們所說的話全部都會保密（除了可能涉及法律問題的談話），而且保證這些話不會對他們日後取得推薦函造成影響。
4. 一開始進行例行的離職程序，譬如說明福利什麼時候終止，然後進入面談的核心：討論員工離職的原因。
5. 提出開放性的問題，避免讓離職員工覺得公司在質問或自我保護。
6. 在採取任何行動之前，先確定從離職面談取得的意見跟其他現有的資訊相符，譬如員工的意見調查或同儕和上司的評估。
7. 採取行動。如果公司會回應離職員工的看法，人們比較可能覺得他們的意見能讓公司爲之改觀。

資料來源：Saia, R. (1999, January 25). Parting shots. *Computerworld,* 58; Rasmusson, E. (1998, November). How a quit-ter can help your company, *Sales & Marketing Management,* 96; and Brotherton, P. (1996, August). Exit interviews can provide a reality check. *HRMagazine,* 45-50.

當離職率過低時，僱用的新人寥寥可數，公司內部的升遷機會也會大幅減少。離職率一直偏低的公司裡，如果員工覺得自滿、提不出創新的點子，可能對公司績效造成負面影響。員工離職若在一定的水準其實是件好事，對企業經營而言是必要的。員工離職對公司的好處包括：勞工成本下降、淘汰績效不佳的員工、增加創新，以及提昇多樣性的機會增加。

離職對於員工而言也可能有一些好處，他們可藉此逃離不愉快的工作環境，找到壓力較小或在個人和專業層面都比較滿意的工作。

❖ 減少勞工成本

公司可以透過減少員工人數來減少總勞工成本。裁員雖然會產生可觀的離職金，但公司可以節省的薪資金額卻更爲可觀，輕易就能超過離職金和裁員其他的相關成本。

❖ 取代表現不佳的員工

管理的任務之一就是找出表現不佳的人員，協助他們改善績效。如果員工對於輔導或意見回饋都沒有回應，終止和這名員工的聘僱關係，並且僱用新的員工（而且技術更好）可能是最好的選擇。表現不佳的員工離職後，讓公司有機會僱用優秀人才取代他們的位置。

❖ 促進創新

員工離職讓績效高的員工能獲得晉升的機會，當公司內部人員獲得晉升，基層職位才會有空缺。向外聘請的新人能爲公司帶來新的觀點，這也是公司創新的重要來源。公司向外延聘的新人可能是剛從大學畢業的社會新鮮人，具備最新的研究方法；也可能是具有豐富經驗的經理人，或從頂尖研究實驗室挖角的工程師。

❖ 促進多元性的機會

員工離職讓公司有機會聘請多元背景的員工、重新安排員工的文化和性別組合。提昇員工的多元性讓企業有機會一方面維持對聘僱的控制，遵守公平就業機會委員會的政策，一方面還能發揮員工多元化的優勢（參考第四章）。

員工離職的種類

員工離職可以分爲兩大類。志願性離職是由員工提出的，非志願性離職則是由雇主提出。當員工志願性離職時，較不會對前雇主提出非法解僱的控訴。雇主爲了自我保護，免於離職員工對他們提出非法解僱的告訴，必須非常小心管理非志願性離職，並保留所有相關文件的紀錄。

志願性離職

志願性離職(Voluntary separation)是指員工基於個人或專業上的理由，決定終止和雇主的關係。他們的理由可能是找到更好的工作、想要改變事業生涯，或想要有更多時間和家人相處或從事休閒活動。此外，這也可能是因爲員工覺得目前的工作沒有吸引力，原因包括工作環境不佳、薪水低、福利差或跟上司處不來。想要離職的原因大多是綜合了別的選擇更有吸引力，以及對目前工作的許多層面感到不滿。

❖ **志願性離職**
(Voluntary separation)
員工基於個人或專業上的理由，決定終止和雇主的關係。

志願性離職可以分爲可避免和不可避免兩種。不可避免的志願性離職是基於員工對人生做出的決定，這樣的決定非雇主可以控制，譬如員工的配偶決定搬到新的地區。譬如，最近研究顯示，大約有80%的志願性離職都是可以避免的，其中許多都是因爲不適任的問題。

志願性離職可以分爲兩種：辭職和退休。

❖ 辭職

辭職(quit)的決定是基於：(1)員工對工作不滿意的程度；(2)員工在公司外有其他具吸引力的工作選擇[9]。員工覺得不滿意的可能是工作本身或工作環境，或者兩者皆是。譬如，如果工作的時數和地點都沒有吸引力，員工可能會尋找時數比較理想和離家比較近的工作。

近年來，有些雇主以薪資誘因鼓勵員工志願性離職。雇主以志願性離職計劃(voluntary severance plans)或買斷(buyout)的方法來減少人力規模，並避免裁員帶來的負面影響。這種薪資誘因可能是根據員工在公司的年資和計劃的設計，一次支付員工相當六個月到兩年薪資的現金。譬如康乃狄克州(Connecticut)共同人壽保險公司(Mutual Life Insurance Company)在和麻塞諸塞州共同人壽保險公司(Mutual Life Insurance Company)合併之後，以買斷的方式減少人力規模。年資在三年以上的員工，每一年的服務可獲得相當三個禮拜的薪資，最少是二十六個禮拜，最多可達七十六個禮拜[10]。

❖ 退休

跟辭職一樣，退休(retirement)也是由員工提出。不過，退休跟辭職有幾點不一樣。第一，退休通常是在員工事業生涯的終點提出，辭職則可能發生在任何時點（事實上，在事業生涯的初期階段，人們比較可能換工作）。第二，退休的人通常能獲得公司的退休福利，這可能包括退休金和社會安全福利(Social Security benefits)，辭職的人則沒有這些福利。最後，公司通常會事先計劃員工退休相關事宜。人力資源部門可以協助員工規劃退休，經理可以事前安排以目前的員工替代退休員工或是招募新的員工，辭職則比較難計劃。

大多數員工都會延到六十五歲才退休，因爲這時他們才能取得政府完整的社會安全和醫療福利（參考第十二章）[11]。要是沒有這些福利，許多員工會覺得很難退休。法律規定雇主不得基於年紀強迫員工退休。

許多《財星》五百大企業都發現，提早退休的獎勵方案可以有效地減少人力規模。這些獎勵方案提供資深員工足夠的財務誘因，讓他們可以提早退休。這跟買斷一樣，都是比較溫和的縮編方法，是裁員以外的選擇。我們會在本章稍後詳細討論提早退休的管理。

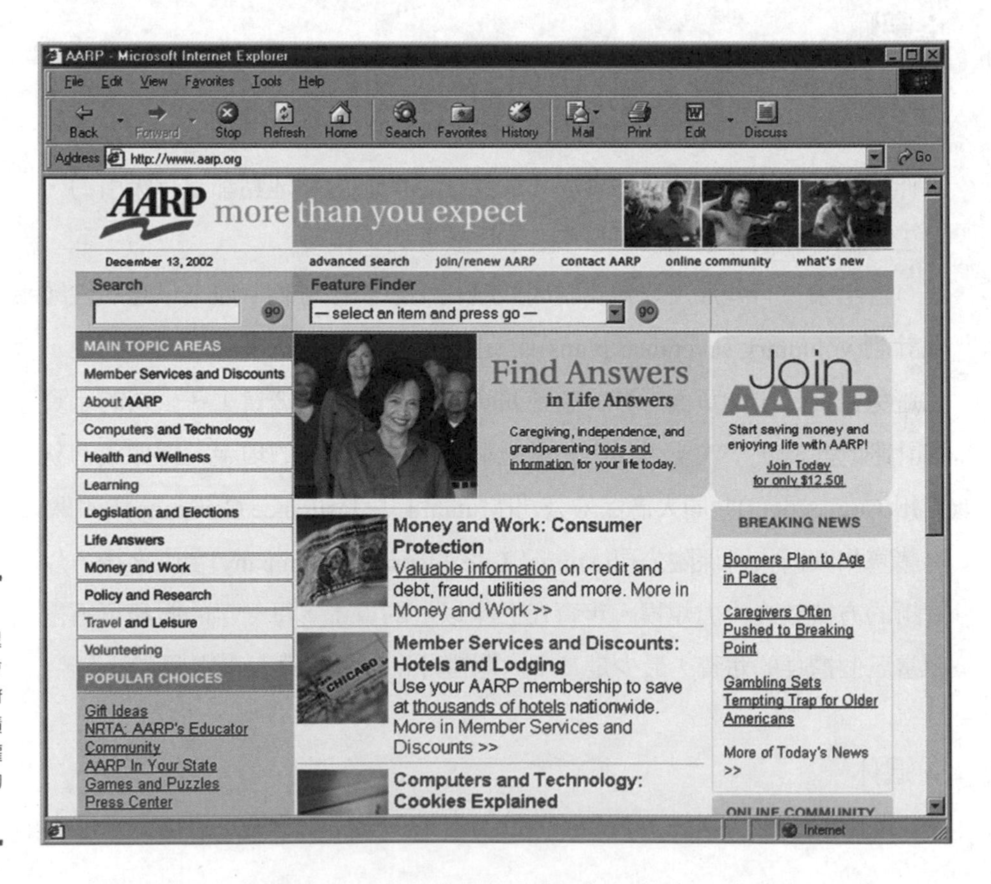

隨著嬰兒潮世代逐漸老去，破紀錄的員工人數即將退休。美國退休人士協會(American Association of Retired Persons, AARP)積極遊說保護退休人士的權益，並提供理財規劃相關的諮詢服務。

非志願性離職

非志願性離職(Involuntary separation)是指雇主因爲(1)經濟需要；(2)員工跟公司配合不佳，而決定結束和員工的關係。非志願性離職是基於非常痛苦和嚴肅的決定，這些決定可能對公司整體造成極爲深遠的衝擊，特別是對失去工作的員工而言。

❖ **非志願性離職**
(Involuntary separation)
雇主因為(1)經濟需要；(2)員工跟公司配合不佳，而決定結束和員工的關係。

開除員工的決定雖然是由經理執行，但是人力資源部門的人員得確保基於正當程序(due process)，而且符合公司政策的文字紀錄和精神。經理和人力資源部門人員之間的合作對於開革流程的有效管理極爲重要。人力資源部門人員在這個領域可以作爲經理寶貴的顧問，協助他們避免可能導致非法解僱控訴的錯誤。他們也可以保護員工以免權利遭到經理的侵犯。非志願性離職可以分爲兩種：開除和資遣。

❖ 開除

開除(discharge)的決定是因爲管理階層認爲員工和公司並不配合，這可能是出於表現不佳，或員工有些令人無法接受的行爲，主管一再試圖糾正，但都徒勞無功的後果。員工行爲不檢的程度如果嚴重，譬如偷竊或不誠實，可能會立刻遭到開除。

經理若決定開除某個員工，務必得遵守公司既定的懲處程序。沒有工會組織的企業大多採取漸進式的懲處程序(progressive discipline procedure)，讓員工有機會更正自己的行爲，如果屢勸不聽公司才會施以比較嚴厲的處罰。譬如，公司可能對違反安全規定的員工施以口頭警告，接著是限期改善的書面警告，如果該名員工還是繼續違反安全規定，雇主可能會決定開除。經理必須記錄該名員工違反規定的情況，並提供證據證明該名員工明知公司規定，而且公司有警告過如果屢勸不聽可能會遭到開除。這樣一來，經理才能證明開除該名員工有正當的理由(just cause)。第十四章將列舉各項標準，經理可以藉此判斷開除是否符合正當理由的標準。

珊卓拉．麥克修(Sandra McHugh)控告她的雇主年齡歧視，因此贏得110萬美元的賠償[12]。麥克修因爲年紀的關係被迫離職——她四十二歲時遭到公司開除。這個案例說明開除員工如果處理不當或沒有經過正當程序，會對公司造成多麼沉重的代價。

❖ 裁員

裁員(Lag offs)跟開除有些許不同。員工遭到資遣是因爲公司環境或策略改變，不得不減少人力規模。大多數裁員的主要原因包括全球競爭、產品需求減少、科技的進步使得公司所需員工人數減少和併購[13]。相對的，遭到開除的員工通常本身就是離職的直接原因。

裁員會對公司造成很大的衝擊，留下來的員工可能因此士氣大受打擊，擔心自己的工作也會不保。此外，員工可能影響到區域的經濟活力，其中包括仰賴員工光顧的商人。當公司裁員時，整個社區都會受到打擊。NCR(National Cash Register)於1990年代關閉在俄亥俄州戴頓(Dayton)許多工廠時就是如此。由於NCR未能順利和AT&T合併，而裁撤兩萬個高薪工作時，戴頓的經濟狀況頓時一落千丈[14]。

應思考的道德問題

當公司決定關閉一座攸關社區經濟繁榮的工廠時，可以做些什麼來協助這個社區？

投資人也可能受到裁員的影響。由於裁員在投資界看來，可能透露出公司問題嚴重的訊息，公司股價會因此大受打擊。最後，裁員也可能改變公司的形象。讓人們不再認爲這是理想的工作地點，令公司難以招募到條件好、擁有許多工作機會的人才。

日本汽車製造商日產(Nissan)宣佈關閉日本五座工廠以及裁撤數以千計的員工後，可能也難以吸引到有才華的工程師和專業人員。關廠和大規模裁員的行動在日本是很少見的，在汽車產業幾乎是前所未聞[15]。

❖ 裁員、縮編和適當員額

在此介紹的是裁員和另外兩個相關概念（縮編和適當員額）之間的差異。採取**縮編**(downsizing)策略的企業，乃減少其規模和業務範疇，藉此改善公司的財務績效[16]。當公司決定進行縮編時，在眾多選擇當中可能會訴諸裁員來降低成本或改善獲利能力[17]。近年來許多公司就是如此，不過我們要強調的是，其實有許多方法可以讓企業無須訴諸裁員就能提昇獲利能力[18]。我們會在本章稍後討論這些方法。

❖ 縮編 (Downsizing)
公司減少規模和業務範疇的策略，以期改善公司財務績效。

❖ 適當員額 (Rightsizing)
重組公司員工，藉此改善其效率的流程。

適當員額(Rightsizing)是指重組公司員工，藉此改善其效率[19]。當企業

若以錯誤的理由開除員工，可能導致公司付出數千美元（甚至百萬美元）的代價。珊卓拉．麥克修(Sandra McHugh)因年紀的關係遭到公司開除，她控告公司年齡歧視，並因此贏得100多萬美元的賠償。

的管理層級或官僚的工作流程太多，對產品或服務並無價値時，可能就需要進行適當員額。譬如，企業將前線員工重新組織爲自我管理的工作團隊時，可能覺得員工過多，需減少才能充分發揮團隊結構的效率。因此他們可能會訴諸裁員，不過裁員未必絕對必要。就跟縮編策略一樣，管理階層除了裁員外，可能還有一些其他選擇可以減少人力規模。不過，不論貼上什麼標籤，結果都是人們失去工作。重要的是確定自己不會成爲裁員、縮編或適當員額的犧牲者。下頁經理人筆記：新興趨勢「不要成爲裁員的犧牲者：保住飯碗的建議」的單元將介紹一些重點，或許能協助各位在公司內建立價値，以免裁員的大刀砍到自己。

裁員的管理是極爲複雜的流程。在我們具體說明之前，且讓我們先探討裁員之外的重要選擇：提早退休。

提早退休的管理

當企業決定縮編時，第一個任務就是考慮裁員之外的選擇。誠如我們先前所說的，各種方法當中最受歡迎的是提早退休。近年來，IBM、艾克

經理人筆記

新興趨勢

不要成爲裁員的犧牲者：保住飯碗的建議

在大多數的企業裡工作並沒有保障，即使是看似最穩定的企業環境，還是可能受到市場和經濟力量的震撼。在此介紹幾個重點，各位可以藉此確保當情況不妙時還能保住工作，而不是被動地接受命運的安排。這些固然不是工作的保證，但卻絕對有幫助。

■ **外表真的很重要**：汗衫、牛仔褲、加上反戴的棒球帽可能是你大學時代的裝扮，可是這在商業界是行不通的。你不用打扮得像個時尚模特兒，但不專業的服裝絕對會引起人們的注意。

■ **加入團隊**：平常你可能只要完成基本的工作量就能保住飯碗，可是當裁員的陰影籠罩時這樣可行不通。同意加入專案委員會或主動表示希望加入，你可能因此得知一些消息，有機會建立公司內的人脈，並爲自己塑造正面的形象。如果你實在沒有辦法再接新的工作，或不確定自己是否能應付這樣的工作量，就老實說。明白表示你也參加哪些專案或團隊，所以你可能沒有辦法面面俱到。這樣一來，同仁會根據工作量和優先要務進行討論，而你也展現出自己對責任有多麼認眞。比起編織蹩腳的藉口讓人覺得你在推託，坦承以對的做法可能要高明得多。

■ **選擇你的戰場**：你不見得總是同意別人的看法，而且可能遭到不公平的對待。不過你得仔細選擇自己的戰場，如果你對抗的對象是決定裁員主管的高爾夫球球友，那麼就算你是對的也沒有什麼用。

■ **彬彬有禮**：多稱讚人——這用不著花錢！感謝員工付出的努力。在要求高和冷酷無情的環境裡，你或許能如魚得水，但是你的員工可能沒有辦法。當員工表現好的時候給予稱讚，並感謝他們的協助。以友善、有禮的態度對待人們，你可能會發現到員工的反應因此出現變化，從編織理由解釋爲什麼沒有完成工作，變成積極想辦法完成任務。

■ **承認自己的錯誤**：如果你犯了錯，譬如漏掉重要的數據或忘了約會，不要責怪別人。把過錯推給屬下看起來好像很容易，最終你得爲此付出代價，因爲這會損及員工的忠誠和你的聲譽。勇於承認自己的錯誤反而能贏得人們的尊敬。

■ **人們會說閒話，所以別說壞話**：大多數的工作環境就像小鎮一般，大家私下會傳些閒話。如果你老是遲到或禮拜五下午就不見人影，到後來大家都一定會注意到。人們會說閒話。自己的行為要檢點，以免別人對你有負面的評語或對你造成困擾。了解這種私下溝通的普遍性和影響力，對你在其他方面也很有幫助。譬如，當你跟部屬共進午餐時，如果他們對你坦承以對，那你從這頓午餐聽到的消息可能要比正式的會議還多。當心別加入說閒話的行列，別說別人的壞話。

資料來源：Adapted with permission from Solomon, G. (2002). How to keep your job in a tight market: Maybe you can't make yourself indispensable, but there;s planty you can do to ensure that colleagues and staff like haveing you around. *Madical Economics,* 79, 104(2).

森美孚(Exxon Mobil)、杜邦、AT&T、惠普[20]、貝爾大西洋(Bell Atlantic)[21]以及GTE[22]等企業都藉此減少人力規模。

提早退休政策的特點

提早退休政策包括兩個特點：(1)財務誘因的配套措施，讓資深員工有足夠的吸引力提早退休；(2)以開放窗口將資格限定在非常短的期間之內，當這個窗口關閉後，就不再提供這些誘因[23]。

財務誘因的公式通常是讓資深員工提前享有退休資格以及增加他們的退休收入。企業通常會以一次支付的方式來鼓勵員工退休。許多企業也讓員工在退休後繼續享有健康醫療福利，直到他們年滿六十五歲可以申請聯邦醫療保險(Medicare)為止。近年來企業對愈來愈多員工開放退休窗口，提供優渥的離職配套方案，不過現在得有所縮減。

提早退休政策可能大幅減少公司的人力規模。杜邦就因此減少10%的人力，艾克森美孚則減少15%[24]。

避免提早退休的問題

提早退休政策需要經過慎密的設計、執行和管理。如果管理得不當，提早退休政策可能會產生許多問題；譬如提早退休的人數可能過多、人才流失，以及員工可能覺得被迫離開，這可能會引起年紀歧視的官司。

條件好的員工可以輕易找到別的工作，所以有些人會「錢賺到就

在美國BT公司擔任燃料採購員十三年後，隆恩．凱文(Ron Colvin)自行創業提供清掃煙囪的專業服務。凱文對於離開企業生涯自行創業感到滿意。唯一的問題是：「自己一個人工作，有時候會蠻寂寞的。」他說。

跑」。爲了避免這樣的情況，以及留住最寶貴的人才，公司可以重新聘僱退休的員工擔任暫時的顧問，直到他們找到可以升遷、聘僱或訓練的替代人選爲止。

提早退休計劃必須善加管理，以免符合退休資格的員工覺得被迫退休，導致他們對雇主提出年紀歧視的控訴。以下這些情況可能被視爲強迫員工退休：

- 長期服務的員工多年來的表現都很令人滿意，但突然之間，績效評估的結果卻是不滿意。
- 經理暗示資深員工就算不提早退休，工作可能還是不保，因爲近期可能就要裁員。
- 資深員工注意到，跟尙不符合提早退休資格的年輕員工比起來，他們最近的加薪幅度要少得多。

經理可以遵守以下這個簡單的原則，以避免官司纏身：凡是有資深員工的經理都得確定，他們對待資深員工的方式跟其他員工並無任何不同。人力資源部門的人員在此扮演關鍵的角色，他們可以提醒經理公司提早退休政策的內容和精神（不論是有意或無意地），以免經理在開放窗口期間強迫資深員工退休。

裁員的管理

通常來說，當企業沒有任何其他方法可以減少勞工成本時，才會訴諸裁員。圖6.1是裁員決定和其他選擇的模型，如圖所示，經理應該先以其他方法減少勞工成本，譬如提早退休和志願性離職。當經理決定裁員時，必須考慮爲遭資遣的員工提供外部安置。

人力資源策略（參考第一章）對於裁員的可能性有很重要的影響。企業若秉持終身聘僱的人力資源策略，比較不可能裁員，因爲他們開發出其他的選擇方案可以保障全職員工的工作。終身聘僱最知名的例子就是日本大型企業。日本大約三分之一的勞動人口是在大型企業服務。在美國，有些企業（譬如聯邦快遞）也堅守不裁員的政策，聯邦快遞在美國的營運有十二萬四千名員工[25]，從來沒有人遭到裁員。不裁員政策表示公司盡最大

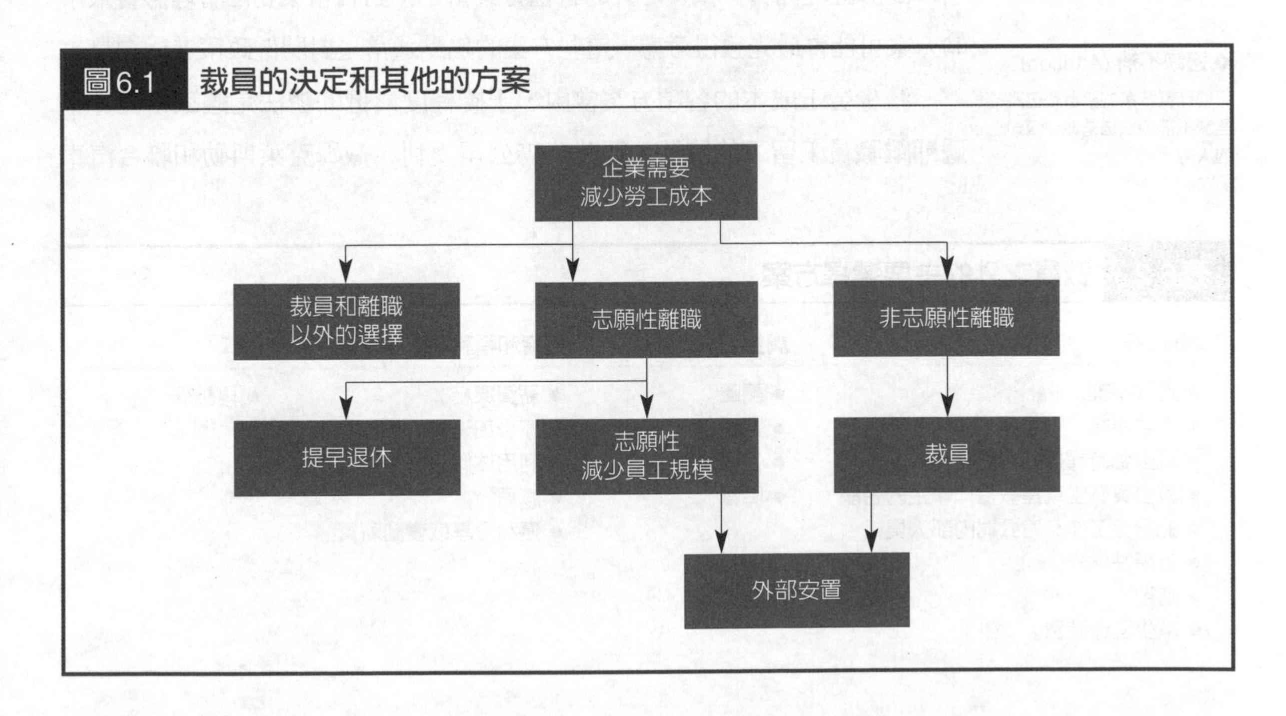

圖6.1 裁員的決定和其他的方案

的力量保障員工的工作和福利。聯邦快遞面對近年經濟不景氣時，是訴諸遇缺不補、延遲採購、人事凍結、限制出差以及延後發放紅利。只要能保住工作，大多數的員工（在聯邦快遞或其他公司）可能都願意接受這些條件。不過大多數公司是採取以市場爲導向的人力資源策略，也就是在沒有其他辦法可想時會訴諸裁員的行動。

裁員之外的其他選擇

大多數企業在訴諸裁員之前，會先尋求其他辦法來減少成本。最近一項意見調查顯示，遇缺不補（員工離職後，公司不遞補職缺，藉此減少員工規模）已成爲企業普遍的策略[26]。其他還包括人事凍結(Hiring freeze)、不和約聘人員(contract worker)續約，以及鼓勵員工志願休假。表6.2說明裁員之外的主要選擇方案。這包括聘僱政策、工作設計的調整、薪資與福利政策和訓練。經理可以這些選擇方案減少勞工成本以及保障全職員工的工作。

❖ 聘僱政策

對於經理而言，裁員之外的各種方案當中，對日常業務之管理影響最小的方案可能會最先獲得考慮。這些方案的焦點通常是對聘僱政策進行調整。

❖ **遇缺不補 (Attrition)**
這種聘僱政策的設計是透過遇缺不補的做法來減少公司的人力。

減少勞工成本的各項方案當中，干擾程度最低的辦法是**遇缺不補**。不遞補離職員工留下的職缺，藉此改善公司獲利。戴姆克萊斯勒和聯合汽車

表6.2 裁員之外的主要選擇方案

聘僱政策	調整工作設計	薪資和福利政策	訓練
● 遇缺不補	● 調職	● 薪資凍結	● 再訓練
● 人事凍結	● 遷居	● 減少加班費	
● 減少臨時雇員的名額	● 工作分享	● 利用休假日	
● 減少實習生或建教合作學生的名額	● 降職	● 減薪	
● 把分包工作交給公司內部人員		● 獲利分享或變動薪資	
● 志願性休假			
● 缺勤			
● 減少工作時數			

工會(United Auto Workers Union)進行合約談判後，表明將透過遇缺不補以及提早退休配套措施[27]來減少員工人數。

當公司需要減少更多的成本時，可以採取**人事凍結**的政策。許多大學多年來面臨財務緊縮時，都是靠這種方法平衡預算。臨時員工、兼職員工、實習的學生，以及建教合作(co-ups)和分包(subcontracted)人員的名額都可能予以刪除，藉此保障全職員工的工作。

❖ 人事凍結
(Hiring freeze)
這種聘僱政策的設計是透過不增加員工名額的做法來減少公司的人力成本擴張。

其他的聘僱政策則是以減少工作時數爲目標，藉此減少公司必須支付員工的時數。公司可能鼓勵員工志願休假（不支薪），或要求他們減少每週工作時數（譬如三十五個小時，而不是四十個小時）。

以臨時性員工(Contingent workers)作爲勞力的緩衝策略已傳到美國以外的國家，這主要是透過美國企業在海外的營運。其他國家採用臨時性員工的程度雖然還比不上美國，但正在急起直追，特別是在缺乏勞工保護法的貧窮國家。

❖ 調整工作設計

經理可以調整工作設計以及將員工調到別的單位，藉此提昇其人力資源的成本效益。要不他們也可將人員調到國內的其他生活和薪資較低的地區。不過員工遷居的成本和有些員工並不想調到他處的事實，使得這個方案問題重重。另外一種做法是讓工作遭到裁撤的資深員工接下其他單位資歷較淺員工的工作，這種做法叫做顚簸(bumping)，在有工會組織的公司很常見。

企業也可以採取工作分享（我們在第二章討論過），把一個工作重新安排爲兩個兼職的工作。這種安排的挑戰之處在於找到願意分享工作時數和薪水的人。最後，也是最後訴諸的手段，是把高薪員工降職從事薪資較低的工作。

❖ 薪資和福利政策

經理也可以採取薪資凍結(pay freeze)策略，不給任何人加薪，藉此達到降低成本的目的。薪資凍結應全面進行，以免遭到歧視的指控。公司可輔以減少加班費和要求員工使用休假日來增強這種政策的效果。許多州政府都曾對其員工進行年薪凍結。不過，薪資凍結往往會導致頂尖人才離開公司。

■ 應思考的道德問題

高層主管可以拿現金紅利，但卻要求低階員工接受薪資凍結，這樣符合道德嗎？

減薪這種減少勞工成本的手段比較極端，侵略性也比較大，對員工士氣的打擊甚至比薪資凍結還要嚴重。唯有當員工爲了避免裁員，志願接受減薪時，公司才能採取這種策略。美國幾個產業的工會都曾爲了保障員工工作而接受減薪。

公司也可以調整薪資的結構，以獲利分享（公司和員工分享獲利）或變動薪資（以是否達成績效目標作爲薪資標準）之類的長期薪資政策避免裁撤員工。當景氣最差的時候，公司只需支付員工薪資當中薪資的部分，無須支付獲利分享或變動薪資，一方面可以省下大約20%的薪資成本，一方面也可留住員工。在美國沒有幾家公司採取這種策略，不過這在日本很常見。

❖ 訓練

爲技術可能過時的員工提供新的訓練，公司可以藉此安排他們接下職缺。要是沒有重新訓練，這些員工可能難逃遭到資遣的命運。譬如，IBM提供部分生產部門員工有關電腦程式設計的訓練，並安排他們需要應用這些技能的工作。

執行裁員

當管理者一旦做出裁員的決定，就得審愼地進行。裁員可能對數以千計的人造成極大的傷害。管理者必須進行的主要工作爲通知員工、建立裁員的標準、和被裁員的員工溝通、媒體關係的協調、安全維繫，以及安撫未遭裁員的員工。

❖ 通知員工

❖ **1988年勞工調適及再訓練通報法**〔Worker Adjustment and Retraining Notification Act (WARN) of 1988〕

這項聯邦法律規定員工人數在一百名以上的雇主，如果因為關廠歇業或大量裁員五十名以上員工，必須提前六十日通知將被裁撤的員工。

1988年**勞工調適及再訓練通報法**〔Worker Adjustment and Retraining Notification Act (WARN) of 1988〕規定員工人數在一百名以上的雇主，如果因爲關廠歇業或大量裁員五十名以上員工，必須提前六十日通知將被裁撤的員工[28]。這項法律是在1988年通過，目的在讓員工有比較充裕的時間找新的工作。雇主若不提前通知員工裁員的消息，必須提供相當六十日薪資的補償。如果裁員人數不滿五十人，雇主在何時通知遭裁員的員工方面則有比較大的彈性（參考表6.3）。

應思考的道德問題

公司必須提前多久通知員工裁員的消息？

支持雇主必須在裁員之前至少幾個禮拜通知員工的人士認為，不論是從社會或專業的角度來看，給員工這樣的尊重都是正確的做法，而且未遭裁員的員工也會覺得比較安心。不過有些人士則認為不應提前通知。如果勞資關係很差，遭到裁員的員工可能偷竊或暗中破壞公司設備。而且，遭裁員的員工可能因此而生產力下降[29]。

❖ 建立裁員的標準

在規劃和執行裁員時，裁員的標準必須明確。有了明確的裁員標準，負責決定資遣哪些人的經理才能做出一致且公平的決定。裁員最重要的兩個標準為年資和員工績效。

年資是指員工在公司服務的時間總數，這是到目前為止最常見的裁員標準。這主要有兩個好處。第一，年資標準的應用很容易；經理只要看過員工到職日期就可以判斷他們的年資（以年和日數計算）。第二，許多員工覺得這樣很公平，因為(1)以年資作為裁員決定的基礎，經理就不能「偏

表6.3　部分歐洲國家對雇主提前通知裁員的要求

國家	提前通知的規定
比利時	三十日
丹麥	三十日
德國	三十日
希臘	三十日
愛爾蘭	三十日
義大利	二十二日到三十二日
盧森堡	六十日到七十五日
荷蘭	兩個月到六個月
英國	三十日到九十日（如果裁員人數超過十人）

資料來源：Ehrenberg, R. G., and Jakubson, G. H. (1988). *Advance notice provisions in plant closing tegislation.* Kalamazoo, MI: W. E. Upjohn Institute for Employment Research.

袒」任何一個人；(2)年資最深的員工在工作權和特權方面的投資最多（譬如，他們累積最多的年假和休假日，工作時間的安排也比較有好）。

不過「資歷最淺的最先出局」的方法有其缺點。公司可能因此損失頂尖的人才以及不成比例的女性和少數族裔，因爲他們的資歷可能最淺。然而，法庭判決支持以資歷作爲裁員的基礎，只要員工擁有平等的機會累積年資即可。

如果公司花了時間建立有效的績效評估體系，能正確衡量績效以及遵守政府規定，那麼沒有理由不能以績效評估數據作爲裁員的依據。譬如，IBM在1990年代進行縮編時[30]，就是以績效評估的數據作爲專業人員的裁員依據。採取這項標準時，經理應該考慮員工長期的整體績效，如果只看某次很差的評估結果，不顧其他理想或傑出的表現評估，可能會被視爲武斷和不公平。我們會在下一章討論這個議題。

❖ 和被裁員的員工進行溝通

在和被裁員的員工溝通時應盡量減少對方的痛苦。沒有任何員工喜歡聽到這樣的消息，經理處理這個任務的方式會影響到遭裁員的員工和公司其他人對這個消息的接受度。在經理人筆記：顧客導向的人力資源「測驗你的裁員技巧：你做得好不好？」單元，將提供一份簡答題的試卷，讓各位評估裁員進行的方式是否得宜。

公司應該讓被裁員的員工的直屬上司私下當面告訴他們這個消息。如果溝通的方式不夠個人化（譬如透過同事或一紙備忘錄），可能造成傷害或讓人覺得憤怒。上司和員工溝通的過程應該簡短扼要。經理應該對員工的貢獻表示感激（如果有貢獻的話），並說明公司會提供多少離職金和福利和提供多久。公司在和遭裁員員工的集體會議裡可以更詳盡地說明這些資訊，而且應以書面紀錄在會議中分發。

通知員工裁員消息最好的時機是在一個禮拜過到一半的時候，最好避免在員工休假時或在週末來臨前，當他們手上有很充裕的時間時通知裁員的消息[31]。

以下例子是裁員的負面教材：有家石油公司召集員工開會，大家心中揣測不安地來到開會地點後，公司發給每人一個信封，信封內有A或B的字母。公司告訴拿到A字母的人留在原地，並把拿到B字母的人召集到旁邊的會議室，然後集體告知他們遭到資遣的消息。

❖ 和媒體關係的協調

公司即將裁員的謠言可能對員工士氣造成很大的打擊，對於公司和顧客、供應商以及所處社區之間的關係也會因此而岌岌可危。高層主管應該和人力資源部門的人員開發一套計劃，對外界客戶（透過媒體）以及員工（透過內部溝通）提供有關裁員的正確訊息[32]。這樣一來，經理可以控制、制止謠言，以免這些謠言誇大公司縮編的規模。和直接受到裁員衝擊的員工以及留下來的員工直接進行溝通也很重要，而且所有的溝通內容都應該發布新聞稿和媒體協調。此外，人力資源部門的人員應爲員工或媒體所有關於外部安置、離職金或福利延續的問題做好準備。

❖ 安全維繫

在有些情況下，裁員可能會對公司財物造成威脅。遭到裁員的員工可能一路被武裝警衛送到門外，個人物品隨後才裝箱送至他們手中。這種對待方式聽起來好像很嚴厲，不過對於某些產業（譬如金融和電腦軟體）而言，如果員工暗中破壞可能導致公司嚴重的損失，因此這樣的做法或許有其必要。

譬如，提摩西．羅伊德(Timothy Lloyd)原本在Omega工程公司（專門設計和製造儀器與流程控制設施的公司）服務。他遭到開除後，在公司最後一天上班時，據說在公司的電腦系統安置了「程式炸彈」。大約兩個禮拜之後，炸彈摧毀了Omega資料庫的重要檔案，造成的損失高達1000萬美元。Omega公司人際關係主管艾爾．狄法蘭西斯科(Al DiFrancesco)表示，如果公司加強安全措施其實可以避免這樣的問題，不過「這是事後諸葛……」。

在這次的教訓之後，Omega加強其安全措施和程序，防止員工挾怨報復[33]。

在大多數的情形下，企業進行裁員時可能沒有必要採取安全的預防措施，以武裝警衛或各種強硬措施只會導致怨恨和厭惡。以尊嚴和尊重對待遭到裁員的員工通常能降低暗中破壞的可能性。

❖ 安撫未遭裁員的員工

企業在進行裁員時，有時候會忽略掉留任員工的感受，未能開發一套計劃予以安撫。如果留任員工的生產力因為裁員而受到打擊，那麼企業從裁員節省下來的成本也會化為烏有[34]。裁員之後留下來的員工可能會士氣低落，並覺得壓力很大。如果裁員處理得不好，這問題可能會更糟。近期有份意見調查發現，將近有50%的員工表示他們是從耳語相傳的謠言中得知公司裁員的消息[35]。而且，對於管理階層體認留任員工之價值的評分，50%的員工給予低於平均的分數。許多人在裁員中喪失重要的友誼。有些人的感受可能跟災難倖存者相同：罪惡感（「為什麼不是我？」）、憤怒（「這不公平」）以及焦慮（「我會不會是下一個？」）[36]。以下列舉一些裁員倖存者常見的憤怒和沮喪的情緒反應：

- 「別再告訴我們要工作得更高明些，告訴我們要怎麼做……別再責怪我們！我們對公司一直忠心耿耿。我們努力工作，能做的都做了。我們還為公司搬家，為了公司出差加班。現在你卻說我們以前的付出都是錯誤。當初也是你要我們這樣做的。主管要我們這樣做！而且當初我們這樣做時，公司的表現也的確很好。不要再怪我們了[37]。」
- 「眼看著許多優秀人才遭到裁員，這對大家的士氣實在是很大的打擊。」
- 「他們的荷包都賺飽了。時機好的時候，紅利和所有的好事都給了高層執行主管，時機不好的時候則是找員工開刀。我實在看不出來公司對我有同等的關懷[38]。」
- 「當然，看著同事遭到裁員實在令人難過。坐在位置上看著對面空蕩蕩的座位。心裡不禁想著，「為什麼不是我？」

面臨這些情緒，留下來的人可能會試著「逃脫」。所以裁員之後曠職的人往往突然大增，或是主要人員離職，轉為公司的競爭對手工作。

企業可為裁員倖存者建立特殊計劃予以安撫，將這樣的問題降到最低程度其。其中一個簡單但重要的步驟是讓他們了解公司的財務狀況[39]（2002年績效獎金報告）。如果留任員工了解公司裁員的經濟因素，他們比較可能怪罪外界要素的時機差，而不是怪管理階層。而且，讓員工了解公司裁員的原因可以激勵士氣，協助公司渡過艱困的時局。除了提供這些資訊之外，公司可能還得爲員工打氣，提醒他們依然是公司團隊的一份子。

外部安置

誠如先前所提，外部安置(Outplacement)是一項人力資源計劃，旨在協助離職員工處理失去工作的心理壓力，以及協助他們找到新的工作[40]。外部安置的活動通常是由顧問公司提供，公司則根據外部安置員工的人數支付顧問公司費用。企業通常願意爲外部安置支付費用，因爲這可以降低裁員的相關風險，譬如負面的媒體報導或工會試圖組織員工的可能性[41]。對於提供外部安置服務的雇主而言，社會責任的目標通常在其人力資源策略中佔有很重要的位置。

外部安置目標

外部安置計劃的目標充分反應出企業對於控制裁員和員工離職相關負面影響的需求。外部安置的主要目標包括：(1)爲即將遭到裁員的員工打氣，讓他們在離開公司之前都能維持生產力；(2)盡量降低離職員工對公司興訟的可能性；(3)協助離職員工儘速找到相當的工作[42]。

外部安置服務

外部安置服務中最常見的是情緒上的支持和找工作的協助。這些服務和外部安置的目標有著密切的關聯。

❖ 情緒支持

外部安置計劃通常會提供諮詢服務，協助員工因應失去工作的情緒反應——震驚、憤怒、否認、自尊遭到打擊。由於負責家計的人頓時失業，家庭也可能受到打擊，所以有時候家庭成員也會接受輔導[43]。這種諮詢服務有助於降低遭裁員的員工對公司的敵意，所以對雇主也有好處。

❖ 找工作的協助

失去工作的員工往往不知道該從何開始尋找新的工作，許多人都是因爲已有多年未曾找過工作。

所以外部安置服務裡有個相當重要的層面就是協助離職員工建立找新工作所需的技能。這些技能包括撰寫履歷表、面談和找工作的技巧、事業生涯規劃以及談判技巧[44]。這些技巧可由外部安置服務公司成員或由人力資源部門人員提供。此外，老東家有時也會提供行政上的支援，譬如庶務人員的協助、接電話、接收電子郵件和提供傳眞服務[45]。這些服務讓遭裁員的員工得以利用電腦準備履歷表、在網路上刊登履歷表，或透過傳眞機或電子郵件遞送履歷表，並使用影印機影印履歷表。

❖ 員工離職是什麼意思？

員工離職是指員工不再是公司的成員之一。離職和外部安置可以有效加以管理。管理者應以愼密的政策規劃公司人力資源的外流。員工離職有成本也有好處。缺點是(1)招募成本；(2)甄選成本；(3)訓練成本；(4)離職成本。好處包括(1)勞工成本下降；(2)取代績效不佳的員工；(3)促進創新；(4)提昇多元性的機會。

摘要與結論

❖ 員工離職的種類

員工離職可以分爲志願或非志願兩種。志願性的離職包括辭職和退休。非志願性的離職包括開除和裁員。當員工被迫非志願地離職，公司需要更多的文件紀錄，證明經理解僱該名員工的決定是公平而且一致的。

❖ 提早退休的管理

當公司進行縮編時，經理可能會選擇讓員工志願提早退休，以免訴諸裁員。提早退休計劃必須加以管理，以免符合資格的員工覺得是被迫退休。

❖ 管理裁員

當公司沒有任何方法可以削減成本時，才能訴諸裁員這個最後的方案。建立裁員政策的重要考量包括(1)通知員工；(2)建立裁員的標準；(3)和遭裁員的員工溝通；(4)協調和媒體的關係；(5)安全性的維繫；(6) 安撫未遭裁員的員工。

❖ 外部安置

公司不管以什麼方法減少員工人數，都可以採取外部安置服務，協助離職員工處理情緒和儘速找到新工作。

問題與討論

1.以年資作爲裁員標準的做法有何好處和壞處？另外還有哪種方法可以作爲裁員的標準？

2.如果公司採取以顧客爲導向的方法進行裁員，可能有何好處？

3.在什麼樣的情況下，公司經理可能偏好以裁員來進行縮編，而不是提早退休或志願性離職？

4.「和遭裁員人員面對面接觸的人通常不是裁員的決策者，這些人對於應該裁掉哪些人通常沒有任何決定權。」有位經歷過大規模裁員的技術人員這麼表示。經理（也就是跟員工「面對面」接觸的人）在進行裁員時應該扮演什麼樣的角色？你覺得經理和人力資源部門人員對於如何處理員工離職的看法總是一致的嗎？請說明理由。

5.管理階層爲什麼應該關心協助員工順利從公司退休？

你也可以辦得到！ 新興趨勢個案分析6.1

❖ 裁員和安全

美國人失業的數據讓人看得心驚膽跳。在2001年十月，有四十一萬五千人遭到裁員，這是四年來最大的單月總數。這些人遭到什麼樣的對待？最近的意見調查顯示，大多數人對於公司進行裁員的方式都覺得不滿意，不滿的程度甚至比失業還高。重點在於公司處理裁員的方式，遭裁員的人往往覺得被公司視爲罪犯對待。常見的裁員程序如下：

1.公司在簡短的會議中通知員工裁員的消息，並告知有關福利和離職金的資訊（如果有的話）。

在有些公司，這樣的會議是由人力資源部門的代表舉行，他們對於員工並不熟悉。換句話說，員工是被陌生人告知失業的消息。而且遭裁員的員工立刻就無法進入公司的電腦系統，也無法使用電子郵件。

2.這會議一結束，遭裁員員工立刻在警衛的陪同下清理自己的辦公空間，走出公司大門。

這樣做的目的是爲了安全。有人在被裁員後偷竊公司資料和暗中破壞設備嗎？當然有，不過這樣的機率並不高！譬如，全國半導體公司(National Semiconductor Corporation)的全球人員招募主管估計，遭資遣員工在得知消息後可能對公司造成安全威脅，在三百到四百名員工當中只有一個。

❖ 關鍵性的思考問題

1.以上這種裁員程序對遭裁員的員工傳達什麼樣的訊息？

2.這種對待遭裁員的員工的標準程序對於留任的員工會有何影響？最近有項針對這些留任員工進行的意見調查顯示，超過25%的受訪者認爲他們公司的裁員處理得很差，將近50%表示他們是從謠言得知裁員的消息，而不是透過正式的溝通管道。這些狀況讓公司很容易遭到報復性的偷竊和暗中破壞。請說明這種裁員的進行流程怎麼會有這些負面的影響。

3.雇主對於裁員最好採取開明、以顧客爲導向的方法。譬如，雇主可爲曾經服務於公司的員工建立電子網路，讓他們可以和公司以及彼此保持聯繫，而且這種網路還可以作爲招募管道，降低招募和訓練的成本。

比較以顧客爲導向的裁員方式具有什麼特性？有哪些步驟？請就你提議的流程說明主要的原則和特性。

❖ 團隊練習

告知員工工作不保的消息並不容易，而且是很傷感情的任務。請和團隊夥伴進行角色扮演，分別扮演經理和員工的角色，其他團隊成員則觀察你們的互動，並對扮演經理的人就互動的過程，以及可以如何改進提供意見回饋。請分別就標準程序以及在關鍵性問題第三題裡建立的顧客導向方式進行角色扮演。哪一種方式看來比較有效？

要平衡安全方面的考量和顧客導向的對待方式並不容易。請將團隊分爲兩組，對安全導向和顧客導向之優缺點進行辯論。並和班上同學分享主要的優缺點。

資料來源：[a]*HR Focus.* (2002, January). If you must lay off workers: Consider the long-term consequences, 79, 8. [b]Jorgenson, B. (2002). Being shown the door: Management must weigh the pros and cons of this touchy layoff procedure. *Electronic Business, 28,* 38. [c]Doler, K. (2002). Layoffs have become a nasty business. *Electronic Business, 28,* 6. [d]Jorgenson (2002). [e]*Security*

Director's Report. (2002). Is your corporate climate breeding future thieves? January Newsletter, 6-7, 10-11; *Human Resource Management Report.* (2002). What's your department's policy on rehiring laid-off employees? February Newsletter, 1, 13-14.

你也可以辦得到！新興趨勢個案分析6.2

❖ 洛磯山石油公司外部安置管理

洛磯山石油公司(Rocky Mountain Oil)宣佈將縮減美國營運的規模，並裁撤丹佛總部數百個行政人員的職務。該公司想為遭裁員的員工提供外部安置的協助，但又不想花太多錢在這上頭。

該公司因此組織外部安置委員會，由高層主管組成，大多數來自營運和財務單位。這個委員會為外部安置計劃提供建議，公司執行長芭芭拉．羅賓森(Barbara Robinson)也同意了這項計劃。這項計劃包括兩個部分。第一，每個遭裁員的員工都會立刻獲得直屬上司的諮詢服務和情感上的支持。每個主管都會收到一份外部安置諮詢方案，其中包括最近出版的《協助員工面對失業的十個簡單步驟》(*Ten Easy Steps to Help Employees Deal with Losing Their Jobs*)。公司並在停車場後頭設置拖車，作為離職員工的臨時辦公室，讓他們可以在此找工作，並且接受以前上司的輔導。

第二，外部安置計劃會協助遭資遣員工建立找工作的技巧。公司發給每個遭資遣員工一本《你的降落傘是什麼顏色》(*What Color Is Your Parachute*)，書中提供如何找工作的建議。此外，每個遭裁員的員工都有機會在附近的Black Rock專校修一堂名為「人員管理的介紹」(Introduction to Personnel Management)的課程，學習如何撰寫履歷表、取得有關就業市場的資訊，以及蒐集如何面談的建議。洛磯山石油公司會負責這個課程的學費（每個人大約100美元）。

在執行長同意這項外部安置計劃之後不久，洛磯山石油公司的人力資源部門主管凱倫．辛克萊(Karen Sinclair)看到宣佈這項計劃的備忘錄。辛克萊並未受邀加入外部安置委員會。她看完之後心裡想著，「叫會計來設計人力資源的計劃就是這個結果。」

❖ 關鍵性的思考問題

1.你覺得洛磯山石油公司的外部安置計劃有任何問題嗎？

2.凱倫．辛克萊的想法是什麼意思？

3.你覺得這份外部安置計劃需要改進哪些部分？

❖ 團隊練習

兩個人爲一組，一人扮演芭芭拉．羅賓森，另一人扮演凱倫．辛克萊，彼此試圖說服對方自己支持的方案。

績效評估與管理

挑戰

讀完本章之後，你將能更有效地處理以下這些挑戰：

1. 說明績效評估的重要性以及包含的要素。
2. 討論各種績效評估體系的優缺點。
3. 管理績效評估的偏見和錯誤所造成的衝擊。
4. 討論績效評估可能造成的情緒反應，以及如何對其影響進行管理。
5. 找出評估的主要法律條件。
6. 利用績效評估管理和開發員工績效。

何謂績效評估？

❖ 績效評估
(Performance appraisal)
公司對人員績效的判斷、衡量和管理。

如圖7.1所示，**績效評估**(Performance appraisal)乃公司對人員績效的判斷、衡量和管理[1]。

■ **判斷**：是指經理在進行績效評估時，判斷應該檢驗哪些工作領域。打官司時辯護的理由若要充分、站得住腳，就必須以第二章探討的工作分析作爲績效衡量體系基礎。評估體系應該以攸關公司成功的表現爲焦點，而不是跟績效無關的特性，譬如種族、年紀或性別。

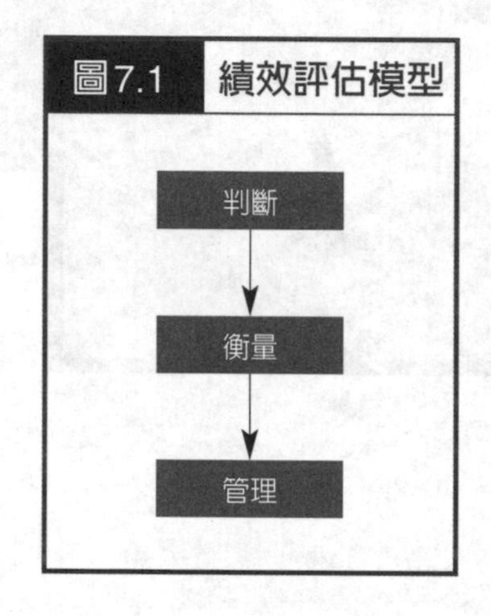

圖7.1 績效評估模型

■ **衡量**：這是評估體系的核心，由主管判斷員工績效有多「好」或多「差」。也就是說，公司全體經理所秉持的評估標準都必須一致[2]。

■ **管理**：管理是所有評估體系的主要目標。評估不應僅著眼於過去的表現，單純批評或稱讚員工過去一年的績效。而是應該著眼於未來，探討如何充分發揮員工的潛能爲公司服務。也就是說經理必須提供員工意見回饋，並輔導他們提昇績效。

績效評估運用

企業進行績效評估的目的通常有「管理」(administrative)及「開發」(developmental)兩種[3]。管理目的的績效評估是指根據員工的狀況作爲升遷、解僱和獎勵的決定基礎。開發目的的績效評估則是爲了改善員工績效、加強他們的工作技能，譬如爲員工就如何有效工作提供諮詢服務，並讓員工接受訓練。

大多數企業每年都只進行一次績效評估。根據最近的意見調查，每年進行兩次績效評估的企業不到20%，每季進行評估的則只有10%[4]。而且，績效評估通常是根據上司的主觀判斷[5]，而不是根據生產單位之類客觀的績效指標，因此許多人認爲績效評估充滿錯誤。

有鑑於此，許多人對於績效評估都相當不滿。大多數就評估者、被評估人、甚至人力資源部門專業人士進行的意見調查顯示，人們大多認爲績效評估的流程並不成功[6]。由於人們對於根據各層面(dimension)對員工進行

表7.1　績效評估的好處

雇主觀點	**1.** 儘管衡量技巧不盡完美，但個人在績效上的差異會對公司的績效造成影響。 **2.** 績效評估以及意見回饋的文件紀錄可以在法庭上作為自我辯護之用。 **3.** 績效評估可作為建立紅利或功績體系的基礎。 **4.** 績效層面和標準有助於執行策略性的目標和明定公司對績效的期待。 **5.** 個別提供意見回饋乃績效管理流程的一部分。 **6.** 儘管傳統的評估將重點放在個人身上，但績效評估的標準也應用在團隊上，團隊也可成為評估的焦點。
員工觀點	**1.** 需要且渴望有關績效的意見回饋。 **2.** 績效需要評估才能進而改善。 **3.** 各員工之間績效水準上的差異需要秉持公正加以評估，並對結果有所影響。 **4.** 績效水準的評估和肯定能激勵員工改善其績效。

資料來源：Cardy, R. L., and Carson K. P. (1996). Total quality and the abandonment of performance appraisal: Taking a good thing too far? *Journal of Quality Management,* 193-206.

評估的傳統方式並不滿意，因此許多企業將焦點轉爲傾聽員工意見以及輔導他們進步[7]。此外，有些人認爲績效評估充滿各種錯誤，而且是以貶低人的做法來改善績效[8]，於是對此抱持強烈反對的態度。

儘管如此，不論是在職場、課堂、還是在球場上，我們都需要某種評估的方法來了解自己表現得如何以及可以如何改善，並於日後評估是否已有改善。表7.1分別從雇主和員工的眼光來看，說明績效評估雖然有各種反對的批評，但爲何仍非常重要的原因。

正因爲如此，績效評估的撰寫在大多數企業仍是一項重要的活動。挑戰之處在於管理績效評估體系，進而達成績效改善和培養員工的目標。接下來的兩個單元，我們將說明績效評估頭兩個步驟——判斷和衡量的相關議題和挑戰。本章最後將討論管理者如何以績效評估的結果改善員工績效。

判斷績效的層面

績效評估流程的第一個步驟（參考圖7.1）是找出要衡量的層面。這個流程乍看之下似乎很簡單。但實際上可能相當複雜。請看以下這個例子。

南西管理一個剛成立的資訊科技小組，小組成員負責處理公司所有有

❖ **層面** (Dimension)
有效工作績效的取決關鍵。

關科技的議題。身爲經理，南西必須根據員工績效分配加薪幅度，至於怎麼評估績效則由她決定。南西必須決定讓小組成員參與判斷績效評估的**層面**(dimensions)，而不是由她單方面的決定。她和小組的技術專家開會討論應該以哪些層面進行績效評估。第一個提議是「完成工作的品質」。譬如與會人員都認爲是否能找出電腦問題並獲得解決是個重要的績效層面。不過，南西覺得，她的部屬當中有些人完成工作所需的時間比別人久，所以她提議以「進行的工作量」作爲另外一項評估層面。小組成員也同意以工作量作爲衡量績效的層面之一。其中有個成員提議，員工和同仁以及公司內「顧客」互動得好不好也很重要，於是小組成員把「人際效能」(interpersonal effectiveness)也納入評估層面。

工作層面的提議和考慮可以一直進行到南西和其小組成員找出他們認爲可以適切掌握績效的所有層面爲止──全部可能有六到八個。他們可能先擬定草稿，等到大家都對此達成共識後才完成最終版本。這個例子裡提出的層面其實相當籠統，這個小組可能決定讓這些層面更加具體，因此爲各個層面加上定義，說明各個等級的績效行爲。

各位可能已經發現到，找出績效層面的過程跟第二章介紹的工作分析流程類似。事實上，工作分析就是賴以判斷績效層面的機制。

判斷績效層面是績效評估流程裡重要的第一步。如果遺漏掉重要的評估層面，員工士氣可能大受打擊，因爲在這些重要層面上表現良好的員工得不到肯定或獎勵。如果評估體系裡納入無關緊要或微不足道的層面，員工則可能覺得毫無意義。

管理專家指出，績效評估的衡量層面應該和公司想要達成的目標有著直接的關聯[9]。衡量層面應該有意義且能夠控制，因爲績效衡量應該是一種管理工具，而不是衡量的練習。績效層面的判斷通常是透過工作分析進行。不過，爲了讓績效評估和公司策略緊密相連，許多企業現在都根據公司的策略目標來找出績效層面。

績效衡量

衡量員工的績效是對各種特質或層面評分以反映員工的表現[10]。從技術層面而言，績效衡量未必得以數字來評分，也可以「優秀」、「良好」、「一般」和「差」等評語來表示。不過這些評等就跟從一到四的數字等級一樣，你還是得判斷應對個別員工打上什麼樣的等級。

績效層面的量化通常都很困難。譬如，「創造力」可能是廣告公司文案的重要指標。不過創造力要怎麼衡量？是看每年撰寫幾個廣告文案？還是看作品在業界得獎的數量？還是看其他的標準？這些都是經理在評估員工績效時必須面對的議題。

衡量工具

多年來已發展出無以計數的績效衡量工具。當今的管理者擁有各種績效評估模式可以選擇。在此我們介紹最常見、也是在法律上最站得住腳的評估方式。這些方式可以分為兩類：(1)所需的評斷類型（相對或絕對）；(2)衡量的焦點（特性、行為或結果）。表7.2摘要說明這些分類。

❖ 相對和絕對的判斷

員工績效衡量可以根據評斷的方式分為相對和絕對兩種。

相對評斷(Relative judgment)的評估體系要求監督人員將員工績效和從事類似工作的員工之績效進行比較。譬如將員工從最好排到最差的方式就是相對評斷的模式。另外一種型態是把員工分組，譬如最高的第三個、中間第三、最低的第三。

❖ **相對評斷**
(Relative judgment)
監督人員將員工績效和從事類似工作的員工之績效進行比較的評鑑模式。

不過大多數人力資源專家認為，相對評斷體系弊大於利[11]。第一，相對評斷（譬如排列法）無法明確呈現員工之間差異有多大或多小。第二，這種體系無法提供任何絕對的資訊，所以經理也無法判斷排行在兩個極端

表7.2 評估模式

分類方式	範例
所需判斷的種類	相對或絕對
衡量的焦點	特性、行為或結果

的員工究竟有多好或多差。

第三點，相對的排行體系迫使經理找出員工之間的差異，就算員工績效沒有差別還是得如此[12]。如果評等結果公佈的話，員工之間可能因此產生衝突。最後，相對的體系通常會要求經理對整體績效進行評估，這種「全局」的本質使得主管回饋的意見趨於模糊，而且對於員工的價值也有可議之處，如果是針對各個層面的績效提供具體的意見才對員工有利。基於這些原因，愈來愈多人唯有出於管理需求時（譬如有關升遷、加薪或解僱的決定）[13]，才會採用相對評斷體系。

❖ **絕對評斷**
(Absolute judgment)
監督人員完全根據績效標準對員工績效進行判斷的評鑑模式。

不同於相對評斷的評估體系，**絕對評斷**(Absolute judgment)要求監督人員完全根據績效標準對員工績效進行判斷，而不是對同事之間的績效進行比較。通常來說，評估單上會列舉跟工作相關的評估層面，主管得就員工在各個層面的表現進行評分。表7.3的表單說明絕對評斷模式的評分方式。

從理論來說，絕對模式下不同工作單位由不同主管評分的員工可以彼此進行比較。如果全體員工都很優秀，大家都可以得到優秀的評等。而且，由於這是根據不同績效層面進行評分，所以主管對員工回饋的意見可以比較具體，助益也比較大。

絕對評斷體系雖然通常比相對體系受歡迎，但也有其缺點。如果主管不願對員工差別對待，那同一單位的員工可能都拿到同樣的評等。另外一個問題是，不同主管評估的標準可能有很大的差異。譬如，「寬鬆」的主管就算打了六的評分，但實際上價值可能比「難搞」的主管所打的四分還要低。不過當公司在進行升遷或加薪時，評分拿到六的員工卻能得到獎勵。

不過，絕對體系還是有很大的優點：這種方式可以避免員工之間的衝突。而且要是公司被告，比較難以相對體系自我辯護。這可能是爲什麼美國企業大多採取絕對體系的原因。

有趣的是，人們的確會就人和事物進行比較性的判斷，也就是說人們往往以相對的方式進行評斷，而不是絕對的方式。譬如判斷政治選舉的某個候選人比對手好或差，而不是以絕對的方式判斷他的好壞。你最喜歡的品牌比其他品牌好，而不是以絕對評斷的方式給這個品牌的品質打上五點六的分數。如果比較性質的判斷是常見且自然的判斷方式，那麼主管以相對評斷的方式來打分數可能比絕對評斷的方式來得正確[14]。

表7.3 絕對評斷模式的評分方式

績效評估

三個月（H & S）□　　年度（僅有H）□
六個月（H & S）□　　特殊（H & S）□
H＝時薪人員　S＝受薪人員

員工姓名

社會安全號碼　　時薪人員□　受薪人員□

試用期員工評估：
你建議留下這名員工嗎？　是□　否□

分類／分類僱用日期

評估期間：從＿＿＿＿＿＿到＿＿＿＿＿＿

部門／單位

為員工在每個績效評估項目的表現打分數
1＝無法接受　　2＝需要改善　　3＝滿意　　4＝高於一般水準　　5＝傑出

績效領域	1	2	3	4	5
做出與工作相關之決定的能力					
接受變革					
接受指導					
負責任					
出勤					
態度					
遵守規定					
合作					
成本意識					
可靠性					

績效領域	1	2	3	4	5
壓力下的效能					
積極度					
對工作的知識					
領導能力					
設備的運作和維修					
規劃和組織					
工作品質					
可接受的工作量					
安全措施					
主管整體評估					

整體評估分數若為一或二：這名員工是否繼續或處於試用期的狀態？　是□　否□
如果答案為是，下次進行績效評估的日期大約在什麼時候？＿＿＿＿＿＿

工作上的長處和較優秀的表現：

可以改善的領域：

達成上次設定目標的進展：

下次績效評估前要達成的特定目標：

主管評語：

員工評語：

主管或員工評語如果需要可寫在另外一張紙上，但請註明。
簽名並不代表同意，只表示承認接受評估。

員工的簽名　　日期　　評估主管的簽名　　社會安全號碼　　日期

第二層主管簽名　　日期　　部門主管簽名　　日期

❖ 特性、行為和結果的資料

除了相對和絕對評斷之外，績效衡量體系也可以根據所著重的績效資料分爲：特性資料、行爲資料或結果資料。

❖ 特性評估法 (Trait appraisal instrument)
監督人員對員工傾向長期一致的特性進行判斷的評估工具。

特性評估法(Trait appraisal instrument)要求監督人員對員工傾向長期一致的特性進行判斷。圖 7.2 列舉四個特性評估法常見的特性：果決、可靠、精力和忠誠。雖然有些公司採用特性評估法，但這種方法並不受歡迎。特性評估法向來被批評爲太過模糊[15]，而且不論是出於故意還是潛意識，主管的判斷都有可能趨於偏頗。而且，特性評估法（由於區於模糊的本質）在法庭上不若其他評估方法那樣站得住腳[16]。譬如，不同主管對於可靠的定義可能有很大的差別，而法庭對於特性評估法「模糊」的本質似乎特別在意。特性評估法另外一個問題是如何從上百個特性當中挑出可以納入評估體系的特性。

對於特性的評估是以「人」爲焦點，而不是「績效」，這樣可能讓員工抱持著防衛的心態。特性評估法暗示績效不佳問題出在這個人身上，所以等於是對這個人的價值打分數。根據這個領域有限的研究結果，這種以人爲焦點的評估方法對於績效的提昇似乎並沒有幫助。如果衡量方式的焦

圖7.2 特性評估法的範例

就下列特性對每個員工打分數：

果決

1	2	3	4	5	6	7
非常低			中等			非常高

可靠

1	2	3	4	5	6	7
非常低			中等			非常高

精力

1	2	3	4	5	6	7
非常低			中等			非常高

忠誠

1	2	3	4	5	6	7
非常低			中等			非常高

點擺在跟績效比較直接相關的項目上，不論是行爲還是結果的評估，一般來說比較能爲員工所接受，而且對於績效的提昇也會比較有效。

儘管上述種種問題，特性評估法的效果仍可能超出許多人的想像。畢竟，特性不過是簡略說明個人行爲的方法，所以特性評估法也可能以行爲爲基礎，如此錯誤就沒有批評人士所說的那麼多。

行為評估法(Behavioral appraisal instrument)的重點在於評估員工行爲。也就是說，主管得評估員工是否具備特定行爲（譬如和同事配合良好、準時出席會議），而不是對其領導能力（特性）打分數。行爲觀察評量表(Behavioral Observation Scales)是一種行爲評估法，在這種模式之下，主管記錄表中各種行爲的發生頻率[17]。不過企業界比較常見的是對特定行爲的價值評分，而不是其發生的頻率。最知名的行爲評量方式應該是「行爲定向評級法」(Behaviorally-anchored Rating Scale, BARS)。圖7.3就是部門經理評估其部屬之效能的BARS評量表。行爲評估法是以關鍵事件法(critical incident technique, CIT)開發出來的。

❖ **行為評估法**
(Behavioral appraisal instrument)
管理者評估員工行為的評估工具。

行爲評估法的主要優點在於績效標準很具體。特性評估法可能會有許多不同的面向，但行爲評估法則不同，各層面的行爲都直接納入行爲評量表中。這樣的具體性讓BARS和其他的行爲評估工具在法庭上比特性評估法更站得住腳。特性評估通常是採取「差」和「優良」之類難以界定的形容詞，行爲評量法則提供員工更具體的例子，讓他們了解若要在公司吃香，應該從事或避免哪些行爲。此外，行爲評估法也鼓勵主管爲員工提供具體的意見回饋。最後，員工和主管都可以參與行爲評量表的規劃過程[18]。如此可望提昇大家對評量體系的了解和接受度。

不過行爲評估法不是沒有缺點，規劃行爲評量表最大的問題是可能會非常耗時，少說也要好幾個月的時間，另外一個缺點是具體性。行爲評量表的「點」或「定位」(anchors)很清楚明確，但他們只是員工行爲的可能例子。員工也可能根本沒有這些行爲，使得主管很難評估。而且，公司若進行重大變革，行爲評量表就可能失效，譬如公司進行電腦化，評估員工成功與否的行爲標準也會跟著變化，當初好不容易開發出來的行爲評量，可能頓時變得毫無用處，更糟糕的是，這還可能拖累公司和部門的變革。唯有當績效評量的行爲標準也跟著改變時，員工才願意跟著調整工作上的

圖7.3 評估業務經理的BARS範例

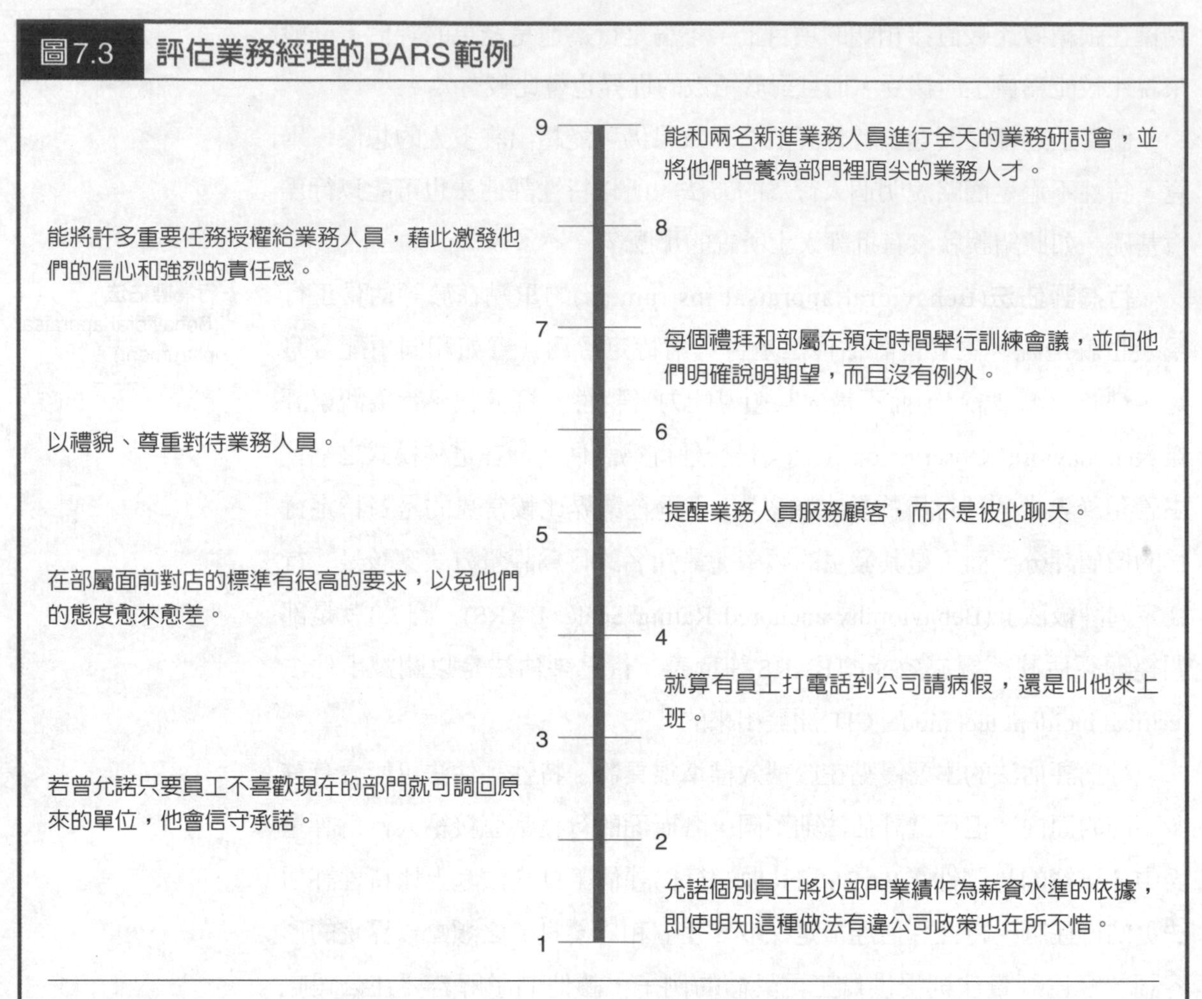

資料來源：Campbell, J. P., Dunnette, M. D., Arvey, R. D., and Hellervik, L. V. (1973). The development and evaluation of behaviorally based raring scales. *Journal of Applied Psychology,* 15-22. © 1973 by the American Psychological Association. Reprinted with permission.

行爲。

另外，許多主管認爲行爲評估法並非評估員工自然的方法，這樣的看法也可能構成問題。誠如先前所說的，特性評估法是比較自然的方法。公司若要求主管採取行爲評估法，他們可能只是把對員工特性的印象轉爲行爲上的判斷。所以，行爲評估法雖然看來比較明確，但卻可能構成評估上的謬誤。目前尚未直接對這議題進行的研究，不過有份調查發現，主管和員工都偏好特性評估法，而非行爲評估法[19]。行爲評估法「不自然」的傾向可能是其原因。不過，行爲評量表有助於清楚呈現公司衡量些什麼行爲以及鼓勵哪些行爲。即使行爲評估法乍看之下好像不自然，但卻是能夠輕易學習的重要技巧。

成果評估法(Outcome appraisal instruments)要求管理者評估員工達成之成果，譬如總銷售業績或生產產品數量。最常見的方法是**目標管理**(Management by objectives, MBO)[20]以及自然產生結果法(naturally occurring outcomes)。MBO是以目標爲導向的方法，員工和主管共同爲即將進行的績效評估擬定目標。接著的績效評估就包括判斷這些目標達成的程度。至於自然產生結果法，主管和員工會自動取得績效衡量結果，而非透過討論和達成共識取得。

❖ **成果評估法** (Outcome appraisal instruments)
管理者評估員工達成成果的評估工具。

❖ **目標管理** (Management by objectives, MBO)
這是一種以目標為導向的績效評估方式，員工和管理者共同為即將進行的評估設定目標。

成果評估法能爲員工的績效評估提供明確且具體的標準。這種方法還能避免主觀判斷以及隨之而來的偏頗和錯誤，而且成果評估法能提昇彈性。譬如，隨著生產體系的改變，所評估的成果也會跟著調整，產生新的績效評量標準。以MBO法而言，如果公司改變他們強調的重點，在新的評估期開始時，員工的目標就可輕易地調整。最重要的可能是成果能和策略性目標緊密地結合在一起[21]。

這樣說來，先前討論過主觀的評估體系可能出現各種問題，是否都能靠成果評估法解決呢？很可惜，答案是否定的。成果評估法雖然客觀，但對員工工作績效的看法卻可能嚴重不足且扭曲。讓我們看看成果評估法的某項衡量項目：「品質在可接受範疇的生產單位數量」。這個衡量項目好像很公平，也令人可以接受。不過進一步想想，生產設備可能相當複雜，要是出現問題並不是每個人都能輕易解決。只要設備正常運作，就算沒有經驗的員工也能順利操作並累積可觀的生產數量，然而要是機器運作得不順利，就可能耗費好幾個小時（有時候甚至整個班次的時間）才能找出問題並解決。身爲經理的你如果面臨這種狀況，難道不會派你最優秀的員工去解決問題？當然會。可是想想看，這樣做對這些優秀員工的績效紀錄會有何影響？最優秀的員工若以生產單位數量來衡量績效，結果看起來反而好像是最差的員工。

有家汽車零件製造商就曾經出現這樣的問題[22]。爲解決問題，管理階層認爲主管以主觀意識進行績效判斷會比客觀的成果評估法好。主觀評估的結果跟成果評估法有很大的差異。不過在這個案例裡，該公司發現主觀評估的結果跟員工在工作相關測驗所得分數相關，但成果評估法則找不到這樣的關係，顯然在有些情況下，人類的判斷力會比成果評估法好得多。

成果評估法另外一個潛在的問題在於「不惜任何代價都要達成目標」的心態[23]。客觀的評估方式雖然能讓員工專注在特定目標上，但這樣的焦點卻可能對其他的績效目標造成負面影響。

❖ 衡量工具：摘要和結論

從以上的討論我們可以了解到，沒有任何一種評估方式是完美的。每種方法都各有其優缺點。表7.4摘要說明各種方法對於管理、開發和法律辯護的長處和弱點。評估體系的選擇應該主要是看評估的首要目的爲何。

應思考的道德問題

企業以成果評估法衡量員工績效並據此給薪，可是績效衡量項目當中有些部分並非員工可以控制，這種做法是否符合道德？譬如，如果正值景氣衰退，業務人員的業績根本不足以維生，公司應該只以佣金給薪嗎？

管理者必須了解每一種評估方法，藉此選擇最適合其目的的工具。譬如，假設你們管理上最重視的是達成理想成果，成果評估法應該是最適合的方法。不過要是成果無法順利達成，就可能需要進一步進行評估找出問題癥結。

大多數企業在建立評估體系時，都以爲只要採用正確的評估方式，就能減少或避免評估者的錯誤。可是，評估方式對於實際的評估結果並無太大的影響。事實上，實證經驗顯示，工具類型對於評估的正確性並不會造成什麼不同[24]。

如果評估模式對於評估結果不會造成什麼影響，那麼會造成影響的是什麼？答案是進行評估的人。評估者的智慧、對於工作的熟悉度等特質[25]，

表7.4 主要評量方式的評估

	標準		
評量模式	管理	發展	法律辯護力
絕對	0	+	0
相對	++	−	−
特性	+	−	−−
行為	0	+	++
成果	0	0	+

−−非常差　−差　0不清楚或好壞兼具　+好　++非常好

以及分辨資訊重要與否的能力[26]都會影響評估的品質。有些調查發現，評估者的能力和動機對於有效評估員工績效都是重要的要素。

有效績效衡量的挑戰

管理者如何確定員工績效衡量的準確性？主要辦法是了解其中的障礙。管理者在這個領域至少會面臨五項挑戰：

■ 評估者錯誤和偏見。
■ 喜愛的影響。
■ 公司的目的。
■ 以個人或以團隊為焦點。
■ 法律議題。

❖ 評估者錯誤和偏見

評估者錯誤(Rater error)指反映出績效評鑑者持續秉持之偏見的錯誤。評估者錯誤當中最知名的是「月暈錯誤」(halo error)，指評鑑者對各個層面的評分往往雷同的傾向[27]。假設你要買電冰箱，如果你對其中某個功能最有興趣（譬如內部置物架的多樣安排），並任由某款冰箱內部置物架的多樣性影響到你對其他功能的評估（譬如外觀、省電等），那你就是犯了月暈錯誤。同樣的道理，績效評估者若因為他們對某個層面的評估影響到其他層面的評價，也是犯了月暈錯誤。這個名詞雖然讓人聯想到天使的光環，但「月暈錯誤」不光會造成評估結果一面倒的好，同樣也會造成全面性負面的評估結果。

❖ **評估者錯誤 (Rater error)**
這種績效評估的錯誤反映出評鑑者這一方持續秉持的偏見。

月暈錯誤的原因至少有二[28]：(1)上司可能對某個員工做出全面性的判斷後，便跟這樣的判斷對各項層面進行評估；(2)上司對員工各層面的評估，可能全部以員工在攸關該上司之層面的表現為準。再以先前提過的電腦程式設計師為例：即使路易斯在品質和數量方面的表現都很好，南西仍對他在三大層面的評估都打了低分（程式設計的品質、程式設計量以及人際關係），那就是犯了月暈錯誤。

另外一種評估者錯誤是「範圍限制錯誤」(restriction of range error)，

這是指經理把他對所有員工的評分都限制在很小的範圍內，以至於所有員工的評等都差不多。這種錯誤可以分爲三種：過寬錯誤(leniency errors)──對所有員工的評等都侷限在高分的部分；趨中傾向(central tendency)──只採取中間的評等；過嚴錯誤(severity errors)──評等侷限於低分的部分。

假設你是人力資源部門的經理，正在看一份各部門主管對部屬績效評量的結果。問題是你怎麼判斷這些評量的正確與否？換句話說，你怎麼判斷這些評估結果有沒有受到任何評估者錯誤的影響？答案非常難以判斷。讓我們假設有位主管對某個員工五個績效層面都打了最高的分數，這其中至少有三種可能性，這個員工可能在其中一個層面的確優秀，所以其他層面也獲得這麼高的分數（月暈錯誤）。另一種解釋則是評估者可能只以最高的分數來評分（過寬錯誤），要不這個員工可能在各個層面都非常優秀（正確）。雖然有精密的統計技術可以調查這些可能性，但對大多數的企業和經理而言都不夠實用。而且目前的研究顯示，評估裡的「錯誤」足以代表被評估者「眞實的」績效水準（也就是先前所說「正確」的可能性），所以評估者錯誤並非判斷評估正確與否的適切指標[29]。花時間剷除評估者錯誤或訓練評估者避免這些錯誤不見得能改善評估的正確性，我們也不建議這樣做。

個人的偏見也可能造成評估的錯誤。不論是出於故意還是無意，上司可能基於種族、原始國籍、性別、年紀或其他因素，有系統地給予特定員工低於或高於其他人的評等。出於故意的偏見非常難以剷除。如果是無心之過，一經指正，評估者就會解決這樣的問題。譬如，某個主管可能無意中，對跟他同是校友的員工打了比較高的評等。不過當他一發現這樣的偏頗便會馬上更正。

❖ **比較性** (Comparability)
在績效評估中，公司裡不同監督人員所給的評等類似。

評鑑錯誤和偏見的問題顯然不只是學術界有興趣而已。績效評量的主要挑戰之一在於確保各個評估者的評估比較性[30]。**比較性**(Comparability)指績效評估中，公司裡不同監督人員所給的評等類似。基本上，比較性的議題是指評估主管是否採用同樣的衡量指標。某個主管認爲是傑出的績效，在另外一個主管看來可能只是平庸而已。

參考架構訓練(Frame-of-reference training, FOR)：這種訓練提供監督人員有關員工績效的假設例子（以書面或錄影帶的方式），要求監督人員評估範例中員工的績效，然後告知應該如何評等。

處理評估錯誤和偏見問題的辦法當中，以參考架構訓練(Frame-of-reference training, FOR)建立和溝通評估標準應該是最有效的辦法之一[31]。這種訓練提供監督人員有關員工績效的假設例子（以書面或錄影帶的方式）。錄影帶的方式比較昂貴，但可能比書面說明更加實際。朗訊科技(Lucent)的評估主管訓練就是以錄影帶的方式呈現各種員工表現的狀況[32]。受訓主管在看過錄影帶的內容後，得說明其中的狀況和其後果，並對其中主要角色的績效進行評估。

在對錄影帶或書面說明的假設情境進行績效評估後，FOR訓練人員會對受訓者說明他們應該如何評估。接著大家討論劇中哪個員工代表哪種層面，以及說明理由。這種評鑑、意見回饋和討論的過程告一段落後，就可進行下一個案例循環討論，這個過程會一直進行到受訓主管們對績效評估架構建立共識爲止。

❖ 喜好的影響

當評鑑者任由自己對某人的好惡影響績效的評估時，喜好就會導致績效評估的錯誤。喜好在績效評估當中扮演著重要的角色，是因爲喜好和評估兩者都是以人爲焦點。不過這兩者也可能彼此牴觸——喜好是情緒性的，而且往往出於潛意識，至於正式的評估則是（或應該是）非情緒性的，而且是出於有意識的。因爲喜好是出於潛意識的，形成的速度好像非常快速[33]，所以可能對稍後出於意識的評估造成影響（偏見）。

儘管這個領域可以探索的空間還很多，調查發現評估者的喜好和績效評估之間有著極大的相關性(correlated)[34]。最近的研究也發現，不論評估者是誰，喜好和績效評估之間都有其關聯性，不過由同儕和屬下所做的評估，會比由上司所做的評估更容易受到喜好的影響[35]。關聯性的研究可能顯示績效評估會受到評估者喜好的左右。不過良好的評估者可能傾向喜歡績效傑出者，而不喜歡績效差的人。

當然最基本的問題是喜好和績效評估之間的關係是否恰當或偏頗[36]。如果上司對績效佳的人喜好的程度高於績效差的人，那是恰當的。如果上司對員工的好惡並非基於他們的績效，並任由自己的好惡影響對他們的評

儘管喜好可能導致績效評估出現偏頗，但這也可能是表現良好的直接結果。態度良好、和同事處得來，以及表現穩定良好的員工往往會受到主管的喜愛。

等，這就是偏頗的評估。這兩種可能性很難分辨[37]。不過，大多數的員工似乎都認爲主管對他們的好惡影響到他們所得到的績效評等[38]。評估有所偏頗的觀點可能導致員工和上司之間的溝通出現問題，並使得上司在管理績效方面的效能降低。

❖ 政治觀點

目前爲止我們探討的是評鑑的理性觀點(rational perspective)[39]。換句話說，我們假設每位員工的績效價值是可以估計的。不同於理性觀點，政治觀點(political perspective)則是假設員工績效的價值要視主管的目的而定[40]。也就是說，績效評估是一種以目的爲導向的活動，而且幾乎都不是以正確爲目標。

我們可以從績效評估流程的各個層面來探討理性和政治評估法有何差異：

■ 理性評估的目標是正確性。政治觀點的評估則是以效益(utility)爲目的，也就是基於特定情況之下，利益超出代價的部分要達到最大程度。績效的價值乃相對於政治情境和上司的目標。譬如某個員工好像對工作總是漫不經心，爲了給他一個教訓，讓他的績效提升到可以接受的水準，上司可能給他非常差的評等。不然主管爲了減少抱怨和衝突，可能給予員工正面的評等。在這些情況之下，績效評估顯然不是以正確性爲目標。

■上司和員工在理性與政治評估法裡扮演的角色也有不同。理性評估法將上司和員工視爲評估過程中的被動人物(passive agents)：上司只是觀察和評估員工的績效。所以上司的正確性攸關評估的正確與否。相對的，政治評估法將主管和員工視爲評估流程中主動的參與者。不論是直接或間接，員工都會積極試圖影響他們的評估結果。

員工左右主管評估結果的技巧是直接的影響型態。譬如就像學生跟教授說他需要高一些的分數才能保住獎學金，員工可能跟老闆說，他需要高於平均水準的評等才能獲得升遷。間接的影響型態則是指員工爲了影響主管對事情的注意、解讀和回想所採取的各種行爲[41]。從逢迎拍馬、到編織藉口、乃至於道歉等行爲都是員工試圖影響主管印象的方法。

■從理性的觀點來看，評估的焦點在於衡量。主管是血肉之軀的工具[42]，需要仔細訓練才能正確衡量績效。評估結果會作爲加薪、升遷、訓練和解僱的依據。政治觀點則認爲評估的焦點在於管理，而非正確的衡量。績效評估主要是一種用來獎勵和懲處員工的管理工具，而不是追求公平正確的考驗。

■理性和政治觀點的評估標準（賴以判斷員工績效的標準）也不一樣。理性評估法認爲，員工的績效應該盡量明確界定。要是沒有對評估做出清楚的定義，並對其評估訂定明確的標準，就不可能做出正確的評估。政治評估法則讓評估項目趨於模糊，好根據當前情況加以調整，賦予評估體系獲得所需的彈性。

■最後，理性和政治評估法的績效評估決定流程也不一樣。以理性評估法來說，主管會根據他們觀察到的具體行爲就各層面和整體績效做出評估。譬如我們先前提過電腦程式設計師的例子，南西會對每個程式設計師的各個層面進行評估，進而把每個層面的評等整合爲整體的評估。政治評估法則正好相反：先進行整體評估，然後才就具體項目進行妥善的評估。所以，南西會先判斷她的小組成員中，應該給誰最高的評等（不管是基於什麼理由），然後再對各層面進行妥當的評估，藉此證明整體評估的正當性。

正確性未必是公司的主要目的，不過這是績效評估理論上的理想目標[43]。如果意見回饋、發展以及人力資源的決定要以員工實際績效層次作

應思考的道德問題

績效評估是一種管理工具，所以經理往往以此作爲圖利自己或公司的工具，譬如經理在績效評估當中，可能給他帶領專案進行的員工過高的評價作爲獎勵。同樣的，某個曾對經理支持的專案表示反對意見的員工，則在績效評估中遭到過於嚴厲的對待。你覺得這種利用績效評估體系的做法可以爲人所接受嗎？爲什麼？

爲依據，績效評估就必須正確。以政治觀點爲出發點的評估，曾造成事業生涯、自尊心和生產力的嚴重打擊。這樣的代價很難評估，而且很難明確歸咎於政治評估法。不過，他們卻是千眞萬確的事實，而且對於員工是非常重要的。

❖ 以個人或團隊為焦點

如果企業是以團隊爲架構，主管需從兩個層面考慮團隊的績效評估：(1)個人對團隊績效的貢獻；(2)團隊的績效[44]。爲了妥善評估個人對團隊績效的貢獻，主管和員工必須對特性、行爲或成果評估法具備明確的績效標準。行爲評估法通常比較適合評估個人對團隊的貢獻，因爲這種評估方法較容易讓團隊成員和其他與團隊互動的人所觀察和理解。

個人貢獻的衡量可以團隊成員集思廣益，不過，近期有份研究對於個人的貢獻列舉出一組能力則是不錯的起點[45]。

經理人筆記「衡量團隊績效」單元介紹管理顧問傑克．茲更(Jack Zigon)所建議的七個步驟流程。無論你們賴以衡量團隊績效的方法是什

經．理．人．筆．記

新興趨勢

衡量團隊績效

1. 檢討目前的衡量方式，確定團隊知道這些衡量項目，並有達成這些目標的承諾和責任。
2. 找出中期的檢查點，評估團隊的進展或成就。
3. 判斷團隊和團隊成員必須達成什麼，才能達成團隊理想的成果。
4. 根據團隊各個目標的相對重要性進行優先順序的排列。
5. 對團隊和個人績效建立任何所需的中期和最終衡量。
6. 對團隊和個人建立績效標準，好讓每個人都清楚了解公司對績效的期望。
7. 判斷績效管理體系將如何運作，由誰擔任評估者？如何提供意見回饋？

資料來源：Adapted from Denton, K. D. (2001). Better ecisions with less information. *Industrial Management, 43,* 21.

麼，以下這些重點都應該謹記在心。

第一點，衡量體系應該平衡，譬如財務目標雖然是明顯且易於建立的標準，但是這些目標的衡量方式確不能反映顧客關心的事情。

此外，成果評估法可能需要流程評估的配合，譬如成果的達成固然重要，可是人際關係也很重要。透過平衡的衡量方式，團隊成員可以了解為達目的而犧牲同事和顧客是讓人無法接受的行為。

另外一點值得謹記在心的是，衡量標準必須是團隊能夠控制的。如果開發的績效衡量項目團隊無法控制，那麼也沒有什麼用[46]。

最後要講的兩個重點是：第一，專家建議就算在團隊環境裡，還是要評估個人的績效，因為美國社會非常強調個人的績效[47]。第二，團隊績效評估應該以哪種評估工具進行並無共識，最好的辦法可能包括內部和外部顧客就行為和成果標準做出判斷。

❖ 法律議題

法律對於績效評估體系主要的規範是在民權法案第七條(Title VII)以及1964年的民權法案(civil Rights Act)，這些法律禁止任何型態的就業歧視（參考第三章）。也就是說，不論是個人還是團隊層次，績效評估都不得有任何歧視存在。有些法庭判決也支持績效評估體系必須跟甄選測試具備同樣的效度標準（參考第五章）。就跟甄選測試一樣，績效評估也可能發生「逆向衝擊」，也就是說某個團隊成員據績效評估結果，獲得升遷的速度比其他團隊成員較高的情況。

1973年美國最高法院對Brito v. Zia公司判決的案件，應該是有關績效評估歧視案件中最重要的判決。基本上，法院認為評估在法律上是一種測驗，所以必須符合法律對企業測驗的規定。不過實際上，自從這樁案件之後，有關績效評量歧視的案件法院都採取比較寬鬆的標準。

在Brito v. Zia公司的案件之後，對於績效評估相關的官司，法院只想確定有沒有歧視，而不是判斷評估體系有沒有遵守全部的專業標準（譬如員工是否得以參與體系的建立）[48]。重點在於確定就業狀況類似的人有沒有遭到差別待遇。

有些公司會要求經理檢查單位主管所做的員工績效評估結果，以免評鑑結果受到個人偏見的影響，這種評估體系會比較受到法院的青睞。此外，提供員工意見回饋和諮詢，協助改善績效問題的公司，在法院上也會獲得比較正面的看法。近期有份針對兩百九十五件有關績效評估的法院案件進行的分析發現，以下這些要素會對法官的判決造成有利的影響[49]：

■ 採用工作分析。
■ 提供書面的指示。
■ 讓員工可以看到評鑑結果。
■ 不同評估者之間的共識（如果評估者不只一個）。
■ 具備評估者訓練。

在極端的情況下，負面的績效評估結果會導致解僱。主管開除員工的權利在僱用關係意願法(Employment at will)中有詳細的規定。僱用關係意願是非常複雜的法律議題，美國各州對此都有不同的規定和判決。

管理績效

企業人力績效的有效管理不光是需要正式的報告和年度評估而已。完整的評估流程包括經理和員工之間每天非正式情況下的互動和正式舉行的面談。評估本身雖然重要，但更重要的是經理如何運用。在這個單元，我們會討論績效評估第三個、也是最後一個要素：績效管理。

績效評估面談

人力資源部門或外界的團體（譬如管理協會或是諮詢團體）可以協助經理提供進行面談訓練和角色扮演的練習，並爲棘手的問題提供建議。

有些公司把績效面談分爲兩個部分進行：先是討論績效，然後討論薪水[50]。這種的用意是基於兩個假設，第一，經理無法同時扮演教練和裁判的角色。所以，公司希望經理在績效發展會議裡扮演教練的角色，在討論薪水的面談裡扮演裁判。第二，如果把績效和薪水合在一塊談，員工可能聽不進去主管對其績效所提供的意見，因爲他們的心思都擺在薪水上。

然而，研究發現在績效評估面談的時候討論薪水，能爲員工對評估實用性的觀點帶來正面的影響[51]。這至少有兩個原因。第一，當績效評估牽涉到錢的時候，經理比較可能會認眞進行評估和提供意見。經理若給員工的加薪幅度低，可能得花時間解釋這麼做的原因，以支持其績效評估的結果，這樣詳細的意見回饋會讓員工覺得績效評估比較有價值。第二，把薪水納入討論可讓績效面談更有生氣。如果把薪水和績效面談分開，那麼意見回饋、設定目標，以及制定行動方案都可能變得空洞、沒有意義。

總而言之，最好的管理做法應該是在績效面談當中結合績效成長和薪水的討論。在整個績效評估期間進行非正式的績效管理需要結合判斷和輔導兩者。績效面談要有效，正式的面談過程當中也應該結合判斷和輔導這兩個元素。

改善績效

正式的績效面談通常是一年只進行一次[52]，所以對於員工績效未必能產生持久且重大的影響[53]。主管私下進行的績效管理要比一年一度的績效面談更爲重要。有效管理績效的主管通常具備以下四項特質：

■ 探討績效問題的癥結。

■ 將焦點導向問題的癥結。

■ 建立行動方案，並授權員工找出解決方案。

■ 主導有關績效的溝通，並提供有效的意見回饋[54]。

每一項特質對於績效的改善和維繫都相當重要。

❖ 探索績效問題的癥結

探索績效問題的癥結聽起來容易，可是往往充滿挑戰。當然，員工可能得直接爲其表現負責，不過績效往往還受到許多要素的影響，其中有些並不是員工能夠控制的。不過在大多數的工作環境下，觀察者通常會將問題的癥結歸咎於員工[55]。也就是說，主管發現到員工績效不佳時通常會責怪員工，而員工則會怪罪外界的影響要素。這樣的傾向叫做「行爲者／觀察者偏差」(actor/observer bias)[56]。棒球隊就是個很好的例子，球隊如果輸了，球員（員工／行爲者）會指責外界的因素，譬如受傷、行程安排得不好或天氣惡劣等。經理（主管／觀察者）則會責怪球員在球場上的表現不好。球隊老闆和評論家（高層主管／更高層的觀察者）會要求經理為球隊表現不好負責。

主管必須找出績效不佳的問題癥結原因有三：第一，問題的判斷攸關績效評估的方式。譬如，如果經理認為績效不佳是因為員工不夠努力，那麼他進行評估的方式會跟他認為原因出在原料不佳不同。第二，原因的判斷可能會造成主管和員工之間潛在的衝突因子。主管往往會對他們認定的問題癥結採取行動，不過如果主管的觀點跟員工的看法有很大的差異，這樣的差異可能會使雙方的關係陷入緊繃。第三，所選解決方案會受此影響。譬如，如果績效不佳的問題出在能力不足，而非原料不好，那麼公司採取的行動也會很不一樣。

績效的三大影響因素分別為能力、動機和情境要素。能力要素是指員工的才華和技能，其中包括智慧、人際技巧，以及工作知識之類的特質。動機要素則會受到外界要素的影響（譬如獎勵和懲處），但最終還是內部的決定：決定要對任務付出多少努力的還是員工本身。**情境要素**或**系統要素**(situational factors or system factors)包括公司各種會對績效造成正面或負面影響的特性。系統要素包括原料品質、主管品質，以及表7.5列舉的其他要素[57]。

❖ **情境要素或系統要素 (situational factors or system factors)**
會對績效造成正面或負面影響的各種組織特性。

這三大類要素都會對績效造成影響。光有某個要素存在未必能帶來亮麗的績效，但是缺乏某個要素（或某個要素的價值過低）卻可能導致績效不佳。譬如，如果員工缺乏所需的工作技能，公司也沒有提供適當的支援，那麼就算再努力也無法締造高績效。可是如果員工不努力，那麼不管擁有多少技能，公司提供多少的支援，都難逃低迷的績效。

表7.5 判斷績效問題癥結的情境（系統）要素

- 員工間各種工作相關活動的協調很差。
- 資訊或執行工作所需的指示不夠。
- 原料品質低。
- 缺乏所需的設備。
- 沒有能力取得原料、零件或補給品。
- 財務資源不佳。
- 監督不當。
- 員工彼此不合作或關係差。
- 訓練不足。
- 時間不足以生產出工作要求的品質和數量。
- 工作環境差（譬如冷、熱、吵雜、經常遭到打擾）。
- 設備故障。

最後，主管也得考慮每半年或一年進行自我評量、同儕評量和部屬評量。**自我評量**(Self-review)是由員工自行評等，讓員工可以參與評估流程，並協助他們找出績效問題的癥結。譬如，主管和員工對於員工績效評估某個領域的意見可能大不相同，在這樣的情況下，他們必須進行溝通甚至可能進行調查。在有些情況下，人們可能發現必須仰賴自我評量的方式作爲績效管理的指引。經理人筆記「績效自我管理」單元將列舉績效自我管理體系的重點。

❖ **自我評量**
(Self-review)
由員工自行評等的績效評鑑體系。

經理人筆記

新興趨勢

績效自我管理

勞資關係已出現極大的變化，以往是長期聘僱，員工對公司忠心耿耿，雇主則提供工作上的保障，但現在雙方關係則變爲比較獨立且短暫。譬如有些人從傳統員工的角色變爲內部顧問或自由(freelance)服務提供者。雖然關係更爲獨立和短暫，但同時也意味著表現的意見回饋幾乎付之闕如，至少從傳統績效管理體系的角度來看是如此。取而代之的可能是到最後被老闆叫進辦公室訓斥或是再也接不到案子。不過，如果你扮演的是顧問或自由接案者的角色，那你需要更即時的績效意見回饋，所以或許你可以自行建立績效衡量和意見回饋體系。

在此列舉的是自行成立績效衡量體系所需考慮的重點：

- **界定績效**：我想要達成什麼？
- **找出衡量方式**：我的績效有哪些主要的指標？應該如何衡量我的成果？應該由誰來衡量？衡量方式應該簡單且可以量化，但你可能也想把一些口語和描述性質的意見回饋納入。敘述和口語性質的意見有助你了解評等和個人的成長。
- **標準為何**：每個專案或客户都不一樣，有些可能要求完美，有些可能想要節省成本和削價出售。了解這個專案或客户值不值得你額外的付出，還是只要過關即可。你當然希望隨時都做到面面俱到，但有時候未必能辦得到。在有些情況下這樣的標準可能就是不合適或不恰當。
- **意見回饋**：你如何取得自己的意見回饋？多久取得一次？跟誰取得或在哪裡取得？

資料來源：Adapted from Simon, N. J. (2002). Whose fault is anyway? *Competitive Intelligence Magazine, 5*, 55-57.

當上司和員工無法化解彼此歧見時，這時候由其他來源（譬如同儕和屬下）提供的績效評估或許能派上用場。在**同儕評量**(Peer review)，公司裡同等級的員工互相評等。譬如，Milo工程公司裡，同儕評量在評等流程當中扮演了關鍵性的角色。**部屬評量**(Subordinate review)則是由員工對其直屬上司打分數。如果同儕和部屬的判斷和上司的判斷雷同，那麼上司的判斷可能是正確的。如果同儕和部屬的判斷跟上司並不符合，那麼可能表示上司並未察覺或知道員工表現的某些影響要素。

❖ **同儕評量**
(Peer review)
公司裡同等級的員工互相評等的績效評鑑體系。

❖ **部屬評量**
(Subordinate review)
由員工對其直屬上司打分數的績效評量體系。

除公司內部的意見回饋之外，愈來愈多企業開始以顧客作爲重要的意見來源。傳統由上而下的評估體系可能鼓勵員工只就主管看到或注意的行爲項目力求表現。所以，攸關顧客滿意度的行爲要素則可能受到忽略[58]。

其實，顧客往往比主管還要適合評估公司的產品或服務品質。主管的資訊和觀點可能受限，但內部和外部顧客往往看得更廣，或與公司更多層面有更多的接觸。表7.6就是顧客評估表單的例子。

結合同儕、部屬和自我評量（有時候甚至顧客的評量）的方法就叫做**三百六十度回饋法**(360 feedback)。三百六十度回饋法迅速成爲企業常見的績效評量法。一部分是因爲企業管理階層減少的趨勢影響。現在一個主管負責的員工人數要比以往多得多，要正確觀察每個人的工作表現實在是不

❖ **三百六十度回饋法**
(360 feedback)
同儕、部屬和自我評量的綜合。

員工以同儕評量對同事進行評估。由於員工熟悉彼此的工作，所以能取得正確的績效評估。

表7.6　顧客評量表

姓名：

這份意見調查會詢問您對取得的產品和服務就某些特定層面提供意見。您個人的回答將被保密，並和其他顧客的意見建檔，作為改善顧客服務之用。請以下列計分方式說明你對各項敘述的認同程度。每個項目圈選一個回答。

1＝非常不同意
2＝不同意
3＝不同意也不反對
4＝同意
5＝非常同意
?＝不確定

如果你覺得無法貼切地對某個項目評分，請不要圈選。

品質

達成要求所花的時間不合理 ………… 1 2 3 4 5 ?

我獲得的產品符合我的期望 ………… 1 2 3 4 5 ?

我所要求的事情在雙方同意的截止日期或該日期前完成 ………… 1 2 3 4 5 ?

一般而言，我取得的產品都沒有瑕疵 ………… 1 2 3 4 5 ?

服務／態度

我的服務人員：

對我有幫助 ………… 1 2 3 4 5 ?

為了滿足我的要求配合度高 ………… 1 2 3 4 5 ?

和我溝通，了解我對產品的期望 ………… 1 2 3 4 5 ?

當我要求修改／額外的資訊時，很合作 ………… 1 2 3 4 5 ?

讓我知道我的要求何時可以完成 ………… 1 2 3 4 5 ?

必要時充分告知無法達成期望的原因 ………… 1 2 3 4 5 ?

讓我知道我所要求的事情處於什麼狀態 ………… 1 2 3 4 5 ?

顧客滿意度

整體而言，你對所獲得的服務滿意度如何？

1＝非常不滿意
2＝不滿意
3＝中立
4＝滿意
5＝非常滿意

哪些具體的事情可以讓你對服務更加滿意？

____

整體而言，你對所獲得的產品滿意度如何？

1＝非常不滿意
2＝不滿意
3＝中立
4＝滿意
5＝非常滿意

哪些具體的事情可以讓你對產品更加滿意？

____

資料來源：Cardy, R. L., and Dobbins, G. H. (1994). *Performance appraisal: Alternative perspectives.* Cincinnati, OH: South-Western.

可能。另外一個原因則是，以往光由主管負責績效評估的傳統體系和當今強調團隊合作與參與式管理的風氣實在格格不入[59]。

採取三百六十度回饋法是個重大的改變，需要仔細地規劃財能夠成功。許多企業採取三百六十度回饋法似乎只是因為這種方法很流行，而不是因為渴望提供意見回饋來促進員工的成長。如果只是想要一套意見回饋機制，那這套體系之執行和維繫方式能不能創造最大效果實在令人懷疑。最近的意見調查發現，三百六十度回饋法和企業市值之縮減可能有關係。

❖ 將焦點導向問題的癥結上

主管和員工討論過績效問題的癥結，並彼此達成共識後，下一個步驟就是採取行動加以控制。如果有些要素可對績效造成正面的影響，那麼經理應該盡力維持這些要素。至於會對牽制績效的各種限制，經理應該努力降低或徹底消除這些限制。

績效方面的問題看是跟能力、努力還是情況有關，可以採取的解決辦法各有不同。如表7.7所示，不同的績效問題需要不同的解決方案。如果問題出在能力，那麼貿然採取訓練之類的方案（常見的反應）並不會解決問題，而且會浪費公司的資源[60]。

❖ 建立行動方案和授權員工找出解決方案

有效的績效管理得授權員工讓他們改善績效。傳統的管理方式是由主管下令，員工只得聽命行事，但這種方式未必能讓績效達到最高水準。比較新的授權方式則要求主管扮演教練的角色，而不是控制者[61]。誠如球隊的例子一樣，扮演教練角色的主管會協助員工解讀和處理工作上碰到的狀況，這個角色未必是導師(mentor)、朋友或顧問，而是一種促進者(enabler)的角色。扮演教練角色的主管會努力確定員工可以取得所需的資源，並協助他們找出行動方案解決績效上的問題。譬如，主管可能建議員工如何消除、避免或克服肇因於情況要素的績效障礙。除了營造一個提供支援且充分授權的工作環境，教練／主管還會明確說明他們對績效的期望，提供立刻的意見回饋，並努力消除沒有必要的規定、程序和各種限制[62]。明確說明公司希望的成果，但對於員工應該如何達成這些目標並無過於詳細的指

表7.7　如何判斷和解決績效上的問題

原因	提出的問題	可能的解決方法
能力	● 該名員工能妥善地執行工作嗎？ ● 除了這名員工之外，其他員工都能妥善地執行這項工作嗎？	● 訓練 ● 調職 ● 重新設計工作 ● 解僱
努力	● 該名員工的績效水準是否下降？ ● 明確說明績效和獎勵之間的關聯	● 肯定良好的績效
情況	● 績效是否不穩定？ ● 全體員工是否都有績效的問題？就算擁有妥善補給和設備的人也不例外？	● 簡化工作流程 ● 明確說明對供應商的需求 ● 更改供應商 ● 消除彼此矛盾的訊號或需求 ● 提供妥善的工具

資料來源：Adapted from Schermerhom, J. R., Gardner, W. I., and Martin, T. N. (1990). Management dialogues: Turning on the marginal performer. *Organizational Dynamics, 18,* 47-59; and Rummler, G. A. (1972). Human performance problems and their solutions. *Human Resource Management, 19,* 2-10.

示，往往能激發出最有效能的績效[63]。過多的細節和授權法正好相反，而且可能令員工感到窒息，令士氣低落。經理人筆記「輔導的效能」便是評估輔導功能的例子。

❖ 將溝通的焦點放在表現上

主管和員工之間的溝通對於有效的績效管理極為重要。至於要溝通的內容和方式，則可能對績效是否獲得改善還是下降造成決定性的影響。

重要的是，有關績效的溝通應該針對績效本身，而非針對人。譬如，不應該問員工為什麼他是這樣的笨蛋！問員工為什麼最近的表現這麼糟，通常是比較有效的問法。抱持開放的心胸進行溝通比較可能找出績效問題的眞正癥結所在，並為有效的解決方案鋪路。

經理人筆記「授與收！改善績效評估的建議」將針對意見回饋的提供和接受提供建議。身為未來管理者的各位，在績效意見回饋的過程中都必須傳授與接收，所以這兩者都得要學。

經理人筆記

以顧客爲導向的人力資源

輔導的效能

如果經理不願爲員工提供良好的輔導，公司可以把經理輔導員工的效能納入其績效評估項目之中，則一切將會爲之改觀。

把輔導納入經理的績效評估項目之中，顯示公司對於輔導的重視，並有助於確定經理在這方面的表現。公司可以在此列舉的項目評估輔導功能進行的成效。員工對於這些項目的評估可以作爲公司獎勵經理以及找出需要改善之處的參考。

請根據這些評量回應下列各項的敘述。

1	2	3	4	5
從來不	很少	有時候	經常	總是

- 每個月對我進行輔導。
- 輔導時間足夠。
- 我的教練爲我設定可以達成、但具挑戰性的績效目標。
- 我的教練爲我設定太多的績效目標。
- 我的教練和我分享他的想法和感受，不光是事實而已。
- 我的教練希望聽到我的點子和建議，而且重視這些意見。
- 這樣的輔導很有啓發性，而且協助我把工作做得更好。
- 基於教練的職位，我不敢質疑他的決定。
- 因爲我教練的個性，我不敢質疑他的決定。
- 我的教練擅長於化解衝突。
- 當教練指派工作給我時，他會一再檢查最小的細節，讓我覺得氣餒和惱怒。
- 教練提供我成功所需的技巧和知識。
- 教練渴望探索我在公司裡發展事業的潛力，以及我對達到事業目標的需求。
- 教練讓我隨時掌握公司最新的狀況，以及其他部門和分公司的業務情況。

資料來源：Adapted with permission from O'Connor, T. J. (2002). Performance management via coaching: Good coaching can help guarantee pofitable results and happy employees in an uncertain economy. *Electrical Wholesaling, 83*, 39(3).

經理人筆記

以顧客爲導向的人力資源

授與收！改善績效評估的建議

許多管理者對於績效評估通常抱持著敬而遠之的態度，而且做得也不好。不過，有效的評估是每個員工都需要的。在此提供一些建議，可能有助管理者提昇績效評估的效能。

■ **從原始資料開始**：檢討可以量化的資料以及關鍵性的事件。你應該有套體系可以記錄和擷取跟績效有關的資訊，並作爲績效評估之用。如果你沒有這樣的體系或不使用這樣的體系，那麼員工可能覺得你的績效評估過於主觀，認爲你的績效評估是以個性或其他要素爲基礎，失之偏頗。

■ **確定你評估的層面妥當無誤**：工作可能已出現重大的改變，而工作分析和績效評估體系尚未跟上改變的腳步。你賴以評估員工績效的各個層面跟工作是否仍息息相關呢？

■ **注意評估的偏差**：避免時近效應(recency effect)。不要著眼於近期微不足道的事情，因爲另外可能有更重要的事情是在幾個月前發生的。同時也要避免把績效不佳的責任歸咎於員工。確定你掌握正確的資料，以及充分了解該員工績效的所有相關情況。

■ **輔以書面評論**：員工想要知道績效評估是基於什麼而評分，他們也的確應該知道這些資訊，所以你得提供說明，爲你的評估提供充分的理由。

■ **如果可能的話，一次評估幾個人或全部的部屬**：一次進行好幾個人的績效評估，可以確定你以一致的標準評估每一個人。

■ **針對表現，避免對原因進行推論**：對你觀察到的表現進行評估，但焦點只能擺在表現上。譬如，有個員工可能有曠職和遲到的問題。你必須對這名員工提供適當的意見回饋，而且可能還得解釋爲什麼曠職和遲到會在工作的地方構成問題（你不應該等到正式的績效評估時才對他提出這樣的意見）。不過，你處理的範圍僅限於表現本身。若對表現問題的原因進行推測和推論，可能讓你惹上官司。譬如，如果你說這名員工曠職和遲到可能是因爲有毒品或酒精上癮，這樣員工可以告你，指你視他爲殘障。雖然毒品或酒精上癮和這件事情無關，但這名員工可以宣稱他應該受到美國殘障人士法案的保障，因爲你覺得他有毒品或酒精上癮的問題。所以請針對表現來進行溝通，如此可以避免難纏的官司。

■ **對所有的員工都應該一致**：如果兩個員工都有遲到，可是你在績效評估當中，只對其中一個提到這個問題，那你是在自討苦吃。人們會聊天，且會彼此比較，即使是漫不經心的差異，也可能被解讀為不公平和偏見的證明。

資料來源：Adapted with permission from *Pay for Performance Report* (2002). Two tools to boost a sub-par performance management process. January Newsletter of the Institute of Management and Administrtion, 2-4.

摘要與結論

❖ 績效評估是什麼？

績效評估是指公司人力資源的判斷、衡量和管理。評估應該是以未來為導向的活動，提供員工實用的意見回饋，並輔導他們提昇績效水準。評估可以用在管理或開發的用途上。

❖ 找出績效的層面

績效評估的第一個步驟是判斷攸關工作表現的層面。工作分析就是判斷績效層面的機制。

❖ 衡量績效

用來衡量員工績效的方法可以兩種方法進行分類：(1)判斷的類型屬於相對還是絕對；(2)衡量的焦點在於特性、行為還是成果。每種方法都有其優缺點。不過很顯然的，整體的評估品質主要要看評估者的動機和能力，而不是看選擇哪種工具。

管理者在管理績效方面面臨五大挑戰：評估者錯誤和偏見、喜愛的影響、公司的目的、以個人或以團隊為焦點，以及法律議題（包括歧視和僱用關係意願）。

❖ 管理績效

不管是哪一種評估體系，主要目標都是進行績效管理。為了管理和改善員工的績效，主管必須探索績效問題的癥結、將主管和員工的焦點引導到問題的癥結上、建立行動方案以及授權員工找出解決方案，並以表現為焦點進行溝通。

問題與討論

1.如果有客觀的績效數據（譬如生產力數據），此數據表面上好像比主管的主觀評等理想。爲什麼以客觀數據衡量績效的效果可能低於主觀評等？

2.比較性是什麼？績效評等中如何讓比較性達到最高程度？

3.你覺得應該進行績效評估嗎？值得花這樣的成本去做嗎？

4.假設你擁有一家有二十五名員工的公司。你們公司今年的績效非常亮麗，大家都卯足全力衝刺業績，提昇公司的獲利，可惜這些獲利大多都進了供應商的口袋，你只能給全體員工3%的加薪幅度。要進行績效評估時，你要怎麼一方面稱讚員工傑出的表現，一方面告訴他們你提供獎勵的能力有限？現在假設你有能力提供優渥的紅利或加薪，當每個人的表現都很傑出時，如何進行評估最爲理想？

你也可以辦得到！　以顧客爲導向的人力資源個案分析7.1

❖ 績效評估軟體：簡化困難的工作還是讓問題變得更糟糕？

大多數的員工都希望知道自己的表現如何，事實上他們也應該知道。不過許多管理者對員工的績效評估都敬而遠之，就算不是一直拖延，評估得也不是很好。可是大家都想知道自己的表現如何，所以愈來愈多公司開發出新的技術，可以解決這個問題。現在以軟體進行績效評估不但無須耗費紙張、只需滑鼠點選即可，而且意見回饋和改善績效的建議還可以完全自動化。PerformaWorks公司提供一種稱爲eWorkbench的套裝軟體，可以讓老闆、同儕、部屬、甚至顧客進行三百六十度回饋法，這套軟體的設計將員工的評估目標和公司的目標結合起來。這套軟體還能計算每個員工對於達成這些目標，以及對公司獲利的貢獻。Eworkbench讓每個人都秉持同樣的使命，並朝著同樣的公司目標前進。KnowledgePoint公司也有電子評估工具。KnowledgePoint公司的軟體是以網路爲基礎，以可以客製化的能力和目標爲焦點（參考www.performancereview.com）。此外，根據不同的評估水準，這套軟體還會提供員工敘述式的績效摘要說明，就能力或目標的能力說明他們的表現水準，並提供改善表現的建議。

❖ 關鍵性的思考問題

1.使用以上介紹的這些軟體進行員工的績效評估可能有何好處？有沒有理性的(rational)好處？譬如速度？或是政治的(political)好處？如果績效評估得不好，經理可以把責任推給軟體嗎？

2.以電子方式進行績效評估可能有何缺點？請從主管和員工雙方的觀點來探討這個議題。

3.代管線上績效評估系統的主要提供商包括KnowledgePoint、Softscape、PerformaWorks和SuccessFactors.com。這些應用程式的收費各有不同，要看公司的員工人數和所想要的功能程度而定。不過中等規模的公司收費大約爲10萬美元。這種電子評估法讓企業可以節省時間和勞力。傳統（以紙張進行）績效評估法據估計每個員工要花1500美元，這成本主要是花在(1)設定目標；(2)進行評估；(3)設計、印製、複印、歸檔以及散發評量表；(4)訓練主管進行評估；(5)處理評估之後的申訴事宜。電子評估法或許無須支付設計、印製之類的成本，不過未必能影響其他的成本來源。你覺得線上績效評估系統值得花這樣的成本嗎？爲什麼？你的回答中請將預期的成本和利益納入考量。

4.想想看績效評等過程中的各個步驟，假設這些步驟是可以分離的，哪些部分適合以電子、自動化的方式進行？有沒有不適合這樣做的部分？請回到第一和第二題你所列舉的優缺點，看看有沒有哪些跟評估流程中特定步驟電子化、自動化特別有關。根據你所列舉的優缺點，建立一套你覺得可以達到最大效果的電子績效評估體系（譬如有效率地工作、獲得接受、提供實用的資訊等）。哪些部分可以電子化？哪些步驟應該自動化？哪些則否？請向全班說明你所提議的系統以及所基於的理由。

❖ 團隊練習

請把你的小組分成贊成和反對兩方，針對以電子和自動化之方式進行績效評估的優缺點進行辯論。請根據主要相關人物的觀點來進行辯論（譬如經理、員工和顧客）。此外，請以理性和政治的觀點來考慮這些優缺點。並考慮關鍵的標準，譬如意見回饋的接受、易於使用、對於績效的影響等。

你們的辯論有沒有一個明確的結果？績效評估應該電子化、自動化嗎？請向班上同學說明你們的辯論結果，並解釋部分的結論。

資料來源：[a]Parker, V. L. (2000, December 31). Software for hard task: Job reviews/Raleigh company sells it. *The News & Observer,* E1. [b]*Managing HR Information Systems.* (2001). Latest software puts performance appraisal online and cuts costs. February Newsletter of the Institute of Management and Administration, 12－14. [c]Dutton, G. (2002). Making reviews more efficient and fair. *Workforce, 80,* 76. www.performancereview.com.

你也可以辦得到！ 以顧客爲導向的人力資源個案分析7.2

❖ 從正式的評估乃至於非正式的意見回饋和發展：輔導的力量

績效管理往往被視爲一年一度的評估活動，而且預期會跟金錢扯上關係。所以這跟報稅很像。沒有人期望這檔事，塡寫報稅單實在是很頭痛的事情，可是我們都希望結果能拿到一張不錯的支票。績效管理的重點應該不只薪資而已。績效管理的焦點應該擺在改善績效，並且協助人們發揮最大的潛能。達成這個目標的辦法之一就是透過輔導員工。若要激發員工的潛力，經理不能只是塡寫表單的評估者或官僚體系的主管而已。他們還得扮演教練的角色。

ABC電子供應公司（假名，但是眞有這家公司）就是一個很好的例子，以輔導作爲優先要務以及績效管理的主要部分。ABC公司以績效評估體系提昇大家對於輔導的重視和確保輔導的順利進行。有效的輔導需要主管和員工之間合作，設定和討論短期和長期目標，然後交換意見回饋、檢討以及可能的解決方案。簡而言之，輔導是以績效爲焦點的合作關係。如果進行得好，輔導可以改善績效，進而提昇學習和了解，並改善信賴和忠誠。ABC公司認爲輔導是一種持續且非正式的流程，正式的輔導計劃包括每個月主管和部屬的會議。這種會議的焦點在於討論和公司有關的資訊，以及評估個別績效目標的進展。這些績效目標的擬定是先考慮整體的公司策略以及相關的部分目標，然後配合這些背景擬定個別的績效目標。爲了確定輔導進行得上軌道且達到效果，ABC公司要求員工每年對「教練」的表現評分。

❖ 關鍵性的思考問題

1.經理不願扮演教練的角色是有效進行績效輔導計劃的主要困難之處。你覺得經理爲什麼不願意扮演這樣的角色？你會如何進行輔導計劃，以消除或降低經理們的排斥？

2.「只有被衡量的才會被執行」(What gets measured gets done)，這句諺語可以應用在績效的評量上。你覺得ABC公司（或任何公司）的績效輔導計劃，如果公司沒有對經理進行評估，可以進行得下去嗎？你覺得經理的績效評估當中應該納入這個項目嗎？請說明爲什麼。

3.如果經理輔導的表現不怎麼理想（譬如經理的人際技巧差，而且不太會提供有效的意見回饋），那你要如何處理這個狀況？

4.如果經理認爲績效輔導讓他無法花時間在更重要的任務上，而且根本是浪費時間，你對他有什麼樣的看法？

❖ 團隊練習

分組進行腦力激盪，列舉你們覺得重要的輔導層面。你們可以先從ABC公司使用的意見調查開始，不過重點應放在實際的輔導過程。你們希望教練做些什麼？教練應該做些什麼？當你們找出這些層面後，建立一份評量表來衡量這些層面。你們會採用哪些評量表？請說明理由。

讓某個人扮演員工的角色，某個人扮演經理／教練的角色。以你們建立的評量表來評估輔導的績效，並對扮演這個角色的人提供直接的意見回饋。你們覺得這個評估和意見回饋的過程有助於改善輔導嗎？你們會建議如何利用這套評量表？譬如，觀察者應該使用評量表嗎？還是應該由員工或經理負責填寫？

績效往往是團隊層次的議題，即使團隊也是由個別員工所組成。你建議在團隊層次如何進行輔導？你會建議對評量表進行修改以應用在團隊成員上嗎？

請和全班同學分享你們的評量表，並對如何使用提出建議。

資料來源：[a]*Pay for Performance Report.* (2002). Performance management: Make it work, make it fun. March Newsletter of the Institute of Management and Administration. [b]O'Connor, T. J. (2002). Performance management via coaching: Good coaching can help guarantee profitable results and happy employees in an uncertain economy. *Electrical Wholesaling, 83,* 39(3).

員工訓練

挑戰

讀完本章之後，你將能更有效地處理以下這些挑戰：

1. 判斷員工何時需要訓練，以及哪種訓練最適合公司的狀況。
2. 找出訓練計劃成功的特性。
3. 權衡以電腦進行訓練的成本和好處。
4. 設計工作輔助工具，作爲訓練的補助或其他的選擇。
5. 了解如何讓新進員工有效地適應公司。

關鍵性的訓練議題

自動化系統全球龍頭強森控制公司(Johnson Controls)的訓練計劃凸顯出一些當今企業面臨的重要訓練議題：

- **訓練如何跟上企業環境的變化**？強森控制公司採取授權的方式進行訓練，讓團隊成員彼此學習，藉此迎接這樣的挑戰。不過隨著設備和技術的改變，主管可能還是得指導員工訓練的進行（也就是所謂由上而下的訓練法）。許多企業都以電腦化的方式提供有效率的訓練，不過電腦化的方式未必適合所有的情況。
- **訓練應該在課堂或在工作場所進行**？在課堂上進行訓練或許不像在工作場所進行那般具有臨場感且有效。不過，在工作場所進行訓練可能導致工作速度減緩、減少產出或令顧客不滿。強森控制公司的Team Rally訓練課程雖然是跟工作相關的訓練，但是在工作場所之外進行。有些公司會採取虛擬實境(virtual reality, VR)的技術，爲課堂訓練創造最大的臨場感。不過這種方法和其成本效益不見得適合其他公司。
- **如何進行有效的全球訓練**？當今有許多企業進行全球性的訓練。在當今競爭激烈的市場上，產品或服務的品質是否一致攸關著企業的生存。強森控制公司的Team Rally訓練對象包括全世界的員工。可是全世界各地的訓練都要完全統一可能很難做到。虛擬實境是一種具臨場感且有效的訓練工具，企業全世界都可以用。如果無法負擔虛擬實境訓練的費用，企業也可以電腦、視訊會議或以錄影帶進行訓練。
- **如何激勵受訓人員學習的動機**？上課和課本的內容或許很棒，可是如果無法激勵受訓人員的學習動機，那麼內容就算再好也是枉然。強森控制公司Team Rally訓練計劃融合了娛樂和競爭的元素，讓受訓人員對於如何改善績效的學習充滿興趣。其他像是虛擬實境、錄影帶以及多媒體的呈現方式也能引起員工的興趣。

訓練和發展

❖ **訓練** (Training)
提供員工特定技能或協助他們更正不具效率的表現之流程。

人們常將訓練和發展混爲一談，這兩個名詞的意思其實不一樣。**訓練**

表8.1 訓練與發展

	訓練	發展
焦點	範疇	時間架構
目標	目前工作	個別員工
立即的	解決目前技能不足的問題	目前和未來的工作
工作小組或公司	長期	為未來的工作需求做好準備

的焦點通常是提供員工特定的技能，或協助他們彌補工作表現不足之處[1]。譬如，公司添置新的設備，員工可能需要學習新的工作方式，另外一種情況是員工對於工作流程的了解不足。這兩種情況下，訓練都可以彌補員工技能不足之處。相對的，**發展**是指培養員工公司未來所需的能力。

❖ **發展 (Development)**
培養員工公司未來所需的能力。

表8.1摘要說明訓練和發展之間的不同。訓練的焦點在於目前的工作，發展則是以目前的工作和員工未來可能的工作爲焦點。訓練的範疇是個別員工，至於發展的範疇則是全體員工或公司。訓練針對工作，就績效不足或問題加以解決。相反地，發展是有關員工技能的多樣性[2]。訓練往往專注在公司當前的需求上，發展則是著眼於長期的需要。訓練的目的在於迅速改善員工的績效，發展的目的則是公司人力資源的整體提昇。訓練對目前績效的影響力極強，發展則讓長期的人力資源更有能力和彈性。

訓練的挑戰

訓練的過程當中，管理者必須回答以下這幾個問題：

■ 訓練眞的能解決問題嗎？
■ 訓練的目的是否明確實際？
■ 訓練是好的投資嗎？
■ 訓練有效嗎？

訓練眞的能解決問題嗎？

訓練根本的目的在於消除或是改善績效方面的問題，然而並不是所有績效的問題都能靠訓練解決。績效不足的問題可能有許多原因，其中有許多都不是員工能夠控制，所以就算提供訓練也不能解決問題[3]。譬如，公司的要求不夠明確或彼此矛盾、士氣低落及原料品質差，這些問題都不能透過訓練解決。

在決定以訓練解決問題之前，管理者必須仔細分析情況，判斷訓練是不是妥當的回應方式。

訓練的目的是否明確實際？

訓練計劃必須具備明確實際的目標才能夠成功。訓練計劃的內容將以這些目標為依歸，日後判斷訓練成效的標準也將以此為準。譬如，公司管理階層不能期待光靠一次訓練課程，就能讓大家都成為電腦專家。這樣的期待絕對會失敗，因為這是不可能達成的目標。

應思考的道德問題

有些公司會將訓練經費發給員工，讓他們自行修習課程。現在人們的事業生涯中通常都會換公司，你覺得在這樣的時代裡，雇主有責任鼓勵員工追求教育的機會嗎？

公司在設計訓練計劃之前必須清楚說明目的，否則很可能為了錯誤的目標訓練員工，最後落得失敗的結果。

公司提供訓練的目的可能是讓員工對公司建立更廣泛的了解。公司甄選接受訓練的員工（主要是管理職位）學習如何加強和其他部門的互動。訓練的種類應該以其目的為根據——這個重點雖然簡單，但值得各位謹記在心。

訓練是好的投資嗎？

訓練可能會所費不貲。看看570億美元這個驚人的數字。這是美國在2001年花在正式訓練上的金額，比2000年的540億美元還增加了5%[4]。儘管如此，在目前的經濟狀況之下，有些企業開始縮減訓練預算。不過企業應該避免因此犧牲訓練的品質。除了縮減訓練預算之外，企業如何分配訓練預算的方式也出現變化。研討會和會議的經費在過去三年當中增加了59%。對於電子學習或透過網路進行訓練的投資額則預期會大幅增加，在三年之內60%的企業都會採用[5]。2000年每名員工的平均訓練經費為704美元，比1999年增加4%。

有些公司雖然需要訓練，但訓練未必符合成本效益。在展開訓練計劃之前，管理者得衡量目前問題對公司造成的代價，以及解決問題所需訓練會花費多少成本，說不定訓練的成本比績效問題造成的代價還要昂貴，如此公司可以考慮其他的解決方案。

訓練有效嗎？

訓練是為了對職場帶來正面的影響。要達到這樣的目的，受訓者不只得眞正學到東西，還得將學習的心得應用在工作上。如果光學習卻不應用，以改善在工作崗位上的行為，訓練的效果就沒有轉移到工作上。

訓練的效果無法轉移到工作上有許多原因。譬如，高層主管對於訓練大力宣揚的變革未能提供明顯的支持。管理階層沒有「劍及履及」的話，受訓者就不可能全心投入訓練課程，並將所學應用在工作上。而且，訓練內容或許很豐富，可是公司的文化卻抵制任何變化，或是員工就是沒有足夠的時間應用所學。工作的環境或許過於混亂且缺乏結構，無論何種訓練都無法維繫其影響力和帶來正面的變化。

以下提供幾點建議，說明如何讓訓練所學在工作上發揮最大的影響力：

- **扮演老師的角色**：在訓練和你工作領域的人們之間扮演溝通的橋樑。如果你把受訓所學的心得教給別人，不但有助於散播訓練內容，且實踐和加強所學。
- **給自己作業**：設定特定的目標，讓你可以應用訓練所學的心得。
- **自行建立工作上的輔助工具**：將受訓時學得的重要模型、名詞或步驟記在隨時可以看得到的地方，譬如辦公桌上的對折卡片(tent card)，自我提醒訓練的重點。
- **找個訓練的夥伴**：合作夥伴可以協助你應用受訓所學，也比較容易克服障礙，將受訓所學應轉移到工作上。
- **尋求協助**：如果你需要協助才能將訓練所學轉移到工作上，可以請主管或人力資源部門協助。公司或許可以提供補充資料、後續的訓練或其他類型的支援。

最後，除非配合公司的目標提供訓練，否則訓練也是白費心機。設計得宜的訓練課程是以公司的策略目標為依據；設計得不好的訓練，則跟這

Men's Wearhouse公司投資時間和金錢訓練員工，並因此獲得相當不錯的成果。和競爭對手相較，他們的員工留任的時間更久，公司的庫存損失和安全成本更低。

些目標脫軌，更糟糕的是彼此矛盾。確定訓練和公司目標的彼此配合乃管理者的責任。

訓練流程的管理

有效的訓練有助提昇績效、士氣和公司的潛能。設計得不妥當的訓練則可能讓參與者備感氣餒。管理者必須密切監督訓練的流程，才能讓訓練創造最大的好處。

誠如圖8.1所示，訓練流程包括三個階段：(1)需求評估；(2)發展和進行訓練；(3)評估。在「需求評估」的階段，主管會判斷訓練必須解決的問題或需要。在「發展和進行階段」，訓練人員設計最適當的訓練類型，並對員工進行訓練。在「評估階段」，主管會評估訓練計劃的效果。接下來我們將提供建議，說明如何讓每個階段創造最大的效果。

大型企業裡在判斷需要什麼訓練時，主管的意見非常重要（第一階段）。不過實際的訓練（第二階段）通常是由公司內部的訓練部門或是外界來源提供（譬如顧問公司或當地大學）。在訓練完成後，公司通常會要求主管判斷訓練是否有效（第三階段）。在小型企業裡，主管可能得對所有的流程負責，不過公司還是可能採用外界的訓練來源。

圖8.1 訓練流程

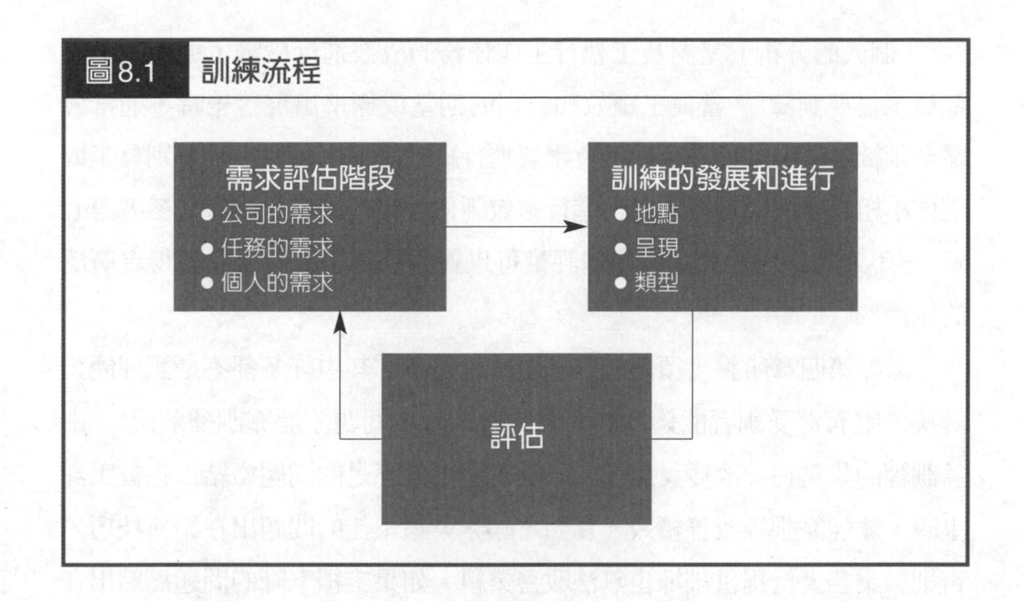

評估階段

評估階段的整體目的在於判斷有沒有進行訓練的需求，如果有，則提供設計訓練課程所需的資訊。評估階段得對三個層次的需求進行分析：公司、任務以及個人的需求。

❖ 評估的分析層次

「公司分析」乃就公司文化、使命、業務狀況、長期和短期目標以及結構等廣泛的要素進行檢驗，以找出公司整體的需求以及訓練支援的層次。公司可能缺乏支援正式訓練計劃所需的資源，或者公司的策略強調創新。如果公司的分析透露出這樣的訊息，那麼對於公司是否提供訓練和提供哪種訓練的判斷會有極大的影響。如果公司缺乏正式訓練所需的資源，可能會以輔導制度作爲取代。至於創新的環境，則可能需要激發員工創意的訓練計劃。

「任務分析」的重點在對公司全體員工的職務和任務進行檢驗，判斷哪些工作需要訓練。透過周詳進行的工作分析，可提供了解工作條件的所有所需資訊。接著根據對職務和任務的了解，判斷善加執行工作所需的知識、技能與能力(Knowledge, skills and abilities, KSAs)（參考第二章）。然後以KSAs判斷需爲工作安排哪種訓練。

「個人的分析」是對員工執行工作任務的成效進行檢驗，進而判斷哪些員工需要訓練[6]。當員工績效和公司的期望或標準出現落差時，通常會需要訓練。這個階段之後通常會跟著進行績效評估，藉此判斷個別員工或工作小組在哪些領域特別弱。進行績效評估的工作大多是主管（參考第七章），不過加入自我評量和同儕評量可以對個別員工的優缺點獲得更廣泛的認識[7]。

誠如第四章所說，績效的問題癥結有很多，其中許多都不是訓練能夠解決。唯有當受訓者能夠控制問題的癥結時，問題才能靠訓練解決[8]。由於訓練的焦點在於改變員工，所以唯有當績效不足的問題癥結出在員工身上時，才能靠訓練改善績效。譬如，除非業績不佳的問題出在銷售技巧，否則對業務人員提供訓練也無法改善業績。如果業績下降的問題癥結出在產品不良、價格過高或經濟不景氣，提供業務訓練也不會有所幫助。

清楚說明訓練的目的

公司應該明確說明希望藉由訓練促進什麼樣的行為，並根據這些目標，設定判斷訓練課程成效的標準。假設績效不足的問題癥結在於「人際敏感度」(interpersonal sensitivity)不夠，訓練課程應該以解決這個問題為整體目標，也就是提昇人際敏感度。提昇「人際敏感度」是個高尚的訓練目標，可是這個名詞卻失之模糊，無法據此建立具體的訓練內容或判斷訓練成效的標準。公司得判斷訓練之後員工得了解行事準則。譬如，員工得親切地招呼顧客和客戶，不要開些跟性有關的玩笑，以免被視為騷擾，並且所有的會議都應該準時出席[9]。

由圖8.2可知，敏感度訓練可從整體目標為出發點，進而分為各個層面（工作表現的特定層面），建立具體的行為目標。該圖的整體目標是提昇人際敏感度，改善主管和生產部門員工的關係。首先，整體目標分為兩個層面：傾聽和意見回饋的技巧，接著找出具體的行為目標，再根據這些目標進行訓練並評估訓練成果。

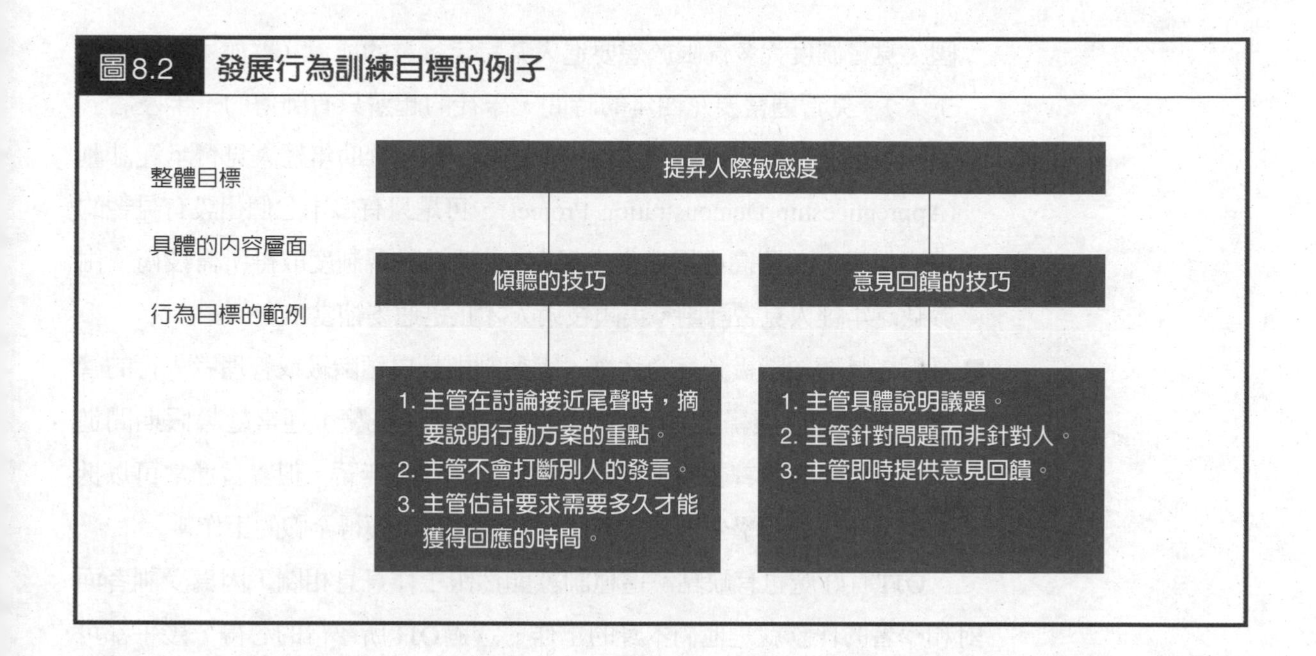

訓練和進行的階段

進行過評估之後的訓練計劃應針對公司的問題或需求。至於訓練的方法則根據地點、呈現方式和種類而有不同的選擇。

❖ 地點選擇

訓練進行的地點可以分為在工作崗位上的訓練(On-Job Training, OJT)或離開工作崗位的訓練(Off-Job Training)。以常見的OJT法來說，受訓人員在實際的工作環境工作，通常是在有經驗的同事、主管或訓練人員的督導之下。譬如美國能源部洛薩拉摩斯國家實驗室(Los Alamos National Laboratory)，訓練通常是一對一的指導、實際示範和操作。不過在進行訓練之前，主管會仔細考慮訓練員工的任務、需要多少訓練、受訓者的人數，以及指導設備和資源的可用性。

OJT的型態包括工作輪調、見習制和實習制度。

■ **工作輪調**：誠如第二章所說，工作輪調讓員工在各種定義狹隘的工作間輪調。公司通常藉此培訓未來的主管人才，讓他們獲得廣泛的工作背景。

■ **見習制(Apprenticeship)**：這種見習制起源於中世紀學徒向師傅學習行業技能的做法。在歐洲，見習制度依然是年輕人入行的主要途徑。在美國，見習制度大多侷限於想要進入某特定行業的成人（譬如木匠和水管工人）。見習通常要花四年的時間，學徒的起薪只有師傅的一半左右。美國雖然有由康乃爾大學(Cornell University)贊助年輕人見習示範計劃(Apprenticeship Demonstration Project)，可是只有二十七個州設有見習的中介機構，美國高中畢業生中只有2%透過見習制度取得所需技術。由於缺乏年輕人見習計劃，美國技術人才正迅速萎縮當中[10]。

■ 見習制是藍領階級入行的途徑，實習制則是白領階級或管理者入行的管道。實習制度讓學生有機會取得實際的工作經驗，通常趁暑假期間進行。雖然大多數實習的工作薪水都很低、甚至無薪，但實習通常可以抵大學學分，而且學生畢業之後甚至有機會直接獲得全職的工作。

OJT有好處也有缺點。這種訓練顯然跟工作息息相關，因爲受訓者面對和學習的任務就是他們本身的工作。透過OJT所學得的心得，幾乎都可以直接轉移到工作崗位上的。OJT也有助公司節省經費，因爲員工無須離開工作崗位接受訓練，而公司也無須僱用外界的訓練人員，因爲公司的員工通常就可以進行這類訓練。在缺點方面，OJT可能令顧客感到氣餒而流失生意，對公司造成極爲慘痛的代價（你們可曾因爲操作收銀機的是個正在受訓的新手，而在收銀機前面大排長龍？）。就算轉而投入競爭對手懷抱的顧客人數不多，仍可能對公司造成沉重的代價。而且當受訓人員在工作崗位受訓時，可能因爲操作錯誤而造成設備受損，也可能令公司損失慘重。另外一個潛在的問題是，訓練者在其技術領域或許是一流的人才，可是缺乏傳授知識的技巧。換句話說，訓練人員未必適合教導的角色。

最後，同一家公司的OJT內容和品質可能有很大的差異。由於這樣的差異性，其他公司在招募員工時，往往很難判斷他們具備的技術水準。譬如，有個新的員工宣稱他曾經接受過某種機器或任務的OJT訓練，可是雇主對於這名員工究竟學到些什麼以及具備多少的技術水準只能心中存疑。

離開工作崗位的訓練是OJT之外有效的選擇方案。離開工作崗位的訓練常見的方式包括正式上課、模擬和在課堂裡進行角色扮演。離開工作崗位的訓練的好處是員工研習期間不會被打擾，課堂的環境可以避免OJT環境裡常見的干擾，讓受訓者可以安心地學習。離開工作崗位的訓練主要的缺點在於受訓者的學習心得不見得能轉移到工作上，畢竟課堂不是工作環境，訓練當中的模擬狀況未必和實際的工作情況一模一樣。而且，如果員工把離開工作崗位的訓練視爲離開工作崗位的好機會，那這樣也不太可能學到什麼東西。

❖ 呈現方式的選擇

訓練者會以各種簡報技巧進行訓練，常見的方式包括幻燈片和錄影帶、視訊訓練、電腦、模擬、虛擬實境，以及課堂指導和角色扮演。

1 幻燈片和錄影帶

公司可以在職外訓練或特殊的媒體室裡以幻燈片和錄影帶提供訓練。幻燈片和錄影帶能提供一致的訓練，而且如果進行得當，還可以非常有趣且啓發人心。然而，這些簡報的媒體無法讓受訓者發問或接收更進一步的解釋（不過錄影帶新的技術可讓觀眾和媒體間進行互動）。許多企業偏好以幻燈片、影片或錄影帶作爲訓練者的輔助教材，而訓練者可以回答個別員工的問題，如果需要也可以具體提供回答。

2 視訊訓練

當受訓人員散佈在各個不同的地點時，此時視訊訓練特別有用[11]。公司可以透過衛星對位於不同地點的員工現場廣播訓練課程，受訓人員還可以在廣播期間對指導人員發問。

視訊訓練有兩個缺點：一是衛星連線所費不貲，二是很難安排大家都能參加的廣播時間。AT&T生產力訓練以創新的方式克服這些障礙[12]。公司將衛星廣播的訓練計劃錄在錄影帶裡，並對錄影帶進行剪輯，剪掉現場發問以及討論的部分，然後將錄影帶分發給各地仍需要訓練的員工，公司並安排時間讓訓練者可以透過視訊會議介紹錄影帶的各個單元和回應問題。這樣一來，訓練者的專長還是可以傳授給受訓人員，但無須重複整個訓練課程。

3 電腦

由於個人電腦的普及，小公司和大企業都認爲電腦是一種具有成本效益的訓練媒體。透過電腦進行的訓練好處說不完。主要的好處是如果工作需要密集使用電腦，以電腦進行訓練自然具有高度的工作相關性，而且可以轉移到工作上的受訓心得也很多。另外一個好處是受訓人員可以適合自己的速度學習，電腦不會覺得疲倦、無聊或發脾氣。而且，先進的科技讓電腦成為眞正的多媒體訓練工具，可以影片、圖片和語音元素配合文字。

許多企業有鑒於電腦的好處，紛紛以電腦作為訓練工具。譬如，公司可以透過電腦以低廉的成本傳遞資訊給位於各地的員工，無須要求員工到集中地點接受訓練或派訓練人員到各地訓練員工。

從光碟乃至於網路都是以電腦進行的訓練方式，有些企業仍在探索哪種方式最適合他們。

紅龍蝦餐廳(Red Lobster)營運長吉姆．普蘭特(Jim Plant)認為電腦是很有效率的訓練方式，既不會減緩生產力也不會逼得太緊。他知道許多人可能還是偏好跟老師面對面的學習方式，不過在步調快速的海鮮餐飲業，他們沒有提供課堂訓練的時間。

透過電腦進行訓練的方式雖然有無數種，不過網路迅速崛起成為主要的訓練工具。由於2001年911恐怖份子攻擊事件之後商務出差的搭機人數大幅減少，使得線上訓練備受青睞。據估計，美國電子學習市場將從2000年的23億美元增加到2004年的147億美元，全球市場在2004年據估計將達230億美元[13]。

透過網際網路或是公司內部網路進行訓練的電子學習模式大受歡迎的原因很明顯，這種方法不但能提供內容，還能管理訓練的進行。電子學習還能為身處各地的員工和營運中心標準化訓練[14]，最主要的原因則是公司可以省下人員出差和食宿的費用。而且，只要有電腦連線，人員可以隨時隨地上線接受訓練。這也難怪電子學習大受企業界的歡迎。

並不是所有的電子學習方式都如此成功。對於有些公司而言，電子學習猶如一場無法實現的美夢，至少在短期而言是如此[15]。他們可能有技術上的問題，譬如電子學習體系各個元素之間的整合，產品上的限制、支援服務不夠以及供應商的財務問題，都可能對電子學習計劃構成問題[16]，而且成本也可能高於預期。譬如，電子學習管理系統（課程目錄和登記之用的軟體）費用可能在25萬美元到35萬美元之譜。電子學習系統最大的障礙，可能在於公司未能體會到這樣的改變是需要仔細施行才能成功。

就電子學習來說，我們必須了解，精密的科技不見得是訓練內容的保證。

如果內容的準備功夫不夠，訓練結果將不會有什麼成效，如果訓練的技術或概念很複雜，那麼最好和有經驗的人互動來進行。而且，如果工作職務用不到電腦，以電腦進行的訓練說不定反而會阻礙學習的過程[17]。

最後請記得，以電腦進行訓練的做法不見得是絕對的。譬如，訓練人員可以現場研討會配合電子學習，創造最大的學習效果[18]。電腦化的部分讓受訓者可以在私下犯錯、尋找答案，因此有助於促進學習。研討會則可以透過角色扮演的互動，讓受訓者有練習和加強技能的機會。有些公司成功地以課堂指導配合電子學習，這種綜合的做法又稱爲「b學習法」[19]。譬如建立有效的人際技巧，先進行課堂訓練，然後透過線上訓練加強的效果可能最好。

4 模擬

模擬(Simulation)是在非工作地點重現工作需求的裝置或情境，這是特別有效的訓練工具。如果訓練內容特別複雜、使用的設備所費不貲或是錯誤的決定會造成沉重的代價，企業通常會採取模擬的方式進行訓練。由喬治亞州度魯斯(Duluth)的FireArms訓練系統公司發展的FATS模擬訓練計劃就是個很好的例子。全美現在有三百多個執法單位採用這套系統[20]。FATS採用微電腦（個人電腦）以及十尺高的螢幕爲受訓警察提供各種模擬工作實境的景象和聲音。譬如，有個危險的嫌疑犯在擁擠的大街上竄逃，警察應該對他開槍，讓無辜的旁觀者冒著生命危險甚至因此而送命嗎？FATS讓受訓警察有機會在安全但深具臨場感的環境下練習，並且在瞬息間做出重要的決定。

❖ **模擬** (Simulation)
在非工作地點重現工作需求的裝置或情境。

航空界長久以來都以模擬器訓練行員。不同於FATS，飛行模擬器通常還包括動感和聽覺，這雖然讓成本大增，但也讓訓練更具臨場感。航空界正在研發一種可以訓練塔台控制人員的模擬器。美國太空總署(NASA)的Ames研究中心發展出一種虛擬的控制塔台模擬器，價格大約在1000萬美元之譜。受訓者可以從塔台模擬器十二面玻璃窗、三百六十度的視野看

塔台控制模擬器雖然昂貴，但能改善公司的獲利。達美航空以這套系統訓練人員，讓公司節省約2000萬美元。

到全世界各國機場的景象。這個塔台可以模擬白天或晚上任何時間、任何氣候狀況，以及多達兩百架飛機和地面車輛的行進狀況。

另外一種模擬訓練是以急診室為背景，讓受訓醫師有機會對急診病患做出診斷，如果延遲決定或決定錯誤，便會導致病患頻臨死亡邊緣。

傳統而言，模擬訓練和以電腦進行的訓練被視為兩種不相干的訓練方式。不過隨著多媒體技術的進步，這兩者之間的分野漸漸模糊。

針對模擬訓練的效果進行的研究有限，不過現有的數據顯示，這種訓練方式對於工作表現的確有正面的影響。譬如，有項研究發現，受過模擬訓練的飛行員和只接受過空中訓練的飛行員相較，熟練飛行技巧的速度是後者的兩倍[21]。而且，以模擬器進行訓練的成本是以實際設備訓練飛行員的十分之一而已，這個事實更突顯這兩者差異的重要性。

5 虛擬實境

❖ **虛擬實境**
(Virtual reality, VR)
利用科技複製全部的實際工作環境。

虛擬實境(Virtual reality, VR)是利用科技複製全部的實際工作環境，而非像模擬只有其中的幾個層面。在這種三次方的立體環境裡，使用者可以跟虛擬物體即時進行互動。

軍隊以虛擬實境訓練人員，並持續投資這方面的技術。譬如，美國軍隊在1999年八月提供南加大價值4500萬美元的合約改進虛擬實境的訓練技術[22]。南加大的工作重點在讓虛擬實境更加逼真，並提昇團隊參與的程

CathSim讓醫療人員可以在模擬的環境中練習，而不是以人體或以動物實習。

度，目標在讓整個任務小組可以同時體驗虛擬戰鬥和互動，而非個人。

民間企業也採用先進的虛擬實境技術。譬如，摩托羅拉的半導體產品部門測試一款由Modis訓練科技公司發展的虛擬實境訓練系統[23]。Modis是一家位於亞利桑納州的公司，專門提供虛擬實境的工廠設計，備有完整的產品線和設備。測試的結果很好：摩托羅拉受訓人員在虛擬實境的訓練中所犯的錯誤減少，學習的速度更快。平均學習的時間從六個禮拜減少到十天半。由於在半導體生產線上只要犯一個錯誤就可能導致公司損失50萬美元，因此摩托羅拉願意投資發展成本高昂的虛擬實境。長期而言，由於生產錯誤減少讓公司得以降低成本，相較之下，公司當初的投資也就微不足道。

需要不斷練習、從遠端進行的工作或平常不易看到或接觸到的物體或流程，都適合以虛擬實境進行訓練。對於極易對設備造成損害或對員工造成傷害的工作，虛擬實境的訓練也非常適合。

6 課堂指導和角色扮演

許多企業會以上課的方式提供資訊給受訓人員。課堂指導的方式雖然普遍被視為「無聊」，但如果配合其他的簡報技巧，其實也可以很有趣。譬如，錄影帶為上課的內容提供實際的例子，讓討論生動起來。在課堂上的案例研究和角色扮演（這兩者在本書都有介紹）提供受訓人員應用課堂所學的機會，並將這些知識轉移到工作崗位上。針對案例的問題進行討論、研究解決方案，有助於受訓人員了解技術方面的資料和內容，角色扮演則非常適合訓練人際相處的技巧。如果進行得宜，角色扮演讓受訓人員有機會應用他們從書本、錄影帶、電腦或其他媒體所學的技巧[24]。

❖ 訓練的類型

誠如先前所說，訓練的方式有許多種。在此我們介紹的是當今企業常見的訓練類型：技能、再訓練、交叉功能、團隊、創造力、多元性、危機以及顧客服務。

1 技能訓練

當我們想到訓練，大多數可能都會想到針對某種特定的技能需求或不足，這種類型的訓練可能是企業界最常見的。這流程很單純：公司透過完整的評估後找出技能所需和不足之處，並擬定具體的訓練目標以及達成這些目標的訓練內容。接著根據評估階段制定的目標，擬定評估訓練成效的標準。

2 再訓練

再訓練是技能訓練的一種，重點在於提供員工所需技能，讓他們跟上工作條件變化的腳步。譬如，成衣工廠的員工對於縫衣機操作之類的傳統技能不論多麼熟練，當公司對縫衣設備進行電腦化時，他們還是需要接受再訓練。可惜的是，儘管媒體經常強調再訓練對於企業界的重要性，但許多公司在更新設備時，並未同步更新他們人員的技能。他們誤以爲自動化表示員工只需一些技能即可操作，事實上自動化往往需要具備更多技能的員工。

可惜的是，再訓練的成效似乎不盡理想。政府的統計數據顯示，只有7%到12%遭資遣的員工利用職業訓練夥伴法案(Job Training Partnership Act, JTPA)的再訓練課程，而且並不是每個參加這課程的人都能完成或從中受益[25]。批評人士也指出，JTPA的就業率只有50%，令人失望。

3 交叉型功能訓練

傳統而言，企業已建立起專門的工作功能和詳細的工作說明。不過當今企業強調的是技能的多樣性，而不是專門化。

交叉型功能訓練是訓練員工讓他們熟悉本身工作以外的領域。訓練的方法有許多，其中包括：

❖ 交叉型功能訓練 (Cross-functional training)
訓練員工從事其職責以外的工作領域。

■ 工作輪調讓經理有機會接觸更廣泛的領域。

■ 各部門可以交換人員一段時間，讓員工了解其他部門的運作。

■ **同儕訓練者**是由高績效的員工擔任內部的在職訓練者，這對協助員工建立其他營運領域的技能極為有效[26]。

❖ 同儕訓練者 (Peer trainers)
由高績效的員工擔任內部的在職訓練者。

由於有些員工（甚至有些經理）排斥交叉型功能訓練的概念，所以公司應該讓他們知道這類訓練的重要性和好處。交叉型功能訓練的好處包括：

■ 員工的適應力愈強，就愈受公司重視。適應力能讓員工的工作獲得保障，公司的生存能力也更強。

■ 擁有多種技能的員工在事業生涯的發展上會更加順利。

■ 訓練同事有助員工更了解本身的工作職責。

■ 擴大員工的眼界有助他們增強對公司的了解，並降低監督的必要性[27]。有了這樣全面性的了解，員工也更能掌握行動方案可能對整體營運造成什麼影響，並運用他們在各個部門之間的人脈，一塊解決問題。

■ 有員工缺勤時，其他人可以替補他的工作，如此公司就比較容易採用彈性時間表。由於愈來愈多員工想要多花些時間和家人相處，所以企業界對彈性時間表的需求也跟著升高。通常來說，如果技術工人缺勤，生產往往會因此而中斷，甚至令公司增加成本。

在交叉型功能訓練方面，五十歲以上的員工對公司可能特別有價值[28]。年紀較長的員工通常做過各種不同的工作，自然而然具備可觀的交叉型功能訓練的經驗，他們對於公司的營運通常具備比較廣泛的認識。基於這些原因，年紀較長的員工在交叉型功能訓練計劃中，通常能成為有效的同儕訓練者。

4 團隊訓練

許多企業體認到透過工作團隊提昇生產力、效率和效能的重要性[29]，因此將愈來愈多工作交付給團體進行。基於兩個基本的團隊運作，團隊訓練可以分為兩個領域：內容任務和團隊流程[30]。內容任務(Content task)和團隊的目標直接相關，譬如，成本控制和解決問題。團隊流程(Group processes)則是指團隊成員運作的方式，譬如，團隊成員彼此如何應對、如何化解衝突、以及參與的程度有多密切。不同於傳統的個人訓練，團隊訓練不光是內容技巧而已，團隊流程也包括在內[31]。

令人意外的是，大家對於團隊訓練最有效的方法卻是一知半解。以下是如何指導團隊訓練的初步認識：

■ 團隊成員應該接受溝通技巧的訓練（表達和傾聽），促進全體成員彼此尊重。

■ 訓練應該強調團隊成員之間的互賴。

■ 訓練過程中應讓大家了解團隊目標和個人目標未必一樣的體認，並爲團隊成員難以避免的衝突提供化解的方法。

■ 由於團隊合作難免出現意外的情況[32]，所以訓練應該強調彈性。

戶外體驗訓練逐漸成爲組織團隊的熱門方式，特別受到管理階層的青睞。IBM、奇異電器和杜邦都定期率領上百位員工到森林裡進行這類訓練，希望藉此建立團隊合作的精神、提昇溝通的技巧以及加強他們的自尊心。這些體驗營的訓練計劃當中，許多跟外展訓練(outward Bound)很類似，不過後者對於體力的要求沒有那麼高。

5 創造力的訓練

許多企業紛紛採取創造力訓練，希望發揮員工創新的潛力。根據《訓練雜誌》(*Training*)的報導，員工人數在一百人以上的企業當中，提供創造力訓練的公司比例在1986年爲16%，到了1990年增加一倍到32%。1995年的比例爲35%[33]。

創造力訓練假設創造力是可以經由學習獲得。教導創造力的方法有幾種，這些方法都試圖協助人們以新的方式解決問題[34]。其中一種常見的方法是**腦力激盪**，這是讓參與者有機會公開激發點子、而無須擔心遭到批判的創意訓練技巧。當點子累積到相當的數量後，大家才開始針對各個點子的成本和可行性進行理性的判斷。一般而言，創造力有兩個階段：想像和實際[35]。腦力激盪過程中累積的點子只要符合這兩個階段，就可以接著進行理性的考量。表8.2說明激發創造力常見的方法。

❖ **腦力激盪 (Brainstorming)**
讓參與者有機會公開激發點子，而無須擔心遭到批判的創意訓練技巧。

表8.2 促進創造力的技巧

創造力是可以學得、發展的。以下方法可以改善受訓人員激發創新點子、和解決方案的技巧：

1. 類比和比喻：進行比較或找出相似之處，可以加強對狀況或問題的認識。

2. 自由聯想：說明問題時隨心所欲地用詞遣字，可以激發出意想不到的解決方案。

3. 自我類比：試著把自己視為問題，可以藉此獲得新的觀點，甚至可能想出有效的解決方案。

4. 心智圖法：找出主題，並在各個主題之間畫線代表彼此的關係，有助於釐清頭緒和其中的關聯。

資料來源：Adapted from Higgins, J. M. (1994). *101 creative problem solving techniques: The handbook of new ideas for business.* Winter Park, FL: New Management Publishing Company.

要突破習慣性的思考方式並不容易，因此創造力的訓練人員提供各種練習，協助受訓者以新的角度來看事情。達拉斯有位創造力顧問提供一種創新的訓練計劃：在一整天的訓練過程中，三十位企業高層主管向六位天資聰穎、活潑外向的當地學童傾吐他們在公司面臨的問題，由這些學童提供意見。這些企業主管覺得這種方法很有效，誠如德州公用事業採礦公司(Texas Utilities Mining)的執行主管所說，「他們沒有任何先入為主的想法」[36]。

當然，創造力訓練並非所有問題都能解決的神奇方案，天底下沒有任何訓練計劃這麼神奇。訓練計劃雖然有助於激發創造力，但公司環境是否支援創造力的發展才是更重要的要素。

6 多元性訓練

確定多元族群的員工彼此能夠相處與合作，對於公司的成功極為重要。誠如第四章所說，多元性訓練計劃的設計旨在協助員工了解具體的文化和性別差異，以及在工作場合上回應這樣的差異。多元性訓練對於團隊結構特別重要，不過白人男性可能將這種訓練視為針對他們，所以可能有所排斥[37]。多元性訓練必須關照所有族群的人員才能成功，其焦點應該在個人的優缺點上，而不是籠統地強調各族群之間的差異，如此多元性訓練計劃才能提供全體人員正面的體驗。近期有份針對《財星》五百大企業進行的意見調查發現，大多數企業都有提供多元性訓練，平均每名員工受訓的時間是五個小時[38]。大多數受訪者都認為多元性訓練有助改善企業文化、公司的招募活動以及和客戶的關係（有關這類訓練更詳細的說明請參考第四章）。

7 危機訓練

意外、災難和暴力事件都是人生難以避免的事情。諸如墜機、化學藥品外洩和工作場所的暴力事件都可能對公司造成很沉重的打擊。儘管如此，許多企業仍未對悲劇和後續處理做好準備。泛美航空(Pan Am)便是如此，該公司的班機因爲恐怖份子攻擊墜機，機上乘客無人生還，該公司在處理相關事宜時卻接連犯了一個又一個的錯誤。在此列舉其中幾個錯誤[39]：

- 該公司在電話答錄機上留言，通知該戶人家他們女兒的死訊。
- 有戶人家在等待他們獨子的屍體，但公司卻告知他們的「貨」已經到達。在當地機場，這戶人家被帶到一棟標示「家畜」的大樓前和鏟車司機碰面。
- 有位空服員原本要在死亡班機上服勤，但因有事而逃過一劫。她要求公司取消她下一個班次，可是公司卻告訴她不飛就會被開除，讓她感到氣憤難耐。

諷刺的是，泛美航空在墜機之前兩個月才剛演練過類似的狀況。不過危機管理訓練往往無法處理到危機中人的要素。

除了事後的危機管理之外，危機訓練也很重視預防。譬如公司愈來愈注重職場爆發暴力事件的可能性，譬如離職員工心懷怨恨回來報復或對配偶的暴力攻擊。預防性的訓練通常包括壓力管理、化解衝突、以及團隊建立的研討會[40]。

8 顧客服務訓練

企業逐漸體認到滿足顧客期望的重要性，特別是著重品質的企業。除了爲支援顧客服務建立相關的理念、標準和體系之外，這些企業通常還提供員工顧客服務訓練，讓他們可以滿足、甚至超越顧客的期望。有些公司則是在市場力量的迫使之下體認到顧客服務的重要性。Denny's是美國最大的家庭連鎖餐廳，該公司就是因此了解到顧客服務的重要性。Denny's對少數族裔的顧客服務較差且速度也較慢，因此在1994年被顧客以種族歧視爲由告上法院，Denny's在這場官司中敗訴，賠了4600百萬美元的和解金。不過，對於某些不擇手段的人而言，這樁案子的媒體報導意味著惡劣的服務讓他們有機會藉由法律途徑發大財。所以Denny's和其他家庭風格的連鎖餐廳紛紛將對顧客的傾聽、溝通和回應技巧納入訓練項目之中[41]。顧客服務訓練可能不光有助於提昇公司獲利，還能減少公司面臨歧視官司的可能性。

評估的階段

訓練流程評估的階段是針對訓練計劃的效能進行評估。公司可以貨幣或非貨幣的型態進行衡量，不管是以什麼型態，衡量重點都應該擺在訓練課程滿足需求的程度上。譬如，有家公司當初設計訓練課程是希望提昇員工的效率，那麼在進行評估時就應該以訓練課程在生產力或成本造成的影響爲重點，而非員工的滿意度。

訓練流程當中，評估階段往往遭受忽視。這就好像進行投資，但卻不檢驗投資報酬一樣。蒐集所需資料和撥出時間分析訓練結果或許並不容易，可是公司至少要估計訓練的成本和利益，即使這些資料無法直接進行評估。要是沒有這些資料，公司就無法展現訓練的價值，高層主管可能覺得沒有繼續進行訓練的必要。經理人筆記「這值得嗎？訓練的投資報酬」的單元中將說明估計訓練投資報酬的基本步驟。

聯合訊號(Allied Signal)的Garrett引擎部門就是個說明企業如何衡量訓練成果的例子。負責該單位訓練的人員以表8.3的四個層次評估訓練的效果。在第一個層次，受訓人員對課程和指導人員打分數。第二層次，參與者接受訓練後的測驗。測驗結果會跟他們在訓練之前接受的測驗結果進行

表8.3 Garrett引擎部門採取的四個衡量層次

層次	衡量種類
1	參與者接受訓練時對訓練的反應
2	參與者對訓練內容的學習
3	參與者在工作上應用新技能和知識
4	公司對訓練的投資報酬

資料來源：Pine, J., and Tingley, J. C. (1993). ROI of soft skills training. *Training, 30,* 55－60. Reprinted with permission from the February 1993 issue of *Training*. Copyright 1993. Lakewood Publications, Minneapolis, MN. All rights reserved. Not for resale.

比較，接著跟控制小組的測驗結果比較。在第三層次，受訓人員以學得的新技能和知識應用在工作上，並和控制小組的工作表現進行比較。第四階段，評估小組針對訓練是否對公司帶來實質影響的關鍵議題進行檢驗。

一般來說，前面三個層次的衡量結果都不錯。第一層次受訓人員對課程和指導人員評分，第二個階段的測驗則顯示受訓員工的績效高於沒有受訓的員工。第三個階段也是一樣的結果。不過，這個訓練對公司的獲利有帶來正面的影響嗎？

法務議題和訓練

和其他的人力資源功能一樣，訓練也得接受法律的規範。在此主要的條件是對員工一視同仁，提供他們接受訓練和發展課程的機會。平等機會和反歧視的法律規定，除了可應用在其他人力資源的功能上，在此也適用於訓練流程。

誠如第三章所討論，觀察訓練課程是否造成逆向衝擊是判斷有無歧視的主要方法。如果獲得訓練機會的女性和少數族裔相對較少，顯示公司在培養員工方面，對於不同族群的確有歧視存在。這種狀況可能引發調查，公司可能必須澄清人才訓練是以工作爲準，對於全體員工都是一視同仁。

特殊的議題：職前訓練和適應化

❖ 職前訓練 (Orientation)
這種流程讓新進員工了解公司對他們工作的期望，以及協助他們應付過渡時期的壓力。

雖然難以證明，但最重要的訓練機會可能是當員工剛進公司的時候。在這時，主管還有機會透過**職前訓練**爲新進員工設定基調。職前訓練讓新進員工了解公司對他們工作的期望，以及協助他們應付過渡時期的壓力。職前訓練是招募流程中適應階段（第五章曾簡短提過）的重要層面。

許多人把「職前訓練」和「適應公司」混爲一談，不過我們把後者定義爲一種長期的流程，其中幾個階段協助員工適應新公司，了解公司的文化和期待，以及適應工作。我們把職前訓練視爲一種短期的計劃，主要是讓員工了解新的職位和公司。

適應公司的過程可分爲三個階段：(1)期望；(2)面對現實；(3)安定下

來[42]。在期望的階段，一般而言，求職者透過報紙和其他媒體、口耳相傳、大眾關係等途徑對於公司和工作存有各種的期待。這些期望當中有些可能不切實際，日後導致員工感到失望，因而績效低落，離職率則居高不下。

實際工作預覽(Realistic job preview, RJP)可能是讓員工對工作的期望切合實際最好的辦法。誠如其名，實際工作預覽提供有關工作需求、公司對於職務人的期望以及工作環境的實際資訊。至於提供的對象則可能是求職者、剛被錄取、還沒開始工作的員工。譬如，某人應徵人壽保險業務員的工作，公司應該一開始就告知這份工作可能有哪些負面的部分，譬如佣金收入不一定，以及得對熟人推銷保險。當然，這份工作正面的部分，譬如個人的自主以及高收入的可能性，也都應該提及。

❖ **實際工作預覽**
(Realistic job preview, RJP)
讓人們彼此不同的人類特質。

在「面對現實」的階段，新進人員開始工作，並面臨工作的現實層面。即使有進行過實際工作預覽，公司還是應該對新進人員提供有關政策、程序、報告關係、規則等資訊。就算新進員工在其他地方累積了豐富的經驗，這類資訊還是很有用，因為企業或工作單位做事的方式往往跟員工以往習慣的方式有些差異。而且，有系統地提供有關公司和工作的資訊，可讓新進員工覺得受到公司的重視，對他們而言是個好的現象。

在「安定下來」的階段，新進員工開始覺得自己是公司的一份子。如果順利，員工會覺得和工作很契合，並對自己在單位裡扮演的角色感到自在。如果這個階段進行得不成功，員工可能會覺得和工作單位有距離感，覺得自己不是公司的一份子。員工導師計劃(employee mentoring program)由資深員工擔任新進人員的顧問，或許可以確保「安定下來」階段的成功[43]（我們會在第九章詳細說明這種計劃）。譬如，Bojangles快餐店發展出一種「夥伴體系」(buddy system)，協助新進人員的職前訓練，有助於降低員工的離職率。這套系統讓每個新進人員都有一個「導師」，為他們提供事業方面的建議[44]。

可惜的是，並非所有公司都積極提供新進人員職前訓練。剛進公司時，你可能發現主要還是得靠自己的力量適應新公司。

當新進人員還在適應的時候，如果直屬上司不予以支持，就算公司提供再好的適應計劃也是枉然。

對於管理者而言，重點在於適應的過程可能要好幾個月，而非一天就可以完成的。Intracorp公司體認到這點，發展出一種叫做「新方向」(New Directions)的適應流程，協助員工進行職前訓練[45]。這套計劃執行的目的在於降低新進人員在第一年的離職率。

新方向計劃可以分爲四個階段：

■ **第一階段**：提供員工有關公司的期望和對產品的訓練。

■ **第二階段**：爲期一天的訓練，讓新進人員了解公司的歷史、策略、政策和福利。

■ **第三階段**：員工就職後的頭三個月，焦點在於訓練員工了解市場、公司的顧客以及業務計畫。

■ **第四階段**：進行至少六個月，包括中期的檢討和意見回饋。

該公司新進員工頭一年的離職率本來很高，但這項計劃成功地降低離職率。其他公司（譬如德州儀器）也有類似的計劃[46]。

摘要與結論

❖ 訓練和發展

訓練和發展雖然通常被混爲一談，但這兩個名詞其實是不一樣的。訓練的焦點通常在於提供員工具體的技能，協助他們更正績效不足的問題。發展則是提供員工公司未來需要的能力。

❖ 訓練的挑戰

在展開訓練計劃之前，管理者必須回答這些重要的問題：(1)訓練眞的能解決問題嗎？(2)訓練的目的是否明確實際？(3)訓練是好的投資嗎？(4)訓練有效嗎？

❖ 訓練流程的管理

訓練流程包括三個階段：(1)需求評估；(2)開發和進行訓練；(3)評估。第一個階段找出公司、任務和個人的需求，藉此作爲訓練的目標。訓練的進行有幾種方案可以選擇。譬如訓練進行的地點可以分爲在職訓練或職外訓練，呈現的方式也有不同的選擇（幻燈片和錄影帶、視訊訓練、電腦、模擬、虛擬實境、課堂指導以及角色扮演）。公司應該選擇最適合的訓練（譬如，技能、再訓練、交叉功能、團隊、創造力、多元性、危機以及顧客服務）來達成目標。在最後評估的階段，則是衡量訓練計劃的成本和好處，藉此判斷訓練的成果。

❖ 特殊的議題：職前訓練和適應化

企業應該特別注重員工的適應。適應過程的第一個階段是爲員工進行職前訓練，或讓新進員工了解公司對其工作表現的期望，並協助他們處理換工作時或多或少會出現的壓力。公司和主管必須體認到員工適應是一個長期的過程，應該仔細加以規劃，這樣的體認將有助公司降低員工的離職率。

問題與討論

1. 績效問題在職場上非常普遍。人們的努力似乎總是不夠，工作場所的人際衝突似乎層出不窮。訓練是這一切的解答嗎？如果是，應該進行哪種訓練？另外可能還有哪些適合的方案？

2. 訓練提供員工在工作上所需的技能。不過許多公司屬於動態的環境，變化是家常便飯。在工作職務不斷改變的環境下，訓練的條件要如何判斷呢？

3. 根據一份意見調查，受訓者認爲訓練人員應該具備的成功特質如下：對主題的知識、適應能力、誠懇以及幽默感。你覺得訓練者應該另外具備什麼特質才能成功地進行訓練呢？

你也可以辦得到！ 以顧客爲導向的人力資源個案分析8.1

❖ 歷險團隊建立：真有效果還是只是糖衣？

信賴、冒險、解決問題以及人際之間的關係，對於團隊的有效表現都很重要，但有時候問題也正出在這些領域。有些公司以戶外歷險、攀岩課程和運動活動來處理這些問題，然而關鍵性的問題在於這些體驗是否眞的改善職場團隊的表現？有時候，這些活動的進行未必如規劃那般順利，而且這些活動是否眞的能改善團隊表現似乎主要是一種信念，並無明顯的證據可以證明。且讓我們看看漢堡王走火訓練的例子。

漢堡王爲了建立團隊精神，要求員工接受走火的訓練，希望藉此激發冒險精神和同志之間的情誼。員工得赤腳走過溫度約達華氏一千兩百度的煤炭，不幸的是，這個建立團隊練習的結果是參加者的腳慘遭一級和二級的燒傷。儘管如此，負責組織這項活動的主管依然肯定這項計劃，並強調員工的付出和所展現的勇氣。

除了走火之外，其他激烈的團隊建立方式（譬如攀岩和軍事化的演習）同樣也有助於促進團隊成員之間的互信。不過，這些計劃通常需要員工出差到工作場所之外的地點進行，所以費用可能會相當高昂。可是，這些計劃眞的有效嗎？批評人士認爲這只能解決眼前的問題，對於長期或根深蒂固的問題卻沒有辦法解決。知名的管理顧問史蒂芬．柯維(Stephen Covey)就認爲這些方式不過是「棉花糖」、「粉飾太平的工具」。

關鍵性的思考問題

1.你認爲值得採取密集的團隊建立方式嗎？請說明你的理由。

2.漢堡王的管理階層宣稱走火訓練計劃的結果整體而言是正面的，你認同嗎？

3.人們通常認爲，訓練的體驗愈是貼近工作情況，訓練所得就愈能轉移到工作上。譬如，訓練的設備跟工作使用的設備愈是類似，員工在實際操作時所犯的錯誤就愈少。然而，戶外歷險和其他密集的團隊建立練習跟大多數工作情況完全不符合，除非走火或攀岩也是工作的一部分。這種訓練和工作情況之間缺乏相關性，你覺得會不會對訓練心得的轉移構成問題？請說明之。

團隊練習

有些人體驗過密集團隊建立的練習，譬如攀繩或攀岩。請讓小組成員聯絡親朋好友和鄰居，找出曾經接受過這類訓練的人並進行訪問，了解他們經歷過的訓練、訓練的重點爲何以及他們認爲訓練的成果如何。蒐集相關的體驗說明之後向全班同學報告。你們能從這些體驗當中得到任何的結論嗎？除了主觀的評斷之外，你們還可以另外哪些資訊判斷密集的團隊建立練習是否有效？

資料來源： Adapted from McMaster, M. (2002). Roping in the followers: High-dollar, high-excitement team-building courses may be the last thing your sales force needs. *Sales & Marketing Management, 154,* 36(4).

你也可以辦得到！ 以顧客爲導向的人力資源個案分析8.2

❖ 優利卡牧場的建議

創造力這個名詞讓人想起藝術家溫暖而朦朧的形象，不過對於許多企業而言，創造力是以冷酷、一板一眼、創新的型態，跟業績成果息息相關，在競爭激烈和動蕩的市場裡是企業生存的必要條件。將創造力和業務績效相連正是優利卡牧場(Eureka Ranch)的特殊利基。

優利卡牧場是由寶鹼前任行銷執行主管道格．赫爾(Doug Hall)成立。這項創造力訓練計劃和其他類似計劃的不同之處在於，優利卡牧場有針對激發商業點子和發明的企業進行周詳的統計數據分析。在對百事可樂、耐吉以及華德迪士尼等客戶的經驗進行過研究之後，優利卡牧場找出幾個關鍵要素，說明企業如何透過創造力提昇業績成果。這些要素可以分爲行銷和創造力，以下摘要加以說明。

❖ 行銷

■ **好處**：產品或服務必須具有明顯的好處，並且讓資訊超載的顧客一眼就注意到。

■ **可靠**：這些好處必須值得信賴，基於（譬如）公司的聲譽、保證或使用者的推薦。

■ **獨特性**：產品或服務需要和現有產品不同。

❖ 創造力

■ **相關和不相關的刺激**：點子的激發可以透過相關或相似的事物、也可以透過不相關或不同的事物。

■ **思考的多元性**：結合思考方式和解決問題方式不同的人（未必是指族群的多元），有助於激發更大量且更多元的點子。

■ **恐懼要素**：人們擔心受到績效或其他可能的負面結果，因此不願說出眞正的想法。若要成功激發創造力和有效執行新的點子，就必須消除恐懼要素才行。

❖ 關鍵性的思考問題

1.優利卡牧場創造力計劃的花費從免費試用到15萬美元的完整版，完整的訓練當中包括人工智慧，可以評估點子在市場上成功的機率。你覺得這樣的訓練值得嗎？請說明之。

2.創造力聽起來是個正面且理想的特質。什麼樣的情況下，你不希望員工發揮創造力？請說明這些情況。

3.根據優利卡牧場宣揚的關鍵要素。你會如何將這些要素應用在自家公司，激發產品或服務的點子，提昇公司的獲利？

團隊練習

優利卡牧場認爲創造力是可以經由學習獲得，不過創造力也可能因人而異，有些人天生就比較有創造力，有些人則否。

請把你的小組分爲兩小組，一組以訓練的方式激發創造力，另外一組則根據個人天生的創造力。你要分別如何管理和激發創造力？找出你們主要的體系結構和流程，兩組都應該共用同樣的體系。接下來，如果創造力既是可以經由學習獲得，同時也是因人而異，請說明你會如何管理，並促進創造力。

資料來源： Adapted from Kaplan-Leiserson, E. (2001). Eureka! *T + D, 55,* 50-61.

生涯發展

挑戰

讀完本章之後，你將能更有效地處理以下這些挑戰：

1. 建立完善的流程協助員工發展事業生涯。
2. 了解如何發展自己的事業生涯。
3. 找出過度重視事業發展的負面層面。
4. 了解雙薪生涯的議題之於生涯發展的重要性。
5. 建立技能庫存和生涯發展的途徑。
6. 建立支持生涯發展的企業文化。

何謂生涯發展？

誠如第八章所說，生涯發展和訓練不一樣。生涯發展的焦點較廣，時間架構較長且範疇較廣。訓練的目的在於改善績效，生涯發展的目標是讓員工具備更多的能力。**生涯發展**並非單次的訓練計劃或生涯規劃研討會便可達成。這是一種持續性且正式化的努力，將人視為重要的公司資源[1]。

意見調查的結果顯示，縮編和環境變化迅速之類的企業現實面對於員工的生涯態度已造成影響[2]。有份針對一千位成人進行的全國性意見調查顯示，只有56%的受訪者認為長期的生涯發展必須在同一家雇主長期服務才行。愈來愈多人（特別是具備大學學歷或年薪在5萬美元以上的人）認為可以透過跳槽獲得生涯的晉升。外部安置公司Challenger Gray & Christmas執行長約翰．錢林傑(John Challenger)表示，去年第四季有半數以上的客戶在新的產業找到工作，這是十年來的高點。他指出，大多數的技能是可以轉移到其他產業，而這些技能在其他產業往往比目前的工作更為重要。下頁經理人筆記：新興趨勢「轉換跑道：改變產業，而不是生涯」的單元將探討人們為什麼要改變產業，但仍維持同樣的生涯焦點。這個單元也針對如何成功轉換產業提供幾點建議。

商業環境的不確定性以及員工態度的變化都是生涯發展的障礙。儘管如此，生涯發展依然是個重要的活動。企業要想成功，就需要擁有技能和充分投入的員工，而生涯發展對於管理者招募和留任這樣的人才極為重要[3]。不過，前提是雇主和員工的動態需求必須獲得滿足才行。

在1970年代，大多數企業的生涯發展計劃都是為了滿足公司的需求（譬如為預期的管理職缺培訓員工），而不是為了滿足員工的需求[4]。現在，生涯發展通常是為了滿足雇主和員工的需求。表9.1顯示如何結合企業和個人的生涯需求，締造成功的生涯發展計劃。許多企業將生涯發展視為避免員工對工作感到精疲力竭（參考第十六章）、改善員工工作生涯，以及遵守平權措施目標[5]的方法。

經理人筆記

新興趨勢

轉換跑道：改變產業，而不是生涯

人們考慮換工作有幾點原因如下。因爲公司縮編而丟了工作的人可能想要在其他領域有個新的開始。就算在縮編當中倖存的人，也可能想找個更有保障的工作環境。再者，人們可能單純想要改變工作環境。然而在大多數情況下，對生涯發展做出巨大改變都是不切實際的選擇。爲了改變生涯，人們得建立新的技能和專長，這可能表示他們得在陌生的領域取得新的學歷或證書。不過，如果只是改變產業，可能就無須建立全新的技能。

爲什麼要改變服務的產業呢？因爲別的產業看起來較有前景。以下是預期的成長產業：

- **健康醫療**：健康相關產業（譬如醫院、診所和生物科技公司）預料將有很大的發展機會。
- **政府**：由於美國政府的資深執行主管預料在2005年將有45%即將退休，因此政府對員工的需求預料會增加。
- **教育**：2008年之前預料有兩百多萬名教師即將退休。
- **保全和保險**：在2001年911恐怖攻擊事件後，保全和保險領域的需求大增，因此這些產業對員工的需求也跟著攀升。

你可能覺得某些產業很有吸引力，但不見得知道如何才能打入這些市場。招募人員和獵人頭公司通常會淘汰掉毫無經驗的人。以下幾個重點可以協助各位成功地轉換到新的產業。

- **廣結人脈**：企業只要一有職缺，履歷表就如雪片般地飛來，如果是以電子郵件的方式數量更是可觀。然而，如果你在這個產業有個朋友是某公司的經理，說不定對你會非常有利。最近有個意見調查發現企業聘僱的新人通常是由員工推薦的。除此之外，你還可以透過親朋好友和在企業界的人脈針對你想要進入的產業宣揚你的技能和經驗。
- **學習專門術語**：有些產業（譬如生物科技）使用許多的專門術語。如果你想要融入這個產業，不要讓別人注意到你是外人，就學著使用這些術語。
- **做好功課**：幾乎任何產業的公司都可以從網路上找到相關資訊。
- **了解自己**：你有什麼興趣和價值觀？你願意放棄什麼？哪些又是你堅持且沒有談判空

間？回答這些問題有助判斷你想要進入的產業和公司是否眞的合適你。知道自己願不願意爲了某個在比較鄉下的工作接受減薪，或能不能適應步調快速的環境，有助於迅速判斷機會和自己是否眞的契合。

- **不要斷了後路**：你在心儀的產業找到新工作，上任後不久可能發現這個產業沒有當初想像得那麼有發展，這時你可能覺得當初的決定錯誤。基於這樣的可能性，請和以前的同事保持聯繫，並掌握老東家的產業動態。維繫人脈和知識的基礎，可以避免徹底失業。

資料來源：Adapted with permission from Harrington, A. (2002). Make that switch. *Fortune, 145,* 159+.

表9.1 生涯發展體系：結合企業的需求和個人對生涯發展的需求

企業的需求

未來兩三年企業主要的策略性議題為何？

- 公司未來兩三年最重要的需求和最大的挑戰為何？
- 公司將需要哪些關鍵技能、知識和經驗，才能克服這些挑戰？
- 需要增添多少人員？
- 公司有沒有足夠的力量克服這些挑戰？

議題

員工生涯發展的方式，是否一方面追求個人成就和滿足感，一方面則達成公司的策略性目標？

個人的生涯需求

未來兩三年企業主要的策略性議題為何？

- 發揮我的長才。
- 滿足我對生涯發展的需求。
- 提供挑戰。
- 符合我的興趣。
- 符合我的價值觀。
- 符合我個人的風格。

資料來源：Gutteridge, T. G., Leibowitz, Z. B., and Shore, J. E. (1993). *Organizational career development: Benchmarks for building a world-class workforce.* Reprinted with permission from *Conceptual Systems,* Silver Springs, MD.

生涯發展的挑戰

當今大多數商場人士都認爲公司應該投資生涯發展，但對於應該採取什麼方式則不見得那麼清楚。在討論生涯發展計劃之前，讓我們先探討管理階層需要考慮的三大挑戰。

應該由誰負責？

第一個挑戰是決定事業生涯活動最終應該由誰負責。傳統官僚體系的企業裡，生涯發展是「爲」員工進行的。譬如，公司可能具備評鑑中心，找出具有擔任中高層管理者之特質的員工，然後爲他們安排各種培訓計劃：特殊專案、國際單位的職位、執行訓練計劃等。獲得青睞的這名員工雖然知道公司的培訓目的，但不會積極參與生涯發展的決策。

應思考的道德問題

公司對於員工生涯發展的管理負有多少責任？公司可以對此負起太多的責任嗎？何種情形下可能對員工造成傷害？

相反地，許多現代企業認爲員工必須積極參與個人生涯發展計劃的規劃和執行。1980年代和1990年代的併購、縮編，讓各層主管了解到他們不能仰賴雇主爲他們規劃事業生涯。

愈來愈多公司將生涯發展的責任交給員工。員工授權的方式固然不錯，但如果做得過頭可能適得其反。當今企業的組織比較扁平，階級升遷的機會比起傳統官僚體系的企業要少得多，如果賦予員工自行管理生涯發展的全部責任可能會有問題。員工至少需要一般性的指引，讓他們了解不論在公司內外，生涯發展可能有哪些步驟。

重視的程度怎樣才算恰當？

我們先前指出，生涯發展是企業投資其人力資源不錯的方法。不過，太過注重生涯發展可能會對企業效能造成打擊[6]。員工如果極爲注重生涯發展，對於形象的重視可能更甚於表現。

員工對於生涯發展的重視程度究竟怎樣才算是過度很難說，不過，在此有幾點是管理者應該注意的警訊：

- 員工對於升遷機會的重視是否更甚於績效的維繫？
- 員工對於經營在他人眼裡的形象是否比對實際狀況更爲重視？
- 員工對於廣結人脈、逢迎拍馬和出席社交場合的重視程度是否更甚於工作績效？短期而言，採取這類策略的人通常能獲得不錯的升遷機會，可是他們在工作上早晚會碰到無法應付的職務或議題。

不論如何，研究發現這樣的策略的確有助於員工在公司的升遷[7]。

管理者也得了解，生涯發展計劃可能造成嚴重的反效果——如果這類計劃讓員工對升遷產生不切實際的期待，日後可能因爲失望心生不滿，令績效低落，增加離職率。

如何滿足多元性員工的需求？

爲了滿足當今多元員工對生涯發展的需求，企業得破除阻礙員工晉升的障礙。在1991年，政府首度對玻璃天花板進行大規模研究，結果發現女性和少數族裔不光被排除在執行主管的位階之外，就連低階主管的位置也擠不進去。這項研究顯示，女性和少數族裔經常被排拒在非正式的生涯發展活動之外，譬如人脈的結交、輔導以及參與制定決策的委員會。除了直接了當的歧視之外，造成女性和少數族裔遭到排斥的原因還包括私下口耳相傳的招募方式、公司並未重視平等就業機會的招募規定，也未指示主管予以遵守、缺乏輔導，以及公司過快挑選有發展潛力的員工[8]。

不過，這當中有些問題出在性別或種族的薪資差異，而非行動力和升遷的機會[9]。最近有項調查顯示大學也有玻璃天花板的現象，女性教職員的人數比例從1974年到1975年的22.5%，增加到1997年到1998年的33.8%。雖然如此，大多數女性還是處於比較低的位階。1997年到1998年，大學高層教授中只有18.7%爲女性。

有趣的是，玻璃天花板的現象可能是造成美國小型企業暴增的原因之一。美國企業當中大約有三分之一（約八百萬家）是由女性所擁有。不過這個數字可能即將出現變化：女性成立公司的速度是全部企業的兩倍[10]。有項調查針對女性企業業主進行研究發現，許多人士因爲對企業界和晉升的障礙感到失望，才會想要自行創業。

女性和少數族裔的晉升機會已有改善的跡象。譬如，美國人事管理局(U.S. Office of Personnel Management)1999年的報告發現，1998年52%的晉升機會是由女性獲得[11]。目前，大約43%的聯邦政府工作人員爲女性。在爲數七十一萬六千名的女性員工當中，22%受雇職等屬於資深位階（年薪高達12萬5000美元），高於1993年的13%。儘管政府機關的玻璃天花板尚未破除，但看來至少已有改善。

女性在資訊科技、健康醫療和工程等領域的晉升機會獲得明顯的改善，但整體而言玻璃天花板仍舊存在。這情況看這個數據就很清楚：《財

惠普總裁兼執行長菲奧莉娜(Carly Fiorina)是《財星》一千大企業當中少數執掌執行主管位階的女性之一，她認為高科技產業的玻璃天花板正在逐漸破除當中。

星》一千大企業當中，最高階執行主管位階裡女性只佔了2.7%[12]。就算在健康醫療領域，雖然有很多晉升的機會，但玻璃天花板似乎還是存在。譬如，某家健康醫療企業的執行長康蘇羅．戴茲(Counsuelo Diaz)認為，健康醫療產業大體而言仍為男性所主控，而這些男性主管出於潛意識，還是偏好同為白人男性的人選[13]。以她看來，女性和少數族裔面對玻璃天花板的問題還有好長的一段路要走。

其他國家對於女性升遷的障礙可能更甚於美國。下頁「生涯晉升與亞洲女性：海外的玻璃天花板」單元中將探討亞洲的玻璃天花板。

另外一個需要特殊考量的就業族群是**雙薪配偶**(Dual-career couple)。將近80%的配偶都是雙薪配偶，雙薪家庭正逐漸取代單薪家庭成為主流型態[14]。當配偶雙方都有事業要顧時，個人生活層面也會對事業生涯造成影響。譬如，如果配偶當中一方在別的地區有升遷的機會，這對雙方和對彼此服務的公司都會構成一大考驗。與其等待這樣的危機出現才解決彼此事業上的衝突，配偶雙方最好及早規劃事業發展，並針對各種可能性進行討論。這樣公司頓然失去人才的可能性也會降低。

❖ 雙薪配偶 (Dual-career couple)
配偶雙方都有職責和要顧及的生涯。

有些公司以彈性工時、電子通勤（這兩種方法在第四章都有討論）以及托兒服務（參考第十二章）之類的方式滿足雙薪配偶的需求。過去十年

生涯晉升與亞洲女性：海外的玻璃天花板

要在企業界脫穎而出並不容易，這對亞洲的女性而言格外困難。中國、越南、韓國、日本、香港以及其他亞洲國家的女性面臨的晉升障礙可能更甚於美國。

亞洲國家對於女性晉升的態度可能跟文化有根深蒂固的關係，甚至許多亞洲女性認爲這是天經地義，而且可以接受的，有些亞洲女性並不認爲職場有這樣的晉升障礙存在，甚至對這些障礙表示認同。譬如，某家亞洲銀行的女性副總裁對記者表示，男性執行主管的體力可能比女性強，可以應付比較長時間的工作。有家營建公司的主管認爲女性工程師缺乏所需的體力、擺不平工人，或者比較容易受到工作地點危險性的威脅，所以決定僱用男性工程師，這名主管的太太在某家泰國金融公司也是擔任主管職務，居然也認同丈夫的看法。

資料來源：[a]Yamaguchi, M. (1999, February 9). Japan shuns career women. *Arizona Republic,* E10. [b]Ibid. [c]Marshall, S. (1999, May 21). Executive action: Women stereotyping women－Compounding glass ceiling, some women may construct their own workplace barriers. *Asian Wall Street Journal,* P3. [d]Ibid. [e]Schellhardt, T. D. (1999, June 1). Managers and managing: Asian women seeking MBAs at U.S. schools. *Wall Street Journal,* 4. [f]Ibid. [g]Ibid.

來這類做法變得愈來愈普遍。全球管理顧問公司Hay集團最近發表的報告指出，這波更有彈性且更以家庭爲導向的福利趨勢預期會持續下去[15]。這讓員工可以更有彈性的方式完成公司交付的任務，不過這些方式對於生涯造成的影響需要仔細地考量。譬如，電子通勤或許讓你當下獲得極大的便利，但是這對你長期的生涯機會會造成什麼衝擊？你在工作場所出現的頻率愈低，當機會出現時，人們想到你的可能性也愈低。

專家強烈建議爲面臨海外調派機會的雙薪配偶提供諮詢和輔導；現在愈來愈多配偶面臨這樣的情況，這是以往前所未見的現象[16]。公司要是沒有積極提供生涯支援的相關計劃，員工可能因爲雙薪生涯的問題而拒絕調派，要不就是外派人員無法妥善執行任務。這些可能性都會令公司付出沉重的代價，因爲公司會賦予這類任務的通常是高績效的人才，而且這類外派任務的相關訓練、住房安排以及搬遷成本通常相當可觀。

爲外派人員的配偶提供生涯發展和支援，有助於降低公司的風險[17]。譬如，公司可以提供外派人員的配偶各種協助，諸如參與專業機構、補助學費、找工作的協助，以及提供到會議地點的運輸工具，讓他們加速適應新的地方和當地文化。

不論有沒有外調的機會，雙薪配偶對於家庭相關事物的憂慮，往往造成雙方的壓力、憂鬱和焦慮[18]。雙薪配偶至少有一方可能得在上班的時候處理私事和個人的問題。愈來愈多公司除了一般對家庭有助益的福利之外，還提供工作－生活計劃(work-life programs)，藉此減緩雙薪家庭的壓力[19]。這種工作生活計劃是委外進行的諮詢和轉介服務，所提供的服務可能從尋找托兒所（寶鹼和Aetna等公司有提供）乃至於爲寵物尋找狗窩〔星巴客（Starbucks）〕或提供律師服務(U.S.Bancorp)。

譬如，萬豪酒店希望員工帶著愉快的心情上班服務顧客，所以從1996年起提供員工工作生活計劃，每個員工每年的成本約爲12美元。由於員工曠職之類的情況獲得改善，讓公司省下不少成本，據估計這項投資報酬率高達400%。工作生活計劃可以協助全體員工，而不是只有雙薪配偶而已，不過有小孩的雙薪配偶可能受惠最深。

迎接有效生涯發展的挑戰

生涯發展計劃的建立包括三個階段：評估階段、指引階段和發展階段（圖9.1）。圖9.1中這三個階段雖然是分開的，但實際的生涯發展計劃中這三者通常混合在一起。

評估階段

生涯發展的評估階段可以分爲自我評估和公司進行的評估。不論是由員工自行進行或由公司提供，評估的目的都是爲了找出員工的長處和弱點。如此有助於員工(1)選擇實際上可以達成且合適自己的生涯；(2)判斷達成其生涯目標需要克服什麼樣的弱點。表9.2列舉一些常見的評估工具。

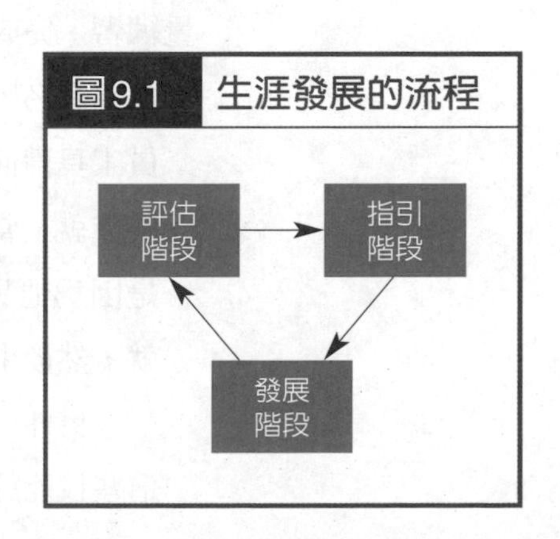

圖9.1 生涯發展的流程

表9.2 常見的評估工具

自我評估	企業評估
生涯規劃手冊	評鑑中心
生涯規劃研討會	心理測驗
	績效評估
	升遷潛力的預測
	接班規劃

❖ 自我評估

對於想讓員工自行掌控生涯發展的公司而言，自我評估的重要性愈來愈高。自我評估的主要工具有生涯規劃手冊(career workbook)和生涯規劃研討會(Career planning workshops)兩種。

生涯規劃手冊過去幾十年來一直很受到歡迎。在1970年代常見的是一般性的生涯規劃手冊，但在1980年代量身打造的規劃手冊逐漸受到青睞。後者除了具備一般手冊的練習之外，可能還包括公司有關生涯議題的政策和程序說明，以及公司內生涯發展途徑和可有的選擇。

生涯規劃研討會可能由公司的人力資源部門主辦，或由顧問公司、當地大學之類的外界機構提供。這種研討會可以讓員工了解公司內有哪些生涯發展的選擇，也可針對參與者對生涯的期望和策略提供意見回饋。大多數生涯規劃研討會的參與者都是自願參加的，有些公司在上班時間舉行這樣的研討會，藉此展現他們對員工的承諾。

不論是透過生涯規劃手冊還是研討會，自我評估通常包括進行技能評量練習、完成興趣量表和澄清價值觀[20]。

■ 誠如其名，技能評量練習(skills assessment exercises)的設計是為了找出員工具備何種技能。譬如手冊裡的練習可能要求員工簡單列舉自己有哪些成就。當員工完成後（譬如列舉了五項成就），接著得判斷這些成就是因為他具備哪些技能。在研討會裡，參與者可能分組討論彼此的成就，然後小組成員判斷這些成就當中牽涉到哪些技能。

另外一種技能評估練習是列舉出各種技能，要求員工就兩個層面對這些技能評分：他們對這些技能的熟練度，以及他們喜歡使用這些技能的程度。然後就他們的評分對每個技能計算出總分：譬如，熟練度的評分乘以偏好度。表9.3顯示這種評估技能的方法。分數低於六表示弱點或不喜歡，六或高於六則表示長處。這種計分模式有助員工了解自己最適合的生涯總類。

■ 興趣量表(interest inventory)是衡量個人對於哪種職業有興趣的方法。現在有各式各樣現成的興趣量表可讓員工評估自己對何種生涯最有興趣。其中最有名的是史氏職業興趣量表(Strong Vocational Interest Inventory)[21]。這套量表列舉各種活動，譬如和年長者對應、發表演講與慈善募款，請使用者評估自己對這些活動的興趣強弱。回覆的評分經過計算後，可以找出使用者對哪些職業的興趣和該領域的從業人員不相上下。

表9.3 技能評估練習的範例

用以下的評量表對自己的各項技能評分。評分層面包括自己對這些技能的熟練度和偏好度。

熟練度：

1	2	3
仍在學習	OK──有能力	熟練

偏好度：

1	2	3
不喜歡使用這個技能	OK──對於這項技能的使用並不特別喜歡或討厭	真的很喜歡使用這項技能

技能項目	熟練度	×	偏好度	=	分數
1. 解決問題	______		______		______
2. 團隊簡報	______		______		______
3. 領導能力	______		______		______
4. 列舉清單	______		______		______
5. 談判	______		______		______
6. 衝突管理	______		______		______
7. 排程	______		______		______
8. 代表	______		______		______
9. 参與式管理	______		______		______
10. 意見回饋	______		______		______
11. 規劃	______		______		______
12. 電腦	______		______		______

■ 澄清價值觀(values clarification)是依序排列重要價值觀的練習。通常來說，這種練習會列舉出各種價值觀，然後要求使用者評估自己對這些價值觀的重視程度。譬如，公司可能列舉出安全、權力、金錢和家庭，請員工就這些價值觀在他們人生當中的重要性加以排列。知道自己最重視哪些價值觀，有助員工做出理想的生涯抉擇。

❖ 企業評估

企業傳統的甄選工具當中（參考第五章）有些也可以作爲生涯發展之用。譬如評鑑中心、心理測驗、績效評估、升遷潛力的預測以及接班規劃。

■ 評鑑中心的練習是視情況而定，諸如面談、待辦文件夾練習以及商業遊戲，通常是用來甄選管理人才。評鑑中心通常是作爲甄選的工具，但企業逐漸應用在生涯發展的相關計劃上。以發展爲導向的評鑑中心主要是提供員工意見回饋和方向的指引[22]。評鑑中心評估特定工作所需的能力，並爲參與者提供意見回饋，說明練習中發現他們的能力具備哪些長處和弱點。這樣的意見回饋有助加強員工對本身技能的了解，並藉此開發務實的生涯目標和計劃。

令人驚訝的是，作爲發展之用的評鑑中心幾乎沒有什麼實證研究[23]。不過根據有限的幾項研究結果，評鑑中心對於參與者的確有重大正面的影響，即使在評鑑中心的練習進行好幾個月後也是如此。

■ 有些公司也以心理測驗協助員工加強了解自己的技能和興趣。這些測驗可以衡量人格和態度，興趣量表也是屬於這一類[24]。

■ 績效評估(performance appraisal)也提供寶貴的生涯發展資訊。可惜的是，這類評估往往侷限在過去績效上，而非以未來的績效改善和發展方向爲導向。未來導向的績效評估可以讓員工了解本身的長處、弱點以及可以發展的生涯路徑。

❖ **升遷潛力的預測**
(Promotability forecast)
由管理者對屬下升遷潛力進行判斷的生涯開發活動。

❖ **接班規劃**
(Succession planning)
準備執行主管位階接班人的生涯發展活動。

■ **升遷潛力的預測**(Promotability forecast)是由管理者對屬下升遷潛力進行判斷。公司可以藉此找出具有高度發展潛力的人才[25]，提供各種培訓計劃（譬如讓他們參與執行訓練研討會），協助他們發揮晉升的潛力。

■ **接班規劃**(Succession planning)是爲執行主管的職位做好接班的準備。正式而言，接班規劃是根據公司的策略計劃對發展的需求進行檢驗。也就

有些公司會請外界顧問評估他們內部的升遷人選。在此，創造力領導中心(Center for Creative Leadership)的心理學家透過單向的玻璃窗對人選的領導能力進行評估。

是透過正式的方法找出公司未來的方向和挑戰，進而判斷新的領導者需要哪些能力[26]。接著公司會在內部和對外挑選幾個適合接班的人選，進而和他們聯繫，並針對公司所需的能力領域對他們進行追蹤。這個追蹤和觀察的過程通常會持續進行，讓人選名單可以一直保持在最新的狀態，直到領導人員的需要接班爲止。接班規劃讓公司得以塡補關鍵職位的人選，以免營運因爲接班問題而中斷。如果沒有進行接班規劃，公司可能因爲沒有做好準備而犧牲獲利能力，甚至呈現不穩定的狀態。

接班規劃是生涯發展領域最複雜的挑戰之一。企業在安排高階主管的接班人選時，往往被控歧視女性和少數族裔。除了歧視之外，接班規劃通常並非正式進行的型態，使得公司在無意之間將這兩種族群排除在外。正式的接班規劃（譬如3M和澳洲最大銀行WestpacBanking集團）可以讓公司挑選高潛力人才和接班人選的流程比較公平。

有哪些員工特質可以預測他們在管理和執行主管位階的成功與否？AT&T的研究人員率先對這個領域進行研究。譬如，二十年前有份調查研究各種教育背景對於管理績效的影響。研究結果發現，大學主修科目和課外活動的參與程度都對日後管理績效有著很大的關聯。研究人員發現，成績可以預測日後擔任主管工作時的動機程度，成績本身主要是反映出主管的工作倫理，而不是他們在各種課程裡得到的技能或知識程度。

近年有份研究針對一千三百八十八名企業執行主管進行研究，試圖了解人口統計資料、人力資本、動機和企業變數對其生涯成功與否的影響程度[27]。研究人員把生涯的成功分爲客觀（譬如薪資水準）和主觀（譬如工作滿意度）要素。研究結果發現，教育水準、品質、大學的名聲和主修科目都和薪資水準有關。有趣的是，野心和工作滿意度呈現負相關，較有野心的主管對於目前的職位滿意度比較低。

人格特質也是高層管理職務成功的決定要素。譬如，有項調查研究人格和認知能力對於主管目前所得的影響。結果發現若以薪資水準代表主管的成功程度，創造力、社交能力、自立、自制等特質都和主管的成功具有強大的關聯[28]。近期研究顯示，這些「五大」人格特質當中有些跟薪水、升遷和生涯滿意度等衡量生涯成功的方式相關[29]。譬如，外向性和所有衡量生涯的成功要素都呈現正相關，神經質則是生涯滿意度的負面要素。所以，管理者在爲升遷潛力預測和進行接班規劃做準備時，除了技術知識和動機之外，也應該考慮這些特質。

對於小型企業而言，如果關鍵人物突然離職或生病，都可能導致公司就此一蹶不振，因此接班規劃非常重要。儘管如此，就如同有些人擔心一語成讖而不願擬定遺囑一樣，有些小型企業業主也不願進行接班規劃，擔心這樣眞的表示日後無法一直掌控公司。有項針對八百位企業業主進行的意見調查顯示，小型企業業主當中只有大約四分之一有接班規劃，這些業主當中只有一半以書面正式說明接班的安排[30]。

指引階段

生涯發展的指引階段是判斷員工想要何種類型的生涯，以及他們需要採取哪些步驟才能實現這樣的生涯目標。這需對員工目前的職位具備正確的了解，才能妥當地給予指引。如果未對目前狀況進行徹底評估，指引階段判斷的目標和步驟可能並不妥當。譬如，醫療財務管理協會(Healthcare Financial Management Association)組織一個工作小組，針對五千多名資深財務執行主管的資歷、經驗和其他數據進行研究。他們也檢驗其證書標準和研究所課程，並和兩個專家小組共同合作。透過這樣的研究，該工作小組開發出表9.4所示的能力模型。

表9.4 醫療財務管理協會的能力成長模型：生涯發展方向指引的基礎

醫療財務管理協會的工作小組就專業所需的技能、知識、社交、特徵或動機等要素界定各項行為特質。這些能力分為以下三大要素：

要素一：了解商業環境
1. **策略性思考**：整合產業知識和了解公司長期願景的能力。
2. **系統性思考**：了解個人在公司內扮演的角色，並且了解何時及如何採取行動提昇效能。

要素二：為之改觀
1. **以結果為導向**：對於成就的衝勁，以及診斷不足之處的能力，並判斷何時需要秉持創業精神承擔風險。
2. **集體決策**：關鍵利害關係人在決策流程中的行動。
3. **行動導向**：除了滿足角色的門檻條件之外，還大膽推動各項專案，並帶領大家改善服務、流程和產品。

要素三：領導其他人
1. **捍衛商業思考**：帶動他人了解並達成商業成果。透過明確的說明和議程的設定，促進他人對於議題和挑戰的了解。
2. **輔導和導師制**：積極倡導責任、信賴和肯定，藉此發揮他人潛力的能力。
3. **影響力**：以具有說服力的方式和他人溝通，藉此產生支持、認同或承諾。

資料來源：Adapted from *Healthcare Financial Management.* (1999). Dynamic healthcare environment demands new career planning tools, 52, 70－74.

該協會目前正開發將這套能力模型應用在生涯發展上的方法。重點在於個人想要扮演哪種類型的角色，譬如，如果想要成爲企業領導者，可能得在領導領域培養最大的能力，如果想要扮演的是企業顧問的角色，那麼最好各種能力都能平衡發展。該協會界定各種角色所需的能力水準和模式。

指引階段是以能力爲代表，應對專業之所需進行仔細評估。此外，生涯發展的指引不能獨立生存，必須和其他人力資源管理活動整合在一起，譬如招募、績效評估和訓練等。

❖ 個別的生涯諮詢服務

個別的生涯諮詢(Individual career counseling)是一對一的諮詢服務，目的在於協助員工了解自己對生涯的期望[31]。討論主題可能包括員工目前的工作職責、興趣和工作目標。儘管生涯諮詢往往是由經理或人力資源部門人員進行，但可口可樂和迪士尼樂園等企業是採用專業的顧問[32]。

當前線經理爲員工進行生涯諮詢時，人力資源部門通常會對其成效進行監督，並爲經理提供訓練，並且對諮詢的型態提供建議。讓經理爲員工進行生涯諮詢有幾點好處。第一，經理通常最了解員工的長處和弱點。第二，經理了解員工對生涯發展的看法，有助促進信賴和承諾的環境。

可惜，公司將生涯諮詢的責任交給經理，未必表示他們會周詳地執行這項任務。就如同績效評估和許多其他重要的人力資源活動一樣，除非高層主管對員工的生涯發展活動表示強烈支持的意願，否則經理可能將此視爲紙上文章。如果只是敷衍了事，對於員工的態度、生產力和獲利都可能造成負面衝擊。

❖ 資訊服務

顧名思義，資訊服務是指提供員工有關生涯發展的資訊。至於要如何應用這些資訊大體而言要看員工本身的意願。基於當今企業裡員工興趣和期望的多元性，這種做法也是蠻有道理的。

最常見的資訊服務有職缺公佈系統、技能清單以及生涯路徑。

❖ 職缺公佈系統 (Job-posting system)
公司在佈告欄、公司新聞信上或透過電話錄音或電腦系統對全體員工宣佈職缺的體系。

■ **職缺公佈系統(Job-posting system)**：這種通知員工公司職缺訊息的方法相當簡單而直接。公司在佈告欄、公司新聞信上或透過電話錄音或電腦系統對全體員工宣佈職缺。開發資訊系統和產品的3M、NCR、AT&T等公司就是採取這種方式[33]。不論透過何種媒介公佈，重要的是全體員工都可以看得到。所有的職缺訊息都應該對工作規範和甄選標準提供明確的說明。這樣的訊息有助員工判斷他們是否符合職缺的條件，而且公司也應該說明甄選標準運用的方式，以免員工擔心甄選過程有內幕。

職缺公佈系統的好處是加強公司對內拔擢的信念[34]。這樣的信念不但有助激勵員工維繫和改善績效，更有助於降低員工的離職率。

❖ 技能清單 (Skills inventory)
公司維繫對員工的能力、技能、知識和教育的紀錄。

■ **技能清單(Skills inventory)**：公司維繫對員工的能力、技能、知識和教育的紀錄[35]。公司可透過這種周詳且中央處理的人力資源資訊，對員工訓練和發展的需求獲得整體了解。公司也可透過這種清單，了解目前員工當中哪些人可能比較適合其他的部門。

技能清單對於員工也很重要，這讓他們和其他員工有所比較，有助於激勵他們提昇技能或爭取其他比較適合他們目前技能水準的職位。

圖9.2 飯店人員的生涯路徑選擇

這個例子是一般的生涯路徑，實際的生涯路徑應該說明每個工作的時間架構。

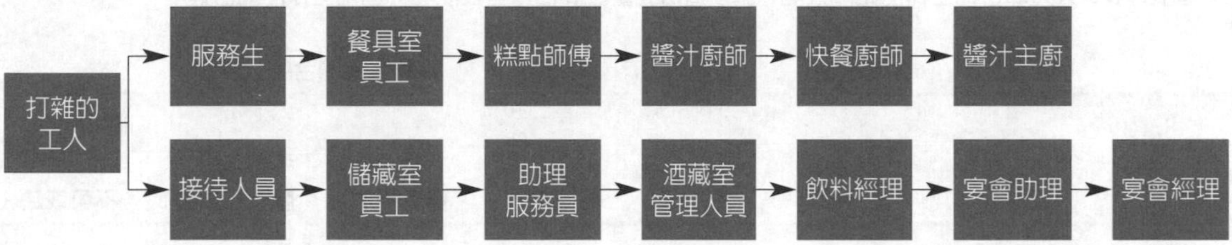

打雜的工人 → 服務生 → 餐具室員工 → 糕點師傅 → 醬汁廚師 → 快餐廚師 → 醬汁主廚

打雜的工人 → 接待人員 → 儲藏室員工 → 助理服務員 → 酒藏室管理人員 → 飲料經理 → 宴會助理 → 宴會經理

■ **生涯路徑(Career path)**：提供公司裡可能方向和事業發展機會的寶貴資訊。這種圖表提供生涯發展的步驟，以及確實達成目標的時間表。不同的路徑可以通往同樣的工作，同樣地，同樣的工作也可能發展出不同的結果。圖9.2的例子說明飯店裡打雜的工人可能的生涯路徑。

❖ **生涯路徑** (Career path) 顯示公司裡可能方向和事業發展機會的圖表，這種圖表提供可能生涯發展的步驟，以及切實達成目標的時間表。

為了務實起見，生涯路徑必須說明進入下個步驟所需的資格，以及員工在每個步驟必須花多少時間才能取得所需的經驗。這類資訊可以由電腦提供。

表9.5是兩份可以用來蒐集生涯路徑資訊的意見調查表單。表單A要求員工說明某些技能對於他們執行工作的重要程度。表單上列舉的技能可以透過工作分析和對個別員工的面談擬定。接著可就員工的回覆，列舉每個工作關鍵且理想的技能。表單A列舉飯店業的工作技能。

表單B則要求員工判斷，若要妥善執行目前的工作，他們需要在公司裡累積多少其他的工作經驗。最低階的工作（這種工作還是需要表單A列舉的技能）無須其他的工作經驗，至於高階或比較複雜的工作則可能需要比較多的工作經驗。

■ **生涯資源中心(Career resource center)**：諸如作業手冊、錄影帶、文字之類的事業生涯開發資料。這些資料可能存放在人力資源部門的辦公室，或在員工可以方便擷取的地方。分布在許多地點的公司可能會公開這些資料，讓有興趣的員工借閱。有些大專院校也有生涯資源中心，許多顧問公司也提供生涯發展資料。生涯資源中心有助於人們判斷自己的長處和弱點、生涯選擇以及教育和訓練的機會。

❖ **生涯資源中心** (Career resource center) 諸如作業手冊、錄影帶、文字之類的事業生涯開發資料。

表9.5 可以用來蒐集生涯路徑資訊的意見調查表單

A表單：技能要求

● 指示：表單A列舉各種工作的相關技能，請以這份評量表評估這些技能和你目前工作的配合程度。

	請圈選最適合的數字			
	不適用	有時蠻有用的	非常有用，但並不重要	關鍵性——執行工作時不可或缺
● 技能				
1. 決定每天／預期的生產和服務的設備條件。	1	2	3	4
2. 清潔房客的房間。	1	2	3	4
3. 各功能室的設置、收拾和修改。	1	2	3	4
4. 處理安全方面的問題。	1	2	3	4
5. 清潔公共區域／洗手間。	1	2	3	4
6. 協助開發菜單。	1	2	3	4
7. 為房客做住房登記／事先登記。	1	2	3	4
8. 參與準備醬汁、湯、肉汁和特殊餐點的準備。	1	2	3	4
9. 參與沙拉、水果雞尾酒、水果、果汁等準備工作以及服務顧客。	1	2	3	4
10. 參與肉品和其他餐點的評估工作。	1	2	3	4
11. 處理、清潔以及分發送洗的衣物。	1	2	3	4

發展階段

為了達到晉升所需條件，員工需要不斷的成長和自我提昇。發展階段的目的在於促進晉升所需的成長和自我提昇，這個階段員工得採取行動建立、增加技能，為未來的工作機會做好準備。企業提供的發展計劃當中最常見的包括導師制、輔導、工作輪調以及學費補助。

❖ 導師制

❖ **導師制 (Mentoring)**
資深人員和新進同仁或同儕之間的關係牽涉到提供建議、效法典範、分享人脈和提供一般性的支援。

導師制(Mentoring)是資深人員和新進人員之間或同仁之間以發展為導向的關係。導師關係可以存在公司的各個階層和所有領域，這通常牽涉到提供建議、效法典範、分享人脈和提供一般性的支援。導師制可以分為志願和非正式與非志願和正式。非正式的導師制通常比較有效[36]，不過有些情況下，正式的導師計劃可能是比較好的選擇。

表9.5 可以用來蒐集生涯路徑資訊的意見調查表單（續）

B表單：經驗的條件

● **指示**：以下列舉各項職稱的工作經驗。請以所提供的評量表評估各項：(a)該職稱的工作經驗對你成功執行目前職務的重要性；(b)為了有效率地執行目前的職務，透過訓練和接觸，你對以下這些工作經驗需要的程度。

	請圈選最適合的數字							
	重要性			經驗的最低程度				
	不是非常重要	非常理想，但並不重要	關鍵性——執行工作時不可或缺	0到6個月	7到11個月	1到2年	3到5年	6年
● **工作經驗**								
1. 儲藏室員工：蒐集食品收據、計算所需食品總數、對食品儲藏室進行每月庫存計算，從而正確計算每日的食品成本。	1	2	3	1	2	3	4	5
2. 酒藏室管理人員：保持酒品和相關補給品的正確數量，妥善收取、儲存和分發給使用部門。	1	2	3	1	2	3	4	5
3. 餐具室員工：準備沙拉、水果雞尾酒、果汁等。	1	2	3	1	2	3	4	5
4. 糕點師傅：準備蛋糕、派、甜點給服務生。	1	2	3	1	2	3	4	5
5. 快餐廚師：在指定的餐廳區域準備客人點的食物。	1	2	3	1	2	3	4	5
6. 醬汁廚師：協助主廚在廚房各區的運作，主廚不在的時候直接督導廚房的運作。	1	2	3	1	2	3	4	5
7. 服務生：在餐廳或酒吧為顧客點餐和飲料，並端給他們。	1	2	3	1	2	3	4	5
8. 飲料經理：監督人員和安排班表，並為酒吧和宴會部門維繫飲料和補給品的預算成本。	1	2	3	1	2	3	4	5
9. 宴會助理：為所有宴會的協調和執行提供協助，譬如協調人員招募的條件，確定宴會地點的妥善佈置和打掃，並且充分告知宴會經理所有的問題和任何不尋常事項。	1	2	3	1	2	3	4	5

人們發現導師制可爲生涯帶來改觀。以執行主管而言，早年接受過導師制輔導的人能在更年輕的年紀賺到更多的錢，而且更可能順利地追求生涯計劃。研究結果也支持這樣的看法，有效的輔導制有助於改善績效水準、升遷率、晉升的動力、收入和工作滿意度[37]。對於扮演導師的人物而言，特別是接近退休年紀的人，導師制讓他們獲得新的挑戰，重新點燃他們的熱情和動能。近期有份針對導師進行的意見調查發現，人們通常認爲監督主管爲最有效的導師[38]。不過意見調查的受訪者也認爲監督主管的角色和導師其實大不相同，監督主管注重的是成果，而導師注重的是人。接受導師制輔導的人認爲，導師有助於建立信心、刺激學習，是值得效法的典範，而且會提供意見回饋。

有些公司將工作跟學(job shadowing)和導師制結合在一起[39]。工作跟學是讓新進人員跟著資深員工學習一段時間。譬如，艾德華．瓊斯(Edward Jones)的好騎士計劃(GoodKnight Plan)就是結合工作跟學和導師制。這項計劃讓非投資代表跟著成功的資深人員學習大約一年的時間。資深代表逐漸將帳戶的某個百分比率撥給新人，直到新人可以獨立作業爲止。該公司發現，接受好騎士計劃的代表在第一年的生產力水準，是未接受這項計劃的代表在第二年或第三年才達得到的水準。Target公司也將工作跟學和導師制結合在一起，提供爲期十五週的商業分析計劃(Business Analyst Program)，讓新進分析師跟著導師學習。導師制讓新進人員得以了解Target公司的文化，並爲他們指派任務和提供意見回饋。這項計劃即將結束時，新進的分析師在所負責的商品領域已經能獨當一面。

雖然正式的導師制通常存在於大型企業，但有些小型公司也成立比較非正式、但同樣密集的導師計劃。艾德．傅(Ed Fu)擁有一家日益成長的電腦顧問公司Fu Associates，他親自挑選有才華的員工提供訓練，並將此稱爲「傅化」(Fu-izing)。每個新進人員都直接跟著一名中階員工學習。新進人員工作幾個月後，艾德．傅從中挑選進行各項專案的人選，而他則在這些專案中擔任資深系統分析師。

和大公司裡的女性和少數族裔一樣，小型企業的員工或自我聘僱者可能覺得很難找到這樣的導師角色。他們可以參加專業性質的協會，這種「集體導師制」可以補強或替代個人導師制。

❖ 輔導

員工的輔導(coaching)是指主管和員工之間持續（有時候是隨機地）會晤，就員工的目標和發展進行討論。和員工一塊規劃和執行生涯目標，有助提昇生產力，並有助主管本身的晉升機會。既然如此，爲什麼這麼多經理無法勝任員工的輔導工作？原因之一在於當今的企業組織扁平化，經理必須監督的員工數較多，所以花在輔導每位員工發展的時間就比較少。而且，誠如先前所說的，除非高層主管對「員工發展」明確且強烈表示支持，否則經理往往將其視爲一時的熱潮。最後，大多數經理對於輔導員工的準備不足，且對這個角色覺得不自在[40]。許多經理將他們的角色視爲提供回答、指出員工的缺點、診斷和解決問題。如果目的在於判斷或評估，這種角色便已足夠，但並不適合有效的輔導。

輔導不見得如許多經理所想像的那般困難。秘訣在於利用人力資源顧問所說的「可輔導時刻」(coachable moments)——工作進行當中進行生涯諮詢的機會，這樣的時刻雖然短暫，卻很寶貴。在此列舉「可輔導時刻」五種常見的跡象：

1. 員工展現新的技能或興趣。
2. 員工尋求意見回饋。
3. 員工對公司的變化表達興趣。
4. 員工並不適任。
5. 員工提到對生涯發展機會的渴望[41]。

當這些可輔導時刻的機會出現時，你應該怎麼做？你會怎麼提供有效的輔導？下頁經理人筆記「有效輔導技巧」的單元將提供一些簡單但很有效的建議。

❖ 工作輪調

工作輪調(Job rotation)是讓員工在各種工作之間輪調，讓他們可以獲得更爲廣泛的工作技能。由於工作經驗豐富，員工可有更大的彈性選擇生涯路徑。而且如第八章所說，員工可以透過交叉型功能訓練獲得更廣泛且更有彈性的經驗基礎。

工作輪調除了爲員工擴大生涯選擇的範圍外，也爲雇主培養出訓練和

經理人筆記

有效輔導技巧

1. 建立輔導的背景

✔ 你輔導的目的是為員工的整體發展和效能提供支援。

✔ 設定標準：說明你希望專注在提昇員工在部門裡的效能，還是希望著眼於比較廣泛的表現。

2. 積極傾聽對方

✔ 對方在傾訴想法時，盡量不要干擾對方。

✔ 向對方說明你的想法，而不是你會怎麼解決問題。

3. 提出問題

✔ 互動的目的在於協助員工找到最適合他的生涯路徑或解答。

✔ 不要提供建議，而是透過提問開啟新的契機或探索各種假設。

4. 提供有用的意見回饋

✔ 讓員工自行找出需要克服的弱點或困難，你的建議有助他們找出需要處理的事情，並依其重要性依序排列。

資料來源：Adapted from Mobley, S. A. (1999). Judge not: How coaches create healthy organizations. *Journal for Quality and Participation, 22*, 57-60.

技能更為廣泛的員工。不過工作輪調計劃還是有些缺點。對於希望維持在狹隘且專門工作領域的員工而言，這種計劃並不合適。從公司的觀點來看，當員工在學習新的技能時，可能會讓營運減緩下來。工作輪調長期而言雖然有很多好處，可是公司也必須了解短期和中期的成本。從員工的觀點來看，工作輪調的機會可能是一種生存機制。特別是公司縮編時，都是從過時的領域著手淘汰。透過工作輪調擴大技能範圍，員工才能確保自己一直能為公司所用，以免面臨失業的陰影。

❖ 學費補助計劃

企業也提供學費補助計劃，支援員工的教育和發展。學費和其他的教育計劃的成本（從研討會、進修計劃乃至於學歷課程）可能獲得全額補貼、部分補助或根據員工在課程中的表現予以補貼。

有份針對教育費用補助計劃進行的調查顯示，43%的這類計劃對學費補助的比例低於100%。通常來說，所有課程都有固定額度——譬如學費的75%。有些公司會根據課程和公司目標的相關程度，決定對學費補助的比例。譬如，有家專門出版商學教科書的出版公司可能鼓勵編輯修習商業課程，譬如經濟學和行銷學，公司會提供全額的學費補助。不過，如果編輯想要修手語、藝術史或英國文學，公司可能只補助50%的學費。

自我發展

我們最後將探討個人生涯的管理。

如果雇主並未定期提供發展計劃，員工務必得自行擬定一套發展計劃，否則可能停滯不前，並且遭到淘汰。首先要探討的問題是你目前的工作和你的生涯計劃是否吻合。經理人筆記：顧客導向的人力資源「自我生涯管理」提供幾個問題，各位可藉此評估目前的工作是否屬於適合你的生涯路徑。

經理人筆記

以顧客爲導向的人力資源

自我生涯管理

生涯的自我評估在許多公司漸漸普及。不過要如何評估目前處於生涯當中的什麼位置？又要如何得知目前工作和自己對生涯目標的追求彼此吻合？以下這些問題有助各位對自身生涯進行評估。

- 你所從事的工作和你的價值觀是否吻合？請列舉你的價值觀，並且判斷你目前從事的工作和這些價值觀的配合程度。你的工作和你最重視的價值觀之間有無嚴重的衝突？
- 你覺得你的工作有意義嗎？不管你做些什麼，你覺得這份工作能有正面的貢獻嗎？譬如，這份工作讓你能爲顧客、公司或社區帶來正面的改變，這樣的影響力對你重要嗎？
- 公司對你如何？你覺得在工作上受到尊重和有尊嚴的對待？
- 你在工作上如何發揮才華？你所從事的工作是你所在行的嗎？這是你喜歡做的事情

嗎？你的貢獻有受到肯定嗎？

■ 你的經理表現如何？他是否支援你的生涯成長？他對你的自我發展有無提供協助？

■ 你的生活如何？你覺得有平衡嗎？你對人生的品質感到滿意嗎？有沒有什麼缺憾？

請周詳地回答以上這些問題，藉此判斷自己是否適合這樣的生涯軌跡，或是否需要做些改變。並不是每個回答都是正面或完美無缺，但如果這裡頭有太多的負面回覆，可能表示目前處境對你的生涯發展並無助益。

資料來源：Adapted with permission from Kaplan-Leiserson, E. (2002). A love match: Do you love your job? Does it love you? *T+D, 56,* 14(2).

即使目前的工作和你的生涯計劃相當符合，但公司在進行縮編或合併時，你還是可能面臨失業的危險。許多人都是如此。所以你在規劃生涯時也應該考慮到如何展現你能爲公司帶來的改變。

生涯發展不光是保住在公司的飯碗便已足夠。成功的生涯發展管理意味你得找出且培養當今職場晉升所需的技能。

除了有效的個人特質和行爲，情境上的機會也會對生涯發展造成很大的影響，譬如團隊（特別是交叉型功能或整體企業的團隊）可爲生涯發展帶來很大的契機[42]。廣泛的團隊可以讓你對公司獲得更廣泛的了解並擴大視野，而且這種團隊也是你增加重要人脈的絕佳機會。

表9.6列舉幾項建議，協助員工提昇自己的生涯發展以及增加晉升的機會。發展建議的重點在於個人的成長和方向，晉升建議的焦點則在員工改善本身在公司內晉升能力的步驟。

發展建議

表9.6的發展建議是以公司並未提供發展計劃爲前提。不過就算公司有提供發展計劃，這些建議仍然可用。

1. **創造自己的個人使命說明**：就跟公司的使命聲明一樣，個人的使命聲明(personal mission statement)應該說明你希望從事的工作領域以及希望扮演的角色[43]。不過這樣的使命聲明應該隨著時間調整，而不是不管情況或個人要素盲目地堅守著。

表9.6 發展建議

發展	晉升
1. 創造自己的個人使命說明。	**1.** 在你功能領域的表現固然重要，但人際關係的表現才是關鍵所在。
2. 對自己的方向和成長負起責任。	**2.** 設定正確的價值觀和要務。
3. 重要的是拓展技能，而非追求晉升。	**3.** 提供解決方案，而非製造問題。
4. 和前輩討教如何坐到你想要的職位。	**4.** 合群。
5. 設定合理目標。	**5.** 以顧客為導向。
6. 最重要的是對自己的投資。	**6.** 你所從事的工作能帶來改變。

資料來源：Advancement suggestions adapted from Matejka, K., and Dunsing, R. (1993). Enhancing your advancement in the 1990s. *Management Decision, 31,* 52-54.

在開發這樣的使命聲明時，你可能會發現以往從未注意的個人價值觀和偏好。一旦完成之後，你還可以根據這項聲明擬定自己的策略方向、澄清自己最重視的要務，對於無助於追求使命的事物，應該避免投入時間和精力。

2. 對自己的方向和成長負起責任：你不能把所有的希望都寄託在公司提供的發展計劃上。事物都會改變，生涯路徑的步驟也可能因爲公司進行縮編或重組而遭刪除，公司也可能取消或取代發展計劃。如果把未來全部寄望於公司，這類改變可能會對你造成重大的打擊。

3. 重要的是拓展技能，而非追求晉升：企業組織扁平化和縮編意味著未來幾年晉升的機會將會愈來愈少。就算現在，向上晉升到理想職位的機會也很少見。各位最好接受這樣的事實，並尋找機會在短期內拓展自己的技能。短期內技能的提昇，長期而言將爲你帶來晉升的機會。

4. 和前輩討教如何坐到你想要的職位：目前從事你想要的工作之前輩能提供寶貴的意見，讓你了解這份工作以及應該怎麼做才能達到這個位階。跟前輩討教也有助於人脈的結交，並讓人們記得你。

5. 設定合理目標：在追求最終目標的過程中最好設定合理的中期目標。將你的生涯規劃分割爲小單位、比較可以管理的目標，這樣有助於採取必要的步驟，朝向達成最終目標邁進。這些中期目標必須合理且可以達成，如果期望太高，可能導致幻想破滅和氣餒。

6. 最重要的是對自己的投資：當你面對各式各樣的要求，必須投入時間和注意力時，很容易就忽略掉自我發展的活動。你得記住，這些活動其實是對你自己和未來的投資，除了你之外，其他人不太可能會為你進行這些投資。

晉升建議

表9.6提供幾點晉升建議，各位可以採取這些步驟改善自己獲得晉升的機會。發展建議提供所需的基礎，晉升建議則提供所需的態度和如何在公司自處。

1. **在你功能領域的表現固然重要，但人際關係的表現才是關鍵所在**。你得具備絕佳的人際技巧才能在公司獲得晉升的機會。溝通能力（包括一對一的溝通和對團體的溝通）、合作、傾聽、摘要，以及撰寫簡潔的報告與備忘錄的能力，都是獲得晉升的重要資源。
2. **設定正確的價值觀和要務**。當你找出公司的價值觀和要務並配合時，你對公司的價值也會增加。譬如，有些公司相當重視團隊合作，別的公司則可能注重獨立作業和個人的貢獻。了解公司重視的事情，並將自己的行為與之配合，可以增加獲得晉升的機會[44]。
3. **提供解決方案，而非製造問題**。沒有人喜歡聽別人抱怨。所以，與其滿嘴抱怨、數落問題，還不如把時間花在思考如何解決問題上，如此公司也會比較重視你。
4. **合群**。團隊的成就不應該個人獨攬，而是全體成員共享。當你這樣做時，別人也會視你為促進團隊合作的一份子，而不是試圖爭功的人。不過，負責對你評估績效的人也應該知道你個人的功勞。兩者之間要如何平衡？一方面避免以個人的成就對大眾邀功，但另外一方面，在進行績效評估時則應該積極告知個人的成就。
5. **以顧客為導向**。各位應該永遠牢記在心，只要是有跟你來往的都是你的「顧客」。不管這些互動屬於內部還是外部，了解顧客的需求並加以滿足都應該是你最重視的要務。當你對工作以顧客為導向時，公司會視你為高品質的代表，可以寄望你完成任務。
6. **你所從事的工作能帶來改變**。若你顯出沒有興趣或負面的態度，公司在

考慮晉升人選時絕對會漏掉你。你的任務或專案未必能引起你的興趣，
可是如果你以正面的態度處理這些活動，其他人會認為你有所貢獻，而
且是團隊重要的成員。

摘要與結論

❖ 生涯發展是什麼？

生涯發展是一種持續性且正式化的努力，以培養更豐富、更有能力的員工為焦點。生涯發展的焦點較廣，時間架構比較長，而且訓練範疇比較廣泛。在當今競爭全球化且日益激烈的商業環境裡，企業要求生存就必須以發展作為關鍵性的商業策略才行。

❖ 生涯發展的挑戰

管理階層在安排生涯發展計劃之前，應該先考慮以下這些挑戰：(1)應該由誰負責？(2)重視的程度怎樣才算恰當？(3)如何滿足多元性員工（包括雙薪配偶）的需求？

❖ 迎接有效生涯發展的挑戰

生涯發展計劃的建立包括三個階段：評估階段、指引階段和發展階段。每個階段對於人員的發展都很重要。

評估階段是找出員工的技能、興趣和價值觀。這可以由員工或公司自行評估，或兩者都進行。自行評估往往是透過生涯規劃手冊和生涯規劃研討會。企業評估通常是透過評估中心、心理測驗、績效評估、升遷潛力預測和接班規劃。

生涯發展的指引階段是判斷員工想要何種類型的生涯，以及他們需要採取哪些步驟才能實現這樣的生涯目標。在這個階段，員工可能從各個不同的管道接受個別的生涯諮詢或資訊，其中包括職缺公佈系統、技能清單、生涯路徑和生涯資源中心。

發展階段是採取行動創造、增加員工的技能和升遷潛力。最常見的發展計劃包括導師制、輔導、工作輪調以及學費補助計劃。

❖ 自我發展

如果雇主並未定期提供發展計劃，員工務必得自行擬定一套發展計劃，否則可能停滯不

前，並遭到淘汰。

問題與討論

1.有人認為訓練可能導致員工離職，不過生涯發展則有助於降低離職率。請說明訓練和生涯發展兩者之間的差異。為何訓練可能導致離職率上升，而生涯發展則可能改善員工的留任狀況？請說明之。

2.當今企業組織比較扁平，晉升的機會較少。你覺得在這樣的環境應該如何發展生涯？

3.過度重視生涯發展的人會透過各種權謀追求晉升的機會，而非追求卓越的表現。專家指出，員工試圖影響上司對其觀點的方式主要有四：幫忙（幫上司的忙，希望日後可以獲得回報）、迎合（迎合上司的意見，希望藉此贏得上司的信賴和與之建立關係）、拍馬屁以及自我吹噓（吹捧自己的特質和動機）。

員工可能以何種方式影響上司對他們的看法？經理可以如何判斷員工的眞誠與否？在挑選升遷人選時，應該採取哪些標準？

你也可以辦得到！ 新興趨勢個案分析9.1

❖ 擺脫壞習慣

為何有些人在生涯發展上如魚得水，有些人則一直原地踏步？其中一個原因可能出在他們的行為傾向或習慣。有些行為傾向可能對人們的生涯發展造成阻礙，甚至損及本身晉升的機會。譬如，有些人對於成功以及管理他人的重責大任感到不自在，這種恐懼可能讓他們在不知不覺當中犯錯，讓自己免於晉升的困擾。

另外還有許多有關行為傾向對生涯機會造成阻礙的例子。諷刺的是，其中有些其實是好習慣，有助人們在生涯初期的晉升，可是後來這些習慣卻變成「壞」習慣，並對他們造成阻礙。例如人們若習於分析決定，而且完全根據理性體系分配時間和精力（特別是在生涯初期），往往無法了解廣結人脈和辦公室政治的重要性。如果績效評估和獎勵的根據完全不看客觀的成果，那麼秉持這種觀點的人可能會覺得不公平或受到歧視。在生涯初期，對績效抱持單純且客觀的觀點固然是個正面的特質，但企業的現實面很快就會讓你了解，績效的層面不光是以客觀產出和主觀要素衡量而已，透過人脈和他人合作完成任務已成爲績效當中相當重要的一部分。

另外一個可能對生涯造成傷害的行爲傾向是「迴避衝突」。有些人在生涯初期會避免衝突，他們覺得這是邁向成功的策略。可是，處理衝突也是企業生涯的一部分，而且人們可能需要一番衝突，才能找出解決方案或激發出有創意的流程。習慣性的迴避衝突和缺乏處理衝突的能力都可能對人們的生涯發展造成阻礙。

❖ 關鍵性的思考問題

1. 找出其他可能對生涯發展造成阻礙的壞習慣，說明這些行爲傾向對於生涯發展爲何是個壞習慣。

2. 第一題所提出的傾向當中，說明每個行爲傾向可能的原因。譬如，迴避衝突的原因可能出在缺乏自信，或者缺乏經驗和技能處理需要衝突的情況。請將各項行爲傾向和可能的原因列表說明。

3. 基於第二題所列的表單，判斷可用什麼方法克服各項壞習慣。譬如，訓練能解決問題嗎？如果可以，那是什麼種類的訓練？

❖ 團隊練習

聯絡你認識的主管，請他們說明哪些行爲傾向可能對人們的生涯晉升造成阻礙。在聯絡這些主管之前，你的小組應該列舉出問題，好讓每個人都問同樣的問題。你們可以問這些主管，他們覺得可以怎樣改變這樣的壞習慣。除此之外，記錄出現這些行爲傾向，並視其爲問題的產業和職場。

接著小組成員彙整從主管蒐集來的資訊，並對全班說明這些壞習慣，解釋爲什麼這些習慣在工作環境裡可能構成問題，並和大家分享解決這些壞習慣的例子。

特質的正面與否大多要看這項特質出現的背景狀況而定。以行爲傾向來說（在「關鍵性的思考問題」第一題所列舉的或本題受訪主管所列舉的那些行爲），有沒有什麼工作背景或產業類型並不將這些行爲視爲「壞」習慣？壞習慣只是工作情況和人之間無法配合，還是說有哪些習慣是不管在哪裡都是壞的？請進行小組討論，並將你們的結論和全班分享。

資料來源：Adapted from *HRMagazine.* (2002) The 12 bad habits that hold good people back. 47, 93(2).

你也可以辦得到！

新興趨勢個案分析9.2

❖ 生涯的起步

員工是重要的資源，就如同任何重要的資源一樣，企業和產業都在積極爭取。說到爭取員工，我們通常會想到招募和聘僱。不過，有些產業爭取人才的起點卻遠遠早於招募這一關。譬如，飯店業非常積極地培養未來的員工，甚至針對小學提供相關計劃，希望藉此影響學生的生涯決定，這類計劃會一直持續到高中。學校通向就業機會法案（School-to-Work Opportunities Act）於1994年於國會通過，讓各州有經費可以支援各項學校通向就業計劃。

學校通向就業計劃提供產業發言人和各種參觀活動。這些計劃也可納入工作跟學的技巧，藉此影響人們的生涯決定。工作跟學是讓學生跟著員工「如影隨形」地觀察員工的工作。各位可以在www.jobshadow.org找到更多有關工作跟學的相關資訊。

佛羅里達州飯店業者還採取一種積極的措施。他們爲高中教師主辦夏令活動，除了支付他們薪俸外，還提供繼續進修的學分。這項計劃讓教師們了解飯店業及生涯機會。活動結束後並提供這些教師各種手冊和相關資料，讓他們秋天開學後可以和學生分享。

❖ 關鍵性的思考問題

1. 我們通常認爲人們在高中或大學時才會考慮到生涯的問題，這個單元所說的方式是否將考慮生涯的年紀推得太早？你覺得這種「及早開始」影響人們生涯抉擇的方式好嗎？請說明你的理由。

2. 本單元說明一些可以及早影響人們生涯決定的技巧，請舉出其他可能同樣有效的技巧。

3. 找出其他有關工作跟學的資訊。土撥鼠工作跟學日(Groundhog Shadow Day)是什麼？

❖ 團隊練習

請分組針對這些及早影響生涯決定之計劃探討相關的成本和利益。此外，請說明你會建議公司採用的技巧，並對每項計劃的相關成本進行估計。找出可以衡量這些技巧和整體計劃成效的方式。換句話說，你怎麼判斷這些計劃有效？建立可以針對各個層次評估成效的標準（譬如，參與者的反映、想要的生涯抉擇、實際生涯抉擇等）。你建議採取哪個標準？公司必須等多久才能以各項衡量指標評估這項計劃的成效？你覺得可以貨幣方式估計計劃的投資報酬率嗎？請說明之。

請和全班分享你們建立的標準，以及你們會如何分析計劃的成效。

資料來源：Maladecki, R. (2002). Hotel-education programs help industry find future employees. *Hotel and Motel Management, 217,* 10.

薪酬的管理

挑戰

讀完本章之後，你將能更有效地處理以下這些挑戰：

1 找出和公司最適合的薪酬政策和做法。

2 權衡各種薪酬方案的策略性優缺點。

3 建立以工作爲基礎的薪酬計劃，不僅內部一致，也和勞動市場相關。

4 了解分別以技能和職位爲敘薪基礎的薪酬體系有何不同。

5 作出符合法律架構的薪酬決策。

圖 10.1 總薪酬的要素

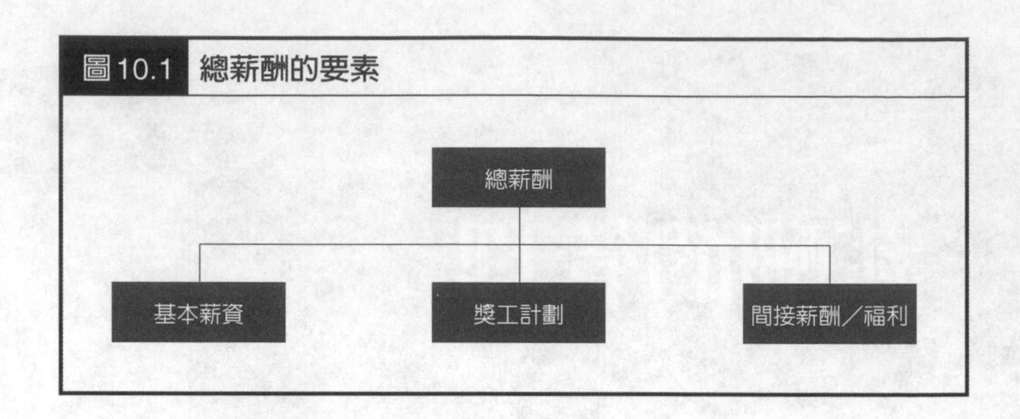

何謂薪酬？

❖ **總薪酬**
(Total compensation)
員工勞力所得的完整報酬，其中包括三個部分：底薪、獎金和間接的薪酬或福利。

❖ **基本薪資**
(Base compensation)
員工定期取得的固定薪資，可能是以薪資或時薪的型態。

❖ **獎工計劃**
(Pay incentive)
獎勵員工優良績效的計劃。

如圖 10.1 所示，員工的**總薪酬**(Total compensation)有三個部分。每個部分的相對比例（所謂的薪酬組合）每家公司都有很大的差異[1]。總薪酬中第一個、也是最大的（對大多數公司而言）要素是**基本薪資**(base compensation)，這是員工定期取得的固定薪資，可能是以薪水（salary，譬如每個月或每個禮拜支付薪水的支票）或時薪的型態。

總薪酬裡第二個要素是**獎工計劃**，這是獎勵員工優良績效的計劃。這類計劃有許多不同的型態（包括紅利和獲利分享），第十一章將針對這個主題進行說明。總薪酬最後一個部分是紅利，有時候也叫做間接薪酬(indirect compensation)。福利包括各種不同的計劃〔譬如健康保險休假、失業給付(unemployment compensation)〕，這方面的成本逼近員工薪酬配套(compensation packages)的 41%[2]。福利有個特殊項目叫做額外津貼（Perquisites，又稱爲perks），只有特殊地位的人才有資格取得，通常是高層主管。常見的額外津貼項目包括公司配車、公司的特殊停車位，以及公司支付的鄉村俱樂部會員。第十二章將詳細討論這些福利計劃。

對於大多數企業而言，薪酬是他們最重要的成本支出。在某些製造業，人員成本高達總成本的60%，在某些服務業這個比例甚至更高。

設計薪酬體系

薪資政策和程序的多樣化讓經理面臨兩極的挑戰：薪酬體系得(1)讓公

表10.1　績效評估的好處

1. **內部和外部公平**：員工認為薪酬計劃在公司內還算公平，還是跟其他從事同樣工作的員工相較算是公平？
2. **固定與變動薪資**：薪酬是每月支付固定金額（以底薪的型態），還是以事先設定的標準，會隨著績效和公司獲利的變化而波動？
3. **績效和成員**：薪資強調的是績效，並和個人或團隊的貢獻有關，還是強調員工是公司的一份子——每個禮拜貢獻預先約定的工作時數，並逐漸在公司的升遷階梯往上爬？
4. **工作和個別薪資**：薪酬是否根據公司對特定工作的重視程度？還是根據員工為工作帶來多少技能和知識？
5. **平等敘薪和精英敘薪**：公司的薪酬計劃是否讓大多數的員工都接受同樣的薪酬體系（平等敘薪），還是根據位階或員工族群（精英敘薪制度）？
6. **低於市場和高於市場水準的薪酬**：員工薪酬低於市場水準、等於市場水準、還是高於市場水準？
7. **貨幣和非貨幣型態的獎勵**：薪酬計劃是否強調以薪水和股票選擇權之類的貨幣獎勵激勵員工？還是強調有趣的工作和工作的保障之類非貨幣的獎勵？
8. **公開和保密的薪水**？員工能知道同事薪酬水準以及薪酬決定的根據嗎（公開薪水）？這方面的訊息必須保密嗎（保密的薪水）？
9. **中央集權和分權制的薪資決定**：薪酬決策是由中央集中決定？還是授權給各單位經理決定？

司達成其策略性目標；(2)配合公司的特質和環境[3]。我們將在以下的單元討論開發新酬計劃的標準，並在表10.1摘要說明這些選擇。爲了方便說明起見，我們是以二選一的型態來說明，不過大多數公司採行的政策都是落在這兩者之間。

內部和外部公平

公平薪資(fair pay)是讓員工一般而言覺得公平的薪資，這可以分爲兩種型態：**內部公平**(Internal equity)——員工對公司內部薪資結構的公平性的看法；以及**外部公平**(External equity)——相對於其他從事相同工作人員的所得，員工對薪資公平性的看法。

❖ **內部公平**
(Internal equity)
員工對公司內部薪資結構的公平性的看法。

❖ **外部公平**
(External equity)
相對於其他從事相同工作人員的所得，員工對薪資公平性的看法。

在考慮內部和外部公平時，經理可以採用這兩個基本模式：分配正義模型和勞動市場模型。

分配正義模型

薪資的分配正義模型(distributive justice model)指員工將他們對公司的貢獻或投入（技能、努力、時間等）換取一些成果。在這些成果當中，薪資是最常見的一種，不過像是公司配車之類的非貨幣獎勵型態也很重要。

這種社會心理層面的觀點顯示員工不斷地(1)比較他們對公司的投入和收穫；(2)將這種投入和成果的比例跟公司裡其他員工進行比較。如果投入和成果的比例跟從事類似工作的同事相當，那麼員工會覺得他們獲得公平的薪資。

❖ 勞動市場模型

根據公平薪資的勞動市場模型(labor market model)，不管是什麼職業，薪資水準的決定都是根據勞動市場上供需相等之水準所決定（也就是圖10.2裡的W1）。一般來說，雇主願意支付的薪資愈低（勞動需求低），以及勞工願意接受的薪資愈低（勞動供給高），工作的薪資水準就愈低[4]。

不過實際狀況要比這種基本模型複雜得多。人們願不願意接受某個工作是基於許多其他的要素，譬如公司的地點和工作內容與要求，不光是只有考慮薪資而已。此外，員工薪資的決定要素也不光是考慮有多少人具有所需技能而已。其他要素包括過去的薪資模式、工會的存在與否，以及公司內部的明爭暗鬥。

❖ 各種平等之間的平衡

理想情況下，公司應該具備內部和外部薪資公平，可是這兩個目標往

圖10.2 勞動市場模型

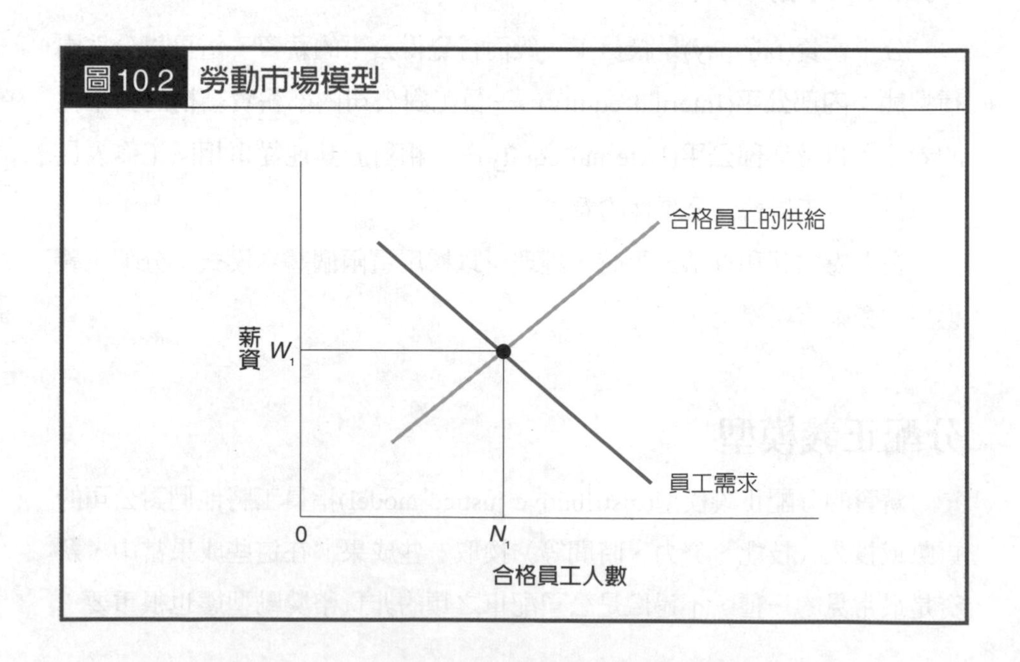

往彼此衝突。譬如，有些大學新進的助理教授薪水會超過服務年資已有十年以上的教授[5]，有些剛畢業的新進工程師薪水比在公司服務多年的工程師還多[6]。

各位可能懷疑，這些資深員工為什麼願意接受較低的薪水，何不乾脆離開公司尋找其他薪水更高的職位。資深教授通常享有終身職位，所以如果離開目前的工作，意味將犧牲工作上的保障。而且，大學教授和工程師工作的領域裡，知識基礎通常會不斷推陳出新，這讓公司更加重視剛畢業的新進人員（他們對於所屬領域的最新發展通常比較熟悉）。

除了內部和外部平等之間的平衡之外，許多企業也得決定哪些員工族群的薪資應該向上調整，以符合（甚至超過）市場水準，哪些族群的員工薪資則應該維持、甚至低於市場水準。這樣的決定通常是根據各個族群對於公司的相對貢獻而定。譬如，如果公司希望拓展市場佔有率，行銷人員的薪資通常會比較高；但如果公司歷史比較悠久，產品已有相當的基礎，並享有高度的品牌肯定，那麼行銷人員的薪資就會比較低。

一般來說，處於瞬息萬變的市場，歷史較短、規模較小的公司，比較適合外部公平。這些公司為了維繫競爭力，對於創新的需求通常很高，並仰賴少數關鍵人物達成商業目標[7]。歷史相對較短的高科技產業大多屬於這類。

對於歷史較為悠久且頗有規模的企業而言，他們會比較重視內部公平。這些公司通常具備成熟的產品，員工打算將大多數的生涯歷程貢獻給公司，而且工作也不會經常變化。公用事業大多屬於這類。

近年有些企業儘管財務狀況並不穩定，但仍為主要員工提供大量的「留任紅利」(retention bonuses)；這個現象讓平衡公平性的難題更加弔詭。這樣做的目的是為了留住所需的人才，而又避免全面加薪（這樣可能加速公司的敗亡）。

企業必須小心的是，員工若把簽約金(sign-on bouns)和留任紅利視為公司在人手不足時試圖平衡公平難題的手段，只會雪上加霜而已，因此得極力避免。

固定薪資和變動薪資

公司可以底薪的形式支付大部分的薪酬（譬如每個月可以預期的薪水支票），或以變動薪資的型態，後者會隨著預先設定的標準變動。譬如，花旗銀行幾乎都是以固定薪酬或底薪的方式付員工薪水（除了最高階層的執行主管之外）。相對地，Anderson Windows公司員工的薪酬當中多達50%的比例是當年的分紅。一般來說，2002年大約75%的企業都有提供某種型態的變動薪資[8]。

如第十一章所討論，變動薪酬的型態包括個人紅利、團隊紅利、獲利分享和配股計劃。變動薪資的比例愈高，員工和公司之間分攤風險的程度就愈高。這意味收入保障和增加收入的可能性之間要有所取捨[9]。

固定薪資有助降低雇主和員工的風險，所以美國大多數企業都是採取這種型態。不過對於規模較小的公司而言，變動薪資會比較有利。這類公司的產品沒有那麼有知名度，公司的專業人員願意犧牲眼前的利益以換取更亮麗的未來。另外，靠創投資金營運、現金吃緊，以及營收波動大，可能得訴諸裁員的公司也適合採取變動薪資的型態。

蘋果電腦(Apple Computer)就是個絕佳的例子，充分說明變動薪資如何為企業本身和員工創造好處。員工為了換取公司股票，願意以低薪工作多年。後來當蘋果電腦股價在1980年代飆漲時，許多員工都因此變成百萬富翁。同樣地，威名百貨的經理們也是以低薪加配股的型態為公司服務多年，當公司股價大漲時他們都因此而發了大財。有些經濟學家認為，2001到2002年期間經濟不景氣（特別在2001年911之後），失業率卻僅小幅上升，主要是因為企業員工拿到的紅利金額大減三分之二。「沒有人喜歡損失紅利，可是這可能是他們保住工作必須付出的代價」，有位經濟學家這麼觀察說道[10]。國際洛克威爾公司(Rockwell International)之類的大型企業認為，在經濟不景氣時，這樣的彈性讓他們得以盡量減少裁員人數。不過這種方法對於規模比較小的公司看來也很有效。

不過並不是所有的變動薪資方案都適合員工。譬如People Express和America West這兩家航空公司的員工，他們為了公司配股而犧牲較高的薪水，後來要賣股票時才發現這些股票根本不值錢。近年安隆(Enron)和

Global Crossing員工眼睜睜地看著公司股價從每股90美元在幾個月的時間之內一路跌到50美分，部分原因出在公司的管理和高層的腐敗[11]。

績效和成員

固定和變動薪酬的議題還牽涉到公司強調的是績效還是員工的一份子[12]。如果員工薪資當中絕大部分都是根據個人或團隊的貢獻而定，而且每個人或每個團隊的收入差異大，那麼這家公司重視的是績效。績效權變薪酬(performance-contingent compensation)當中最極端的型態是傳統的論件計酬(piece-rate plan)和業績佣金。另外，獎勵員工提出節省成本的建議、全勤獎金或根據主管評估結果提供功績加薪(merit pay)，也都是屬於績效權變薪酬。這些都是除了個別底薪之外另外加上的方案。

如果從事特定工作的員工薪資都相同或相差不遠（表現至少要令人滿意），那麼公司重視的是成員權變薪酬(membership-contingent compensation)。員工薪資是根據他們每個禮拜在公司貢獻預先約定的工作時數（通常是四十個小時），薪資會隨著他們在公司逐漸往上爬而增加，並不是因爲他們表現得更好而獲得加薪。

在大多數企業裡，管理階層減少、成長迅速、內部人員和團體之間彼此競爭、公司並備有現成的績效指標（參考第七章）、且有激烈的競爭壓力[13]。

工作和個人薪資

大多數的傳統薪酬體系，假設企業在設定基本薪酬時應該對每個工作的價值或貢獻進行評估，而不是員工執行工作的成效[14]。基於這樣的體系，公司決定基本薪酬的分析單位是工作本身，而非執行工作的個人。這表示，各個工作的價值區間並不受個別員工影響，他們的薪資必須在工作的價值範圍之內。譬如，某個失業的化學博士接下清潔工的工作，並把整座大樓整理得一塵不染、井然有序。可是他的時薪依然是6.5美元──這不是說他的資歷和工作表現不值得付他更高的薪水，而是因爲這份工作最高的薪水就是這個水準。除非他獲得升遷，否則不可能加薪，而他要熬好幾年的時間才可能獲得升遷的機會。

除了根據狹隘界定的工作制定薪資水準之外，公司也可以強調個人執行多項工作的能力、潛力和彈性，來制定員工的薪資。譬如，這個化學博士可能每個小時有20美元的薪資，因爲他能做許多不同的事情，像是在實驗室裡幫忙、草擬報告，對於公司而言，都跟清潔工作一樣不可或缺。這類**以知識為基礎的薪資或以技能為基礎的薪資**(Knowledge-based pay or skill-based pay)，員工的薪資是根據他們可從事的工作或可以成功應用在各種工作和情境的才能而定[15]。所以，個人愈是多才多藝，薪水就愈高。當他們可以成功執行的職務增加時，底薪也會跟著攀升。

❖ **以知識為基礎的薪資或以技能為基礎的薪資 (Knowledge-based pay or skill-based pay)**

根據員工可從事工作或可以成功應用在各種工作和情境的才能之敘薪制度。

傳統以工作爲中心的敘薪制度仍爲主流，不過愈來愈多的公司採取以知識爲基礎的薪資方案。支持這類方案的人士認爲，以知識爲基礎的薪資計劃有助於激發員工的工作動機，讓公司可以重新指派員工到最需要他們的領域，並且減少離職率和曠職的情況，就算有人曠職，其他員工也可以代爲執勤，這讓經理在安排人事方面獲得更大的彈性。不過反對人士則批評說，這種以技能爲基礎的敘薪體系可能增加勞動成本，喪失勞工專門化，而且因爲招募的條件較不具體，讓招募活動的困難度增高，而使得職場上「左手不知道右手在幹什麼」[16]，顯得混亂不堪。

管理者面對工作和個人薪資方案應該如何抉擇？研究顯示，這兩者的選擇最好視公司的狀況而定，並不是哪個一定比較好。以工作爲敘薪根據的方案最適合以下這些情況：

- 技術穩定。
- 工作不會經常變動。
- 員工不需要經常幫忙曠職的同事處理工作。
- 工作內容需要相當的訓練才能上手。
- 員工離職率相對較低。
- 公司期望員工隨著時間流逝逐漸向上升遷。
- 產業內的工作相當標準化。

汽車產業符合大多數的條件。至於根據個人爲敘薪條件的方案則比較適合以下狀況：

- 公司員工的教育水準比較高，而且有能力、也有意願學習不同的工作。

■ 公司的技術和組織結構經常變動。

■ 公司每個領域都鼓勵員工的參與和團隊合作。

■ 向上晉升的機會受限。

■ 有學習新技能的機會。

■ 因爲員工離職和曠職而損失的生產力，會令公司付出很高昂的代價[17]。

在仰賴持續流程的製造業裡[18]，以個人爲基礎的敘薪方案很常見。

平等和精英敘薪體系

公司必須決定是否讓大多數的員工都接受同樣的薪酬體系（**平等敘薪**）、還是根據位階或員工族群建立不同的薪酬方案（**精英敘薪制度**）？譬如，有些公司只提供執行長股票選擇權[19]，但另外有些公司裡，就算最低階的員工也有資格取得股票選擇權。有些公司只提供特定員工族群（譬如業務人員）各種獎勵方案，另外有些公司大多數的員工都享有這些方案。譬如位於佛蒙特州的冰淇淋公司Ben & Jerry's Homemade Holdings，薪酬體系是跟公司的績效有關。當公司賺大錢時，大家都有好處。根據他們的獲利分享計劃，公司上下全體員工都是根據同樣的百分比分紅[20]。

❖ 平等敘薪體系 (Egalitarian pay system)
大多數員工屬於同樣薪資體系的敘薪計劃。

❖ 精英敘薪體系 (Elitist pay system)
為公司各階層員工或團體建立不同薪資體系的敘薪計劃。

平等和精英敘薪體系之間的抉擇之所以重要，是因爲員工能藉此了解管理者重視哪些工作，以及怎樣才能在公司有發展。如果薪酬方案和額外津貼會根據階級體系裡的位階而有差異，將會更加強化傳統的組織階級架構[21]。譬如位於中西部的某大企業根據薪酬水準安排總部人員工作的樓面：樓層愈高，表示薪資愈高。而且，總部大樓總共有四個用餐室，員工只能在自己工作樓面的餐室用餐；所以只要看員工在哪裡用餐，馬上就可以判斷他的位階（以及尊貴的程度）。

近年來美國海內外的主流是朝平等敘薪體系發展[22]。譬如，2003年大約有29%的美國企業提供大多數員工股票選擇權，比幾年前增加的幅度相當可觀。我們將在下一章提到，過去幾年來外國企業也紛紛採取這種方式，以期和美國一致[23]。爲什麼？階級層次較少、薪酬方案差異較少的公司裡，員工就算沒有升到管理階級，薪水還是可以逐漸增加，而且公司可以盡量減少和階級相關的額外津貼，但員工仍可享有可觀的福利。這種做法最明顯的好處是對共同工作成就的重視、上司加強對屬下的諮詢輔導，而且員工之間更爲合作。

應思考的道德問題

企業執行長的薪水高達好幾百萬美元，可是有些員工的薪水卻只有最低薪資的水準，甚至會遭到資遣。有些人認爲這是不對的，並且主張企業高層主管的薪資不應該超過最低階員工所得的二十倍。你覺得呢？

低於市場和高於市場水準的薪酬

企業決定採取低於市場或高於市場水準的薪酬有兩個原因[24]。第一，員工薪資和其他就業機會的薪資水準之比較，會對公司吸引其他公司的人才造成直接的衝擊。薪資的滿意度跟薪資水準有著極高的關聯，而對薪資不滿是員工離職最常見的原因之一。第二，這方面的決定具有成本的重要性。如果公司決定對全體員工支付高於市場水準的薪資，便能吸引到「箇中精英」，讓員工志願性離職率降到最低程度，而且讓全體員工都覺得自己是頂尖企業的一份子。這一向是IBM、微軟和寶鹼之類績優企業的傳統。不過，沒有幾家公司能負擔得起這樣的薪酬制度，所以大多數企業對某些員工族群支付低於市場水準的薪資，好讓公司有餘力支付特定員工族群高於市場水準的薪資，藉此肯定他們的重要性。譬如，許多高科技公司研發人員的待遇非常好，可是生產部門的人員薪資卻低於市場水準。

一般來說，高於市場的薪資政策在競爭比較沒那麼激烈的產業（譬如公用事業）以及規模較大的企業比較常見。此外，績效良好、有能力支付較高薪資的公司也適合這種薪資政策。處於緊俏的勞動市場、試圖快速成長的公司必須考慮支付高於市場水準的薪資。譬如，高盛證券(Goldman Sachs)於1990年代末期，於兩年的期間內爲員工加薪42%。其薪資水準在同業之間屬於最高水準，譬如執行秘書的年薪就有5萬美元[25]。我們強調的並非愈來愈多企業提供高於市場水準的薪資，而是強調企業以各種變動薪資的型態讓員工獲得高於市場水準的收入；後者這種型態並非高薪的保證，而且可能會突然之間大幅下降。也就是說，員工的總薪酬可能某年遠高於市場水準，可是隔年卻遠低於市場水準，可能的影響因素包括股價、公司獲利能力，以及獎金設定的績效標準是否容易達成等。然而，大多數企業都會避免讓績效高的人才收入起伏不定，以免他們在時局不好的時候離開公司[26]。工會（第十五章將深入討論的主題）也會促使公司支付高於市場水準的薪資。有工會組織的員工和沒有工會的員工比起來，薪資水準大約高出9%到14%[27]。

符合市場水準的薪資政策通常是在已頗有規模且競爭激烈的產業（譬如雜貨店和連鎖飯店）。薪資低於市場水準的企業通常是規模較小、沒有工會組織的新興公司。這類公司通常在經濟發展狀況較差的地區經營，女性和少數族裔占員工的比例比較高。至於商業決定風險較高，可能因此現金吃緊的公司，愈來愈多可能採取低於市場水準的底薪型態。

貨幣型態和非貨幣型態的獎勵

有關薪酬的爭議當中，究竟採取貨幣還是非貨幣型態的獎勵也是長久以來的爭議之一。不同於現金或未來可以折現的付款型態（譬如股票或退休金），非獲利型態的獎勵是無形的。這樣的獎勵方式包括有趣的工作、具有挑戰性的任務以及大眾的肯定[28]。

許多意見調查都顯示員工並不重視薪水，譬如有份大規模的意見調查發現，美國人當中只有2%宣稱薪水是非常重要的工作層面[29]。不過我們對這項發現應該抱持著懷疑的態度。大多數人可能受到文化背景的影響，不喜歡強調金錢的重要性。有位研究薪酬的研究人員曾說，「不論是出於懊悔或憤怒，西方歷史裡的改革者都把人們對金錢的熱愛批評為邪惡的根源——我們人生當中碰到的各種橫逆都是肇因於此。[30]」兩位知名的評論家更表示，「人們對於薪資實際的重視程度可能比他們願意對別人（或對自己）承認的水準要高得多。事實上，跟至今發明的任何一種獎勵方式比起來，現金的效力絕對不惶多讓[31]。」

大多數人力資源管理的研究人員和從業人員都認同，薪資對於公司重視的事物具有象徵意義，而且能突顯出公司想要鼓勵的活動。譬如，大多數研究導向的大學主要是根據教授在頂尖學術刊物上發表論文的數量作為他們的敘薪基準。這樣做的結果是：大學的教授們傾注大量的時間撰寫和發表論文。此外，不管是什麼階層的員工，只要是有助未來加薪的事情他們都會去做。

一般來說，採取貨幣獎勵方式的企業希望鼓勵個人的成就和責任。至於重視非貨幣獎勵方式的企業則比較希望強化員工對公司的承諾。所以，在市場變化大、工作保障度低的企業、以及重視銷售業績而非顧客服務的、試圖促進內部競爭風氣而不是員工長期承諾的公司裡，通常是比較重視貨幣型態的獎勵。至於人員相對較爲穩定、強調顧客服務和忠誠而非銷售業績之快速成長、以及希望強化內部合作氣氛的公司，則比較仰賴非貨幣型態的獎勵方式[32]。

公開和保密的薪資

公司對於員工薪酬水準和公司薪酬政策的公開程度各有不一。有些公司要求員工簽約保證不會對同事透露自己的薪資，如果違背這項規定將遭到公司解僱。另外一種極端的做法是，每個員工的薪資都是公開的紀錄，在公立大學，這方面的資訊甚至會在學生報紙上公開。許多企業大多是採中庸之道，他們不會公開個人的資料，但會提供有關薪資和薪水區間的相關資訊。

相較於薪資保密的做法，公開薪資有兩個優點[33]。第一，如果公司不讓員工取得有關薪酬的資訊，往往會讓員工對薪資覺得不滿，這是因爲員工往往會高估同事和主管的薪水。換句話說，當薪酬保密時，人們覺得自己的薪水過低。第二，公開薪資資訊會迫使管理者更加公平、有效地管理薪酬，因爲不好的決策無所遁形，好的決策則有助激勵最優秀的員工。

不過公開薪資的做法也有其缺點。第一，這會迫使管理者和監督人員公開爲其薪酬決策辯護。誠如本章稍後所見，不管是在哪種薪資體系，在決定誰該拿多少薪水的決策中，個人的判斷占了主要地位。不論主管費了多少唇舌解釋這方面的決定，很可能仍無法讓每一個人都感到滿意（就算是薪資已經很不錯的人仍可能覺得其可以更好）。第二，在薪資資訊公開的情形下，減薪的決定如果做錯，公司可能得承受更爲沉重的代價。第三，爲了避免浪費時間和精神跟員工爭辯，主管可能乾脆統一給薪，不管個別員工之間績效上的差異。這樣一來，績效較好的人才可能因爲覺得薪資過低而離職。

所以，公開薪資的做法雖然有其好處，但不見得適合所有的企業。最近的研究顯示，在員工積極參與、重視平等、促進信賴和承諾的公司文化

統計軟體公司SAS Institute除提供員工有競爭力的薪水之外，還提供各種非貨幣型態的獎勵，譬如托兒服務、健身中心、公司內部的醫療照顧設施以及每個禮拜三的M&M。公司的員工具有高昂的生產力，而且對公司忠心耿耿，並以服務為導向。

裡，薪資公開的做法會比較容易成功[34]。因爲唯有在鼓勵員工關係的環境裡，公開薪資的做法才能讓人覺得公平、並帶來更大的鼓舞。在競爭比較激烈的環境裡，這種做法可能反而導致衝突和敵意的毀滅性循環，而且難以制止。

薪資決策的中央集權和分權

企業必須決定由誰主導薪資方面的決策，在中央集權的體系裡，薪資決策爲中央緊密地掌握（通常是企業總部的人力資源部門）。在分權的體系裡，薪資決策則授權給各單位的主管。薪資決策的中央集權和分權各有什麼好處？

如果僱用薪酬專家符合經濟效益，那麼中央集權的做法會比較妥當。由這些位於單一地點的薪酬專家負責進行薪水意見調查、福利管理和紀錄等工作[35]。如果公司經常面臨法律方面的挑戰，那麼把重大薪酬的決定交給專家處理應該是比較明智的抉擇。此外，經濟不景氣、公司試圖控制支出時，往往會把薪酬決策交由中央處理。

不過中央決策的程度過高也可能帶來反效果。中央體系固然能達到最高程度的內部公平，可是對於外部公平（市場）則處理得不是很好。所以，大型、多元的企業最好採取分權體系。譬如糖果製造業全球龍頭Mars

公司年銷售額據估計達110億美元，擁有三萬名員工，但公司總部的人力資源人員卻只有兩名。Mars公司讓每個單位負責本身的薪資決策，這是Mars人力資源策略的一部分，目的在於盡量降低企業規則、規定和官僚[36]。

摘要說明

薪酬議題相當複雜，而且對企業的成功與否具有很大的影響力。公司在決定、執行薪酬體系時必須做出的決定如此龐雜，恐怕讓大家都覺得吃不消。不過其實，我們在此討論的九大議題彼此都有關聯。譬如，如果大環境非常重視外部公平，其他議題的決策也得以此為主要考量。公司得採取依工作敘薪（而非以個人而定）的方式，因為工作是外部比較的基準，而且市場薪資從定義上來看，跟外部公平是相關的。由於人們通常以金錢作為外部公平性的衡量方式，所以公司可能採用貨幣型態的獎勵方式，而不是非貨幣的型態。此外，在分權體系裡，外部公平較容易管理。

簡而言之，從好的角度來看，個別薪酬體系可能沒有這裡所說的那麼多。不過壞消息是，這些都不是「二選一」的抉擇；這九大議題各自說明兩種極端的標準，在這兩極之中存在著各式各樣的可能性。

最後一點：我們將在第十五章詳細討論工會扮演的角色。不過我們在此必須強調，在有工會組織的工作環境裡，薪酬政策必須經過談判和協議，所以這類企業的管理者在薪酬議題方面能做或不能做些什麼，往往都有嚴格的限制。

薪酬工具

過去一百年來，企業以無以計數的方法來決定誰該拿多少薪水，希望透過這種種工具，擬定公平的薪酬體系，一方面協助企業控制勞動成本，另一方面吸引、留任以及鼓勵員工。這些薪酬工具雖然多元，但根據薪資決策的分析單位可以分為兩大類：以工作為基礎的方式和以技巧為基礎的方式。

第一種以工作為基礎的方式，包括最傳統、使用最為普遍的薪酬計劃[37]。這些薪酬計劃主張，每份工作都有清楚的定義（譬如，秘書、簿記員），人們拿錢就得把工作做好。每個工作的設計是爲了完成具體的任務（譬如，打字、記帳），通常是由好幾個人完成。由於每個工作對公司的重要性不一，而且有些工作在勞動市場上具有比較高的價值；所以薪酬體系主要的目的是分配薪資，讓最重要的工作拿到最高的薪水。

表10.2提供簡化的例子，說明典型根據工作敘薪的結構是什麼樣子。假設有家大型餐廳僱用八十七名員工從事十八種不同的工作，其薪資結構是把這十八種工作分爲六個**薪資等級**，最低的薪資水準爲每個小時6.5美元，最高（主廚）等級則是每個小時30美元。員工薪資是根據所屬等級，所以，洗碗工人或打雜工的薪水在每小時6.5和7.5美元之間（第一級）。

❖ **薪資等級**
(Pay grades)
屬於同樣薪資區間的工作組合。

第二種薪資計劃是以技能爲基礎，這種方法的普及度要低得多。這種方法主張，員工薪資不應該根據他們從事哪些工作，而是應該根據他們對於執行多重任務的彈性和能力而定。根據這類薪資計劃，員工具備跟工作相關的技能種類愈多，薪資就愈高。表10.3提供一個簡單的例子說明以技

表10.2 採取工作敘薪制的大型餐廳之薪資結構

	工作	職位人數	薪資
等級6	主廚	2	\$21.50～\$32.00／小時
等級5	經理	1	\$12.50～\$22.00／小時
	醬汁廚師	1	
等級4	副理	2	\$8.50～\$13.00／小時
	大廚	2	
	辦公室經理	1	
等級3	一般廚師	5	\$7.50～\$9.00／小時
	點餐廚師	2	
	大廚助理	2	
	職員	1	
等級2	服務人員	45	\$7.00～\$8.00／小時
	女服務生	4	
	收銀員	4	
等級1	廚房助手	2	\$6.50～\$7.25／小時
	洗碗工人	3	
	清潔人員	2	
	打雜工人	6	
	警衛	2	

表10.3 採取技能敘薪制的大型餐廳之薪資結構

技能區塊	技能	薪資
5	● 為菜單開發新的菜色 ● 為剩菜找出不同的用途（譬如熱餐、自助餐） ● 主管不在時協調和控制全體員工的工作	$24.00／小時
4	● 遵循菜單烹調菜單上的菜色 ● 監督廚房運作 ● 準備薪資 ● 確保食品的品質以及堅守標準	$18.00／小時
3	● 安排服務人員的時間表以及指派工作地點 ● 存貨盤點 ● 組織餐廳樓面的工作流程	$11.50／小時
2	● 招呼顧客和安排座位 ● 幫顧客點菜 ● 端菜給顧客 ● 在廚房協助準備工作 ● 進行安全清查 ● 協助送貨	$8.50／小時
1	● 使用洗碗設備 ● 使用化學或清潔劑清潔環境 ● 使用吸塵器、拖把、打蠟機和其他清潔設備 ● 清潔和桌子擺設 ● 進行例行的廚房工作（譬如煮咖啡）	$7.00／小時

能爲基礎的方法。精通第一類技能（區塊一）的員工每個小時拿7美元，學習第二區塊技能（除了第一區塊之外）的員工則可以賺取8.5美元的時薪，吸取第三區塊技能（除了第一和第二區塊之外）的員工每個小時則可以賺取11.5美元等等。

以下單元裡，我們將深入探討這兩種薪酬計畫。不過由於薪酬工具和薪資計劃極爲複雜，我們避免在營運層面過於深入，而是以這些計劃的用途以及相對的優缺點爲焦點。各位可以在別處取得如何執行這類計劃的流程說明[38]。

以工作爲基礎的薪酬計劃

建立以工作爲基礎的薪酬計劃主要有三個元素：達成內部公平；達成外部公平以及達成個別公平。圖10.3摘要說明這些要素彼此的關係和相關

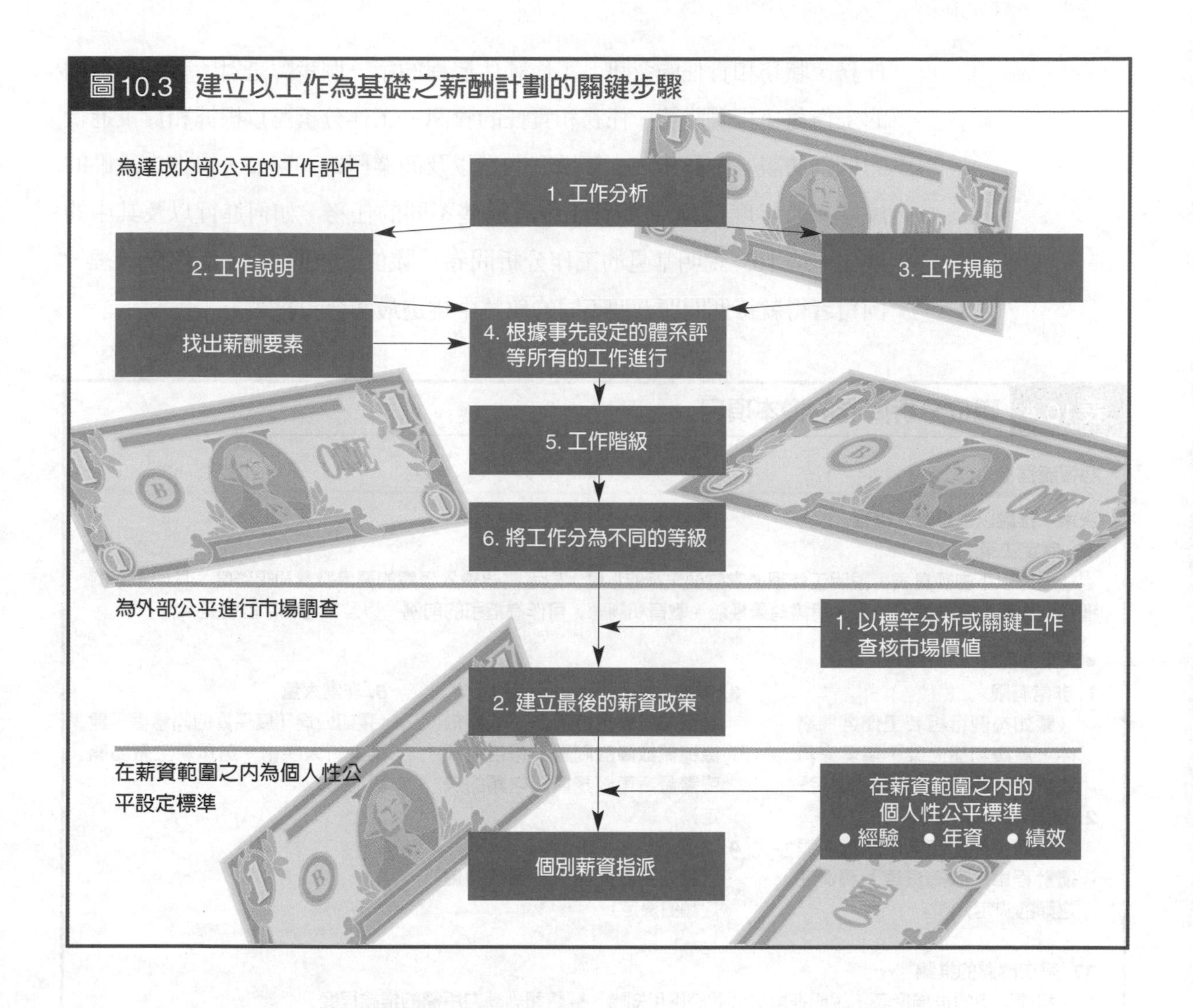

的步驟。美國大型企業大多採取這種薪酬計劃[39]。

❖ 達成內部公平：工作評估

以工作為基礎的薪酬方案會評估各個工作（而非個別員工）對公司的相對價值或貢獻。這個流程的第一個部分就是「**工作評估**」，包括六個步驟，目的在為公司針對每個工作的重要性提供合理、有秩序以及有系統的評估。工作評估的最終目的在於達成薪資結構的內部公平。

❖ 工作評估 (Job evaluation)
對公司各種工作的相對價值或貢獻進行評估之流程。

1 步驟一：進行工作分析

誠如我們在第二章討論過的，工作分析是蒐集和組織有關特定工作之任務、職務和責任的資訊。工作評估流程的第一個步驟是對所有接受評估的工作蒐集相關職務、任務和責任的資訊。工作分析可以根據和員工進行的個別訪談、由員工或主管填寫問卷以及商業紀錄（譬如，操作之設備的成本以及年度預算），研究工作有哪些不同的任務、如何進行以及其中的理由。表10.4說明常見的工作分析問卷「職位分析問卷」。工作分析裡，回覆者得就每個問題五個不同的敘述中挑選最適合的答案。

表10.4 職位分析問卷的樣本項目

心智流程

決策、推論以及規劃／排程

36. 制定決策

根據以下的評量表，說明工作裡通常需要決策的程度；思考需要納入考慮的要素數量和複雜度、其他方案的種類、決策的重要性和後果、所需背景經驗、教育和訓練、可作為指引的前例、以及其他相關的考量。

● **決策的程度**

1. 非常有限
（譬如為例行組裝工作選擇零件，倉庫物品上架，清潔家具或處理自動化機械之類的決定）

2. 有限
（譬如，操作自動刨木機、派遣計程車、或為汽車上潤滑油之類的決定）

3. 中等
（譬如架設機械操作、判斷飛機機械故障的問題、報告新聞或監督汽車服務員工之類的決定）

4. 大量
（譬如生產配額或升遷或聘僱之類的決定）

5. 非常大量
（譬如公司年度預算的同意權、建議進行大手術、選擇新工廠的開設地點）

37. 解決問題的推論

根據以下的推論量表，說明在解決問題時應用知識、經驗和判斷力所需的推論程度。

● **解決問題的推論程度**

1. 非常有限
（以常識進行簡單或參與程度較低的指示，譬如手工裝配工或混合機械操作員）

2. 有限
（以一些訓練或是經驗從有限數量的解決方案中選出最適合的行動方案或程序執行工作，譬如銷售店員、電工學徒或是圖書館助理）

3. 中等
（利用相關原則解決實際的問題以及處理狀況中各種具體的變數，這些情況裡標準化的程度有限，譬如主管或技工所處的情況）

4. 大量
（使用邏輯或科學思維界定問題、蒐集資訊、建立事實以及做出有效的結論，譬如石油工程師、人事主管或連鎖店長）

5. 非常大量
（以邏輯或科學思維解決各種有關智慧和實際的問題，譬如研究化學學家、核子物理學家、企業總裁或大型分公司或工廠的經理）

資料來源：Purdue Research Foundation, West Lafayette, IN 47907-1650. Used with permission.

2 步驟二：撰寫工作說明

工作評估流程的第二步裡，工作分析的資料成爲書面文件，判斷、界定以及說明每個工作的職務、責任、工作狀況以及規範。這樣的文件就叫做工作說明（各位可以參考第二章的說明）。

3 步驟三：判斷工作規範

工作規範包括員工成功執行工作所需的特質。這些先決條件是從工作分析而來，不過有些則是法律規定（譬如，水管工人必須有相關執照）。工作規範在所需工作經驗、年資、教育水準和背景、證書、職業訓練等方面的規範通常非常具體。工作說明裡通常會對此加以說明。

4 第四步：以事先訂定的系統評估所有工作的價值

在進行過工作說明和工作規劃之後，可以藉此判斷各個工作隊公司的相對價值或貢獻。這種工作評估通常是由三到七人組成的委員會進行，委員會成員可能包括監督人員、經理、人力資源部門人員以及外界顧問。有些知名的工作評估流程要花上幾年的時間，不過大多數公司都是採用因素計點體系(point factor system)[40]。

計點體系採用**可償要素**(Compensable factors)來進行工作評估。可償要素是公司在評估各種工作之相對價值時，認爲最重要的工作相關標準。知識是常見的可償要素。需要比較多知識的工作（透過正式教育或是非正式的經驗所得之知識）能獲得比較高的評價，所以薪酬也比較高。雖然每家公司都能自行決定其可償要素，或甚至創造適合各種職業族群或工作系列（譬如庶務性、技術、管理等職務）的可償要素，不過大多數企業都是採用已有相當規模之工作評估系統的可償要素。海氏指示圖表個人能力分析法(Hay Guide Chart-profile Method)以及美國管理協會(Management Association of America, MAA)國家職位評估計劃（national Position Evaluation Plan，也就是先前的NMTA因素計點體系）。表10.5摘要說明海氏法，這是以三項可償要素來評估工作：技術、解決問題的能力以及責任。MAA(NMTA)計劃則採三個各自獨立的單位：單位一是拿時薪的藍領

❖ **可償要素 (Compensable factors)**
公司在評估各種工作之相對價值時，認為最重要的工作相關標準。

表10.5 海氏可償要素

技術

技術(know-how)是讓工作表現達到可接受水準所需的各種技能總和。這些技能總和當中，包括員工所需之整體「知識基金」；可以分為以下三大類：

1. 實際程序、專門技術以及學得訓練的知識。
2. 整合、協調各種管理情況（營運、支援以及管理）的能力。這種技術可能是由顧問也可能是由執行主管執行；這牽涉到組織、規劃、執行、控制和評估等領域。
3. 積極練習人際關係領域的技巧。

解決問題

解決問題是分析、評估、創造、推論和達成結論之工作所需的原始「自發性」思考。在思考受到標準限制、有先例參考的情況下，解決問題的程度降低，而其重點和技術的重點相當。

解決問題有兩個層面：

1. 思考發生的環境。
2. 思考所面臨的挑戰。

責任

責任是對行動和其後果承擔的能力。這是工作對結果的影響力。這可以分為三種：

1. 行為的自由度：個人或程序控制和指導的程度。
2. 工作隊結果的影響力。
3. 重要性：工作明顯主要影響的領域以一般美元計算的規模顯示（以年度為基礎）。

資料來源：Courtesy of The Hay Group, Boston, MA.

階級；單位二是不可豁免(nonexempt)庶務性、技術性及服務性質的職位；單位三乃可豁免(exempt)監督、專業以及管理層次的職位。MAA(NMTA)計劃包括十一項要素，分爲四大類（技能、努力、責任以及工作狀況）。表10.6摘要說明單位一的計劃。

這兩套系統都以數字和程度的評量表來評估每個可償要素。可償要素的重要性愈高，計點價值就愈高，重要性愈低，價值就愈低。譬如，如表10.7所示，以MAA(NMTA)系統裡最高的點數來說，經驗是每個等級22點。另外兩項MAA(NMTA)技能要素的價值爲每等級14點。其他要素的價值都是每等級5點或10點。

這套評量讓評估與薪酬委員會得以判斷每個工作各項要素的點數。譬如表10.7的MAA(NMTA)表，假設工作X評爲第五等級的項目包括體力要求（50點）、設備或流程（25點）、原料或產品（25點）、其他人的安全

表10.6　MAA國家職位評估計劃的十一項可償要素（單元一：製造、維修、倉儲、配銷以及服務性的職務）

技術

1. **知識**：衡量特定類型工作之學習或相當型態的訓練水準。
2. **經驗**：衡量在沒有特別加強監督的情況下，執行工作職務所需的時間量。
3. **衝勁和聰明**：顯示工作上獨立判斷和決策的程度。

努力

4. **體力上的要求**：衡量職務當中有多少提重物、搬運重物和以困難姿勢工作的程度。
5. **心智上的注意力和視覺上的要求**：對視覺或心智造成龐大、集中壓力的工作，衡量其造成疲倦的程度。

責任

6. **設備或流程**：衡量可能因為錯誤或不小心對設備或流程造成的傷害。
7. **原料、產品或服務品質**：這是指處理、檢驗、測試或是交貨過程中因為外洩、廢棄和疏忽所導致的損失。
8. **其他人的安全**：衡量工作當中保障他人免於受傷或健康受損的程度。
9. **其他人的工作或品質／流程團隊成員的工作**：這是指協助、指示或是指導其他人，或參與品質或流程團隊，對公司內部其他營運層面造成影響的責任程度。

工作狀況

10. **工作狀況**：衡量暴露在灰塵、熱氣、噪音或懸浮微粒等物質的程度。
11. **工作風險**：是指就算採取安全保護措施，仍受到物質、工具、設備和地點傷害的風險。

資料來源：MAA (formerly NMTA) National Position Evaluation Plan.

（25點）以及其他人的工作（25點），第四等級的包括心智或視覺要求（20點）、工作狀況（40點）以及工作風險（20點）；第二等級的是經驗（44點）；在第一等級的是知識（14點）以及衝勁和聰明（14點）。這份工作在十一項MAA(NMTA)可償要素的總點數爲302點。

5 第五步：創造工作階級

在此介紹的第四步驟會產生**工作階級**，這是根據工作對公司的重要性，從最高到最低排列的工作清單。表10.8說明典型大型企業辦公室的工作階級。第一欄從高到低排列每個工作的總點數，最高的是顧客服務代表的300點，最低爲接待人員的60點。

❖ 工作階級 (Job hierarchy)
根據工作對公司的重要性，從最高到最低排列的工作清單。

表10.7 MAA國家職位評估計劃：要素等級之點數

要素	分配給要素等級的點數 第一等級	第二等級	第三等級	第四等級	第五等級
技能					
1. 知識	14	28	42	56	70
2. 經驗	22	44	66	88	110
3. 衝勁和聰明	14	28	42	56	70
努力					
4. 體力要求	10	20	30	40	50
5. 心智或視覺要求	5	10	15	20	25
責任					
6. 設備或流程	5	10	15	20	25
7. 原料或產品	5	10	15	20	25
8. 其他人的安全	5	10	15	20	25
9. 其他人的工作	5	10	15	20	25
工作狀況					
10. 工作狀況	10	20	30	40	50
11. 工作風險	5	10	15	20	25

資料來源：MAA (formerly NMTA) National Position Evaluation Plan.

6 第六步：根據等級對工作進行分類

基於簡單起見，大多數大型企業在工作評估流程的最後步驟是把工作分為不同的等級。譬如，在電腦設備製造商控制資料公司(Control Data Corporation)，數以千計的工作被分為將近二十種等級[41]。通常來說，公司會把工作階級的數目降到可以管理的程度，而各項工作的點數則是作為階級劃分的標準。譬如表10.8裡的第二欄顯示十八個庶務性的工作如何被劃分為五個階級。同一個階級的工作對於公司的重要性都是一樣的，因其點數彼此都非常接近。

其他的工作評估體系還有排序體系(ranking system)（評估委員會根據對於價值的整體判斷將工作說明從最高排列到最低）；分類體系(classification system)（委員會以計點體系把工作說明分為不同的等級，如同聯邦公務員之工作分類系統）；要素比較(factor comparison)（這種不同

表10.8　某假設之辦公室的庶務性工作階級，薪資等級以及週薪區間

	1 點	2 等級	3 週薪區間
顧客服務代表	300	5	$500～$650
執行秘書／行政助理	298		
資深秘書	290		
秘書	230	4	$450～$550
一般資深人員	225		
信貸以及催收人員	220		
會計人員	175	3	$425～$475
一般人員	170		
法務秘書／助理	165		
資深文字處理員	160		
文字處理員	125	2	$390～$430
採購人員	120		
薪資人員	120		
打字員	115		
歸檔人員	95	1	$350～$400
郵件人員	80		
人事人員	80		
接待員	60		

於計點和排序體系的方式相當複雜少見）；以及政策掌握(policy capturing)（根據公司目前的做法，以數學分析估計每個工作的相對價值）。

這個單元的討論有兩個重點各位應該謹記在心。第一，工作評估是內部進行的，並未將市場上的薪資水準或其他公司的做法納入考慮。第二，工作評估要素僅以每個工作的任務價值爲焦點，而不是執行工作的人。MAA(NMTA)的評估手冊裡也說得很明白：「這項計劃並非評判個人，不會針對個人執行工作的能力進行評估。這是根據一套簡單的「可償」要素對每個工作「進行評估」……所有工作的做法都是一樣[42]。」

❖ 達成外部公平：市場意見調查

爲了達成外部公平，企業通常會進行市場意見調查。這些調查的目的

在於判斷每個等級的薪資區間。企業可以自行進行薪水調查，不過大多數都是購買現成的調查結果。顧問公司每年會針對各種類型的工作和地區進行上百個這類的意見調查。

同樣地，聯邦政府也定期針對七百七十七個職業就各地區和全國性進行薪水調查。調查結果目前在網路上免費提供（勞工統計局，2003年，職業與產業之全國就業與薪資估計，www.lib.gsu.edu/collections/govdocs/stats.htm）。

既然市場數據可以用來判斷工作的價值，那又何必耗費時間和金錢進行內部的工作評估呢？原因有二。第一，大多數企業都有一些獨特的工作，很難以市場數據進行評估[43]。譬如，Y公司「行政助理」的工作可能包括協助高層主管處理重要公事（譬如，當高層主管沒空的時候，代其公開露面），而Z公司同樣的職位則可能只需處理例行的庶務性職務。第二，同樣的工作在不同的公司可能重要性也不一樣。譬如，「科學家」的工作在高科技公司（開發新產品對他們而言是競爭優勢的關鍵）通常要比在製造業（製造業的公司裡，科學家只需進行例行性的實驗即可）重要得多。

以市場調查把工作評估的結果和外部薪資／薪水數據進行整合通常包括兩個步驟：標竿分析以及建立薪資政策。

1 第一步驟：找出標竿或關鍵工作

❖ 標竿或關鍵工作 (Benchmark or key jobs)
內容在各家公司都類似或可比較的工作。

大多數公司將內部工作評估階級或等級分類和市場薪水進行資料進行整合時，會找出**標竿或關鍵工作**——這是各家公司都類似或可比較的工作——並查核薪水調查，以判斷這些工作在別家雇主有多少的價值。接著公司會根據關鍵工作落入的等級，對屬於同樣等級的非關鍵工作（市場數據沒有提供的部分）設定同樣的薪資區間。

在此舉個例子說明。假設表10.8這家公司從辦公室各項工作中找出五項關鍵工作（這些在表10.9有簡短的說明）。該公司為辦公室員工購買薪水調查，調查中顯示這些關鍵工作的平均週薪和週薪的第二十五、第五十以及第七十五百分位。譬如表10.10顯示，接受調查的公司中，25%的顧客服務代表週薪為400美元以下；50%賺500美元以下；75%週薪為650美

表 10.9　辦公室人員的標竿工作範例

- 顧客服務代表：建立和維繫良好顧客關係以及為顧客的問題提供建議和協助。
- 信貸和催收人員：執行跟信貸和催收相關的庶務性任務；執行例行性的信用查核、取得補充資料、調查逾期未付的帳戶、以郵件或電話追蹤到期未付的顧客。
- 會計人員：根據定義詳細的程序或指示執行各種例行性的會計庶務性工作，譬如記帳、明細分類以及相關報表。
- 文字處理員：操作文字處理設備，輸入或搜尋、選擇以及從儲存設備或內部記憶合併文字，以為重複性、持續性複製之用。
- 打字員：執行例行性的庶務性以及打字的工作；根據既定的程序以及詳細的書面或口頭指示，可操作簡單的辦公室機器和設備。

資料來源：1994 AMS Foundation *Office, Secretarial, Professional, Data Processing and Management Salary Report,* AMS Foundation, 550 W. Jackson Blvd., Suite 360, Chicago, IL 60661. See also Salary Wizard (2003). Salary report for administrative support, and clerical job categories. Hrcom.salary.com/salarywizard.

元以下。這項工作的平均週薪爲495美元。該公司根據這些市場數據，爲等級和顧客服務代表這樣關鍵工作相同的工作（以這個例子來說是執行秘書和資深秘書）設定薪水區間。不過，公司首先得設定一套薪資政策。

2 第二步：建立薪資政策

由於市場薪資和薪水水準差異很大（參考表10.10），企業需要決定是否領先、落後、還是支付現行工資率(going rate)（這通常是界定爲調查中薪資／薪水的中點）。公司的**薪資政策**是根據他們在薪資市場上打算處於什麼樣的定位。譬如表10.8中的假想公司，決定把每個工作等級最低薪資根據市場上的第五十百分位，最高薪資則根據第七十五百分位（參考表10.8裡第三欄）。有些公司則是採用比較複雜的方法來達到同樣的目的。

❖ 薪資政策 (Pay policy)
公司以高於、低於或相當於市場水準支付員工薪資的決定。

表 10.10　部分標竿辦公室工作之市場薪水數據

標竿工作	週薪百分位 25%	週薪百分位 50%	週薪百分位 75%	平均週薪
1. 顧客服務代表	$400	$500	$650	$495
2. 信貸與催收人員	$400	$450	$550	$455
3. 會計人員	$370	$425	$475	$423
4. 文字處理員	$380	$390	$430	$394
5. 打字員	$330	$350	$400	$343

❖ 達成個人性公平：在薪資區間內的定位標準

公司根據每個工作之薪資區間擬定薪資結構後，必須進行最後一個任務：根據薪資區間制定每個員工的薪資水準。企業經常以先前的經驗、年資以及績效評估結果來判斷員工在其工作之薪資區間內應該拿多少薪水。這種做法的目的是爲了達成個人性公平。**個人性公平**(Individual equity)是指對從事同樣工作之員工決定其薪資水準的公平性。

❖ **個人性公平**
(Individual equity)
個人薪資決定的公平性。

❖ 評估以工作為基礎的薪酬計劃

誠如先前所說，以工作爲基礎的薪酬計劃使用得相當廣泛。這些體系很合理、客觀、而且有系統，有助降低員工的不滿。而且這類體系也比較容易設立和管理。然而，這還是有些很大的缺點，特別是：

- 以工作爲基礎的薪酬計劃並未將公司本質和獨特的問題納入考慮。譬如，跟比較穩定的大型企業相較之下（譬如保險產業），小型、成長快速的公司裡，工作比較難以界定，而且變化得比較快。以工作爲準的評估程序和調查是假設這套方式全世界都可以適用；可是事實上未必適合公司的狀況。
- 建立以工作爲基礎的薪酬計劃，可能不像其支持者所宣稱的那樣客觀。這些計劃可能營造出客觀的表面，裡頭其實充滿了主觀的判斷。
- 以工作爲準的薪酬體系比較不適合公司的高層職位，這些職位比較難將個人貢獻和工作本身分開。在管理和專業性的職位，員工協助對工作進行界定。公司強制要求人們遵守界定狹隘的工作說明時，會喪失極爲重要的創造力。
- 隨著經濟逐漸朝服務導向發展、製造業逐漸萎縮，工作的界定也跟著愈來愈廣泛。所以，工作說明往往充斥著各種籠統的說法。這樣一來，要評估工作的相對重要性就困難得多。
- 以工作爲基礎的薪酬計劃往往趨於官僚、機械化、僵化／內部薪資結構一旦抵定，就很難更改。所以，企業無法隨著經濟環境的快速變化輕易調整其薪資結構。而且，由於這類薪資計劃是對各階級制定相關的固定薪水和福利，碰到經濟不景氣的時候，企業往往得訴諸裁員才能節省成本。日本企業比較少採取以工作爲基礎的薪酬計劃，員工薪資當中通常有20%到30%是變動薪資，這樣公司比較有彈性可以吸收經濟的起伏。

■ 工作評估流程對於向來由女性從事的職業（庶務性的工作、小學教師、護士等等）不利。儘管這方面的實證研究不夠完整，不過批評者往往能找到相當鮮明的例子來支持他們的論點，譬如紐約市清潔工（收垃圾的人）在工作評估中比教書的工作還要高。

■ 市場調查的薪資和薪水數據不夠可靠。在根據工作內容、公司規模、公司績效以及地理位置經過調整後，同樣產業裡的工作，從35%到300%的薪資差異並非異數[44]。有位研究人員這麼說道，「很顯然的，同樣產業裡公司對於薪資的做法往往會有很大的差異…難怪，經過仔細挑選的調查樣本中，雇主能爲其薪資差異提出有效的理由（這點在針對有競爭力的薪資進行分析和討論時往往遭到忽略）[45]。譬如這個例子，有家資訊科技(IT)公司的主管職位需要至少五年的經驗、大學學歷以及監督十位以上的程式設計師和系統分析施。同樣規模以及位於生活成本類似之城市的公司，2002年IT主管的薪水中值(median)爲每年9萬美元。不過，有些年薪遠高於5萬美元，有些人則低於5萬美元[46]。

■ 在判斷內部和外部公平時，員工的觀感才算數，而不是工作評估委員和外界顧問的評估。以工作爲基礎的薪酬計劃假設雇主可以爲員工決定什麼才算公平。公平與否要看在當事人眼裡才算數，所以這種方法可能只是爲雇主的薪資政策合理化，而不是根據員工的貢獻提供報酬。

儘管有這些批評，但以工作爲基礎的薪酬計劃依然廣受採用，這可能是因爲其他方案缺乏成本效益和應用的普及性。本章稍後將介紹以技能爲基礎的薪資計劃，這雖然是個選擇，但成本高昂而且使用的程度有限。

❖ 實務建議

與其完全淘汰以工作爲基礎的薪酬計劃，比較務實的做法是盡量減少其中可能出現的問題。在建立以工作爲基礎的薪資計劃時，公司應該將以下建議納入考慮：

■ **在制定有關薪資的政策時要採取策略性的思考**：工具是爲了達成目的，不要本末倒置。譬如，公司可能最好將某些工作設計得相當廣泛且有彈性。另外，公司對於攸關其使命的重要工作可以支付市場高檔的薪資，至於比較不重要的工作則可以支付低檔薪資。簡而言之，公司的業務和人力資源策略應該引導薪酬工具的使用，而不是正好倒過來。

■ **確保員工的投入**：員工可對薪酬計劃的設計和管理發表意見，能降低他們的不滿。以電腦蒐集員工的意見是種簡單、直接的方法。這種以電腦輔助的工作評估系統讓員工可以說明自己的工作，這些資料可以整合、呈現、重新安排以及易於進行比較。這種方法有兩個好處。第一，這讓員工有機會說明自己做些什麼。這往往有助於改善工作評估結果的接受度（不過公司根據評估結果進行判斷，建立工作階級的必要還是存在）。第二，這種方法並不昂貴，公司可藉此更新工作說明，並定期將這些改變納入系統之中（譬如，每年更新）。

■ **一方面擴大每個工作的職責範圍，另一方面增加各項工作的薪資區間**：這種做法一般叫做**工作分職**(Job banding)，這是把定義狹隘的工作說明，以相關工作項目（分職）取而代之的做法[47]。譬如，消費性產品製造商Fine Products公司將十三個不同工廠、區域性和生產經理的工作職稱壓縮爲四個工作，每個工作的職責都爲之擴大。每個分職的區間大約爲90%（譬如，「分職C」從8萬8500到5萬4500美元）[48]。

❖ **工作分職**
(Job banding)
把定義狹隘的工作敘述，以相關工作項目（分職）取而代之的做法。

這樣一來，員工無須換工作或獲得升遷，薪水也能大幅提昇。工作分職有三項潛在的好處。第一，由於工作定義並不狹隘，讓公司更有彈性。第二，在經濟成長減緩的時候，公司仍能獎勵績效頂尖的員工而無須提供升遷。第三，由於工作分職讓公司的人員和管理階層減少，讓公司得以節省行政管理成本。

■ **定期檢討統計數據，確保工作評估進行得宜**。譬如，如果公司員工離職率居高不下，或有些工作分類難以招募到員工，這可能就是工作評估有問題的徵兆。

■ **擴大員工薪資中變動的部分（紅利、配股等）**：變動薪資計劃提供更大的彈性，讓公司無須訴諸裁員就能降低成本。大型企業裡，員工薪資中只要10%是變動薪資，公司就能避免裁撤數以千計的員工；這種薪資計劃在景氣好的時候能獎勵員工，在景氣差的時候還能協助公司「吸收」掉景氣的衝擊。

■ **為不同類型的員工建立雙重生涯階梯，讓他們無須升遷到管理階層或在**

表10.11 雙重生涯階梯的範例

分職	管理	個別貢獻者
13	總裁	
12	執行副總裁	研究部門副總裁
11	副總裁	執行顧問
10	助理副總裁	資深顧問
9	主任	顧問
8	資深經理	資深顧問
7	經理	顧問
6		資深專員
5		專員
4		資深技術人員
3		資深行政支援，技術人員
2		行政支援資深製造部門人員
1		庶務性質的支援，製造部門人員

資料來源：LeBlanc, P. (1992). Banding the new pay structure for the transformed organization. *Perspectives in Total Compensation,* 3(8). American Compensation Association, Scottsdale, AZ. Used with permission of the author, Peter V. LeBlanc, of Sibson & Company.

公司階級裡晉升也能獲得大幅度的加薪：在某些情況下，譬如具有許多業務單位和多層管理階級的大型企業，工作階級可以排得很長。不過其他企業裡，薪資有大幅成長空間（譬如根據績效和年資）的扁平組織可能比較適合。表10.11說明雙重生涯階梯的例子。

以技能爲基礎的薪酬計劃

不同於以工作爲基礎的薪酬計劃，以技能爲基礎的薪酬計劃以技能作爲薪資的基礎[49]。全體員工起薪都是一樣的，每增加一項新的技能，就能晉升一個薪資層次[50]。

可以獲得獎勵的技能可以分爲三種。深度技能(depth skills)是指員工在專門領域的學習更爲精深，或成爲某個領域的專家。水平或廣度技能(horizontal or breadth skills)是指員工在公司學會處理愈來愈多的工作或任務。垂直技能(vertical skills)是指員工獲得「自我管理」的能力，譬如排程、協調、訓練以及領導。許多產業都採用以技能爲基礎的薪資制度，譬如電信產業〔AT&T、北電(Northern Telecom)〕、保險業（Shenandoah人壽保險）、飯店頁(Embassy Suites)以及零售業(Dayton Hudson)[51]。

以技術爲基礎的薪資體系對公司可能有幾點好處[52]。第一，人力比較有彈性，不會被工作說明針對特定職稱指派任務那般備受束縛。第二，這有助於交叉訓練，可以避免因爲員工曠職和離職導致公司延誤交貨截止日期。第三，這種體系需要的監督人員比較少，所以管理階層可以減少，讓公司組織變得更爲精簡。第四，這有助於增加員工對薪酬的控制，因爲他們事前就知道要怎麼樣才能得到加薪（學習新的技能）。

以技能爲基礎的薪資體系也可能對公司帶來一些風險，這也可能是爲什麼企業當中採用這種體系的比例相對較少（5%到7%）的原因[53]。第一，由於許多員工精通許多、甚至所有的技能，因此薪資水準遠超過以工作爲基礎的薪資水準；結果導致公司的薪酬和訓練成本過高，甚至超過生產力提昇或節省成本的程度。第二，員工若無機會運用所有學得的技能，這些技能可能會變得生疏。第三，當員工達到薪資結構的最高層時，他們可能覺得薪資沒有繼續增加的機會，因此覺得氣餒而離開公司。第四，除非有外部薪資數據作爲比較，否則技能的薪資價值可能只得隨便亂猜。最後，以技能爲基礎的薪資體系目的在於降低官僚以及僵化的程度，可是如果需要周密、耗時的流程監督、驗證員工的技能，這種體系本身可能反而加重這種問題。

簡而言之，以技能爲基礎的薪資體系不是萬靈藥。爲了避免成本超支以及讓人覺得不公平和遭到控制的感覺，管理者得將這套體系審慎地融入整體的人力資源策略之中。譬如，以技能爲基礎的薪資體系會產生額外的訓練支出，所以人力資源發展必須是公司策略計劃裡的重要首務才行。如果員工是對學習各種工作技能有興趣，而不是爲了追求更高的薪資，這樣的薪資計劃比較可能奏效。

有關技能敘薪體系最後的一個重點：許多新興、小型的企業都是自然而然地採用這種薪資體系。創業者需要額外的人手時，會根據技能來僱用新人。對於成長型的企業而言，具備不同工作技能的人才會比較有幫助。彈性對於公司的持續成長極爲重要，所以有彈性的員工會比較受到重視、薪資也會比較高。當然，公司成立初期還沒有正式的體系爲技能具體地設定薪酬價值。然而，當公司發展到某個程度，勢必得系統化其薪酬結構。

先前討論的設計議題就是在這時候會發揮其重要性。

法律環境和薪資體系的管理

法律架構對於薪酬體系的設計和管理具有極大的影響力。有關管理薪酬標準和程序的聯邦法律主要包括公平勞動標準法案(Fair Labor Standards Act, FLSA)以及美國之國稅法(Internal Revenue Code, IRC)。除此之外，各州還有各自的規定。勞工法也可能約束管理階層對於制定薪資水準的判斷。

公平勞動標準法案

1938年的**公平勞動標準法案**是規範薪酬的法律，美國大多數的薪資結構都受此影響。根據公平勞動標準法案，雇主必須對全體員工的工作時數和所得保持正確的紀錄，並將這些資訊提交給美國勞工部的薪資與時數部門(wage and Hour Division)。大多數企業都必須遵守公平勞動標準法案，不過只有一名員工或年營收不到50萬美元的企業則不在此限。

公平勞動標準法案將員工分爲兩類：**可豁免員工**是指不受公平勞工標準法案影響的員工。大多數的專業人士、管理人員、執行主管以及外部的業務工作都屬於這種。**不可豁免員工**則是受公平勞工標準法案影響的員工。勞工部有提供如何判斷作屬於可豁免還是不可豁免的原則。管理者爲了避免不可豁免員工相關的成本（主要是最低薪資和加班費），通常會盡量把工作歸類爲可豁免。不過，如果把不可豁免的工作歸類爲可豁免，雇主得面臨嚴重的處罰。

❖ **公平勞動標準法案** (Fair Labor Standards Act, FLSA)
美國的基本薪酬法案，要求雇主記錄所有員工薪資所得和工作時數，並且將這份資料報告給美國勞工部。員工分為可豁免(exempt)與不可豁免(nonexempt)兩種。

❖ **可豁免員工** (Exempt employee)
不受公平勞工標準法案影響的員工。大多數的專業人士、管理人員、執行主管以及外部的業務工作都屬於這種。

❖ **不可豁免員工** (Nonexempt employee)
受公平勞工標準法案影響的員工。

❖ 最低薪資

公平勞動標準法設定的最低薪資目前爲每小時5.15美元，不過我們在撰寫本書期間，國會已在考慮大幅調升最低薪資水準（2003年U.S.Master Wage-Hour Guide）。最低薪資的立法備受爭議。支持者認爲這有助於提昇貧窮社區的生活標準。反對者則認爲這會導致企業不願僱用或是留住員工，使得低技能勞工失業和貧窮的問題更加嚴重。反對者也指出，最低薪資促使美國企業在低薪資國家（譬如墨西哥和菲律賓）開設海外工廠，因此導致國內失業問題惡化。這方面的爭議至今尚未化解，可能是因爲最低薪資遠低於美國大多數企業願意支付的水準。不過，由於愈來愈多地方政府通過「生活薪資」（有一定生活水準的薪資）的相關立法，調升最低薪資水準，遠高於聯邦政府規定的每小時5.15美元之最低薪資。譬如，2003年，加州的Santa Cruz市要求最低薪資必須有每小時12.55美元。請參考你也可以辦得到！新興趨勢個案分析10.1「生活薪資應該多少？」

❖ 加班費

公平勞動標準法案規定，不可豁免員工每週工時超過四十個小時時，每小時工資應該爲標準工資的一點五倍。這項修法的目的在於鼓勵雇主聘僱員工，因爲這樣一來，雇主以現有員工增加產量的話，成本反而會比較高昂。不過事實上，許多公司爲了規避聘僱新員工的相關成本（招募、訓練、福利等），寧可支付加班費。

平等薪資

1963年通過的平等薪資法(EPA)乃公平勞動標準法的增修條文。誠如第三章所介紹，平等薪資法規定男女如果從事類似的工作，在技能、努力、責任和工作狀況方面「相同之處極多」，那麼薪資水準也應該相當。

愈來愈多女性進入傳統由男性從事的工作領域，同值同酬的議題值得各界重視。

平等薪資法有四項例外(1)年資比較深；(2)工作績效比較好；(3)生產量比較多、品質比較好；(4)某些其他的要素，譬如支付夜班員工額外的津貼；這些情況下，雇主可以支付某一性別比較高的薪資。如果從事類似工作的男女員工薪資有差異，那麼主管應該確定，他們在平等薪資法四項例外當中至少符合一項。如果沒有一項符合的，那麼公司可能會面臨嚴重的處罰，不但得負擔法律成本，日後還得對受到影響的員工進行補償。

❖ 同值同酬

平等薪資不能和同值同酬混爲一談，同值同酬是更爲嚴謹的立法，在美國某些地區以及其他一些國家都有相關的立法。**同值同酬**是指即使工作內容不同，但如果工作需要相當的技能、努力和責任以及具備相當的工作條件，那麼薪酬也應該相當。譬如，如果公司採取我們先前討論過的計點要素工作評量體系，他們應該會發現行政助理的職位（大多數由女性擔任）跟班次監督人員的職位（大多數由男性擔任）點數一樣，同值同酬相關立法規定雇主必須支付這些員工同等薪資，即使他們可能具備不同的技能和責任。

❖ **同值同酬**
(Comparable worth)
即使工作內容不同，但如果工作需要相當的技能、努力和責任以及具備相當的工作條件，那麼薪酬也應該相當的敘薪概念。

同值同酬相關立法的爭議主要是在於如何執行之上，而不是在其爭取性別同等薪資之主要目標上。支持同值同酬的人士主張以工作評量工具來提昇薪資平等的程度，並指出許多民間企業本已採取這些工具來設定薪資水準。反對者則認爲，工具評估本身過於武斷，並未充分考慮工作的市場價值。譬如，同值同酬的反對者常說市場對護士並不公平，因爲社會把這項專業和女性在家庭中不支薪的照顧角色連在一塊。儘管在執行方面還有諸多問題，但許多國家都已採取同值同酬，其中包括英國、加拿大和澳洲[54]。

❖ 聯邦合約計劃辦事處的角色

聯邦合約計劃辦事處(OFCCP)爲了監督業者是否遵守公平就業機會(EEO)的規定，會對其薪資水準進行評估，儘管這並非其主要的任務。該機構具有龐大的權力，可以撤回聯邦政府對承包商的合約——此舉對於許多公司而言都會造成龐大的收益損失。

在過去三十五年期間，OFCCP主要致力於執行平權措施計劃（參考

第三章說）。不過近年來，他們的焦點似乎已有所轉變，比較側重於調查性別和種族之薪資差異上。本書先前版本出版時，OFCCP發出大約六萬份表單給雇主，要求他們提供EEO項目的薪酬數據（譬如主管和經理、專業人員、庶務性質的人員、薪資等）。

摘要與結論

❖ 薪酬是什麼？

總薪酬(Total compensation)有三個部分：(1)基本薪資，這是定期領取的固定薪資；(2)獎工計劃，這種計劃的設計是為了鼓勵良好的績效；(3)紅利，有時候也叫做間接薪酬，這包括健康醫療保險、休假以及各項津貼。

❖ 設計薪酬體系

有效的薪酬計劃讓公司得以達成其策略性目標，而且能配合公司特性和其環境。經理在設計薪酬體系時需要考慮的薪資方案包括：(1)內部和外部公平；(2)固定與變動薪資；(3)績效和成員；(4)工作和個別薪資；(5)平等敘薪和精英敘薪；(6)低於市場和高於市場水準的薪酬；(7)貨幣和非貨幣型態的獎勵；(8)公開和保密的薪水；(9)中央集權和分權制的薪資決定。這些方案的選擇必須「配合」公司和其目的。

❖ 薪酬工具

薪酬工具可以分為兩大類：以工作為基礎的方式和以技能為基礎的方式。典型以工作為基礎的薪酬方案有三個要素：(1)為了達成內部公平，公司透過工作評估對公司所有的工作評估其相對價值；(2)為了達成外部公平，公司以薪水數據作為標竿或從市場調查取得關鍵工作的薪資水準來制定薪資政策；(3)為了達成個別性的公平，公司根據經驗、年資以及績效對個別職位制定在區間之內的薪資。

以技能為基礎的薪酬體系成本比較高昂，而且使用程度比較有限。以技能為基礎的薪酬體系鼓勵員工取得深度技能（在專門領域加強學習）、水平或廣度技能（學會處理更多的工作領域）以及垂直技能（自我管理的能力）。

❖ 法律環境和薪資體系的管理

管理薪酬措施的聯邦法律主要包括公平勞動標準法案（管理最低薪資以及加班，並對可豁免和不可豁免員工之分類提供原則）、平等薪資法（禁止根據性別提供差別薪資的歧視行爲）以及美國之國稅法（具體說明各種類型的員工薪資應該如何課稅）。有些國家和市政府也對同值同酬有立法規範，這些法律規定即使工作內容不同，但如果工作需要相當的技能、努力和責任以及具備相當的工作條件，那麼薪酬也應該相當。

問題與討論

1. 有些公司採取選擇性外部公平的政策，以免員工離開公司。這種政策各有什麼優缺點？請說明之。

2. 十七年前某大化學公司裡，一個年輕大膽的工程師交給老闆一份長達四頁的清單，列舉她希望每兩年能晉升到的職位。最後她希望能晉升到副總裁，在這家階級不多的公司裡，副總裁的位置和董事長之間只差六個階級。這名工程師至今已做過九個職位，可是最後三個一直停滯在主任的位置。公司正在進行組織重整，這位四十八歲、充滿才華的女性工程師開始感到氣餒。公司可以提供哪種型態的非貨幣獎勵以免她離開公司？公司裡的女性工程師寥寥可數，她透過小道消息發現，同等級的男性工程師薪水比她多出25%。你要怎麼判斷這種薪資差異可以符合公平薪資法四項例外中至少一項？

3. 在2002～2003年期間，許多企業裁撤了數以千計的員工，凍結薪資，並取消所有的紅利。可是這些企業當中，許多針對留任的「關鍵員工」提供大幅加薪；此舉造成公司員中之間極大的「不公平」，有些員工雖然未被列爲關鍵之列，但從事的是同樣的工作。這種政策有何優缺點？請說明之。

4. 有位顧問曾說許多調查的品質很低，這一部分是因爲企業面臨一大堆顧問公司要求進行的調查；公司必須填寫才能換取調查結果。這樣的做法導致公司漫不經心地填寫，或是對許多調查根本不予回應。而且，公司通常不會請比較有經驗的薪酬人員填寫調查表單，而是指派給低階的人力資源部門員工、甚至庶務性質的人員。這些低階人員回覆的完整性，自然不如對人事比較有經驗的人員[55]。身爲經理的你，如何知道薪水調查的數據正確與否？

你也可以辦得到！

新興趨勢個案分析10.1

❖ 生活薪資應該多少？

傑洛・吉彭斯(Jerome Gibbons)每個禮拜工作大約六十個小時，就跟五年前一樣，不過情況卻大為改觀。五年前吉彭斯有兩份工作，一個是在洛杉磯國際機場擔任輪椅服務員，另外一個是在辦公室大樓擔任警衛；這兩份工作的要求都很高。現在他每個禮拜仍在機場工作四十個小時，不過拜該市長達五年的「生活薪資」法令規定（這項法令要求市政府承包商調升最低薪資），他每個小時的薪資從5.75美元跳升到9.45美元。他因此得以辭掉第二份工作，在當地大學修課，他希望日後能成為輔導濫用藥物者的顧問。現年三十一歲的吉彭斯尚未結婚，他認為該市強制的加薪制度讓他：「支付帳單和上學都要容易得多。」

生活薪資運動發展得如火如荼之際，愈來愈多像吉彭斯這樣的低薪員工終於找到改善生活的希望。生活薪資運動的主旨是全職工作的人不應該生活在貧窮之中，這項運動在1994年在馬里蘭州巴爾地摩(Baltimore)獲得第一場勝利，自此蔓延到全國八十一個城市和郡，其中包括波士頓、聖塔非(Santa Fe)、新墨西哥州以及大學和學校董事會之類的機構。其他十幾個地區（從加州Santa Monica乃至於紐約市）也在評估生活薪資的提案。

這些法律通常是規定當地政府承包商（在某些地方是針對領取大量補助和稅務優惠的企業）規定這些企業的員工薪資必須超出聯邦政府制定的貧窮水準（一家四口年收入1萬8100美元）。這相當於每小時8美元，不過有些城市的生活成本比較高，譬如加州Santa Cruz，則規定時薪高達12.55美元（聯邦政府的最低薪資為每小時5.15美元）。

有些城市試圖採取更為全面性的改革。在2002年，紐奧良(New Orleans)公平直接投票以二比一通過立法，規定該市民間所有雇主支付的時薪至少為6.15美元。民運人士更要求法官撤銷該州1997年禁止當地制定最低薪資的法律。法官判決指出，禁止最低薪資是違憲的行為（另外五州也有類似的法律），所以紐奧良只要等路易斯安那州(Louisiana)最高法院判決，就可以強迫雇主調升薪資水準。

Santa Monica市委員會採取更積極的措施，不單規定市政府承包商必須採取生活薪資，該市位於長達一點五平方里著名的「海岸區域」上之飯店和主要企業也得遵守這項規定。

❖ 關鍵性的思考問題

1.企業界有組織地排斥生活薪資運動，特別是飯店頁和餐廳業者以及其他僱用低薪員工的雇主。你認爲這些雇主應該積極反抗這種立法嗎？請說明之。

2.你認同透過「生活薪資」立法降低貧窮問題的做法嗎？你認爲此舉有何優缺點？請說明之。

3.有些人認爲，民間飯店業者、餐廳以及商店通常會獲得當地政府稅務優惠和各種補助等型態的間接支援，所以對當地社區有所虧欠，應該以生活薪資的型態回饋才對。你對此觀點抱持什麼樣的立場？請說明之。

❖ 團隊練習

某個熱門觀光地點多家飯店業者派出五位人力資源執行主管，會晤討論如何挑戰「生活薪資」的立法規定。另外一方面，五位民運人士則聚集討論如何支持這項法案。請將學生分爲五個人爲一組，一組代表人力資源執行主管，另外一組則是社區的運動團體。每個小組必須建立一套說服對方接受或反對這項法案的計劃。請明確說明你們支持或反對這項法案的論點。

資料來源：Reprinted with permission from Roston, E. (2002, April 8). How much is a living wage? Time, 52-54. See also Koretz, G. (2002, April 22). The case for living wage laws. *BusinessWeek,* 26.

你也可以辦得到！　新興趨勢個案分析10.2

❖ 股票選擇權的成本

雅虎(Yahoo!)股價雖然在執行長泰瑞·斯麥爾(Terry Semel)於2001年執掌大權以來大跌8%，但公司卻在2002年除了他原本就擁有的一千萬股股票選擇權之外再給一百萬股。爲什麼不呢？斯麥爾25萬4854美元的年薪雖然讓公司2001年的獲利大幅失血，但他據估計價值1億9400萬美元的股票選擇權（假設公司股票每年報酬率爲10%）卻不會被列爲官方損益表裡的支出項目。思科也是一樣，過去三年來每年提供的選擇權從兩億四千五百萬股增加到三億兩千股，卻未對公司淨利造成任何負面影響。管理2千700億美元的大型退休基金CREF之企業治理董事伊莉莎白·芬德(Elizabeth Fender)表示，事實上，由於選擇權「不會打擊損益表」，企業將其視爲免費。

由於選擇權無須現金支出，企業因此認爲無須在會計報表上提列股票選擇權的價值。此外，他們也認爲，提供員工股票選擇權，讓他們和股東的利益站在同一陣線，其效果之強是各薪酬型態之最。

員工執行選擇權後可以成爲公司股東固然不錯，但先前的股東卻會受到打擊，因爲選擇權執行後成爲股票，增加原本的在外流通股數量，如此會稀釋公司盈餘，使得每股盈餘下降，因此減少每個股東能獲得的好處。對於執行選擇權的員工而言固然無所謂，因爲他們本來就不會獲得公司股票的利益。可是對於原本的股東而言，員工執行選擇權卻會讓他們理應獲得的利益縮水。盈餘成長快速的企業可能得避免盈餘遭到減少。而且，企業爲了避免發行新股，往往會在公開市場上回購公司股票。如果公司以每股10美元賣給員工，卻以每股25美元回購，會造成現金流失。這樣的影響不會出現在報表上，可是會損及現金平衡。如果把選擇權視爲支出項目會有什麼影響？根據《商業周刊》的說法，這樣的影響會很巨大。譬如，思科若將選擇權的成本列入獲利計算，2001年的虧損金額會因此增加幾乎三倍（從10億1000萬美元增至27億美元）。

❖ 關鍵性的思考問題

1. 由於盈餘下降，企業爲保留現金，往往很大方地提供員工新的選擇權。你覺得這樣的做法好嗎？請說明理由。
2. 有些人認爲以股票選擇權作爲員工薪酬，而不是「實質」的金錢（譬如每月薪水），可能令員工因爲管理不當而受害。譬如，思科2001年提估給員工的股票選擇權價格平均爲39.93美元。可是在2003年這些選擇權只值17美元，事實上，他們根本一文不值，因爲除非價格超過所謂的「履約價」(strike price，當初發行價，也就是平均39.93美元)，員工才可能獲利。你同意這樣的看法嗎？請說明理由。
3. 許多員工並不了解其薪資所含的風險，由於變動薪資計劃並無保證，員工往往高估其實際的價值。公司有責任對員工說明其薪酬計劃的風險嗎？你覺得員工清楚這類計劃的潛藏風險對公司有利嗎？

❖ 團隊練習

美國國會和國際會計標準(International Accounting Standards, IAS)打算把選擇權的成本列入獲利計算，企業界對此大爲反對。企業認爲股票可以將員工的利益和公司的利益站在同一陣線，如果把選擇權列爲支出項目，會讓公司難以吸引、留住和激勵可能對公司盈餘帶來重大貢獻的人才。五位企業執行主管齊聚一堂討論美國國會和國際會計標準的做法有何壞處。學生每五人爲一組，對這情勢進行角色扮演。然後向老師簡報他們的建議，由老師扮演國會代表的角色。

資料來源：Reprinted with permission from Tergesen, A. (2002, April 15). Reckoning the cost of stock options. *BusinessWeek*, 114-116.

獎勵績效

挑戰

讀完本章之後，你將能更有效地處理以下這些挑戰：

1. 肯定個人和團體對公司的貢獻，對高績效者提供獎勵。
2. 建立適合公司各個階級的績效獎金計劃。
3. 判斷績效獎金系統潛在的好處和缺點，並選擇最適合公司的計劃。
4. 設計執行主管之薪酬方案，藉此激勵執行主管做出最符合公司利益的決定。
5. 權衡業務人員各種薪酬方法的優缺點，並配合公司行銷策略擬定獎工計劃。
6. 設計獎工系統，為顧客服務人員卓越的表現提供獎勵。

金士頓科技(Kingston Technology)創辦人杜紀川與孫大衛致力於建立能夠鼓舞員工的工作環境。為了獎勵表現頂尖的人才，金士頓科技提供有創意的獎工計劃，譬如免費午餐和優渥紅利。

績效獎金系統：挑戰

大多數員工認爲，工作愈努力、生產力愈高的人就應該獲得更高的獎勵。如果員工覺得薪資並非根據功績(merit)，比較可能對公司缺乏承諾，降低努力程度，並在別處尋找就業機會[1]。

在第十章，我們探討工作階級的分類流程。階級高層的工作對公司貢獻比較大，所以薪酬也比階級底層的工作高。在本章，我們將探討屬於同樣工作分類的員工如何有效地執行他們的任務。**績效獎金系統**(Pay-for-performance system)，又稱爲**獎工系統**(incentive system)，根據以下這三種假設獎勵員工：

❖ **績效獎金系統或獎工系統**
(Pay-for-performance system or incentive system)
這樣的系統乃根據以下假設獎勵員工：(1)個別員工和工作小組在對公司的貢獻程度上各有不同；(2)公司整體績效端視內部個人和團體的績效；(3)為了吸引、留任以及激勵高績效者，並且對全體員工公平起見，公司需要根據相對績效對員工提供獎勵。

1. 個別員工和工作小組在對公司的貢獻程度上各有不同——不光是他們所從事的工作不同，他們執行工作的成效程度也不一樣。
2. 公司整體績效端視內部個人和團體的績效。
3. 爲了吸引、留任以及激勵高績效者，並且對全體員工公平起見，公司需要根據相對績效對員工提供獎勵。

這些假設看似直接了當，而且可以為人所接受。不過，各界普遍認為，獎工系統可能對公司造成負面的影響。所以在具體討論績效獎金系統之前，我們將討論公司想要採取獎工系統時可能面臨的八大挑戰。

「拿一分錢出一分力」的症狀

為了避免人們批評薪資決策乃出於主觀或偏袒，績效獎金系統往往仰賴客觀的績效指標[2]。這可能導致某些主管為了合理化他們的薪資決策，胡亂採用「客觀」的數據。可惜的是，薪資和特定績效指標的關係愈是緊密，員工愈可能專注在該項指標上，他們工作內容當中比較難以衡量的項目就可能遭到忽略。請看以下這些例子：

- 有些學校體系裡，教師的薪資是根據學生在標準化測驗的成績而定，所以教師大多數的時間都花在輔導學生考好，而不是協助他們了解課程。誠如某位專家所說，「當你和這些老師面談時，他們說也希望教些別的東西，可是他們覺得必須教學生怎麼考得高分，因為他們擔心學生成績不好可能對他們或對學校的評等造成負面影響。」[3]
- 許多大專院校的管理階層是根據學生對教師的評分評估教授績效，可是許多人相信，這種衡量方式反映出的主要是教授受歡迎的程度，而非教學品質。

對合作精神的負面影響

世紀電話公司從經驗中了解到，績效獎金系統可能引發衝突和競爭，而且大幅降低合作精神[4]。譬如，如果員工認為某些資訊可能讓別人有機會獲得晉升，那麼他可能故意隱匿這些訊息。如果員工覺得自己的薪資過低，可能試圖「報復」薪資較高的人，暗中破壞某個專案的進行或散播謠言。內部競爭也可能激發對立，導致品質下降，甚至出現欺瞞的問題。

缺乏控制

誠如第七章所說，影響績效的要素當中，有許多是員工本身無法控制。員工無法控制的要素包括監督主管、其他族群成員的工作表現、員工使用原料的品質、工作狀況、管理階層提供的支援程度以及環境要素[5]。

譬如集體執業的醫師當中，許多人的薪資裡有相當比例是以紅利的型態。可是由於醫師通常是透過承保聯邦醫療保險的保險公司取得補償，集體執業的醫師對於能夠分配的紅利幾乎無法控制。醫師經常抱怨，聯邦醫療保險機構在醫師的經常性支出成本上升時試圖削減營收，結果聯邦醫療保險體系迫使醫師在更短的時間內看更多的病人。而且「護士和藥劑師也可以侵入醫師的領土」[6]。由於許多醫師對這種情況感到氣餒且覺得不公，因此加入工會的人數大增[7]。

衡量績效的困難

誠如第七章所見，評估員工績效是管理者最棘手的任務之一，特別是如果績效評估是作爲獎勵之用[8]。在員工層次，評估者必須將個人貢獻和其工作小組分開，而且得避免根據人格偏見（嚴格或寬容評估）、好惡以及政治議題做出判斷。在團體或團隊層次，就算所有的團隊彼此互賴，評估者還是得將個別團隊的貢獻獨立出來[9]。當各工廠和各單位的績效和彼此以及和公司總部關係密切時，評估人員要判斷個別工廠和各單位的績效也會面臨同樣的困難。簡單來說，正確評量績效並不容易，如果以不正確的衡量方式敘薪則可能會滋生問題。

心理契約

績效獎金系統一旦施行，員工和公司之間就會產生一種心理契約 (psychological contract)[10]。心理契約是根據以往經驗的連串期望，對於改變極爲排斥。

打破心理契約可能導致極大的傷害。譬如，某家電腦產品製造商在兩年當中三度更動績效獎金計劃，導致員工大舉抗議，許多關鍵主管辭職，員工士氣更是普遍低落。

心理契約還可能產生另外兩個問題。第一，由於員工覺得有權獲得績效獎金計劃中規定的獎勵，所以就算情勢所逼需要調整，也很難改變這項計劃。第二，在多元員工族群之間，同一套公式很難做到完全的公平。

信用落差

員工通常不相信績效獎金計劃公平或這些計劃眞的獎勵績效，這種現象叫做「信用落差」(credibility gap)[11]。最近有些研究顯示，高達75%的企業員工質疑績效獎金計劃的可信度[12]。如果員工質疑績效獎金系統的合理性和其可接受度，那麼這套系統對員工行為可能會造成反效果，而不是正面的影響。譬如，教師的功績加薪過去二十年來一直是候選人熱門的話題，不過教師和工會對於已付諸實行的功績加薪系統一般都給予很低的評價[13]。在北卡羅萊那州有項試行計劃是一年當中有三次讓外人坐在課堂裡觀察教師上課的表現。教師抱怨這種評估方式過於主觀，而且不良的教師可以在評估的時候裝出盡責認眞的樣子[14]。

績效管理計劃若由人力資源部門擬定或從顧問公司購買現成的，主管和員工通常不會有擁有感(sense of ownership)。由於缺乏擁有感，所以主管和員工在這種計劃中往往缺乏信賴。根據某位知名的人力資源顧問，「大多數企業要求主管接受某種績效管理計劃，然後這些主管再把這些計劃施行在他們的員工身上。這些績效管理計劃通常是由人力資源機構所擁有，並對其成效負責。實際上，績效管理是加諸於員工身上，而主管則對他們的績效進行管理。可惜的是，結果卻演變為主管和員工各懷詭計，為了取得最高的績效評等而爭論不休[15]。

工作不滿和工作壓力

績效獎金系統雖然有助提昇生產力，卻可能降低員工對工作的滿意度[16]。有些研究顯示，薪資和績效的關聯愈深，工作單位愈容易分崩離析，員工會變得愈不快樂[17]。

■ 應思考的道德問題

公司在設計績效獎金系統時，對於員工的心理健康狀況應該投注多少考量？

降低內在衝勁的可能性

績效獎金系統可能讓員工爲了爭取貨幣型態的獎勵而無所不用其極，在這樣的過程中，他們的才華和創造力都受到限制。所以，企業若爲影響員工行爲而過度重視薪資，反而可能降低員工的內在衝勁(intrinsic drives)。專家曾經表示，公司愈是以薪資作爲激勵績效的誘因，員工就愈不可能從事有利公司的活動（譬如加班和額外的特殊服務），除非公司承諾提供豐富的報酬[18]。

克服績效獎金系統的挑戰

若績效獎金系統設計得宜，管理者有很大的機會讓員工的福祉和公司的利益合而爲一。以下幾點建議有助提昇績效計劃的成功機率，並避免以上介紹的種種缺點。

將薪資和績效進行適當的連結

❖ **按件計酬制**
(Piece-rate system)
根據員工產出單位敘薪的薪酬制度。

管理者根據預先設定的公式或衡量方式支付員工薪資，沒有什麼實際的案例可以支持這種做法。傳統**按件計酬制**(Piece-rate system)是根據員工產出單位敘薪，薪資和績效之間的關聯以這種敘薪制度最爲緊密。許多按件計酬的系統往往會導致以上介紹的各種問題，因此而遭到淘汰，不過某些情況還是適合按件計酬制。主要的條件是員工對於工作速度和品質必須具備完全的掌控。譬如，如果打字員可以自己的速度工作，那麼公司可以依據他們打多少頁數支付酬勞。不過，大多數的打字員上班時還得處理其他公事（譬如接聽電話），而且打字的工作經常會被打斷，所以公司不應該採取按件計酬的方式。

將績效獎金系統納入人力資源管理體系

績效獎金系統若無人力資源管理計劃配合，不太可能達成其理想的成果。譬如，績效評估和主管訓練在績效獎金計劃最終的成敗當中通常扮演著主要的角色。誠如第七章所見，績效評估往往會受到績效以外的要素影響。評估過程若有瑕疵，薪酬計劃就算設計得再精密還是可能功虧一簣，所以主管應該積極接受訓練，學習正確的評估方式。

人員招募的方式如果不當，也可能降低績效獎金計劃的可信度。譬如，如果員工獲得聘用是因為他們有良好的關係，而非因為他們的技能，那麼其他員工會覺得公司並不重視良好的績效。

贏得員工的信賴

如果主管過去和員工的關係惡劣或公司文化強調激烈的競爭，設計再好的績效獎金計劃還是可能失敗。在這些情況下，員工不太可能為了獎勵而積極表現，而是靠運氣或讓主管留下良好的印象。績效獎金計劃要能夠成功，主管就得贏得員工的信賴。要做到這點，公司氣氛可能需要大幅的變化[19]。

建立信賴並不容易，特別是如果公司充斥著嘲諷的氣氛。管理者一開始應該從員工的角度來回答以下這兩個問題：

- 我工作時間更長、更辛苦或更明智會有回報嗎？
- 我額外的付出有人注意到嗎？

如果答案是否定的，管理者必須傾注全力展現對員工的關懷，並讓員工知道他們的付出有獲得重視。更重要的是，管理者對管理或薪酬計劃進行任何調整時，得告知員工並讓他們參與[20]。

隨著變動薪資逐漸普及，公司必須告知員工相關風險。如果變動薪資的結果令員工感到失望，公司事前告知的資訊不但有助維繫士氣，還能避免員工對公司提出昂貴的法律訴訟。

宣揚績效能帶來變化的信念

由於上述種種問題，管理者可能避免以薪資獎勵績效[21]。不過除非公司營造出績效能帶來改觀的氣氛，否則很可能會落得低成就的公司文化，如此績效獎金系統還算是兩害取其輕，因為要是沒有這套系統，公司的績效可能會降低更多[22]。

多層獎勵

績效獎金系統有好處也有壞處。譬如，對個別員工提供紅利或加薪，對他們產生的激勵作用會高於其他的獎勵方式，因爲可以讓員工看到本身的貢獻如何爲他們直接帶來獎勵。不過，這種方法卻可能加劇內部的競爭，導致員工彼此不願密切合作。如果對團隊或工作小組發給紅利，可以讓大家爲了共同利益而努力，有助於加強彼此之間的合作，可是卻無法讓個別員工將個人的努力和獎勵連結，所以會降低爲了獎勵而努力的動機。

所有的績效獎金系統都有正面和負面的影響，所以針對不同的工作情勢提供不同類型的績效獎金計劃，比起單一績效獎金計劃，成果可能會比較好。採用多層獎金系統，公司一方面可以實現每個獎金計劃的好處，另一方面還可以將其負面效應降到最低程度。譬如，AT&T信貸公司的變動薪資（以紅利的方式發給）是根據十二項績效衡量指標，衡量標的包括地區性的團隊和整個業務單位。團隊成員必須達成本身的績效目標，才有資格領取變動薪資[23]。

提昇員工參與的程度

薪酬從業人員間流傳一句金科玉律：「不管何種薪酬計劃，最後的成敗都是取決於他們的可接受度(acceptability)。」如果員工覺得薪酬計劃不合理，通常會竭盡所能地排斥──從爲自己設定最高程度的生產額度，乃至於規避領取獎金最多的同事。讓員工參與薪資計劃的設計是讓他們接受計劃最好的辦法[24]。員工的參與有助於了解計劃背後的原因，促進他們對薪資計劃的承諾，而且讓薪資計劃的設計更能配合個人的需求[25]。

員工參與計劃的設計，並非讓他們負責獎金的發放，經理還是應該控制獎金的分配，因爲員工未必能完全擺脫私利的考量。然而，經理可以建立申訴機制，讓員工得以表達他們對於獎金分配方式的不滿。這樣的機制可能提昇人們眼裡的公平性，特別是如果有客觀的第三方擔任仲裁，且獲授權可以採取更正的行動[26]。良好的申訴體系也有助於避免透過法律訴訟解決爭議，爲公司省下昂貴的法律費用和賠償。員工也可以利用網路溝通獎金計劃如何運作以及如何「個人化」。

利用動機和非財務的獎工計劃

本章重點在於財務的獎勵方式，這是主管在管理獎勵計劃時最主要的考量，不過非財務的獎勵方式對於鼓勵員工績效也可能非常有效[27]。人們會受到驅策，去追求他們眞正想要或需要的事物，這是「動機」(motivation)最基本的事實之一。儘管薪資絕對是個強大的動機，但不見得對每個人都能奏效。有些人對工作的非財務層面較有興趣。

非財務的獎勵方式包括公開和私下的稱讚、提供榮譽職稱、擴大工作職責、支薪或不支薪的休假、導師計劃和完全的學費補助[28]。就算無法提供財務獎勵肯定員工的工作表現，許多雇主還是會透過公開表揚給予肯定。

績效獎金計劃的類型

公司獎勵績效的方式各有不同。誠如表11.1所示，績效獎金計劃的設計可以針對個人、團隊、業務單位、工廠、整家公司或其中任何的組合提供獎勵。這些獎金計劃各有優缺點，各自適合不同的情況。大多數企業最好採用各種計劃的組合，以平衡任何單一計劃可能具有的缺點。

表11.1 績效獎金計劃

分析單位			
微形層次		宏觀層次	
個人	團隊	業務單位／工廠	公司
功績加薪	紅利	結果分享	獲利分享
紅利	獎勵	紅利	配股計劃
獎勵		獎勵	
按件計酬			

個人計劃

以最小的單位來說，公司會針對個別員工的貢獻提供獎勵。個人獎金計劃(individual-based pay plan)是產業界使用最爲廣泛的績效獎金計劃[29]。

在個人獎金計劃當中，至今最爲普遍的是功績加薪(Merit pay)，這種方式在世界各地普及性很高[30]。**功績加薪**指底薪增加，通常是一年一次。

❖ **功績加薪**
(Merit pay)
底薪增加，通常是一年一次。

功績加薪的幅度通常是根據監督主管對員工的績效評估結果。譬如，評等爲「低於預期」、「達成預期」、「超過預期」和「遠超過預期」的部屬獲得的加薪幅度可能分別爲0%、3%、6%和9%。員工獲得功績加薪後，這就成爲他們在公司服務期間底薪的一部分（除了全面減薪或降職之類極端的情況不同）。

❖ **紅利計劃或一次給付**
(Bonus program or lump-sum payment)
單次給付的財務獎勵，並非永久性地增加員工的底薪。

個別的**紅利計劃**（有時稱爲**一次給付**）類似功績加薪，但紅利是一次性的給付，不會永久性地增加員工底薪水準。紅利對於雇主的風險比較低（雇主無須做出永久性的財務承諾），所以通常比功績加薪普遍。當員工達成某個里程碑〔譬如大陸航空(Continental)的準時抵達項目只要能擠入前五大航空公司之列，全體員工該月就能獲得至少65美元的支票〕或提供寶貴的節省成本建議，公司也可以在年度評量週期之外提供紅利給予獎勵。近期有份意見調查顯示，92%的企業都提供特殊的單次現場獎勵，28%則是提供員工一次給付。這些紅利型態通常超過年薪的5%[31]。

❖ **獎勵** (Award)
通常以有形獎品型態給予的單次報酬。

獎勵就跟紅利一樣，也是單次提供的獎金，不過通常是採取有形的獎品型態，譬如支薪的假期、電視機或高級餐廳的雙人晚餐。

❖ 個人績效獎金計劃的優點

以個人爲基礎的績效獎金計劃有以下四大優點。

❖ **期望理論**
(Expectancy theory)
主張人們通常會去做有報酬的事情之行為理論。

- **員工可能重複獲得獎勵的表現：期望理論**(Expectancy theory)是廣受接受的動機理論(theory of motivation)，這項理論通常是用來解釋爲何較高的薪資通常能激發更高的績效。人們通常會去做有報酬的事情。對於大多數人而言，金錢都是一種重要的獎勵型態，所以如果績效和薪資之間存有緊密的關聯時，個人通常會改善其工作績效[32]。
- **個人為目標導向，財務獎勵有助於公司塑造個人的目標**：不管是什麼公司，注重的不光只是員工執行工作的程度，同時也很重視他們的努力。獎勵計劃有助將員工的行為和公司的目標結合在一起[33]。譬如，如果某家汽車經銷商有個業務人員可以賣掉許多車，可是他的顧客很少會再度光顧，所以這家經銷商可以設計獎金計劃，對老顧客購買的車子提供較高的佣金。這項計劃可以鼓勵業務人員討好顧客，而不光是賣車而已。

■ **個別評估每個員工的績效，有助公司達成個別性公平**：公司提供的獎勵必須和個人的努力成比例。以個人為基礎的獎勵計劃便是如此。如果個人沒有受到獎勵，績效高的員工可能因此離開公司或降低他們的績效，以配合所獲得的報酬。

■ **以個人為基礎的計劃能配合個人主義的文化**：各國文化對於個人成就和團體成就的重視程度各有不同（參考第十七章）。美國對於個人主義的重視在各國當中名列前矛，美國員工希望自己的貢獻和成就能獲得獎勵。

日本正好相反，通常不會對個人績效提供獎勵。「這違反他們的倫理」，Tasa公司有位顧問這麼說。Tasa公司為許多日本企業在美國分公司尋找合適的主管人才。不過這樣的倫理在日本海外卻行不通。譬如，日本的銀行業者在紐約分社往往找不到或留不住頂尖的美國經理人，因為這些美國經理人習慣以自己的成就獲得獎勵[34]。不過在經濟壓力下，日本企業似乎也逐漸變得比較「美國化」。

❖ 個人績效獎金計劃的缺點

績效獎金計劃許多缺點在個人層次特別明顯。個人計劃尤其有兩項明顯的風險：(1)激發競爭和摧毀同儕之間的合作；(2)令屬下和上司之間的工作關係惡化。而且由於許多主管認為加薪幅度若低於平均值，會令員工士氣受到打擊，無法激發更好的績效，因此加薪百分比往往一視同仁，無視個人績效表現存在，這種做法會令獎金計劃最根本的目的蕩然無存。

個人績效獎金計劃其他的缺點包括：

■ **將薪資和目標掛勾可能導致員工目光狹隘**：把財務獎勵和目標達成連結，可能導致員工目光狹隘，規避重要的任務，這可能是因為這些任務的目標較難設定，或因為個人層次難以對這些任務的成就進行衡量。譬如，如果雜貨店設定的目標是讓顧客感到滿意愉快，這項目標的達成就很難和個別員工連在一塊。個人績效獎金計劃的重點通常在易於衡量的目標上，可是這些目標對公司未必很重要。而且人們可能爲求保險，專挑比較容易達成的目標，以規避較大的風險。

- **許多員工並不相信績效和薪資是相關的**：儘管幾乎所有的企業都宣稱有根據個人的績效提供獎勵，可是員工很難判斷他們公司到底做到什麼程度。誠如我們在第七章所見，許多主管進行績效評估流程的目的並非單單爲了正確衡量績效[35]。這也難怪過去三十年來許多意見調查發現，高達8%時的員工並不認爲個人的貢獻和加薪有所關聯[36]。表11.2摘要說明這背後的許多觀點，其中許多都難以改變。
- **個人績效獎金計劃可能不利於品質目標的達成**：因爲達成生產目標而獲得獎勵的個人往往忽略了產品的品質。個人績效獎金計劃通常不會獎勵協助同仁的員工，也不會獎勵和其他部門協調工作活動的人，所以不利於強調團隊合作的品質計劃。
- **有些公司的個人績效獎金計劃會導致僵化**：由於獎金的控制通常操縱在主管手裡，個人績效獎金計劃往往讓主管坐擁更大的權力。所以，這類

表 11.2 個人績效獎金系統失敗的常見因素

- 績效評估本身過於主觀，主管根據本身的偏見評估員工。
- 不管採用何種評估型態，主管往往操縱評估的結果。
- 功績加薪體系強調個別目標，而非團體目標，這可能導致公司內部衝突。
- 為和屬下維繫有效的工作關係，避免團隊成員之間的衝突，主管可能不願針對個人提供獎金的特殊肯定。
- 公司就某個特定時期（通常是一年）進行績效評估的做法可能鼓勵員工變成短期導向，結果犧牲長期的目標。
- 主管和員工對於評估的看法幾乎不會一致，導致彼此之間的衝突。
- 主管往往不知道如何合理解釋對某個員工加薪的建議。
- 財務獎勵的累積過於零散，使其激勵員工行為的效果令人感到懷疑。譬如，員工得等一整年的時間才能進行績效評估，就算現在生產力提昇一倍，對其薪資依舊不會有影響。
- 個別的功績加薪系統對於服務業較不合適，而美國有許多人從事服務業。以知識為基礎的工作（譬如「行政助理」），更難具體說明理想的產品應該為何。
- 主管控制的薪酬決策通常相當有限，所以功績加薪的幅度通常都很小，所以影響力有限。
- 有些官僚要素會影響到功績加薪的幅度和頻率（譬如薪水區間內的位置、在單位內及單位間的薪資關係、預算上的限制），但對於員工績效的影響力微乎其微。
- 績效評估的設計是為了多重目的（訓練和發展、甄選、工作規劃、薪酬等）。面對這麼多的目標，體系能否達成其中任何一樣就令人感到懷疑。主管很難同時扮演顧問和評估者的角色。

資料來源：Updated (2003) from Balkin, D. B., and Gmez-Meja, L. R. (Eds.). (1987). *New perspectives on compensation,* 159. Upper Saddle River, NJ: Prentice Hall.

計劃可能強化傳統的組織結構，讓團隊合作的工作方式特別難以進行。

❖ 個人績效獎金計劃最可能成功的狀況

儘管以上所說的種種挑戰，個人績效獎金計劃仍具備極高的激勵效果。個人績效獎金計劃最可能在以下這些情況成功：

- **當個人的貢獻可以正確獨立時**：判斷個人的貢獻通常來說都很困難，不過有些工作會比較容易判斷。譬如，業務人員的成就比較容易即時衡量，所以個人績效獎金計劃也比較容易成功。相對的，產業界研究科學家通常是以團隊密切合作的方式工作，個人的貢獻很難判斷，所以通常不採個人績效獎金計劃。
- **需要獨立作業的工作**：員工工作的獨立程度愈高，衡量個別績效並據此提供獎勵的做法就愈適合。譬如，像Gap之類大型連鎖零售店個別店長的績效比較容易判斷，但大型企業的人力資源部門主管則比較難以評估。
- **當合作對績效成功的影響比較小時，以及當競爭受到鼓勵時**：幾乎所有的工作都需要某種程度的合作，不過工作所需的合作程度愈低，個人績效獎金計劃就愈成功。譬如，股票經紀商所需的員工合作程度就低於空軍中隊的飛行員。

團隊績效獎金計劃

爲了提昇人力的彈性，愈來愈多公司重新設計工作，讓具備獨特技能和背景的員工可以一塊處理專案或問題。譬如康柏電腦公司(Compaq Computer)一萬六千名員工當中多達25%的比例是以團隊型態開發新產品和新品上市[37]。在這種新體系裡，公司希望員工跨越本身團隊的工作疆域，在他們以往沒有工作過的領域貢獻力量。以團隊爲基礎的薪酬體系可爲有效的團隊安排提供完整的支援。有個人根據本身在Kraft General食品公司的經驗表示，「就團隊活動的支援而言，沒有什麼的象徵意義會比薪酬更重要性[38]」。

團隊績效獎金計劃通常是根據團隊成果對成員提供同等的獎勵。這些成果可以客觀衡量（譬如準時完成一定數量的團隊專案，或在截止日期之

Yoplait優格公司一群年輕的經理團隊為自己設定嚴格的目標，甚至比其母公司General Mills所設的目標還要高；Yoplait優格公司的業務因此發展得欣欣向榮。這個團隊超過所設目標時，經理們可以獲得3萬到5萬美元的獎金，大約為其年薪的一半。

前完成所有的團隊報告)，或主觀判斷（譬如對經理們進行集體評估)。界定理想成果的標準可能廣泛（譬如能夠和其他團隊有效合作)，也可能狹隘（譬如開發一項具有商業用途的專利產品)。就跟個人績效獎金計劃一樣，對團隊成員提供的獎勵型態可能是現金紅利，也可能是以非現金獎勵的型態，譬如旅遊、休假或奢侈品。

有些公司讓團隊決定獎金發放的方式。譬如生產特製香腸的Johnsonville食品公司(JF)每個月的紅利計劃「卓越績效獎金」(Great Performance Shares)，凡是協助公司達成「卓越績效」的團隊就能獲得獎金。團隊成員（而不是主管）根據他們的貢獻決定成員應該獲得多少的獎金。德州儀器則是提供一次性的獎金，由團隊成員均分[39]。

❖ 團隊績效獎金計劃的好處

如果設計得宜，團隊績效獎金計劃具有這兩大好處：

- **促進團隊凝聚力**：團隊績效獎金計劃之下，由於團隊成員具有相同目標，彼此緊密地合作，每個人的貢獻對於團隊的整體績效都極爲重要，所以這套體系可以激勵團隊成員的思考和行爲都以團隊爲出發點，而不是爲了彼此競爭。這樣的情況下，每個員工比較可能爲了整體利益而努力[40]。

■ **有助於績效衡量**：有些研究顯示，團隊的績效衡量比起個人的衡量可做得更為準確而可靠[41]。因為不用考慮到個人績效和團隊的關係時，衡量工作可以不用那麼精確。

❖ 團隊績效獎金計劃的缺點

管理者得了解團隊績效獎金計劃潛在的缺點。採用團隊績效獎金計劃的公司大約只有個人績效獎金計劃的三分之一，很可能就是因為這些缺點的影響[42]：

■ **和個人至上的文化價值不合**：美國大多數員工希望本身的努力能獲得肯定，所以不見得能接受將團體成就置於個人表現之上，且對全體團隊成員一視同仁的獎勵系統。可是另外一方面，個人績效獎金計劃在集體導向的社會裡則可能失敗。譬如日本對於個人風險的容忍度遠低於美國人。儘管如此，美國企業仍無視於文化差異，在日本分公司推出個人績效獎金計劃，結果這些計劃大多宣告失敗[43]。

■ **搭順風車效應**：在許多團隊裡，有些人比別人更加努力，而且每個人努力的程度也各有不同。對團隊貢獻極為有限的人（可能因為不夠努力或是能力有限）就叫做搭順風車的人[44]。

公司若對全體團隊成員（包括搭順風車者）給予同等的獎勵，可能會有人認為不公平（想想看班上的研究小組，如果小組成員都是拿到同樣的成績會產生什麼現象？）結果可能產生衝突，而不是獎金計劃促進合作的原意，而主管得介入判斷誰貢獻了些什麼[45]。當然，主管介入調節就否定了團隊績效獎金計劃的價值，而且可能營造出彼此指責、明爭暗鬥這種非常負面的氣氛。

為了盡量減少搭順風車的效應，有些公司調整績效獎金計劃，藉此鼓勵團隊內個別成員的績效。優利系統(Unisys)的年度底薪加薪幅度是由團隊領導人以及由員工選出三位同儕所決定。全體團隊成員的底薪也可以獲得20%的加薪，作為團隊紅利。AT&T環球卡(Uniersal Card)有個成員多達兩百人的團隊要求公司加強對個別成員績效的肯定[46]，自此公司對於底薪加薪服務便有更大的變化。

■ **同儕壓力會抑制績效**：團隊的凝聚力可能激發全體團隊成員更加努力，

並且發揮最大的潛能——這可能是透過激發彼此支持的團隊精神，也可能是透過指責不盡責的人。可是不論哪種方法，團隊的凝聚力都可能對生產力造成打擊。當勞資處於對立或公司老是無法言行合一時，團隊成員之間的動態可能營造出僞裝的績效。譬如，客機飛行員若對公司有所不滿，有時會私下同意「照規定」飛，完全不管例外的情況，導致整體工作進度減緩下來。這是非常有效的策略，因爲航空公司幾乎不可能公開譴責自家的飛行員按規定飛。在團隊動態的影響之下，想要報復管理階層的團隊成員可能無所不用其極，甚至靠著欺騙的手段領取獎金[47]。

■ **團隊的界定困難**：在主管決定如何分配團隊績效獎金時，他們得先界定「團隊」的意思。可是各個團隊可能彼此高度互依，使得主管很難判斷哪些團隊做些什麼。而且，同一個人參加的團隊數目可能不只一個，團隊成員也可能經常更換。譬如，本書編輯可能是編輯團隊的一個成員，和他密切合作的團隊可能包括製作團隊（製作本書）、排版團隊（排版和設計）、照片團隊（研究相片以及爲本書取得刊登相片的同意）、行銷團隊（讓本書滿足讀者的期望和需求）以及業務人員（把本書賣給你老闆，並協助顧客服務事宜）。

■ **團隊之間的競爭導致整體績效下降**：團隊爲了爭取最完美的績效，可能和其他團隊競爭，結果反而不理想。譬如，製造團隊生產的數量可能超過行銷團隊可以銷售的量，或行銷團隊可能對客戶做出承諾，迫使製造團隊日夜趕工[48]。

❖ 團隊績效獎金計劃最可能成功的狀況

主管固然得當心團隊績效獎金計劃可能出現的缺點，但也應該注意哪些情況對於這類計劃的成功有所助益。有助這類計劃成功的情況包括：

■ **各任務彼此糾葛的程度太高，很難判斷誰做了什麼的情況下**：研發實驗室通常是這樣，科學家和工程師以團隊的型態合作。消防隊員和警察通常也是如此，他們通常將彼此視爲不可分割的整體。

■ **當公司組織有助於團隊績效獎金的施行時**。

團隊績效獎金系統適合以下情況：

1.公司組織階級寥寥可數，同一等級的團隊成員必須在沒有什麼主管監督

或協助的情況下完成大多數工作：政府機構和民間企業爲了維持效率和獲利能力而裁員後發現，團隊合作成爲他們不可或缺的型態。譬如，當維吉尼亞州漢普敦市(Hampton)大舉進行縮編和組織重整，減少許多管理階層後發現，他們必須重新設計工作。該市建立自我管理的團隊，並將團隊敘薪方式納入其多層次的績效獎金計劃之內[49]。

2.拜科技之便，可以將工作分配給彼此獨立的團隊：這種情況比較適合服務單位（譬如電話維修人員），而非大型製造作業（譬如傳統的汽車組裝線）。

3.員工對自己的工作有承諾，而且自動自發投入：這樣的員工較不會偷懶，而犧牲團隊利益，所以搭順風車並非嚴重的問題。非營利組織的員工在情感上對該組織的使命有所承諾，所以比較會有發自內心、自動自發地投入工作。

4.企業需要堅持團隊的目標：某些企業對此有極大的需求。譬如，高科技公司往往覺得他們的研發科學家埋首於自己的研究和專業上的目標——而這些跟公司、甚至他們同事的目標往往並不一致。團隊績效獎金計劃有助讓這些獨立思考的員工專注在共同目標上[50]。

■ **當目標是在自我管理的工作團隊中促進創業精神時**：有時候爲了促進員工團隊創新和勇於冒險的精神，公司會提高某些團隊大量的自治空間，讓他們完成任務或達成某個特定目標。這種做法通常稱爲「內部創業」(Intrapreneuring)〔這個名詞乃由吉佛爾．屏巧特(Gifford Pinchot)在1985年出版的書中首度提出〕。內部創業的意思是說，在大型官僚架構的體系內，創造和維繫如同小公司環境裡的創新和彈性[51]。在內部創新的環境裡，主管通常採用團隊績效獎金制度，作爲團隊自治的控制機制，讓每個團隊就如同創業者一樣負擔成敗的風險。

不光是大型企業才會組織自我管理的團隊，以及採用團隊績效獎金計劃。當出版影像(Published Image)（提供客製新聞信服務的出版商，擁有二十六名員工）快速成長之際，產品品質卻節節下降，員工士氣低落，而且離職率居高不下，當時公司創辦人艾瑞克．傑斯曼(Eric Gershman)當下就決定大舉進行組織重整。當時員工認爲他們的工作是討好老闆，而非自己的客戶。爲了克服這樣的觀點，他把員工分成四個大型的自治團隊，各

表 11.3 個人和團隊績效獎金計劃的優缺點

	個人績效獎金計劃	團隊績效獎金計劃
優點	● 受到獎勵的行為可能會再重複。 ● 可以透過財務獎勵塑造個人的目標。 ● 可以協助公司達成個別性平等。 ● 配合個人主義的文化。	● 促進團隊的凝聚力。 ● 有助於績效的衡量。
優點	● 滋長眼光狹隘的個人主義文化。 ● 不相信薪資和績效有關係。 ● 可能不利於品質目標的達成。 ● 可能更加僵化。	● 和個人至上之文化價值不合。 ● 可能導致搭順風車的效應。 ● 在團隊的壓力下，成員可能壓抑表現。 ● 難以界定團隊。 ● 團隊之間的競爭。

有各的客戶、業務人員、編輯以及製作群。出版影像公司將原本的主管變爲教練，由他們負責評估團隊的即時性和正確度。每個月的評分如果在九十分以上，團隊成員可以獲得半年度的紅利，累積起來相當於底薪的15%[52]。表11.3摘要說明個人和團隊績效獎金計劃的優缺點。

工廠整體績效獎金計劃

工廠整體績效獎金計劃(Plantwide pay-for-performance plans)是根據工廠或單位全體績效對其全體員工提供的獎勵。獲利和股價通常不能用來衡量工廠或單位的績效，因爲他們是整家公司的績效結果。大多數企業有好幾家工廠或單位，所以很難把財務盈虧的責任歸諸於任何單一業務單位。因此，工廠整體績效獎金計劃賴以衡量績效的方法是根據業務單位效率，這通常是看勞工成本或原料成本和前期相較減少的程度而定。

❖ 結果分享 (Gainsharing)
整家工廠的績效獎金計劃，公司節省下來的成本有一部分回饋給員工，通常是以單次支付的紅利型態。

工廠整體績效獎金計劃通常也稱作結果**結果分享**(Gainsharing)計畫，因爲這種計劃下，公司節省下來的成本有一部分會回饋給員工，通常是以單次支付的紅利型態。結果分享計劃可以分爲三種主要的類型。歷史最悠久的是1930年代就存在的「史甘隆計畫」(Scanlon Plan)。這是由員工、工會領袖以及高層主管組成的委員設計節省成本的方法，並對結果進行評估。如果在一定期間內（通常是一年）實際勞工成本低於預期，那麼公司會把其中的差額和員工分享（節省下來的成本當中，通常有75%可以分給員工，25%歸公司）。公司也可能撥出一定額度已備不時之需。

第二種結果分享計劃是「路克計劃」(Rucker Plan)，這是由員工和主管組成的委員會蒐集和篩選節省成本的點子。和史甘隆計劃相較之下，路克計劃的委員會結構比較單純，參與程度也比較低，可是節省成本的計算卻往往比較複雜，這是因爲計算公式裡不光是勞工成本而已，還包括其他生產流程中的支出項目。

最後一種結果分享計劃是「改善分享」(Improshare)（透過分享改善生產力的意思）；這種方法較新，而且證明比較容易管理和溝通。首先是建立一套標準——根據產業界工程團體的研究結果或某些期間內的數據，預測某個生產量需要多少小時從事生產。如果實際生產所需時數低於預期，所節省下來的成本由公司和員工分享。

❖ 工廠整體績效獎金計劃的優點

結果分享計劃主要的理念可以追朔到道格拉斯．麥克葛瑞格(Douglas McGregor)[53]早期的作品，他是史甘隆計畫創始人喬瑟夫．史甘隆(Joseph Scanlon)的同事和合作夥伴。根據麥克葛瑞格的說法，如果企業採取參與式的管理，有助於提昇其生產力——也就是說，如果公司給員工機會（基於員工是自動自發的前提），員工能爲公司找出更好的做事方式，而且樂於團隊合作。

個人績效獎金計劃主張獎金計劃有助於激勵人們提昇生產力，但結果分享計劃正好相反。結果分享計劃主張，公司對員工更好，讓他們積極參與公司的管理，有助於節省成本。其基本理念包括：公司應該避免個人和團隊之間的競爭，並鼓勵全體員工發揮才華，爲工廠的共同目標努力。此計畫認爲員工願意且能夠貢獻好的點子，實現這些點子後創造的財務收穫應該和員工分享。

結果分享計劃能有效促進員工貢獻點子和改善生產流程，也有助於提昇員工和團隊之間的團結合作，讓每個人爲了共同的目標而努力。而且，結果分享計劃在衡量方面的問題比個人或團隊績效獎金計劃少。因爲結果分享計劃無須主管判斷個人或彼此相依之團隊有哪些具體的貢獻，所以比較容易進行紅利的公式計算，而員工對這些計劃的接受度也比較高[54]。

結果分享計劃不光能提昇公司生產力，對於先前仰賴按件計酬或個人績效獎金制度的製造商而言，結果分享計劃也有助於改善品質。譬如位於俄亥俄州Shelby的管狀排氣系統製造商科技型態產業公司(Tech Form Industries, TFI)，該公司發現個人績效獎金計劃反而讓品質和其業務節節下滑，因此斷然終止按件計酬系統，並在員工參與下開發出公司整體的結果分享計劃。在三年之內，瑕疵品退貨量下降83%，花在修理上的直接勞動工時減少50%，顧客抱怨減少41%。從個人績效獎金計劃轉採結果分享計劃的過程中包括許多步驟，第一步得和聯合鋼鐵工會談判薪水配套政策，至少不能低於按件計酬制度下的薪資水準[55]。

❖ 工廠整體績效獎金計劃的缺點

如同其他的績效獎金計劃，工廠整體績效獎金計劃也有缺點：

- **績效低落的員工獲得保障**：搭順風車的問題可能非常嚴重，因爲獎勵是在大批的員工之間均分。工廠裡的員工有這麼多人，比較不可能透過同儕壓力迫使績效低落者加緊努力。
- **獎勵標準的問題**：計算紅利的公式大體而言都很直接了當，但仍可能出現四個問題。第一，當公式一旦確定，員工可能期望永遠都是這樣。可是過於僵化的公式可能讓管理階層備受束縛，而主管可能不想冒著引發員工抗議的風險加以調整。第二，節省成本的成果雖然獲得改善，但未必有助改善公司獲利能力，因爲獲利能力還得看其他無法控制的要素(譬如消費者需求)。譬如，某家汽車製造工廠就算運作很有效率，可是如果所生產的汽車需求很低，那麼工廠的財務績效也不會好看。第三，結果分享計劃施行初期，缺乏效率的工廠或單位比較容易締造成果[56]。所以，結果分享計劃對於原本就有效率的單位反而造成懲罰，令這些單位的士氣一蹶不振。第四，工廠裡節省勞工成本的機會可能只有幾個名額，一旦用完，這種計劃就很難繼續有所成果。
- **勞資衝突**：許多管理者對於讓員工參與的概念會覺得受到威脅。結果分享計劃施行的時候，他們可能不願授權給委員會，因此導致衝突並讓計劃的可信度大受打擊。而且，在許多結果分享計劃裡，只有時薪人員可以參與，遭到排除的全薪人員可能心懷不滿。

❖ 有助於工廠整體績效獎金計劃的狀況

影響結果分享計劃成敗的要素如下[57]：

- **公司規模**：結果分享計劃較適合中小型的工廠，這些工廠員工可以看到自己的努力和單位績效之間的關聯。
- **科技**：如果科技會對效率改善的程度造成限制，結果分享計劃較不可能成功。
- **過去的績效**：如果公司有好幾家工廠，效率有高有低，結果分享計劃必須將這樣的差異納入考慮，以免有效率的工廠反而受到懲罰，而缺乏效率的工廠獲得獎勵。如果缺乏過去績效紀錄的話，公司就很難進行這樣的判斷。當過去的數據不足以爲未來績效設定標準時，結果分享計劃的執行就會窒礙難行。
- **公司文化**：結果分享計劃比較不適合傳統階級制度的公司，這些公司的主管和價值體系排斥員工的參與。管理方式從獨裁變爲參與風格較高的公司可以有效採用結果分享計劃，但可能需要其他配套措施配合。
- **產品市場的信度**：公司產品或服務的需求相對穩定的環境最適合結果分享計劃。在這樣的情況下，歷史數據可以用來準確預測未來的銷售業績。如果需求並不穩定，計算紅利的公式可能也不可靠，迫使主管調整公式，而此舉可能引發員工不滿。譬如，當效率獲得提昇，使得總產量增加時，可能因爲供大於求而導致庫存增加。在這樣的情況下，管理階層可能缺乏資金進行配銷，甚至可能得裁員節省成本。

公司整體績效獎金計劃

績效獎金計劃當中最爲宏觀的型態是「公司整體績效獎金計劃」，也就是根據整體公司績效對員工提供獎勵。這類計劃中，使用情形最爲普遍的是**利潤分享**(Profit sharing)，這和結果分享計劃在一些重要的層面都有所不同[58]：

- 利潤分享計劃不會獎勵員工生產力的提昇。利潤影響要素當中（譬如運氣、規範的調整以及經濟狀況），沒有幾個是跟生產力有關，而員工能領取的獎金端視這些要素而定。

❖ 利潤分享
(Profit sharing)

整家企業的績效獎金計劃，以公式計算撥出一部分獲利給員工。通常來說，獲利分享計劃下的獲利分配是用來資助員工的退休計劃。

■ 利潤分享計劃是非常機械性的，通常是季度或年度以公式計算分發多少利潤給員工，並不會鼓勵員工參與。

■ 通常來說，獲利分享計劃下的獲利分配是用來資助員工的退休計劃。所以員工幾乎不會以現金型態收到分配的獲利（這種方式通常是基於稅務方面的原因）。這種資助退休計劃的利潤分享計劃通常被視為福利，而非獎金計劃。不過有些公司的利潤分享計劃的確是獎金計劃，譬如位於明尼蘇達州之窗戶和涼亭大門製造商安德森公司(Andersen corporation)，該公司的利潤分享計劃在年底時以一次性支付支票的方式提供員工高達其年薪84%的獎金[59]。

就跟利潤分享計劃一樣，員工認股計劃(employee stock ownership plan, ESOP)，也是根據整家企業的績效（這是以公司股價為衡量標準）。員工認股計劃以公司股票獎勵員工，可能是直接配股，也可能是以低於市價的有利價格提供員工認購[60]。雇主通常以員工認股計劃作為員工低成本的退休福利，因為公司的股票收益在員工贖回其股份之前都無須課稅[61]。不過以員工認股計劃作為退休計劃的員工去面臨風險，因為公司股票價格可能隨著股市起伏，或受到公司管理階層的影響。

❖ **員工認股計劃 (employee stock ownership plan, ESOP)**
整家企業的績效獎金計劃，以公司股票獎勵員工，可能是直接配股，也可能是以低於市價的有利價格提供員工認購。

員工認股計劃(employee stock ownership plan, ESOP)：整家企業的績效獎金計劃，以公司股票獎勵員工，可能是直接配股，也可能是以低於市價的有利價格提供員工認購。

1990年代股票市場飆漲的時候，大多數認股員工都沒有想到風險的問題。譬如應用分子基因公司Amgen、Arrow電子公司、Autodesk、惠普、英特爾(Intel)、朗訊(Lucent)、萬豪酒店、默克、昇陽以及Whole Foods Market[62]等公司，1990年代提供員工認股計劃，結果股價連番大漲，為當初認股價格的三倍之多。可是許多員工在2000年到2003年目睹持股股價在一年之內跌掉三分之一以上（有些公司的股票更是在短短幾個月內重挫這樣的幅度）都備感震驚。

美國企業是採用員工認股計劃的領導者，特別是高科技產業。現在，跨國企業和外國公司也紛紛提供海內外員工認股的機會。杜邦慶祝成立兩百週年紀念時，提供全球每名員工大約兩百股的股票選擇權，從2003年七月開始[63]。其他也提供股票選擇權給員工的公司包括德國西門子和軟體商

SAP，英國的Marconi和英國電信，以及法國的蘇氏水利公司(Suez Lyonnaise des Eaux)和阿爾卡特(Alcatel)[64]。許多外國政府也建立法律架構同意這類計劃（這類計劃直到近年才在美國以外國家普及起來，參考經理人筆記「全球員工認股現象的崛起」）。Baker & McKenzie（專門研究薪酬的顧問公司）指出，「這也意味著，除了正式實施這些計劃之外，沒有其他捷徑可以取得各國分析的數據。」[65]

❖ 公司整體績效獎金計劃的優點

公司整體績效獎金計劃有些明顯的好處，其中有些是屬於經濟層面，而不是激勵效果。

- **公司的財務彈性**：利潤分享和員工認股計劃都是屬於變動薪酬計劃：公司所承擔的成本在經濟不景氣時會自動向下調整。這項特徵讓公司可以在景氣衰退時避免裁員。而且，這些計劃讓公司可以認股或利潤分享的型態配合較低的底薪。

經理人筆記

新興趨勢

全球員工認股現象的崛起

全世界各地企業開始採用各種員工認股計劃，許多外國政府也調整稅法、證券法以及各種法律規定以配合，或至少降低對這類獎勵計劃的阻礙。遠至愛沙尼亞、巴西、日本以及芬蘭等各國，都有企業採取各種員工認股的獎勵措施。

大多數國家都爲員工認股計劃移除障礙，甚至積極支持：

台灣證期會最近宣佈同意企業提供員工股票選擇權。《遠東經濟評論》針對這個消息和該區域類似的發展發表評論指出：「亞洲國家在全球市場上爲了爭取跨國企業而正面交鋒之際，他們也發現到薪酬計劃必須具備跨國風格才行。」該評論並指出，「亞洲主流企業紛紛提供員工低價認股的福利。這種做法對於股東（公司和員工就更不用說）的好處會相當驚人。」

資料來源：Adapted with permission from Butler, M. J. (2001, 2nd Quarter). Worldwide growth of employee ownership phenomena. *Worldatwork Journal, 10*(2), 1-5.

■ **員工的承諾獲得提昇**：利潤分享和認股計畫之下的員工對公司比較有認同感，而且對公司的承諾會更加堅定。許多人認爲，公司業主和員工之間利潤分享的做法不過是資本主義社會下的所得分配。

■ **稅務上的優勢**：誠如先前所說，利潤分享和員工認股計劃都享有特殊的稅務優惠。這類福利計劃（第十二章將深入介紹）裡有一部分是由聯邦政府補助。這類計劃有時候可能導致稅收大幅流失，但有人認爲，無力支付員工高額薪資的公司卻因此得以蓬勃成長，長期而言能創造更多的就業機會和稅收。

❖ 公司整體績效獎金計劃的缺點

就如同其他的績效獎金計劃，公司整體績效獎金計劃也有其缺點：

■ 員工可能面臨極高的風險：在利潤分享或員工認股計劃之下，有些因素會對員工的財務福祉造成威脅，但員工卻無力控制。員工通常不知道他們面臨多大的風險，因爲這些會影響利潤或股價的因素可能會非常複雜。員工以這類計劃作爲長期儲蓄的程度愈高（作爲小孩上大學的經費、本身的退休金或其他用途），就愈容易受到公司命運的影響。

許多《財星》五百大企業的員工發現，2000年年底空頭市場來襲，令他們畢生的積蓄頓時大幅縮水。

■ **對於生產力的影響有限**：由於這類整體企業的獎勵計劃中，個別員工的成就目標和公司的績效沒有什麼關聯，而且很難衡量，所以不太可能激勵生產力。然而，如果年資對於員工可以領取多少獎金有很大的影響，那麼這類計劃應該有助於減少員工的離職率。

■ **長期財務困難**：利潤分享和員工認股計劃對公司短期而言好像不會造成負擔，因爲獎金要到員工退休才會付給他們，或是因爲公司是以「紙張」支付員工獎金（公司股票）。這樣的幻象影響之下，管理階層對於員工獎勵可能過於慷慨，結果導致未來管理階層的現金吃緊，可以分配給投資人的利潤減少，而公司價值也隨之下跌。

❖ 適合公司整體績效獎金計劃的狀況

影響公司整體績效獎金計劃成敗的要素包括：

- **公司規模**：利潤分享和員工認股計劃可以用在任何規模的公司，不過大型企業最適合這類計劃，而不適合結果分享計劃[66]。
- **各個業務單位之間的互依**：公司若有許多工廠或業務單位，而且有些單位彼此之間得互相依賴，那這種公司最適合公司整體績效獎金計劃，因爲公司任何一個單位的財務績效很難獨立出來。
- **市場狀況**：結果分享計劃適合銷售水準相對穩定的環境。至於產品需求會因爲景氣循環而起伏不定的公司則適合利潤分享和員工認股計劃。這些獎勵計劃的結果有助公司在景氣衰退的時候降低成本（這也是爲什麼這類計劃有「吸震器」之稱的原因）。員工（除了即將退休的員工之外）不會立刻受到這些波動的影響，因爲大多數利潤分享的福利都是到退休時才會享受到。
- **其他獎金計劃的配合**：由於公司整體績效獎金計劃對於個人和團隊不太可能造成激勵的效果，所以不應該單獨使用。在其他獎勵計劃的配合之下（譬如個人和團隊的紅利），公司整體績效獎金計劃能爲管理階層和員工建立共同的目標，激發更大的承諾和使命感。

身爲未來的管理者，你們應該了解各種績效獎金計劃的優缺點、適合採用的情況。表11.4摘要說明適合個人、團隊、工廠整體、公司整體績效獎金計劃的情況。

為執行主管和業務人員設計績效獎金計劃

執行主管和業務人員的績效獎金計劃通常和公司其他類型的員工大不相同。因爲績效獎金是這類人員總薪酬當中很重要的一部分，所以我們在此將深入探討他們特殊的薪酬計劃，以及企業如何獎勵顧客服務的卓越表現──在當今這可是關鍵性的競爭優勢。

《財星》五百大企業每個執行長只要省下一年的薪水，就可以活到九十五歲。甚至於有些執行長只要省下一年薪資，每年就有120萬美元可以花用[67]。美國企業的執行長薪資大約爲一般員工的兩百四十倍，遠高於1980年代的四十二倍，也遠高於任何其他工業化國家（不論以相對還是以絕對數據來看）。美國企業的執行長賺得比其他國家的同儕都要多，而且

表11.4 適合各種績效獎金計劃的情況

計劃類型	適合情況
個人績效獎金計劃	● 個別員工的貢獻可以正確獨立出來。 ● 需要自治的工作。 ● 無須合作就能成功執行的工作，或應該鼓勵競爭的情況。
團隊績效獎金計劃	● 任務彼此影響的程度很高，以致於難以判斷誰做了些什麼。 ● 公司組織支持以團隊為基礎給予獎勵。 ● 公司的目標是促進自我管理團隊的創業精神。
工廠整體績效獎金計劃	● 中小型的公司規模。 ● 科技不會對效率的改善造成限制。 ● 具備過去績效的明確紀錄。 ● 文化支持參與式的管理。 ● 穩定的產品市場。
公司整體績效獎金計劃	● 大型的公司規模。 ● 公司各個單位彼此互賴。 ● 產品市場相對比較不穩定（會受景氣循環影響）。 ● 有其他的獎勵計劃配合。

他們薪資高出一般員工薪資的倍數也遠高於其他國家。譬如日本，企業執行長的薪資為一般員工薪資的三十三倍[68]。

在近年空頭市場來襲之前，企業執行長的薪資當中，薪水的比例比較少，長期收入的型態則比較多。在1995年到1999年之間，執行長總薪酬裡薪水的比例下降將近20%，長期收入的型態則增長將近20%。這波趨勢的影響因素包括：長期收入的稅務比較優惠（執行長的股票利得只有在出售股票時，才得繳交資本利得稅，而這個稅率比薪水和紅利的稅率低）；配股在資產負債表上不列為支出項目；股票市場大漲；以及投資人呼籲執行長必須負起更大的責任（長期收入跟薪水不同，金額並不確定而且會反映股東價值的成長）。

諷刺的是，這種趨勢卻有一些意料之外的影響。

首先，多頭市場（1990年代）讓執行長的所得飆漲，令外界更認為執行長的薪資超出控制。在1991～2000年這十年當中，這些美國企業精英的平均薪資攀升550%以上，是一般員工加薪速度的二十倍[69]。

第二，由於執行主管可以隨時執行幾年前獲得的股票選擇權，所以很難將執行長的薪資和公司績效建立關聯。譬如，甲骨文(Oracle)執行長勞倫斯．艾利斯(Lawrence J. Ellison)在2001年發了7億600萬美元的橫財，可是該年卻是甲骨文的災難年（甲骨文股東報酬率在2001年大跌57%）。艾利斯所發的橫財（這個金額比許多國家的國內生產總值都還要高）是因爲執行長久以來持有的股票選擇權，而他在2001年執行的決定可能跟甲骨文該年疲弱的表現並無關係。換句話說，股票型態薪資和公司績效之間的關係很難判斷，因爲獲得和執行股票選擇權的時間點並不一樣。學術界設計出許多複雜的方式，希望藉此評估長期收入和公司績效之間的關係，但這方面的研究深奧難懂，往往充滿爭議，結果也不夠完整[70]。

第三，當股票市場從多頭轉爲空頭時，公司不知該如何安撫股票「泡湯」的執行長（譬如目前市值低於當初執行主管認購的價格，所以選擇權變得一文不值）。許多公司認爲選擇權「泡湯」會令執行長感到氣餒，並可能成爲競爭對手挖角的好機會。爲了避免這樣的可能性，企業可能提供額外的補助，彌補他們在股票市場上的損失，或取消、重新發行股票選擇權，以免他們的股票收益泡湯，或是以現金收購他們泡湯的股票[71]。這些策略可能讓人們更加認爲高層執行主管的薪資根本沒有什麼風險，而員工卻往往得承受工作不保以及薪酬方面的風險，因爲他們在景氣不景氣時比較可能成爲裁員的目標或被減低紅利[72]。

許多獎金計劃都是爲了將執行主管的薪資和公司績效連結在一塊，可是很難說哪種計劃最好，而且這通常涉及極爲可觀的金額（《財星》五百大企業加起來每年接近300萬美元）[73]，執行主管的所得和公司績效之間的關係通常很低或不一致[74]，所以更加深這樣的歧見。

❖ 薪水和短期獎金

執行主管的底薪會隨著企業的成長而增加[75]，特別是《財星》五百大企業的執行長，他們每年底薪至少有50萬美元，根據2002年的估計，其中平均時6萬美元爲現金薪酬[76]。執行主管的紅利通常是跟公司具體年度目標有關的短期獎金。90%以上的美國企業都是以年底紅利的方式獎勵執行主管，不過紅利發給標準則有很大的差異。

應思考的道德問題

公司給執行長和其他高層執行主管好幾百萬美元的薪酬，可是他們的薪酬卻跟公司績效沒有密切的關係，你覺得這樣符合道德嗎？

執行主管年度紅利通常有兩大疑慮：第一，不論以什麼標準來決定執行主管的紅利水準，他們都可能為了紅利而無所不用其極，甚至為了賭錢的獎金而犧牲長期的績效。譬如，公司對研發的投資對於未來推出新產品極為重要，可是如果執行主管的紅利計算公式把這種投資視為會減少淨利的成本，那麼執行主管可能試圖減少這方面的研發經費。第二，許多紅利計劃都是在薪水之外額外發給的，所以不論公司績效怎麼樣，執行長都能拿到紅利。譬如，《華爾街日報》(*Wall Street Journal*)2002年的企業執行長薪資調查報告指出，在2001年（該年經濟陷入嚴重的不景氣當中），大約四分之三的受訪執行長都拿到非常可觀的紅利。如果我們只看總股東報酬在40%以上的公司，可以發現同一段期間拿到50萬美元以上紅利的執行長人數多得驚人（譬如包括，Aplera、Crown Cork & Seal、大陸航空公司以及波音）[77]。

高層執行主管可以自動獲得優渥的紅利，引起中階主管很大的反感。某大銀行的副總裁就說出大多數中階主管的心聲：「不管你多麼努力工作或做了些什麼，都只能拿到6%的加薪幅度，如果你不滿意，公司也不留人。這種由高層主管主導一切的現象實在令我厭煩。可是他們不論為自己爭取到什麼樣的加薪幅度——10%、20%、30%——絕對都跟其他人員有很大的不同。」

❖ 長期獎金

大多數的執行主管也獲得長期的獎金，型態包括公司股票（認股計價）或綜合現金獎勵和股票的計劃。表11.5列舉執行主管最常見的長期獎金計劃。

這種長期獎金計劃的主要批評在於，他們跟執行主管的績效並無密切的關聯。這有三點理由。第一，計算執行主管本身通常也不知道公司股票有多少價值，因為這要看贖回時的股價而定。第二，由於股價通常會震盪起伏，執行主管可能無法控制公司的股票價值（也就是他本身的長期收入）。誠如先前所說的，這在1990年代的十年當中，執行主管可能因此受惠，可是在2000年代前幾年，卻可能大受打擊。第三，設計長期獎金計劃牽涉到許多判斷，而這些跟達成公司長期策略目標未必一致。公司在設計執行主管長期獎金計劃時主要的考慮列舉在表11.6之內。

表11.5 執行主管最常見的長期獎金計劃

股票的相關獎酬計劃

- 股票選擇權：讓執行主管可以有利的價格在訂定的時間之內（可能長達十年）以預先決定的數量獲得公司股票。
- 購股計劃：提供非常簡短的時間窗口（通常是一兩個月），在這段期間內執行主管可以選擇以低於或相當於合理市場價位的成本購買股票（所有員工都可以享有購股計劃）。
- 限制股票計劃：提供執行主管的配股，但有一些條件，執行主管必須同意留在公司一段期間（譬如四年）。如果執行主管在這段期間之前離職，將放棄所有對股票的權利。
- 配股：提供執行主管「免費」的公司股票，通常沒有任何條件，通常是為了招募人才而提供的單次「簽約」紅利。
- 以公式計算的股票：以配股型態或以約定價格提供給執行主管股票。不同於其他計劃，在這種計劃之下，執行長想要贖回股票時的股票價值並非其市場價值，而是根據預先訂定的公式計算（通常是帳面價值，這是資產減負債，除以在外流通股的數量）。當董事會相信該公司股價之市場價格的影響因素超出高層管理團隊的控制時，通常會採取這種計劃。
- 低順位股：這種股票的價值低於普通股股價，所以執行主管可以較低的股價購買。不同於普通股股東，低順位股(Junior Stock)持有者的投票和股利權都有限。不過，在達成具體的績效目標後，低順位股可以轉換為普通股。
- 折扣股票選擇權：這種選擇權的履約價格低於發行時的市場股價。在2001-2003年空頭市場時推出，股票的市場價格很有可能緩步上升或可能下跌。
- 追蹤股票選擇權：這是根據母公司具體業務或單位績效的股票選擇權，而非根據企業整體績效。

結合現金獎勵和股票的相關獎酬計劃

- 股票增值權(Stock Appreciation Rights, SARs)：提供執行主管現金或股票的權利，股票的價值相當於配股時的股價和執行股價之間的差異。所以當股價上升時，執行主管可以獲得獎勵。執行主管這一方無須投資。這種計劃可能單獨提供或配合股票選擇權。
- 績效計劃單位：根據這樣的計劃，每股價值是根據每股盈餘之類的財務績效。譬如，每股盈餘每增加5%，公司就可能提供執行主管獎勵，根據他們所持有的股份提供每股1000美元。所以，如果每股盈餘增加15%，執行主管每股可以獲得3000美元。這種獎勵可能以現金或普通股的方式提供。
- 績效分享計劃：這類計劃根據獲利能力的數據，以事先設定的公式提供執行主管一定的股票數量。每股實際獲利要看績效評估期間或獎勵期間結束時的市場股價而定。
- 虛擬股權：這種計劃提供執行長的紅利是根據公司股價的變化，而非獲利能力衡量指標的變化。虛擬股權(phantom stock)只是一種簿記方式，執行主管並非真的取得股票。公司提供執行主管虛擬股權，藉此追蹤他們的獎金，只要達成績效目標就可以獲得這樣的獎金。獎金金額可能相當於虛擬股權升值的程度。

資料來源：Updated version (2003) of chart appearing in Gmez-Meja, L. R., and Balkin, D. B. (1992). *Compensation, organizational strategy, and firm performance,* 219, Cincinnati, OH: South-Western. Copyright 1992 by South-Western Publishing. All rights reserved. See also Fox, R. D., and Hauder, E. A. (2001). Sending out an SOS－Methods for companies to resuscitate underwater stock options. *Worldatwork Journal, 10*(2), 7-12; Pitt, H. (2002, April 5). Pitt calls for stricter control of options. *Wall Street Journal,* A-4; Ledford, G. E., Harper, D., and Schuler, J. (2001). Beyond plain vanilla－New flavors in stock option use. *Worldatwork Journal, 10*(2), 10-16; and Byrne, J. A. (2002, April 15). Pay related wealth: Winners and losers. *BusinessWeek,* 83.

表11.6 設計執行主管長期薪酬計畫的主要考量

1. 發放獎金的期間應該橫跨多久的期間？
2. 在決定獎勵金額時，應該考慮到服務年資嗎？
3. 應該要求執行主管分攤部分成本，增加他們個人的風險嗎？
4. 應該達成什麼標準才能獲得獎金？
5. 執行主管的收入應該設限或設定公式嗎，以免出現大額意外的收穫？
6. 應該多久提供一次獎勵？
7. 執行主管將獎勵換成現金的容易度？

資料來源：Makri, M., and Gmez-Meja, L. R. (2002). Rewarding executives. In Silzer, R. (Ed.), *The 21st Century Executive* (pp. 200-228). San Francisco: Jossey-Bass; Grabke-Rundell, A., and Gmez-Meja, L. R. (2002). Power as a determinant of executive compensation. *Human Resource Management Review, 12,* 3-23; and Deya-Tortella, B., Gmez-Meja, L. R., De Castro, J., and Wiseman, R. (2002). Rethinking executive stock option plans. Paper presented at the Academy of Management Annual Conference, Denver, CO.

❖額外津貼

除了現金獎勵之外，許多執行主管還領許豐富的**額外津貼**(Perquisites)（又稱爲「perks」）。這可能包括各式各樣的「特殊待遇」，譬如身體健康檢查、財務諮詢、俱樂部會員、公司的飛機、航空公司的貴賓俱樂部、司機服務和管家服務。這些額外津貼可能讓執行主管感到滿意，可是跟他們的業務目標幾乎都沒有關係[78]，而且很可能成爲批評標的。批評者通常認爲執行主管的薪酬原本就過高，而且額外津貼是「偷偷摸摸的財富」，代表「執行主管暗地自肥的做法」[79]。美國勞工聯盟及職業工會聯合會之投資局局長威廉．派特森(William Patterson)表示，「執行長對於暗地增加薪資的做法愈來愈有技巧。」「這種鬼鬼祟祟的做法愈發令人氣憤。」[80]譬如Fleet波士頓財務公司執行長泰倫斯．默瑞(Terrence Murray)於2003年可以取得580萬美元的年度退休金，這是正常公式計算出的一倍以上，而且公司股價在那段期間低於同業。當他退休後，還享有終身使用公司飛機的特權，每年可以搭乘一百五十個小時，還有配車和司機供其差遣、辦公室和助理、公司支付的住家保全系統以及財務規劃。就算他不在，他的太太和客人也可以免費搭飛機。

這些批評並沒有什麼容易的解答。執行主管的薪酬設計牽涉到各種要素，而且各家公司的狀況也不一樣，所以這應該是一門藝術而不是科學。不過，在以下這些情況下，執行主管的薪酬計劃比較可能奏效：(1)薪酬計劃適當平衡短期成就和激勵主管考慮公司長期績效；(2)所提供的獎金跟公司整體策略相關（譬如快速成長和高風險投資相對於溫和成長和低風險）；(3)董事會可以判斷執行主管工作的成效；(4)執行主管對於賴以計算其獎金金額的要素有些控制。[81]

❖ 董事和股東

董事會得負責制定執行主管的薪資。傳統而言，董事會成員是領取現金報酬。可是在近年，董事薪酬的內容出現很大的變化，逐漸以股票和股票選擇權將他們的財務利益和公司的連結在一起，增加他們密切監督執行主管的動機。將近85%的企業都以股票納入董事的年度薪酬，平均每位董事可獲得價值4萬5000美元的股票[82]。

從理論上來說，這應該是個好主意；可是兩位知名的研究人員卻警告，這無異是讓狐狸看管雞群。換句話說，董事可能自肥，因爲大多數企業案例都是讓董事自行設定薪酬[83]。譬如，董事可能降低取得股票選擇權所需達到的績效目標。就算董事出於善意，以股東最大利益爲依歸，還是會籠罩著利益衝突的陰影[84]。

❖ 業務人員

和行銷人員共事的業務人員得負責爲公司創造收益。業務人員的薪酬計劃設計和其他類型員工的大不相同是基於以下原因[85]：

- ■ 業務人員薪資區間的差距，和任何其他類型員工的薪資差距都要大。
- ■ 由於業務人員通常是在公司外頭工作，可能好幾個禮拜都無法跟上司報告，所以績效獎金系統可以作爲業務人員的監督機制。
- ■ 這個族群的員工比較不會出現薪資不公平的疑慮，因爲行銷部門以外的員工通常都不知道業務績效或他們的獎金。
- ■ 業務獎金和公司的目標和策略有緊密的關係。
- ■ 業務人員的績效差異往往相當大。大多數企業都是靠相對較爲少數的業務明星爲公司帶來大多數的業務。
- ■ 業務人員通常單獨工作，可以對結果負起個人責任。
- ■ 有關業務人員薪資的正確市場數據很難取得，購買來的薪水意見調查結果通常也不可靠。

專業業務人員的薪資可能採取「直接薪水」(straight salary)（沒有獎金）、「直接佣金」(straight commission)（收入是以獎金的型態），或是整合這兩者的「綜合方案」(combination plan)。如果公司主要目的在於維繫良好的顧客關係和服務既有客戶，增加業績則是次要目標，則適合採用直接薪水的型態。如果公司的主要目標在於開發新客戶、增加銷售量，則適合採用直接佣金的型態。採取直接薪水或是直接佣金型態的公司只佔全體公司的四分之一。另外的四分之三都是採取這兩者的綜合方案，不過薪水和佣金的比例則各有很大的不同。近年發展趨勢是將佣金的比例提高[86]。

經理人筆記「薪水？佣金？還是兩者兼俱？業務人員薪酬指南」說明這三種方式的優缺點。判斷採取哪種方案的主要標準在於整體的行銷理念，而這是根據公司的業務策略而定[87]。如果公司主要目標是增加業績，而且牽涉的業務是屬於單次交易的型態，無須期望和顧客維繫關係，那麼可以適用佣金的型態。如果顧客服務很重要，而且業務代表得長期回應客戶的需求，那麼應該比較注重直接薪水的型態。譬如，二手車業務人員通常是採取直接佣金的型態，高科技產品線的業務代表則多採取直接薪水（這類產品線需要相當程度的顧客服務）。

經理人筆記

薪水？佣金？還是兩者兼俱？業務人員薪酬指南

直接佣金的業務薪酬計劃

優點

- 有效開發新的客户。
- 業務人員受到高度激勵，銷售更多產品。
- 績效高者可以薪資肯定貢獻。
- 業務代表人員具有創業精神，無須主管監督。
- 有效控制銷售成本。
- 計劃管理簡單。
- 可以盡量壓低固定成本。

缺點

- 過度重視銷售量而非獲利。
- 顧客服務可能遭到忽視。
- 業務代表可能比顧客還多。
- 對業務人員的經濟保障比較低。
- 對業務人員的直接控制較低。
- 績效高的業務人員可能薪資超過其他員工，甚至比執行主管還高。
- 業務領域可能排斥改變。
- 可能專注在最容易販賣的產品上。

直接薪水的業務薪酬計劃

優點	缺點
■ 收入有保障。	■ 激勵效果較低。
■ 業務人員願意從事非業務的活動。	■ 難以吸引或留任頂尖的業務人才。
■ 計劃的管理簡單。	■ 需要較多的業務經理進行監督。
■ 業務人員比較不會比顧客多。	■ 業務代表可能專注在易賣的產品上。
■ 業務領域對於變化的排斥比較低。	
■ 員工離職率低。	
■ 業務人員的待遇如同受薪的專業人員。	
■ 業務人員之間更加合作，比較不會彼此競爭。	

綜合兩者的業務薪酬計劃

優點	缺點
■ 結合直接薪水和直接佣金兩種計劃的優點。	■ 計劃設計比較複雜。
■ 以薪資肯定銷售和非銷售活動的表現。	■ 業務代表可能覺得困惑，並試圖達成過多的目標。
■ 可以提供業務代表經濟保障和貨幣方式的獎勵。	■ 計劃的管理較困難且成本高昂。
■ 可以支援更多種的行銷目標。	■ 業務代表可能意外大發橫財。

資料來源：Updated version (2003) of chart appearing in Gmez-Meja, L. R., and Balkin, D. S. (1992). *Compensation, organizational strategy, and firm performance.* Cincinnati, OH: South-Western. Reproduced with the permission of South-Western College Publishing. Copyright 1992 by South-Western College Publishing. All rights reserved.

獎勵顧客服務的卓越表現

愈來愈多公司採用獎金系統肯定和鼓勵顧客服務的表現。有份針對一千四百位雇主進行的意見調查發現，35%的受訪者都把顧客滿意度列爲獎金計劃的標準之一。另外三分之一的受訪者則考慮跟進。至於顧客滿意度的衡量方式包括：顧客意見調查、產品和服務準時交貨的紀錄，以及公司接獲的申訴數量[88]。

顧客服務的獎勵可能是針對個人、團隊或工廠整體。譬如，科羅拉多州Louisville的Storage科技公司把顧客服務納入計算結果分享的公式之中，這項結果分享計劃涵蓋的範圍包括全體員工。爲了避免業務代表和主管爲了增加業績和短期獲利而欺騙顧客，IBM推出一項計劃，其中40%的獎金是根據顧客滿意度而定。IBM透過意見調查了解買主是否滿意當地業務團隊的表現[89]。AT&T環球卡則提供200美元的紅利當場獎勵員工，肯定他們在電話上有效處理顧客抱怨的表現；公司會隨機監督他們的電話談話作爲判斷標準[90]。

摘要與結論

❖ 績效獎金系統：挑戰

績效獎金（又稱爲獎工系統）計劃可以改善生產力，但主管在設計和執行這類計劃時得考慮幾個挑戰。員工可能只做有錢拿的事情，而忽略了工作無形的層面。如果過度重視功績加薪，公司和團隊合作的精神可能受到打擊。個人的功績加薪系統假設員工能夠控制其工作產出的基本影響要素，可是實際上未必如此。個別的績效很難衡量，如果將薪資和不正確的績效衡量結合在一塊則可能引發問題。獎工系統可能被視爲員工的權利，而且難以隨著公司需求的變化而調整。許多員工不相信良好的績效會受到獎勵，這種現象叫做「信用落差」(credibility gap)。過度重視功績加薪可能導致員工承受大量的壓力，因此對工作產生不滿。最後一點是功績加薪可能降低員工出於內心的動機。

❖ 克服績效獎金系統的挑戰

爲了避免績效獎金系統相關的問題，主管應該(1)適當地結合薪資和績效；(2)將績效獎金計劃納入廣泛的人力資源管理系統之內；(3)建立員工的信賴；(4)宣揚績效能帶來變化的信念；(5)多層獎勵；(6)提昇員工參與的程度；(7)利用動機和非財務的獎工計劃。員工參與計劃的設計有助於長期的成果。

❖ 績效獎金計劃的類型

績效獎金計劃有四種。在個人層次，功績加薪（這會成爲底薪的一部分）以及紅利和獎勵（單次提供）通常由主管評估決定。團隊績效獎金計劃則是獎勵一同合作專案或任務的團隊成員，通常是以紅利和非現金的獎勵方式。在工廠或業務單位層次，結果分享計劃將節省下來的成本和員工分享，通常是以單次給付的紅利型態。最高層次是企業整體的績效獎金計劃，利潤分享和員工認股計劃可以將公司的績效和員工的財務獎勵結合起來。執行主管和業務人員的績效獎金計劃通常和公司其他類型的員工大不相同。因為績效獎金是這類人員總薪酬當中很重要的一部分，所以我們在此將深入探討他們特殊的薪酬計劃，以及企業如何獎勵顧客服務的卓越表現——在當今這可是關鍵性的競爭優勢。

❖ 為執行主管和業務人員設計績效獎金計劃

執行主管和業務人員的績效獎金計劃通常和公司其他類型的員工大不相同。短期的年度紅利、長期的獎勵計劃以及額外津貼都能鼓勵執行主管作出有助公司達成長期策略目標的決策。業務人員能為公司帶來收益，所以他們的薪酬系統通常是用來加強有助生產力的行為。當公司主要目標是維繫顧客關係和服務既有顧客時，最適合以直接薪水的型態獎勵業務人員。如果公司試圖增加銷售量，那麼應該高度重視直接佣金的型態。大多數企業都是綜合這兩種。在當今全球競爭的市場上，許多企業也採用獎工計劃鼓勵顧客服務。

問題與討論

1. 本章介紹績效獎金計劃的三個假設，你認為這些假設成立嗎？
2. 有位觀察家指出，「績效獎金計劃的問題在於這是一種極為強大的激勵利器，管理者可能會控制不了情勢」。你同意這樣的說法嗎？請說明理由。
3. 有家保險公司根據生產力、顧客滿意度和工作品質這三項要素提供團隊年度紅利。有個小組裡，四名成員想出一個辦法可以加速保戶申請費用的速度，有助於提昇顧客滿意度和生產力，而且也能符合品質的目標。在這樣的情況下，公司一視同仁提供整個小組十名成員紅利有道理嗎？這家公司如何避免讓搭順風車者（績效低的員工）因為同組成員的生產力而獲利，以及如何確保小組中貢獻最多的人能獲得妥當的報酬？
4. 美國法律規定所有上市公司執行主管的薪資必須公諸於世，但大型法國企業執行長組成的委員會提出建議，法國企業高層執行主管的薪資應該保密。他們的理由是法國執行長薪資比起美國和英國同儕（公司規模相當、同樣產業、績效水準類似）少了50%以上。法國興業銀行(Socit Gnrale)榮譽董事長馬克．維諾特(Marc Vienot)表示，「公佈法國企業執行長的薪資會讓他們成為外國企業重金挖角的目標……『況且』美國人喜歡吹噓自己的薪資，法國人則不會。」[91]你同意這個委員會的決定和理由嗎？請解釋之。

你也可以辦得到！

新興趨勢個案分析11.1

❖ 強制性排名：愛之深責之切，還是玩得過火？

根據Worldatwork（為一萬名受薪專業人員之代表）估計，大約20%的雇主已採用正式的績效排名系統分配獎金，而且這樣的比例似乎還在成長當中。

強制性排名(forced rankings)，又稱為強制性評分(forced grading)以及績效排名計劃(performance ranking programs)。人力資源專業人員和企業執行主管對於這類計劃的觀點呈現兩極的看法。而且對於大多數員工而言，這種計劃會對他們構成很大的壓力和焦慮。這些系統將員工分為幾類，通常是分為5%的頂尖人才，中間90%以及最底層的5%，不過這三個階級的百分比例會有所不同。頂尖人才會獲得很豐富的獎金，最底層的員工則可能遭到警告甚至解僱，中階的人則可能獲得生活成本的加給。

有些雇主認為這類計劃是找出和淘汰績效不佳員工的利器，好讓他們可以專注在有助公司獲利的頂尖人才上。另外有些雇主（特別是在景氣衰退的時候）則認為強制性排名會對企業文化造成打擊，而且這種冷酷無情的淘汰行動並未把員工所有的貢獻層面都納入考量。

❖ 支持者的論點

奇異電器(General Electric)前任執行長傑克．威爾許(Jack Welch)可能是支持這種排名法最著名的商場人士。威爾許在給奇異電器投資人的公開信中如此表示：

「不及早淘汰底層10%的員工不但是管理上的失誤，同時也是偽善，這其實是很殘酷的行為——因為日後上任的領導者終究會清理門戶，淘汰掉這些底層10%的人，這時候他們已處於事業生涯的中期，卻被迫在其他領域重新來過。」

惠普執行長菲奧莉娜(Carly Fiorina)也支持這種排名法，她為惠普推出一種新的績效排名評估流程。她說，「我們將回歸績效管理原本的主旨。」

摩托羅拉執行長傑佛瑞．高文(Geoffrey Colvin)表示，「不可能所有的人都高於平均值……每家公司都得淘汰績效不佳者，可是大多數管理者都等到不得不為時才會出手。」

❖ 反對者的論點

反對者認爲這種排名法會對生產力造成打擊。「我認爲這會導致員工的不滿」，華府Coastes Davenport & Gurne律師事務所合夥人派翠夏．葛尼(Patricia Gurne)表示。她認爲這就跟大學教授在一個班級裡只給兩個學生A的分數一樣，不顧學生實際的表現，這種方法終究會失敗。「在強制排名體系下，就算整體員工的績效都在標準之上，還是有員工拿到「不滿意」的績效評等。」

「現在，強制性排名其實能鼓勵績效一般或平庸的人」，根據招募服務公司Resources Connection（位於加州Costa Mesa)的布蘭特．隆耐克(Brent Longnecker)。根據他的看法，強制性排名可能激發競爭，結果導致內部激烈的衝突，令員工團隊合作的精神蕩然無存。他也認爲，「強制性評估者根據人與人之間的比較進行評等，而不是根據事先設定的標準對人員進行評估，可能導致管理階層偏離『事先建立的目標、工作標準』，轉而根據『個人特質』進行評估」。這樣的做法可能導致內部明爭暗鬥，管理階層過於主觀，甚至引發官司訴訟。

Watson Wyatt公司（位於馬里蘭州Bethesda）顧問布萊恩．安德森(Brian Anderson)警告說，強制性排名「可能毒害公司文化」，導致員工彼此對立，讓任何團隊合作的希望徹底消失。

❖ 關鍵性的思考問題

1.強性排名的做法並非現在才有，早在第一次世界大戰，就有人採用這種方法。後來在1930年代失寵，在本世紀開始之前幾乎沒有人聽過這種方法，特別是「績優」公司。你覺得爲什麼這麼多企業「再度發現」強制排名，並藉此對抗低效率與低生產力？請說明理由。

2.參考支持者和反對者的論點，你站在哪一邊？請說明理由。

3.強制排名對最高績效者提供優渥的獎金，你覺得這種做法對大多數員工不公平嗎？公司可以如何確保大家認爲排名系統公正？請說明之。

❖ 團隊練習

你是某大集團五大部門執行主管之一，公司執行長要求你管理的單位研究未來採行強制性排名的可能性。請將班上學生分爲五人一組，角色扮演這樣的情況，並向執行長提出你的建議，說明應不應該採取強制性排名。請詳細地說明你們的理由。

資料來源：Adapted with permission from *HR Focus* (2002, February). Forced rankings: Tough love or overkill? 79(2), 11.

你也可以辦得到！ 新興趨勢個案分析11.2

❖ 玩弄獎勵體系

以下這些情況出現在不同的環境，都是試圖利用獎金獎勵表現良好的員工：

■ 綠巨人公司(Green Giant)自從客人在食品包裝裡發現有蟲後，就推出一套紅利計劃，只要員工挑掉蔬菜裡的蟲就能得到獎金。可是後來公司發現有員工故意把蟲加在菜裡頭然後才挑出來，藉此騙取獎金，綠巨人於是取消這項計劃。

■ 有家軟體開發商面對各式各樣的臭蟲問題（軟體程式設計不良的地方），就跟綠巨人公司一樣，該軟體公司推出一套獎金計劃，只要程式設計師移除程式裡頭的臭蟲就能獲得獎金。起初這套計劃好像很成功。可是就跟綠巨人的案例一樣，該軟體開發商的績效數字裡潛藏著問題：這些臭蟲其實就是員工故意製造出來的。

■ Sunbeam聘請登萊普(Al Dunlap)擔任執行長，爲公司進行組織重整以改善績效。登萊普在1990年代爲史考特紙業(Scott Paper)就這麼做過。爲了達到這樣的目標，該公司提供登萊普的薪酬當中包括豐富的股票選擇權。在1996年年末，這位新任執行長顯然已經達成他的目標，股票價格回升130%以上。在1998年，證券交易委員會對於Sunbeam的會計帳務展開調查，公司股票因此大跌。在1998年6月，股價跌到每股3.75美元，遠低於1996年的高點53美元。登萊普雖然達成目標，改善公司之短期價值；可是無法像他當初在史考特紙業那樣找到買家，後來遭到Sunbeam董事會開革。

■ 1805年，路易斯和克拉克(Lewis and Clark)遠征北美的路途中有個士兵叛逃。叛逃是嚴重的犯行，所以有個上尉決定要懲罰這名士兵，他下令只要能活捉這名士兵的人就能獲得10美元的獎金，如果能帶著他的頭皮來見則能拿20美元。這個上尉後來拿到的正是他當初想要的：一大堆的頭皮。

❖ 關鍵性的思考問題

1. 以上介紹各種「績效獎金」中具備什麼樣的共同性？
2. 把薪資和攸關公司的目標標準（譬如品質控制衡量、獲利能力以及低離職率）結合在一起，各有什麼優缺點？
3. 著明的管理顧問以及作家愛爾佛．康恩(Alfie Kohn)主張，「獎工計劃之所以失敗，主要問題出在心理假設不當上，而不是計劃的問題[92]。他相信，股票選擇權、按件計酬、佣金、紅利、甚至於當月優良員工計劃、渡假和稱讚等方式都是行賄，結果是弊大於利。你同意嗎？請說明理由。

4.上述的綠巨人公司、軟體開發商以及Sunbeam等公司的問題可以如何加以避免，並對表現良好的員工予以獎勵？請說明之。

5.假設你是綠巨人公司和軟體開發商的高層執行主管，你會處罰那些行為不當的員工，還是設計獎工系統的主管？還是兩者皆罰？

6.有些人認為，大多數員工就算有機會占獎工系統的便宜，仍會秉持道德的準則。你同意這樣的說法嗎？

❖ 團隊練習

將班上同學每三到五人分為一組。其中幾組學生得主張獎工系統能鼓勵理想的行為，對公司有利，另外幾組則得主張在大多數案例裡，獎工計劃會在員工之間產生「玩弄體系」的態度，反而導致績效低落。

資料來源：Adapted with permission from Bloom, M. (1999). The art and context of the deal: A balanced view of executive incentives. *Compensation and Benefits Review, 31*(1), 25-31.

福利的設計與管理

挑戰

讀完本章之後，你將能更有效地處理以下這些挑戰：

1. 說明員工福利對於雇主和員工的重要性。
2. 設計有助於公司整體薪酬策略和其他人力資源管理政策的福利制度。
3. 判斷確定給付制和確定提撥制的退休福利計劃之間有何不同，以及了解最適合採用的情況。
4. 討論傳統健康保險計劃和醫療保險計劃如何運作，以及各自具備什麼樣的優缺點。
5. 爲各種員工福利建立費用緊縮(cost-containment)的策略。
6. 了解爲員工提供完整福利在行政管理上的複雜度，並舉出如何有效提供福利的建議。
7. 了解人力資源部門在記錄正確的員工福利以及告知員工福利項目的關鍵角色。

福利概論

❖ **員工福利或間接報酬**
(Employee benefits or indirect compensation)
為員工和其家人提供保障的團體福利。

員工福利(Employee benefits)是爲員工和其家人提供保障的團體福利。員工福利有時也叫做**間接報酬**(indirect compensation)，因爲這是以「計劃」（譬如健康保險計劃）的型態提供給員工，而非現金。福利和底薪與績效獎金乃總薪酬的元素。根據美國勞工統計局的統計，美國企業一般員工福利的成本大約每年爲1萬2160美元[1]。圖12.1說明一般企業分配這些福利支出的方式。

員工福利讓員工的健康和財務受到保障，所涵蓋的範圍包括疾病、傷害、失業以及老年和死亡。員工福利也包括提供員工受用的服務或設施，譬如托兒或健身中心。

公司提供的配套福利措施有助於主管吸引人才。當潛在員工面臨許多工作選擇時，雖然薪水差不多，但福利項目吸引人的公司會獲得青睞。譬如，位於科羅拉多州丹佛的瑞典醫療中心(Swedish Medical Center)提供托兒服務，藉此吸引高品質的人才[2]。該地區提供這種福利的醫院只有兩家。

圖12.1 福利支出分配的情況

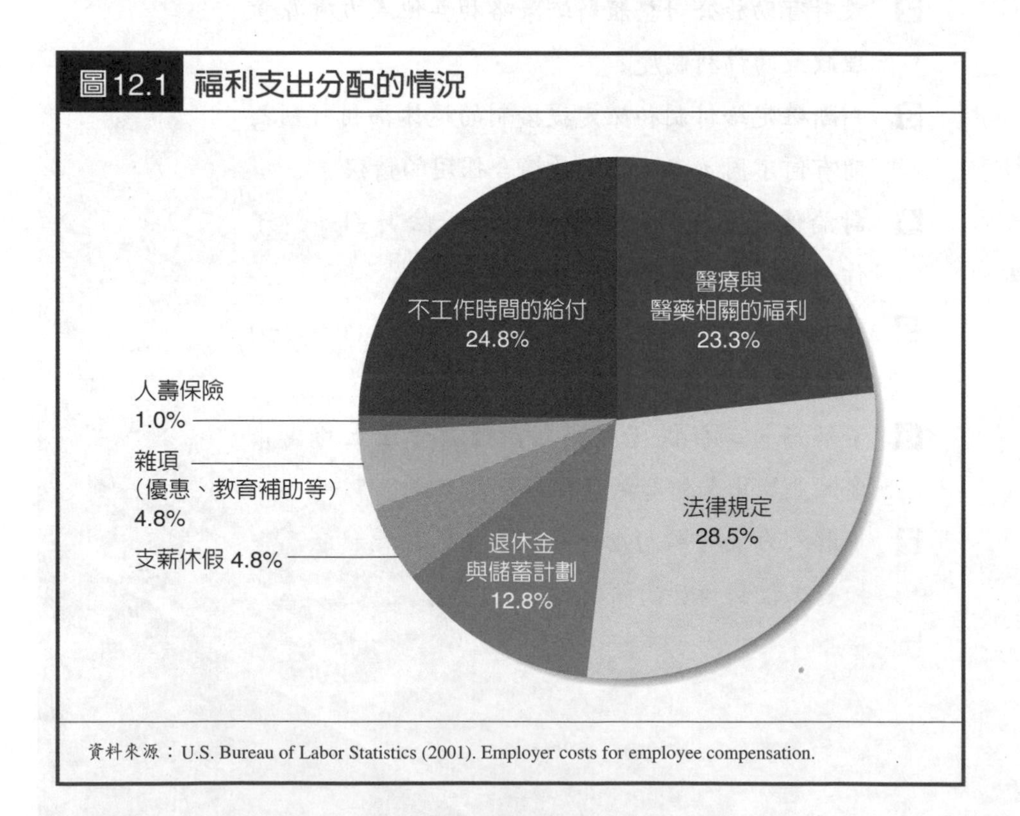

資料來源：U.S. Bureau of Labor Statistics (2001). Employer costs for employee compensation.

Stride Riete提供員工的福利計劃很有彈性，其中包括托兒福利，譬如由公司贊助結合銀髮族和兒童的托兒中心。

福利也有助於管理階層留住員工。如果福利的價值會隨著時間增加，有助於鼓勵員工一直留在公司服務。譬如，許多公司都提供員工退休金，不過員工在公司的服務年資必須達到一定的程度才能領取。基於這樣的理由，福利有時候又稱爲「金手銬」(golden handcuff)。美國軍隊就是個很好的例子，人員只要服務滿二十年就可以提早退休。「二十年滿就可以走人」的退休計劃讓軍隊人員在退休後可以展開第二個事業生涯，而且還有終身的退休俸可以作爲後盾。這樣優渥的服務讓軍隊可以留住重要的軍官和專業人士，以免他們受到民間高薪的吸引而離開[3]。

基本專有名詞

在我們進入主題之前，在此先介紹本章將出現的專有名詞：

- **福利金(Contributions)**：福利的福利金可能來自雇主、員工或兩者。譬如，休假是由雇主提供的福利，員工在度假期間還可以支領薪水或薪資，這些資金完全是來自雇主。健康醫療保險的保險費通常一部份由雇主支付，一部份由員工負擔。

❖ **福利金**
(Contributions)
福利支出。特定福利的福利金可能來自雇主、員工或兩者。

- **共攤保險金(coinsurance)**：健保支出費用由雇主的保險公司和被保險的員工分攤。譬如，在80/20保險計劃中，雇主的保險公司會支付80%的員工醫療成本，員工需要負擔其餘的20%。

❖ **共攤保險金**
(coinsurance)
健保支出費用由雇主的保險公司和被保險的員工分攤。

❖ 部分負擔 (copayment)
在健保制度下，員工每次去看醫生都得支付一小部份的費用。超出部分負擔的額外醫療支出則由健保計劃負擔，員工無須支付。

❖ 抵減額 (Deductible)
保險人每年在保單提供任何賠償之前必須支付的自付額。

❖ 彈性或自助餐式的福利計劃 (Flexible or caferteria benefits program)
這種福利計劃讓員工從各種福利選項當中挑出自己最需要的福利。

■ **部分負擔(copayment)**：在健保制度下，員工每次去看醫生都得支付一小部份的費用，通常是5美元到15美元之間。超出部分負擔的額外醫療支出則由健保計劃負擔，員工無須支付。

■ **抵減額(Deductible)**：保險人每年在保單提供任何賠償之前必須支付的自付額。譬如，80/20計劃的抵減額可能是500美元，這表示頭一筆500美元應由員工自行支付，然後保險公司才會負擔80%的部分負擔。

■ **彈性福利計劃(Flexible benefit)又稱為自助餐式的福利計劃(caferteria benefits program)**：這種福利計劃讓員工從各種福利選項當中挑出自己最需要的福利。提供這種彈性福利計劃的雇主體認到員工有不同的需求，需要不同的福利配套政策才能滿足他們。員工若是三十歲已婚婦女，丈夫也在工作，家中並有幼兒，那麼員工可能需要托兒照顧，並且願意放棄額外的休假日，以換取托兒服務。如果員工是五十歲的已婚男性，小孩都已經長大，那麼他可能希望雇主爲其退休金計劃提供較高的福利金。

美國的福利成本

過去幾十年來美國企業提供的福利愈來愈多，在這方面的成本支出也跟著大幅攀升。如圖12.2所示，員工福利成本在雇主薪資支出中所佔的比例從1929年的3%增加到2000年的37.5%左右[4]。這樣的成長可能有幾點原因，其中包括聯邦稅制、聯邦立法、工會的影響以及團體計劃有助節省成本。

❖ 聯邦稅制

自1920年代以來，只要是符合幾項特定標準的團體福利計劃，聯邦政府就會給予優惠的稅務待遇（本章稍後對此有所討論）[5]。雇主如能符合稅務政策的指導原則，他們在員工福利的支出可以獲得稅務減免。

在這樣的稅制下，員工獲得的福利許多皆爲免稅，所以員工也享有優惠待遇。譬如，員工獲得雇主對其健康醫療保險計劃的福利金是免稅的。相反的，自我聘僱的人得從可課稅所得當中支付健康醫療保險。另外有些福利則可以延遲課稅。譬如，員工對合格退休計劃的福利金（在一定上限

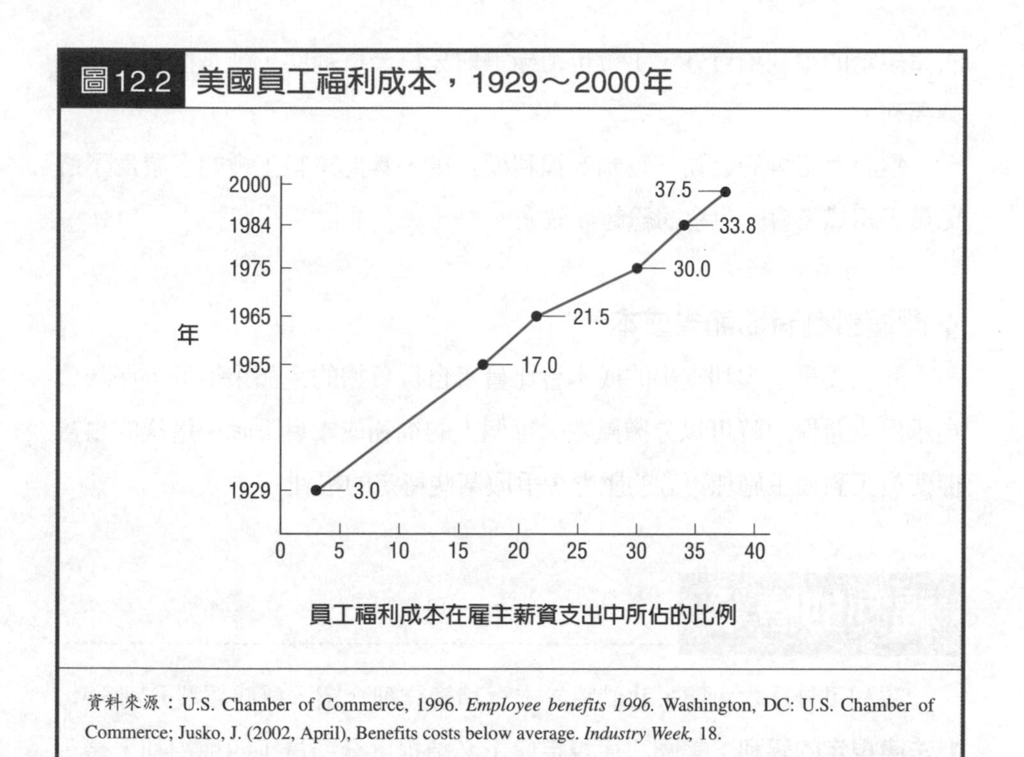

圖12.2 美國員工福利成本，1929～2000年

資料來源：U.S. Chamber of Commerce, 1996. *Employee benefits 1996.* Washington, DC: U.S. Chamber of Commerce; Jusko, J. (2002, April), Benefits costs below average. *Industry Week,* 18.

之內）可以延遲課稅，直到員工退休時才課以較低的稅率。聯邦政府對於福利的稅務政策鼓勵員工爭取更多的福利，因爲公司爲福利支出的每一塊錢，價值都超過現金獎勵計劃的同等支出，因爲後者是以一般所得的名目課稅。

❖ 聯邦立法

在1935年，聯邦立法規定所有雇主都必須提供員工社會安全和失業保險的福利，本章稍後將進一步討論這些細節。在這裡我們只需了解，聯邦政府法律要求雇主提供某些福利，以及這樣的聯邦立法可能使得企業在福利的支出成本持續大幅攀升。

❖ 工會的影響

過去半個世紀以來，工會一直站在爭取員工福利的最前線。在1940年代，諸如美國聯合汽車工會(United Auto Workers)和聯合礦工工會(United Mine Workers)獲得雇主提供的退休金和健康保險計劃。近年來，除了聯邦法律規定的福利項目外，工會也積極爭取牙科治療補助、延長休假日和失業福利。

當設有工會的公司一旦制定福利模式後，其他沒有工會的企業爲了避免員工組織工會，也會紛紛起而效尤。

❖ 團體計劃有助節省成本

雇主爲員工福利支出的成本會比員工自行負擔的金額來得低。保險公司承保大量保戶時可以分攤風險，每個人的福利成本會下降。這樣的事實促使員工對雇主施加可觀的壓力，爭取某些特定的福利。

福利的種類

福利可分爲六大類，我們將於本章稍後詳細介紹。這些類型分別爲：

1. **法律規定的福利**：美國法律規定雇主必須提供全體員工四種福利，幾乎沒有例外：(1)社會安全；(2)員工薪酬；(3)失業保險；(4)家庭與醫療休假。其他福利則由雇主自行決定。
2. **健康醫療保險**：健康醫療保險包括住院成本、醫師的費用以及其他醫療服務的成本。由於這項福利極爲重要，所以健康醫療保險通常被視爲獨立於其他類型的保險之外。
3. **退休金**：退休福利提供員工在退休後的收入來源。
4. **保險**：保險計劃讓員工或其撫養親屬獲得保障，以免因爲殘障或死亡時財務陷入困境。
5. **支薪休假**：休假計劃讓員工可以支薪或不支薪的型態休假，視計劃的內容而定。
6. **員工服務**：員工服務可以免稅或延遲課稅，有助於提昇員工工作或個人生活的品質。

過去這些年來福利的成長，加上福利成本增加，使得雇主在公司規模擴大時寧可聘用兼職人員或臨時員工，而這類人員通常沒有福利可言。

福利策略

要設計有效的福利配套計劃，公司的福利策略必須和整體薪酬策略配合才行。公司得對這三個層面的福利策略做出決定：(1)福利組合；(2)福利的數量；(3)福利的彈性。這些選擇爲福利配套措施的設計提供一份藍圖。

福利組合

福利組合(Benefits mix)是公司提供給員工完整的福利組合。公司在設計福利組合時至少要考慮三個議題：總薪酬策略、企業目標和員工的特質[6]。

❖福利組合
(Benefits mix)
公司提供給員工完整的福利組合。

公司必須選擇他們想要爭取員工的市場，並在這個市場裡提供足以吸引員工的福利配套措施。

譬如，有家高科技公司可能想要吸引勇於冒險且有創意的員工。該公司的管理階層可能決定不要提供退休福利，因爲想要進高科技界工作的人大多是二十幾歲的年輕人，這個年紀的人通常不會考慮到退休的事情。作爲IBM的新興競爭對手，蘋果電腦決定不要提供退休福利，因爲管理階層想要吸引具有創業精神的員工，而這項福利無助吸引這類人才的加入[7]。

應思考的道德問題

大多大型企業都會提供員工某種型態的退休金。你覺得公司在道德上負有提供這項福利的責任嗎？財務狀況（好或差）或公司的規模會對你的分析造成影響嗎？

公司的目標也會影響福利組合。譬如，如果公司的理念是盡量消除低階員工和高階主管之間的差異，那麼公司應該提供全體員工一樣的福利項目。如果公司規模逐漸擴大之際，需要留住目前全部的員工，公司就得提供員工想要的福利。

最後一點，公司在選擇福利項目時必須考慮到員工的特質。如果公司員工大多是家有幼兒的家長，那麼托兒照顧和其他對家庭有助益的福利會很重要。至於專業的員工則可能想要退休金，有工會支持的員工可能要求公司提供保證退休計劃。

福利的數量

這是指總薪酬裡福利相對於其他元素（底薪和獎金）所佔的比例，這

表12.1 福利最佳的企業

1. 全錄*	6. 貝爾大西洋
2. 桂格燕麥片*	7. AT&T*
3. john Hancock	8. 花旗銀行
4. 戴姆克萊斯勒	9. 嬌生
5. 默克*	10. 惠普

*提供彈性福利的企業

資料來源：Alderman, L., and Kim, J. (1996, January). Get the most from your company benefits. *Money,* 102-106.

方面的決定相當於第十章介紹的「固定和變動薪資」。當管理階層決定要撥出多少資金投入所有福利後，就可以制定福利預算，並決定投入多少資金給每項福利計劃。管理階層接著就每項福利計劃決定公司和員工負擔的比例。在規模比較大的公司，這些計算的工作通常是由福利管理人員進行，小型公司通常是僱用福利顧問來計算這些公式。

如果公司著眼於提供工作保障和長期的就業機會，那麼福利占總薪酬比例可能比較高。寶鹼就是個絕佳的例子，他們的利潤分享計劃（在美國，這是同類計劃中歷史最悠久的）起始於1887年。

寶鹼也是率先提供全體員工完整之疾病、傷殘和壽險計劃的企業之一[8]。表12.1列舉美國提供最優渥福利的企業，他們提供的福利項目包括醫療給付、長期休假，以及優渥的退休金和利潤分享計劃。

福利的彈性

福利的彈性是指員工根據個人需求設計福利項目的自由度。這方面的選擇相當於第十章介紹的「薪資決策之中央集權和分權」。有些公司採取標準化的福利措施，員工幾乎沒有什麼選擇。這種做法適合員工同質化高的公司，這些公司可為「一般」的員工設計標準化的福利配套措施。不過，由於美國工作人口的結構逐漸出現變化，愈來愈多女性投入全職工作，而且雙薪和單親家庭數量增加，因此員工需求的變化也更大。對於無法就「一般」員工設計福利的企業而言，強調選擇的分權福利措施會比較合適。本章最後會詳細討論有彈性的福利項目。

法律規定的福利

法律規定美國雇主必須提供員工社會安全、薪酬和失業保險，幾乎沒有例外，這些福利的設計是爲了提供員工基本的保障。雇主必須根據員工所得金額繳稅支付這些法律規定的福利項目。以社會安全來說，員工必須繳稅支付這項福利。近年來政府要求雇主提供另外一項福利：雇主必須提供員工不支薪的休假，讓他們處理醫療狀況和家人的問題。

社會安全

社會安全(Social Security)提供(1)退休者、殘障者以及死亡員工之未亡人的所得；(2)透過醫療保險計劃提供老年人醫療服務。社會安全計劃乃由1935年的社會安全法案所成立，資金來自薪資的稅收，由員工和雇主平均分攤。在2002年，年薪在8萬4900美元以下的社會安全稅稅率是7.65%，員工和雇主分別繳納7.65%的稅金。社會安全稅通常有兩個部分：6.2%的稅金是資助退休金、傷殘和死亡給付，1.45%的稅金是資助醫療保險。員工年薪如果超過8萬4900美元，超過的部分稅率爲1.45%，雇主同樣也得繳納1.45%的稅金。

❖ 社會安全
(Social Security)
提供退休者、殘障者以及死亡員工之未亡人的所得，以及透過醫療保險計劃提供老年人醫療服務。

員工必須工作達四十個季年（等於總就業期間有十年之久），每季所得至少有870美元，才能取得完整的社會安全福利。表12.2列舉社會安全福利項目：退休金、失能給付、醫療保險和死亡給付——以及取得這些福利的條件。

❖ 退休金

社會安全提供年滿六十五歲的人退休金。六十二歲和六十四歲之間退休的員工退休金會減少20%之多。

社會安全計劃提供的保險金平均爲員工六十五歲退休之前最後一年所得的25%。所以說，如果人們想要維持退休之前的生活水準，就得爲退休後的生活建立其他收入來源。這些收入來源可能包括公司提供的退休金計劃、個人儲蓄或另外一份工作。根據社會安全管理局(Social Security

表12.2 社會安全福利

福利	資格	內容
退休金	● 六十五歲到六十七歲之間（完整福利） 或是 ● 六十二到六十四歲之間（金額會減少20%）	終身領取每月的退休金。 退休金平均為退休之前一年25%的薪資。
失能給付	● 連續五個月徹底失能。 ● 失能情況預料持續至少十二個月或導致死亡。	完全失能者得每月領取相當退休金的失能保險金。提供給被扶養者的保險金。
醫療保險	● 六十五歲 或是 ● 領取社會安全失能金二十四個月。	涵蓋醫院費用、護養院、保健機構的費用，根據抵減額而定。 也涵蓋醫療費用，但依每個月的保費而定。
死亡給付	● 死亡者的家庭成員，包括六十歲以上的鰥寡者，不滿十八歲的兒童或孫子女，或六十二歲以上的受撫養父母。	每個月的給付，跟死亡員工主要的社會安全退休金相關。

資料來源：Adapted from the 2002 Social Security online Web site www.ssa.gov.

Administration)，2002年在六十五歲退休的人每個月可以領到568美元到1,660美元不等的社會安全支票。在未來，領取社會安全福利的最低年紀限制會向上調整。在1950年以後出生的人，取得完整福利的最低退休年紀爲六十六歲。1960年以後出生者，則是六十七歲。2002年社會安全提供的每月退休金，個人爲874美元，退休夫婦則爲1454美元。

❖ 失能給付

對於失能者以及至少十二個月無法工作者，社會安全計劃每個月提供相當於退休金的失能給付(disability income)。由於失能給付的水準平均只有薪資的30%左右，所以員工需要其他的收入來源，其中包括短期和長期的失能保險金、個人的儲蓄和投資。

❖ 醫療保險

❖ 醫療保險 (Medicare)
這是社會安全計劃的一部分，乃提供六十五歲以上人士醫療保險。

醫療保險(Medicare)乃提供六十五歲以上人士醫療保險，這包括兩個部分。A部分涵蓋醫院費用，繳交年度抵減額者（2000年爲812美元），醫療保險支付其六十日的醫院費用。B部分裡，每個月繳納費用者（2000年爲每個月54美元），則可以涵蓋醫師費用和醫療用品成本的醫療支出。醫療保險的抵減額和月費會隨著醫療成本的增加而定期調整。

❖ 死亡給付

死亡員工的家庭成員只要符合資格，便可每個月獲得給付。死亡給付(survivor Benefits)通常跟死亡員工主要的退休金相當。符合死亡給付條件者包括(1)六十歲或以上的鰥寡者；(2)不論年紀，只要是扶養未滿十六歲未婚兒童或未滿十八歲孫子女的鰥寡者，或六十二歲以上的受撫養父母。

❖ 勞工傷殘給付

勞工傷殘給付(Workers' compensation)乃對工作相關的傷害或疾病提供醫療照顧、持續給予薪資以及支付復健費用，並爲因工死亡者的遺族提供收入照顧。

❖ 勞工傷殘給付 (Workers' compensation)
法律規定應對工作相關的傷害或疾病提供醫療照顧、持續給予薪資以及支付復健費用，並為因工死亡者的遺族提供收入照顧。

勞工傷殘給付的設計是提供因公受傷勞工「無錯」(no-fault)的補償。這表示說，就算意外的發生完全是勞工自己的錯，他們仍能獲得補償。雇主若有提供勞工傷殘給付，受傷勞工就不得控告他們。

勞工傷殘給付是由州政府管理，五十州當中有四十七州規定雇主必須提供全體員工（包括兼職者）這項福利。在南加州、德州以及紐澤西州，勞工傷殘給付則是選擇性的。資金來自薪資稅收，這些資金是投入州政府的勞工傷殘給付基金或交給民間的保險公司。只有雇主得負擔勞工傷殘給付。雖然一般勞工傷殘給付成本只佔總薪資支出的1%左右，公司若屬於比較容易發生意外的產業，勞工傷殘給付稅率則可能超過員工薪資的25%[9]。

雇主負擔勞工傷殘給付的稅率是根據以下這三個要素：(1)發生職業意外的風險；(2)公司員工受傷頻率或嚴重性〔叫做該公司的傷害「經驗費率」(experience rating)〕；(3)公司所在地的州政府對於特定傷害提供的福利水準。由於公司的經驗費率是根據本身的安全紀錄，所以管理者會努力設計並倡導安全的工作環境：安全紀錄獲得改善能夠直接影響到薪資稅率的降低。有些州爲受傷勞工提供更好的福利，所以雇主得負擔更高的勞工傷殘給付稅率。勞工傷殘給付成本比較高的州包括奧克拉荷馬州、路易斯安那州、羅德島、德州以及佛羅里達州[10]。

應思考的道德問題

公司若要節省勞工傷殘給付成本，可以從這方面稅率比較高的州遷到稅率比較低的州。這種搬遷的理由合理嗎？雇主在試圖降低勞工傷殘給付成本時，另外還得考慮哪些道德議題？

人力資源部門人員可以下列這些重要的方式協助管理者控制勞工傷殘給付成本：

- 人力資源部門應該輔導員工安全的重要性，強調安全工作程序（參考第十六章）。許多意外的發生都是因爲不小心、忽略安全工作程序、個人問題或因爲飲酒或濫用藥物。人力資源部門應該訓練主管和監督人員，由他們宣揚和加強公司的安全計劃。違背安全工作政策的員工應該受到懲處[11]。
- 人力資源部門應該對員工申請賠償的案件進行調查。經理如果懷疑是詐欺或跟工作無關則應該進行調查。譬如，經理可以要求受傷勞工遞交藥物檢驗報告。如果檢驗報告呈現陽性，經理可以據此拒絕申請案件。或是在嚴重意外發生後，安全專家可以在現場進行調查，如果調查結果和員工說辭出現矛盾，則顯示這可能是件詐欺案件[12]。
- 當員工因工受傷時，人力資源部門應該對勞工傷殘給付和雇主提供之健康保險福利進行管理，以免支付重複的醫療福利。
- 人力資源部門應該設計工作和任務，以減少受傷的風險（譬如背痛和重複動作引起的傷害）。譬如，員工可以每天調整螢幕以免手臂和手腕拉傷[13]。
- 人力資源部門可以鼓勵部分失能的員工接受「調整職務計劃」(modified duty plan)回來工作。根據這樣的計劃，經理或人力資源部門成員和受傷的員工共同調整工作內容，讓他們可以恢復正常工作之前也能上班。譬如，如果維修工人背痛的話，公司可以派他協助工作訂單的排程。調整職務計劃有助公司節省福利支出，否則受傷員工可能會延緩回來上班，而公司還得支付他們這段期間的薪資。

失業保險

❖ 失業保險 (unemployment insurance)

1935年社會安全法案建立的計劃，為人們在非志願性失業期間提供暫時性的收入。

失業保險是1935年社會安全法案建立的計劃，爲人們在非志願性失業期間提供暫時性的收入。這是全國薪資穩定政策的一部分，主要目的是在經濟衰退期間穩定經濟。這種政策的邏輯很單純：如果失業員工有足夠的所得可以維持基本商品和服務的消費，那麼這些產品的需求就得以維繫，最終可以保住更多的工作機會，否則會有更多的人加入失業的行列。

失業保險的資金來自雇主對全體員工薪資的賦稅。每個員工頭7000美元的所得中，稅率平均爲6.2%。這些稅收分別交給州政府和聯邦政府，由他們分別提供不同的失業服務。聯邦政府徵收的稅率爲0.8%，每個雇主所負擔的稅率都一樣。相反的，州政府的稅率則從零到10%以上（平均大約爲5.4%）。

員工的失業保險資格包括：第一，失業勞工必須積極找工作；第二，他們在過去五個季年期間必須至少工作四個季年，在這四季年期間的總薪資至少有1000美元。最後，他們必須是非志願性離職。

員工可能因爲一些原因而被取消失業保險的資格。不符合失業保險資格的人如下：

■志願性辭職的員工。

■行爲不檢而遭革職的員工（譬如藥物檢測失敗者）。

■拒絕接受適合工作的員工（所謂適合的工作是指薪資和工作內容與先前職位相當的工作）。

■參與罷工的員工（五十州當中有四十八州拒絕提供罷工參與者福利）。

■自我聘僱者[14]。

在此且讓我們比較美國失業保險提供失業勞工的金額和期間和其他國家有何不同。[15]

■美國：薪水的50%，爲期六個月。

■義大利：薪水的80%，爲期六個月。

■日本：薪水的80%，爲期十個月。

■法國：薪水的75%，爲期六十個月。

■德國：薪水的60%，爲期十二個月。

■瑞典：薪水的80%，爲期十五個月。

■台灣：薪水的60%，爲期六、十二和十六個月。

誠如這份比較所示，美國提供的失業救濟金金額和期間都是最低的。在美國，政府的政策設計是爲了鼓勵失業勞工積極找工作，而政府認爲優渥的福利會阻礙失業者找新工作的動機。

對於管理階層而言，如何控制失業保險成本是一項重要的課題。人力資源部門可以建立各種做法協助公司降低經驗費率，這對公司將是一大貢獻：

■ 人力資源規劃有助管理階層判斷公司工作量的增加是因爲短期效應、還是長期需求。如果是短期的工作量增加，公司應該聘僱臨時人員或顧問，而不是增加全職人員。因爲臨時人員或顧問都沒有失業保險，所以公司在工作量減少時遣散他們就無須耗費任何成本。如果工作量的增加是出於長期需求，那麼公司可能得增加全職人員。
■ 員工福利管理者應該對所有離職員工的申請案件進行調查。雇主有權利上訴，而且大約一半的案件都是勝訴。
■ 管理者或人力資源部門成員應該和所有遭解僱的員工進行離職面談，以便(1)對解僱的原因建立共識；(2)告訴他們，申請失業保險金若缺乏正當理由，公司會與之對抗。譬如，如果因爲偷竊而遭開除的員工申請失業保險金，公司會對其申請提出質疑。

不支薪的休假

有時候員工需要長期的休假，以照顧他們生病的親人或處理本身的健康問題。以往除非生小孩，否則雇主不願提供任何不支薪的休假。不過柯林頓政府期間立法的**1993年家庭與醫療休假法**(Family and Medical Leave Act of 1993, FMLA)則規定大多數雇主提供提供員工不支薪的休假，最長可達十二個禮拜，休假的理由包括[16]：

❖ **1993年家庭與醫療休假法**
(Family and Medical Leave Act of 1993, FMLA)
聯邦法律規定雇主必須提供合法員工不支薪的休假，最長可達十二個禮拜去生產或領養小孩、照顧生病的父母、小孩、配偶，或療養會影響工作表現的健康問題。

■ 小孩出生。
■ 領養小孩。
■ 照顧生病的父母、小孩或配偶。
■ 療養會影響工作表現的健康問題。

家庭與醫療休假法只適用於員工人數在五十人以上的企業，以及在方圓七十五里之內擁有多家工廠，且員工人數有五十人的雇主。該法令規定，當員工休完家庭與醫療假後，雇主必須提供他們休假之前同樣或相當的工作。員工在休家庭與醫療假時，雇主必須維持他們的健康保險和其他

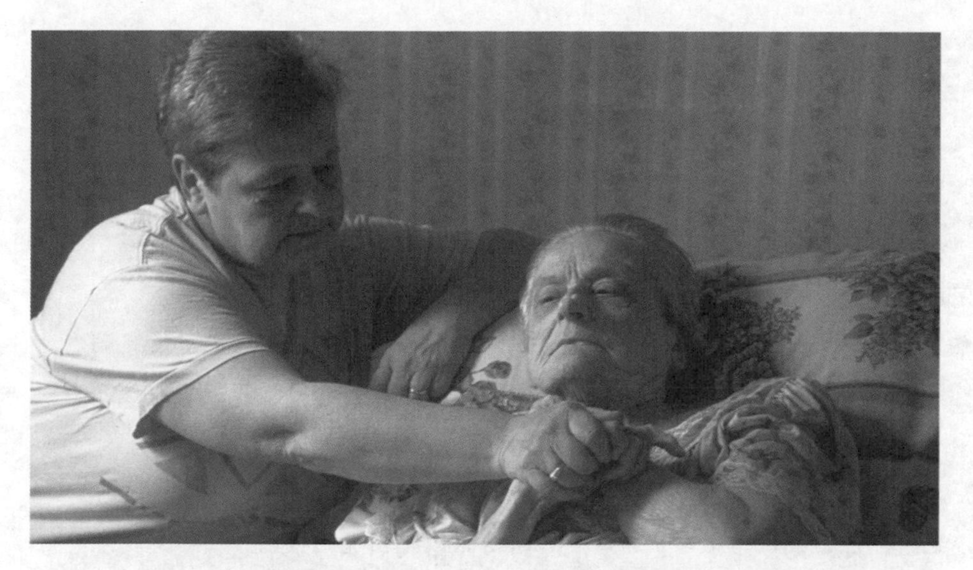

1993年家庭與醫療休假法規定雇主必須提供合法員工不支薪的休假，最長可達十二個禮拜去生產或領養小孩、照顧生病的父母、小孩或配偶，或療養會影響工作表現的健康問題。

員工福利[17]。員工爲雇主服務滿一年後就可以休家庭與醫療假。「高薪」員工（薪資階級裡最高的10%，通常是公司的高層主管）不能休家庭與醫療假，因爲雇主可能很難找到可以替代他們十二個禮拜的人。

家庭與醫療休假法迫使企業建立因應計劃，以免員工休假導致營運中斷或成本增加。管理者得考慮(1)交叉訓練部分員工，讓他們可以支應休假的同事；(2)聘僱臨時員工[18]。下頁經理人筆記：「當員工休完家庭與醫療假後，雇主該怎麼辦？」提供雇主面對員工休假之後應考慮的方向。

法律規定雇主必須提供不支薪休假，也迫使企業面對這些棘手問題：

■ 員工能以累積病假取代不支薪休假嗎？
■ 哪一種疾病才可以休假？
■ 家庭與醫療休假法如何和美國殘障人士法案之類的法律協調？
■ 當員工銷假後發現本身的職務已遭取代時，什麼才算是「相當」的工作？

志願性福利

雇主志願提供的福利項目包括健康保險、退休福利、其他類型的保險計劃、休假和員工服務。未來立法可能會將部分志願的福利項目納入法律規定的範圍之內。

經理人筆記

新興趨勢

當員工休完家庭與醫療假後，雇主應該怎麼辦？

當員工休完家庭與醫療假後，雇主有責任也有權利。應該考慮以下的重點：

1. 雇主雖然無須無限期地保留特定職位等待員工銷假回來，但員工回來上班後有權利從事「相當」的工作。根據家庭與醫療假法，相當的職務是指薪資、福利和工作狀況和先前職位幾乎一模一樣的工作。而且工作的職責和職務也是一樣或非常類似。

2. 根據家庭與醫療假法，員工在休假期間，雇主若提供其他員工生活成本加給，待員工銷假上班後也得無條件提供這樣的加薪。員工開始休假時出現的福利（譬如支薪休假、病假或事假），待他銷假回來上班後也必須獲得同樣的福利，除非他以此換取家庭與醫療假。

3. 雇主在判斷加薪、升遷或其他獎勵時，無須將家庭與醫療假的時間算進員工年資內，除非公司政策規定員工所有不支薪休假期間都應該算入年資。

4. 如果員工在休家庭與醫療假期間遭到資遣，或其工作班次遭公司取消，那麼雇主在員工銷假時無須提供相當的職位。同樣的，如果員工是因爲休假之前行爲不檢或是能力不足而遭到解僱，那麼雇主無須在員工銷假後恢復其職務。

資料來源：Adapted from Flynn, G. (1999, April). What to do after an FMLA leave. *Workforce,* 104-107.

健康保險

健康保險範圍包括員工和其扶養親屬，保障他們在罹患重大疾病時免於陷入財務困境。個別投保健康保險的成本會遠高於由雇主贊助的團體保險，所以若無雇主提供，許多人無法自行負擔這樣的保險。

對於企業和國家而言，健康支出的成本控制將是長遠的重要議題。人力資源部門的福利專家可以控制健康保險的支出，這對公司獲利將是一大貢獻。譬如，許多企業現在都要求員工對其健康保險成本負擔比較高的比例。

❖ **合併總括預算調節法案** (Consolidated Omnibus Budget Reconciliation Act, COBRA)
立法賦予員工在離職後得以保有健康保險十八個月到三十六個月的權利。

公司提供的健康保險福利受到**合併總括預算調節法案**(Consolidated Omnibus Budget Reconciliation Act, COBRA)很大的影響。這項法案賦予員工在離職後得以保有健康保險的權利。員工和其扶養親屬在離職後仍能保留團體健保十八個月到三十六個月的時間，這段期間離職員工（或其親屬）必須支付員額的團體保費，這和個人在公開市場上購買健康保險的個人費率比起來還是低得多。只要是有加入公司健保計劃的員工都受COBRA法案的保障。

健康保險可攜性及責任法案（Health Insurance Portability and Accountability Act, HIPAA）則是保障員工得以轉換健康保險計劃，而不會因為複雜的狀況造成保障中斷。**原已存在的因素**(preexisting condition)是指員工在前任雇主的健康計劃之下已接受治療、在新雇主不同的健康計劃下需要繼續治療的醫療狀況。根據HIPAA，員工在前任雇主的健康保險計劃承保期間，每一個月算一個點數。只要和前任雇主集滿十二個月的點數，立刻就可以加入新雇主的健康保險計劃，不能因為原已存在的因素拒絕承保[19]。

❖ **健康保險可攜性及責任法案 (Health Insurance Portability and Accountability Act, HIPAA)**
聯邦法律保障員工得以轉換健康保險計劃，而不會因為複雜的狀況造成保障中斷。

❖ **原已存在的因素 (preexisting condition)**
員工在前任雇主的健康計劃之下已接受治療、在新雇主不同的健康計劃下需要繼續治療的醫療狀況。

雇主提供的健康保險計劃當中，常見的有三種：(1)傳統健康保險；(2) 保健組織(health maintenance organization, HMO)；(3)特選醫療提供組織(Preferred Provider Organization, PPO)。表12.3摘要說明這些計劃的差異。

❖ 傳統健康保險

傳統健康保險計劃〔又稱為「論量計酬計劃」(fee-for-service plan)〕是由保險公司作為病人和醫療服務提供者之間的中介。這種計劃根據特定社區之醫療服務成本制定費用表，並據此衡量保險成本。Blue Cross與Blue Shield組織乃最知名的傳統健康保險計劃。傳統的健康保險計劃涵蓋醫院和手術費用、醫師的醫療服務以及重大疾病大多數的開支。2002年有健康保險的員工當中，有7%選擇傳統健康計劃[20]。

傳統健康保險計劃具有幾項重要的特點。第一，這些計劃包括抵減額，投保者必須繳交抵減額才能獲得補助。第二，這類計劃需要每個月對保險公司支付團體費率（又稱為**保險費**）。保險費通常一部分是由雇主負擔，一部份由員工負擔。第三，他們提供共攤保險金。共攤保險金通常是採取80/20原則（80%的成本由保險計劃負擔，20%由員工支付）。抵減額、保險費和共攤保險金都可以調整，所以員工和雇主的健康保險成本會根據雙方對於成本分配的協議而有所不同。

❖ **保險費 (Premium)**
支付保險公司的保單費用。

表 12.3 雇主提供的醫療保險計劃

議題	傳統健康保險計劃	HMO	PPO
保險人必須住在哪裡？	任何地方都可以。	可能得住在HMO組織服務的區域。	可以住在任何地方。
提供健康醫療的是誰？	由病人自行選擇醫師和健康醫療組織。	必須採用HMO指定的醫師和組織。	可以採用PPO相關的醫師和設施。也可以支付額外的部分負擔和抵減額，以自行選擇。
有多少例行／預防性的醫療服務？	不包括例行性的身體檢查和各種預防性的服務。可能包括部分的診斷測試，但並不是全部。	包括例行的身體檢查、診斷測試以及各種預防性的醫療服務，只需少許的費用，甚至免費。	如果是名單上的醫師和醫療組織，則和HMO一樣。如果不是名單上的醫師和醫療組織，部分負擔和抵減額要高得多。
涵蓋哪些醫院醫療成本？	涵蓋醫師和醫院帳單。	涵蓋醫師的帳單，以及涵蓋HMO同意之醫院的帳單。	涵蓋PPO同意之醫師和醫院的帳單。

資料來源：Milkovich, G., and Newman, J. (2002). *Compensation* (7th ed.), 473. Homewood, IL: Irwin McGraw-Hill.

傳統健康保險計劃之下，員工在選擇醫師和醫院方面享有最大的自由。不過，這些計劃還是有些缺點。第一，這類計劃通常不包含例行身體檢查和其他的疾病預防服務。第二，抵減額和共攤保險金分配的計算需要相當可觀的文件處理。員工每次去看醫生都得塡寫申請表格，在帳單上列舉一長串的服務項目。這對病人而言是很費力的事情，而且醫生往往得聘請職員光是處理這些表格，而耗費額外的成本。

❖ 保健組織

❖ 保健組織 (health maintenance organization, HMO)
在這項保健計劃下，員工和其家人每年只需支付固定費用即可享有周全的醫療服務。

保健組織計劃下，員工和其家人每年只需支付固定費用即可享有周全的醫療服務。HMO提供沒有限制的醫療服務，這是因爲HMO的設計是爲了鼓勵預防性的健康服務，以期降低最終的醫療成本（預防勝於治療）。HMO投保者也可以每個月支付保費，加上小額的部分負擔或抵減額。有些HMO並無部分負擔或抵減額。HMO每年收取固定費用的做法有助避免HMO參與醫師對病患進行沒有必要的醫療測驗或偶爾將他們轉到昂貴的醫療專家。2002年有健康保險的員工當中，有23% 選擇HMO[21]。

HMO具有兩大優點。第一，只要繳交固定費用，HMO投保者無須負擔部分負擔或抵減額就能享有大多數的醫療服務（包括預防性的服務），也無須填寫申請表。第二，HMO鼓勵預防性的健康服務以及健康的生活型態。

HMO主要的缺點在於，人們選擇醫師和醫院的能力會大受限制。HMO的服務可能只侷限於某些區域，所以能夠加入計劃的人就可能受到限制。人們可能被迫離開現有的醫生，選擇HMO名單上的醫師。如果是重大疾病，就一定得諮詢HMO的專家，即使該地區有的醫生在這領域具有更高的名望和資格。此外，有些消費者團體批評HMO爲了節省醫療成本而刪減病患的醫療照顧項目。

爲了處理病患所需醫療項目遭到HMO計劃管理者剝奪的問題，聯邦立法官員提出「病患權利法案」(Patient's Bill of Rights)，希望藉此保障病患，以免因爲HMO控制成本政策而權益受損。雖然聯邦立法官員對此仍在進行辯論當中，但三十八州現在已准許病患向外界的審議委員會就醫療決定提出上訴，這些審議委員會的專家都是客觀獨立的。此外，德州等七州已通過法案，准許病患控告HMO，另外二十六個州也正在考慮這樣的法案[22]。

❖ 特選醫療提供組織

特選醫療提供組織(Preferred Provider Organization, PPO)是一種保健計劃，雇主和保險公司建立醫生和醫院的網路，每位參與者只需每年支付固定費用即可享用廣泛的醫療服務，加入PPO的醫生和醫院願意接受較低的費用是希望藉此換取更大數量的病患。PPO會員可以提供預防性的健康服務（譬如身體檢查），而無須支付醫師相關服務費用。PPO會蒐集健康服務使用者的相關諮詢，作爲雇主定期改善計劃設計和減少成本的參考。2002年有健康保險的員工當中，有70% 選擇PPO[23]。

❖ 特選醫療提供組織 (Preferred Provider Organization, PPO)
這是一種保健計劃，雇主和保險公司建立醫生和醫院的網路，每位參與者只需支付固定費用即可享用廣泛的醫療服務，加入PPO的醫生和醫院願意接受較低的費用是希望藉此換取更大數量的病患。

PPO結合HMO的優點（固定費用即可享有健康照顧和各種醫療服務）和傳統健康保險計劃的彈性。PPO會員可以選擇非PPO的醫生和醫院，只需支付額外的抵減額和部份負擔，金額是由PPO決定。由於PPO不具傳統健康保險計劃或HMO的缺點，所以預料會繼續快速成長。

好幾百萬的員工沒有健康保險，因為他們是自我聘僱或在小型企業服務，這些小型企業的業主為了減少成本而不提供健康福利。這些人沒有雇主贊助的健康保險計劃，就得自行尋找健康保險。

❖ 健康醫療成本的控制

公司的人力資源福利經理可以審慎設計（以及調整）健康保險計劃，並且建立計劃鼓勵員工建立比較健康的生活型態，藉此為公司控制健康醫療方面的成本。具體而言，人力資源部門的人員可以這樣做：

- **為健康保險建立自我資助的安排**：如果公司把原本要支付保險費的經費投入資助員工的健康醫療費用，這家公司就是自我資助(self-funding)。這樣的計劃會鼓勵雇主對員工的健康負起更大的責任。自我資助計劃有助於掌握管理效率，所以服務成本低於傳統健康保險計劃提供的同類服務[24]。
- **為雙薪家庭協調健康保險計劃**：對於擁有兩份不同保險計劃的員工配偶，人力資源部門人員可以鼓勵他們建立成本分攤的安排。對於拒絕本身雇主之健康保險的員工配偶，許多公司（譬如奇異電器）要求他們支付的保險費會高於配偶無工作之員工或無法獲得其他保險者[25]。
- **為員工建立健康計劃**：健康計劃(wellness program)評估員工罹患重大疾病的風險（譬如心臟病或癌症），繼而教導他們如何改變某些生活習慣（譬如飲食、運動以及減少攝取酒精、煙草和咖啡因等有害物質）以降低這些風險[26]。位於科羅拉多州的啤酒製造商Adolph Coors公司就設有健康計劃，其中包括六個領域：健康危害評估、運動、戒菸、營養和減重，以及心臟血管保健以及壓力和憤怒管理。據估計Coors'公司的健康計劃每美元的投資能創造3.37美元的報酬[27]。

退休福利

在退休之後，人們主要有三個收入來源：社會安全計劃、個人儲蓄以及退休福利。由於社會安全計劃預期只會提供大約四分之一退休之前的收入，所以退休者必須仰賴退休福利和個人儲蓄才能維繫生活水準。退休福利能讓員工達成長期財務目標，在退休後的生活仍能維持預定的水準。

人力資源部門能為即將退休的員工提供退休之前的諮詢服務。這種退休之前的諮詢服務，讓員工了解其退休福利，好讓他們根據這些資訊安排退休後的生活[28]。福利專家可以回答以下這些問題。

■ 加上社會安全計劃的退休金後，我退休後的總收入有多少？
■ 以單次領取還是每年領取（每年定額）退休金的方式對我比較有利？
■ 如果我兼職賺取額外收入，這對我的退休福利在稅務上有何影響？

國稅局評為「合格」的退休福利計劃能享有「國內收入法」(Internal Revenue Code)的優惠稅務待遇。要符合國稅局的標準，退休計劃必須涵蓋廣大的員工階級，而且不得圖利高薪員工。在合格的退休計劃之下，員工在領取退休金時才需為該計劃之福利金支付稅金，同時這筆退休基金每年投資的收益也無須每年課稅。雇主每年對合格退休計劃提供的福利金也可以獲得減稅。

❖ERISA

美國對於退休福利計劃之管理主要的法律規範是1974年**員工退休金給付法案**(The Employee Retirement Income Security Act of 1974, ERISA)。ERISA旨在保障員工的退休服務免於管理不當之誤[29]。ERISA涵蓋的範圍主要包括符合退休福利、賦益權和資助條件者。

■ **符合退休福利資格者**：ERISA規定退休計劃的參與者最低年紀不得超過二十一歲，不過雇主可以規定員工必須服務滿一年以上才能加入退休計劃。
■ **賦益權(vesting)**：退休計劃參與者退休或離職時，能取得其累積的退休福利之保證。根據目前ERISA的規定，員工賦益權必須符合以下這兩個規則之一：(1)服務滿五年可享有完整之賦益權；或是(2)服務三年後享有20%的賦益權，之後服務的每一年就可以增加20%的賦益權，直到員工作滿七年服務即可享有完整的賦益權。雇主如果願意的話可以加速提供員工賦益權。賦益權只屬於雇主對退休計劃提供的福利金，員工對退休計劃分攤的部分屬於他們本身的財產，所累積的盈餘也是如此。這些員工提供的資金以及雇主提供的任何福利金是「**可攜式**」(portable)，也

❖ **員工退休金給付法案** (The Employee Retirement Income Security Act of 1974, ERISA)
1974年成立的聯邦法律，旨在保障員工的退休服務免於管理不當之誤。

❖ **賦益權** (vesting)
退休計劃參與者退休或離職時，能取得其累積的退休福利之保證。

❖ **可攜式福利** (Portable benefits)
員工更換服務公司時，可以帶著走的員工福利（通常是退休基金）。

就是說，員工更換服務公司時可以帶著走的員工福利。

■ **融資條件與責任**：ERISA除了對退休計劃最低融資條件建立指導原則之外，還規定退休計劃管理者在以參與者的資金進行投資時必須極為謹慎。違反ERISA融資規定的退休計劃會遭到國稅局的財務懲罰。

ERISA為了保障員工，以免雇主無法實現其退休計劃所承諾的責任，因此規定雇主必須為計劃支付終止保險，保證就算退休計劃在他們退休之前終止（因為投資不當或因為公司破產），員工照樣能獲得退休福利金。退休金的終止保險是由政府機構——**退休金給付保證公司**(Pension Benefit Guaranty Corporation, PBGC)所提供。

❖ **退休金給付保證公司** (Pension Benefit Guaranty Corporation, PBGC)
為具備確定給付制(defined benefit)退休計劃的雇主提供計劃終止保險的政府機構。

❖ 確定給付制

確定給付制(Defined benefit plan)，又稱為**退休金**(pension)，是確定支付固定金額之退休金的退休計劃，乃根據員工退休前最後三年到五年的所得平均值納入公式計算。確定給付制退休計劃之下，員工服務年資愈久，退休後每年的收入就愈多。譬如，根據員工最後五年平均薪水為5萬美元來計算，柯達提供年紀滿六十五歲、服務滿三十年的退休員工每年2萬523美元的退休金。製藥界巨擘默克為同樣薪水、服務滿三十年、年滿六十五歲的退休員工提供每年2萬4000美元的退休金[30]。中型和大型企業比較可能提供員工退休金計劃：50%這類企業都會提供確定給付制的福利金計劃，提供這類計劃的小型企業卻只有15%。

❖ **確定給付制或退休金** (Defined benefit plan or pension)
確定支付固定金額之退休金的退休計劃，乃根據員工退休前最後三年到五年的所得平均值納入公式計算。

根據確定給付制度的福利計劃，雇主承擔提供退休人員退休金的所有風險，而且可能負擔福利計劃所有的財務貢獻。確定給付福利計劃最適合想要提供員工保障和可預期之退休收入的公司。譬如密西根的陶氏化學(Dow Chemical)就是如此[31]。但對於強調冒險精神以及希望員工分攤管理其退休資產的風險和責任的公司則比較不適合。

在大多數採用確定給付制退休福利計劃的公司，唯有在公司服務滿三十到三十五年的員工才能享有最高額的退休金。至於期間轉換公司服務的員工，退休金就會少得多。目前進入就業市場的員工預期會換工作和雇主好幾次。所以確定給付制的福利計劃對這些員工比較沒有吸引力，因為沒有幾個人一輩子只在一家公司服務。所以，為員工提供確定給付制之退休福利計劃的公司逐漸減少[32]。

❖ 確定提撥制

在**確定提撥制**(Defined contribution plan)的退休計劃下，雇主承諾爲每位參與者提撥特定金額到退休基金中，每位參與者退休金的最終價值是根據該計劃的投資成果而定。譬如，確定提撥制的退休計劃要求雇主在每個發薪期間從員工薪水中提撥6%到計劃當中。員工日後拿到的退休金額多寡，則是看計劃投資的成果而定，所以無法事前預知[33]。重視員工冒險精神和參與的公司比較可能採取確定提撥制的退休計劃。在這類計劃之下，員工和雇主得分攤退休福利的風險和責任。員工可能得從風險各異的投資選擇當中，決定如何分配他們的退休基金。這種計劃對雇主而言風險比較小，所以近年來大多數新的退休計劃都是採取確定提撥制。

❖ 確定提撥制
(Defined contribution plan)
在這樣的退休計劃下，雇主承諾為每位參與者提撥特定金額到退休基金中，每位參與者退休金的最終價值是根據該計劃的投資成果而定。

但這波趨勢有其黑暗面。根據參議院勞工與人力資源委員會(Senate Labor and Human Resources Committee)，這種冒險的投資安排可能有利於教育程度高且高薪的員工，可是對於低薪員工則可能是很大的打擊。在2020年，超過五千萬的美國人將會年屆退休的年齡，不過其中許多人都是低薪員工，由於無法負擔雇主建立之確定提撥退休計劃的投資，因此無法享有退休金的保障。這些低薪員工當中許多都是女性[34]。

表12.4摘要說明最常見的確定提撥制之退休計劃：401(k)計劃、個人退休帳戶(individual retirement account, IRA)、簡化員工退休金(simplified employee pension, SEP)以及利潤分享Keogh退休計劃。這些計劃都有稅務上的優惠，長期而言是很有利的。

保險計劃

企業可以提供員工和其家人各種保險計劃，提供財務上的保障。這類保險福利當中最有價值的是人壽保險以及長期失能保險。

❖ 人壽保險

人壽保險是對死亡員工之家人提供的福利。通常而言，金額是死亡員

表12.4 確定提撥制計畫之比較

計劃	資格	適合對象	最高福利金	福利金盈餘之減稅
401(k)	營利企業員工	所有符合資格者	薪水之15%，2002年最高為1萬1000美元	是／是
IRA	任何有收入的人	沒有加入公司退休計劃的人，或對其公司計畫投入最高額者	薪水的100%，最高達3,000美元，如果和配偶加入可達6000美元	有時候／是
SEP	自我聘僱和小型企業員工	獨資之自我聘僱者	100%的淨益或4萬美元	是／是
利潤分享 Keogh計劃	自我聘僱和非法人團體之小公司	為自己和員工資助計劃的小型企業業主	同SEP	是／是

資料來源： Adapted from Wang, P. (1999, March). Get the max from your 401(k). Money, 78-84; Internal Revenue Service employee retirement plans corner. www.irs.gov/bus-info/ep/retirement.html.

工年薪的一倍或兩倍。譬如花旗銀行和AT&T提供員工的人壽保險是支付其一年年薪給其親屬。大多數的情況下，公司提供的人壽保險僅限於員工受雇於公司期間。不過有些公司提供有彈性的福利保單，讓員工除了基本的保障之外還可以購買額外的額度。如果員工的配偶沒有工作，員工可能需要為其配偶準備三到五年薪水的保障。大約87%的中大型企業會為其全職員工提供人壽保險。

■ **長期失能保險**：員工因公遭受重大傷害（譬如車禍），可能長期無法執行工作職務。這些員工在復健期間或者如果是永久失能則未來一生，都需要其他的收入來源以彌補損失的薪資。如果不是在工作期間受傷，則勞工傷殘給付並不提供失能給付，社會安全計劃只提供少額的失能給付，支應員工的基本需求。

長期失能保險福利加上社會安全福利後，員工總替代所得可能是薪水的70%到80%。長期失能保險計劃通常把社會安全納入考量，這兩個來源提供失能員工的所得不會超過其薪水的80%——這種設計的理論是，失能保險金占所得比例愈高，員工回去上班的意願就愈低。大約43%的中型和大型企業提供員工這種長期失能保險。

支薪休假

支薪休假讓員工可以從固定上班時間抽空從事休閒活動、處理個人事務或盡市民的義務。支薪休假包括病假、年假、離職金和假日。對於雇主而言，支薪休假是最昂貴的福利型態之一。美國商會進行的意見調查發現，支薪休假占美國雇主總薪資的13.1%。

❖ 病假

病假是指員工短期生病或失能，對其執行工作的能力自成干擾時，可以支領全薪休息。公司通常會增加病假天數以獎勵服務公司多年的資深員工。根據美國勞工統計局的統計，有病假福利的雇主當中，只要是服務期滿一年的員工平均可以獲得十五天的病假。許多雇主同意員工累積病假。

人力資源福利專家可以監督與控制病假福利，以免員工利用病假處理私事或藉此抽離公事休「心理健康假」。人力資源部門應該考慮建立以下這些做法：

■ 成立「健康獎金」(wellness pay)的獎勵計劃，提供沒有請任何病假的員工獎金。健康計劃也可鼓勵員工建立比較健康的生活型態，所以減少員工申請健康福利的可能性。譬如，桂格燕麥片為運動、不吸煙以及乘車繫安全帶的員工提供最高達500美元的獎金[35]。

■ 建立彈性工時，讓員工可以處理私事，所以減少他們利用病假處理私事的必要。

■ 當員工離職或退休時，公司可以提供一次性的獎金獎勵他們未曾請過病假。另外一種做法是，沒有休的病假之某個百分比例得以累積為年假。

■ 讓員工每年可以休一兩天的事假，以免員工就算沒有生病也請病假，把病假視為什麼名目都可以用的假日。

■ 建立支薪休假銀行(paid time off, PTO)，把年假、病假、事假和浮動假日都集中在銀行裡。PTO計劃讓員工可以選擇請假的方式，沒有對老闆解釋理由的壓力。PTO計劃讓員工可以任何理由休假，只要有跟直屬上司安排好時間即可。諸如生病或緊急事件[36]等未經計劃的事情也可以請假。

❖ 年假

雇主提供支薪年假讓員工可以暫時離開每天例行工作的壓力和緊張。年假讓員工身心都能重新充電，有助於提昇工作績效[37]。許多公司以年假獎勵員工的長期服務。譬如惠普，員工服務滿一年可以有十五日的年假，滿三十年則可享有三十日的年假。

有些美國企業開始提供員工支薪的長假(sabbatical leave)。這種長假是有目的的休假，讓員工可以藉此改善技能或服務社區。這種長假在大專院校是一種傳統，所以相當普遍，在企業界則是比較新的做法，以高科技界最爲常見。在高科技產業裡，員工的技能會很快就過時，所以需要經常學習新的技能。譬如英特爾的工程師和技術人員只要服務滿七年，除了年假之外還能獲得八個禮拜支薪的長假。員工利用這樣的長假繼續學習，在公立學校或大專院校上課或爲非營利機構從事志工服務。

❖ 離職金

人們通常不會把離職金視爲一種福利，不過公司支付資遣員工的離職金也是一種支薪休假的型態。各家公司提供的離職金有很大的不同。有些公司裡，員工只要服務滿一年，每一年服務年資可以抵算一個月的薪資，通常以一年薪資爲上限。離職金是爲了緩和員工因爲解僱在財務上所受到的衝擊，讓他們在找工作期間無後顧之憂。

離職金政策並非侷限於大型企業。最近的意見調查顯示，員工人數不到一百名的企業當中，66%的企業表示有離職金政策[38]。

❖ 假日和各種支薪休假

許多雇主提供員工支薪的假日，或對假日需要（或志願）工作的員工提供額外薪資。在美國，雇主每年平均提供十個支薪假日。其他國家的支薪假日類似這個水準或略高，譬如英國平均爲九個支薪假日，巴西爲十一個，日本十七個，墨西哥十九個[39]。雇主雖然無須爲員工提供支薪休假去盡陪審團的義務，但許多公司會提供。在製造業的環境裡，員工的時間表非常緊湊，許多雇主會提供員工吃飯、清潔和穿衣的時間（有的是志願提供，有的則是因爲工會契約規定）。有些工會契約（特別是鐵路工會以及其他運輸公司）也規定，只要排了員工的班表，就算沒有工作可作，公司照樣得付錢。

❖ 員工服務

最後一種員工福利項目是「員工服務」，這是由雇主提供免稅或遞延課稅的福利，讓員工得以提昇工作或個人生活的水準。表12.5列舉一些知名的員工服務。這包括了托兒、健身俱樂部會員、補助公司的自助餐、停車特權以及公司產品的折扣。

現在企業對於員工服務和其對員工的價值有了全新的觀點。多年來，雇主所提供的員工服務多是暫時性和實驗性質的，大多是作爲醫療和健康保險以及退休計劃等主餐的配菜。不過現在，企業開始提供各式各樣的員工服務以吸引和留任員工，特別是如果他們在薪水或加薪方面無法和其他業者競爭時。波士頓John Hancock共同人壽保險公司在招募人才時就是大力強調公司各式各樣的福利，其中包括彈性的時間表、扶養親屬的照顧服務、健身中心，並可從公司自助餐帶餐回家[40]。Andersen顧問公司提供顧問管家服務，這些忙碌的顧問爲了各種顧問專案經常出差，公司提供管家

表12.5　免稅或稅務優惠的員工福利或服務

1. 慈善捐獻
2. 諮詢：
   - 財務
   - 法務
   - 身心
3. 報稅的準備
4. 教育補助
5. 領養兒童
6. 托兒
7. 老年人的照顧
8. 補助食品服務
9. 商品折扣
10. 身體檢查與健身計劃
11. 社會與娛樂機會
12. 停車
13. 上下班的交通工具
14. 出差費用的給付
    - 車子的費用
    - 停車費
    - 食物和娛樂的費用
15. 服裝的給付／零用金
16. 工具給付／零用金
17. 調職費用
18. 緊急貸款
19. 互助會
20. 房屋
21. 員工輔助計劃
22. 在公司內的健康服務
23. 互助會
24. 管家服務

資料來源：*HR Focus.* (2000, June). What benefits are companies offering now? 5-7.

服務可以幫他們處理個人事務，譬如汽車維修、衣服送洗、安排事項、購買禮品和票務。這樣的支援讓忙碌的員工得以減少花在個人事務上的時間，有助於降低他們的壓力[41]。

有些公司提供創新的服務。譬如近年愈來愈受歡迎的員工服務是自衛課程。波士頓的Model Muggings公司（專門教授自衛技巧的公司）到企業實地教授自衛課程的業務近年大幅增加。出版商Houghton Mifflin公司開始在其波士頓之辦公地點提供Model Muggings的自衛課程時，八百名員工當中有兩百一十名立刻報名參加[42]。

現在最受重視的員工服務是托兒服務[43]。目前，美國雇主當中大約5%有提供一些托兒福利，這樣的百分比可能會繼續增加，因為家有小孩的單親家庭和雙薪家庭愈來愈多[44]。由於托兒照顧成本高昂，所以雇主通常補助50%到75%的費用，其餘則由員工負擔[45]。

福利的管理

本章最後我們要探討員工福利管理的兩大議題：(1)彈性福利的運用；(2)對員工溝通福利事宜的重要性。人力資源部門通常主導福利的管理，不過經理得協助對員工說明各種選擇、偶爾提供建議、紀錄，以及發生爭議時尋求人力資源部門的協助。

彈性福利

誠如先前所說的，員工有不同的福利需求，影響其需求的要素包括：年紀、婚姻狀態、員工配偶有沒有工作以及是否具備重複的福利、家中有沒有小孩以及小孩的年紀。彈性福利計劃讓員工可以從雇主提供的各種福利中加以選擇，譬如視力和牙齒保健計劃、對扶養親屬的健康保險、額外的人壽保險、長期失能保險、托兒照顧、更多的支薪年假、法務服務以及對401(k)退休計劃的福利金[46]。

❖ 彈性福利的種類

最受歡迎的彈性福利計劃包括套餐式彈性福利(Modular Plans)、核心加選擇型彈性福利(Core -Plus Option Plans)以及彈性支出帳戶(flexible spending accounts)[47]。

套餐式彈性福利為不同的員工提供不同的福利配套或不同層次的保障。譬如A套餐可能是基本福利，完全由雇主的福利金支付，只涵蓋最重要的福利，且只保障員工個人。B套餐可能包括A套餐所有福利之外，還包括家庭健康保險、牙齒保健以及托兒服務等額外的福利。這可能是為了家有幼童的已婚員工設計的，雇主和員工可能都得分攤費用。

核心加選擇福利計劃包括核心的重要福利以及各種其他福利選擇項目，員工可以自行選擇。核心項目的設計是為了員工提供最基本的經濟保障，通常包括基本的健康保險、人壽保險、長期失能保險、退休福利以及年假。核心加選擇福利計劃給予員工「福利點數」(benefits credits)，讓他們「購買」額外的福利。在許多案例裡，全體員工都得到同樣數量的點數，可以這些點數購買更高層次的核心福利或購買額外的福利項目，譬如牙齒保健或托兒。

彈性支出帳戶是員工個別的帳戶，其資金來自雇主、員工（以稅前資金）或兩者。員工「支付」其帳戶的福利組合。由於員工彈性支出帳戶的福利項目免稅，所以形同薪資的增加。員工福利管理者設計彈性支出帳戶時，必須遵守國內收入法第一百二十五條的規定。該條文規定哪些福利可以免稅、哪些不行，譬如教育福利和集體用車(van pooling)不得納入彈性支出帳戶，因為這些是可課稅的福利。

❖ 彈性福利的挑戰

彈性福利提供員工量身打造配套福利項目的機會，公司支出合理的成本就能提供員工重要的福利。不過，這種彈性福利對於福利管理者也構成一些重要的挑戰：

1.逆選擇(adverse selection)：逆選擇的問題是指員工對特定福利的使用超過一般員工。譬如，員工如果自知需要昂貴的牙齒醫療，可能會選擇牙齒保健福利，而不是其他的福利項目。這樣一來，保險成本最終會節節攀升。

福利管理者可對可能造成逆選擇的福利項目設限。譬如，公司可以規定，申請增加人壽保險額度的員工必須通過身體檢查才可。公司也可以把福利組合成不同的套餐型態，藉此平衡每種福利的利用[48]。

2.員工做錯決定：有時候，員工做出錯誤的決定，日後才覺得後悔。譬如，員工選擇額外的年假天數，而不是長期失能保險，日後如果他因爲長期患病，無法工作的天數已超過累積的病假天數，這時他可能會對當初的選擇感到後悔。福利管理者可以(1)建立核心福利，將員工風險降到最低；(2)有效溝通福利的選擇，讓員工可以做出妥當的選擇。

3.管理的複雜度：彈性福利計劃很難管理和控制。員工必須隨時了解福利成本的變化、福利涵蓋的項目以及他們對福利的利用。公司也得提供員工定期更改所選福利的機會。此外，紀錄錯誤的可能性很高，幸好電腦套裝軟體有助於人力資源部門管理福利的紀錄。福利顧問可以協助人力資源人員選擇和安裝這些軟體。

福利的溝通

福利的溝通說明是員工福利計劃的管理中相當重要的環節。許多公司雖然提供很棒的配套福利，可是從來沒有告訴員工這些福利的價值，以至於許多員工低估其重要性[49]。有效溝通的兩大障礙包括(1)配套福利的複雜度與日俱增；(2)雇主不願投入足夠的資源對員工說明這些複雜的配套措施。

傳統而言，企業是在新進員工職前訓練時透過集體會議說明公司的福利，或透過福利手冊說明每個福利項目和其涵蓋的水準。不過在當今員工福利的動態環境裡，企業需要更精密的溝通媒體（譬如錄影帶的簡報、以電腦軟體爲每個員工建立個人化的福利狀態）。以下說明目前雇主對員工說明福利增加項目或變更的方法：

- 奇異電器透過其福利網站提供員工有關福利的資訊，員工一天二十四小時隨時都可以擷取這些訊息。因此公司福利部門每個月接受的詢問電話減少兩萬五千通，每個月爲公司省下17萬5000美元的成本。奇異表示，每通打給福利部門諮詢福利的電話耗費8美元的成本，而網站只需

表12.6 對員工說明福利的方法

福利網站	福利網站讓員工可以在家、旅館或任何有上網設施的地方擷取有關福利的訊息。員工還可透過網站登記不同的HMO健康保險計劃，無須到公司的福利辦公室等候和福利專家約定時間。
彩色公文夾或新聞信	公司可以寄彩色公文夾或新聞信到員工家中，讓他們在休息時間閱讀。
影音簡報	幻燈片和錄影帶可以確保各地員工獲得同樣的訊息。
免付費電話	讓員工一天二十四小時都可以打電話登記福利計劃或聽取有關這些計劃的語音訊息。
電腦套裝軟體	員工可以透過電腦軟體了解，如果登記A醫療計劃，而不是B醫療計劃，那麼薪資單裡會被扣除多少金額。他們也可藉此了解，如果每年繳交6%的薪資給401(k)計劃，那麼年屆六十歲時儲蓄的金額該是多少。

資料來源：Families and Work Institute, 1992. Reprinted by permission; and Cohen, A., and Cohen, S. (1998, November/December). Benefits Websites: Controlling costs while enhancing communication. *Journal of Compensation and Benefits,* 11-18.

要1美元的成本[50]。

■ 洛杉磯員工退休協會(Los Angeles County Employees Retirement Association, LACERA)創新設計一段長達十五分鐘半的錄影帶，以一個類似山姆．史培德(Sam Spade)的私家偵探角色「偵破」難解的退休計劃。在影片中，這個偵探角色發現「非相對提撥」(noncontributory)和「確定給付制」之類令人困惑的名詞是什麼意思——而LACERA每個月五百名新員工同時也得以了解[51]。

表12.6列舉公司可向員工說明福利和其涵蓋範圍的方法。

摘要與結論

❖ 福利概論

員工福利(Employee benefits)是為員工和其家人提供保障的團體福利。美國企業一般員工福利的成本大約每年為1萬2160美元。員工福利成本近年大幅攀升。福利計劃通常是由中央控制，但經理需要了解這些福利才能提供員工諮詢、招募人員以及做出有效的管理決定。

❖ 福利策略

要設計有效的福利配套計劃，公司的福利策略必須和整體薪酬策略配合才行。公司得對這三個層面的福利策略做出決定：(1)福利組合；(2)福利的數量；(3)福利的彈性。

❖ 法律規定的福利

幾乎所有雇主都必須提供社會安全、勞工傷殘給付、失業保險以及不支薪之家庭與醫療休假。這四種福利是員工配套福利的核心。雇主提供的其他福利都是爲了補充或增強這些法律規定的福利。

❖ 志願性的福利

企業通常提供五種志願性的福利給員工：(1)健康保險提供員工和其家人健康醫療。主要的健康保險計劃有傳統的健康保險、HMO和PPO。(2)退休福利計劃包括撥給員工退休之用的遞延薪酬。退休福利的資金可以來自雇主的福利金、員工的資金或這兩者。美國對於退休福利計劃之管理主要的法律規範是1974年員工退休金給付法案(The Employee Retirement Income Security Act of 1974, ERISA)。退休福利可以分爲兩大類：確定給付制和確定提撥制。在確定給付制，雇主承諾提供員工定量的退休金。確定提撥制的退休計劃則要求員工分攤雇主管理退休資產的風險和責任。最常見的確定提撥制之退休計劃：401(k)計劃、個人退休帳戶(individual retirement account, IRA)、簡化員工退休金(simplified employee pension, SEP)以及利潤分享Keogh退休計劃。(3)保險計劃保障員工或其親屬，在死亡或因意外導致失能，以及罹患重大疾病的情況下，財務免於陷入困境。福利計劃當中可能包括的保險爲人壽保險和長期失能保險。(4)支薪休假讓員工可以從固定上班時間抽空從事休閒活動、處理個人事務或盡市民的義務。支薪休假包括病假、年假、離職金以及假日。(5)員工服務是由雇主提供免稅或遞延課稅的福利，讓員工得以提昇工作或個人生活的水準。托兒服務是最受重視的員工福利之一。

❖ 福利管理

員工福利管理的兩大議題：(1)彈性福利的運用；(2)對員工溝通福利事宜的重要性。人力資源部門通常主導福利的管理，不過經理對公司的福利項目必須有足夠的了解，才能對員工說明以及協助紀錄的工作。

問題與討論

1. 美國強制要求的福利只有四項，可是美國雇主還志願提供其他的福利，譬如健康保險、退休福利和支薪的年假。爲什麼這麼多雇主提供這些福利？
2. HMO和PPO與傳統「論量計酬」的健康保險計劃有何不同？每種計劃對雇主和對員工各有什麼優缺點？
3. 成本控制對於員工福利計劃爲何如此重要？
4. 美國愈來愈多企業把員工福利的管理外包給專門從事這個領域的業者，外包福利管理的做法各有什麼優缺點？
5. 相對於全職員工，美國能獲得健康保險和退休福利的兼職和臨時員工只佔很小的比例。這個問題有多嚴重？這種缺乏福利保障的現象，你覺得最可能受到影響的是哪些人？有辦法可以解決這種問題嗎？如果有的話，請加以說明。

你也可以辦得到！ 新興趨勢個案分析12.1

❖ 克萊夫特(Kraft)內部網路咖啡廳的福利溝通

克萊夫特食品公司設計網站，藉此和員工溝通各種就業政策，其中包括員工的福利資訊。克萊夫特把這種網站叫做內部網路咖啡廳(Intranet Cafe)，因爲網站內容輕鬆有趣、友善且易於使用，而且有助於強化克萊夫特作爲食品公司的定位。內部網路是以網路技術把公司內部電腦連結起來，但有安全防火牆阻擋非員工者擷取網站訊息。

克萊夫特內部網路咖啡廳的「線上人力資源」頁面，讓員工可以看到個人最新的福利資訊，以及了解各種福利計劃、401(k)退休福利、年假資格或甚至找到健康保險計劃核准的醫師。

克萊夫特內部網路咖啡廳的「線上人力資源」頁面最有創意的特色之一，在於提供員工有關工作或生活支援的福利資訊，讓想要在幼兒和年長者照顧的責任和個人生涯目標之間找到平衡點的員工可以參考。克萊夫特的員工可以在網站上找到福利相關資訊、表格和聯絡人姓名等資料。以下是網站上提供的福利計劃和其特色：

- **產假**：公司提供可豁免員工產假，並讓他們視情況需要逐漸回到工作崗位，以及提供育嬰額外的財務協助。

■ **照顧扶養親屬的病假**：大多數受薪員工可將支薪病假的50%用在照顧生病的小孩、配偶或父母。

■ **遷居服務**：為了評估家庭遷居的準備度，公司提供他們相關訓練，讓他們了解應該考慮的議題。

■ **教育補助**：全職員工如果所修課程和工作直接相關，那麼可以獲得100%的教育補助。公司還提供員工的小孩獎學金。

■ **彈性的工作安排**：只要和上司安排好，員工可以決定工作的時間表，讓部門的需求和個人狀況之間達到平衡。選擇方案包括在家工作、彈性工時、兼職以及工作分享。

❖ 關鍵性的思考問題

1. 透過網站提供員工福利相關資訊以及登記福利計劃的表格，而不是透過傳統的方式，這種做法有什麼優缺點？

2. 如果網站成為全國員工了解福利計劃的主要來源，對於人力資源管理的專業人員會有什麼衝擊？你覺得員工福利領域的機會將會減少還是增多？那些機會將會是什麼？

❖ 團隊練習

請以四、五個學生為一組，討論如何以類似克萊夫特食品公司的網站提供員工薪資相關資訊。哪些類型的薪資資訊可以刊登在網站上？哪種類型的薪資資訊不應該刊登在網站上？只能在「不得不知」的情況下才能提供？在你看來，以網站提供薪資資訊為什麼會比提供員工福利資訊造成更多的問題和爭議？

資料來源：Adapted from Isaacson, K. (1998, Winter). Finding work/life solutions at the Kraft Intranet Cafe. *ACA Journal,* 19-20.

你也可以辦得到！ 新興趨勢個案分析12.2

❖ 以平等程序管理員工福利

管理員工福利最重要的層面之一在於確保公司秉持平等程序提供員工福利。這項練習的目的在於協助各位建立管理員工福利所需技能，克服在道德或在行政管理方面的問題，這些都是經理或人力資源專家可能面臨的挑戰。在判斷你所提議的福利流程是否公平時，請確定你有考慮到所有會受到影響的人，然後從中選出最好的方案。請閱讀以下情境，然後回答問題：

❖ 情境一

蘇是在A公司服務的五十五歲員工，她的小孩已經離家去上大學，她的父母已經去世。A公司提供全體員工托兒計劃以及年長者照顧計劃。可是，蘇跟其他許多同仁一樣，目前對這些服務並無需求，未來也不會有這方面的需要。公司應該保留還是取消這些計劃？對於無須這類服務的員工，公司應該提供替代的福利方案嗎？

❖ 情境二

丹是B公司的員工福利經理，他注意到有些員工利用病假處理私事，譬如照顧生病的小孩、去看牙醫或在家裡趕工作進度。目前，每個員工每個月都可以請一天病假。爲了改善效率，丹取消病假福利，並以六天的個人事假取代，員工只要事前通知主管，不論是基於什麼理由都可以請假。丹認爲，先前的病假政策下，照規矩只有在生病時才請假的員工形同遭到懲罰。在新的事假政策下，每個人都可以生病或任何其他理由請假。在新的福利政策之下，隱匿實情的員工無法占到便宜請到比較多的假。你認同丹的決定嗎？

❖ 情境三

C公司是一家郵購公司，法蘭克每個禮拜在C公司工作二十五個小時。除了法律規定的福利之外，公司並未提供他任何額外的福利。法蘭克和另外三名同部門的全職員工從事同樣的工作，這些全職員工卻能獲得退休金、健康保險、長期失能、托兒和年假，法蘭克一項也得不到。即使兼職員工和全職員工從事同樣的工作，公司卻不提供兼職人員福利，這是公平的做法？這符合道德嗎？假設法蘭克想要成爲全職員工，希望取得公司福利，而且對於不符合福利資格的事實感到氣餒。各位也要記住，法律並未規定公司必須提供法蘭克或其他兼職人員福利。公司的論點是他們僱用法蘭克之類的兼職人員有助節省福利成本的支出。

❖ 關鍵性的思考問題

1. 以上介紹的三個情境各自代表不同的福利議題。情境一中取消有些員工用不到的福利項目是否合理？這福利有多重要？情境二取消少數人濫用的福利，並以不同的福利取而代之會比較好嗎？還是應該採取不同的策略？情境三兼職員工是否應該獲得跟全職員工同樣的福利？還是不同的福利？

2.假設你是這三個情境裡的經理。在各個情境裡會如何管理福利程序？假設你希望對單位裡的員工盡量公平，會怎麼做？要怎麼判斷員工認為你的解決方案公平？

❖ 團隊練習

請以三、四個學生為一組，為以上這三個情境建立公平的福利程序或政策。情境一中，請針對員工無法利用的福利建立福利程序或政策。情境二是針對員工濫用病假的情況。情境三則是針對兼職人員福利少於全職人員的情況。小組討論時大家認同或不認同的地方請記錄下來。你覺得經理的決策流程對於福利程序或政策有多重要？

資料來源：Adapted from Nkomo, S. M., Fottler, M. D., and McAfee, R. B. (2000). *Applications in human resource management* (4th ed.), 216-219. Cincinnati, OH. South-Western.

員工關係的建立

挑戰

讀完本章之後，你將能更有效地處理以下這些挑戰：

1. 列舉良好的員工關係和溝通如何有助於公司達成目標。
2. 說明三種有助員工溝通的計劃。
3. 解釋各種上訴流程，讓員工可以挑戰管理階層採取的行動。
4. 了解員工協助計劃如何協助員工處理可能干擾到工作績效的個人問題。
5. 摘要說明管理者可以迅速散播資訊的科技創新工具，以及說明資訊散播如何影響公司的員工關係。

經理和員工關係代表的角色

公司若對全體員工提供公平且一貫的待遇，員工自然會對公司有所承諾，從而形成良好的員工關係。員工關係良好的公司可能有一套極為重視員工的人力資源策略，將員工視為公司的利害關係人。被視為利害關係人的員工在公司裡享有特定的權利，而且可以獲得尊重和尊嚴的對待。

❖ **員工關係代表**
(Employee relations representative)
負責確保公司政策獲得確實遵守，並就特定員工關係問題和主管與員工諮商的人力資源部門成員。

❖ **員工關係政策**
(Employee relations policy)
旨在溝通管理階層有關員工議題之想法和做法，並避免職場問題坐大的政策。

有效的員工關係需要管理者和**員工關係代表**(Employee relations representative)之間的協調。這些專家是負責確保公司政策獲得確實遵守，並就特定員工關係問題和主管與員工諮商的人力資源部門成員。**員工關係政策**(Employee relations policy)則提供解決這類問題的管道，以免這些問題愈變愈嚴重。

譬如，某個員工申請兩個禮拜的年假〈根據員工手冊，她有這樣的權利〉，可是上司卻拒絕她的請求，這名員工可以向員工關係代表求助，請代表和上司溝通並弄清楚她為什麼不能在理想的年假期間休假。另外一個情況是，如果某個主管懷疑有個屬下可能有酗酒的問題，導致工作績效受到影響；這名主管也可以向員工關係代表求助。在這兩個情況裡，員工關係代表都會努力根據員工政策的精神和條文解決問題，並仔細平衡主管、員工和公司三方的利益。

員工關係代表也可以建立新的政策，維繫工作環境裡的公平性和效率。高層主管針對工作場所吸煙或對聘用員工配偶和其他親戚的議題制定新的政策，就可以請員工關係代表幫忙。

員工溝通的建立

許多企業發現，良好的員工關係計劃關鍵在於溝通管道上，員工可以藉此取得重要的訊息，並且有機會表達他們的想法和感受。當主管熟悉員工政策而員工也了解其權利時，勞資雙方發生誤解以及生產力因此受挫的可能性就會大幅降低。

企業是非常複雜的，所以企業必須建立無數的溝通管道，讓資訊可以在公司結構裡上下傳遞和四處流動。譬如英特爾提供許多溝通管道，讓員工和主管可以彼此溝通並分享資訊。主管和員工溝通的方式包括四處走動、和員工私下談話、提供新聞信，以及透過網站提供重要的員工政策。員工對主管提供意見回饋的方式則包括電子郵件、備忘錄、會議以及其他型態的面對面溝通。當今的企業賦予員工更大的責任和決定權，所以提供員工更多的資訊便顯得更爲重要[1]。

資訊類型

溝通當中傳送和接收的資訊可以分爲兩種：事實和感受。事實是指可以客觀衡量或說明的訊息。譬如電腦成本、製造工廠每天的瑕疵率，以及公司贊助之健康保險計劃的抵減額額度。近年科技的發展讓更多員工可以擷取這類資訊。說明事實的資訊可以儲存在資料庫內，並透過電腦連結的網路廣泛地傳遞給員工。

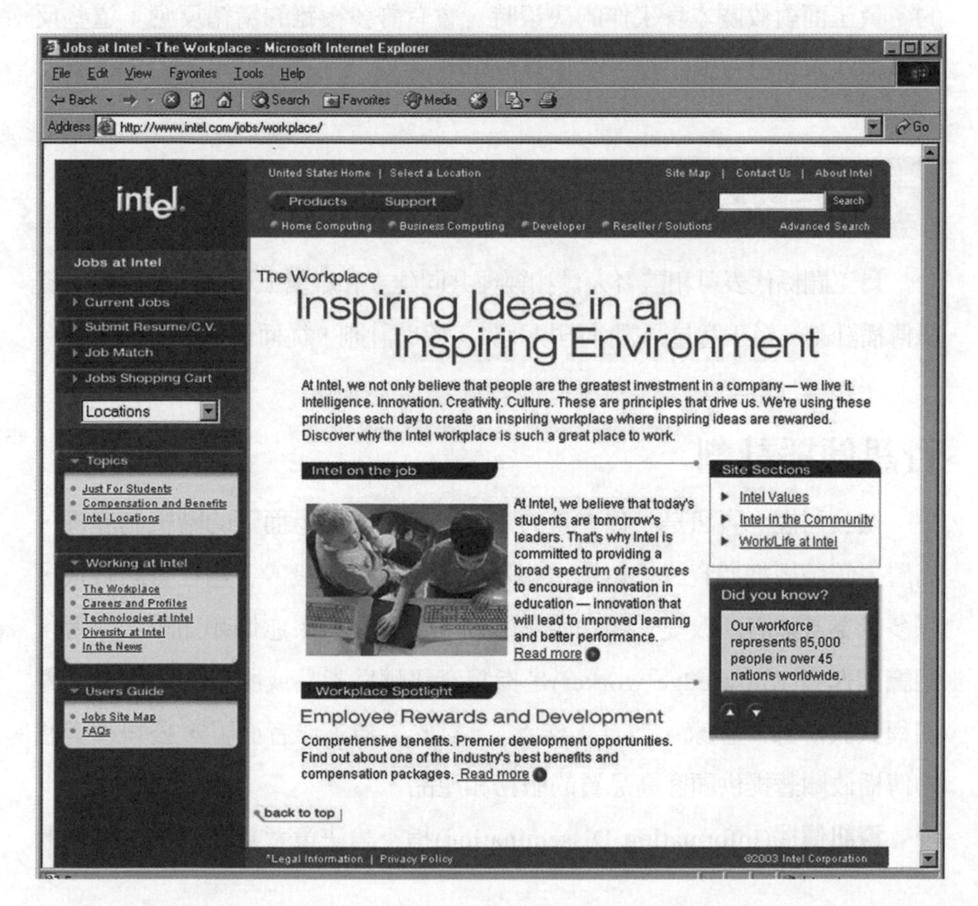

英特爾與員工之間建立非常緊密的關係，因為它提供了清楚的分析溝通模式。

感受則是指員工對於主管或其他員工所制定之決定或採取之行動的情緒反應。主管在執行決策時，必須能預測會受到該決策影響的員工會有何感受，並對他們的感受予以回應。否則他們施行的計劃可能會落得失敗的結果。譬如，有家公立大學調整其健康保險的涵蓋範圍，但事前卻未諮詢會受到影響的員工。當員工發現到他們的保障減少時，反應非常激烈，最後導致負責員工福利的經理辭職下臺（這項健康保險政策後來又經過調整，變得對員工比較有利）。

公司在進行組織重整、縮編以及資遣大批員工時得特別注意員工的感受。東岸某大製造廠商的生產部門人員回憶說，當初高層一直以備忘錄向他們保證一切狀況都極佳，可是後來卻突然宣佈裁員的消息。後來留任的員工仍備感震驚且覺得受到打擊，再也不相信公司高層的話[2]。

企業必須設計溝通管道，讓員工可以溝通事實和感受的資訊。在許多情況下，公司必須提供面對面的溝通管道，因爲許多感受是無法訴諸言語的。員工面對攸關本身工作的決策時，會有許多複雜的情緒反應；這些反應是無法訴諸紙筆或記錄在電腦資料庫中。

鼓勵有效的溝通

員工關係代表可和監督人員和經理共同建立和維繫三種類型的計劃：資訊傳播計劃、員工意見回饋計劃以及員工協助計劃，從而促進有效的溝通。

資訊傳播計劃

在公司裡，資訊是一種力量的來源。在傳統由上而下的階級制度裡，高層主管積極把持資訊，彷彿這些是他們的財產一般。不過在資訊時代，許多企業被迫有所改變。現在企業的產品或服務愈來愈仰賴知識工作者。**知識工作者**(Knowledge worker)是指將資訊轉爲產品或服務的工作者（譬如程式設計師、作家、教育工作者）。對於這類工作者而言，公司裡資訊的傳播攸關著提供顧客高品質的服務和產品。

❖ **知識工作者** (Knowledge worker)
將資訊轉為產品或服務的工作者。

❖ **資訊傳播** (Information Dissemination)
不論決策者身在何處，讓他們都能取得資訊的流程。

資訊傳播(Information Dissemination)指不論決策者身在何處，讓他們

經理人筆記

如何對員工有效溝通意見回饋

以下幾點建議有助於主管對屬下和其他員工溝通有用的意見回饋。

- **焦點應在具體的行為上**：主管可以提供意見回饋，讓員工知道哪些具體的行爲有效或需要改進。這樣一來，他們可以保持並加強理想的行爲，且更正不當的行爲。主管應該避免「你態度很差」這種模糊的說法。最好提供比較具體的意見回饋，譬如「顧客想要找你幫忙，可是你卻沒有看到。」
- **對事不對人**：意見回饋應該以事件的敘述爲主，而不是充滿評斷的口吻。也就是說，主管應該專注在描述和工作相關的行爲上，而不是對員工動機做出價值的評斷。主管最好說，「我注意到，當你在對行銷小組進行簡報時，你對產品的知識有些不足。」而不是說「你能力不夠」。
- **在妥當的時間和地點提供意見回饋**：提供意見回饋的時機最好是在對方做出某種行爲的當下。如果經理過了好幾個月等到正式的績效評估時才提供這樣的意見回饋，而不是在注意到員工某種行爲時就當場指正，可能就喪失了輔導和激勵的機會。同樣地，主管最好是在私下提供意見回饋。如果在公開場合指出負面的意見回饋，可能讓對方惱羞成怒，反而達不到原本想要的效果。相反地，如果是正面的意見回饋，則應該在大家面前提供，這樣不但受到稱讚的當事人能大受激勵，其他人也能效法他的行爲。
- **負面意見的重點應該在員工可以控制的行為上**：在提供員工負面的意見回饋時，應該專注在對方可以控制的行爲上。譬如，如果主管批評某個員工小組開會時遲到，這樣的批評是合理的。可是如果主管要求員工處理某個顧客服務的問題，可是這個問題耗費的時間超出原本的預期，這樣的批評就可能不盡公平。

資料來源：Adapted from Nahavandi, A., and Malekzadeh, A. B. (1999). *Organizational Behavior,* 437-438. Upper Saddle River, NJ, Prentice Hall, and Robbins, S. P. and Hunsaker P. L. (1996). *Training in Interpersonal Skills* (2nd ed.), 73-75. Upper Saddle River, NJ, Prentice Hall.

都能取得資訊。員工如果能獲得充分的資訊，比較可能覺得獲得充分的權利，較能參與決策。資訊傳播有助於主管採取參與程度較高的領導風格和工作安排，讓更多員工參與，並因此提昇員工關係。

資訊傳播最重要的方法是透過員工手冊、書面溝通、影音溝通、電子通訊、會議、休閒渡假中心以及私下的溝通。

❖ 員工手冊

員工手冊可能是人力資源部門提供的溝通管道中最重要的。員工手冊中奠定公司整體員工關係理念的基調[3]，對員工和主管說明公司的員工政策和程序，並向他們溝通員工的權利和責任。手冊也讓員工了解到，只要是攸關工作狀態的決策，他們有權期待一致且統一的待遇。手冊也對主管說明如何進行對員工評估、獎勵和懲處，以免主管和公司在資訊不足的情況下做出武斷的決定，打擊員工士氣，甚至導致憤怒的員工提出告訴。

員工手冊包括員工福利、績效評估、服裝儀容、親屬聘僱、吸煙、試用期、藥物檢驗、性騷擾、懲處程序、家庭休假政策以及安全規定[4]等資訊。手冊必須每年根據最新法令進行更新，但公司整體的員工關係哲學則應該維持不變。

■ 應思考的道德問題

有些企業想限制員工非上班時間的言行。最爲普遍的禁令是抽煙，再來就是喝酒。企業試圖控制員工在非上班時間的行爲是否是對的呢？

在家族企業裡，老闆通常會安排由兒子、女兒或其他家族成員接班，重用親屬被視爲理所當然的現象。在這樣的環境裡，問題是：老闆可以重用親屬到什麼程度？公司老闆常讓自己的小孩接掌重要職務，賦予他們的薪資、頭銜和特權都是其他資歷更久的員工所無法享有的。想當然爾，這會造成非家族成員的員工群起反抗。家族企業顧問克萊格．雅諾夫(Craig E. Aronoff)和約翰．瓦得(John L. Ward)建議家族成員在以家族企業作爲終生事業之前，應該先符合以下這些資格：

- 取得職位所需的學歷。
- 在家族企業之外的公司工作三到五年的時間。
- 剛進家族企業時，先從現有且必要的工作開始做起，而且薪資和績效應該因循前例[5]。

❖ 書面溝通：備忘錄、財務聲明、新聞信和佈告欄

除員工手冊外，仍有許多書面溝通的型態。備忘錄適合傳遞公司政策或程序上的變化，譬如當某種醫療程序涵蓋的類型出現改變時，公司可以備忘錄通知受到影響的員工。此外，公司應該散播財務報告，讓員工了解公司的績效。股東會定期取得這份資訊，不過員工也應該擁有這份資訊，因爲這是整體績效的重要意見來源[6]。

人力資源部門對於員工新聞信的製作和發送可能負有直接的責任。新

聞信通常是每個月或每季發出的簡短刊物，通知員工重要事件、會議和變化，還包括員工和團隊對於公司做出什麼貢獻之類能夠激勵人心的事蹟（圖13.1）。新聞信有助於促進公司或單位裡的團結精神。隨著個人電腦出

圖13.1　員工新聞信的樣本

資料來源：Pearson Education.

版套裝軟體的發達，讓最小型的公司也能發布新聞信。譬如位於科羅拉多州的醫療器材製造商Valleylab公司開始發布新聞信，通知員工在其全面品質管理(Total quality management, TQM)計劃下各小組在品質方面的改善。有些主管採用簡單的佈告欄，公佈最新的小組績效數據以及和外界競爭對手或公司內部其他小組的比較。此外，公司網站上通常都有電子佈告欄，可以公佈員工有興趣的事項，這項功能可以迅速傳遞訊息，員工不論身在何處都可以看到這些訊息。譬如，某個即將派駐海外一年的員工可能想在電子佈告欄上刊登啓示，說他願意把房子租出去一年的時間，看到這則啓示的人可能要比任何其他方法都要多。此外，公司也可以把新聞媒體上對於公司和其員工的報導轉載在電子佈告欄上，或在電子佈告欄上提供連結，提供大家閱讀。

❖影音溝通

科技的日新月異讓資訊傳播再也無須侷限在傳統的平面文字內。視覺影像和語音訊息是很強大的溝通工具。由於家庭錄影機的使用普遍，企業需要傳遞重大訊息時，可以提供員工錄影帶。位於丹佛的Rocky Flats核武兵工廠就是以預錄的錄影帶順利宣佈公司必須裁撤好幾千名員工的訊息(因爲國防預算減少)。公司發給每個員工一捲錄影帶，裡頭包括高層執行主管說明裁員的理由以及公司的新使命。錄影帶裡還包括當時布希總統的談話，解釋冷戰進入尾聲爲什麼意味著美國政府的支出重點也會隨之改變。這捲錄影帶的訊息讓員工就算面對各種不確定性和改革，依然得以維繫高昂的士氣。

❖ 視訊會議 (Teleconferencing)
即使與會人員距離會議召開地點或距離彼此極遠，仍能利用影音設備參與會議。

視訊會議(Teleconferencing)讓忙碌的人們就算距離會議召開地點或距離彼此極遠，仍能利用影音設備參與會議。透過攝影機和其他精密的設備，視訊會議讓彼此相隔極遠的員工可以彼此互動，就彷彿全部都坐在同一間會議室裡一樣。一場四個小時的視訊會議，由於與會的五個人都不用搭飛機、住旅館、吃餐廳，所以能爲公司省下至少5000美元的費用。

視訊會議系統的價格在1萬美元到4萬美元之譜，不過，這樣的成本會讓許多企業望之卻步。公司可以在需要的時候才租用設備，這樣的成本就比較能夠負擔。譬如，Kinko公司在許多地點的出租室都被有視訊會議設備。

視訊會議讓位於不同地點的員工可以順利溝通。憑著視訊和影音技術，員工開會時可以聽到、看到彼此。

電子通訊

由於電子通訊技術的進步，就算訊息傳遞者和接收者分處不同的地區、時間表很忙，也可以進行互動式的溝通。**語音郵件(Voice mail)**讓員工免於和忙碌的經理玩捉迷藏，他們可以留下詳細的語音訊息。訊息傳送者也可以傳送預錄的語音郵件訊息給公司電話網路裡的部份或全體人員。譬如，執行主管可以傳送個人的問候給一大群員工。此外，訊息的接收者可以建立訊息選項，爲不同類型的致電者留下不同的語音郵件訊息。

❖ **語音郵件 (Voice mail)**
這種電子通訊的型態讓訊息傳送者可為接收者留下詳細的語音訊息。

以下原則有助主管減少員工濫用語音郵件系統的可能性[7]：

- **限制語音容量**：爲了避免語音郵件訊息過長，公司可對個別訊息的容量限制在六十秒。
- **避免讓人空等**：有時候的確有必要篩選來電。不過，這不表示連續五六天不用回電。爲了避免員工篩選電話的習慣，有些公司規定員工在辦公室的時候不得使用電話答錄機。
- **不要以語音郵件作為靠山**：如果有不好的消息要說，不應該等到對方出去吃飯的時候才留言。
- **確定每個人都了解訊息**：這包括了臨時人員、其他部門的人員以及新進人員。
- **尊重來電者**：如果員工即將出差或度假，屆時無法查詢訊息，那麼應該留個訊息告知來電者如何和職務代理人聯絡[8]。

❖ 電子郵件 (Electronic mail, e-mail)
這種電子通訊形式讓員工得以透過和網路相連的個人電腦彼此傳送電子訊息溝通。

電子郵件(Electronic mail, e-mail)讓員工得以透過和網路相連的個人電腦彼此傳送電子訊息溝通。此外，員工可以透過電子郵件對公司裡的任何人提供意見回饋，無論對方的階級爲何。公司可以透過電子郵件迅速傳遞重要商業成果或重大事件給大批員工[9]。員工之間也可以透過電子郵件彼此（甚至和不同公司的成員）分享大量的資訊資料庫。世界各地的大學教授靠著電子郵件合作研究計劃，撰寫報告以及分享數據，速度之快彷彿他們只有一牆之隔而已。拜網際網路發展之賜，企業之間的電子通訊未來幾年可能會有長足的發展。

儘管具備各種好處，但電子郵件對於管理者而言也會構成一些問題。問題之一是，由於使用方便，電子郵件容易造成資訊超載的問題。另外一個問題是人們往往把收到的訊息全部都列印下來，導致用紙量大增，而電子郵件理應預防的就是紙張濫用的問題[10]。

位於華府的管理顧問公司國際商業科技公司(International Business Technology U.S.)總裁艾拉．查萊夫(Ira Chaleff)提出以下這幾點有效使用電子郵件的原則：

- 成立電子郵件改進小組，充分發揮電子郵件的力量。
- 建立電子檔案儲存訊息，並以資料夾進行整理，以方便擷取。
- 在電子佈告欄建立共用的資料夾，存放提供給大家讀取的報告和備忘錄，如此可以節省大量的系統空間和時間[11]。
- 關閉通知接收人收到郵件的警鈴聲，以免老是干擾工作。
- 假設公司主管會閱讀你在公司的電子郵件，私人或有爭議性的郵件應該使用其他的通訊管道。
- 敏感文件請以加密軟體處理，以免駭客或其他不應該看到文件的人讀取這些訊息。

應思考的道德問題

企業應該擁有讀取和監督員工電子郵件的權利嗎？

2001年美國製造協會(American Management Association)贊助一項意見調查，針對四百三十五位雇主進行研究，結果發現大約62%的雇主會行使他們監督員工電子郵件的權利[12]。

譬如，美國愛普生(Epson America)在成立電子郵件系統時，電子郵件管理員艾拉納．蘇亞斯(Alana Shoars)對七百位不安的愛普生員工保證說電子郵件絕對是享有隱私權。當蘇亞斯發現她的主管讀取且影印員工的電子郵件訊息時，她立刻予以抗議——結果因此丟了工作。她一狀告到法院，不過法官也認同公司的做法。因為州政府的隱私權法並不包括辦公室裡的電子郵件訊息。愛普生自此就通知員工，公司無法保證電子郵件的隱私，並表示公司有必要自我保護以免滋生電腦犯罪。除非人力資源部門人員建立一套明確且合理的電子郵件政策，否則員工關係將可能受到打擊[13]。如果公司從內部網站擷取員工的電子檔案，並把這些資料賣給行銷業者，這些行銷業者可能從中選出符合其目標市場的員工資料，透過電子郵件和電話傳送行銷訊息和垃圾郵件給這些員工。這樣做的公司便侵犯了員工的隱私權[14]。

多媒體科技(Multimedia technology)乃整合語音、視訊和文字的電子通訊模式，可以數位化編碼後透過光纖網路傳輸——這種技術讓公司可以和全國、甚至全世界各地的員工以視訊畫面互動，彷彿他們同處一室一般。

❖ **多媒體科技**
(Multimedia technology)
整合語音、視訊和文字的電子通訊模式，可以數位化編碼後透過光纖網路傳輸。

多媒體科技可以應用在許多領域。譬如員工訓練計劃（參考第八章）。就拿飛行員的訓練來說，他們可以多媒體飛行模擬器培養飛行技術，而無墜機的風險。許多教科書現在都提供多媒體的光碟，協助員工學習技能和應用從書中學到的知識[15]。這些多媒體計劃包括影音片段，並要求學生從各種可能的方案中做出決定。在做出決定後，學生可以從錄影片段中觀賞此決定會有什麼後果。

多媒體科技也可以應用在電子通勤上，這波趨勢已經改變了許多國家的企業風貌[16]。愈來愈多的員工以公司配備的電腦系統和傳真機在家工作[17]。下頁單元：經理人筆記：「管理電子通勤者的五大關鍵」說明管理階層可以如何因應這種職場新趨勢。

❖ 會議

正式的會議讓雙方或更多員工有機會根據具體的議程進行面對面的溝通。正式的會議能夠促進對話，並培養人際關係，特別是平常因為分處不同部門或地區而沒有經常互動的員工。

據估計，經理和執行主管的時間當中高達70%是花在開會上[18]。會議如果管理不當，可能浪費大量的時間，令公司的生產力下降。想想看，幾

經理人筆記

管理電子通勤者的五大關鍵

電子通勤必須詳加規劃，以下建議可以讓電子通勤的管理變得簡單：

- 仔細選擇電子通勤的員工，考慮到他們的工作習慣和工作類型。不是很自動自發的人可能不適合在家自行管理時間。
- 安排時間表並切實要求電子通勤者遵守。電子通勤者固然能在下班時間工作，不過當公司需要他們的時候，必須能找得到他們。
- 確定科技工具能發揮功用。雇主和電子通勤員工之間的電腦系統如果不相容，可能導致溝通遭到延誤，以及電子高速公路上出現「塞車」現象。
- 在家上班的員工得定期到公司開會，以便和主管互動。如此不但能讓他們參與公司事務，還有助於克服他們在家上班的孤獨感。
- 擬定周詳的電子通勤合約，其中說明衡量績效的標準。管理電子通勤員工的經理必須建立新的技能，從以往專注在管理員工的行爲和時間安排上，轉以成果爲導向的管理方式。

資料來源：Based on Grensing Pophal, L. (1999, January). Training supervisors to manage teleworkers. *HRMagazine,* 67-72; McCude, J. (1998, February). Telecommuting revisited. *Management Review,* 10－16; and *HR Focus.* (2002, May). Time to take another look at telecommuting, 6-7.

位高薪執行主管花了三個小時坐在會議室裡，結果什麼目標也沒有達成，這會耗費公司多少成本——然後再把這數字乘以一年兩百六十個工作天數。然而，開會未必如此糟糕。以下這些原則有助提昇開會的生產力：

1. 判斷開會的必要性。如果是打通電話或寄送備忘錄就可以解決的事情，就不要安排開會。
2. 會議參與者得配合開會目的：如果開會的目的是爲了傳播資訊，那麼應該召集大批人員開會。如果開會的目的是爲了解決問題，那麼一個小團隊通常會比較有生產力。
3. 開會前先分發經過審愼計劃的議程：這讓參與者了解會議的目的和方向，讓他們有機會規劃自己的貢獻。
4. 選擇適當的開會地點和時間：如果一群人擠在一小間會議室裡，筆記只

IBM的喬安娜．達克維區(Joanna Dapkevich)是電子通勤的兼職經理，仰賴多媒體科技和她的人員互動。公司為她提供具體可行的電子通勤安排，結果非常好：她的小組士氣是該單位最高昂的，而其顧客服務的評等也獲得大幅的改善。

得擺在自己的膝蓋上，這樣的會議很難有什麼成果。可是如果會議室過大，與會者可能坐得過於分散，無法建立必要的凝聚力。時機也很重要。開會時間如果是在午餐之前一個小時，那麼與會者聽的可能是自己飢腸轆轆的聲音，而不是同事的發言。有些經理喜歡在早上開會，因爲這時候人們精神比較集中。爲了鼓勵準時開會，他們盡量不把開會時間安排在整點的時候——譬如在十點十分開會，而不是十點整。

5.當會議目的是爲了解決問題或制定政策時，最後應做出行動方案，接著並發給備忘錄，列舉會議重點以及應該採取什麼步驟[19]。

更重要的是如何有技巧地管理與會人士之間的動態。與會人士之中難免有些人試圖主導會議——這可能有助會議進行，但也可能造成負面影響。會議領導者必須努力建立一種讓大家都覺得自在的氣氛——這樣的氣氛可以鼓勵人們提出不同的意見，並尊重別人不同的看法。

會議室另外一個潛在的問題是性別差異。女性往往抱怨在開會時和男性同仁難以溝通。社會語言學家戴伯拉．坦南(Deborah Tannen)發現男性和女性由於溝通風格不同，在工作場所和在家中往往會產生誤解[20]。文化差異也會在開會時突顯出來。在美國企業的會議裡，焦點往往在於採取行動。日本企業則正好相反，他們的會議目標在於蒐集資訊和分析數據，然後才會規劃行動。在義大利，會議通常是主管展現其執掌大權的舞台[21]。

除了安排正式的會議討論和工作相關的具體目標之外，經理也可以透過私下的會晤和員工建立關係。譬如高科技企業禮拜五下班後的社交時間蔚然成風，其中包括思科和昇陽。在這樣的社交時間裡，技術人員彼此交談，並和經理與行銷人員討論專案，以及分享正式管道無法取得的訊息。許多其他類型的企業也紛紛起而效尤。

❖ 休閒中心

企業帶領員工到山中木屋或靠海的渡假中心，在輕鬆的氣氛中召開較長的會議，讓企業活動和高爾夫球、網球或駕船之類的休閒活動合而爲一。有些休閒中心的設計適合企業發揮創意進行長期規劃或進行改革。另外像是外展訓練(outward Bound)組織的戶外冒險，則是透過登山或泛舟之類的活動，強迫員工彼此互相依賴，從而鼓勵他們建立人際技巧。休閒中心也有助於改善員工關係，譬如有家中等規模、位於丹佛的律師事務所就是利用休閒中心改善合夥人和同仁之間的關係。公司全體成員在山中木屋待了兩天，期間分成小組討論如何改善彼此之間的關係。他們討論的內容觸及許多敏感的議題，但是在休閒中心的環境下，他們以有建設性的方法處理這些問題。

❖ 非正式的溝通

❖ 非正式的溝通 (Informal communications) 又稱為「葡萄藤」(grapevine)。員工之間私下進行的資訊交流，並無計劃的議程可言。

非正式的溝通(Informal communications)又稱爲「葡萄藤」(grapevine)，乃員工之間私下進行的資訊交流，並無計劃的議程可言。許多員工是在飲水機旁、走廊上、公司的自助餐廳、辦公室或停車場上建立彼此幫忙的網路或結交友誼，從而形成非正式的溝通網路。

非正式的溝通可以激發出創新的點子。譬如地區性的電訊公司Qwest，設計出一整新的研究設施，充分利用非正式溝通的好處。他們的設計師設計出「突破室」和走廊，讓技術人員和科學家可以隨興地進行互動，讓內部小組可以一塊進行腦力激盪，從而解決技術問題和激發出新的點子。

❖ 走動式管理 (Management by walking around, MBWA) 管理者四處走動，私下和員工談話的管理技巧，藉此觀察非正式的溝通、傾聽員工的不滿以及建議、並建立關係和提昇士氣。

不過如果公司任由過多資訊在非正式的溝通管道裡流傳，很可能會導致資訊在謠言、小道消息和旁敲側擊中遭到扭曲。結果可能使得員工士氣低落，員工關係惡劣。爲了避免這樣的結果，人力資源部門和經理得監督非正式的溝通管道，而且在有必要的時候透過比較正式的管道加以澄清。監督非正式溝通管道的有效辦法當中包括了**走動式管理**(Management by walking around, MBWA)。走動式管理是由湯姆．彼得斯(Tom Peters)和羅伯特．惠特曼(Robert Waterman)在其《追求卓越》(*Search for Excellence*)書中所提出的——這是指管理者四處走動，私下和員工談話的管理技巧，藉此觀察非正式的溝通、傾聽員工的不滿以及建議、並建立關係和提昇士氣。IBM和許多其他企業都採用這種管理技巧和員工建立關係並觀察員工的士氣[22]。

員工回饋計劃

許多企業提供**員工回饋計劃**(Employee feedback program)，讓員工有向上和主管溝通的管道。這類計劃的設計旨在(1)讓員工對於決策和政策制定有發言的管道；(2)確保對管理者有任何不滿的員工，都能獲得正當程序(due process)的處理；從而改善管理階層和員工之間的關係。

❖ **員工回饋計劃** (Employee feedback program)
旨在改善員工溝通的計劃，讓員工在政策的擬定方面有發聲的機會；此外，凡是投訴對管理者有任何不滿的員工，都能獲得正當程序(due process)的處理。

人力資源部門不光是設計和維繫員工回饋計劃，在處理敏感的個人議題時，還得爲員工保密。人力資源人員也得負責確保屬下不會遭到憤怒的經理報復。

員工回饋計劃當中最常見的是員工態度意見調查、申訴程序和員工協助計劃。我們在此討論前兩種計劃，這兩類計劃的目的是解決和工作相關的問題。本章稍後將探討員工協助計劃，這類計劃的設計是爲了協助員工解決會對其工作績效造成干擾的個人問題。

❖ 員工態度意見調查

員工態度意見調查(Employee attitude survey)旨在衡量員工對其工作各個層面喜歡或厭惡的程度，通常是以正式或匿名的方式進行調查。這類意見調查詢問員工對自己從事的工作、上司、工作環境、升遷的機會和訓練品質、公司對女性與少數族裔的方式、公司薪資政策的公平性有何看法。表13.1摘要說明員工意見態度意見調查的範例。透過這項意見調查，主管可以將各個分支團體的回覆和整體員工的回覆進行比較，從中判斷哪些單位或部門的員工關係不佳。

❖ **員工態度意見調查** (Employee attitude survey)
旨在衡量員工對其工作各個層面喜歡、厭惡的程度之正式、匿名調查。

爲了有效管理員工態度意見調查，主管應該遵守三項規則。第一，他們應該告知員工打算以蒐集到的資訊做些什麼，然後告訴他們意見調查的結果。除非公司打算根據這些資料採取行動，否則就沒有進行調查的必要。第二，主管應該秉持道德原則運用這些調查的資料，藉此觀察員工關

表 13.1 員工態度意見調查的範例

我對以下項目的滿意程度……	高度滿意		滿意		高度不滿意
1. 薪資和紅利	1	2	3	4	5
2. 整體而言我的福利	1	2	3	4	5
3. 獲得升遷或更好工作的機會	1	2	3	4	5
4. 在工作時有種幸福的感覺	1	2	3	4	5
5. 獲得管理階層的肯定和尊重	1	2	3	4	5
6. 所屬單位的士氣	1	2	3	4	5
7. 在工作上獲得的尊重程度和自治程度	1	2	3	4	5
8. 點子獲得採納的機會	1	2	3	4	5
9. 和極有才華以及極為能幹的人共事	1	2	3	4	5
10. 部門之間的合作和溝通	1	2	3	4	5

資料來源：Goodrich & Sherwood Company, 521 Fifth Avenue, New York, NY 10175. Used with permission.

係的狀態，包括公司整體以及各分支員工團體之間的關係（譬如女性、會計或新進人員），從而爲職場帶來正面的改變。這些資訊不得作爲開除（譬如員工覺得不滿的主管）或享有特權的藉口。最後，爲了保障員工的秘密和資料的正當性，意見調查應該由第三方進行，譬如顧問公司。

透過客製化的軟體在網路上進行意見調查可以即時獲得調查結果。譬如位於密西根州Ann Arbor的eePulse公司專門爲其客戶以電子郵件對各個員工分支團體進行態度意見調查，進而製作每週的員工工作滿意度報告和其他工作態度衡量項目的報告。透過網路進行的態度意見調查讓主管可以找出導致員工滿意度下降的原因，速度要比傳統透過紙筆進行的意見調查快得多[23]。

❖ 申訴程序

❖ 申訴程序 (Appeals procedure)
讓員工得以表達對管理階層做法的反應，以及挑戰管理階層決策之程序。

申訴程序(Appeals procedure)讓員工得以表達對管理階層做法的反應，以及挑戰管理階層決策。這樣的機制會讓員工覺得公司的員工政策公正不偏袒。要是沒有有效的申訴程序，一旦員工告上法院，公司更可能面臨訴訟、昂貴的官司成本甚至賠償[24]。有效的申訴程序讓個別員工能夠控制攸關他們權益的決策，且有助找出無效或不公平的主管。

企業員工對於主管行動最常見的申訴議題如下：

■ 加班工作的分配。

■ 對於違反安全規則的警告。

■ 功績加薪的幅度。

■ 工作職責的規範。

■ 雇主對員工申請的醫療費用補助。

■ 績效評估。

申訴程序的類型各有不同[25]。最不正式的申訴程序乃「門戶開放計劃」(open-door program)。每家公司的門戶開放計劃各有不同，不過基本上都是指全體員工可以直接和任何經理或執行主管溝通。朗訊的門戶開放政策就備受推崇。朗訊員工可以走進任何一個主管的辦公室，甚至包括執行長在內，請教他們對於某個申訴案件的意見或任何令員工感到不安的議題。主管得進而對議題涉及的雙方展開公平的調查， 並在具體的期間內提供回覆。譬如，員工若對其績效評估的結果不滿，可以請另外一位主管再進行一次評估。門戶開放政策有兩大優點：這讓員工覺得有保障，並對朗訊忠心耿耿，第二，這讓主管比較不會失之武斷。

就如同門戶開放政策一樣，「發言計劃」(speak-up program)也是非正式且有彈性的計劃。這兩者不同之處在於，發言計劃具體說明幾個步驟，員工必須經過這些步驟才能向高層主管提出困擾他們的工作相關問題。譬如金融服務和保險公司CIGNA就有「Speak Easy」的發言計劃，這項計劃跟員工保證可以跟更高層的主管溝通，但前提是他們必須先和直屬主管溝通過這些問題才行。

申訴小組(grievance panel)和工會申訴程序(union grievance procedure)是企業處理員工不滿最正式的機制。無工會組織的企業採用申訴小組，小組成員包括申訴員工的同事和當事人直屬主管之外的經理。申訴小組會對申訴案件進行調查，這通常是申訴流程的最後一個步驟。譬如，漢威要求其申訴小組──「管理申訴委員會」(Management Appeals Committee)，案件必須先經過當事人直屬主管，接著由員工關係代表處理，但都未能解決後才能交由管理申訴委員會處理。

工會的申訴程序是由同屬工會契約之下全體員工所採用的申訴程序。

就跟申訴小組的程序一樣，這也規定先前得經過幾個步驟，最後才由客觀的仲裁人員做出具有約束力的決定。工會申訴程序是勞工契約裡很重要的一環，我們將會在第十五章裡詳細加以說明。

員工協助計劃

❖ **員工協助計劃**
(Employee assistance program, EAP)
由公司贊助的計劃，協助員工處理會影響工作績效的個人問題。

員工協助計劃(Employee assistance program, EAP)是由公司贊助的計劃，協助員工處理影響工作績效的個人問題。這些問題可能包括酗酒、濫用毒品、家庭暴力、年長者看護、愛滋病和其他疾病、飲食失常以及強迫性賭博(compulsive gambling)[26]。具備員工協助計劃的企業對員工公開說明這項計劃，並且保證他們的問題都會以機密的方式處理。當員工個人的問題干擾到工作績效時，這類員工就叫做問題員工(troubled employee)[27]。據估計，一般公司裡問題員工占全體員工人數的10%。

表13.2說明問題員工的症狀。他們的出勤狀況、工作品質、對於細節的注意和對個人儀表的注意[28]通常落差很大。許多人爲了不讓公司知道自己的問題，大多數的精力都是耗費在處理個人危機上頭。除非個人的問題獲得解決，否則員工很可能情緒不穩、體能耗損，無法爲公司充分發揮其

表13.2 問題員工的徵兆

1. 曠職情形嚴重：禮拜一、禮拜五以及假日前後都會曠職。
2. 沒有理由的缺勤。
3. 老是缺勤。
4. 遲到早退。
5. 和同事爭執。
6. 因為疏忽導致其他同事受傷。
7. 判斷力和決策都很差勁。
8. 工作時發生異常的意外。
9. 因為疏忽導致外溢和設備故障的情形增加。
10. 牽涉到法律問題，譬如酒醉駕車遭到定罪。
11. 個人儀表日益惡化。
12. 過當的行為，譬如和顧客討論個人的問題。

資料來源：Adapted from Filipowicz, C. A. (1979). The troubled employee: Whose responsibility? *Personnel Administrator, 24*(6), 8. Reprinted with the permission of *HRMagazine* (formerly *Personnel Administrator*) published by the Society for Human Resource Management. Alexandria, VA, and Wojcik, J. (1998, November 23). Signs may foreshadow workplace violence. *Business Insurance,* 41.

專長。所以，解決問題對於雇主和對問題員工而言都有好處。

員工協助計劃的運作包括四個步驟（圖13.2）。

1. 第一個步驟是找出問題員工，以及介紹他們接受諮詢。其中有一半是因爲員工自己了解到問題的嚴重性，主動出面要求協助。另外一半則是因爲主管注意到問題員工的症狀，因此介紹他們接受輔導。接受過員工協助計劃後，如果工作績效還是不理想，員工可能會遭到解僱。員工有權利拒絕接受員工協助計劃，但如果問題還是對其工作表現造成極大的負面影響，拒絕可能意味著解僱。事實上，許多員工對於公司願以員工協助計劃協助他們頗爲感激。

2. 第二個步驟是由員工協助計劃輔導人員和員工面談，協助他們找出問題的癥結。如果是酗酒之類嚴重的個人問題，員工可能強烈否認有問題。不過輔導人員受過訓練，可以找出問題並安排治療。員工協助計劃可以在公司內部、也可以在外部進行。在公司外部進行的員工協助計劃可以提供員工免付費電話，讓他們二十四小時都可以打電話求助。不過由於輔導人員和員工之間的關係對於員工協助計劃的成功極爲重要，最近由EAP支援體系顧問公司進行的意見調查發現，採用在公司外部進行員工協助計劃的公司數比在內部進行計劃的公司數少了三分之一[29]。

3. 第三個步驟是解決問題。員工協助計劃的輔導人員有時候可以在短期內幫助員工（只需見面三次或更少）。如果員工的問題是財務困難，他可

圖13.2　員工協助計劃

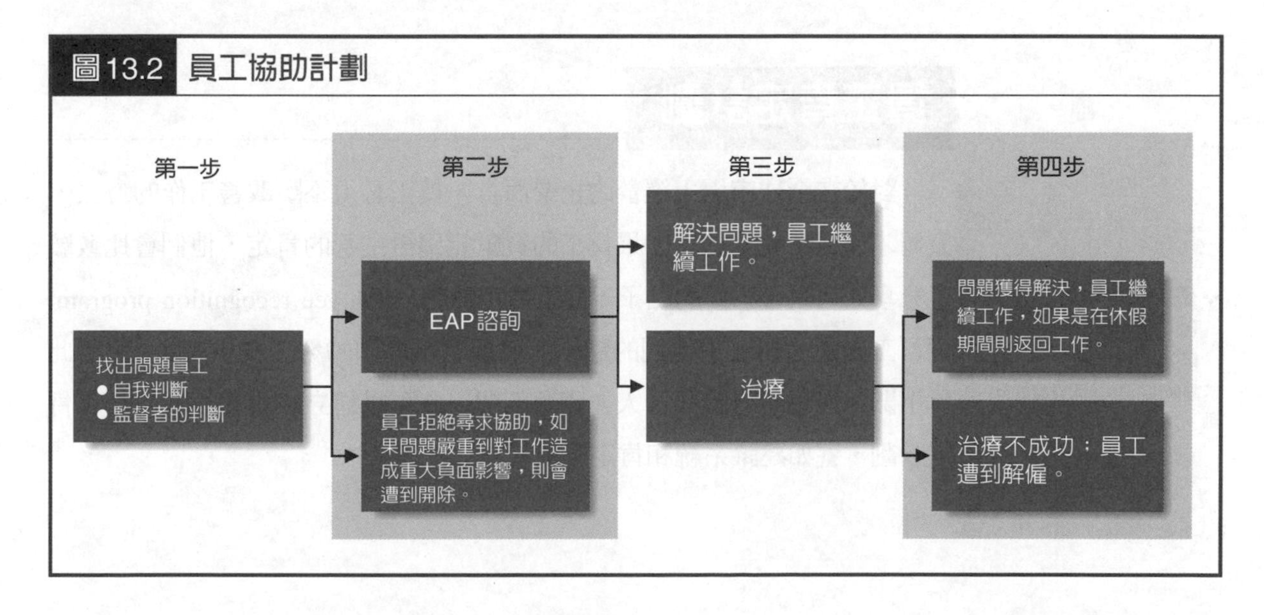

能只需要短期諮詢，了解如何管理個人財務即可。有些問題卻需要更久的時間才能解決。對於這些案例，員工協助計劃輔導人員會請問題員工接受外界專業機構必要的治療。輔導人員可以根據員工的需求找到最適合且最具成本效益的服務。譬如，員工協助計劃輔導人員如果認爲員工需要接受戒酒治療，就得判斷他需要住院接受治療、還是門診治療或參加戒酒匿名會(Alcoholics Anonymous)的會議[30]。住院治療可能需要三十天的時間，成本大約1萬5000美元。另外兩種的成本就少得多。

4.第四步就要看治療的結果而定。如果員工休假接受治療，結果也很成功，那麼公司會讓員工回到工作崗位。不過有些人的治療無須休假，可以一邊工作一邊接受治療，如果治療結果成功就可以繼續工作。如果結果不成功，問題依然干擾工作績效，那麼雇主通常會解僱員工。

員工協助計劃有助於有效的員工關係，因爲這表示管理階層出於善意，願意支援並留住員工，否則這些員工很可能因爲績效不佳而遭到解僱。員工協助計劃每名員工每年的成本大約爲30至40美元[31]。不過，這種計劃能夠減少員工離職率、曠職、醫療成本、失業保險費率、勞工傷殘保險費率、意外成本以及失能保險成本等，公司在財務方面的收穫絕對大於支出。有份研究顯示，員工協助計劃解決問題率大約爲78%[32]。資誠顧問估計企業對員工協助計劃投資的每一塊錢，能以成本節省的方式創造四到七倍的收益[33]。

員工肯定計劃

對於在全球市場上經營的企業而言，員工必須不斷改善工作的方式，公司才能保持競爭力。如果員工的貢獻能獲得主管的肯定，他們會比較願意分享如何改善工作的點子。**員工肯定計劃**(employee recognition program)讓員工知道公司在乎他們的點子，並願意爲他們的努力提供獎金[34]，因此員工關係得以獲得提昇。人力資源部門在此可以建立和維繫正式的員工肯定計劃，譬如建議系統和肯定獎項。

❖ **員工肯定計劃** (employee recognition program)
獎勵員工的點子和貢獻的計劃。

建議系統

建議系統的設計是為了吸引、評估和執行員工提供的建議，如果員工提出的點子具有價值，則可以獲得獎勵[35]。獎勵通常是以獎金的方式提供，不過也未必如此，公司還可以採取公開肯定、額外年假、特殊的停車位或是其他福利來獎勵。建議系統在各式各樣機構的施行都很成功，諸如醫院、大學、美國郵政總局、各政府機構和民間企業，譬如石油公司BP Amoco、柯達、Black & Decker、Simon & Schuster以及林肯電器公司(Lincoln Electric Company)[36]。美國採用建議系統的企業裡，平均每一百名員工會提出十個建議。這數字看來雖然不高，但是管理專家表示，許多逐漸改善職場的建議通常都不是來自正式的建議系統[37]。

主管在設計建議系統時應該掌握這三項原則：

- 採取建議評估委員會，由他們公平評估每項建議，就算沒有採用也會對員工解釋原因。
- 立刻執行採納的意見，並將功勞歸給當初提供意見的員工。公司可以透過新聞信公開表揚有貢獻的員工。
- 獎勵的價值得和建議對公司帶來的好處相當。譬如，美國銀行某個放款經理提出的建議讓公司得以每年節省36萬3520美元，因此公司為他的點子提供3萬6520美元的獎金[38]。

肯定獎項

肯定獎項(Recognition awards)可以公開表揚對公司有卓越貢獻的人或團隊，讓大家了解公司重視的行為和成就，讓這些人和團隊成為其他人效法的對象。

肯定的方式可以是貨幣或非貨幣型態。譬如，聯邦快遞讓監督主管可以當場授與獎金肯定員工對於品質的努力[39]。聯邦快遞獲得全國品質獎(Malcom Baldrige National Quality Award)，這是美國企業最高的品質榮譽。

肯定獎項的候選人也可以由經理或由內部顧客提出，由肯定獎項委員會負責評審。為了強調品質改善應該是持續不斷的努力，所以公司不應對個人或團隊獲獎的次數設限。

肯定獎項應該是肯定團隊或個人的成就，鼓勵全體員工朝著公司的目標邁進[40]。公司對於個人或團隊的成就可以下列方式鼓勵：

■ 由公司出錢讓小組成員和家屬出外旅遊。

■ 在襯衫、咖啡杯或棒球帽上印上團隊的標誌，提昇團隊的凝聚力。

■ 由公司出錢讓員工和其配偶到高檔餐廳用餐、去聽音樂會或是去看比賽[41]。

■ 爲具有卓越貢獻的個人和團隊頒發刻有他們名字的獎牌。

■ 以員工的名義提供慈善捐獻，該名員工可以選擇要捐獻的慈善機構。

公開肯定雖然是維繫員工和團隊動機的強大工具，但還是有其缺點。以下經理人筆記「公開表揚的原則」單元中將說明管理者應該如何避免這些問題。譬如，如果公開表揚的對象是主管的愛將，或大家把公開表揚視爲受歡迎度的競賽，那麼可能會對公司士氣造成打擊，反而不是激勵士氣[42]。

在同事面前獲得肯定是很強大的激勵方式。

經理人筆記

以顧客爲導向的人力資源

公開表揚的原則

公開表揚如果管理得宜，對員工和對團隊的士氣能造成很大的激勵效果。大多數員工都覺得在同事面前受到肯定是很光榮的事情。不過如果公開表揚的對象是主管的愛將，或大家把公開表揚視爲受歡迎度的競賽，那麼可能會對員工士氣造成打擊，得獎者也會覺得困窘。以下是幾點有關管理公開表揚的建議：

- **具備明確的獎勵標準**：明確、不模糊以及清楚溝通過的獎勵標準，能讓員工覺得公平，並肯定得獎者的貢獻。
- **避免瓜田李下**：決定公開表揚對象的委員會成員不應該和得獎者的關係過於密切。譬如，如果員工的直屬主管或同事在評審委員會裡，那麼他不應該參與投票，以免讓人覺得偏袒。
- **頒獎的時候應該出於真誠**：上台頒獎者應該發表眞誠的談話，肯定得獎者的貢獻。頒獎者應該避免戲劇化和誇張的舉止，以免讓得獎人覺得沒有價值且困窘。
- **如果可能的話，試著讓獎勵個人化**：獎勵可以根據得獎者的需求個人化，如此對士氣能帶來最大的激勵效果。如果員工熱愛運動，那麼公司提供去看棒球賽的門票會比去看古典交響樂的音樂會門票更受歡迎。公開儀式裡頒發個人化的獎牌對於得獎人而言，會比獎金更具紀念價值，因爲現金很快就會花掉，但獎牌卻能擺在得獎人的辦公室或家裡。

資料來源：Adapted from Wiscombe, J. (2002, April). Rewards get results. *Workforce,* 42-48; and Ginther, C. (2000, August). Incentive programs that really work. *HRMagazine,* 117-120.

摘要與結論

❖ 經理和員工關係代表的角色

公司若對全體員工提供公平且一貫的待遇，員工自然會對公司有所承諾，而形成良好的員工關係。在有效的員工關係計劃中，經理是核心骨幹，必須配合公司的員工關係哲學對員工進行評估、獎勵和懲處。人力資源部門的員工關係代表能確保員工政策的管理的確公平和一致。他們通常就具體的員工關係問題爲主管和員工提供諮詢服務。

❖ 鼓勵有效的溝通

員工關係代表可和監督人員和經理共同建立和維繫三種類型的計劃：資訊傳播計劃、員工意見回饋計劃以及員工協助計劃，以促進有效的溝通。

資訊傳播是指不論決策者身在何處，讓他們都能取得資訊。資訊傳播最重要的方法是透過員工手冊、書面溝通（備忘錄、財務報告、新聞信和佈告欄）、影音溝通、電子通訊（語音郵件、電子郵件、多媒體應用）、會議、休閒渡假中心和私下的溝通。

許多企業提供員工回饋計劃，讓員工有向上和主管溝通的管道。這類計劃的設計旨在(1)讓員工對於決策和政策制定有發言的管道；(2)確保對管理者有任何不滿的員工，都能獲得正當程序(due process)的處理，以改善管理階層和員工之間的關係。

人力資源部門賴以獲取員工意見回饋的兩種計劃分別是(1)員工態度意見調查；(2)申訴程序。

員工協助計劃是由公司贊助的計劃，協助員工處理會影響工作績效的個人問題。公司讓員工有機會和資源解決問題。順利解決個人問題，對於員工和雇主都有好處。

❖ 員工肯定計劃

員工肯定計劃肯定和獎勵對公司有重要貢獻的員工，有助於提昇溝通和員工關係。肯定計劃通常採用建議系統和肯定獎項。頒發給個人或團隊的獎勵可能是以貨幣或以非貨幣的型態。

問題與討論

1.員工的隱私權素有「當今最重要之職場議題」的稱謂。新科技對於員工隱私權造成什麼樣的困境？新科技對員工關係和溝通造成哪種問題？經理可以如何因應？

2.從公司的觀點來看，電子通勤的優缺點有哪些？

3.雪莉・魏克斯勒(Shelly Wexler)向主管羅伯・列文(Rob Levine)表示，爲了照顧年邁的母親必須提早下班，讓她愈來愈覺得不勝負荷。羅伯雖然介紹她接受公司的員工協助計劃協助，但也試圖說服她讓母親住到安養院去，甚至提供她在該地區安養院的相關資料。你覺得列文此舉是對屬下表達一般的關懷，還是逾越的主管的界線？討論主管在執行員工協助計劃時的角色。主管應該診斷員工個人的問題嗎？請說明理由。

4.有些溝通專家宣稱男性和女性的溝通風格各異，讓他們對於彼此訊息的解讀產生障礙。你覺得男性和女性在職場上的溝通有何重大差異？從有效的員工關係觀點來看，這些性別差異對於溝通有何影響？

5.員工當中少數人其實無法接受公開表揚，他們爲什麼會對此覺得不自在？你覺得這跟員工多樣性有關係嗎？假設你是主管，也清楚屬下對於公開肯定的反應不佳，你要如何肯定這位員工優良的表現？

你也可以辦得到！ 以顧客爲導向的人力資源個案分析13.1

❖ 數位設備公司的便服政策

數位設備公司(digital Devices)爲電子消費性產品（譬如傳呼機、電子計算機、手機）設計和製造客製化的積體電路。基於員工態度意見調查的結果，公司高層執行主管決定採行便服政策。管理階層在員工新聞信以及寄給員工的電子郵件裡宣佈這項政策，信中只說鼓勵員工除了要和客戶見面之外，都可以穿便服來公司上班。

對於公司和員工雙方，這種便服政策有幾點好處。便服有助於降低管理階層（主管喜歡穿西裝打領帶）和非管理人員之間的壁壘分明，從而提昇員工士氣。當這樣的障礙降低時，整體公司的溝通和合作都會更加順暢。而且頂尖的工程人才通常喜歡在「有趣」的環境裡工作，所以便服政策也有助於主管招募人才。對於員工而言，便服比較輕鬆且省錢（他們不用購買昂貴的服裝上班，或送乾洗保養衣服）。

這項政策頒布之後六個月，公司的人力資源部門經理莎朗．葛林(Sharon Greene)注意到大家對於便服政策的反應好壞不一。而且由於有些員工濫用這項政策，因而出現一些意外的問題：

- 有些員工試圖測試這項政策的極限。有的電腦工程師穿的襯衫上頭印著他們最喜歡的音樂團體（譬如Grateful Dead），可是這些團體可能跟濫用毒品有關或性意味過強，讓其他員工或客戶覺得受到冒犯。
- 員工的行爲愈來愈隨興，跟客戶講電話也跟他們稱兄道弟，業務部門經理已接到一些因爲這種隨興態度所引起的抱怨。
- 人力資源部門現在被冠上「服裝警察」的封號，因爲他們打算支持服裝標準，以免員工穿著不恰當的服裝上班（汗衫、自行車短褲、有破洞的牛仔褲）。這項新的規則讓人力資源部門的可信度受到相當的打擊。

葛林現在考慮要改善公司的便服政策。

❖ 關鍵性的思考問題

1.你覺得該公司應該放棄便服政策嗎？說明理由。

2.假設公司要修改便服政策，是否應該列舉出哪些衣服不恰當？好讓員工知道哪些能穿、哪些不能穿。這樣的做法有沒有任何潛在的問題？

3.公司要如何向員工說明修改後的便服政策？

❖ 團隊練習

請以四、五個學生爲一組，各組爲數位設備公司擬定新的便服政策。各組代表提出對班上同學簡報所擬定的建議。其他學生和老師可以提出問題或對他們的政策提出意見。

你也可以辦得到！ 討論個案分析13.2

管理者必須學習如何輔導以及提供員工意見回饋的技巧，以激勵員工秉持這些意見改善績效。爲了提供有用的意見，管理者應該先從員工的角度來了解工作，以及員工績效爲何不佳的可能因素。面對面的溝通以及傾聽技巧都是管理者應該具備的工具，才能諮詢並激勵員工改善績效。如果管理者覺得很難和員工有效溝通，人力資源專家會提供資源協助他們和員工建立和諧的關係。請看以下經理和屬下之間的對話，並試圖改善這名經理提供意見回饋和輔導的過程。

❖ 派克製造公司的意見回饋

朗恩．戴維斯(Ron Davis)爲機械工具集團派克製造公司(Parker Manufacturing)新上任的總經理，他參觀過各家工廠之後，和其中一位廠長麥克．里奧納多(Mike Leonard)安排會面的時間。麥克是要向他報告的下屬。

朗恩：我會安排這次會議，是因爲我看過你們的績效數字後想要給你一些意見。我知道，我們以前沒有面對面談過，不過我覺得現在應該對你們的表現做些檢討。以下我要說的恐怕不是很好聽。

麥克：你既然是新老闆，我想我也只有聽話的份。我以前也有這類的會議，新上任的人來這兒參觀後就自以爲什麼都懂。

朗恩：聽著，麥克，我希望這是雙向的溝通。我不是來這兒宣讀你的罪狀，而是來告訴你怎麼做。我想要檢討一些可以改進的地方。

麥克：好吧，當然了。我以前就聽過這種話。不過你既然召開這個會議，就放馬過來吧。

朗恩：麥克，我不是來找碴的，不過有些事情你得仔細聽。我在參觀工廠的時候注意到你和一些女性員工很親暱。你知道，要是有人覺得受到冒犯，可能會告你性騷擾。

麥克：喔，少來了！你以前沒有來過這裡，不知道我們這種隨興和友善的氣氛。偶爾稱讚一下辦公室人員和生產線的女工，她們會覺得很高興的。

朗恩：或許吧，不過你得更加小心。你未必眞的了解她們在想些什麼。不過我還注意到你店面的外觀，你知道派克公司多麼重視整齊清潔的店面，可是我今天早上觀察的結果，發現到這裡整齊清潔的程度並不理想。東西亂擺會讓人對你留下不好的印象，麥克。

麥克：這兒整齊清潔的程度絕對不輸給其他工廠。你或許看到有些工具沒有擺在該擺的地方，可是那是因爲有人剛用完，我們對這兒整齊清潔的程度可是很自豪的，我實在不了解你怎麼會說東西亂擺，你在這兒一點經驗也沒有，怎麼可以這樣說？

朗恩：我很高興你這麼在乎整齊清潔這件事。我只是覺得你多注意而已。不過有關於整齊這件事情，我注意到你的穿著不像廠長。譬如，我覺得你沒有打領帶會讓人留下比較不好的印象。隨興的穿著可能讓有些員工有穿著邋塌來上班的藉口。那樣的話可能並不妥。

麥克：聽好，我可不認爲經理和員工之間得劃分得這麼清楚。我穿著跟生產線的員工一樣，可以消除彼此很多的鴻溝，而且我沒有錢購買需要每天保養的衣服。你這樣說好像在找碴。

朗恩：我不是要找碴，麥克。我對提到的事情都有很強烈的感受。另外還有些事情需要改正的。你送到總公司的報告常見到錯誤、拼字也拼錯，我懷疑說不定連數字也搞錯。我懷疑你對這些報告有沒有用心，你好像只是虛應故事而已。

麥克：要是說有什麼我們做得太多，那就是報告。填寫報告表單、爲總公司某個帳房先生整理數據可能讓我花上三季的時間。你爲什麼不取消這些文書工作，讓我們好好做事情？

朗恩：你知道得很清楚，麥克，我們需要仔細地監督公司的生產力、品質和成本。我只是要你更加用心處理這部分的職責。

麥克：好吧，我不跟你爭了。反正爭不過你。總公司的人絕對不會減少報告的需求。不過聽好，朗恩，我也有個問題。

朗恩：OK，什麼問題？

麥克：你怎麼不去找別人的碴？我得回去工作了。

❖ 關鍵性的思考問題

1.朗恩和麥克之間有何溝通障礙，導致雙方彼此無法理解對方？

2.你覺得朗恩試圖告訴麥克什麼樣的訊息？

3.身爲經理的朗恩可以什麼不一樣的方法傳遞這樣的訊息？

4.朗恩試圖給麥克意見時，麥克的反應防禦性爲何這麼強烈？

5.請觀察朗恩和麥克的每一段話，爲每一段話找出更理想的說法，表達出眞正想要傳遞的訊息，讓對方可以正確解讀和理解。

❖ 團隊練習

以三、四個學生爲一組，爲朗恩計劃和麥克舉行會議追蹤後續發展。假設在這段期間裡，朗恩改善了溝通技巧。請說明朗恩應該如何和麥克進行會議，以激勵麥克改善需要改進的地方，而不是一味地排斥意見，並對批評抱持防禦的態度。

資料來源：Whetten, D. A., and Cameron, K. S. (1998). *Developing management skills* (4th ed.), 216-217. Upper Saddle River, NJ: Prentice Hall.

尊重員工的權利和管理紀律

挑戰

讀完本章之後，你將能更有效地處理以下這些挑戰：

1. 了解員工權利和管理階層權利的起源和範圍。
2. 說明人力資源部門在設計僱用政策時，為什麼必須平衡管理階層和員工的權益。
3. 說明僱用關係意願法則。
4. 界定漸進式紀律程序和正面紀律程序。
5. 應用公平的標準處理行為不當的員工，以及說明採取紀律的理由。
6. 不好管理的員工，這些員工挑戰主管的問題可能包括出勤狀況不佳、績效低落、不服從和濫用藥物。
7. 採取主動和策略性的方式進行人力資源管理，藉以避免採取懲處行動。

員工權利

❖ **權利 (Right)**
由法律或社會譴責所保障，不受任何人干擾的行為能力。

權利(Right)是由法律或社會譴責（social sanction）所保障，不受任何人干擾（譬如雇主）的行爲能力。譬如，員工有組織工會的合法權利。如果雇主對支持工會的員工扣押薪資，試圖藉此阻止員工行使組織工會的權利，則是違法的行爲。

員工權利(employee rights)在過去三十五年來已擴大許多，因聯邦和州政府立法提供員工具體的保障。此外，過去十年來，遭到不當解僱的員工在法院上也受到較大的保障。許多人相信，由於受到工會契約保障的勞工比例降低，因此法院更加主動保障員工權利。

表14.1說明管理者必須考慮的三種員工權利。

法定權利

❖ **法定權利 (Statutory right)**
由特定法律保障的權利。

法定權利(Statutory right)是由政府立法保障的權利。員工享有的主要法定權利是1964年民權法案第七條和其他相當的就業平等法（參考第三章），這些法律禁止雇主根據種族、性別、宗教、祖國、年紀、殘障或其他受保障的狀態歧視員工。EEOC規範雇主的行爲，以免員工遭到歧視性的待遇。

另外一種重要的員工法定權利是保障他們免於危險、有害健康的工作環境。1970年職業安全與健康法案規定雇主必須提供員工安全的工作條件，並建立職業安全和健康管理局(occupational Safety and Health Administration)，規範企業的健康和安全做法（參考第十六章）。

員工也享有組織工會和參加工會活動的合法權利（參考第十五章）。

表14.1 員工權利類別

法定權利	契約權利	其他權利
● 以免員工遭到歧視性的待遇	● 僱用契約	● 合理待遇
● 保障他們免於危險、有害健康的工作環境	● 工會契約	● 隱私權
● 享有組織工會和參加工會活動的合法權利	● 默示契約	● 自由言論

全國勞工關係委員會(National Labor Relations Board, NLRB)規範雇主和員工的行為，以確保勞工政策的公平性。

契約權利

契約權利(Contractual rights)是根據契約法律效力為準的權利。**契約**(Contract)乃雙方或多方之間有法律約束的約定[1]。若違反契約（其中一方未能執行其承諾的責任）可能面臨法律賠償的問題。

雇主和員工簽署契約時對彼此都有權利和責任。**僱用契約**(Employment contract)會明確說明員工和雇主之間的關係。一般來說，這樣的契約會說明員工在契約訂定的期間內盡責工作，雇主則得在這段期間內支付共同協議的薪資，契約中並說明具體的工作狀況[2]。僱用契約涵蓋的員工範圍包括非工會化的公立學校教師、大學足球教練、電影和電視演員、高層執行主管和中階主管[3]。只有非常少部分的勞工接受僱用契約保障。

美國勞工中很大的比例（大約14%）是接受工會契約的保障。工會契約是用來保障工會化的勞工大眾，所提供的工作保障雖然不像個別談判的僱用契約，但有年資的保障和工會申訴程序。年資條款規定「最後進，最先出」的裁員標準在工會契約裡相當常見（參考第六章）。工會申訴程序規定所有的懲處行動（包括開除）都必須根據**正當程序**，也就是進行公平的調查，並對工作績效不如理想的員工說明懲處的合理理由。仲裁者獲得

❖ 契約權利 (Contractual rights)
以契約法律效力為準的權利。

❖ 契約 (Contract)
雙方或多方之間有法律約束的約定。

❖ 僱用契約 (Employment contract)
明確說明員工和雇主之間關係的契約。

❖ 正當程序 (Due process)
政策或法律的平等應用。

許多沒有工會組織的公立學校教師都是根據標準模式接受一年期的契約，而非個別談判。

❖ 錯誤的解僱
(Wrongful discharge)
基於非法或不恰當的理由解僱員工。

授權對懲處和權利案件做出判決，如果員工遭到不當解僱，仲裁者可以恢復他們的工作權並提供薪資的補償。**錯誤的解僱**(Wrongful discharge)是指基於非法或不恰當的理由解僱員工，譬如年紀或因員工拒絕從事非法活動。

有時候，雇主和員工就算沒有正式的契約存在，彼此之間還是有某種契約精神，也就是所謂的「默示契約」(implied contract)。有些僱用政策和做法可能在無意間建立一種默示契約。法院曾將面談人員或主管所說的話（譬如「只要你好好做，就不會失業」）的話視爲對工作保障的承諾[4]，遭公司裁員的員工因此順利獲得法律賠償。

其他權利

除了法定權利和契約權利之外，員工還享有其他權利，包括受到合理待遇的權利，以及自由言論和隱私權。這些權利和前面兩種權利不同之處在於：如果他們覺得這些權利受到侵犯，也無法源可以保障他們。儘管法律並未規定雇主必須提供這些權利，但這麼做能提昇員工的滿意度，甘願爲公司付出最大的心力。

❖ 受到合理待遇的權利

員工期望獲得公平且合理的待遇，這麼做的雇主能獲得員工以公平且合理的工作量回報。這樣的期望就叫做「心理契約」(psychological contract)[5]。具有心理契約的員工生產力通常會比較高。

經理和監督主管爲其單位營造的氣氛能影響到整體公司公平且合理對待員工的風氣[6]。經理和監督主管特別應該這麼做：

- 採取行動建立信賴，譬如分享實用的資訊，以及信守承諾。
- 言行一致，以免員工對突如其來的管理行動或決策感到震驚。
- 誠實以對，莫以謊言或營造錯誤的印象操縱他人。
- 展現正直的形象，爲別人保密，並表現出對他人的關心。
- 和員工會晤討論公司對他們的期望，且對這些期望詳加界定。
- 確保員工受到公平待遇，績效類似的員工可獲得類似的評語，避免偏袒。
- 堅守明確的標準，讓員工覺得公平與合理──譬如，稱讚和懲處都不應該過當。

■ 尊重員工，公開表示關心員工和肯定他們的優點與貢獻[7]。

❖ 對隱私權的有限權利

隱私權保障人們，以免個人私事受到不合理或不想要的侵犯。美國憲法雖然並未明文規定這樣的權利，不過最高法院於1965年的判決指出憲法默認這樣的權利。譬如，憲法並未明文禁止不合理的搜索和逮捕，這種禁令和一般隱私權是相當的。

隱私權另外有兩種基礎。第一，有幾個州的憲法（包括亞利桑那州和加州）明文規定隱私權。第二，聯邦法律中有部分條文保障員工在具體層面的隱私權。譬如，1968年犯罪控制與安全街頭法案(Crime Control and Safe Streets Act)禁止雇主偷看或竊聽員工私下的溝通。

人事檔案的保護是很敏感的隱私權議題。每個員工的**人事檔案**(Personnel file)為每位員工保存的檔案，所存檔案包括重要的人力資源相關資料，譬如績效評鑑、薪資紀錄以及事業生涯上的里程碑。除了經理有跟工作相關「不得不知」的理由之外，任何人都不得取得這些人事檔案。員工應該定期檢查他們的人事檔案，確定內容正確無誤。如果人事檔案存放在人力資源資訊系統(HRIS)內，那麼應該以密碼和特殊碼控制資訊的取得，藉此保障員工的隱私權。

❖ **人事檔案**
(Personnel file)
為每位員工保存的檔案，所存檔案包括重要的人力資源相關資料，譬如績效評鑑、薪資紀錄以及事業生涯上的里程碑。

根據**1974年隱私權法案**(Privacy Act of 1974)，美國聯邦政府對其員工人事檔案之隱私權提供保障。這項法案要求聯邦政府機關同意員工檢查、

❖ **1974年隱私權法案**
(Privacy Act of 1974)
對美國聯邦政府員工人事檔案隱私權提供的保證。

星巴克(Starbucks)的「使命聲明」中即涵了道德價值觀，如：尊重他人與工作環境。

複印、更正或修改他們人事檔案內的員工資訊。這項法案也規定，如果對於檔案內之資訊正確性有所爭議，應該訴諸申訴流程[8]。

❖ 對於自由言論的有限權利

美國憲法第一條修正案保障美國全體國民的言論自由。所以言論自由的權利比起隱私權要明確得多。不過，這樣的權利也是有限的[9]。政府員工受到的保障要高於民間企業員工。譬如，如果國稅局員工對於目前總統的稅務政策不滿，大可公開表達自己的看法，無須擔心遭到懲罰。可是如果Sears百貨公司經理公開反對公司的定價政策，那麼公司大可予以懲處甚至開除。所以，民間企業員工的發言若對公司或其聲譽造成傷害，經理大可予以處罰。同樣的，如果公司員工污辱別人的種族或性別，那麼公司可以（而且應該）處罰。美國石油公司Texaco有個經理污辱非裔美國員工的種族背景，而公司並未對這名主管做出任何處分，結果導致公司面臨昂貴的歧視官司[10]。不過這種情況還是有例外。當員工對外界透露管理階層不當的行爲時，他們是揭發不義；在聯邦政府和一些州政府的法律，揭發不義具有合法的權利。我們將於本章稍後深入討論揭發不義的議題。

應思考的道德問題

有個電腦程式設計經理懷疑屬下當中有位程式設計師透過電子郵件和競爭對手透露程式設計的訊息。這位經理如果沒有獲得這位員工的同意就查閱他的電子郵件檔案是否妥當？

經營權

❖ 經營權 (Management rights) 管理階層經營公司和保留公司盈餘的權利。

雇主的權利通常叫做**經營權**(Management rights)；簡而言之，就是管理階層經營公司和保留公司盈餘的權利。在美國，經營權的保障來自財產法、普通法（傳統法律原則，大多源自英國）以及資本主義社會接受民間企業和獲利動機的價值觀[11]。掌控公司的股東和業主透過其財產權，授權經理負責公司的經營。

經營權包括管理員工的權利，以及聘僱、升遷、指派、處分和解僱員工的權利。不過員工有權隨時辭職（至少那些沒有簽署僱用契約的人可以這麼做），這點讓管理階層掌管員工的權利受到牽制。所以，公平對待員工對管理階層本身也有好處。

會受到職場決策影響的團體，其權利也會影響到經營權。譬如，主管有權利僱用他們想要僱用的人，不過這項權利會受到EEOC法的影響，

EEOC規定雇主不得根據年紀、種族、性別等求職者的特質予以歧視。此外，經理有權利爲其員工設定薪資水準，不過工會的勞工契約則要求雇主根據契約條款支付員工薪資。

顧用關係意願法

顧用關係意願法(Employment at will)是指雇主得以基於任何理由隨時終止和員工聘僱關係的普通法。美國法院於十九世紀採取這項法規，肯定勞資雙方的對等關係以促進勞動市場的彈性。由於員工可以基於任何理由自由終止與雇主的關係，所以法院認爲雇主也應該有權於任何時候終止與員工的關係。對於小型企業而言，績效低落的員工往往攸關公司的盈虧，所以顧用關係意願法對他們而言特別重要。

❖ **顧用關係意願法**
(Employment at will)
雇主得以基於任何理由隨時終止和員工聘僱關係的普通法。

❖ 顧用關係意願法的法定限制

過去十五年來，各州法院對顧用關係意願法的應用設下一些限制。由於這是各州法院的判決，而非聯邦法院，所以差異極大。不過一般來說，顧用關係意願法可以分爲三種：公共政策例外、默示契約以及缺乏誠信和公平處理。在某些州，起訴人獲得可觀的懲罰性之損害賠償和薪資賠償。1996年對於遭到不當解僱的案子，原告平均可獲得20萬5000美元的賠償。

1 公共政策例外

美國法院判決規定，雇主不得因爲員工從事受法律保護的活動而解僱他們。譬如：

■ 合法提出勞工傷殘給付的申請。
■ 行使法律義務，譬如擔任陪審團員。
■ 拒絕違反專業倫理。
■ 拒絕爲雇主偏好的候選人拉票[12]。

2 默示契約

誠如先前所見，法院判決顯示，雇主若以口頭或書面承諾工作的保障，可能就被視為一種默示契約。譬如，員工手冊中提到員工只要有良好的工作績效就能獲得工作保障，或不清楚這項規定的經理在面談時承諾求職者「表現好的人在我們公司絕對有機會」，默示契約就可能從而建立。為了避免默示契約引起的官司，雇主應該謹慎修改員工手冊內容，刪去任何可能被解讀為默示契約的話語。此外，雇主應該訓練經理，避免他們在和新進人員或現有人員談話時暗示工作保障的承諾。

❖ 缺乏誠信和公平的處理

有些地區的法院認為，僱用關係裡每一方彼此應該誠信以對。如果某一方出於惡意或缺乏誠信，法院可能會要求他們支付權益受損者賠償。譬如，如果雇主在員工即將退休之前開除他，法院可能認為這是缺乏誠信的行為。在這樣的情形下，雇主負有舉證的責任，必須證明開除的決定是基於正當理由。

為了盡量避免因為默示契約引起的不當解僱官司，許多雇主引用顧用關係意願法要求新進員工簽署文件，表示他們了解雇主可以隨時基於任何理由解僱[13]。

應思考的道德問題

要求全體員工簽署僱用關係意願聲明書，表示他們了解雇主得以任何理由隨時解僱他們，這符合道德的做法嗎？

員工權益的挑戰：平衡法

對於人力資源專業人員和經理而言，職場有四大議題特別具有挑戰性，因為這些議題在員工的權益和管理者的權益之間很難取得平衡：(1)隨機藥檢；(2)電子監視；(3)揭發不義；(4)辦公室戀情。

隨機藥檢

隨機藥檢的作法讓管理階層保護其員工和顧客的責任與員工的隱私權產生衝突。隨機藥檢是指雇主無須任何懷疑或理由對員工隨機進行檢驗，以找出有使用毒品的人。這項測驗通常是對員工提供的尿液樣本進行分析。

許多員工認為隨機藥檢不合理，而且是非法侵犯他們的隱私[14]。雖然法律規定安全考量極爲重要的職業必須進行隨機藥檢，譬如飛行員和軍隊人員；不過在有些情況下，雇主有其他方法可以確定工作環境內沒有人濫用藥物。譬如國際消防隊員協會(International Association of Fire Fighters)允許勞工契約裡註明可以基於「正當理由」進行藥物檢測，但不同意隨機藥檢。無以計數的雇主在聘僱前要求求職者接受藥物檢測，以作爲聘僱的條件[15]。

隨機藥物檢測的政策設計有著無數的挑戰。人力資源部門人員可以協助管理階層，讓他們了解以下情況應該如何因應：

- 如果員工的藥物檢測結果爲陽性，公司應該如何處置？經理應該予以解僱、還是努力協助他們戒毒？
- 有時候藥物檢測的程序會產生假性的陽性結果。如果員工有合理的理由，譬如服用醫師處方的藥品或吃了摻有罌粟的貝果（罌粟是鴉片的原料），雇主如何保障該名員工不會被控以使用非法毒品的罪名？這種陽性反應的假象應該如何避免？
- 經理如何避免尿液樣本被調包的問題？以免有心人士故意改變檢驗結果。員工在提供尿液樣本時，經理應該派人監視嗎？這樣的做法會不會侵犯員工的隱私權？

摩托羅拉隨機藥檢政策政策就是特別爲了處理這些議題所設計的。這是由公司的人力資源部門管理，並以「摩托羅拉之隨機藥檢政策如何運作」爲題，就各項議題和應用提供詳盡的說明。摩托羅拉之所以進行隨機藥檢，是因爲公司發現到員工濫用藥物導致浪費時間、降低生產力、以及醫療和勞工傷殘給付，每年會耗費估償1億9000萬美元。這相當於公司淨利的40%[16]。

爲了避免隨機藥檢程序的問題，公司管理階層可能決定運輸或安全敏感性較低的工作，可以採取聘僱前的藥物檢測或進行正當理由檢驗(probable cause drug test)[17]。聘僱前藥物檢驗是甄選過程當中的一部分。譬如，聘僱前藥物檢測可能是身體檢查的一部份，應徵者必須接受才有機會獲得任用。未能通過檢測的人則無法獲得任用[18]。至於正當理由藥物檢測試，則是公司對發生意外、不安全工作行爲或行爲透露初使用藥物徵兆者（其中包括判斷力受損、口齒不清）進行的檢測。值得注意的是，聘僱前藥物檢測和正當理由藥物檢測兩者都不是隨機進行的，而是在聘僱之前或基於預先設定的理由，譬如發生意外或在工作場所進行不安全的行爲。美國管理協會(American Management Association)於2001年進行的意見調查顯示，67%的美國企業都有採用某種型態的藥物檢測。

此外，有一種測驗方式既不會侵犯員工隱私，且對於員工身體狀況的判斷也更爲可靠：那就是表現測試(performance test)。譬如，有些以電腦進行的表現測試，會測驗員工眼－腦的協調能力，藉此判斷其執行工作的能力。在矽谷的Ion Implant Service公司，運貨司機每天早上在電腦前面排隊輪流「玩」一種簡短的電腦遊戲。除非結果顯示司機通過測驗，否則他們不能進入卡車的駕駛座。如果員工無法通過表現測試的話該怎麼辦？有些公司會請他們去找直屬主管，另外有些公司則要他們尋求員工協助計劃的協助。表現測試比較可靠，而且比較不會侵犯員工隱私，除此之外，每名員工的測驗成本只需0.60美元到1美元，就算是最便宜的藥物檢測每名員工成本也要10美元之多[19]。

電子監視

專家估計，美國企業因爲員工偷竊所造成的損失每年高達4000億美元[20]。「偷竊」的行爲包括竊取商品、盜用公款、產業間諜、電腦犯罪、暗中破壞以及濫用上班時間。銀行因爲員工盜用公款每年造成的損失平均爲4萬2000美元，電腦犯罪令企業遭受的損失卻達40萬美元之多[21]。零售商店因爲扒手造成的損失平均爲213美元（譬如商店顧客竊取商品），員工竊取商品所造成的損失平均卻高達1萬587美元。產業間諜竊取商業機密，譬如程式碼或微處理器晶片的計劃，他們竊取的財物可能極爲重要，甚至威脅到公司的生存。員工竊取的上班時間也會造成雇主嚴重的損失，譬如上班打私人電話、濫用病假去度假或趁著上班時兼差。

如果管理階層採用電子監視以控制偷竊行爲，那麼員工很可能認爲這是合理的要求。不過即使這樣，有些管理者還是逾越了合理的界線。譬如，專家估計2000年有三千萬名美國員工遭到秘密的電子監控[22]。馬里蘭州Silver Spring的Holy Cross醫院就是如此，該醫院的護士發現到更衣室牆

愈來愈多雇主對員工的電腦採用電子監視，可是這會造成雇主和員工之間的摩擦。為了和員工維繫良好的關係，經理應該知會員工在工作場所所有的監視行動。

壁上掛著的銀色盒子裡居然裝著攝影機，而監視的人正是醫院的保全主任——此人是個男性，這個消息令這群護士激憤不已[23]。

有些雇主採用電子監視器材防止員工竊取上班時間，避免他們打電玩或上色情網站。雇主會對這些浪費時間的行爲進行監視。

爲了避免電子監視器材的使用讓誠實的員工（大多數的員工都是誠實的）覺得恐懼或侵犯他們的隱私，經理應該：

- 讓員工了解公司設有採用電子監視設備監視他們的行爲。避免採用秘密監視的方式，除非經理有合理理由懷疑某個人竊取公司財物。如果是這樣的情況，主管應該取得法院同意進行秘密監視。
- 如果公司決定監視員工的電子郵件和網路的使用情況，那麼管理階層應該提供員工具體的使用原則，讓他們了解電子郵件和上網的規範。譬如，公司應該告知員工電子郵件內容若有種族歧視或性別歧視的言論並不妥當，或是告知員工不得上賭博的網站、聊天室、線上遊戲或有暴力或色情畫面的網站[24]。

- 為電子監視設備找到有利員工和雇主的用途。譬如艾維斯租車公司(Avis Rent A Car)以監視設備提供員工表現的意見回饋。員工也認為這是寶貴的訓練工具。
- 建立有系統的反竊政策，並對公司全體員工公佈這項政策。並且採取其他的做法對抗竊盜行為，譬如推薦函的查核、紙筆進行的誠實或正當性測驗，藉此淘汰可能行為不誠實的求職者，以及內部控制，藉此控制現金（會計控制）、商品（庫存控制）、電腦和資料庫（電腦安全控制）以及公司商業機密〔安全徽章、審查程序(clearance procedure)〕的控制。

揭發不義

❖ 揭發不義 (Whistleblowing)
員工對可能採取更正行動的人士或組織揭發雇主非法、不道德或不合規定的做法。

揭發不義(Whistleblowing)是指員工對可能採取更正行動的人士或組織揭發雇主非法、不道德或不合規定的做法[25]。揭發不義的行為可能產生有效的解決方案，可是也可能對公司營運造成干擾。

揭發不義的風險很大，因為管理者和其他員工可能對付揭發不義的人。揭發不義者雖然是出於利他的動機，但往往遭到別人排斥、騷擾，甚至因此遭到開除。

應思考的道德問題

你發現直屬上司跟公司謊報出差費用，當你問他時，他卻說大家都這麼做，其他部門的主管也是這樣，而且公司的補貼率訂得非常低，員工必須動用他們的支出帳戶才能獲得合理的補貼。你應該怎麼做？

揭發不義的處理必須平衡員工自由言論的權利，和雇主避免員工忽視主管權威或對外人揭發敏感資料的權利。美國聯邦政府機關以及某些州和地方政府的員工若揭發不義，可獲得一些法律上的保障，可是民間企業員工在這方面的保障就少得多，除非該州有對揭發不義立法。大多數揭發不義的員工都面臨顧用關係意願法的威脅，可能因為對大眾揭發公司不法或違反倫理的行為而遭到開除。有意揭發不義的人應該準備充分的證據，並為雇主的報復做好準備，以及擬定應變計劃，這可能包括了另謀高就，以免最壞的情況發生。

儘管這種種風險，許多員工還是勇於對雇主提出警告。譬如2001年安隆(Enron)執行主管雪倫．瓦金斯(Sherron Watkins)寫了一封突兀的備忘錄給執行長肯尼斯．賴(Kenneth Lay)，對他警告公司可能「爆發一波財務醜聞」。管理階層非但沒有感謝她，反而試圖壓住這個壞消息，並指控她缺

表14.2　建立有效的揭發不義政策

1. 在制定政策的時候接納高層主管的意見，完成後要取得他們的同意。
2. 建立一份書面政策，並且透過各種管道向員工溝通，譬如員工手冊、電子郵件、公司內部網站，以及在部門會議和訓練課程裡。和員工溝通這份書面政策，能夠顯示公司有多麼重視揭發不當的行為。
3. 讓員工舉發初期可以匿名。
4. 建立一套簡化流程，讓員工更容易舉發不當的行為。指派一個專門代表聽取員工初步的申訴，讓員工不用先跟監督主管報告。
5. 只要員工是出於善意，不是為了報復而揭發可疑的行為，便應該予以保護。
6. 建立正確的調查流程，並且向員工說明如何處理他們的報告。這樣的流程在公司各階層都應該一致。
7. 如果調查結果顯示員工的指控是正確的，應立刻採取行動糾正不當的行為。無論調查結果如何，都應該迅速和揭發不義者進行溝通。
8. 建立申訴流程，讓對於初步調查結果不滿意的員工有申訴的管道。如果員工想要申訴，則提供辯護人員予以協助（可能是人力資源部門的人）。
9. 公司（從高層主管到基層人員）都應該致力於建立倫理的工作環境，揭發不義的政策才能夠成功。

資料來源：Adapted from Dworkin, T., and Baucus, M. (1998). Internal vs. external whistleblowers: A comparison of whistleblowing processes. *Journal of Business Ethics, 17,* 1281-1298; and Barrett, T., and Cochran, D. (1991). Making room for the whistleblower. *HRMagazine, 36*(1), 59. Reprinted with permission of *HRMagazine* (formerly *Personnel Administrator*) published by the Society for Human Resource Management, Alexandria, VA.

乏團隊精神。在該公司的財務醜聞爆發，成爲媒體爭相報導的焦點後，瓦金斯勇於對抗執行長，揭發公司財務會計各種問題的勇氣獲得各界肯定，並成爲揭發不義者的楷模[26]。有鑑於此，許多公司體認到建立揭發不義的政策，鼓勵員工對內揭發不當行爲，而不是對外暴露，其實對公司是有好處的。公司可以藉此避免負面的報導以及各種調查、管理和法律行動[27]。表14.2列舉揭發不義政策當中最重要的元素，其中最重要的應該是高層主管的支持，包括執行長。其他重要的元素則包括：揭發不義者起初得以匿名檢舉，以免遭到報復。譬如美國銀行、太平洋瓦斯電力公司(Pacific Gas & Electric)、麥當勞和奇異電器[28]等公司都設有成功的揭發不義政策。

對辦公室戀情的限制

企業對於辦公室戀情的處理方式端視其目標和文化而定。美國軍隊禁止軍官和士兵發展戀情，因爲以免破壞指揮鏈的紀律。軍隊需要高度的紀律，團隊精神對於戰鬥小組的成功極爲重要。一小部份的企業採行「不准約會」政策，試圖消除辦公室員工之間發展戀情的可能性。不過這種政策的施行並不容易。最近，辦公室用品供應商Staples公司就有施行這樣的政策，後來有位資深執行主管被人發現她跟秘書發展戀情，因而被迫辭職。Staples損失了一員大將，而這位主管雖然沒有犯罪，但卻因違反政策而丟了高薪的工作[29]。

其他企業則以比較正面的觀點來看辦公室戀情，認爲許多辦公室戀情發展到最後是走入禮堂，其實有助員工士氣。譬如，微軟執行長比爾・蓋茲(Bill Gates)和他的太太美蘭達・佛蘭區(Melinda French)就是在公司認識的，她當時擔任公司的行銷執行主管。達美航空堪稱企業界不打壓辦公室戀情的代表，達美並沒有任何政策禁止員工約會。達美希望員工對工作秉持專業的態度，在辦公室發展起來的戀情也是一樣。唯一的例外是，公司不允許配偶或男女朋友互爲直屬上司和員工的關係，如果這樣的話，公司會把其中一方調到別的單位[30]。美國企業工作時間愈來愈長的就業趨勢顯示，愈來愈多員工可能和工作場所的同事發展出戀情。人力資源部門代表可以提供管理階層建議，協助他們處理辦公室戀情的議題，一方面保護員工的隱私權，一方面則避免公司惹上性騷擾的官司。

員工紀律

傳統以來，管理者知道當員工行爲不盡理想時，他們必須控制和改變員工的行爲。員工紀律(Employee discipline)是管理階層賴以跟員工溝通，讓他們了解必須改變行爲的工具。譬如，有些員工會習慣性的遲到、忽略安全程序、忽略工作細節、對顧客不禮貌或對同事做出不當的舉止。主管讓員工知道哪些是公司不能接受的行爲，並警告如果不加以改變，公司會採取具體的行動[31]。

員工紀律通常是由主管執行，但自我管理的團隊員工紀律則可能是團隊的責任。譬如，位於紐約Albany外的食品經銷中心Hannaford Bros.把一百二十位倉庫員工分爲五個小組，每個小組各有行爲委員會，負責處理員工紀律，並對管理階層提供建議，其中包括諮詢甚至解僱。管理階層通常會採取這些建議，委員會通常會提出有創意的解決方案來處理紀律問題，事實證明公司通常無須解僱員工[32]。

員工紀律的議題可能突顯出員工和雇主雙方權利的衝突。有時候，員工會認爲他們遭到不公平的懲處，這時候公司人力資源部門人員可以提供協助化解爭議。人力資源在這方面的貢獻特別寶貴，因爲這有助於員工和監督主管維持有效的工作關係。

員工紀律常見的方式有二：(1)漸進式的紀律；(2)正面紀律。這兩種方法中，主管都必須和員工針對問題行爲進行討論。主管通常覺得員工紀律很難達成，有的是因爲不願對員工傳達壞消息，有的則是因爲不知道這樣的討論該如何開場。經理人筆記「有效紀律的五個步驟」將提供建議，讓管理者可以輕鬆處理這個棘手的工作。

經理人筆記

有效紀律的五個步驟

1. **判斷有沒有紀律的必要**。問題是單獨個案還是一種行爲模式？諮詢人力資源部門專家的意見，然後才做出紀律的決定。
2. **開場白應該有明確的目標，要具體，不要拐彎抹角**。討論完畢後，員工應該明確了解你希望他改進的地方。
3. **溝通必須是雙向的，而非單方訓斥，這對紀律面談的幫助最大**。畢竟，紀律面談的目的是找出可行的解決方案，而不是痛斥員工。
4. **建立後續計劃**。對於漸進式和正面紀律程序，雙方對於後續計劃的共識都很重要。特別重要的是建立時間架構，令員工限期改善。
5. **在和諧的氣氛中結束面談**。你可以強調員工的長處，讓對方離開時深信你（以及公司）的確有心讓員工成功。

資料來源：[a]Higgins, L. (1998, March). Six pointers for addressing employee performance concerns. *Nursing Management,* 56. [b]Ibid. cDay, D. (1993, May). Training 101. Help for discipline dodgers. *Training & Development,* 19-22. [d]Ibid. [e]Ibid.

漸進式的紀律

最常見的紀律型態是漸進式的。**漸進式的紀律**(Progressive discipline)是指管理階層施以連串的干預行動，讓員工有機會更正不理想的行爲模

❖ **漸進式的紀律** (Progressive discipline)
管理階層施以連串的干預行動，讓員工有機會更正不理想的行為模式，以免遭到解僱。

式，以免遭到解僱。在這流程中，每個階段的處罰嚴重性會逐漸加深[33]。如果員工對於這些漸進式的警告還是不予以理會，雇主就有理由開除這名員工。

漸進式的紀律程序可以分爲以下這四個步驟（參考表14.3）[34]：

1. **口頭警告**：員工如果只是犯了小錯，上司可以施以口頭警告，並告知如果在一定期間內問題依舊，將會施以更嚴重的處罰，讓員工明確知道公司的期望。
2. **書面警告**：在上司所說的期間內，該名員工還是違反同樣的規則，這時上司會發出書面的警告，而且這樣的警告會留在員工的紀錄裡。書面警告中告知員工必須在一定期間內改正，否則將會面臨更嚴重的懲罰。
3. **停職**：如果員工在這段期間內再犯，將會被無薪停職一段期間。這時主管會施以最後的警告，告訴他如果在一定期間內再不改善，將會遭到開除。
4. **開除**：員工在這段期間內再違反一次這樣的規定，便會遭到開除。

表14.4說明員工輕微犯行和嚴重犯行的例子。

落在輕微和嚴重犯行之間的違規行爲，則可能跳過上述程序中的兩個步驟。這些犯行通常是由監督主管處理，他們會給員工更正行爲的機會，如果不改善將會予以開除。譬如，兩名員工上班時打了起來，不過可能情

表14.3 漸進式紀律程序的四個步驟

1. 口頭警告	2. 書面警告	3. 監督	4. 開除
員工沒有理由的缺勤。上司會給予口頭上的警告，告知如果下個月再犯，就會施以更嚴重的懲罰。	上司口頭警告兩個禮拜後，該名員工再次沒有理由的曠職。這回他接獲一份書面警告，告知如果無法在未來兩個月內改善曠職的問題則會施以更嚴重的處罰，這份警告會記錄到該名員工的人事檔案裡。	六個禮拜後這名員工再度連續缺勤兩天。這次他遭到無薪停職一個禮拜的處分。同時，他還收到上司最後一次的警告，如果在復職後三個月內再犯，則會遭到解僱。	這名員工復職後兩個禮拜又不來上班了，第二天他回到公司後便遭到開除。

表14.4 員工不當行為的類別

輕微犯行	嚴重犯行
● 曠職	● 上班時使用毒品
● 違反服裝規定	● 偷竊
● 違反吸煙規定	● 欺瞞
● 不稱職	● 和上司爆發肢體衝突
● 違反安全規定	● 暗中破壞公司的營運
● 在上班時睡覺	
● 喧鬧	
● 遲到	

有可原（其中一方言語汙辱對方）。在這樣的情況下，打架雙方都可能遭到無薪停職，上司並警告他們如果再犯將會被開除。

正面紀律

在許多情況下，處罰是無法激勵員工改變行爲，反而會讓人覺得恐懼或厭惡施以處罰者（也就是監督主管）。漸進式紀律強調處罰，可能促使員工欺瞞上司，而不是更正本身的行爲。爲了避免這樣的結果，有些公司以**正面紀律**(positive discipline)取代漸進式紀律。正面紀律鼓勵員工自行監督，爲自己的行爲負起責任。

❖ **正面紀律**
(positive discipline)
鼓勵員工自行監督，為自己的行為負起責任的紀律程序。

正面紀律的程序有四個步驟，首先是員工和上司進行討論，口頭上決定雙方都可以接受的解決方案。如果這樣的解決方案無效，那麼雙方再度會晤，討論失敗的原因，並且建立新的計劃和解決問題的時間表。在第二個步驟，雙方會寫下新的解決方案。

如果表現還是沒有改善，那麼第三個步驟就是警告員工恐遭開除。這第三個步驟並不是無薪停職（如漸進式的紀律），而是讓員工有時間評估自己的狀況，並提出新的解決方案。所以公司會鼓勵員工檢討先前的解決方案爲何無效，有些公司甚至讓員工帶薪休「決定假」，藉此建立一套改善表現的計劃[35]。

這個層面的正面紀律通常會遭到經理排斥，他們覺得這形同獎勵表現不佳的員工，有些人甚至懷疑員工故意做出不當的行爲已獲取免費的假日。不過根據Union Carbide（該公司的正面紀律程序有採取支薪的決定假）的員工關係主任，實際並非如此。該公司認爲支薪放假會比無薪停職更有效，因爲(1)無薪停職的員工返回工作崗位後，心中滿是憤怒或自憐，這樣的情緒可能導致他們降低工作效能或暗中破壞；(2)讓員工支薪放決定假有助於避免讓員工成爲同事眼中的劣勢；(3) 讓員工支薪放決定假能突顯管理階層對員工的「善意」，如果日後該名員工眞的遭到開除，並對雇主提出不當解僱的控訴時，公司勝訴的機會較高[36]。

如果在最後的警告之後依舊無法改善，那麼第四個步驟便是開除。漸進式和正面紀律系統對於重大犯行（譬如偷竊）的懲處都是一樣的。在這兩種系統下，偷竊者很可能會被當場開除。

除了訓練經理和監督主管諮詢技巧和方法的成本之外，正面紀律還有另外一個缺點。諮詢過程需要相當可觀的時間才能發揮效果，這表示員工和上司雙方都無法工作。儘管如此，正面紀律對於雙方都有很大的好處。員工之所以偏好這種方式，是因爲主管會尊重他們。諮詢過後，員工改善不當行爲的意願通常會比漸進式紀律來得高。主管之所以偏好這種方式，則是因爲他們無須扮演懲處者的角色。而且他們和屬下之間的工作關係會比漸進式系統下的關係品質更好。此外，在正面紀律的系統之下，經理及早糾正問題的可能性要高得多。

最後，正面紀律可能對公司獲利帶來正面的效果，Union Carbide公司就是如此。研究人員研究過該公司五座工廠的數據後發現，自從Union Carbide正面紀律取代漸進式紀律之後，平均曠職率下降5.5%。而且，其中有家具有工會組織的工廠，紀律申訴率從36%下降到8%。

管理紀律

管理者必須以正當程序處理員工的紀律問題。在紀律的背景下，正當程序的意思是指公平且一貫的待遇。如果員工基於EEO法或工會申訴程序對紀律行動提出挑戰，雇主必須證明該名員工行爲不當並因此受到懲處。所以，公司應該妥善訓練監督主管，讓他們了解該如何管理紀律[37]。經理在這個領域應該考慮的兩大正當程序要素爲(1)判斷員工是否獲得公平待遇的紀律標準；(2)員工是否有權利對懲處行動提出申訴。

基本的紀律標準

有些紀律標準是所有犯行都可以應用的，不論是重大還是輕微的犯行。所有的紀律行動都應該秉持以下程序：

- **說明規則和績效標準**：員工應該知道公司的規則和標準，以及違反這些規定會有何後果。每個員工和監督主管都應充分了解公司的紀律政策和程序。公司應該給予違反規則或不符合績效標準的人糾正行為的機會。
- **事實的蒐證工作**：經理應該蒐集足夠的證據作為其紀律行動的佐證。這些證據應該周詳地記錄下來，讓人難以狡辯。譬如，打卡紀錄可以證明員工遲到；錄影帶可以證明員工偷竊；目擊證人的書面證詞可以證明員工的不服從。員工應該有機會駁斥這些證據，並提供自我辯護的證明。
- **對於違規的反應應該一致**：員工相信公司紀律的管理是一致、可以預期、一視同仁、沒有偏袒是很重要的，否則他們可能會挑戰主管的紀律決定。這不是說每件犯行都應該施以一樣的處置。譬如，為公司服務多年、工作紀錄優良的資深員工如果違反規則，所受的處罰可能會比犯下同樣錯誤的新進員工輕得多。不過，如果這兩個員工都是新進員工，就應該接受同樣的處罰。

熱爐法則(Hot-stove rule)是如何管理紀律行動的模式。這套法則是指紀律流程就跟觸摸熱爐一樣：(1) 觸摸熱爐會被燙傷，這是立刻可見的後果。紀律也應該一樣，是在犯行之後立刻出現的後果。(2)熱爐是一種警告，任何人只要碰到就會被燒傷。紀律的原則也是一樣，應該警告員工違反規則的後果。(3)不管是誰碰到熱爐，所感受的痛楚都是一樣的，紀律原則也應該一視同仁[38]。

❖ **熱爐法則**
(Hot-stove rule)
維持紀律的模式──紀律應該即時、並配合充分的警告，且對全體人員一律同仁。

紀律的正當標準

對於牽涉到法定權利的不當解僱案件，或僱用關係意願法的例外案例，美國法院要求雇主負責舉證，證明解僱員工有正當理由(just cause)。這套標準記載在工會契約裡，在沒有工會組織的企業裡則是記錄在僱用政策和員工手冊裡。其中有七個問題，回覆都必須是肯定的，正當理由才能成立[39]。如果這些問題當中有一個以上的回覆不是「yes」，那麼表示紀律可能失之主觀或缺乏正當性。

1. **通知**：員工有沒有事前獲得警告，了解其行爲可能帶來的紀律後果？除非犯行非常嚴重（譬如偷竊或攻擊），否則雇主應該讓員工了解（不論是透過口頭警告還是書面），讓他了解其行爲已違反了公司規定。
2. **合理規定**：員工違反的規定跟安全和效率有關嗎？規則不應該讓員工的安全或正直受到任何的危害。
3. **在懲處之前先進行調查**：經理在施以處罰之前，有先調查不當的行爲嗎？如果需要立刻採取行動，公司可能視調查結果決定是否讓該名員工停職。如果調查結果顯示並無犯行，公司應該恢復當事人的所有權利。
4. **公平調查**：調查是否公平客觀？公平的調查讓員工得以爲自己辯護。根據聯邦法律，員工在接受紀律調查的訪談時，有權要求同事在側爲其辯護，或有某人可以諮詢或提供目擊證人[40]。
5. **舉證責任**：調查是否提供充足的證據或舉證責任？管理階層可能需要「佔優勢證據」(Preponderance of Evidence)，證明其對員工重大犯行的指控，對於比較輕微的犯行，舉證可能不需要那麼嚴格（但仍得充分）。
6. **一視同仁**：規則、命令和紀律處罰是否公平、一視同仁？主管原本對規則的執行如果寬鬆，不能沒有通知員工就突然轉爲嚴格。
7. **合理處罰**：紀律懲罰是否跟犯行的嚴重性相當？雇主在決定懲處的嚴重性時應該考慮相關的事實，譬如員工的工作紀錄。違反特定規定的處罰可能有很多種，雇主得考慮到員工服務年資和工作品質。

正當理由標準相當嚴格，對於需要主管立刻監督的輕微犯行而言並不適合。無工會組織的企業若奉行顧用關係意願法，則可能選擇要求沒有這麼高的紀律標準[41]。

施以紀律的權利

有時候，員工覺得自己並未受到公平的懲處，這可能是因爲他們的監督主管濫用權利，或因爲主管基於個人好惡處理事情。紀律系統要發揮效果，雇主必須提供員工申訴的管道，讓他人（客觀公正者）檢驗事實。誠如第十三章所討論，良好的員工關係需要申訴程序配合，讓員工可以表達他們對高層行動的不滿。至於對紀律行動的挑戰，「門戶開放政策」和「員工關係代表」則是最有用的工具。這兩種方法因爲富有彈性且可以迅速解決問題，所以大受歡迎。

對於問題員工的管理

到目前爲止，我們的重點都在管理紀律的挑戰上。現在我們要討論一些管理者可能碰到的常見問題。在此所討論的所有問題：出勤情況不佳、績效不佳、不服從和濫用藥物，往往會導致開除的後果。主管需要良好的判斷力和常識，方能管理對問題員工的紀律問題。

出勤狀況不佳

出勤狀況不佳的問題包括缺勤和遲到。出勤狀況不佳可能成爲嚴重的問題，是導致開除的正當理由。如果不善加處理，員工的生產力會隨之下降，團體的士氣也會受到打擊，因爲出勤狀況良好的員工必須更加努力，以彌補這些人的工作。

有時候，員工曠職或遲到是有合理的理由──譬如，生病、托兒問題、天氣險惡或宗教信仰。經理應該了解員工曠職或遲到有沒有合理的理由，如果有，則應該和老是遲到或曠職的員工施以不同的處置方式。

當經理處罰出勤狀況不佳的員工時，應該考慮以下幾個要素：

- **公司的出勤規則是否合理**：出勤規則有沒有彈性，是否把緊急事故或不可預知的狀況納入考慮？譬如多元員工慶祝不同的宗教或文化假日也在此列。如果員工通知公司他有緊急事件需要處理，大多數的公司都會體諒。
- **員工是否事前獲得警告，了解出勤狀況不佳的後果**：如果員工不知道上班時間有多少彈性的話，這點特別重要。

■ **有沒有應該考慮的情況**：有時候需要考慮一些特殊情況，譬如工作紀錄、服務期間、曠職的理由以及改進的可能性[42]。

經理應該了解單位員工出勤狀況差的模式。如果員工老是遲到或曠職，有可能是爲了逃避工作。員工之所以怕來上班可能是因爲同事欺負人、工作本身變得沒有挑戰性、在工作和家庭之間分身乏術或監督不力。對於這類的曠職情形，紀律處分並非最好的辦法。經理或公司最好想辦法改變工作環境，可能的解決方案包括重新設計工作，或是當問題相當普遍時，對公司進行組織再造。

如果員工曠職是因爲在家庭和工作之間分身乏術，那麼彈性工作時間表或允許他們在家上班（電子通勤）可能會比較理想。彈性工作時間表近年來在大小型企業之間備受青睞。全錄實驗彈性工作時間十個月後，員工曠職情形減少三分之一，團隊成員更具合作精神，員工意見調查也顯示士氣獲得提昇[43]。

績效不佳

每個經理都必須處理績效不佳且不回應上司輔導或意見回饋的員工。在大多數的情況下，績效評估（參考第七章）有助於擬定改善的行動方案，扭轉不良的績效。不過有時候，績效差到需要立刻干預的程度。請參考以下這些情況：

■ 有家餐廳經理每天都會聽到憤怒的顧客抱怨某個服務生的服務品質。

■ 有個合夥人的人際技巧很差，因此影響到他和公司另外兩位合夥人的工作關係。公司因爲這個合夥人煽動的嚴重衝突和分裂，而無法達成目標。

以上這些例子凸顯出漸進式或正面紀律程序的必要性。如果這些員工接獲警告或進行諮詢後依然無法改善表現，公司便有開除的合理理由。

企業和經理在處理績效不佳的員工時，應該根據以下原則：

1. 公司的績效標準應該合理，並對全體員工溝通。工作說明可以作爲此用。
2. 記錄績效不佳的情形，公司應告知績效不佳者沒有達到理想標準的原因。員工在一段期間內的績效評估模式可以作爲證明紀錄。

3. 經理應該出於善意讓員工有機會改善績效，如果依然沒有改善才施以處罰。

有時候績效不良的原因並非員工可以控制，此時經理應該避免訴諸紀律處分，除非到非不得已的地步。譬如，員工可能因爲能力不足而無法達到理想的標準。能力不足的員工（缺乏所需的能力，而非不夠努力）可能會獲得補救的訓練課程（參考第八章）或調職到要求比較沒有那麼高的工作，以免遭到開除。員工能力不足的問題可能肇因於公司甄選系統的瑕疵，導致員工技能和工作需求無法配合。

有些公司採取試用期（在這段期間內雇主可以隨時開除員工）以及早淘汰能力不足的員工。試用期通常是三個月。在歐洲，終身聘僱是很常見的型態，所以許多公司堅持聘僱契約裡要註明六個月的試用期。不過公司要招募執行主管時，這類高層人才會要求保證終身職位才肯離開現職，因此這項政策可能會構成問題。

如果員工績效不佳是因爲身心障礙，那麼公司施以紀律處分不但不妥，而且還會違反法律[44]。美國殘障人士法案（參考第三章）規定，對於無法執行工作的殘障員工，雇主必須提供合理的配合。配合項目可能包括重新設計工作或調整政策和程序。譬如，員工若由醫師診斷患有絕症，可能需要從全職工作轉爲兼職或比較有彈性的工作時間。若根據EEOC，這種情形可能是合理的要求，所以雇主若無法配合則可能遭到政府的制裁。

不服從

❖ 不服從 (Insubordination)
拒絕服從上司直接的命令或口頭頂撞上司。

不服從(Insubordination)是指員工拒絕服從上司的直接命令，這種行爲對於管理基層經營公司的權利會構成直接的挑戰。員工口頭頂撞上司也是不服從的行爲。對於不服從者的紀律處分根據犯行的嚴重性以及有無減輕因素(mitigating factors)而各有所差別。這些因素包括員工的工作紀錄、服務年資，以及員工事不是被主管的言語暴力所激怒。

爲了證明處分不服從員工的合理性，經理應該記錄以下事項：(1)上司對屬下下達直接的命令，可能是書面或口頭；(2)該名員工拒絕服從命令，可能是口頭表示或乾脆不理會命令。對於不服從的員工，經理可能施以的紀律處置各有不同，有的是採取漸進式紀律程序的第一步，有的則是立刻施以停職或開除。

不過員工在這兩項例外情況下，得以違背上司的命令：非法活動和安全考量。譬如，某個員工因爲拒絕雇主要他作僞證的要求而遭到開除，在告上法庭後，法官判定該名雇主所作所爲違反法律規定。另外一種員工可以拒絕的違法命令是參與操縱價格和作假帳[45]。美國有些州通過揭發不義法，提供員工更進一步的保障，只要他們能證明是因爲拒絕違法才遭到開除即可獲得法律保護。對於拒絕暴露在嚴重工作風險之下的員工，則可以尋求職業安全與健康法的保障。員工應該具有「合理理由」證明其拒絕服從是因爲擔心本身的安全──譬如，知道上司下令他去開的卡車有煞車問題；其不服從的理由才能被接受。

由於不服從的處罰很嚴重，公司應該建立內部體制和文化（門戶開放政策、申訴系統），讓員工得以申訴上司對其不服從命令的指控。公司如果拒絕傾聽員工不服從命令的理由，可能造成嚴重的法律和財務後果。管理者不得以不服從的指控來掩蓋本身違法或不合倫理的行爲。譬如，主管之所以指控員工不服從命令，可能是爲了把反對其違法行爲的人趕走。公司如果忽略這種問題的徵兆，可能會讓小問題坐大，到最後令公司付出慘痛的代價。

和飲酒相關的行爲不檢

員工飲酒的問題對於管理者而言有兩大挑戰。第一是管理酗酒員工的挑戰；第二則是員工上班飲酒或喝醉酒來上班的挑戰。主管應該以不同的方式處理這兩類員工。

酗酒的員工通常會獲得同情，因爲酗酒是一種病，企業通常會讓這類員工接受治療。不過誠如我們在第十三章所見，有些酗酒員工有強烈的否認機制，拒絕承認他們有酗酒的問題。至於其他人之所以不認爲酗酒的員工有酗酒問題，可能是因爲這種問題通常隱藏在行爲症狀裡（譬如出勤狀況不佳）。所以，主管可能把有酗酒問題的員工視爲出勤或績效有問題，並據此施以紀律處分。具有員工輔導計劃的企業會讓績效有問題的員工和輔導員談話，作爲漸進式紀律的最後一步，如果情況沒有改善才會予以開除。透過諮詢，公司可能發現員工原來有酗酒的問題，隨之將這名員工轉介給戒酒機構。

有時候員工聲稱有酗酒問題以掩飾其行爲不檢的問題。如果員工輔導計劃顧問發現實際並非如此，那麼主管可以紀律程序處理這個問題。

在上班時飲酒或喝醉酒來上班都是嚴重犯行，可能導致嚴重的懲罰。如果公司基於和工作有關的理由禁止上班時飲酒或是在「酒精的影響下」工作，則應該明確說明合理的政策。譬如，如果是營建工地之重機械操作員，公司規定不論上下班時間都不得飲酒是合理的。不過如果是業務代表，規定他們和客戶共進午餐時不得飲酒就比較困難。

證明員工喝醉酒來上班最好的辦法是進行血液酒精含量測驗。主管如果有合理的懷疑，可以要求員工接受這項測驗。所謂合理的懷疑包括員工的行爲異常（譬如說話特別大聲或是說髒話）、口齒不清或口氣有酒味。

由於喝醉酒的員工可能造成公司極大的損失，所以第一次犯行就可能遭到停職甚至開除。譬如埃克森石油公司之瓦爾迪茲號(Exxon Valdez)運油輪在1989年三月於阿拉斯加海岸發生漏油事件，船長接受酒精檢測的結果顯示當時是再喝醉酒的狀態，結果導致艾克森花了10億美元以上的經費清理受影響的地區。

使用和濫用非法藥物

員工使用和濫用非法藥物對於主管也是個嚴重的挑戰。「使用非法藥物」是指使用任何禁止的物質，譬如大麻、海若英、古柯鹼以及非法使用處方用藥，譬如鎮定劑Valium。非法使用藥物的問題跟飲酒的問題很類似，主要的差異在於非法藥物的使用爲社會所不容，但適度飲酒是社會可以接受的。

我們在本章稍早探討過偵測員工使用藥物的具體方法，並將於第十六章探討這個議題的健康層面。在此，我們只要強調，非法使用藥物往往隱藏在精神不集中和無因曠職的徵狀背後。經理若懷疑員工使用藥物或有毒癮，如果公司正好有規劃，便應該轉介該名員工接受員工協助計劃的諮

經理人必須能找出有問題的員工，比如那些有酗酒問題的員工。

詢，同時也得記錄這樣的表現問題並展開紀律程序。如果該名員工接受過諮詢和治療後依然無法戒毒，公司就必須開除他，屆時這些程序和紀錄就相當重要。

進行人力資源管理以避免紀律處分

透過策略性和主動的方式設計人力資源管理系統，管理者可以消除日後對員工施以大量紀律處分的必要性。人力資源計劃的設計若能有效發揮員工的才華和才能，能夠降低公司訴諸紀律手段塑造員工行爲的必要。在這個單元我們會簡短地重申本章稍早介紹過的人力資源功能，說明如何透過這些功能的設計避免出現問題員工[46]。

招募和甄選

花多些時間和資源在員工的招募和甄選選上，管理者可以加強員工和公司的配合程度。

- 選擇能夠配合公司和工作的員工。如果所選出的應徵者在公司很有發展潛力，能夠降低員工日後出現績效問題的機率。
- 查核應徵者的推薦函，並且蒐集背景資料，了解其工作習慣和特質。
- 進行多次面談，並讓多元團體（譬如女性、少數族裔以及資深人員）參與，以免面試主管基於自己的偏見做出錯誤的決定，而且公司能對應徵者獲得更深入的了解。

訓練和培養

對員工訓練和培養的投資以免員工技能過時，可以避免公司日後必須應付員工能力不足的問題。

- 有效的職前訓練計劃能讓新進人員了解公司重視的價值觀，以及公司對他們存有何種期望。這些認知可以協助員工加強對本身行爲的管理，譬如聯邦快遞的職前訓練就是如此，對員工說明公司秉持的價值觀[47]。
- 新進人員的訓練計劃可以降低技能落差和改善能力。
- 如果員工的技能過時，公司可以透過重新訓練的計劃留住這些員工。譬如，員工可能需要定期重新接受文字處理軟體的訓練，因爲科技不斷進步，市面上出現愈來愈多強大的軟體。
- 訓練主管輔導和提供屬下意見回饋，有助於鼓勵他們及早介入有問題的情況，以免日後需要動用紀律處分。
- 公司可以建立生涯階梯，讓員工對公司的目標建立長期的承諾。讓員工知道能在公司長期發揮所長時，對同事和顧客才會有更好的表現。

人力資源規劃

公司可以透過設計工作、工作系列或組織單位來激勵和挑戰員工。具有高度動機的員工通常不會因爲表現不良而需要公司施以紀律處分。

■工作設計應該讓每個員工都能充分發揮才能。公司可能得爲工作設計提供一些彈性，以充分發揮員工的長處。提昇工作彈性的辦法之一是工作分職。這在第十章有討論過，就是以更廣泛的項目取代傳統界定狹隘的工作說明。透過讓工作更多元化，工作分職比較不會讓員工因爲覺得挑戰性不夠或無聊而開始曠職、遲到以逃避工作。工作分職的做法在Aetna、奇異電器和哈雷(Harley Davidson)[48]等企業都施行得很成功。

■應建立工作說明和工作計劃，藉此和員工有效溝通他們應該負責的績效標準。

績效評估

許多績效問題都可透過設計有效的績效系統而避免。有效的績效評估系統讓人們了解公司對他們的期望、本身達成績效的程度，以及改善自身弱點的方法。

■績效評估標準應該合理，而且是員工可以理解且能夠控制的。

■公司應該鼓勵主管不斷提供屬下意見回饋，及早介入可以避免許多問題。

■主管績效評估的重點應該在提供意見回饋和培養屬下的效能上。

■員工的績效評估應該妥善記錄，日後雇主若面臨不當解僱或歧視的官司時可以自保。

獎酬制度

員工若覺得公司的獎勵分配不公（可能出於偏袒），他們可能會對公司失去尊敬。更糟糕的情況是，如果員工覺得自己的貢獻沒有受到肯定或重視，日後很可能不會盡力爲公司效力。

■薪資政策應該讓全體員工都覺得公平。員工的貢獻應該要有收穫，雇主應該對他們解釋公司建立新酬水準的程序。

■雇主應該建立申訴機制，讓員工有權利挑戰薪資決定。員工若能透過合法管道表達對雇主薪資決定的不滿，比較不會跟上司、同事或顧客爆發衝突。

摘要與結論

❖ 員工權利

聘僱關係當中，員工和雇主都享有權利。員工權利可以分為三大：法定權利（保障員工免受歧視、享有安全的工作條件以及組織工會的權利）、契約權利（僱用契約、工會契約以及僱用政策），以及其他權利（享有合理待遇的權利、隱私權以及自由言論的權利）。

❖ 經營權

雇主有權經營他們的公司以及獲利。在美國，經營權的保障來自財產法、普通法，以及資本主義社會接受民間企業和獲利動機的價值觀。經營權包括管理員工的權利，以及聘僱、升遷、指派、處分和解僱員工的權利。雇主權利當中最重要的當屬顧用關係意願法，是指雇主得以基於任何理由隨時終止和員工聘僱關係。顧用關係意願法可以分為三種：公共政策例外、默示契約以及缺乏誠信和公平處理。

❖ 員工權益的挑戰：平衡法

員工和雇主的權利有時會彼此衝突。譬如，隨機藥檢的做法讓管理階層保護其員工和顧客的責任，與員工的隱私權產生衝突。人力資源專業人員在為處理隨機藥檢、電子監視員工、揭發不義以及辦公室戀情的相關政策進行設計時，需要平衡員工和雇主的權利。

❖ 員工紀律

員工紀律是管理階層賴以跟員工溝通，且讓他們了解必須改變行為的工具。紀律方式可以分為兩種。漸進式紀律程序是逐漸加重處罰，最後如果沒有改善便予以開除。正面紀律程序則是由上司對員工進行諮詢，鼓勵員工監督自己的行為。這兩種程序的設計都是用來處理可以糾正的不當行為。

❖ 紀律的管理

為了避免衝突和官司，管理者必須妥善管理紀律，並確保員工有獲得正當程序。管理者得了解判斷的標準，了解員工有沒有獲得公平的待遇，或是有沒有權利對紀律行動提出申訴。紀律系統要發揮效果，申訴機制是不可少的元素。

❖ 管理問題員工

通常必須對出勤狀況不佳、績效不佳、不服從或濫用藥物的員工施以紀律處分。管理這些情形的紀律程序需要有良好的判斷力和常識。紀律處分未必適合所有的情況。

❖ 進行人力資源管理以避免紀律處分

透過策略性和主動的方式設計人力資源管理系統，管理者可以避免日後對員工施以大量紀律處分的必要性。公司可以招募和甄選適合目前職位以及未來機會的人才，訓練和人才的培養、設計能夠充分發揮員工才華的工作和生涯路徑、設計有效的績效評估系統，並為員工的貢獻提供報酬，避免日後動用紀律的必要。

問題與討論

1. 雇主有權利嗎？如果有的話，有哪些權利？

2. 全國醫療公司(National Medical Enterprises, Inc.)是一家市值40億美元的醫院和精神疾病治療中心，目前正在接受刑事調查，因其涉嫌虛報帳單、診斷不實以及延長病患住院天數。調查人員發現全國醫療中心高層主管要求醫院的行政人員要達到「吸收」目標，也就是吸引病患來他們的醫院接受長期沒有必要的治療。高層還要求只是來醫院接受評估的病患半數都得住院。假設這家醫院有個員工拒絕讓他認為沒有必要接受治療的人住院，他的行為算是不服從嗎？如果這名員工考慮把醫院診斷不實的做法公諸於世，他最好先考慮過哪些揭發不義的預防措施？

3. 紐約Spring Valley的Total Recall公司開發出一種叫做Babywatch的隱藏式監錄系統，這套系統是專門為擔心托兒品質的家長設計的。這台不顯眼的小型攝影機擺在弱光處，可以收錄五個小時的畫面。你覺得家長以這套系統暗中監督保母的行為是否侵犯保母的隱私？還是說你覺得他們有合理的理由可以監視保母？

4. 雇主可以何種電子監控的方法有效控制員工的偷竊行為？

5. 紀律管理通常是發生在經理和屬下之間。人力資源人員對於紀律管理的公平性有何貢獻？至於減少對員工施以紀律管理的必要性，人力資源管理人員對此可以有何貢獻？

你也可以辦得到！

討論個案分析14.1

❖ 歡迎來到揭發不義的世界

藍迪·羅巴吉(Randy Robarge)在Commonwealth Edison於密西根湖(Lake Michigan)的Zion核能電廠擔任監督主管，他從來沒有想過自己會成爲揭發不義的人。對他而言，對公司不當儲存核廢料的做法提出質疑是他的職責。這位在公司服務二十年的老兵在安全措施方面備受業界尊敬，Commonwealth Edison還以他擔任安全訓練錄影帶的主講人，整個產業目前仍採用這份錄影帶。所以，他從來沒有想到提出疑慮居然會終結他的事業。

公司對他的騷擾起先還算溫和。他提出的休假申請老是遭到駁回，有同事不在的話，公司就叫他替代對方的工作。同事對他敬而遠之，上司老是批評他的工作。三個月後他就失業了。接下來兩年的聯邦調查證實Zion核電廠的核廢料處理程序（羅巴吉當初抱怨的地方）的確過於鬆散，這家電廠最後關門歇業。

勞工部也下令該公司支付羅巴吉小額的和解金，以補償他受到的不當待遇。在法院眼裡，羅巴吉是無辜的。可是在這事件發生六年後，羅巴吉申請了好幾百份工作都石沉大海；羅巴吉還是無法在產業界找到工作。「眞是活地獄」，現年四十九歲的羅巴吉表示。現在他在靠以前的積蓄和一些奇怪的工作過活。「這是我謀生的方式，我喜歡從事的事情，可是沒有任何人想要接觸我，我被貼上揭發不義者的標籤。」

不幸的是，羅巴吉不是唯一的個案。《揭發不義者：破碎的生活和企業的力量》(*Whistleblowers: Broken Lives and Organizational Power*)作者佛瑞德·愛爾佛得(C. Fred Alford)表示，揭發不義者當中大約有一半都遭到開除，遭到開除的人當中有一半會隨之喪失他們的房子，其中大多數會落得妻離子散的地步。當初揭發安隆財務問題的雪倫·瓦金斯(Sherron Watkins)成爲英雄人物；可是其他大約兩百位同樣揭發不義的人卻過得相當淒慘。整體而言，90%的揭發不義者會遭到他們公司某種型態的報復：公開羞辱、孤立、生涯凍結、開除、黑名單。

因爲揭發不義者通常不會得到同事、甚至朋友的支持，所以孤立感和遭到背叛的感覺會很沉重。「眞是孤單」，麥克·李賽克(Michael Lissack)表示。他以前在Smith Barney銀行服務，但是因爲揭發華爾街金融弊案而聲名大噪。「我老婆說，『謝謝你毀了我們兩人的生活』，然後就離開了我」。精神醫師甚至專爲揭發不義者舉辦年度的治療活動，協助他們處理揭發不義後遭到的壓力和迫害。

❖ 關鍵性的思考問題

1. 如果揭發不義會對專業生涯和個人生活造成如此嚴重的後果，那麼促使員工揭發不義的動機是什麼？你同不同意應該鼓勵更多的員工揭發不義？請說明你的理由。管理階層可以如何鼓勵員工揭發公司非法或是不合倫理的做法。
2. 羅巴吉當初準備揭發不義時，有什麼方法可以減少這些嚴重後果？譬如，你覺得羅巴吉應該先找份工作，然後才揭發前雇主的問題嗎？請說明之。你覺得羅巴吉應該和有經驗的諮詢人員討論他揭發不義的動機嗎？請說明之。羅巴吉為了揭發不義，還可以做其他哪些準備？

❖ 團隊練習

請以四、五個學生為一組，根據表14.2（建立有效的揭發不義政策）的內容探討羅巴吉揭發不義的經驗。羅巴吉當初揭發公司不當行徑時是不是有點天真？你覺得他犯了什麼錯？公司對羅巴吉的方式是否有些不對？對於保護揭發不義者的權利，該公司當初可以採取什麼不同的做法？你從羅巴吉揭發公司不當行徑的經驗，可以得到什麼樣的結論？

資料來源：Adapted from Daniels, C. (2002, April 15). It's a living hell: Whistleblowing makes for great TV. But the aftereffects can be brutal. *Fortune,* 367-368.

你也可以辦得到！ 討論個案分析14.2

❖「僱用關係意願法」之於非志願離職的應用

在僱用關係意願法下僱用員工，管理者在解僱績效不理想的員工時享有更大的彈性。不過管理者必須了解僱用關係意願法適用於什麼情況，以及在哪些情況會以員工權益為重。為了加強對僱用關係意願法的了解，請詳讀以下案例，然後回答問題：

❖Watkinsville安養院非志願離職的案例

貝蒂·布魯爾(Betty Brewer)原本在阿拉巴馬州Birmingham的Watkinsville安養院(Watkinsville Nursing Home, WNH)擔任護士的助手；但是後來遭到開除。貝蒂認為當初受僱期間拿到的員工手冊形同聘僱契約，這下被開除不但讓她覺得很難過，而且覺得雇主不論是故意還是無意，這種過分的行為都造成她的情緒嚴重受創。

貝蒂堅持她遭到解僱的理由並未列在員工手冊裡，而且，WNH要她自己辭職，否則就予以開除，貝蒂認爲此舉讓她的情緒大受打擊。

這家安養院爲了捍衛自己的立場，表示一般普通法准許雇主根據僱用關係意願法解僱員工。他們並且表示根據阿拉巴馬州的法律，勞資雙方得以根據合法的理由、錯誤的理由或是根本沒有理由終止聘僱契約。至於員工手冊，WNH提出其中幾段摘錄。首先是手冊封面內頁有段聲明：

> 本手冊及其中說明的政策並不構成、而且也不應該構成勞資之間的聘僱契約，或是僱用的承諾。

WNH接著主張，根本沒有任何證明顯示貝蒂曾獲得告知，解僱的理由僅限手冊第二十頁裡列舉的理由。WNH表示這完全是貝蒂自己的揣測。WNH指出手冊第二十頁裡明白指出，開除的理由「包括，但是不限於，以下…」（列舉解僱的理由）。該公司進而表示，貝蒂也同意雙方並未就聘僱期間達成協議，所以聘僱期間的條件並不確定。

❖ 關鍵性的思考問題

1.你覺得貝蒂是遭到不當解僱？還是根據僱用關係意願法，雇主是合法地解僱她？

2.根據以上所提的證據，你覺得該公司足以證明他們可以根據未列在員工手冊裡的理由解僱員工嗎？

3.在你看來，這家安養院要貝蒂自己辭職，否則就予以開除的事實是故意或無意間造成貝蒂情緒嚴重受創？你覺得WNH爲何給貝蒂這樣的選擇？

4.WNH應該怎麼做？他們應該堅持開除貝蒂的立場，還是重新思考他們的立場？這個案例對於WNH勞資關係有何影響？

❖ 團隊練習

請以四、五個學生爲一組，爲WNH設計聘用關係意願政策。建立一套程序，確保員工了解雇主是根據聘用關係意願法聘用他們的。你怎麼知道WNH員工明白且了解僱用關係意願法的意義？你覺得應該把僱用關係意願法同意的三個例外情況列入政策之內嗎？

資料來源：Adapted from Carroll, A. (1996). *Business & Society* (3rd ed.), 763. Cincinnati, OH: South-Western.

與組織化的員工共事

挑戰

讀完本章之後，你將能更有效地處理以下這些挑戰：

1. 了解員工爲什麼加入工會。
2. 了解全國勞工關係法（又稱華格納法案），以及國家勞工關係局如何規範勞工政策和工會選舉。
3. 說明美國和其他世界各國的勞工關係。
4. 說明勞工關係策略，以及這些政策對於經營和策略性的勞工關係決策有何影響。
5. 說明勞工關係流程的三個步驟：組織工會、集體談判和契約管理。
6. 解釋工會申訴程序如何運作，以及監督主管的角色與工會維持健康的勞工關係如此重要的原因。
7. 了解工會對於公司整體人力資源管理模式的影響，包括其人力招募、員工發展、薪酬和員工關係政策。

員工為什麼加入工會？

❖工會 (Union)
在薪資、工時和工作環境等議題上，對管理階層代表員工利益的組織。

工會(Union)是在薪資、工時和工作環境等議題上，對管理階層代表員工利益的組織。員工只要繳交工會會費（union dues，也就是支付工會服務的費用）即可參與工會的管理以及支持工會活動。法律保障員工加入和參與工會的權利。法律也規定雇主必須和工會進行談判、協商，針對會影響工會化員工的聘僱議題達成協議。

在美國，員工會尋求工會代表的援助是因爲(1)他們對工作某些層面感到不滿；(2)他們覺得對管理階層缺乏影響力，無法迫使公司進行必要的改變；(3)將工會化(unionization)視爲他們問題的解決方案[1]。工會最好的夥伴就是差勁的管理。

企業通常偏好沒有加入工會的員工。主要的原因在於加入工會的員工薪資通常比較高，這讓工會化的企業在面對沒有工會的競爭對手時容易吃

Teamsters工會員工慶祝罷工結束，以及和優必速談成新的契約。

虧。譬如，主管對於特定員工的工作內容都會受到工會的牽制。在有工會的企業，員工就算表現亮麗，還是無法搶在比較資深的同仁之前獲得功績加薪或升遷。而且許多勞動契約就特定員工訂定出具體的職責，將使工作派任缺乏彈性。當然，許多有工會的公司還是可以蓬勃發展，而工會對於社會也有非常大的好處。譬如，有項針對醫院進行的意見調查發現，有工會的醫院生產力比起沒有工會的醫院高出16%。不過若是可以選擇的話，大多數經理都會偏好沒有工會組織的環境。

美國工會的創始

美國在1935年之前的工會組織大多都沒有法律保障，在那之前的勞工組織還是試圖爲其會員員工爭取和控制工作條件，不過成功的程度不一。美國政府在1935年之前對於工會的立場很簡單：在自由市場經濟裡，聘僱關係無關政府的事，雇主和員工雙方如果覺得無法接受，大可拒絕這樣的關係（參考第十四章介紹的僱用關係意願法）。

1930年代的經濟大蕭條期間，由於雇主必須降低生產成本，導致好幾百萬名勞工失去工作。這些裁員行動令勞工階級受到更大的壓力。也就是在這樣的環境下，華格納法案(Wangner Act)於1935年通過，讓工會活動正式合法化。華格納法案試圖平衡雇主和員工的權力，這樣的目標其實凸顯出大蕭條期間以及二次大戰後，政府和社會對於工會活動的態度。由於大眾認爲勞工階級幾乎沒有什麼力量，所以工會獲得各界的普遍支持。

不過在二十世紀已經結束之際，大眾對於工會的觀點卻出現了轉變。1981年八月三日有兩名空中交通控制員非法進行罷工，兩天後當時的雷根總統便下令開除這兩名員工。遭到開除的這兩名員工並未獲得多大的同情，可能是因爲當時大眾普遍認爲工會的力量過於強大。當時美國的罷工行動正在大幅度地減少當中：從1974年四百二十四件罷工的高峰降到2001年的二十九件[2]。不過，工會在醫藥產業還是不斷成長，而且隨著工會處理新的議題並代表新的專業員工，大眾對於工會活動的觀點也可能跟著改變。譬如優必速快遞公司的員工爲兼職人員爭取更多的全職員工福利而舉行罷工，便獲得大眾普遍的支持。

經理在勞工關係裡的角色

在所有勞工一管理階層的關係裡，經理都是站在最前線。不過員工有工會代表可以爭取其權益，公司也需要專家或幕僚代表管理階層的權益。**勞工關係專家**(Labor relations specialist)通常是人力資源部門的人員，可以化解不滿，和工會就勞動契約內容的修改進行談判，並就勞工關係策略爲高層主管提供建議。

❖ 勞工關係專家 (Labor relations specialist)
精通勞工關係且能對工會代表管理階層的人士（通常是人力資源部門的人員）。

儘管如此，負責勞工一管理階層關係日常責任的還是經理。所以經理必須了解跟工會有關的議題。第一，當員工對工作感到不滿時，工會才能茁壯發展。而經理對於員工對工作環境的看法會有很大的影響力。第二，只要有工會，經理就得負責勞工契約條款日常的執行工作。他們執行這項職責的效能愈高，勞資衝突的可能性就愈低。第三，經理需對勞工法律具備基本的了解，以免在無意間令公司觸犯法律。最後，個別經理通常會應邀參加委員會，聽取工會成員對公司的不滿。如果經理了解一般的勞工議題，對於這類案件的判斷力會更好。

由於工會的本質和功能會受到立法的重大影響，我們在此介紹相關立法。

勞工關係和法律環境

美國主要的勞工關係法是在1930年代到1950年代立法的：華格納法案（1935年）、塔夫一哈特利法案(Taft-Hartleg Act)（1947年）以及蘭卓一葛列芬法案(Landrum Griffin Act)（1959年）。這些法律規範民間企業的勞工關係。公部門的勞工關係則由聯邦或州法律規範，而這個部分的發展則是落在民間部門之後。

美國勞工關係法的歷史一直是爲了達成平衡而努力。政府試圖平衡(1)雇主不受不必要之干擾經營企業的權力；(2)工會組織會員和爲會員談判的權力；(3)個別員工選擇其代表的權利，或是決定他們不想要（或需要）工會代表的權力。要在這三方之間達成平衡是個非常複雜的任務。1935年之前，雇主的權力幾乎不受聯邦立法的限制。不過通過華格納法案之後，許多人卻覺得工會的權力相對於雇主和員工受到過大的保護。在這樣的氣氛之下，國會通過另外兩項法律——塔夫一哈特利法案以及蘭卓一葛列芬法案；試圖讓這三方的權力達成平衡。至於這些法律在平衡雇主、工會和員工權力的成效，專家則有不同的看法[3]。

華格納法案

華格納法案(Wangner Act)又稱爲**全國勞工關係法**(National Labor Relations Act, NLRA)，是在1935年經濟大蕭條期間通過。這項法案的設計在於保障員工組織和加入工會，以及從事罷工、抗議和集體談判的權力。華格納法案通過後，**國家勞工關係局**(National Labor Relations Board, NLRB)隨之成立，這是掌管美國勞工法的獨立聯邦機構。

❖ **全國勞工關係法(1935年)(National Labor Relations Act, NLRA)**
又稱華格納法案(Wagner Act)。這項聯邦法律旨在保障員工組織、加入工會、參與諸如罷工、抗議以及集體談判等活動的權利。

❖ **國家勞工關係局(National Labor Relations Board: NLRB)**
華格納法案通過後成立的獨立聯邦機構，負責掌管美國勞工法。

國家勞工關係局主要的功能爲(1)管理確認選舉(certification election)、不記名投票選舉(secret ballot elections)，以判斷員工是否希望由工會代表；(2)避免和彌補不公平的勞工條例(unfair labor practices)這種非法的行爲。國家勞工關係局可以下達禁止令(an order to cease and desist)，要求有錯的一方終止非法的勞工條例。

根據華格納法案，國家勞工關係局可以處理的五種非法的勞工條例如下：

1.干預、限制或威嚇員工，讓他們無法行使組織工會、集體談判或合作尋求共同保障的權力。

2.主導或干預工會的形成或管理，或爲其提供財務支援。

3.以歧視性的待遇嚇阻員工加入工會。歧視性的行爲包括不僱用工會支持者，或以不升遷、開除或是拒絕加薪的手段對付加入工會的員工，或偏好由工會代表其利益的員工。

4.以開除或歧視性對待的手段，對付以該法案條款提出告訴或提供證詞的人。

5.拒絕和員工選擇代表他們的工會進行集體談判。

❖ **塔夫一哈特利法案(Taft-Hartley Act)**
這項聯邦法律旨在對工會從華格納法案獲得的部分權力設限，透過對勞工一管理階層關係之相關規定的調整，確保雙方都有公平的立足點。

塔夫一哈特利法案

二次世界大戰結束後不久，美國國會便於1947年通過**塔夫一哈特利法**

案。這個法案的設計旨在對工會從華格納法案獲得的部分權力設限，以保障管理階層和員工的權利。儘管塔夫—哈特利法案基本上是偏袒管理階層的權益，但其目標卻是透過對勞工—管理階層關係之相關規定的調整，確保雙方都有公平的立足點。

根據塔夫—哈特利法案，國家勞工關係局可處置這六種非法的工會勞工條例：

1. 限制或威嚇員工，讓他們無法行使該法案保證的權利，或是威嚇員工對於集體談判代表的選擇。

2. 導致或是試圖導致雇主對沒有加入工會的員工施以歧視性的待遇，也就是說，該名員工未加入工會的理由並非因爲無力支付工會統一要求的工會費用和入會費。

3. 在大多數員工選擇以工會作爲他們的代表後，卻拒絕基於善意和雇主進行談判。

4. 要求會員對和另外一個工會有勞工爭議的公司進行產品抵制（次級抵制，secondary boycott）。不過，工會也可能要求員工對本身公司的產品進行抵制（主要抵制，primary boycott）。

❖ **工會入會條款**
(Union shop clause)
新進員工必須在到任日期後的三十天到六十天加入工會的工會規定。

5. 根據**工會入會條款**（Union shop clause，新進員工必須在到任日期後的三十天到六十天加入工會的工會規定），對員工收取過高或不等的工會費用作爲加入工會的條件。

6. 要求雇主對沒有績效的服務付費。這種條例通常叫做超額僱用工人(featherbedding)，從技術層面而言這其實是非法的要求，不過「無必要」或「未執行之工作」的定義往往很模糊。譬如，當柴油引擎取代蒸氣引擎後，火車上鏟煤炭工人的主要工作其實已經不存在，但鐵路工會要求雇主必須繼續僱用這些工人。

十二年後，蘭卓—葛列芬法案又增加第七項非法的工會勞工條例：工會不得基於工會認同的目的對雇主進行抗議〔這種做法叫做認同抗議(recognitional picketing)〕。

❖ **工作權法**
(Right-to-work law)
工會不得在其契約中納入工會商店條款的州法律。

塔夫—哈特利法案最具爭議性的部分應該是第14b條款，這項條款同意州政府施行工作權法。**工作權法**(Right-to-work law)規定工會不得在其契約中納入工會入會條款。工會透過談判將工會入會條款納入其契約當中，爲工會員工提供更大的保障，以及避免沒有加入工會的員工沒有支付工會會費卻能獲得工會的服務。代理入會條款(agency shop clause)的安排比較沒有那麼嚴格，這項條款要求員工必須支付工會服務的費用（跟工會費用大約相當），但並不要求他們加入工會。目前美國二十一個州已成立工作權法，這使得工會的組織和維繫更爲困難[4]。這些州大多坐落在美國南部或西部，遠離主要的工業中心。

塔夫—哈特利法案其他的條款也值得一提。第一，塔夫—哈特利法案明定「封閉式工廠條款」（closed shop clause，員工必須是工會成員才能獲得僱用）乃非法行爲。十二年後蘭卓—葛列芬法案對此進行修改，允許營建業採取封閉式工廠條款，這是其唯一的例外。第二，塔夫—哈特利法案允許員工透過解除確認選舉(decertification election)脫離他們不想繼續參與的工會，並由國家勞工關係局負責解除確認選舉的管理。最後，塔夫—哈特利法案成立一個新的機構「美國聯邦調停局」(Federal Mediation and Conciliation Service)，協助調解勞工爭議，盡量降低罷工和各種勞工爭議對經濟造成的打擊。

蘭卓—葛列芬法案

1959年通過的**蘭卓—葛列芬法案**(Landrum-Griffin Act, 1959)旨在保障工會成員和其參與工會事務。爲了保障這樣的權利，蘭卓—葛列芬法案允許政府透過其勞工部規範工會活動。蘭卓—葛列芬法案之所以獲得通過，是因爲有些工會出現領導階層腐敗和濫用資金從事非法活動的問題。

❖ **1959年蘭卓—葛列芬法案 (Landrum-Griffin Act,1959)**
保障工會成員和其參與工會事務的法律。

蘭卓—葛列芬法案主要的條款如下：

1.每個工會必須列舉員工的權利，確保工會內部具備基本的民主標準。

2.每個工會必須採取一套憲章，並提供副本給勞工部。

3.每個工會必須對勞工部報告其財務活動以及其領導者的財務利益。

4.工會選舉必須接受政府規範，工會成員有權利參與不記名的投票。

5.工會領導者具備信託責任，必須基於會員的利益運用工會的資金和財產，而不是爲了他們個人的私利。工會會員可以控告無法行使其信託責任的工會領袖，並索回損失。

其他會影響勞工關係的法律還包括鐵路勞工法（1926年通過，最後於1970年修正）、諾里斯—拉瓜迪法案（Norris-LaGuardia Act, 1932)以及拜恩斯反破壞罷工法案(Byrnes Antistrikebreaking Act, 1938)。當然，第三章討論的公平就業機會法也適用於沒有組織工會的勞工。這些法律當中最值得注意的是規範運輸產業勞工關係的**鐵路勞工法**(Railway Labor Act)。鐵路勞工法涵蓋鐵路、航空以及卡車產業，這些對於商業的維繫都是非常重要的產業。如果勞資無法達成勞工協議，可以根據這項法規進入化解爭議的程序。根據鐵路勞工法，如果勞資爭議會對各州之間的商業造成打擊，國會和總統可以介入。譬如航空產業，某大航空公司因爲和工會的談判破裂，迫使工會進行罷工，但總統在這時介入化解雙方爭議[5]。

❖ **鐵路勞工法**
(Railway Labor Act)
旨在規範運輸產業勞工關係的法律。

美國大多數的勞工關係法都是在四十多年前制定的，但若因此以爲這個領域沒有新的發展那可就錯了。我們在寫本書的時候，國會正在考慮員工與管理合作法案(Teamwork for Employees and Management Act)，這是華格納法的增修法案，旨在確保員工得以建立和維繫員工的參與計劃[6]。國會另外還在考慮一項法案，禁止雇主在員工進行罷工或停工期間永久性地取代罷工員工[7]。在加拿大，有些省份最近都立法禁止雇主在罷工期間以其他員工替代罷工員工的做法[8]。很顯然的，要在雇主、工會和員工權益之間找到平衡的努力還在一直繼續下去。

我們現在將進一步介紹美國勞工關係的現況。

美國的勞工關係

美國的勞工關係不斷在演變，剛開始的勞工運動是秉持資本主義的經濟結構運作[9]。美國工會向來避免過度強烈的政治黨派色彩，主要是透過和會員所屬企業直接協商來爭取會員的福祉。影響美國勞工關係特色的要素包括：(1)企業工會主義；(2)根據工作類型組織的工會；(3)以集體談判爲焦點；(4)勞動契約；(5)勞工或管理階層敵對的關係本質以及工會會員人數縮減；(6)公部門工會的成長。

企業工會主義

美國工會極重視爲會員爭取更高的經濟福祉。**企業工會主義(Business unionism)**是專注「麵包」議題（譬如薪資、福利和工作保障）的工會主義，爲員工爭取更大的經濟大餅。美國工會奉行企業工會主義，向來避免影響對公司的經營，對於管理階層如何行銷商品或進入哪種新業務的策略幾乎沒有意見。美國企業的董事會裡幾乎不見工會成員[10]。美國工會最重視的是直接跟員工相關的議題。美國勞工法將薪資、工作時間以及條件訂爲勞資談判的強制議題，也就是說資方必須出於善意就這些議題進行談判。至於如何經營公司之類的其他議題則不是強制性的談判主題。

❖企業工會主義 (Business unionism)
專注於改善員工經濟福利的工會主義形式。

根據工作類型組織的工會

美國工會往往根據工作類型組織而成，這點和一些其他國家的工會大相逕庭。譬如，卡車司機通常會加入Teamsters工會，許多公立學校教師則加入國家教育協會(National Education Association)，大多數汽車工人不論受僱於哪家汽車製造商，則都加入聯合汽車工會。由於大多數工會成員受僱於不同的雇主，所以工會組織通常是根據地區區分，在各地區設有辦公室，處理當地日常勞資議題和爭議。全國性總工會則結合這些地方性的工會，負責各地工會的組織和運作，最重要的是建立契約談判的政策。

美國AFL-CIO是由勞工聯盟(American Federation of Labor)及職業工會聯合會(Congress of Industrial Organizations)合併組成，爲許多不同工會組成的聯合會。由於AFL-CIO代表相當廣大的勞工（大約一千三百萬人），所以對於聯邦勞工政策具有極爲強大的影響力。AFL-CIO也對個別的全國工會提供支援，支持有助於勞工大眾的法律。最後，AFL-CIO也化解各全國性工會之間的爭議[11]。

以集體談判爲焦點

工會和管理階層乃美國勞工關係系統的主要角色。一般來說，美國政府扮演中立的角色，允許雙方制定其工作規定，而制定這些條件的機制就

❖ **集體談判**
(Collective bargaining)
工會和管理階層就工作規定進行談判的體系，工會成員將在這些規定的期間內工作。

❖ **工作規定**
(Work rules)
所有的僱用條件和狀況，包括薪資、休息、午餐時間、假期、指派任務以及申訴程序。

是集體談判。在**集體談判**(Collective bargaining)的系統之下，工會和管理階層就工作規定進行談判的體系，工會成員將在這些規定的期間內工作（通常是兩、三年）。**工作規定**(Work rules)是指所有的僱用條件和狀況，包括薪資、休息、午餐時間、假期、指派任務以及申訴程序。

在美國由員工合法選出的工會將成為員工和管理階層談判時的唯一代表。各個工會雖然會為了爭取認同而彼此競爭，不過當某一個工會一旦獲得認同，個別員工就不得選擇由另外一個工會代表。

勞動契約

❖ **勞動契約**
(Labor contract)
明定僱用和工作條件和規定的工會契約，這些規定會對由工會代表的員工造成影響。

集體談判的結果是**勞動契約**(Labor contract)，契約會明定僱用和工作條件和規定，這些規定會對由工會代表的員工造成影響。由於雙方都是志願簽署契約，所以如果任何一方無法盡到契約中的責任，另外一方可以透過法律體系執行契約。

勞動契約乃美國勞工關係系統的一大特色。在許多其他國家（譬如德國和瑞典），工作條件和員工福利都是由勞工法制定，不過美國勞工和管理階層向來是自行制定勞工的福利條件，政府不會介入。不過美國在這方面逐漸效法其他國家的做法。近年通過的1993年家庭與醫療休假法就是很明顯的例子（參考第三章），這項法律賦予員工許多保障，以往這些保障只有受工會契約保障的員工才能享有。目前所提的健康法案更提議將健康保險列入強制性的福利項目；健康保險一向是勞工和管理階層的談判主題之一。

勞工或管理階層敵對的關係本質以及工會會員人數縮減

美國勞工法認為勞工和管理階層之間的關係彼此敵對，雙方對於公司獲利分配的看法互相牴觸。基於這點理由，勞資雙方必須建立規則，藉此和平地分配這塊大餅。

誠如圖15.1所示，美國勞工當中有14%的人加入工會[12]。這遠低於1945年35%的高峰。比例下降的原因包括：由於自動和外國競爭，藍領產業的工作萎縮（這是傳統加入工會的領域）、就業相關立法增加，滿足勞

圖15.1 美國1930～2000年工會會員增減情形

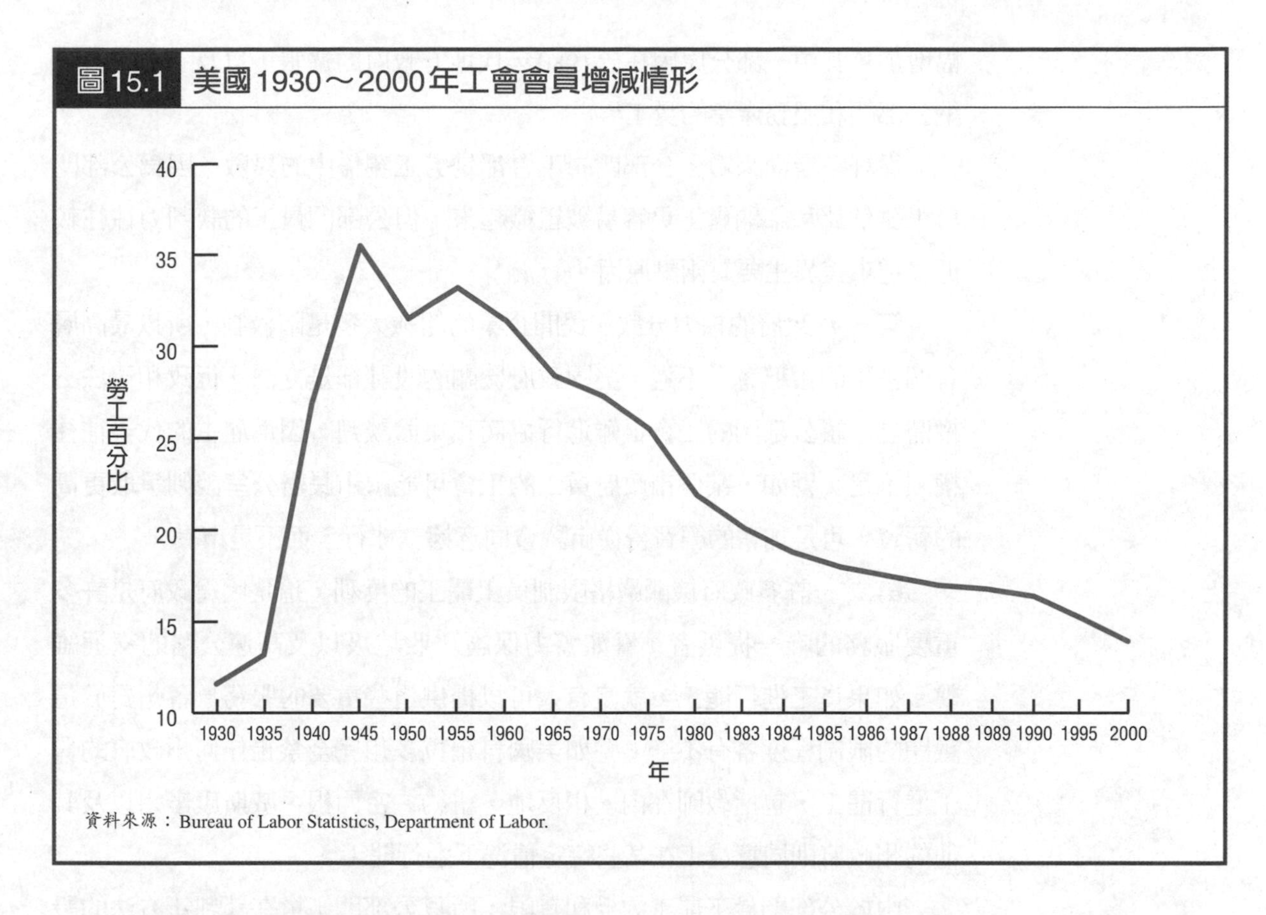

資料來源：Bureau of Labor Statistics, Department of Labor.

工的需求，以及許多企業的勞工關係策略敵視工會，令工會難以動員員工。另外，勞工教育程度提高，以及有些工會領袖觸犯法律的消息影響，也可能使得加入工會的勞工人數減少。

儘管工會會員比例萎縮，但工會依然是美國勞工關係系統裡相當重要的環節，因爲工會所建立的工資和福利模式也影響到沒有加入工會的員工。從這個角度來看，工會間接影響大約40%到50%的美國勞工大眾。事實上，有些企業爲了避免工會動員其員工，因此主動提供員工更高的薪水和福利，讓沒有加入工會的員工也因此受惠。除非工會當初誕生的因素就此消失（低薪、不安全的工作條件、對健康造成危害、資方獨斷地開除員工以及資遣），我們大可寄望工會會繼續屹立不搖。

公部門工會的成長

民間部門加入工會組織的員工比例雖然下降，但公部門這個比例卻大幅增加，其中一部分原因在於1980年代地方政府的擴張，以及工會致力吸納公部門和服務產業的員工[13]。

從許多層面來看，公部門的工會都是勞工關係中的異數，因爲公部門員工雖然比私部門員工更容易被組織起來，但公部門員工的談判力往往較低。這項差異主要有兩點原因。

第一，政府的權力分散。民間企業的組織大多是階級制，所以最高層有個主事的領導者。不過，美國政府機關的設計卻是立法、行政和司法三權鼎立，讓公部門的工會很難進行協商和集體談判，因爲雇主的代表往往權限不足。譬如，某個市政府員工的工會可能跟市長辦公室談判爭取更高的薪資，可是加薪的經費得從市議會同意撥款才行，而不是市長。

第二，許多政府機關嚴格限制員工罷工的權利，這是因爲政府是許多重要服務的唯一提供者，譬如警力保護、收垃圾以及高速公路的交通維繫。如果員工進行罷工，就沒有人可以提供這些重要的服務。各州對於這議題的限制程度各有不一。譬如美國科羅拉多州完全禁止任何州政府的員工進行罷工，包括教師在內。相反地，紐約、密西根、威斯康辛州以及其他的州政府則同意員工在某些特定情況下進行罷工。

由於公部門員工罷工的權利有限，所以公部門工會在談判新方法的設計和實驗方面（包括委託仲裁和調停）一直居於領導的地位。他們的經濟力量有限，所以不像民間部門的工會將薪資列爲最主要的談判議題。譬如，教師工會通常專注於班級大小、工作保障以及教學的自由，而不是直接跟薪水相關的議題。

雖然雇主爲政府機關的工會員工比較沒有談判力量，但還是有一些優勢。工會會員基本上也有投票權，對雇主具有政治上的力量。由於美國非聯邦選舉的投票率向來很低，所以組織良好的公部門工會可能對地方選舉具有相當大的影響力。第二個優勢來自於政府權力分散的問題。這讓工會在某些情況下，得以扮演政府某個部門的角色來制衡其他的部門。譬如，工會可能獲得市議會成員的支持，而市長其他不相關的議題得靠市議會通過才行，所以工會說不定在加薪的談判上能獲得勝利。

其他國家的勞工關係

世界各國的勞工關係各有不同，因爲各國的工會各有不同的意義。在美國，勞工關係牽涉到集體談判和勞動契約，不過在瑞典和丹麥，薪資水準是由國家設定，在日本，企業工會和企業管理階層合作，至於英國，工會則和工黨有著很深的關係，在德國，企業董事會上也有工會代表[14]。此外，美國民間企業員工加入工會的比例逐漸減少，這並非世界性的潮流。其他大多數的工業國家裡，工會不但代表大多數的勞工，在勞工關係裡也是非常重要的一環。

表15.1比較十二個工業國家勞工加入工會的比例，其中包括美國。勞工加入工會比例在大多數的歐洲國家都比較高，譬如義大利和瑞典1995年分別有32%和87%。儘管英國在1980年代員工加入工會比例下降，但1995年加入工會的員工比例仍有32%，爲美國比例的兩倍。雖然日本企業在美國設廠時極力避免員工加入工會，但日本勞工加入工會的比例還是有24%，遠高於美國的比例[15]。

表15.1　各國企業員工加入工會的比例，1955～1995年

	占受薪員工百分比												
年	美國	加拿大	奧地利	澳州	日本	丹麥	法國	德國	義大利	荷蘭	瑞典	瑞士	英國
1955	33	31	64	—	36	59	21	44	57	41	62	32	46
1960	31	30	61	—	33	63	20	40	34	42	62	33	45
1965	28	28	46	—	36	63	20	38	33	40	68	32	45
1970	30	31	43	—	35	64	22	37	43	38	75	31	50
1975	29	34	48	—	35	72	23	39	56	42	83	35	53
1980	25	35	47	—	31	86	19	40	62	41	88	35	56
1985	17	36	47	—	29	92	17	40	61	34	95	32	51
1990	16	36	43	34	25	88	—	—	—	28	95	31	46
1995	14	37	39	35	24	78	9	26	32	23	87	23	32

資料來源：International Labor Organization (1997); and Chang, C., and Sorrentino, C. (1991, December). Union membership statistics in 12 countries. *Monthly Labor Review,* 48.

各國工會的差異

有位專門研究各國工會主義的研究人員表示，不同國家的工會所重視的要務各有不同[16]，有的重視經濟事務，有的重視政治議題，有的兩者皆非，或兩者皆是。誠如我們所見，美國工會非常重視經濟議題，特別是薪資、福利和工作保障。譬如近年來企業委外的風氣引起美國工會的強烈關切，因爲首當其衝的就是藍領階級的工作，也就是工會成員的主流[17]。相較於其他國家的工會，美國的工會對於政治事務的關切就低得多。美國有些工會和工會領導人的確也參與政治，但其參與主要是爲了實際目的，而非出於意識型態。也就是說，他們參與政治不過是達成經濟目的的手段之一而已。

法國和美國正好相反，法國的工會參與政治的程度要高得多，對於經濟議題的關切則比較低。法國最大的兩個勞工聯盟都具有鮮明的政治取向，其中之一甚至以宗教爲導向。法國的罷工行動通常是以政治變革爲焦點，以此作爲捍衛或改善工會成員狀況的主要手段。西班牙跟法國一樣，其工會也以政治手段來達成目的。譬如2002年，西班牙各個工會聯合進行一日大罷工，迫使政治領袖拒絕政府降低勞工失業救濟金水準的提案。大罷工(general strike)是指所有加入工會的勞工在事先預定的簡短期間內停止工作，這種做法的目的是爲了影響政府對於攸關勞工權益之特定政治目標的支持[18]。

在中國，工會在經濟和政治層面的參與度都很低。這一方面是因爲共產黨對於政治和經濟事務的控制無所不在，另外一個原因則是大多數的中國員工都是在非常小型的公司工作，而這些小公司組織的困難性眾所皆知[19]。

最後要說的是瑞典，瑞典的工會在經濟和政治事務的參與通常都很高。瑞典的行業工會除了積極代表其會員參與經濟事務之外，同時也積極參與政府事務。

❖ **勞工關係策略**
(Labor relations strategy)
公司和勞工工會應對的整體計劃。

勞工關係策略

企業的**勞工關係策略**(Labor relations strategy)是指公司和勞工工會應對

的整體計劃。如圖15.2所示，勞工關係策略會爲公司奠定基調，可能造成和工會的衝突，也可能促進勞工—管理階層之間的合作。

公司在選擇勞工關係策略時，最重要的考量在於管理階層是接受或排斥工會[20]。

圖15.2　勞工—管理階層關係的類型

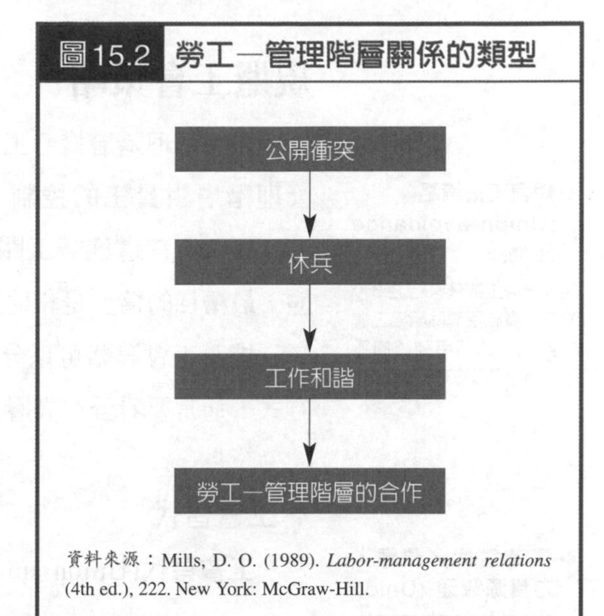

資料來源：Mills, D. O. (1989). *Labor-management relations* (4th ed.), 222. New York: McGraw-Hill.

工會接受策略

在**工會接受策略**(Union acceptance strategy)之下，管理階層將工會視爲其員工的合法代表，並接受集體談判，將其視爲建立職場規定的妥善機制。管理階層努力和工會達成最好的勞動契約，然後根據契約內容管理員工。表15.2顯示的勞工關係政策，正是工會接受策略的例子。

❖ **工會接受策略**
(Union acceptance strategy)
在這種勞工關係策略之下，管理階層將工會視為其員工的合法代表，並接受集體談判，將其視為建立職場規定的妥善機制。

專門研究勞工關係的學者發現，在汽車、電訊、鋼鐵和營建產業[21]的勞動契約模式較能促進工會和管理階層之間的合作，有助於形成合作性的勞工關係。這類契約會規定建立工會—管理階層聯合委員會，定期會晤針對(1)無毒品問題的工作環境；(2)職業安全規定；(3)利潤分享計劃；(4)殘障員工平等機會；(5)禁止任何型態的職場騷擾政策[22]等議題達成互利的協定。

表15.2　**勞工關係政策：工會接受策略**

我們的目的在於建立公平且一致的勞工政策。一方面保有管理階層全部的權力，另一方面和工會對於工會關係建立共識。我們和工會代表以及參與工會員工的勞工關係政策秉持一貫、信賴和可靠的理念。為了有效施行這樣的政策，公司必須：

- 對於代表我們大多數員工的工會，基於善意予以接受。
- 維繫管理階層的經營權。
- 高層主管對其代表在執行公司之產業關係政策時不斷給予支持。
- 以公平、堅定和一貫的態度執行紀律政策。
- 確定工會代表遵守公司所有的規定，除了他們在特定勞動契約下得以豁免的條款。
- 以公平、堅定以及一視同仁的態度處理所有的員工申訴案件。
- 確定每個管理階層的代表都以公平且一貫的態度，盡最大力量執行公司政策。
- 確定所有有關目前契約的決定和協議都有書面紀錄。

資料來源：*The company policy manual* (1990), 332. New York Harper Business Division of HarperCollins Publishers.

規避工會策略

如果管理階層擔心工會會對其員工造成負面影響，或是擔心工會搶走管理階層對員工的控制，便可能選擇**規避工會策略**(Union avoidance strategy)。在這種勞工關係策略之下，和工會的關係頂多是處於休兵狀態，最糟糕的情況是和他們公開發生衝突（參考圖15.2）。

❖ **規避工會策略**
(Union avoidance strategy)
在這種勞工關係策略之下，管理階層試圖消除組織工會的誘因，或利用強硬的手段，避免員工加入工會。

規避工會策略可以分爲工會替代和工會壓制兩種[23]。公司選擇哪一種方式，通常要看公司高層主管所秉持的價值觀而定。

❖ 工會替代

工會替代(Union substitution)，又稱爲**預應人力資源管理**(proactive human resource management)，管理階層回應員工的需求，讓他們沒有組織工會的誘因。IBM、惠普、Eli Lilly、柯達和威名百貨憑著這樣的策略順利避免工會化，而且還建立起理想工作環境的聲譽。這些企業建立許多政策，讓員工普遍對其工作以及得以參與管理階層決策覺得滿意。公司所採取的政策包括：

❖ **工會替代／預應人力資源管理** (Union substitution/proactive human resource management)
這是一種規避工會的策略，管理階層對員工的需求予以高度的回應，讓他們沒有組織工會的誘因。

- 工作保障政策，保護全職員工的工作。公司必須資遣員工時必須先從臨時雇員、兼職人員開始，然後才能資遣永久的全職員工。
- 從內部拔擢的政策，鼓勵員工的訓練和發展。
- 利潤分享和員工配股計劃（參考第十一章），和員工分享公司成功的果實。
- 高度參與的管理政策，採納員工的意見做出決策。
- 門戶開放政策以及申訴程序，讓員工享有和工會契約一樣的權利[24]。

❖ 壓制工會

管理階層若不惜一切代價都要避免工會組織，甚至無須假裝爲員工「做出正確的決定」，則可以選擇**壓制工會**(Union Suppression)的手段。這種規避工會的策略下，管理階層利用強硬的方法（可能是合法或不合法的手段）消除工會或是避免工會動員其員工[25]。

❖ **壓制工會**
(Union Suppression)
這種規避工會的策略下，管理階層利用強硬的手段避免員工組織工會或消除工會。

有時候，壓制工會的策略會引起反擊，除了憤怒的工會、充滿反感的員工以及惡劣的公關之外，管理階層一無所得。在1990年，《紐約每日新聞》(*New York Daily News*)〔當時仍爲芝加哥論壇公司(Chicago Tribune Company)所擁有〕，試圖以取代員工的做法嚇阻當時舉行罷工的工會，可是由於媒體和大眾都同情工會，因此輸掉了這場戰役。紡織製造商J.P.Stevens在美國南部設有工廠，該公司在工會確認選舉之前開除組織工會者，試圖藉此嚇阻其他員工。不過國家勞工關係局代表工會進行干預，勒令該公司承認工會，並且和工會進行談判。

一般來說，壓制工會的做法風險會高於工會替代的做法，所以採用的企業比較少。這種強硬的做法不但蘊藏著可能觸犯法律的風險，還可能令管理階層受到打擊。美國航空界的名人法蘭克．羅倫索(Frank Lorenzo)利用破產法庭撤銷該公司的工會，此舉在當時看似十分高明。可是在1994年當羅倫索試圖成立新的低價航空公司時，卻爲交通部所拒絕，因爲當羅倫索執掌東部和大陸航空期間在安全和法規遵守方面都有問題。交通部甚至表示，這些航空公司「在營運、維修和勞工方面的問題都是航空史上最嚴重的[26]」。

管理勞工關係的過程

現在各位對於勞工─管理階層關係的發展、相關法律以及勞工關係目前狀況和企業在這領域採取的策略已有一些了解，我們可以進而探討勞工關係流程裡的具體元素。誠如圖15.3所示，主管和勞工關係專家必須處理的勞工關係三步驟包括：(1)組織工會，員工在這個步驟行使其組織工會的權利；(2)集體談判，在這個步驟工會和管理階層代表透過談判制定勞動契約；(3)契約管理，在這個階段，公司秉持勞動契約的條文處理每天具體的工作情況。

圖15.3　勞工關係流程的三個步驟

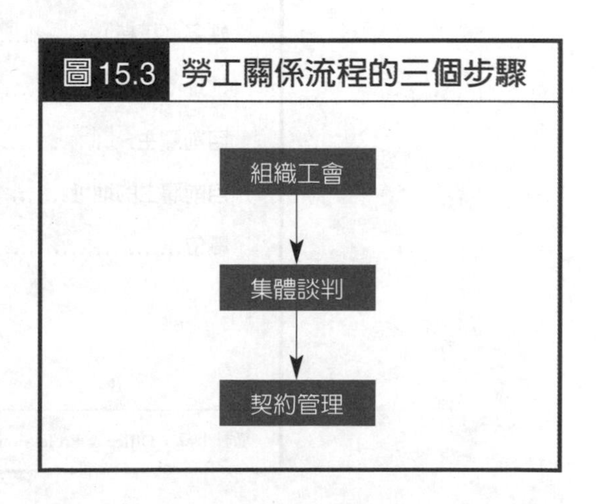

組織工會(Union Organizing)

組織工會是指員工和工會合作，將他們組織成有凝聚力的團體。經理在這個階段面臨的主要議題包括工會動員、選舉前的舉止以及確認選舉。

❖ 工會動員(Union Solicitation)

國家勞工關係局規定，工會必須顯示企業員工有工會化的強大意願，才能舉行確認選舉。也就是說，相關工作單位至少要有30%的員工簽署授權卡，表示希望由某個工會代表他們進行集體談判，工會才能舉行確認選舉。表15.3乃工會授權卡的樣本。

工會動員企業員工的初期通常是在私人住所或是公共場所進行，好讓他們在蒐集到足夠比例的授權卡後，才讓管理階層知道。不過有時候工會覺得必須在公司場地進行動員，好讓管理階層提高警覺，讓他們有機會予以回應。

一半以上的工會都有網站，他們可以透過網站和目前以及潛在的會員進

表15.3 工會授權卡的樣本

日期................. 20............

絕對保密

辦公室與專業員工國際工會，
Local 153，AFL-CIO 265 West 14th Street，紐約，NY 10011

我在此授權辦公室與專業員工國際工會Local 153，AFL-CIO代表我，並和國家勞工關係局申請進行不記名投票。

姓名（正楷）.. 電話號碼...................

地址（郵遞區號）..

目前雇主..

目前雇主的地址..

職位.. 部門...................

簽名..

機密文件

資料來源：Office & Professional Employees Union, New York, NY.

行溝通[27]。美國通訊員工工會(Communication Workers of America, CWA)在試圖動員IBM於科羅拉多州的員工時，指引員工去看某些特定的網站，教導他們如何在IBM組織工會[28]。AFL-CIO的網站(www.aflcio.org)討論工會組織和其他議題，譬如美國上市企業高層執行主管和一般員工的薪資比較，以及工作和家庭的相關議題。這讓有興趣的員工可以透過網站，尋求隸屬於AFL-CIO的工會協助，獲得社會和經濟層面的正義。

管理階層對於勞工關係策略的選擇攸關公司對於工會動員的反應。企業如果採取規避工會策略，通常採取「不得動員」的政策，規定工會動員活動不得在公司的工作領域和工作時間進行（譬如，可以在午餐時間或休息室，但不得在辦公室進行）」。不得動員政策讓工會比較難以影響企業員工對工會的觀點，並說服他們簽署授權卡。不過，採取這種策略的企業必須對所有的動員行動一視同仁（包括慈善活動）」，全部予以禁止。如果專挑和工會動員相關的活動，則是不公平的勞工條例，可能導致國家勞工關係局對這種歧視性的政策下達禁令。

位於康乃迪克州Newington的Lechmere商店禁止工會在其工作場所進行動員，但因公司對其他動員活動也是一視同仁，所以最高法院做出對他們有利的判決。法院指出，Lechmere公司大致而言並未違反華格納法案，因爲他們是對所有組織都施以不得動員的政策，甚至女童軍和救世軍都不例外。

應思考的道德問題

企業打壓工會活動的辦法之一，就是要求某些員工把工會組織的活動一五一十地向主管報告。這樣的策略合法嗎？合乎道德嗎？如果你的回答是肯定的，你覺得這是好的管理方式嗎？請說明理由。

❖ 選舉前的舉止(Preelection Conduct)

如果工會能夠證明有足夠的勞工希望組織工會，那麼國家勞工關係局會安排確認選舉的時間。在選舉之前這段期間，管理階層和工會領袖應該讓員工自由行使權力，對支持或反對工會代表進行投票。根據國家勞工關係局的政策，員工應該在不受威嚇的環境下自由選擇其談判代表（或不由任何工會代表）。

在選舉之前這段期間，經理對待員工的方式應該避免讓人解讀爲試圖利用其職位影響選舉結果。圖15.4之國家勞工關係局「員工需知」裡，說明在選舉之前哪些行爲是不被容許的。經理不得以開除或撤銷福利的手段，威脅員工不得投票支持工會。經理也得避免承諾員工，只要他們投票

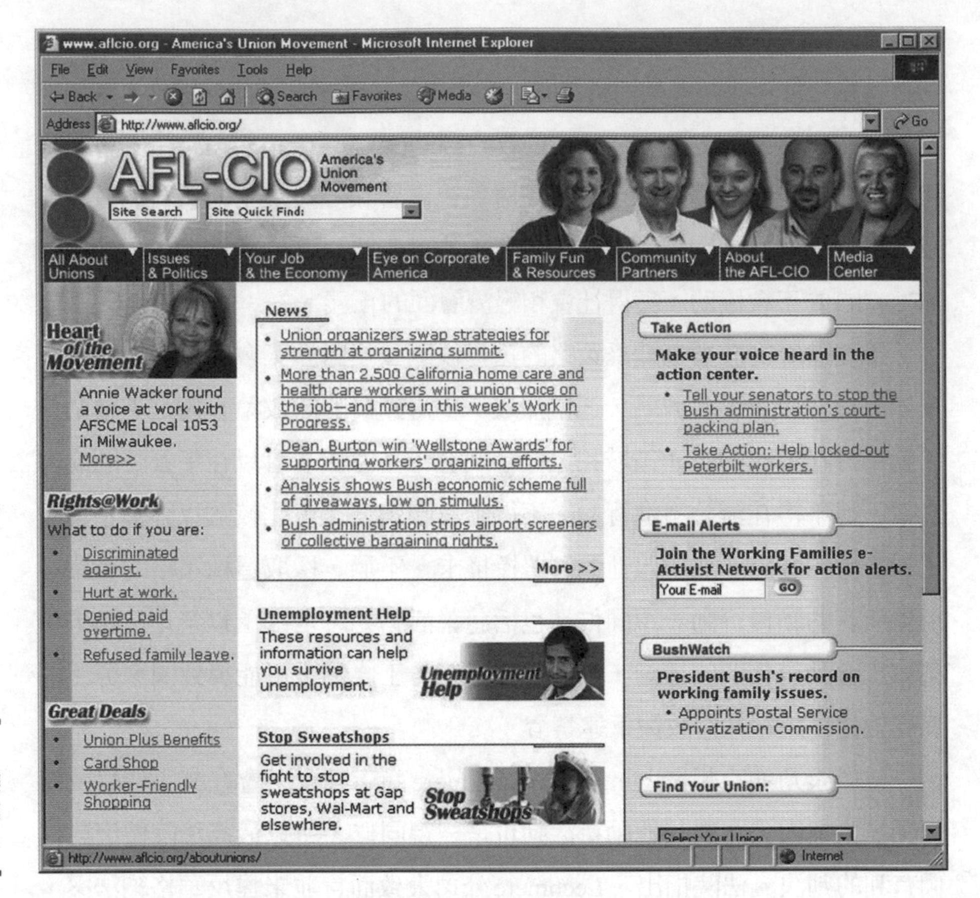

半數以上的工會都有網站。這些網站（譬如這一個）讓想要工會化的員工可以迅速且有效率地獲得所需資訊。

反對工會就可以獲得好處（譬如加薪或升遷）。另外一方面，工會必須避免威脅員工，若不支持工會化就會傷害他們。國家勞工關係局對於工會選舉期間哪些行爲是可以允許的規定極爲複雜，而且經常修改，不過下頁經理人筆記「選舉前舉止的重點建議(TIPS)」將提供經理一般的準則。

管理者必須在選舉之前試圖說服員工，沒有工會對他們比較有利。管理者可以合法採用的方法如下：

- 召集員工發表談話，強調他們爲什麼不需要工會（在選舉前二十四小時之前都算是合法的）。
- 僱用勞工關係顧問協助擬定反工會策略。
- 寄發個人化的信函給員工。
- 播放影片強調不利工會的層面。
- 撰寫備忘錄給員工，摘要說明雇主曾爲他們提供的好處。

美國企業若要制止工會動員員工，可能會聘請專精這方面的顧問協助

圖15.4　國家勞工關係局「員工需知」

NOTICE TO EMPLOYEES

FROM THE
National Labor Relations Board

A PETITION has been filed with this Federal agency seeking an election to determine whether certain employees want to be represented by a union.

The case is being investigated and NO DETERMINATION HAS BEEN MADE AT THIS TIME by the National Labor Relations Board. IF an election is held Notices of Election will be posted giving complete details for voting.

It was suggested that your employer post this notice so the National Labor Relations Board could inform you of your basic rights under the National Labor Relations Act.

YOU HAVE THE RIGHT under Federal Law

- **To self-organization**
- **To form, join, or assist labor organizations**
- **To bargain collectively through representatives of your own choosing**
- **To act together for the purposes of collective bargaining or other mutual aid or protection**
- **To refuse to do any or all of these things unless the union and employer, in a state where such agreements are permitted, enter into a lawful union-security agreement requiring employees to pay periodic dues and initiation fees. Nonmembers who inform the union that they object to the use of their payments for nonrepresentational purposes may be required to pay only their share of the union's costs of representational activities *(such as collective bargaining, contract administration, and grievance adjustments)*.**

It is possible that some of you will be voting in an employee representation election as a result of the request for an election having been filed. While NO DETERMINATION HAS BEEN MADE AT THIS TIME, in the event an election is held, the NATIONAL LABOR RELATIONS BOARD wants all eligible voters to be familiar with their rights under the law IF it holds an election.

The Board applies rules that are intended to keep its elections fair and honest and that result in a free choice. If agents of either unions or employers act in such a way as to interfere with your right to a free election, the election can be set aside by the Board. Where appropriate the Board provides other remedies, such as reinstatement for employees fired for exercising their rights, including backpay from the party responsible for their discharge.

NOTE:

The following are examples of conduct that interfere with the rights of employees and may result in the setting aside of the election.

- **Threatening loss of jobs or benefits by an employer or a union**
- **Promising or granting promotions, pay raises, or other benefits to influence an employee's vote by a party capable of carrying out such promises**
- **An employer firing employees to discourage or encourage union activity or a union causing them to be fired to encourage union activity**
- **Making campaign speeches to assembled groups of employees on company time within the 24-hour period before the election**
- **Incitement by either an employer or a union of racial or religious prejudice by inflammatory appeals**
- **Threatening physical force or violence to employees by a union or an employer to influence their votes**

Please be assured that IF AN ELECTION IS HELD every effort will be made to protect your right to a free choice under the law. Improper conduct will not be permitted. All parties are expected to cooperate fully with this Agency in maintaining basic principles of a fair election as required by law. The National Labor Relations Board, as an agency of the United States Government, does not endorse any choice in the election.

NATIONAL LABOR RELATIONS BOARD
an agency of the
UNITED STATES GOVERNMENT

THIS IS AN OFFICIAL GOVERNMENT NOTICE AND MUST NOT BE DEFACED BY ANYONE

FORM NLRB-666 (5-90)　★U.S. GOVERNMENT PRINTING OFFICE: 1991-312-471/51356

資料來源：National Labor Relations Board.

經理人筆記

選舉前舉止的重點建議(TIPS)

TIPS是由勞工律師和顧問所建立之準則的縮寫，爲經理在選舉前提供行爲的指引：

- 威脅(Threats)：要是威脅員工如果工會贏得選舉將會有嚴重後果；這是非法的行爲。
- 恫嚇(Intimidation)：法律禁止雇主恫嚇員工投票反對工會。
- 承諾(Promises)：管理階層不得承諾如果員工投票反對工會便提供好處或獎勵。
- 監視(Surveillance)：暗中或公開地監視組織會議是非法的。

資料來源：Adapted from Spognardi, M. A. (1998). Conducting a successful union-free campaign. A primer (Part II). *Employee Relations Law Journal, 24*(3), 31-53.

管理階層避免員工工會化。有項研究估計，雇主在工會選戰裡花在顧問上的費用平均爲每員工500美元[29]」。

❖ 確認選舉(Certification Election)

國家勞工關係局監督確認選舉的進行，判斷投票的資格以及計算選票。投票是採取不記名的方式進行，投票結果是由參與投票者決定。

如果工會獲得大多數的選票，便能獲得確認擔任該單位全體員工之談判代表。這表示，在和雇主進行的集體談判中，不論員工有沒有加入工會，都由工會統一代表談判。談判單位(bargaining unit)是指在和雇主進行集體談判中，由工會代表的全體員工。

如果絕大多數的投票人都反對工會，那麼根據國家勞工關係局的政策，未來十二個月內將不得再舉行這類選舉。近年來，在美國舉行的選舉當中工會輸掉一半以上[30]」。

集體談判(Collective Bargaining)

如果工會組織獲得確認，勞工關係流程接下來的步驟就是爲勞動契約的擬定進行集體談判。大多數的勞動契約效力爲兩、三年，效期過後就得重新進行談判。

集體談判最重要的議題包括談判行為、談判力量、談判主題以及談判僵局。在這些領域裡，經理都必須注意自己的行為。

❖ 談判行為(Bargaining Behavior)

國家勞工關係局一旦確認某個工會得以擔任某個單位員工的談判代表，管理階層和工會就有責任秉持「善意」和彼此進行談判。拒絕秉持善意進行談判的話，可能導致國家勞工關係局下達法院禁令。集體談判中雙方展現的善意行為包括：

- 雙方願意會晤和商談合理的時間和地點。
- 雙方願意就薪資、時間和聘僱條件進行談判（這些是強制性的談判主題）。
- 簽署書面契約，並遵守契約內容。
- 在契約失效之前六十日提供對方終止或修改條文的通知。

一般來說，善意談判(good-faith bargaining)是指就算雙方出現歧見，仍合理對待對方。為了展現善意，管理階層在和工會談判時應該擬定不同的提案和建議，而不是一味否決工會的提案。譬如在1960年代，奇異電器的談判人員對工會只提出一項提案，擺出不要拉倒的姿態，並且拒絕就工會所提的任何提議進行談判。國家勞工關係局認為這種僵化的談判方式是不公平的勞工條例，並未展現出管理階層的善意。

應思考的道德問題

假設公司談判團隊和高層主管在談判之前的會議裡決定公司可以接受最高到4%的加薪幅度。可是當談判開始後，管理階層的首席談判代表卻表示公司最高只能接受到2%的加薪幅度，不可能再高了。這是合乎道德的行為嗎？如果情勢正好倒過來，工會談判代表明明知道工會領導層願意接受更低的條件，但卻堅持其要求底限，這是合乎道德的做法嗎？

❖ 談判力量(Bargaining Power)

在集體談判時，雙方一開始都可能採取有利自己的立場，但預留一些可以談判的空間。譬如在談判加薪議題時，工會可能一開始開出8%的加薪幅度，但其實願意降到5%，而管理階層可能一開始提出2%的加薪幅度，但願意追加到6%。

雙方最後會達成什麼樣的協議？5%還是6%？了解如何運用其談判力量的一方，最後結果可能會比較接近他們最初提出的水準。談判權力(Bargaining power)是指讓對方同意本身所提條件的能力。如果管理階層的談判權力高於工會，那麼他們可能讓工會同意5%的加薪幅度。

重要的是談判雙方如何看待彼此的談判權力。雙方的行為都會影響到彼此的觀點。管理階層若擺出強大且嚇人的姿態，可能影響工會進一步讓步。不過這種侵略性的姿態也可能造成反效果，導致工會談判代表更不願讓步。

談判代表有一些其他的選擇可以增強談判權力，常見的策略包括分配式談判和整合式談判兩種[31]。

1 分配式談判

❖ 分配式談判 (Distributive bargaining)
這種談判方式主要是說服對方，若不同意所提條件將面臨極為高昂的代價。

分配式談判(Distributive bargaining)主要是說服對方，若不同意所提條件將面臨極爲高昂的代價。在集體談判裡，雙方無法達成協議的後果通常就是罷工。在美國，當勞動契約到期時，雙方若仍未對新的契約達成共識，往往會爆發罷工行動。當雙方在爭取相當有限的資源時，通常會採取分配式談判策略。

勞工採取分配式談判策略時，會試圖說服管理階層他們願意且能夠維持長期的罷工行動，讓公司獲利遭受重大打擊，並削弱公司的競爭力。譬如在1993年Teamsters工會和優必速快遞公司進行談判時，提出幾項重要的要求，其中包括大幅加薪和增加福利、增加工作保障，以及將兼職工作轉爲全職工作，並且放寬生產力的標準。優必速就契約進行密切的會談後提出一份契約，可是跟Teamsters工會所提的要求相差甚遠。Teamsters工會於是暫停談判，並設了舉行全國大罷工的日期。當時優必速正面臨嚴重的競爭壓力，諸如聯邦快遞和Roadway Package服務等沒有工會組織的公司都是其競爭對手。全國性的大罷工將會令優必速的營運癱瘓。不過就在大罷工迫在眉梢時，Teamsters工會主張改革的總裁朗恩．凱瑞(Ron Carey)敲定一份條件相當優渥的契約，並且終止一些令工會相當反感的嚴格工作條件[32]。分配式談判策略未必規避罷工。四年後優必速和Teamsters工會因爲無法在舊約過期之前就新契約的內容達成共識，終究還是走上罷工這條路。

如果管理階層採取分配式談判策略，則會試圖說服工會，他們經得起長期罷工的考驗，而工會會員在罷工期間沒有收入，撐不了多久。譬如1975年《華盛頓郵報》(*Washington Post*)試圖說服該報社的工會，公司可以經得起罷工打擊，因爲他們已對主管進行交叉訓練，可以應付工會會員的工作。在這個案例裡，公司順利避免一場罷工的風暴。

工會領袖如果相信工會會員願意接受長期罷工的代價，嚴重打擊公司財務的話，也可能採取分配式談判策略。譬如1998年UAW就是採取這種策略防止通用汽車將工會員工的工作發包給承包商。通用汽車之所以想要委外是爲了降低勞工成本。不過通用汽車新款車種在市場上供不應求之際，工會卻發動爲期兩個月的罷工行動。這場罷工讓通用汽車損失22億美元[33]，最後管理階層終於同意讓步。

2 整合式談判

整合式談判(Integrative bargaining)主要是說服對方，如果同意所提條件的話，將獲得極大的好處。整合式談判跟解決問題的方式類似，雙方都想要找出互利的選擇方案。US West和美國通訊工會(Communication Workers of America, CWA)的談判就充分展現整合式談判的好處。由於電訊產業的科技日新月異，US West必須裁減一部分工會化的員工。爲了爭取工會同意裁員，公司表示願意支付受到影響之工會員工的再訓練費用。工會了解維繫公司在產業界的競爭力對雙方都有好處，所以接受了公司的條件。以下經理人筆記「整合式談判指導原則」的單元將說明整合式談判裡雙方該做些什麼才能達成協議。

❖ **整合式談判(Integrative bargaining)**
這種談判方式主要是說服對方，如果同意所提條件的話，將獲得極大的好處。

集體談判裡，雙方混合採用分配式和整合式談判策略是很常見的現象。不過，公司採取的談判類型通常是根據他們整體的勞工關係策略[34]。譬如，採取工會接受策略的企業比較可能混合整合與分配式談判方式，至於規避工會的企業則比較可能只用分配式談判策略。此外，工會選擇的策略也會影響企業的談判策略，因爲集體談判是一種動態的過程。

❖ 談判主題(Bargaining Topics)

國家勞工關係局和法院把談判主題區分爲三種：強制性、允許以及非法。

誠如先前所說，強制性的談判主題(mandatory bargaining topics)包括薪資、時間和聘僱狀況。工會和管理階層都認爲這些主題攸關公司勞工關係的根基。表15.4列舉一些強制性談判主題的例子。

表 15.4 強制性的談判主題

薪資	時間	聘僱狀況
底薪	加班	裁員
加班費	假日	升遷
退休金	年假	資深條款
健康保險	班次	安全規定
出差費	彈性工時	工作規定
獎金	育嬰假	申訴程序
		工會入會條款

經理人筆記

整合式談判指導原則

整合式談判裡，雙方找出共同目標，並建立一套朝著目標邁進的流程。整合式談判有助於促進工會和管理階層之間的合作，以及爲雙方達成共同目標的可能性。爲了達成整合式談判的目標，雙方應該：

- **試著了解對方真正的需求和目的**：所以雙方應該進行對話，告訴對方自己的偏好和最重視的事項，而不是試圖操弄對方。
- **讓資訊自由流通**：談判者必須願意傾聽對方談判人員的意見，並且接受能夠滿足雙方需求的聯合解決方案。
- **強調共同性，盡量降低歧見**：將具體的目標重塑爲合作性的目標。譬如，安全的工作環境應該是工會和管理階層都同意的目標，雖然他們對於如何達成這個目標的具體方法各有不同的意見。
- **尋找能夠滿足雙方目標的解決方案**：當雙方處於對立和競爭的立場時，比較可能汲汲營營於自己的目標，因而忽略了對方的目標。整合式談判策略只有在雙方需求都獲得滿足的情況下才能成功。
- **有彈性地回應對方的提案**：雙方都應該試著配合對方需求，調整自己所提的建議。避免採取過於僵化的立場，沒有任何策略性權衡的餘地。有彈性的立場有助讓對方也秉持同樣的態度，爲了達成共同的目標而努力。

資料來源：[a]Lewicki, R., and Litterer, J. (1985). Negotiation. Homewood, IL: Irwin. [b]Ibid. [c]Ibid. [d]Ibid. [e]Das, T. K., and Teng, B. (1998). Between trust and control: Developing confidence in partner cooperation and alliances. *Academy of Management Review, 23,* 491-512.

國家勞工關係局和法院對於薪資、時間和聘僱條件的解讀很廣。「薪資」可以指任何型態的薪酬，包括底薪、獎金、健康保險和退休福利。「時間」可以指任何跟工作時間表有關的事務，其中包括加班的安排和年假天數。「聘僱狀況」可以指任何會影響工會代表之員工的工作規則，這包括了申訴程序、安全規則、工作說明以及升遷的基礎。

允許的談判主題(Permissive bargaining topics)則是只要雙方同意，就可以在集體談判中討論的主題，不過雙方都沒有一定要就這些主題進行談判的義務。有些允許的談判主題是關於工會成員擔任公司董事以及退休工會員工福利的相關規定。在1990年代初期經濟不景氣，有些工會在薪資談判上讓步，以換取公司股票以及加強對公司經營的發言權。航空產業管理階層和勞工之間的協議就採納一些相當新穎的方式，挽救岌岌可危的航空公司以及成千上萬的工作機會。譬如：

- 西北航空(Northwest Airlines)和其三大工會——技師工會(Machinists)、機師協會(Air Line Pilots Association)以及國際卡車司機同業公會(International Brotherhood of Teamsters)——於1993年達成協議，工會同意讓步讓航空公司得以繼續經營下去。工會讓步的金額超過7億美元，藉此換取西北航空的優先股、在該公司十五人的董事會裡佔有三席、提昇工作保障，並大幅提昇對公司經營的發言權[35]。
- 聯合航空公司(United Airlines)在1994年和機師與技師工會達成協議，工會接受15%的減薪，換取公司55%的股票以及十二人董事會裡的三席。在1996年，聯合航空公司股價已經漲了兩倍以上，表現超越大多數的同業[36]。不過，在2001年恐怖攻擊行動後，由於該公司停飛31%的班機以及裁員兩萬人，聯合航空公司股價重挫。公司命運的驟然改變，令工會沒有興趣以減薪換取更多股票，協助公司度過最新的財務危機[37]。

非法的談判主題(illegal bargaining topics)是指不得在集體談判裡談判的主題，譬如封閉式工廠條款、超額僱用工人以及歧視性的僱用行為。國家勞工關係局將非法談判主題的討論視為非法的勞工條例。

❖ 談判僵局(Impasses in Bargaining)

談判雙方代表回去取得對契約內容的同意之後，勞動契約才算完成。

工會談判代表通常是請工會成員對契約內容進行投票，大多數工會規定會員多數同意才算通過。管理階層的談判團隊則可能得獲得高層執行主管的同意，如果雙方無法就任何一項（或是多項）強制談判議題達成協議，則陷入「談判僵局」(impasse)。如果任何一方堅持就允許的談判主題進行談判，甚至不惜陷入僵局，這種做法是不公平的勞工條例。

如果雙方僵持不下，那麼可能導致罷工。在舉行罷工之前，雙方可能要求調解者協助化解僵局。調解者受過化解衝突技巧的訓練，有時候可以改善談判雙方的溝通方式，順利化解僵局。塔夫—哈特利法案成立的美國聯邦調停局(Federal Mediation and Conciliation Service, FMCS)，監督勞工爭議以及（在某些特定的情況下）調解爭議。此外，FMCS有份公正調解人員和仲裁人員的名單，這些都是可以協助化解契約爭議的合格人員。

如果契約過期日期逐漸逼近，雙方依然僵持不下，那麼工會會要求會員就罷工舉行投票。如果會員通過的話，罷工會在現行勞動契約過期後一天展開。舉行罷工的工會成員不去上班，而且通常會在雇主的大樓前面舉牌子抗議。雙方都得對罷工付出代價。罷工的工會成員在罷工期間沒有薪資或是福利，不過工會可能會給他們一些罷工經費，這是讓罷工成員可以應付基本生活的小額零用金。不過，長期罷工可能會耗盡罷工經費，讓工會在壓力之下不得不做出讓步，下令工會成員返回工作崗位。

罷工的員工也可能面臨遭到永久取代的風險。全球最大的營建設備製造商開拓重工(Caterpillar)當初就是表示要僱用永久性取代的員工，威脅罷工員工「回去上班，否則就會丟掉工作」，藉此在和聯合汽車工會的爭議中贏得勝利。公司的威脅讓罷工工人心生恐懼，乖乖地照著管理階層的條件回去上班[38]。不過採取永久性替代員工的做法很具爭議性，工會也試圖遊說國會通過立法禁止這種做法[39]。

有時候，各個工會可以合法團結起來，支持另外一個工會的抗議行動，這讓企業更難以僱用永久性的員工取代罷工員工。譬如美國三大電視網編劇舉行罷工期間，其他的電視製作員工也離開工作崗位，舉行同情罷工(sympathy strike)。工會團結一致，迫使電視台停止所有的節目製作工作，直到他們和編劇達成協議爲止。

管理階層也會面臨龐大的罷工成本。罷工可能迫使公司停止營運而損失顧客。在競爭極爲激烈的市場裡，這樣的行動可能令公司陷入破產的境地。東方航空(Eastern Airlines)於1989年和國際技師與航空工人協會(International Association of Machinists and Aerospace Workers, IAM)的契約爭議便是如此。罷工也可能導致公司的市場佔有率在競爭白熱化的市場裡被競爭對手搶走。在競爭激烈的客機市場裡，波音(Boeing)就是如此，在2000年，航太專業工程人員協會(Society of Professional Engineering Employees in Aerospace, SPEEA)發動該公司一萬八千名工程師和技術人員展開爲期六週的罷工，這是美國有史以來最大的白領階級罷工行動。最後公司同意和解，同意工會所開出的契約條件──由公司支付所有員工的健康保險費，並在未來三年中每年提供員工5%的加薪[40]。

儘管罷工有時候會產生負面的結果，但仍是集體談判過程中重要的一環。在罷工最後期限的壓力之下，工會和管理階層談判人員都會努力化解歧見，做出讓步。在美國，因爲罷工所損失的工作時間占總工時比例不到0.2%，換句話說，罷工所導致的工時損失並沒有雙方僵持不下所損失的工時多[41]。要是沒有罷工的威脅，毫無疑問的，集體談判將會有更多的僵局無法化解。

罷工有幾種類型。以上所討論的罷工型態是**經濟式罷工**(Economic strike)，也就是說集體談判破裂後產生的罷工。另外一種叫做**野貓式罷工**(Wildcat strike)，這是指在合法契約下自發性地中斷工作，這種行爲通常沒有工會領導階層的支持。野貓式罷工通常是因爲員工對管理階層對其同事施以的紀律處分感到憤怒所致。這種罷工的設計是爲了引起管理階層注意罷工人員想要解決的爭議。有些契約禁止野貓式的罷工，並對參與人員施以處罰，有時候甚至予以開除。申訴程序會是化解工會員工和管理階層之間爭議比較理想的做法。**關廠**(Lockout)是雇主可以對付員工的手段，也就是當勞工爭議期間或爆發之前，雇主關閉其營運的做法。當談判陷入僵局時，雇主可以關廠以免因爲罷工時機造成重要原料受損，而蒙受嚴重的經濟損失。譬如，啤酒工廠必須在特定的日期之前裝瓶，否則整批原料都會毀於一旦。由於雇主還有其他辦法可以迫使工會讓步，譬如僱用永久性的替代員工，所以很少採用關廠的手段。

❖ **經濟式罷工** (Economic strike)
集體談判破裂後產生的罷工。

❖ **野貓式罷工** (Wildcat strike)
在合法契約下自發性地中斷工作，這種行為通常沒有工會領導階層的支持。

❖ **關廠** (Lockout)
當勞工爭議期間或爆發之前，雇主關閉其營運的做法。

契約管理(Contract Administration)

勞工關係最後一個階段是契約管理，這包括了職場勞動契約的應用和執行。有時候勞資雙方會就誰應該獲得升遷或是某個員工有沒有亂請病假等議題而發生歧見。勞動契約裡有詳述化解這種爭議的步驟。

❖ 申訴程序
(Grievance procedure)
按部就班有系統地解決有關勞工契約解讀方面爭議的過程。

大多數工會和管理階層偏好以申訴程序[42]的機制化解爭議。**申訴程序**(Grievance procedure)是一種有系統且逐步進行的程序，其設計是爲了化解和勞動契約解讀有關的爭議。

雖然員工可能試圖透過門戶開放政策或是和人力資源部門的員工關係代表見面等方式來化解爭議，但在工會契約之下的申訴程序有兩項任何其他人力資源管理計劃都比不上的好處：

❖ 工會代表
(Union steward)
在申訴流程中，對管理階層代表申訴員工的辯護人。

1. 申訴程序提供辯護人員，在申訴流程中，對管理階層代表申訴員工的辯護人，這種人員這叫做**工會代表**(Union steward)。其他處理申訴案件的體系裡，員工是由經理或是管理階層的代理人代表，這些人顯然無法全然代表員工的立場。

❖ 仲裁 (Arbitration)
對雙方都有約束力的準司法(quasi-judicial)流程。仲裁者為向外延攬立場中立的人，酬勞來自工會和管理階層（雙方平均分攤）。

2. 申訴程序最後的步驟是**仲裁**(Arbitration)，這是對雙方都有約束力的準司法(quasi-judicial)流程。仲裁者爲向外延攬立場中立的人，酬勞來自工會和管理階層（雙方平均分攤）。不同於申訴委員會（這是由公司受薪人員所組成的），仲裁者對於仲裁結果並無個人籌碼，所以可以做出困難的決定，而不用擔心這會對其生涯造成什麼影響[43]。

❖ 申訴程序的步驟

大多數工會的申訴程序都有三、四個步驟，最後才進行仲裁。圖15.5顯示的是四個步驟的工會申訴程序。通常來說，每個步驟都有期限，越後面的步驟需要愈多的時間，正式的程度也會愈高。由於申訴程序要花時間，而且會讓許多人放下平常的工作，所以對於公司和工會而言，儘早解決爭議對雙方都有好處。

有效的申訴程序關鍵在於訓練監督主管了解勞動契約，並和工會代表一塊在第一個步驟就化解爭議。在人力資源部門的勞工關係人員在此可以提供監督主管訓練和諮詢服務，做出很大的貢獻。

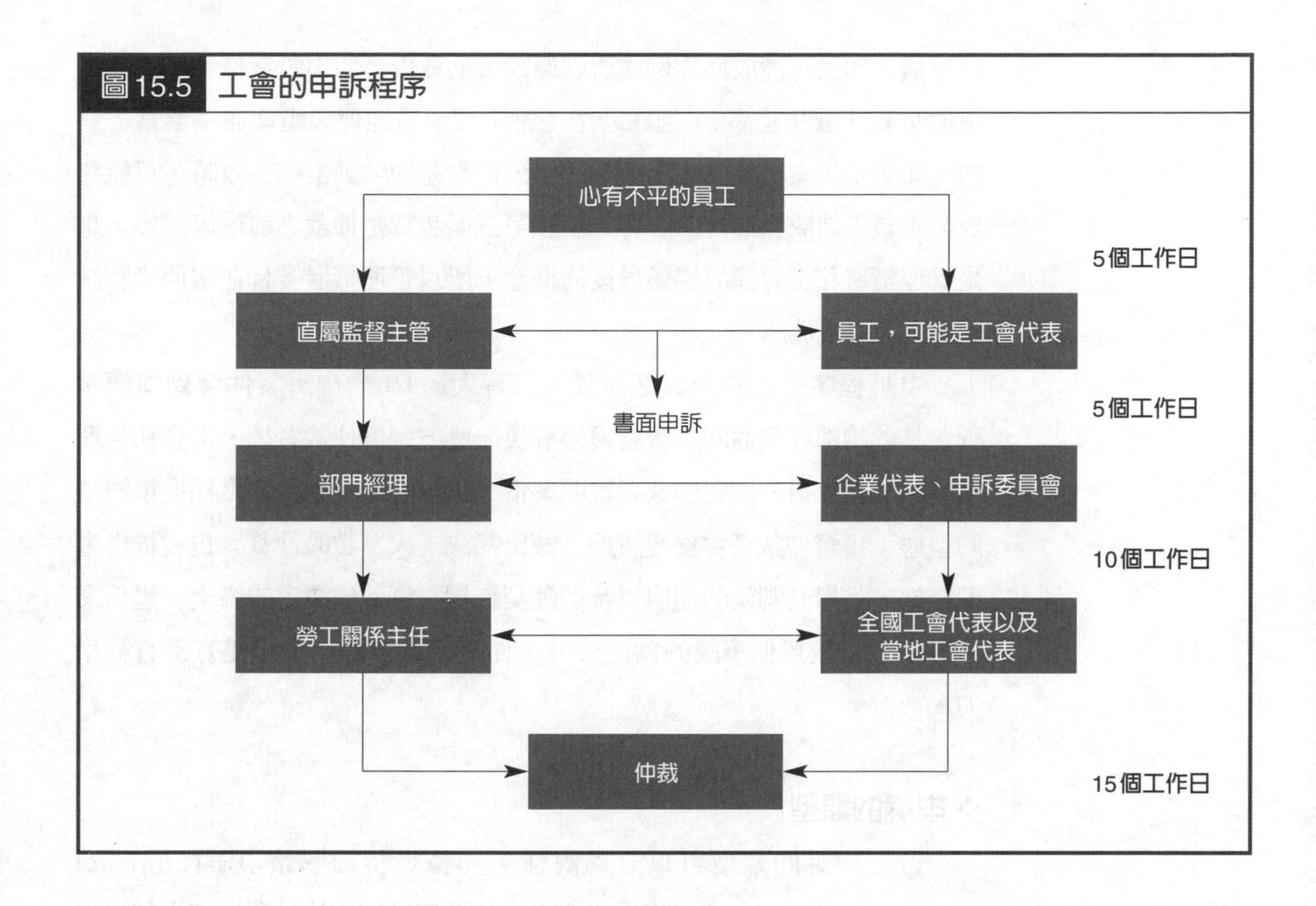

申訴程序的第一個步驟是員工告訴工會代表他要申訴的案件。在圖15.5的例子裡，這名員工必須在事發後五個工作日之內向工會代表或是監督主管提出申訴。工會代表會根據勞動契約判斷申訴案件是否成立，如果成立，則會試著和該名員工的監督主管共同化解爭議。申訴內容可以訴諸文字（也可以不用）。大多數的申訴案件在第一個步驟就已獲得解決（大約75%）。

如果爭議無法在第一個步驟獲得解決，申訴內容會訴諸文字，以我們的例子來說，該部門或是工廠經理以及工會官員（譬如工會的企業代表）另外有五個工作天的時間來化解爭議。在第二個步驟裡，通常會舉行正式的會議來討論申訴案件。

如果第二個步驟還是無法化解爭議，那麼雙方會進入第三個步驟。這個步驟通常有企業經理（譬如，公司的勞工關係主任）以及當地和全國性的工會代表。在我們的例子裡，勞動契約限定雙方要在十日之內回應且解決爭議。如果可能成爲先例或對聘僱政策造成影響的申訴案件，則可能在這個步驟「層次拉高」，因爲若由工廠主管或是經理來處理並不恰當。譬如，如果申訴案件攸關生產標準，當公司整體的勞動契約生效時，可能會對全體員工造成全面性的影響。由於第三個步驟是仲裁之前最後一步，也是管理階層和工會達成協議最後的機會，所以管理階層多會在這個步驟試圖和工會達成協議。

申訴程序最後的步驟是仲裁。只有大約1%的申訴案件會到這個步驟，其餘的都在前面的步驟就獲得解決。雙方選擇仲裁者後，工會和管理階層的辯護人員分別對仲裁者說明案情，提供證據，聽證會是採取準司法的型態。接著仲裁者會檢視證據，做出判決。大多數的仲裁者也會提供書面文件，列舉其判決的理由以及勞動契約裡影響他們決定的條文。這份文件會作爲日後類似爭議的判決參考，仲裁者最後的判決對雙方都有約束力。

❖ 申訴的類型

員工申訴的類型可以分爲兩種。一種是契約解讀申訴(contract interpretation grievance)，這是工會會員基於勞動契約的權利。如果契約用語模糊不清，員工可以這種申訴類型請仲裁澄清。譬如，假設勞動契約允許員工每天有兩個十分鐘的咖啡時間。如果管理階層認爲取消這種咖啡時間會比較有效率，員工可以提出契約解讀申訴，恢復這項權利。

第二種申訴跟員工紀律有關。在這種情況下，申訴程序會檢驗當事人所受到的紀律處置有沒有正當理由，管理階層負有舉證的責任。這種申訴案件的重點在於判斷員工所受到的紀律是否符合正當程序。如果是輕微犯行，管理階層應該透過漸進式紀律程序（口頭警告、書面警告、停職和開除）讓員工有機會糾正自己的行爲。比較嚴重的犯行（譬如偷竊），管理階層必須提供強大的證據證明。

❖ 工會申訴程序的好處

工會申訴程序對於員工和管理階層都有好處：

■ 申訴程序能夠保護工會員工，以免管理階層專制地做出決定；這是企業裡的司法機制。

- 申訴程序有助管理階層迅速、有效率地化解爭議，否則員工可能告到法院或是導致工作的停頓。
- 管理階層可以申訴程序作為向上溝通的管道，藉此監督與更正員工對工作或是對公司政策不滿的癥結。

工會對於人力資源管理的影響

工會的談判力受到勞工法的保護，能夠對企業的人力資源管理政策造成巨大的影響。要是沒有工會，管理階層比較可能根據效率原則建立人力資源管理政策。譬如，沒有工會的公司比較可能根據市場水準制定薪資政策，因為市場水準是分配勞工成本最有效率的方法（參考第十章）。不過當工會介入後，管理階層必須根據大多數員工的偏好來制定政策[44]。這樣一來，管理階層比較可能採取高於市場水準的薪資政策，因為工會成員強烈偏好較高的薪資。在這個單元，我們會探討招募、員工發展、薪酬，以及員工關係受到工會化的改變。

人員招募

在勞動契約之下，工作機會的分配是根據年資。**年資**(Seniority)是個人為雇主服務的時間長度。在工會化的公司裡，升遷、工作指派以及班次偏好都是提供給單位裡年資最長的人[45]。工會化的企業裡，裁員也是根據最先進最先出的原則（參考第六章）。

❖ **年資** (Seniority)
個人為雇主服務的時間長度。

工會化的工作場所，工作規則往往比較沒有彈性，因為這些規則可能都正式列舉在勞動契約裡。對立的勞工關係裡，勞動契約列舉的工作規則可能比較沒有彈性。比較合作的勞工關係裡，勞動契約可能故意漏掉工作規定的說明。在某些產業裡，這讓管理階層有彈性迅速調整生產產品或是服務所需的技術條件。

在沒有工會的壓力下，雇主比較可能根據功績制度分配工作機會[46]。在大多數的情形下，功績是由監督主管對員工的績效進行判斷決定的。在沒有工會的工作環境下，監督主管有比較大的權利和影響力，因爲他們有權以升遷、有吸引力的工作任務以及理想的工作時間來獎勵員工。在沒有工會的公司裡，裁員的決定也傾向以功績和年資爲考量。最後一點，工作規則在沒有工會的企業裡通常比較有彈性，因爲雇主並不會被契約所約束，所以也無須向員工解釋爲什麼改變工作方式的理由。在沒有工會的公司裡，完全是由管理階層決定最有效率的方式來生產產品、服務以及交貨給客戶。

員工發展

在工會化的企業裡，績效評估的利用往往有限，因爲績效資料通常來自監督主管，工會認爲這樣的來源有問題。工會往往反對以績效評估的結果作爲薪資和招募的決策根據。如果對全體工會員工進行績效評估，通常是單純作爲績效的意見回饋。不過在沒有工會的工作環境裡，績效評估可能成爲人力資源許多決定的依據，像是加薪、升遷、工作指派、生涯規劃、訓練需求以及裁員或開除[47]。

工會化的企業通常比沒有工會的企業更能留得住員工[48]。工會化企業的辭職率比較低有幾點原因。第一，工會化的員工比較能夠透過申訴程序表達不滿，所以比較不會想要辭職。第二，工會化的企業一般而言給員工的薪水比較高，這樣一來，員工若是離職可能難以找到薪資相當的工作。工會化企業的員工[49]留任率比較高，讓這些公司更願意增加對訓練的投資，因爲這樣的收穫是長期的。

工會本身近年來也愈來愈重視於員工訓練和發展。在1990年通用汽車和聯合汽車工會所簽訂的合約明定公司得爲工會工人成立技能訓練中心（Skills Centers，成人教育中心）。至今，通用汽車在全美三十六座工廠已成立這樣的訓練中心。許多工會更爲工人訓練計劃提供贊助。

薪酬

企業員工工會化之後，公司總薪酬成本會上升。一般而言，工會員工的薪資比沒有工會化的員工高出10%到20%[50]。

工會的存在能對公司的加薪政策造成影響。工會化的公司會避免以功績加薪，比較可能根據市場考量對全功進行全面性的加薪[51]。全面性的加薪通常根據**生活成本調整**(Cost-of-living adjustment, COLA)，這是根據通貨膨脹指標，譬如消費者物價指數。美國1995年大約有16%的員工接受COLA，低於1983年的60%[52]。工會之所以偏好全面性的加薪，而不是功績加薪，是因爲他們認爲後者會破壞工會的團結，鼓勵員工爲了爭取加薪而彼此競爭。此外，工會往往對於功績加薪的公平性感到懷疑，因爲這容易受到主管偏心的影響（參考第七章）。工會對於個人獎金的政策也是應用同樣的邏輯，譬如一次性給付的紅利。相反地，沒有工會的公司則傾向使用功績加薪和紅利來鼓勵競爭以及肯定績效頂尖的員工。

❖ **生活成本調整 (Cost-of-living adjustment, COLA)**
根據通貨膨脹指標，譬如消費者物價指數，所進行加薪（通常是全面性的）。

工會比較不會反對集體的獎工計劃，因爲集體的計劃（通常是結果分享和利潤分享）往往有助於加強團體的向心力。美國三大汽車製造商都跟聯合汽車工會經過談判，以建立利潤分享計劃。無論有沒有工會，結果分享計劃在企業都是很常見的[53]。不過，沒有工會的企業在運用個別和集體獎工計劃方面通常享有比較大的彈性，可以獎勵不同類型的工作成果。

工會通常會影響雇主，促使他們提供員工比較有價值的配套福利[54]。透過集體談判，工會員工獲得的福利項目要比沒有工會的員工更爲廣泛。

在工會化的企業裡，雇主會支付大多數的福利，不過在沒有工會的公司裡，雇主和員工分攤成本[55]。所以工會化的員工能獲得比較好的健康福利。隨著過去這十年來美國健康成本急速上揚，沒有工會化的企業開始要求員工增加對這些成本的分攤比例，增加每個月的保費和抵減額。工會化的雇主雖然同樣面臨健康成本上揚的問題，但工會會透過集體談判說服許多雇主採取節省成本的方式，譬如管理式醫療保健、尋求第二人的意見以及稽核[56]。

以退休福利而言，工會能影響雇主採取確定給付制，在員工退休時提供固定金額的退休金，讓員工獲得比較高的保障。沒有工會的雇主則比較可能採取確定提撥制，雇主只需根據員工退休金給付法案(The Employee Retirement Income Security Act of 1974, ERISA)規定，每個月從員工所得中撥出固定金額即可。在確定提撥制之下，員工要到退休時才能知道總金額數目（參考第十二章）。

工會對於監督和執行法律規定之員工福利方面扮演著重要的角色，譬如勞工傷殘給付和失業保險[57]。在工會化的企業裡，員工比較可能獲得勞工傷殘給付和失業保險金，因爲工會代表會提供他們如何利用這些福利的資訊。此外，工會化的員工比較不會擔心如果申請福利會遭到公司懲罰或被上司刁難[58]。相反地，沒有工會的公司裡，管理階層就沒有這麼高的意願，告知員工他們能享有這些福利的權利，因爲員工使用這些福利的人數愈多，公司資助這些福利的薪資稅會成比例增加（參考第十二章）。

員工關係

工會是一種授權機制，當公司在制定會影響到員工工作的工作規則時，讓員工也有發聲的機會。勞動契約會賦予員工具體的權利。雇主如果不提供勞動契約規定的員工權利，員工可以透過申訴程序取得公道。譬如，公司若忽略某個員工的升遷機會，這名員工可以提出申訴，如果勞動契約規定這名員工有權利獲得這項升遷，則公司會重新考慮他的升遷機會。

沒有工會的雇主通常會在員工手冊裡記載員工的基本權利（參考第十三章）。不過，員工手冊所提供的員工權利比起勞動契約要少得多。事實上，大多數的員工手冊只有一般的準則，以及特別說明監督主管偶爾得對這些書面政策做出例外的決定。譬如，員工或許有權利爭取某個職缺的升遷機會，不過員工手冊通常會指出管理階層保留決定最後錄取誰的權利。

在沒有工會的公司裡，雇主最可能採用的申訴機制是門戶開放政策[59]。申訴程序是由工會和管理階層共同管理，不過門戶開放政策則是由管理階層控制。這讓管理階層有機會平衡雙方的利益，化解員工的不滿。在門戶開放政策之下，員工如果對申訴結果不滿意，唯一的選擇就是尋求法律諮詢，告上法院爭取正義——選擇這條路的員工每年都在增加。工會的申訴程序之下，員工不太可能告上法院，因爲法官通常不願意挑戰仲裁的結果。

當雇主對工會員工進行紀律調查時，員工有權利在工會代表的陪同下接受詢問。這種權利叫做Weingarten權，這是根據1975年最高法院的案例「NLRBv.Weingarten」。這樁案例根據1935年全國勞工關係法（National Labor Relations Act, NLRA）的解讀建立起Weingarten權[60]。在調查期間陪同員工的工會代表具備化解衝突的訓練，了解勞動契約下的員工權利。2000年，全國勞工關係局裁定，沒有工會的員工也有權享有Weingarten權：當雇主在進行可能導致紀律處分的調查訪談時，員工有權在同事的陪同下進行。不過，陪同的同事化解爭議或是衝突的能力可能不及工會代表[61]。

摘要與結論

❖ 員工為什麼加入工會？

在美國，員工之所以尋求工會代表的援助是因爲(1)他們對工作某些層面感到不滿；(2)他們覺得對管理階層缺乏影響力，無法迫使公司進行必要的改變；(3)將工會視爲他們問題的解決方案。

1935年以前工會通常沒有法律保護。美國經濟大蕭條期間，國會試圖平衡勞資雙方的權力。不過幾十年過後，現在各界普遍認爲工會的權力過於強大。

管理者對於員工看待工作環境的觀點有著很大的影響力，所以攸關著員工是否容易工會化。管理者必須對勞工法具備基本的認識，以(1)避免公司觸犯法律；(2)客觀公正地執行勞動契約的條款；(3)聽取和化解員工的申訴。

❖ 勞工關係和法律環境

美國主要的勞工關係法是華格納法案（1935年）、塔夫一哈特利法案（1947年）以及蘭卓一葛列芬法案（1959年）。華格納法案成立國家勞工關係局，這個機構管理工會確認選舉，以及避免和補救不公平支勞工條例。

❖ 美國的勞工關係

美國勞工關係特色包括：(1)企業工會主義；(2)根據工作類型組織的工會；(3)以集體談判爲焦點；(4)勞動契約；(5)勞工或管理階層敵對的關係本質以及工會會員人數縮減；(6)公部門工會的成長。

❖ 勞工關係策略

企業的勞工關係策略(Labor relations strategy)是指公司和勞工工會應對的整體計劃。在工會接受策略(Union acceptance strategy)之下，管理階層將工會視爲其員工的合法代表，並接受集體談判，將其視爲建立職場規定的妥善機制。選擇規避工會策略的企業可能以工會替代和工會壓制兩種方法避免員工組織工會。

❖ 管理勞工關係的過程

勞工關係三步驟包括：(1)組織工會；(2)集體談判；(3)契約管理。在組織工會的階段，管理階層必須面臨牽涉到工會動員、選舉前舉止以及確認選舉等議題。在集體談判的階段，工會和管理階層代表會就職場規則進行談判，並正式擬定爲勞動契約。當勞動契約抵定後，就進入契約管理的階段，這是處理工作環境日常管理的部分。契約管理階段的一大特徵爲申訴程序，這是逐步化解員工對於契約解讀或是紀律處分相關爭議的流程。

❖ 工會對於人力資源管理的影響

工會對於公司管理其人力資源的影響極大，人力資源管理每個重大領域幾乎都會受其影響。在工會化的工作環境，人員招募的決定主要是根據年資，而非功績。個別員工績效評估的重要性大幅降低，訓練計劃則備受重視。工會化的員工通常能獲得更高的薪酬和福利。在工會化的企業裡，員工關係流程具備高度的結構。

問題與討論

1. 在美國的勞工關係系統裡，勞工和管理基層爲何彼此敵對？
2. 在美國，工會輸掉50%以上的確認選舉，有什麼原因可以解釋這個現象？
3. 公司的勞工關係策略會對管理階層的集體談判策略造成什麼影響？請提供例子。
4. 在你看來，工會對於人力資源管理最重大的影響是什麼？請解釋。
5. Teamsters工會在1997年對優必速發動罷工，勞工關係專家認爲這是美國近年來最重要的罷工行動之一。你同意嗎？你覺得勞工和優必速之間的衝突爲何會如此值得重視？
6. 有些勞工關係專家認爲，在集體談判中，當工會對管理階層威脅要舉行罷工時，雙方會更爲努力和解，以達成勞動協議。他們也認爲，要是沒有罷工的威脅，雙方比較不可能達成協議。賦予工會行使發動罷工權的基本理由爲何？你同意這樣的論點嗎？請說明你的理由。
7. 同情工會的人士認爲，目前在美國，工會很難贏得確認選舉，這是工會會員人數節節下降的原因。爲了彌補這樣的情況，有些專家建議修改勞工關係法有關選舉的部分，讓工會比較容易贏得選舉。辦法之一是在選舉前的那段期間，讓取得多數員工在授權卡上簽名的工會可獲得承認，得以擔任該工作單位員工的談判代表。加拿大已經同意讓工會以這種方式贏得確認選舉。你覺得美國勞工法應該修改為比較有利於工會嗎？請解釋你的立場。

你也可以辦得到！ 以顧客為導向的人力資源案例分析15.1

❖ 團隊在什麼情況下會成為工會？

密西根州的Amalgamatel Tool公司是一家沒有工會組織的汽車零件製造商，該公司在2003年遭到重大財務損失，因此凍結全體員工薪資以保留現金。而且公司還要求員工分攤更大比例的健康保險成本。員工對這些行動感到極為憤怒，士氣和生產力都大幅下降。

為了提昇士氣，Amalgamatel Tool公司的管理階層決定成立幾個解決問題的員工小組。這些小組聚集起來針對Amalgamatel Tool公司的問題進行討論後，對管理提出如何公平且有效率地提供員工加薪和健康保險的建議。每個解決問題的小組都有一個領導人，這個領導者是由別的小組成員所選出的，必須提出小組所擬定的建議。不過Amalgamatel Tool的員工當中大約只有20%得以加入小組。小組的建議大多都為管理階層所採納，翌年的士氣和效率都獲得改善。

當地有個工會代表Amalgamatel Tool公司部分不滿的員工提出不公平勞工條例的申訴，指稱該公司管理階層非法利用解決問題小組組成由管理層主導的工會，此舉違反華格納法案的規定：「雇主主導或是干預任何勞工組織的組成或是貢獻財務支持，都是不公平的勞工做法。」

全國勞工關係局認同該工會的立場，並且勒令Amalgamatel Tool公司不得利用其解決問題的小組。

❖ 關鍵性的思考問題

1. 當地工會為何反對Amalgamatel Tool公司管理階層利用解決問題小組？

2. 小組(team)和工會有何差別？

3. 為了避免全國勞工關係局下達禁令，Amalgamatel Tool公司的管理階層在運用解決問題小組時可以採取什麼不同的做法？

❖ 團隊練習

以四到六個學生為一組，扮演全國勞工關係局的成員。每個小組就全國勞工關係局公司是否違反華格納法案禁止公司「主導工會或是提供財務支持」的規定進行討論。並且彼此比較結論和論點。

你也可以辦得到！ 討論個案分析15.2

❖ 了解和避免不公平的勞工條例

管理者必須了解且避免哪些情況可能被視為不公平的勞工做法。勞工部可能對不公平的勞工條例下令調查，以判斷是否施以處罰或是其他的制裁措施。這個練習的目的在於培養認出和避免不公平勞工條例的能力，以及找出辦法在政府勞工政策的規範之下管理職場。在進行這個練習之前，請先參考本章介紹之華格納法案的五項不公平管理勞工條例。現在請看過以下三個情境，並且回答以下問題。

❖ 情境一

辛苦了一天之後，你正在整理一些文件。身為人力資源部門經理，你參與公司和工會就卡車司機與公司之契約的談判。這些談判進行得並不順利，所有的跡象都顯示幾天之後就要爆發罷工。正當你要離開辦公室時，三位長期服務的卡車司機過來要跟你私下談談。他們對你表示，他們對工會感到不滿，而且另外還有許多人也有同樣的感覺。他們請你幫他們「解決工會」。你應該對這樣的要求採取行動嗎？

❖ 情境二

你是某連鎖超市的店經理，你的店沒有工會組織，當地有個工會試圖組織你的員工時，你接獲總公司的命令，凡是簽署工會授權卡的員工一律開除。你的地區經理還下令，要你準備一些開除的通知單，為每個遭到開除的員工捏造開除的原因。你該怎麼做？

❖ 情境三

你公司和代表一百一十位生產部門員工的工會進行談判，眼看著最後期限就要來臨。工會會員已經投票通過罷工決議。在和公司主要經理召開的會議裡，生產部門經理建議以剩下來的職員、會計和管理人員替代罷工人員，以維持工廠的運作。他還建議跟臨時雇員介紹所聯絡，以便在罷工期間塡補任何不夠庶務職位。身為人力資源部門的經理，你要如何回應這個建議？

❖ 關鍵性的思考問題

1. 以上三個情境裡，你都必須判斷員工或管理階層所提出的要求是否會構成不公平的勞工條例。這些情境會分別違反哪些不公平的勞工條例？有些情境所違反的條例不只一個。

2. 假設你是這些情境裡的經理，並且必須回應這些要求。如果你決定拒絕或是接受這些要求，請說明你決定的理由。然後建議一套可以處理這些議題的行動方案。

❖ 團隊練習

以四或五個學生爲一組，討論以及比較你們對以上情境的回應方式。試著對這些情境的處理方式達成共識。然後爲這些案例的經理建立一套政策或是程序，日後如果公司面臨類似的情況，可以秉持這套政策以一致的方式因應工會。

資料來源：Adapted from Nkomo, S. M., Fottler, M. D., and McAfee, R. B. (2000). *Applications in human resource management* (4th ed.), 278-279. Cincinnati, OH: South-Western.

管理工作場所的安全和健康

挑戰

讀完本章之後，你將能更有效地處理以下這些挑戰：

1. 說明雇主維繫安全與健康之工作環境的責任到什麼程度？
2. 說明安全和健康法的論點和成本，以及對雇主的約束力。
3. 說明勞工傷殘給付法律的基本規定，以及職業安全與健康法案。
4. 建立當代健康和安全議題的認知，包括愛滋病、工作場所暴力、在工作場所吸煙、累積性創傷失調、胎兒保護、危險化學物質以及基因測試。
5. 說明安全計劃的特點，並了解施行的理由，以及說明這些爲了提昇員工福祉而設計的計劃有何影響？

工作場所的安全和相關法律

勞工統計局最新數據顯示，2000年美國有五百六十萬人因工受傷，有五千三百四十四人因此死亡[1]。目前統計顯示，每一百名勞工當中有二點八人在工作場所受傷或罹患疾病，嚴重到損失工作日數的程度[2]。令員工四、五天無法工作的失能傷害每年直接造成雇主4000億美元的損失。意外和傷害的直接成本包括對受傷員工和其醫療提供者的給付。如果納入間接成本（主要是損失的生產力和加班），每年傷害造成的損失高達1200億美元到2400億美元[3]。

爲了解決這樣的問題，政府各層級通過無以數計的法律，規範工作場所的安全。這些法律當中許多針對採礦和鐵路之類具體的產業明定如何處理工作危險的規範。不過，工作安全性的法律主要有二：一是各州分別制定的勞工傷殘法以及1970年聯邦政府通過的職業安全與健康法案(Occupational Safety and Health Act of 1970, OSHA)。這些法律的目的、政策和運作方式都有很大的差異。

職業安全與健康法的設計乃確保工作環境沒有危險，藉此提昇工作場所的安全性。這項法案規定無數的安全標準，檢驗系統、表揚和罰款都根據這些安全標準。不過不同於勞工傷殘法，職業安全與健康法並不提供意外受害者傷殘給付[4]。

勞工傷殘

二十世紀初期經過一連串職場災害（包括1911年紐約襯衫工廠大火導致一百多名女性死亡）後，在大眾輿論的壓力之下，美國部分州立法施行勞工傷殘法(workers' compensation law)。勞工傷殘法的概念基礎在於，與工作相關的意外和疾病是雇主經營公司應該支付並轉嫁給顧客的成本[5]。自從1948年以來，美國所有的州都已成立勞工傷殘計劃，不過只有四十七個州強制雇主給付勞工傷殘。這些由州政府管理、雇主支付的計劃主要是爲了提供因公受傷的員工財務和醫療上的協助。

勞工傷殘法的主旨爲：

■ 爲受害者和其扶養親屬提供迅速、確定、合理的醫療照顧。
■ 提供「無錯」系統，讓受傷勞工可以迅速獲得協助，無須進行昂貴的訴訟和等待法院判決。
■ 鼓勵雇主投資安全措施。
■ 促進對工作場所安全的研究。

員工必須在受僱期間受傷才能取得勞工傷殘給付。有時候，有些嚴重的意外甚至死亡，雖然發生在上班的地點，但意外本身未必跟執行工作有直接的關係。雇主仍需爲這種不幸負責嗎？當今職場上，工作說明的模糊和廣泛是前所未見的，人員工作職責的界線通常都不清楚。這種情形固然有助於促進職場上的彈性和廣泛的投入，但卻可能在無意間增加雇主必須對意外負責的可能性。

❖ 勞工傷殘的福利

勞工傷殘的福利讓在上班時受傷或罹患疾病的勞工獲得補償，這些福利包括[6]：

■ **總失能給付(Total disability benefits)**：取代部分因公失能所損失的收入。
■ **傷殘給付(Impairment benefits)**：暫時性或是永久性的失能給付，這是根據失能期間和程度而定。受傷可以分爲具體(scheduled)和不具體(nonscheduled)兩種。前者是指喪失肢體（譬如眼睛或手指），每種受傷情況各有具體的支付金額；後者是涵蓋所有的受傷（譬如背傷），則是根據個案處理。
■ **生存者給付(Survivor benefits)**：殉職員工的家屬可以獲得喪葬費和收入補貼。
■ **醫療費用給付(Medical expense benefits)**：勞工傷殘給付提供醫療費用，通常沒有時間或金額的限制。
■ **復健給付(Rehabilitation benefits)**：所有的州都提供受傷員工醫療復健，許多州也未因公受傷或罹患疾病，而無法繼續從事以往職業的員工提供職業訓練。

❖ 勞工傷殘給付的成本

勞工傷殘保險的成本會直接受到意外的影響，一場意外就可能導致公司的保險費大幅增加，而且好幾年都居高不下[7]。勞工傷殘保險是根據薪資水準，不過保險費會根據公司的安全紀錄來作修正。據報導，勞工傷殘保險在1998年平均每筆申訴案件的損失金額爲6189美元[8]。申訴者平均要二十七個禮拜才會返回工作崗位。除了這些直接成本之外，如果把取代受傷員工的成本也納入計算，勞工傷殘給付的成本會更爲可觀。2001年九月十一日恐怖攻擊事件對勞工傷殘保險系統造成的損失據估計高達13億美元到20億美元之間。要是再發生一場恐怖攻擊事件，可能會導致保險公司破產，甚至威脅到保險體系的生存[9]。而且，保險詐欺案件也導致勞工傷殘成本升高[10]。爲了控制勞工傷殘保險費率，企業愈來愈當心這類詐欺案件，並對他們懷疑的案件提出質疑。

除此之外，有些雇主在工作地點成立職業健康中心，提供受傷員工立即的評估和治療。這類在工作地點的健康中心能夠更迅速地提供職業傷害治療，而且有助雇主節省成本[11]。

其他控制成本的方式則以受傷原因及其治療方式爲重點。Liberty Mutual保險公司列舉十大最普遍的職場傷害原因[12]，這十大傷害在勞工傷殘成本當中占了86%。令人驚訝的是，排名第一的職場傷害原因是過勞，每年造成105億美元的直接成本。提、推、拉、負載或丟擲過重物品導致的傷害，對於雇主造成的成本可能高於任何其他的傷害原因。不過，許多企業認爲重複動作造成的傷害(repetitive-motion)是職場傷害最重要的原因(其實，這項傷害原因排名第六，成本占27億美元)，所以這也是企業集中安全資源的領域[13]。儘管企業和產業之間各有不同，但這項數據顯示一般產業界的平均現象，所以安全資源具有最高投資報酬率的領域是「過勞」。這個原因雖然平凡無奇，但聰明的雇主會了解到，針對問題的主要癥結對症下藥，有助降低傷害率和勞工傷殘成本，從而創造最大的好處。

職業安全與健康法案

1960年代政治和社會價值觀的改變，讓規範工作環境安全性的運動更如虎添翼。在1969年，一場煤礦爆炸事件奪走七十八名煤礦工人的生命，在大眾輿論的壓力之下，國會通過煤礦健康與安全法案(Coal Mine Health and Safety Act)，規範煤礦的健康和安全[14]。**1970年職業安全與健康法案**(Occupational Safety and Health Act of 1970, OSHA)的通過並非受到單一事件的刺激，但1960年代職場受傷和死亡的數字大幅增加（反映出勞工傷殘法不足以督促雇主維繫工作環境的安全性），可能是其主要的動力[15]。

❖ **1970年職業安全與健康法案(Occupational Safety and Health Act of 1970, OSHA)**
提供安全與健康的工作環境，遵守具體的職業安全和健康標準，以及對職業傷害以及疾病加以記錄的聯邦法律。

❖ 職業安全與健康法案

職業安全與健康法案的內容很直接，這項法案規定雇主有以下這三種責任：

- **提供安全與健康的工作環境**：每個雇主都有「一般責任」，必須提供勞工工作與工作場所，此一工作場所必須避免可辨識的危害，使勞工免於死亡或嚴重的身體傷害。這種一般責任法則體認到並非所有工作場所的危害都可以具體的標準規範，所以具體規定沒有涵蓋到的安全和健康危害，雇主得負責找出並加以處理。
- **遵守具體的職業安全和健康標準**：每個雇主都必須熟悉具體的職業標準、並且加以遵守（職業安全與健康法案的規則事處理具體的職業傷害，而不是針對產業），而且必須確定員工也切實遵守。
- **對職業傷害以及疾病加以記錄**：根據職業安全與健康法案，雇主必須記錄以及報告和工作相關的意外和受傷案件。員工人數爲八個人以上的公司必須記錄所有導致死亡、工作時間損失或醫療治療的職業傷害或是疾病，並且保留這些紀錄五年的時間。雇主必須將這些受傷和疾病案件紀錄在OSHA表格上，每年公佈在員工的佈告欄上讓大家都可以看到。這項紀錄必須提交給OSHA官員，並每年準備摘要說明[16]。基於有些紀錄的規定並不是十分清楚，所以OSHA發表修正後的紀錄標準，提供更大的彈性，讓雇主更容易遵守。這項修正後的標準於2002年正式生效。有關聽力和肌肉骨骼傷害的修正法案則於2003年正式生效。除了紀錄標準的修訂之外，OSHA還提供雇主線上手冊、資訊表單、PowerPoint訓練計劃以及紀錄表單和指示[17]。各位如欲了解目前的線上資料，可以上OSHA的網站www.osha.gov查詢。

經理人筆記

新興趨勢

管理勞工傷殘保險的詐欺案件

勞工傷殘保險的詐欺案件會導致雇主的經營成本增加，所以需要加以控制。在此提供幾項如何減少濫用勞工傷殘保險系統的建議，並說明該如何找出可能的詐欺案件。

如何降低濫用勞工傷殘系統的情形

- **盡量塑造安全且無風險的工作環境**。針對工作提供安全訓練有助於減少因公受傷的情況，以及建立起注重安全的公司文化。
- **錄取後進行和工作相關的體能測驗**：對於需要體能的工作，雇主可以考慮對錄取者進行和工作相關的體能測驗。這樣的計劃必須遵守美國殘障人士法案，而且只能對錄取者進行，並得以工作分析爲準。這種淘汰計劃有助於確保每個員工都有能力執行任務，可以降低意外發生的機率。而且，如果日後眞的發生意外，這項測驗結果可作爲復健的基準。
- **讓員工了解勞工傷殘系統**：當員工了解勞工傷殘系統、系統存在的原因以及如何運作時，詐欺案件會隨之減少。最重要的是，當員工了解在申請之後，他們執行工作的能力會受到客觀檢驗的話，詐欺申請案件也會因此而減少。
- **對於職務提供暫時性的調整**：這項政策的目的是讓受傷員工在身體狀況允許的情況下儘早回到工作崗位。員工離開工作崗位的時間愈久，無法恢復原狀的可能性就愈高。及早回去上班的計劃可暫時性地調整員工的職務，讓員工可以升任其工作本質和水準，讓其回到工作崗位的過程更爲順利。這種做法有助於減少工作天數的損失以及提昇公司的生產力。

可能是詐欺案件的跡象

- 對於意外的描述十分模糊。
- 沒有目擊證人。
- 輕微的意外卻造成極爲重大的傷害。
- 意外發生時間和提出報告的時間相隔甚遠。
- 主治醫師的報告和員工宣稱的受傷類型並不符合。

■ 不斷更換醫師，可能想要找到同情其說辭的醫療服務提供者。
■ 有受到公司紀律處分或對工作不滿的紀錄。提出勞工傷殘給付申請可能是員工討回公道的手段。

資料來源：Adapted from Sanna, M. (2002). Sick and wrong: An expert offers advice about how to spot fraudulent injuries and maintain a healthy bottom line. *Walls & Ceilings, 65,* 60(3); and *Payroll Manager's Report.* (2002). Beware: Down markets breed false workers' compensation claims. January Newsletter of the Institute of Management and Administration, 7-8.

根據新的標準，雇主若未能提供書面或是電子紀錄，可能導致罰款或傳喚。假設報告可能導致11萬美元的罰款和六個月的刑期。修正後的標準也明定可能造成傷害的意外（不光是眞的造成傷害的意外而已）也得加以記錄。換句話說，OSHA標準也適用於千鈞一髮的情況。

根據OSHA和州政府「知的權利」(right-to-know)規定，雇主必須提供員工工作環境危害物質的資訊[18]。圖16.1是OSHA危害物質規定〔所謂的「危害通識標準」(Hazard Communication Standard)〕的摘錄。此外，美國最高法院支持員工在合理相信有立即受傷或死亡風險的情況下得以拒絕工作[19]。如果是屬於化學物質的危害，則和化學安全與危害調查委員會(Chemical Safety and Hazard Investigation Board)這個於1997年由國會資助成立的聯邦機構相關[20]。化學安全與危害調查委員會和OSHA以及環境保護署密切合作，對化學物質外溢的危害型態進行調查。該委員會的重點在爲企業和政府機關，就能夠避免類似意外的流程或是設備提出建議。

管理和執行OSHA的三個機構分別爲：職業安全與健康管理局（Occupational Safety and Health Administration，一般稱爲OSH管理局，縮寫也是OSHA）、職業安全與健康審議委員會(Occupational Safety and Health Review Commission, OSHRC)、以及國家職業安全與健康協會(National Institute for Occupational Safety and Health, NIOSH)。各州還有由聯邦政府同意的安全計劃與相關規範。

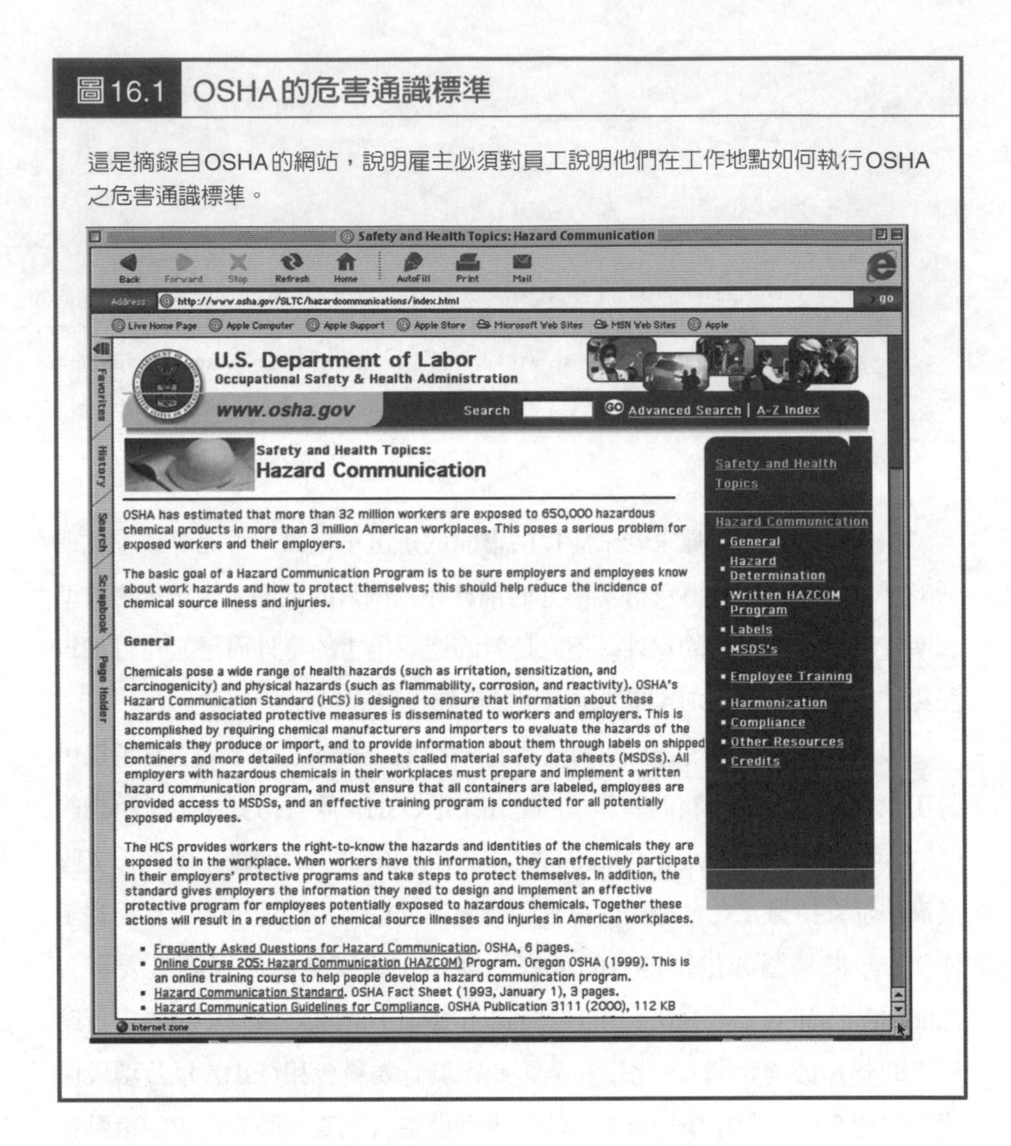

圖16.1 OSHA的危害通識標準

這是摘錄自OSHA的網站，說明雇主必須對員工說明他們在工作地點如何執行OSHA之危害通識標準。

職業安全與健康管理局

職業安全與健康管理局負有執行OSHA的主要責任，擬定職業標準、裁定雇主的差異性、進行工作環境的檢驗，以及傳喚和罰款。

■ **職業標準**：職業標準所界定的危害範圍從工具和機械的安全性、乃至於航空的枝微末節都包括在內，內容極為複雜和詳盡。許多標準雖然合理妥善，但OSHA的標準卻經常被批評為不可行或是弊大於利。不過法院一般而言，不會要求OSHA平衡特定標準的利弊，只是要求他們展示其可行性[21]。

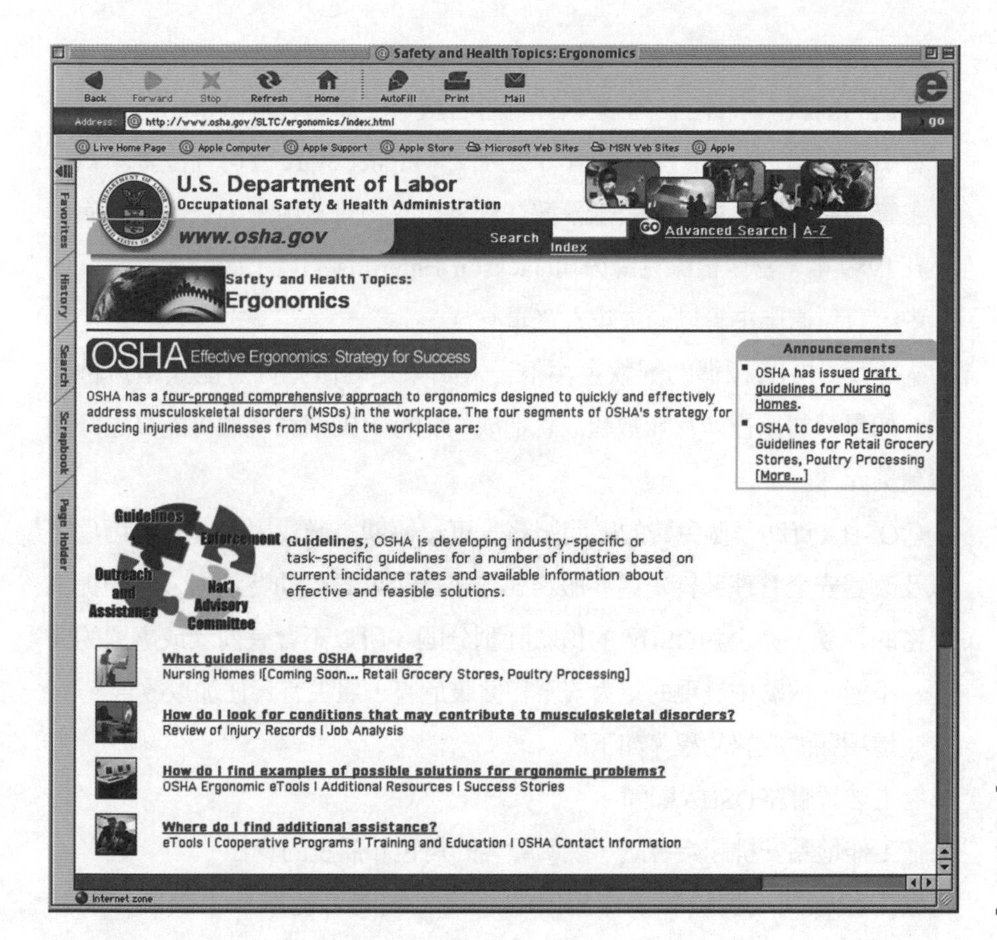

OSHA網站具有人體工學的資訊，最近更提供人體工學相關計劃。

- **差異性**：如果雇主無法在標準生效日期之前遵守規定，可以要求OSHA予以暫時性的差異（最長爲一年）。如果雇主可以證明他們具備的方案可以提供員工和OSH管理局所規定之標準同等的保護，那麼OSH管理局可能裁定該雇主得以享有永久性的差異。
- **工作環境的檢驗**：OSHA有權進行工作環境的檢驗，確保企業有遵守OSHA的標準。不過他們不可能每年檢驗幾十萬家公司的工作環境，所以列舉以下的檢驗優先排序[22]：(1)牽涉到「立即性的危險」的工作環境；(2)導致五名或更多員工致命或住院的意外；(3)追蹤員工對於不安全或不健康之工作狀況的抱怨；(4)「高危害」產業和職業（譬如，採礦、農業、營建和運輸）。
- **傳喚和懲罰**：OSHA可能發出傳票，並且對違反OSHA標準的業者施以處罰。處罰方式則根據雇主試圖遵守OSHA規定的善意、以往犯行的紀錄、犯行的嚴重性以及企業規模而定。處罰方式可能包括刑事罰責以及可觀的罰款。事實上，企業執行主管若讓員工暴露在危險當中，很可能會引來牢獄之災[23]。在1987年，芝加哥Magnet Wire公司五位資深執行主管遭到起訴，被控讓員工暴露在危害化學物質當中，導致他們患病。在1989年，密西根傑克森公司(Jackson Enterprises)員工因公死亡的案件中，有位直屬主管以過失殺人定罪。

違反OSHA標準的罰款金額不一，如果是輕微犯行可能無須繳納罰款，如果公司重複涉及無數起故意造成的犯行，則罰款金額可能高達好幾百萬美元。

OSHA資助一個免費的顧問服務，可以協助企業找出潛在的職場危害以及改善安全管理系統。這些服務對於小型企業的幫助特別大。顧問提供保密的檢驗，完全和OSHA的檢驗計劃分開，所以不會有罰款或處罰的問題。不過，檢驗中發現的重大安全和健康危害，雇主有責任加以改善。

這項顧問服務的程序如下[24]：

1.雇主必須聯絡OSHA顧問。

2.在工作地點安排起始會議，說明顧客的角色和雇主的責任。

3.雇主和顧問一塊檢驗工作場所的狀況，顧問可能跟雇主談話，討論OSHA的標準，並指出有安全之虞的問題。

4.在結束會議裡，顧問檢討檢驗時發現的事項，詳細說明雇主哪些地方做得對，哪則需要改善。

5.在結束會議之後，顧問會提供一份書面的檢驗報告，並確認雇主改善的期限〔減輕期(abatement periods)〕。

❖ 職業安全與健康審議委員會

職業安全與健康審議委員會(OSHRC)的運作獨立於OSHA之外，並對其傳票進行審議。雇主可以向OSHRC申訴OSHA發出的傳票、減輕期或處罰。審議委員會所做的裁決

❖ 國家職業安全與健康協會

國家職業安全與健康協會(NIOSH)主要是研究安全和健康問題，並且

協助OSHA擬定新的健康與安全標準。跟OSHA一樣，NIOSH可以檢驗工作環境，從雇主和員工蒐集有關危害物質的資料。此外，NIOSH還訓練檢驗人員以及其他跟執行OSHA有關的人員[25]。

應思考的道德問題

反對「大政府」的人士認爲，政府對於工作環境的安全過度規範會損及生產力和增加成本。他們認爲在自由市場裡頭，員工必須對自己的健康和安全負責——危害的工作薪水比較高，安全的工作薪水比較低，員工應該自由抉擇。這樣的政策符合道德嗎？這有何優缺點？

❖ 各州相關計劃

OSHA允許美國各州擬定自己的職業安全與健康計劃，幾乎美國半數的州都這麼做。如果州政府可以制定、執行標準、提供和訓練能夠執行的人員，以及提供企業訓練和技術支援，OSHA就會批准他們的計劃。OSHA批准計劃之後會提供該項計劃50%的運作成本，並把主要的執行責任交給該州。OSHA會繼續監督和評估該州的計劃，如果他們認爲該州無法有效維繫計劃的運作，則可能給予撤銷[26]。

❖OSHA的效益

OSHA是不是有效的工具，可以創造更安全且健康的工作環境？反對者認爲OSHA的規定過於詳盡和周延，成本會超出其利益。不過許多其他人認爲，雇主承擔的OSHA相關成本是很直接且可以衡量的，不過無意外風險的工作環境卻很難衡量其好處。他們指出，如果沒有健康和安全規定的保障，要承受其代價的是意外受害人（也就是員工），而不是雇主。

管理當代有關安全、健康和行為的議題

對工作環境的安全性和健康進行管理，不光是減少和工作相關的意外和受傷案件數量而已。事實上，管理者得處理各種實際、法律和道德相關的議題，其中許多都得在個人的權益（特別是隱私權）和公司的需求（參考第十四章）之間審慎地找到平衡點。這些議題通常牽涉到法律問題，所以人力資源專業人員往往得針對這些議題制定、執行政策。當今雇主面臨最重要的議題包括如何處理罹患愛滋病的員工、工作環境的暴力行爲、在工作場所抽煙、重複性工作傷害、聽力受損、危害化學物質、胎兒保護以及基因檢測。

愛滋病

當公司有員工罹患愛滋病時，如何有效處理其他員工的疑慮，將是未來二十年企業界有關健康議題最重要的挑戰。1980年代初期，幾乎沒有什麼人聽過愛滋病這個名詞，不過在1996年根據疾病控制與預防中心(Centers for Disease Control and Prevention)的估計，美國三分之二的員工人數在，兩千五百人以上的企業都曾經面臨員工罹患愛滋病的問題。

美國員工最主要的健康疑慮是罹患愛滋病。疾病控制與預防中心針對，兩千名成人進行意見調查後發現，67%的受訪者表示對於和愛滋病患者一塊工作「有些疑慮」，26%會覺得「不舒服」。不過90%的受訪者都表示公司對於愛滋病患者的待遇應該跟任何其他員工一樣，不過事實上，超過半數的受訪者都說他們公司並無制定這方面的書面政策[27]。

企業可能想對愛滋病的問題視而不見，不過聯邦政府的愛滋病相關規定是企業必須遵守的。主要的規定分別來自OSHA和美國殘障人士法案(ADA)。

❖OSHA

自從愛滋病在1980年代初期被診斷出來之後，罹患HIV病毒的健康照顧工作者中有五十二例證實為和工作相關[28]。另外至少還有一百一十四件健康照顧工作者罹患HIV病毒的案例可能跟工作相關。OSHA規定所有可能接觸到具傳染性之身體液體的工作者都必須接受訓練，了解血源性病原體(bloodborne pathogens)，以及如何減少感染的風險。這樣的準備工作有助於減少工作者面臨的風險以及雇主的醫療成本。

❖ADA與管理者的角色

有效的愛滋病政策不但要說明當有員工感染愛滋病時處理的程序，同時還得教育員工。許多員工擔心跟愛滋病患一塊工作也會感染，教育計劃可為這種疾病及其傳染途徑提供正確的資訊，以消除這樣的疑慮。

管理者和監督主管對於職場管理愛滋病的問題上扮演何種角色？管理者必須能夠回答員工有關愛滋病的問題，並且有效地處理任何和愛滋病相

表16.1　愛滋病政策的建立和執行議題

- 政策的建立和執行由誰負責？
- 愛滋病政策的目的為何？
- 愛滋病政策包括什麼？
- 愛滋病政策賦予員工什麼權利，特別是工作環境提供的配合和保密？
- 罹患愛滋病的員工能獲得什麼福利？
- 監督主管和經理應該接受哪種訓練，特別是如何管理同仁的疑慮。
- 公司如何因應愛滋病患和同事提出調職、工作調整和配合的要求？
- 公司應該如何對員工溝通其愛滋病政策？
- 公司應該如何處理受影響員工的生產力問題？
- 公司可以如何為病患提供支援和轉介服務？

資料來源：Fremgen, B., and Whitty, M. (1992, December). How to avoid a costly AIDS crisis in the organization. *Labor Law Journal,* 751-758; Smith, J. M. (1993, March). How to develop and implement an AIDS workplace policy. *HR Focus,* 15; and Stodghill, R. (1993, February). Why AIDS policy must be a special policy. *BusinessWeek, 3303,* 53-54.

關的議題。基於這點，公司的教育計劃應該包括讓監督主管和經理了解公司的愛滋病政策，並且訓練他們如何處理愛滋病的相關議題[29]。職場上最好對愛滋病議題的教育和討論採取開放的方式，不過愛滋病相關議題的討論還是有其界線。特別的是，ADA對於員工醫療資訊有相當嚴格的保密條款。保密的醫療資訊只能對監督人員揭露，而且只有在他們得提供合理配合或是提供緊急醫療服務的安全人員時才能得知[30]。雇主如果公佈員工的醫療狀況，譬如愛滋病，很可能違反ADA對於員工隱私權和在職場上不受歧視的規定。在工作地點公開討論愛滋病有助於建立正面且有建設性的環境，可是揭發某個員工的愛滋病狀態則於法不容。

職場暴力

1993年一月二十八日於佛羅里達州的Tampa，有名穿著西裝的男子走進Fireman基金保險公司的自助餐廳，在經理、監督人員和執行主管的座位旁，從西裝裡掏出手槍對他們開火。三人當場死亡，另外有兩名婦女受傷。

這名男子是名爲保羅．高登(Paul Calden)的離職員工，他在八個月前遭到開除。目擊證人後來回憶聽到他說：「你們開除我就是這個下場。」

警方表示高登對Fireman基金的經理的怨恨一直未消，而且他對這樁攻擊行動顯然規劃了好幾個禮拜。兩個小時之後，高登開槍結束了自己的生命。

暴力死亡案件（特別是因爲離職員工或恐怖攻擊事件）似乎最受媒體的矚目。不過這些悲慘事件其實相當少見，而且在職場因爲這類暴力事件而死亡的可能性並不高。不過，職場暴力有各種不同的型態，譬如騷擾、威脅、攻擊和暗中破壞，這些都是很常見的問題。OSHA估計每年兩百多萬件的職場暴力案件當中，有一百五十萬件是輕微的攻擊事件，三十九萬六千件是嚴重攻擊，五萬一千件爲強暴和性騷擾，八萬四千件爲搶劫[31]。

圖16.2是OSHA的網頁，內容爲建議零售業者在深夜營業時應該如何避免暴力攻擊。各位可到OSHA的網站www.osha.gov/SLTC/workplace violence/latenight/index.html 參考更進一步的資訊。

圖16.2 OSHA說明如何預防職場暴力的網頁

The Limited展開一項訓練和熱線計劃，以避免家暴問題波及工作的地方。

❖ 減少攻擊和威脅事件

如今企業對於職場暴力已較了解，有些還採取積極措施希望減少這些案件[32]。許多企業試圖減少的是攻擊和威脅的案件數量。譬如，美國運通(American Express)提供家暴受害人手機以及靠近前門的停車位。根據美國司法部的估計，每年在職場上婦女遭到丈夫和男友攻擊的案件有一萬三千件[33]。研究發現，37%家暴受害婦女表示她們的生產力因此受到負面打擊，這樣的事實更進一步凸顯出家暴對於職場的嚴重性。美國運通和The Limited等企業對於家暴問題所建立的積極計劃是企業界相當正面的典範，但並不常見。Liz Claiborne時裝公司進行的意見調查發現，86%的企業執行主管認爲他們對於員工的福祉有責任，不過95%受訪者表示她們並沒有積極的家暴計劃。

此外，職場也很可能發生同事的暴力事件。最近有份意見調查發現，每六名員工就有一名表示被同事氣憤想要動手打人[34]。企業也得處理這種內部潛在的威脅。

❖ 減少暗中破壞的威脅

暗中破壞也是一種職場暴力的型態。暗中破壞不是肢體暴力，可是其暴力的行爲是一樣的。暗中破壞的行爲可能是針對個人（譬如試圖破壞某人的生涯），或是針對公司（譬如試圖破壞設備或是聲譽）。大多數暗中破壞的動機都是出於報復。憤怒不滿的員工會竭盡所能地搞破壞，有的是在公司的食品產品裡放老鼠，有的在嬰兒食品裡擺針，有的甚至在公司放火以及破壞公司的資料庫[35]。

目前並沒有企業對暗中破壞的案件進行追蹤，所以這種問題發生的頻率和普及的程度很難估計。不過專家表示，暗中破壞對於企業的威脅愈來愈大。許多暗中破壞者都是公司縮編或開除的離職員工，對以往的雇主心中滿是怨恨，覺得受到不公平的待遇。對於企業而言，主要的疑慮在於心懷怨恨的員工爲了報復而暗中破壞公司電腦系統。

❖ **疏忽聘僱** (Negligent hiring)
沒有進行背景查核或採取適當的預防措施就僱用有暴力或違法紀錄的員工。

不論是哪種型態的職場暴力，管理者都有積極處理的法律和社會責任。根據**疏忽聘僱**法(Negligent hiring)，雇主必須對其員工在職場的暴力行爲負責，特別是當雇主知道或是應該知道員工有暴力行爲的歷史時（參考第五章）。

職場的抽煙問題

在1994年，Melvin Simon and Associates（旗下擁有全美八十五家大型購物中心）宣佈其工作地點全面禁煙。不久之前麥當勞和Arby’s這兩大連鎖速食店才剛宣佈在餐廳全面禁煙[36]。自此，許多企業也紛紛採取禁煙政策。

職場禁煙的政策大多是在過去這十年來建立的。早在1964年，《美國外科醫師》(*U.S. Surgeon General*)公佈的政府報告顯示抽煙對人體會造成的影響。不過到了1981年，全國事務局(Bureau of National Affairs)的意見調查顯示只有8%的美國企業禁煙。在1980年代中期，《美國外科醫師》發表艾佛瑞．谷柏(C. Everett Koop)的報告顯示，抽煙者會對不抽煙的同事和顧客造成健康危害[37]。在1986年，36%的企業都禁止在上班地點抽煙[38]。在1998年一份針對八萬名員工進行的意見調查發現，65%受訪者的受僱地點禁煙[39]。禁煙已迅速成爲美國職場的常態。而且這波趨勢並非侷限於美國而已。

許多城市和州政府都對抽煙立法規定[40]。紐約州政府的相關立法特別周延，爲職場不吸煙的員工提供保障。這項法律規定每個雇主都必須採取書面的抽煙政策，張貼在明顯的地方，員工如果要求則得提供影印本。相關規定如下：

■ 爲不吸煙的員工提供非吸煙區的辦公空間。

■ 如果辦公空間沒有區分，則另外撥出一個空間作爲吸煙區。

■ 在自助餐廳和休息室開闢緊鄰的非吸煙區。

■ 禁止在禮堂、健身房、洗手間、電梯、走廊和其他共用區域抽煙。

■ 公司車輛和接待室禁煙，除非在場所有人士都同意抽煙。

管理者必須了解且遵守當地或州政府對於抽煙的規定，並且確定員工也確實遵守。由於抽煙的規定可能會引起爭議，所以管理者必須秉持公平的原則迅速處理相關問題，確定所有人員都遵守法律和公司的規定。

累積性創傷失調

累積性創傷失調(Cumulative trauma disorder, CTD)又稱爲重複性壓力（或是動作、拉傷）傷害（或疾病、症狀）。CTD並非單指一種失調，而是包括從腕道症候群（Carpal Tunnel Syndrome, CTS，操作電腦者的手腕通常會出現這種問題）、乃至於網球肘(Tennis Elbow)和前臂與肩膀不適[41]。近年來CTD患者大幅增加。在1983年美國勞工當中患有CTD的人數不到五萬人，到了1993年這樣的數字暴增到三十二萬人。勞工統計局估計，這類傷害在過去十年中暴增770%[42]。CTD不但是個普遍的問題，其相關成本也非常可觀。總計處(General Accounting Office)表示，CTD每年對民間企業造成600多億美元的成本。

❖ **累積性創傷失調 (Cumulative trauma disorder, CTD)**
因為重複性的肢體動作（譬如組裝線的工作或資料輸入）造成的職業傷害。

誠如先前所討論的（參考OSHA的安員），OSHAS建立職場的人體工學指導原則，藉此減少CTD的問題。**人體工學**(Ergonomics)是指配合員工安全和舒適需求的新興科學。OSHA的指導原則能讓職場人體工學改善到什麼程度引起一些爭議。CTD普及與否本身就是一個頗富爭議的問題，CTD相關統計數據的正確性引起各界的討論。支持勞工人士認爲許多勞工的狀況診斷錯誤，導致他們仍竭盡所能地工作，所以CTD的統計數據並未反映出眞實情況的嚴重性。可是企業界的遊說團體則說這個問題遭到誇

❖ **人體工學 (Ergonomics)**
配合員工安全和舒適需求的科學。

表16.2 避免CTD：可行與不可行的事情

可行：
- 休息（每20分鐘）。
- 在工作的地方伸展和放鬆（每個小時做一次）。
- 健身。
- 操作電腦時保持良好的坐姿：
  * 坐挺。
  * 腳平放在地板上。
  * 手肘以舒適的角度彎曲。
  * 距離電腦螢幕大約18至28吋。
  * 把文件放在和電腦螢幕同樣的高度和角度。

不可行：
- 以手和手臂進行重複性的動作。
- 不斷彎曲手腕。
- 不斷手握或夾著物品。
- 以不舒服的姿勢工作。
- 以手臂和手施加很大的力氣。

資料來源：Adapted from Worsnop, R. L. (1995). Repetitive stress injuries. *CQ Researcher, 5*, 537-560.

大，一部分是因為媒體誇大報導所致，有趣的是醫學界也有類似的爭議。

目前有關CTD尚無相關法律的規範，不過負有社會責任的企業應該了解CTD，以及可能造成這些問題的原因。管理者應該採取措施減少CTD，教育員工這方面的問題，如有必要並調整工作環境的具體安排。表16.2說明協助員工避免CTD時可以做和不可以做的事情。管理者將這份建議張貼在明顯的地方，可以降低員工罹患CTD的可能性。

聽障

許多人都知道嚴重噪音可能導致聽力受損。不過，連續暴露在九十五分貝的噪音之下，也可能導致血壓升高，以及各種消化、呼吸、過敏和肌骨骼的失調問題。而且暴露在高分貝的噪音之下，也會導致視力無法集中和受損，甚至可能導致意外和傷害的比率增加[43]。噪音對健康造成的危害促使OSHA建立「職業噪音暴露標準」(Occupational Noise Exposure Standard)。這項準則規定，對於暴露在八十五分貝噪音以上的員工，企業必須免費提供聽力保護器。研究結果發現，平均而言，應該戴聽力保護器的員工當中，眞的有戴的人不到50%[44]，而且佩帶聽力保護器的員工中許多人都戴得不正確。讓員工體認到噪音對聽力的威脅，並認眞看待這個問題，也是預防和處理職場聽力威脅的一環。避免職場聽力受損的問題不光是促使員工自我保護聽力而已。減少工作環境的噪音量是避免聽力受損直接且主要的辦法。儘管降低噪音未必可行，許多企業發現到新機器設備的噪音量通常會比較低[45]。避免聽力受損的努力應該是全面性的，並且考慮到系統（譬如機器）和人員（員工）這兩大要素。

胎兒保護、危害化學物質以及基因檢測

1970和1980年代，多家美國大型企業為了避免懷孕員工接觸有害化學物質，危害其胎兒而擬定相關的工作政策。不過這些政策卻引起爭議，因爲這會對女性形成限制，讓她們無法取得業界比較高薪的工作。譬如，1978年American Cyanamid有些女性員工甚至絕育，以免喪失高薪的工作。

電池製造商Johnson Controls公司於1982年的案子引起全國的矚目，胎兒保護的議題才引起各界的爭議。該公司禁止正值生育年紀的婦女從事會接觸到鉛的工作，結果工會控告該公司性別歧視，因爲該公司只對女性員工設限。最高法院最後判決該公司性別歧視的罪名成立[46]。

這項判決引起通用汽車、杜邦、Olin、Monsanto等具備胎兒保護政策的企業極大的關切。這些公司表示他們唯一的選擇就是大幅減少某種物質的使用量，可是這樣做很困難，而且所費不貲。反對者則批評這些企業應該爲保護全體員工更盡一份心力，而不是光是趕走特定族群[47]。

生殖健康是非常重要的職場議題，可能影響到好幾百萬名的勞工。譬如有份針對一千六百名懷孕婦女所做的研究顯示，大量使用影像顯示終端機(video display terminal, VDT)的受訪者，其流產率是沒有使用VDT受訪者的兩倍。Digital Equipment在休士頓的工廠對懷孕婦女進行的調查也得到類似的結論。很顯然的，想想現在VDT使用的普及程度，就可以知道這個問題有多麼嚴重[48]。可是目前只有幾家企業具備周詳胎兒健康政策，而且有關工業物質對於生殖健康之影響的相關研究往往不夠周延，這些事實更加劇了胎兒健康議題的嚴重性。雖然有些物質（譬如鉛）會對胎兒構成

明顯的健康威脅，不過許多其他物質未必會構成問題。而且許多物質對於兩性的生殖能力都會造成影響，不光是對女性而已。

❖ 危害的化學物質

每年數以千計的職場意外和傷害都是肇因於暴露在有毒化學物質之下。過去，雇主往往不充分告知員工相關的危害就要他們去處理化學物質。不過在1983年OSHA的危害通識標準（Hazard Communication Standard, HCS）規定員工有權利知道工作場所有危害的化學物質（如圖16.1）。目前的標準規定製造業者和有害化學物質使用者必須找出這些物質，並提供員工相關資訊，訓練員工如何處理這些物質，和讓他們了解這些物質的危險性[49]。

危害通識標準的涵蓋範圍更爲廣泛，包括在三百五十萬個工作地點，有超過三千五百萬名暴露在有害化學物質之下的勞工[50]。每年許多企業因爲未能提供員工物質安全資料單(Material Safety Data Sheets, MSDS)而被罰數以千計美元的罰款。問題之一在於MSDS的塡寫麻煩，使得資料很難更新。爲了補救這樣的問題，許多企業將MSDS資訊放在網路上，提供更易於擷取的資訊，以便遵守危害通識標準。

❖ 基因檢測

❖ 基因檢測 (Genetic testing)
這是一種生物檢測型態，藉此找出遺傳基因上容易受到特定種類的工作傷害之人員。

基因檢測(Genetic testing)是一種生物檢測型態，藉此找出遺傳基因上容易受到特定種類的工作傷害之人員，這種新的工具頗富爭議性。基因檢測的目的在於避免讓比較容易受到傷害的員工從事危險的工作。目前進行基金檢測的企業寥寥可數（1%以下），不過隨著基因研究的日新月異，未來幾年當中基因檢測的篩檢設施可能會大行其道。反對者從倫理和法律的層面提出質疑和批評，因爲基因預測能力會大幅提昇歧視的可能性。其實，大量使用基因檢測可能會違反民權法案第七條以及ADA。在1999年聯邦實驗室在未獲得員工的同意下擅自對員工進行基因檢測，上訴法院裁定聯邦實驗室違反員工的人權、侵犯他們的隱私[51]。有關基因檢測的另外一項爭議跟胎兒保護政策類似：有問題的是工作環境，不是員工，企業應該排除的是危險，而不是人[52]。

Burlington Northern Santa Fe鐵路公司在2000年三月起開始採用基因檢測。該公司要求宣稱罹患CTD的員工提供血液樣本作爲評估員工傷害的例行醫療檢驗。血液檢體卻被用來進行基因檢測，這項檢測可能預測哪些員工容易罹患肌骨骼失調的症狀。當員工對其工會提出申訴後，這項檢驗引起大眾的注意。EEOC於2002年二月控告該公司，宣稱基因檢測的行爲違反ADA。這是EEOC首度對基因檢測提出質疑。在2002年五月經過調解後，該鐵路公司同意支付三十六名員工兩百二十二萬美元的和解金[53]。鐵路公司宣稱他們的基因檢測並不是爲了篩選員工之用。不過EEOC認爲，光是進行基因檢測本身就違反了ADA。目前，美國二十二個州禁止以基因檢測作爲聘僱篩選之用[54]。

經理有責任吸收最新資訊，協助人力資源部門擬定政策，讓員工的權力和公司的需求得以平衡。由於他們站在最前線，所以有責任即時直接向員工以明確的態度說明有關危害的資訊。此外，他們也應該確定員工了解接觸有害物質的風險，並且採取必要的預防措施。他們也應該讓員工知道自己享有的權利、責任和選擇，對於每種情況都秉持尊重和公平的原則來處理。

安全和健康計劃

本章到目前爲止都是討論工作環境具體的危害，以及對於勞工與公司的影響。不過，像是壓力、不安全的行爲以及不良的健康習慣同樣會對員工造成重大影響。企業通常會設計周延的安全和健康計劃，以處理這類的危害。

安全計劃

安全的工作環境不是憑空而來，必須努力創造才會存在。安全性備受推崇的企業都設有規劃良好且周延的安全計劃。對於安全性的重視應該從公司高層開始。各級經理和監督人員也應該展現對於安全性的認知，對工作環境的安全訓練負起責任，並就其維護安全之工作環境的績效獲得獎勵。不過通常來說，安全主任和大多數的安全計劃都是屬於人力資源的功能。人力資源經理往往得負責設計和執行安全計劃，以及訓練監督人員和經理管理工作環境的安全規則和政策。

有效率的安全計劃應該具備以下特色：

■ 包括安全委員會的資訊，而且公司全部的部門都參與。員工參與安全決策，管理階層審慎考慮員工對於改善安全的建議。
■ 以多媒體的方式（包括安全性的演講、影片、海報、手冊和電腦簡報）說明安全性。
■ 指導監督人員如何溝通、展示以及要求安全，並且訓練員工如何安全使用設備。
■ 採用獎金、獎勵和正面激勵措施鼓勵安全的行爲。這類計劃會獎勵員工對於安全性所提出的不滿或是建議。對於安全紀錄特別良好的員工（譬如安全駕駛的卡車司機），這類計劃也會給予獎勵。
■ 說明安全的規則並且切實執行。他們知道OSHA規定員工必須遵守安全規則，而且也願意採取紀律系統處罰不安全的工作行爲。
■ 他們採取安全主任或是安全委員會進行定期的安檢以及意外研究，藉此找出可能造成危險的情況，以及了解意外發生的原因和如何改善。

企業若具備周延的安全計劃，可以減少意外的發生、減少勞工傷殘給付的申請案件和官司，以及減少意外相關的成本。各位應該記住，OSHA認爲員工的參與是安全計劃的成功關鍵。企業通常是透過安全委員會的成立讓員工參與。儘管各家公司的細節各有不同，但是整體而言安全委員會的目的是讓員工和經理合作促進工作場所的安全和健康[55]。安全委員會通常會評估安全程序的適當與否，觀察趨勢，並且檢討意外、疾病和安全的建議，以及推薦和評估危害的解決方案。不過，專家建議，安全委員會不應該負責政策的執行，以免被視爲「安全警察」。安全委員會應該建議由管理階層負責政策的執行。

讓員工參與安全委員會的做法相當有效。譬如賓州爲勞工傷殘保險保險費提供5%的優惠，爲期五年，藉此鼓勵企業建立安全委員會，這項投資已經見到報酬[56]。奧瑞岡、內華達州、華盛頓等州的OSHA對於安全委員會的評估結果相當令人滿意，因此規定大多數的工作場所都必須具備這

經理人筆記

有效的安全委員會可行和不可行之處：

可行：

- 訓練委員會成員有效貢獻所需的技能。
- 提供委員會發揮職責所需的權力。
- 具備目標，並且秉持目標評估進展。
- 鼓勵參與以及協助建立信賴和合作的氣氛。
- 有耐心地等待成果。
- 對進步、參與以及領導提供獎勵。
- 委員的經驗各有高低。

不可行：

- 任由安全委員會成爲「安全警察」。
- 太快輪調成員。
- 讓某個成員主導委員會。
- 在委員會裡只提出問題——委員會也得提出解決方案。
- 讓委員會成爲代罪羔羊。
- 責怪員工的安全問題——要探討問題的癥結才對。

資料來源：Adapted from Cullen, L. (1999) Safety committees: A smart business decision. Occupational *Hazards,* 61, 99-104.

樣的委員會。經理人筆記「有效的安全委員會可行和不可行之處」提供各位有關安全委員會之發展和運作的一般原則。各位可以遵循這些原則，鼓勵大家參與你們周延的安全計劃。

員工輔助計劃

誠如我們在第十三章所見，員工輔助計劃(EAP)是讓員工因爲身心或情緒方面的問題導致工作績效受到負面影響時可以求助的機構。員工輔助計劃處理各種員工的問題，從濫用藥物到婚姻問題都包括在內。最近的意見調查顯示，員工輔助計劃相當普及，不過比較大型的企業通常會比較多。譬如，45%的全職員工都有員工輔助計劃，但僱用人數在一千至五千人的企業則有70%以上的員工享有員工輔助計劃[57]。

許多企業成立員工輔助計劃是基於道德和法律上的責任，不但要保護員工的身體健康，還要顧及他們的心理健康。雇主之所以負有道德責任是因爲員工在行爲、心理、生理方面的問題，往往是來自公司的壓力（氣氛、變革、規定、工作步調、管理風格、工作小組的特色等等）[58]。當員工以壓力相關的控告公司或是提出勞工傷殘給付的申請時，道德責任就成了法律責任。事實上，意外事件的增加以及勞工傷殘給付申請與其成本的嚴重性，是促使企業界對工作壓力的後果愈來愈加重視的原因[59]。在日本，工作相關壓力（過勞死）被視爲全國性的嚴重問題。美國在1999年九月調查發現，美國人現在工作的時數在工業化國家當中時數最長，甚至超過日本[60]。

❖ **精疲力竭 (Burnout)**
這是一種壓力造成的綜合症狀，特徵包括情緒耗竭(emotional exhaustion)、去個人化(depersonalization)，以及個人成就(personal accomplishment)降低。

壓力往往會造成**精疲力竭**(Burnout)，這是一種壓力造成的綜合症狀，特徵包括情緒耗竭(emotional exhaustion)、去個人化(depersonalization)以及個人成就(personal accomplishment)降低。情緒耗竭的人可能不敢去上班、對待同事和客戶的態度冷酷無情、不願參與公司事務，以及覺得工作能力較差。導致情緒耗竭的因素可能包括對於如何處理各種工作相關議題的模糊性和衝突[61]，缺乏社會支持可能導致問題加劇。

情緒耗竭可能對個別員工和對企業造成嚴重的負面衝擊，而且可能不利於心理和身體健康[62]。情緒耗竭導致的心理健康問題包括憂鬱、易怒、缺乏自信心以及焦慮。情緒耗竭對身體健康造成的影響則可能包括疲倦、頭痛、失眠、胃腸不舒服以及胸口痛。情緒耗竭對企業造成的後果包括員工離職、曠職以及工作績效節節下滑[63]。此外，有時候情緒耗竭也會導致濫用藥物和酗酒的問題攀升[64]。

在討論員工輔助計劃的單元裡，另外一個值得討論的主題是憂鬱。憂鬱症是很嚴重的疾病，對於工作場所的影響要比許多人所想像的嚴重得多。哈佛醫學院(Harvard Medical School)健康政策教授朗諾．凱斯勒(Dr. Ronald Kessler)表示，憂鬱的員工對於「時間、動作、舉物都有問題，而且會在工作場所發生意外[65]。調查結果跟他的觀察也不謀而合，顯示患有憂鬱症的員工由於精神不夠集中、疲倦、健忘、反應緩慢，所以比較容易出現意外。除了可能發生意外之外，生產力也會受到打擊。據估計，每年有一千五百萬到兩千萬名美國成人面臨憂鬱的困擾，損失的工作天數達兩億，美國經濟每年因此受到的損失達437億美元 。由於這個問題極為普遍，心理健康專家認為管理者有責任了解憂鬱症、了解其症狀以及有哪些可以提供援助的機構。經理人筆記：以顧客為導向的人力資源「憂鬱症的警訊」，提供觀察憂鬱症的症狀。不過各位應該記住，你們不是精神科醫師，身為管理者的你們，應該把重點放在工作績效上，以及討論所觀察到的工作相關行為，而不是討論員工的醫療問題。憂鬱症的原因有許多種，可以分為先天、後天、生物和認知。憂鬱症是可以治療的，諮詢和藥品可

經‧理‧人‧筆‧記

以顧客為導向的人力資源

憂鬱症的警訊

以下是職場員工可能患有憂鬱症的跡象。不過這些跡象如果是偶發或是暫時性的，則不能視為症狀。譬如，曠職一天並不表示這名員工患有憂鬱症。

- 生產力降低。
- 士氣低落。
- 配合度低。
- 冒著安全上的風險。
- 曠職。
- 經常表示疲倦。
- 酗酒和濫用藥物。

如果員工具備上述症狀，你最好專注在績效方面的議題，而不是妄下結論認為此人有憂鬱症。你可以告訴對方如果個人的問題對工作造成影響，那麼你建議他匿名尋求員工輔導員的協助。

資料來源： Adapted from Nighswonger, T. (2002). Depression: The unseen safety risk. *Occupation Hazards, 64,* 38(3).

以提供很大的幫助；不過你們應該把治療工作交給專業人士，將患有憂鬱症的員工轉介給員工輔導計劃或是其他的機構尋求協助。

許多企業認爲以員工輔導計劃解決績效、壓力和情緒耗竭等問題，具有成本效益。事實上，美國企業每年花在員工輔導計劃上的經費高達7億5000萬美元，不過許多人認爲這是一種投資，而非成本。員工輔導計劃專業人士表示，企業對員工輔導計劃投資的每一塊錢，都可以回收3到5塊錢[66]。這些好處是以保險成本降低、病假減少，以及工作績效改善的型態呈現。

儘管員工輔導計劃具備這種種好處，不過管理者必須完全基於員工的績效問題，才能轉介員工尋求員工輔導計劃的協助。譬如幸運零售公司的案例就是如此[67]。該公司某個店經理的績效向來相當亮麗，可是員工開始抱怨他的態度惡劣、充滿敵意。公司代表問他有沒有「問題」，並提供他協助。這名店經理否認有問題，公司將他調到另外一家分店後，情況還是沒有改善。公司後來表示他可以請假尋求員工輔導計劃的協助。員工輔導計劃人員判斷他的壓力過大，並診斷出有精神疾病。他在休假六個月後就遭到開除。

這名店經理對公司提出控告，法院認爲他雖然沒有殘障，但是公司可能將他視爲殘障，所以他的情況可以獲得ADA的保障。該公司和這名經理後來在庭外和解。這個案例和其他類似案例的教訓是，公司轉介員工尋求員工輔導計劃的協助應該是基於工作相關的表現議題，而不是對於員工精神或是情緒狀況妄下推論或是結論。

健康計劃

❖ **員工健康方案**
(Wellness program)
這是由公司贊助的計劃，重點在於預防員工出現健康方面的問題。

由於過去二十年來健康醫療成本暴增，企業對於預防性質的計劃愈來愈感興趣。企業體認到他們可以影響員工在下班後的行爲和生活型態，因此鼓勵員工建立比較健康的生活型態。他們也試圖建立正式的員工健康計劃，藉此降低和健康醫療相關的成本。員工輔導計劃的焦點在於「治療」問題員工，**員工健康方案**(Wellness program)的重點在於「預防」員工出現健康方面的問題。最近就雇主聯盟進行的意見調查顯示75%的雇主都有贊

常保健康和快樂。美國航空公司提供員工各式各樣的活動，以協助員工維持愉悅心情、健康身體以及生產力。此圖中，食品服務人員正於午餐時間上有氧舞蹈的課程。

助員工健康計劃[68]。

完整的員工健康計劃具備以下這三大元素：

- 透過篩選和檢驗協助員工找出可能有害健康的風險。
- 教育員工，讓他們了解高血壓、吸煙、飲食不當以及壓力對健康可能造成哪些危險。
- 鼓勵員工改變生活型態，多運動、攝取足夠的營養以及健診。

員工健康計劃可以很單純且便宜，譬如提供戒菸中心和減重課程的相關資訊，但也可能非常周延而昂貴，譬如提供專業的健檢和好幾百萬美元的健身設施。

❖ 健康習慣良好的收穫

許多企業發現，參加公司員工健康計劃的人員本來就很注意健康，而且具備良好的健康習慣。你要怎麼讓其他員工（其中許多人可以獲得最大的好處）也參加這類健康計劃呢？有些公司發現沒有什麼會比獎金更能夠激勵員工。在1992到1998年期間，提供員工獎金鼓勵他們建立良好之健康習慣的雇主人數從14%增加到39%[69]。

譬如，華盛頓Everett的Providence健康系統公司建立員工健康挑戰計劃(Wellness Challenge Program)，只要符合健康和生活型態標準的員工就可

應思考的道德問題

有些人認爲員工健康和輔導計劃的評估應該以成本或效益爲準，如果計劃的成本超過利益則應該停辦。不過有些人則認爲員工許多健康方面的問題都是因爲公司充滿壓力的環境造成的，所以公司負有提供這類計劃的道德責任。你覺得呢？

以獲得獎勵。評估的標準是根據和健康醫療成本相關之員工行爲和健康風險要素，其中包括量血壓、累積運動點數以及完成健康風險評估。十項標準當中如果員工達成八項，就可以獲得獎金（第一年爲250美元，第二年爲275美元，第三年爲325美元）。

Providence每個月的醫療給付申請金額比起該地區其他類似的醫院平均低了27%，而且Providence發現員工健康挑戰計劃之參與者每年病假時數比起沒有參與的人少了十五個小時。

不過應該注意的是，雇主如果處罰員工不健康的行爲可能會違反法律[70]。1997年健康保險流通與責任法案(Health Insurance Portability and Accountability Act, HIPAA)的條款禁止處罰；譬如不讓某些人加入健康保險或是對他們收取比較高的保險費，都是屬於歧視性的行爲。提供獎勵是一回事，可是跟健康保險或其成本相關的處罰則是於法不容。

如果有效執行，員工健康計劃可以對公司獲利帶來正面的貢獻。儘管展開和維繫這樣的計劃需要耗費成本，可是公司因爲健康醫療成本降低以及曠職問題減少而獲得的好處，可以大幅抵銷當初的投資。Eastman化學公司周延的員工健康計劃便是如此[71]。該公司的計劃包括運動課程、健康改善計劃和個人運動指導等服務。公司預測由於健康醫療成本以及曠職雙雙減少，五年當中可以省下1200萬美元，對其投資能夠創造相當可觀的收益。

摘要與結論

❖ 工作場所的安全性和相關法律

工作安全性的法律主要有二：一是各州分別制定的勞工傷殘法，以及1970年聯邦政府通過的職業安全與健康法案(Occupational Safety and Health Act of 1970, OSHA)。職業安全與健康法是強制工作地點必須符合安全標準的聯邦法律。

勞工傷殘的福利包括：總失能給付、傷殘給付、生存者給付、醫療費用給付、復健給付；旨在提供在工作場所受傷的員工迅速、合理的醫療照顧，以及提供他們和其扶養親屬或未亡人收入。雇主如果工作場所經常有意外和受傷事件，則必須繳交比較高的保險金，這種政策的目的是爲了鼓勵雇主加強對工作地點安全性的投資。

OSHA規定雇主必須提供安全和健康的工作環境，遵守具體的職業安全和健康標準，以及維繫職業受傷和疾病的紀錄。其安全標準是透過檢驗系統、傳喚、罰款和刑事罰責執行的。

❖ 管理當代有關安全、健康和行為的議題

當今雇主面臨最重要的議題包括如何處理罹患愛滋病的員工、工作環境的暴力行爲、在工作場所抽煙、重複性工作傷害、聽力受損、危害化學物質、胎兒保護以及基因檢測。管理者得處理各種實際、法律和道德相關的議題，其中許多都得在個人的權益（特別是隱私權）和公司的需求之間審慎地找到平衡點。

❖ 安全計劃

周詳的安全計劃是經過良好的規劃，管理階層(1)讓員工參與，並且仔細考慮他們的建議；(2)和員工溝通安全規則以及執行這些規則；(3)投資在監督人員的訓練上，教導他們如何展示以及溝通工作上的安全性；(4)以獎勵的方式鼓勵安全行爲，並對不安全的行爲施以處罰；(5)鼓勵定期自我檢驗以及意外研究，以找出和更正可能構成危險的情況。

員工輔助計劃(EAP)旨在協助員工處理會對其工作表現造成負面影響之身心、情緒問題（包括壓力）。

員工健康計劃的重點在於預防，旨在協助員工找出潛在的健康風險並在這些風險構成問題之前加以處理。

問題與討論

1.你覺得哪種政策對於預防職場暴力最有效？

2.如果某個工作對於懷孕婦女的胚胎可能造成危害，公司規定這份工作僅限男性的做法合法嗎？

3.經理如何利用公司的獎勵系統鼓勵職場安全？

4.本章指出透過授權改善安全性可以創造正面的成果，並以清潔人員也可以參與的諮詢式安全小組作爲例子。不過，讓員工參與改善安全措施意味著員工必須從平常的工作抽出時間，生產力會因此降低。你覺得這樣値得嗎？請說明你的理由。

你也可以辦得到！

新興趨勢個案分析16.1

❖ 拯救生命和責任

1998年一月，北美米其林(Michelin)公司的吉姆．楊(Jim Young)在公司員工健康中心才剛踩完腳踏車，一下來人就昏倒了。幸好米其林剛添置一台電擊器。警衛接到電話後在一分鐘內趕到健康中心。這名警衛扯開吉姆的上衣，並將電板放在胸口。他把電擊器的電源打開後，機器自動分析指吉姆是心室纖維顫動(ventricular fibrillation)，需要施以電擊，於是警衛按下按鈕，終於將吉姆從鬼門關拉了回來。

心室纖維顫動是指心跳混亂，血液不流通，可能很快就會導致腦部受傷和死亡。專家估計，每一分鐘生存的機率就會減少10%。電擊可以恢復心跳，但必須盡快才行。

電擊器是高度自動化且容易使用的器材。愈來愈多企業〔譬如北美米其林、雷神(Raytheon)以及State Farm保險公司等〕現在都有這類設施。提供電擊好像是個人道的選擇，可是卻也可能增加風險。譬如，如果施以電擊的人沒有受過什麼訓練，而且在慌亂當中搞錯了程序，公司或這個人應該負責嗎？

目前自動電擊器的使用需要一些訓練才能達到理想的成果，不過它們配有圖表可以顯示如何正確擺置電板，且還有語音提示給予更進一步的指示。這種設備的分析模式可以判斷是否應該電擊。不過，如果不顧這種提示，而對不是心室纖維顫動的人施以電擊，這樣的錯誤可能會致命。

自動電擊器的成本不到5000美元，這種設備可以救命（就跟吉姆．楊一樣）。如果要等醫護人員抵達，得花六分鐘或更久的時間，可能會導致致命的延誤。

❖ 關鍵性的思考問題

1.你覺得在工作地點放置電擊器的潛在好處大過可能的責任成本嗎？請說明之。

2.責任問題可以哪些措施予以降低？

❖ 團隊練習

和你的夥伴或小組成員擬定使用電擊器的計劃。

根據你們對此個案的回答，估計這項計劃的成本。

請和你的夥伴或是小組成員討論誰應該可以使用電擊器，是否應該限制使用的人員？請說明理由和人選。達成共識後請和班上同學報告你們的決定。

資料來源：Adapted from Chase, M. (1998, September 21). More workplaces make defibrillators part of first-aid kit. *Wall Street Journal,* B1.

你也可以辦得到！ 新興趨勢個案分析16.2

❖ 惠而浦(Whirlpool)員工拒絕執行危險的任務

惠而浦位於俄亥俄州Marion的電器工廠以高空輸送帶傳送各個區域的電器零件。爲了避免零件掉下來打到員工，公司在輸送帶下方以角鋼框固定水平鐵網作爲遮蔽。這個鐵網距離工廠地面大約二十公尺。

工廠固定的維護工作包括每個禮拜花幾個小時的時間移除鐵網上的零件，並以紙擦拭傳輸帶上的油污。維護人員必須站在角鋼框上（或是在鐵網上）進行這樣工作。

1973年，惠而浦基於安全考量，開始以重量較重的鐵網取代以往的鐵網。有些員工在鐵網上失足吊在半空中，有個員工甚至掉到工廠地板上，但幸好沒有致命。當員工向工頭抱怨這種不安全的狀況時，工頭卻要他們走在鐵樑上，而不是鐵網。

1974年六月，有個負責維護的員工從舊的鐵網上摔下去因而致命。隔周有兩名維修人員維吉爾·迪摩爾(Virgil Deemer)以及湯姆斯·康威爾(Thomas Cornwell)開始抱怨安全方面的問題。兩天之後，他們要求工廠安全主任提供該地區OSH管理局的電話號碼。主任雖然給了電話號碼，但卻跟他們說要好好想想自己在做些什麼。這兩名員工隨即打電話給OSH管理局的檢驗人員。

翌日，工頭要求維吉爾和湯姆斯走在鐵網上進行例行的維護工作。他們拒絕遵守這樣的命令，宣稱這樣的工作不安全。工頭勒令他們去人事室，接著人事室要他們打卡結束工作，並給他們一紙譴責不服從命令的文件。

這個案例最後告到美國最高法院。法院判決是根據OSHA指出當勞工合理懷疑任務可能致死或造成嚴重傷害時，如果沒有其他選擇，可以拒絕執行這項任務。

❖ 關鍵性的思考問題

1. 維吉爾和湯姆斯拒絕執行任務的原因可以符合該項任務可能致死或造成嚴重傷害的合理懷疑嗎？

2.人力資源部門經理有責任保護員工，可是，他們同時卻不希望打擊監督主管的權威。在這個案例的情況裡，爲什麼這兩者之間的平衡會如此困難？

3.如果員工覺得某項工作相當危險，但公司卻強迫他們去做，會產生什麼意外的負面結果？

4.假設你是惠而浦的安全主任，當員工來跟你要OSHA的電話號碼時會說些什麼或是做些什麼？請列舉你的計劃。

5.說明你會如何處理安全性的問題以避免惠而浦的意外事件。設計出你覺得可以讓工作環境的安全性達到最高的政策或體系類型。

❖ 團隊練習

把學生分成四到五個小組。每個小組應該建立判斷工作是否危險的「合理性」標準。每個小組的組長接著向全班同學報告這些標準。

詢問班上同學有沒有人從事過危險的工作，並且問他們這些危險的工作是如何分配的。有沒有人曾經拒絕過，或是看過其他人拒絕執行危險的任務？如果有，請說明拒絕的結果。

以三到四個學生爲一組，討論生計（工作）和安全之間的抉擇對個人有何影響。每個小組選出一個組長，將結論向全班討論。

資料來源： *Whirlpool Corp v. Marshall,* 100 S.Ct. 883 [1980].

PART 6 治理

國際化人力資源管理挑戰

挑戰

讀完本章之後，你將能更有效地處理以下這些挑戰：

1. 說明公司在進行國際化的各個階段中最適合的人力資源管理策略。
2. 基於公司面臨的狀況，找出最適合的外派人員和地主國。
3. 說明國際外派任務總是失敗的原因，公司可以採取何種步驟來確保這塊領域的成功。
4. 在國際外派人員完成任務回到公司後，重新融入公司的體制。
5. 建立能夠配合不同文化需求與價值觀的人力資源管理政策和程序。

國際化的步驟

如圖17.1所示，企業營運國際化可以分爲五個步驟[1]。國際化的程度愈高，人力資源政策就愈必須配合多元文化、經濟、政治和法律環境。

- 在第一個步驟，企業完全是針對國內市場。二次大戰之前，大多數美國企業都是屬於這類。當今屬於這個步驟的是Boulder啤酒公司，該公司在科羅拉多州Boulder生產麥牙酒，銷售網很少超過山區各州(Mountain States)。另外還有許多美國企業仍在這個階段，不過這樣的公司家數逐漸減少，特別是製造業。第一個階段的企業裡，人員招募、訓練和薪酬大多是根據當地或國家人力。美國是他們唯一考慮設廠的地點，而生產和行銷決策只考慮到國內或當地市場。
- 在第二個步驟，企業進軍外國市場，但是生產設施仍在國內。在這個階段的人力資源管理政策應該針對國際顧客的需求透過管理的獎勵、適當的訓練以及人員招募策略，協助公司開拓外銷市場[2]。

  位於洛杉磯的Turbo-Tek公司就是處於第二階段。該公司每年營收達5000萬美元，其中38%來自海外市場。該公司唯一的產品是Turbo

圖17.1 國際化的步驟

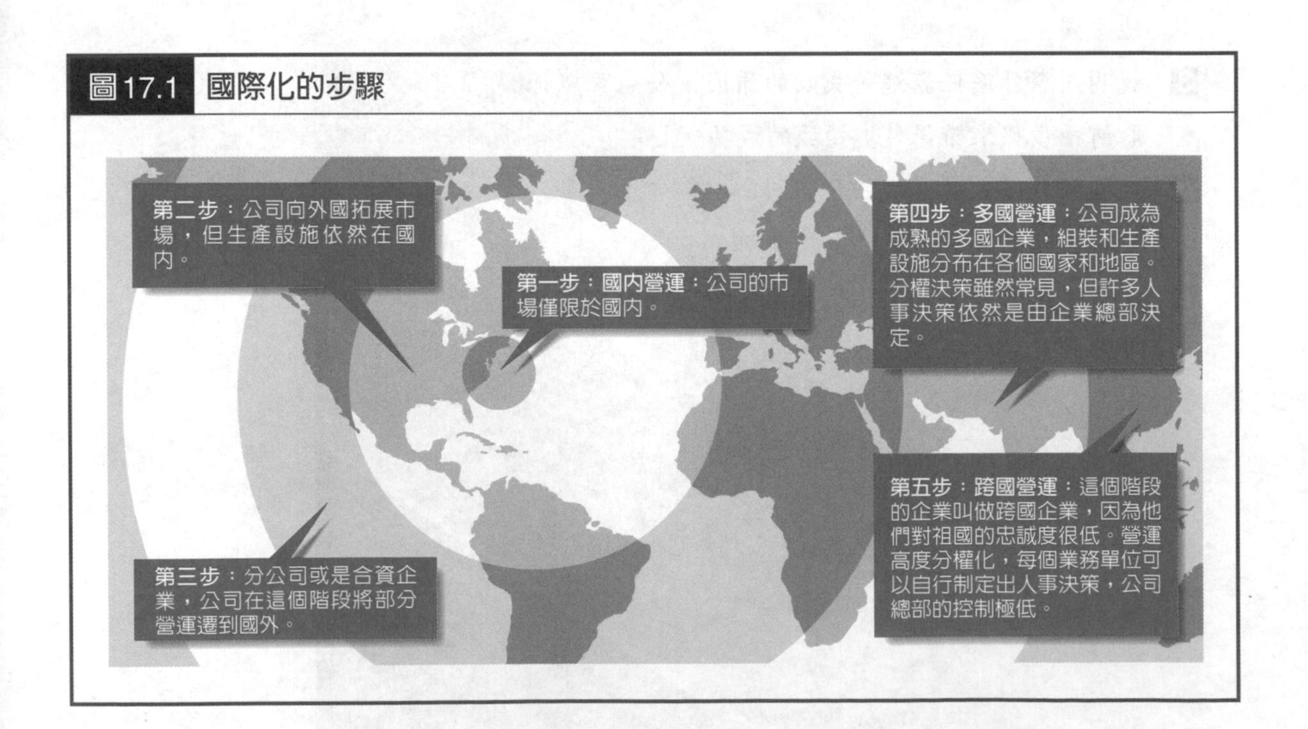

Bosch公司以國際訓練支援其國際業務。譬如，Bosch以其德國訓練系統教導其他國家的員工。圖中為南卡羅來納州Charleston的赫曼．瓊斯(Harmon Jones)正以德國訓練系統學習機器的操作。

Wash，這是家庭常用的噴水設備。Turbo-Tek整個製造、包裝以及經銷系統都是爲了國際市場設計的，該公司的人力資源管理政策在這個系統中佔有極爲重要的地位。Turbo Wash是在洛杉磯生產，但是歐洲市場的產品是在荷蘭包裝。管理階層的紅利絕大多數都是根據外國銷售業績。該公司的行銷部門將使用者說明翻譯成十一種文字，生產部門爲了當地消費者的需求和品味進行產品的調整（譬如爲英國房子加裝特殊的接頭），研發部門則是確保Turbo Wash清潔劑的成分符合芬蘭、法國和其他歐洲國家嚴格的規定。

貿易壁壘的瓦解對於美國企業進展到第二階段也有很大的貢獻[3]。2003年員工人數不到五百人的企業當中大約有40%有外銷產品和服務——這是1992年水準的三倍以上。譬如規模達600萬美元Treatment產品公司的總經理傑夫．維克特(Jeff A. Victor)表示，他公司出口量大增的功臣是北美自由貿易協定(NAFTA)。該公司的產品是汽車清潔劑和清潔蠟，從1990年起公司就是企圖拓展在墨西哥的市場，可是墨西哥的貿易壁壘讓公司的努力一直沒有成果。在北美自由貿易協定於1993年一月生效後，維克特跟墨西哥幾乎所有大型連鎖零售店都簽署合約。他對墨西哥的出口暴增三倍至30萬美元左右，大約為該公司總出口額的20%[4]。

- 在第三個步驟，企業實際將部分營運遷到國外。這些設施主要是零件組裝，不過有些也會進行有限的製造工作。譬如，許多美國成衣製造商紛紛在加勒比海地區設廠組裝各種類型的成衣。在這個階段的外國分公司或旗下事業通常會受公司總部的嚴密控制，而且高層主管當中相當高的比例都是**外派人員**（Expatriate，這種員工是公司母國的國民）。在第三階段裡，人力資源管理措施的重點是外派人員，以及外國設施所在地之當地員工的甄選、訓練和薪酬。

❖ **外派人員**
(Expatriate)
在外國居住和工作的人。

- 第四個步驟裡，企業成為成熟的**多國企業**(Multinational corporation, MNC)，組裝和生產設施散佈在數個國家和區域。和國內外企業進行策略性的聯盟（譬如福特汽車公司和馬自達汽車公司合作在泰國生產卡車）相當常見[5]。第四個階段裡，雖然公司決策通常採取分權的方式，但是攸關外國分公司的人事決策還是由企業總部決定，通常是由國際人事部門。此外，外國營運仍然是由外派人員管理。Amoco、IBM、洛克威爾(Rockwell)、通用汽車、奇異電器和全錄都是屬於第四階段。人力資源管理措施依然非常複雜，因為他們必須處理相當可觀的外派人員及其家人在海外的任務，以及各國不同種族、文化族群的議題。他們還得從公司總部協助對海外分公司的控制。這類公司許多都彼此跨國合併〔譬如德國戴姆勒(Daimler)和美國的克來斯勒(Chrysler)合併〕，使得情況更為複雜，因為公司除了得整合新的單位之外，還得應付跨國合併案原本就會有的文化衝突問題。

❖ **多國企業**
(Multinational corporation, MNC)
組裝和生產設施散佈在數個國家和區域的公司。

- 第五個步驟是國際化最高的境界，在這個階段的企業往往叫做**跨國企業**(Transnational corporation)，因為他們不會非常效忠其起源的母國，和其他國家的關係也很薄弱。公司營運高度分權化，每個業務單位可以自行做出人事的決定，企業總部會給他們很大的空間。董事會通常是由不同國籍的人組成，公司努力培養自視為世界公民的經理人才。這些公司藉由郵寄方式從任何國家招募人才。譬如義大利最大集團Olivetti具備相當廣泛的「無疆界」招募計劃，可以從全世界任何國家招募經理和專業人才。

❖ **跨國企業**
(Transnational corporation)
在多國經營的企業，採取高度分權的經營方式。這種企業不會非常效忠其起源的母國，和任何其他國家的關係也很薄弱。

在第五階段的人力資源管理措施是爲了融合來自不同背景的個別人員所設計的，藉此建立共同的企業定位（而不是國家的）和共同的願景。

譬如，吉列（Gillette，開發與製造個人梳理產品的廠商）開發一項廣泛的計劃，由四十八個國家當地的人事部門尋找單身且英語流利的優秀大學畢業生。雀屏中選的人才在母國接受六個月的訓練，成功通過這段試用期的人可以進而前往吉列位於波士頓的總部，展開爲期十八個月的管理訓練。接著公司會派他們到海外工作一到三年的時間，藉此累積國際觀。吉列有位國際人事主任表示，「我們想要的人才是會放眼「今天是馬尼拉，明天是美國，四年後，則是祕魯或是巴基斯坦……」的人……我們很積極尋找想要國際生涯的人才，而不是目光狹隘的人。」[6]

應思考的道德問題

美國法律並未禁止雇主根據婚姻狀況做出聘僱的決定，只要這類決定男女平等就可以。公司爲什麼會有這樣的聘僱政策？這符合道德嗎？這符合公司長期利益嗎？

判斷地主國和外派人員的組合

當企業從出口階段（第二階段）進展到在外國開設分公司（第三階段）時——不論是**獨資分公司**（Wholly owned subsidiary，在國際業務中，完全由總公司擁有的外國分公司）、還是**合資企業**〔Joint venture，在國際業務中，一部分由總公司擁有，一部份由地主國某個實體（公司、公司集團、個人或政府）所擁有的國外分公司〕——企業都必須決定由誰負責該單位的管理。這個決定之所以重要是因爲大多數的案例裡，工廠和設備的投資額都相當可觀，外國分公司的成功與否大多要看負責管理的人是誰。有項針對一百三十八家大型企業的一百五十一位執行主管進行意見調查顯示，爲海外單位尋找管理人才是他們最重要的商業決策之一[7]。

❖ **獨資分公司** (Wholly owned subsidiary)
在國際業務中，完全由總公司擁有的外國分公司。

❖ **合資企業** (Joint venture)
在國際業務中，一部分由總公司擁有，一部份由地主國某個實體（公司、公司集團、個人或政府）所擁有的國外分公司。

海外事業的管理方式可以分爲三種：母國中心式、多國中心式以及全球中心式。

■ **母國中心式(ethnocentric approach)**：在這種管理國際營運的方法之下，高層管理職位與其他關鍵性的職位是由總公司母國派遣的人執掌。譬如Fluor Daniel公司在五大洲有五十個工程和業務部門，而且在八十個國家隨時都有合作營建計劃在進行當中。該公司採用大量的外派經理，其中包括五百位國際人力資源管理專業人員，他們參與世界各地人才招募、培養和薪酬的事務，並直接對企業副總裁報告。副總裁本身是

❖ **母國中心式** (ethnocentric approach)
在這種管理國際營運的方法之下，高層管理職位與其他關鍵性的職位是由總公司母國派遣的人執掌。

具有投票權的外派人員，他每年至少有兩個月在海外監督國際營運。

❖ 多國中心式 (polycentric approach) 在這種管理國際營運的方法之下，分公司的管理和幕僚人員乃來自地主國。

- **多國中心式(polycentric approach)**：在這種管理國際營運的方法之下，分公司的管理和幕僚人員乃來自地主國。譬如，奇異電器在匈牙利的Tungsram分公司經營八家工廠、聘用八千名員工，這些人員幾乎全部都是匈牙利國籍[8]。可口可樂一百多年的歷史當中，幾乎都是全球化的經營，目前遍佈一百六十個國家，在全世界僱用約五十萬名員工[9]。

　　有些國家為了吸引多國企業前來設廠，因此積極培養可以為這些企業效力的執行主管人才。譬如中國各地推出M.B.A.課程。2003年，中國和外國大學合作推出二十一個學位課程，另外大約有四十多個學位課程是由中國的大學獨立開設。和中國合作推出課程的外國機構包括哈佛和Fordham大學，而且歐盟也提供許多課程和教授，其餘則是由中國的大學提供[10]。此外，許多線上商業訓練課程也是為了在中國應用所設計的[11]。

❖ 全球中心式 (geocentric approach) 在這種管理國際營運的方法之下，國籍並不受重視，公司會積極在全世界或各地區尋覓最優秀的人才來擔任關鍵性的職位。

- **全球中心式(geocentric approach)**：在這種管理國際營運的方法之下，國籍並不受重視，公司會積極在全世界或各地區尋覓最優秀的人才來擔任關鍵性的職位。跨國企業（第五階段的企業）通常採取這種方式。譬如Electrolux（吸塵器製造商）多年來從各國積極招募和培養一群國際經理人。這些人才的機動性很強，只要有需要，就可以派往各個不同的地點。他們不論身在何處都是代表國家，而不是代表某個特定的國家。對於Electrolux而言，最重要的是共同文化和國際觀的建立，以及國際網路的擴展[12]。德國汽車零件製造商Bosch也是從全世界各地招募經理人才，並讓不同國籍的研究人員合作共同的專案[13]。

　　誠如表17.1所示，在外國分公司採用當地人才和外派人員各有優缺點。大多數企業只為關鍵性職位外派人員，譬如資深經理、高階專業人員以及技術專家。因為外派人員的成本非常昂貴（大約每年每人要8萬8000美元到25萬3000美元，在東京的外派人員一年成本高達47萬3369美元），所以當地人可以勝任的工作，還派遣外派人員去擔任在財務上並不划算。據估計外派人員的成本比起當地員工高出2000%到4000%之多[14]。譬如，大多數企業都會為外派人員子女支付私立學校的學費，這可能會非常昂貴。瑞士日瑞瓦國際高中每名學生一年的學費從1萬8000

表17.1 外國分公司採用當地員工和外派人員的優缺點

當地人員	
優點	缺點
● 勞動成本降低。 ● 展現對當地人的信賴。 ● 當地社會更能接受公司。 ● 盡量擴大在當地環境的選擇。 ● 獲得當地社會的認同，被視為當地經濟合法經營的參與者。 ● 決策流程能夠有效呈現當地的考量和限制。 ● 加強對當地狀況的了解。	● 難以平衡當地需求和全球的優先要務。 ● 當地困難的決策（譬如裁員）一拖再拖，直到無法承受其代價為止，結果更加困難、代價更高，而且更為痛苦。 ● 可能較難招募到合格的人員。 ● 總部對其控制的程度可能降低。
外派人員	
優點	缺點
● 由於文化和母公司類似，所以可以確保商業／管理做法的順利轉移。 ● 加強對國際分公司的控制和協調。 ● 透過在母公司的經驗，培養員工的國際取向。 ● 建立具備國際經驗的執行主管人才。 ● 當地人才對公司的貢獻可能還比不上外派人員。 ● 提供更廣泛的全球觀點。	● 對外國環境和文化的適應問題。 ● 讓外國分公司顯得更「外國」。 ● 調職、薪水和其他成本可能更高。 ● 可能導致人事和家庭問題。 ● 打擊當地管理階層的士氣和工作動機。 ● 可能受到當地政府的限制。

資料來源：Adapted from Hamil, J. (1989). Expatriate policies in British MNNs. *Journal of General Management,* 14(4), 20; Sheridan, W. R., and Hansen, P. T. (1996, Spring). Linking international business and expatriate compensation strategies. *ACA Journal,* 66-78; Hill, C. W. (2000). *International Business.* Chicago: Irwin; and Wilson, M. L. (1999, July 16). She got the last laugh when colleagues bet she would fail in Japan. *Wall Street Journal,* B-1.

美元到2萬美元不等[15]。此外，許多國家都要求員工當中必須有多少比例是當地人，高層主管通常不受此限。一般來說，以下這些情況企業會比較仰賴外派人員[16]：

■ **當地缺乏足夠的人才**：在開發中國家經營的企業最容易碰到這種情況。譬如，Falcombridge與Aloca（都是在拉丁美洲和非洲經營的礦產公司）的高層主管幾乎都是外派人員。

■ **如果建立企業整體的全球觀是公司整體商業策略的重點之一**：有些公司希望建立共同的企業定位，讓海外分公司成爲其全球網路當中的一環。如果是這樣的話，他們通常會以外派人員作爲企業國際分公司之間的聯繫（當地人通常專注於本身單位，而不是整體公司）。譬如惠而浦（全球最大的家庭電器製造商）在四十個國家經營，非常重視其「單一全球公司、單一全球觀」的概念。該公司有全球性的領導計劃，大量採用外派人員，並且召集全球各地不同分公司的高層主管召開會議，還有各種全球性的專案，處理各地共同的問題，並促進國際整合的過程[17]。

- **國際單位和國內營運高度相依**：對於某些企業，生產流程需要公司所有單位（包括國際和國內）彼此密切合作。當公司某個業務單位產出爲另外一個業務單位的重要投入要素時，這樣的合作更爲重要。IBM、惠普和全錄在美國和全球各地都有製造設施，公司必須對這些不同設施的產出（電腦、晶片和軟體）密切監督、整合，以生產高度精密的產品，譬如電腦、醫療設備以及影印設備。生產流程的聯繫通常比較需要外派經理和專家，他們能做爲各單位之間的溝通橋樑，讓各單位和公司緊密地結合在一起。

不過對於各單位之間相依程度很低的企業而言，這種政策就沒有必要。譬如麥當勞，該公司在五十個國家都設有餐廳，其中一萬兩千家餐廳當中有三千家設在海外。位於伊利諾州Oak Brook的公司總部主要是由麥當勞漢堡大學(McDonald's Hamburger University)提供全世界各地經理的訓練。麥當勞也有五位國際人事主任擔任內部的顧問。所以雖然麥當勞對於各國餐廳的產品品質標準要求極爲嚴格，但是外派人員在這個流程扮演的角色卻微乎其微，因爲每家餐廳都是高度自治的單位。

科技的進步也大幅降低以外派人員作爲公司各國單位和總公司之間聯繫的需求。譬如威名百貨，該公司幾乎每個禮拜都在海外開設一家分店，這些海外分店主要是由當地人員管理。威名百貨可以仰賴當地人員管理主要是因爲他們在美國有一千位全職的資訊科技開發人員，開發可以從阿肯色州Bentonville公司總部密切監視這些分店的系統。

他們的監督流程是這樣的：威名百貨的海外分店裡，員工只需拿著手提電腦在裝滿冷凍雞胸肉的冷凍室條碼上一掃，不要幾秒鐘的時間，總公司裡的電腦就可以下載一系列的統計數據——該分店銷售冷凍雞胸肉的營業額、目前庫存有幾包、正在送貨路上的有幾包，以及有幾包是在方圓一百五十公里內的冷凍庫內。

威名百貨的電腦會追蹤所有公司銷售之商品的資訊。他們知道商品的成本、收銀台人員掃描價格的所需時間、顧客通常會搭配購買的商品，以及供應商存貨的數量。威名百貨的執行主管知道如何運用這些資料，讓進貨人員和各分店的狀況同步，而其分店則和配銷中心同步，配銷中心和其供應商同步[18]。

- **政治狀況不穩定**：如果當地政府干預業務的風險高、實際狀況動盪難測，或者可能陷入動亂、有恐怖份子的威脅、近期社會動盪不安等情況，企業在當地的經營通常會仰賴外派人員。儘管外派高層主管可能令當地民族主義團體和外國企業之間的緊張氣氛升高，但最能代表外國企業在當地的利益。外派人員也比較不會受到當地政治力量的左右。

　　大多數西方企業在東歐和前蘇聯國家的營運都是由外派人員管理。少數共產黨國家也是一樣（這些國家政治動盪的可能性相當高）[19]。

- **地主國和母國之間的文化差異極大時**：海外分公司所在地之文化和總公司母國文化差異愈大（譬如語言、宗教、風俗等），由外派人員作爲兩地之間溝通的橋樑就愈發重要。這種跨越疆界的角色需要具備跨文化敏感度，所以多國企業需要仔細甄選適合這種職位的人才，並提供適當的訓練。這可能需要相當周詳的生涯規劃配合[20]。

　　研究人員發現，文化和美國差異愈大的國家和區域，外派人員就愈需要具備高超的能力才能成功。文化障礙最低的是歐洲國家、加拿大、澳洲和紐西蘭；中等的是拉丁美洲國家；文化差距最大的是印度／巴基斯坦、東南亞、中東、北非、東非和利比亞[21]。最近研究顯示，美國外派人員比例最高的國家當中，外派人員挑戰最大的國家依序爲中國、巴西、俄國、印度和日本[22]。在開發程度較低的國家，惡劣的經濟狀況也可能讓文化適應更爲困難[23]。

外派任務的挑戰

　　有效管理外派人員是國際企業最大的挑戰之一。可惜的是，這方面的統計數據並不怎麼理想。美國外派人員的失敗比率（沒有完成任務就提前回國的外派人員百分比）據估計在20%到40%之間，這是歐洲和亞洲企業的三到四倍之多。這可能也是爲什麼愈來愈多美國企業偏好採用歐洲或是亞洲人從事海外任務，這些外派任務通常持續一到三年[24]。美國失敗率比較高的原因之一是：二十多年的經濟主導力量和國內市場的強勢導致許多美國企業滋生出殖民心態[25]。

外派任務失敗可能會非常昂貴。2003年每名提前回國的外派人員耗費公司10萬到30萬美元的成本，相當於美國企業每年390億美元的直接成本。另外像營運中斷、損失機會、對公司聲譽和領導造成負面打擊之類的無形成本可能是直接成本的好幾倍。而且，這對個人及其家人也不好受，譬如對個人形象的打擊、婚姻衝突、小孩離開熟悉的環境、損失所得和生涯聲譽受損，這種種代價都可能非常沉重[26]。

國際任務失敗的原因

我們必須了解外派任務失敗率為什麼這麼高的原因，才能採取預防性的措施。大多數的失敗例子都是因為以下這六項要素，不過他們對於企業的相對重要性各有不同[27]。這六項要素分別為生涯受阻、文化震撼、缺乏跨文化的訓練、過度強調技術資格、企業傾向以外派作為除掉問題員工的手段以及家庭問題。

❖ 生涯受阻

許多員工起初認為外派到海外工作和出差很有趣，可是當這樣的興奮消退後，許多人開始覺得遭到總公司的遺忘，只能眼睜睜地看著同事一步步地往上爬。有份大約十年前的意見調查發現美國外派人員當中，認為海外任務有助他們晉升到高層的比例不到1%[28]。事實上，根據人力資源管理協會(Society for Human Resources Management, SHRM)於1993年所做的意見調查，美國企業雖然對他們為外派人員所做的生涯規劃打了很高的分數，可是他們絕大多數的員工並不這麼認為。接受這份意見調查的兩百零九位外派經理當中，只有14%表示他們公司為他們提供足夠的生涯規劃[29]。幸好，這種情況可能已有好轉，不過還是有很長的一段路要走。近期有份人力資源管理協會也有參與的意見調查是針對外派人員和沒有外派經驗的人比較他們的生涯發展，41%的受訪者表示外派人員在公司比較容易

取得新的職位，39%表示外派人員能比較快獲得升遷，27%表示外派任務有助他們在別的公司取得更好的職務[30]。

❖ 文化震撼

許多外派人員都無法適應不同的文化環境，這種現象就叫做**文化震撼**。他們試圖把總公司或是母國的價值觀套在地主國的員工上，而不是學習如何在新的文化下工作。這種做法可能導致文化衝突以及誤解，情況一再惡化到外派人員決定回國到自己比較熟悉的環境——可是這時候很可能會留下一堆爛攤子。

❖ 文化震撼 (Culture shock)
對於不同的文化環境適應不良。

《Going International》作者之一顧問路易斯．葛瑞格斯(Lewis Griggs)就曾舉了一個例子，有位美國企業派駐在沙烏地阿拉伯的女性副總裁受邀到某位該地商人的家中用餐，她抵達後便被護送到一邊女性專用的房間裡。她覺得這樣沒有受到尊重，因此逕自加入在餐廳裡的男性之中。這場晚宴和商業會談就此愕然畫下句點。

企業可以甄選工具選擇最具文化敏感度的員工，藉此避免文化震撼的問題。不過研究顯示這麼做的企業其實寥寥可數。譬如，1990年代中期的意見調查顯示只有18%的企業採取結構性面談，只有12%以應徵者或配偶自我評估，只有6%採取心理和認知測驗，只有2%採取正式的評鑑中心[31]。

❖ 缺乏跨文化的訓練

令人意外的是，只有大約三分之一的多國企業提供外派人員任何跨文化的訓練，就算有提供這類訓練，往往也是草草了事。外派人員和其家人在打包行李的時候，其實只帶了他們的美國護照，以及任何能從雜誌、觀光手冊和圖書管理查到資料。誠如以下這個例子所示，這是麻煩的開端：

> 我曾和一位美國資深執行主管在東京參加一項商業會議。日本人交換名片的過程相當繁文縟節，可是這名美國主管卻一點也不知道。他在會議中上把名片丟給在場人士，讓這群日本主管看傻了眼，其中一人立刻轉身離去。用不著說，這場交易永遠也沒有談成[32]。

❖ 過於強調技術的資格

公司選出的外派人員可能具備極為亮麗的資歷，在總公司完成任務的聲譽更是傲人。當公司要在海外設廠，管理需要加強的海外分公司，或是解決海外分公司的問題時，這樣的人才自然成為第一人選。可是，在母國成功的要素在海外說不定會成為災難。讓我們看看以下這個例子，這位某大美國電子製造商的執行主管被公司派到墨西哥工作兩年，可是三個月就提前返國：

> 我實在不能理解，時間表好像只是用來作為參考，我的幕僚會議至少要拖個半個小時才能開始，而且好像除了我以外沒有人在乎！我也無法理解為什麼那麼多前線監督人員聘用他們的親戚，也不管他們能不能勝任。任用親戚在我看來是最糟糕的行為，可是他們卻認為這是對其家人盡一份責任，有的甚至根本沒有血緣關係，像是領養的親屬或是密友[33]。

近年一份意見調查中，96%的受訪者認為技術資格為選擇外派人員最重要的條件，大多忽略了文化的敏感度[34]。這種看法會造成日後的失敗。比較有概念的公司，譬如保誠遷移協助公司〔Prudential Relocation，這是保誠人壽(Prudential Insurance)旗下事業之一〕估計，將近35%的主管認為「文化適應力」是外派任務最重要的成功要素，保誠主管中只有22%認為技術能力為最重要的要素[35]。

❖ 除掉麻煩製造者

將在總公司中的問題主管外調看似除掉麻煩製造者的好方法。把這樣的經理調到海外，總公司裡人際關係或是鉤心鬥角的衝突就可以獲得解決，可是這對其國際營運卻會造成嚴重的打擊。這類外派人員的人數雖然不容易估計，但是這種明升暗降的做法卻很常見。本書作者之一提供以下這個真實的案例：

> 喬伊和保羅都在爭取升為部門經理的機會。負責甄選決策的公司副總裁認為應該選喬伊，可是又擔心保羅絕對不會接受這樣

的決定，可能會挑戰喬伊的權威。而且有些資深主管支持保羅，所以避免僵局的唯一辦法就是想辦法把保羅調到別的地方，以免他製造麻煩。這位副總裁讓喬伊升為部門經理，並讓保羅外派到委內瑞拉的分公司擔任資深執行主管。保羅（他幾乎不出國，只有在二十年前上高中的時候修過基礎的西班牙文）接下這份職務。沒有多久這個任務就出了問題，兩個月後，委內瑞拉就爆發野貓式罷工，抗議保羅對付工會的鐵腕政策，結果公司只得將他撤換。

❖家庭問題

外派人員眷屬無法或是不願意適應外國生活，是造成外派任務失敗最重要的原因之一。事實上，提前返國的案例中一半以上都是肇因於家庭問題[36]。當外派人員試圖在陌生的環境裡工作時，家裡的麻煩往往成為壓垮駱駝的最後一根稻草。

令人驚訝的是，大多數企業都沒有預料到這些問題並擬定預防計劃。事實上，沒有幾家公司會考慮到外派人員眷屬的感受[37]。有位外派人員的太太這麼說：

如果丈夫滿心愧疚，覺得把太太大老遠地拖到另外一個國家，或是因為太太沒有為外派生活做好準備而分心，那麼都不會是個快樂且有生產力的員工……大多數婦女其實一開始的時候還可以接受，可是這種興奮的情緒很快就會消退，當他們一抵達，丈夫就得前往當地視察，讓太太獨自面對一大堆尚未開封的箱子以及幫子女尋找好學校的責任。太太對當地語言一竅不通，卻得僱用傭人整理家務……他們「往往」被迫停止自己的生涯軌跡，放棄高薪……飛越國際換日線的同時，他們的自信心也隨之消失[38]。

外派人員配偶對於生涯發展的期望也是導致外派任務失敗的原因之一。愈來愈多多國企業的員工要求讓配偶也能調到同一個地點──以免犧牲另外一半的事業生涯。可是事實上配偶往往還是得犧牲，這通常會滋生不滿的情緒。當AT&T將服務十年的資深員工艾瑞克．菲利浦(Eric Phillips)調到布魯塞爾時，他的太太安吉列(Angelina)必須放棄她高薪市場研究員的工作。儘管這份外調機會對於菲利浦的前程發展非常有利，可是太太回憶說非常難以適應[39]。

返國後的困難

雖然近期大多數的期刊紛紛討論外派任務失敗的原因，不過有些研究顯示，外派人員返國後也是面臨種種的困境。據估計，20%到40%返國後的外派人員〔稱爲返國人員(repatriates)〕回國後不久就離職[40]。有些雇主表示將近半數返國人員在兩年之內離職[41]。返國人員面臨的常見問題有四：公司不重視他們在海外累積的技能、喪失地位、公司爲返國人員的規劃不夠，以及逆向的文化震撼[42]。經理人筆記「對返國人員的溝通」摘要說明企業可以如何克服這些問題。我們會在本章稍後深入其中細節。

經理人筆記

對返國人員的溝通

返國失敗率比較低的公司多歸功於和外派人員及其眷屬在外派期間和返國之後積極進行互動。在此列舉的一些做法和計劃，有助於激發外派人員對於公司的承諾：

- **生涯規劃有助於外派人員知道回國後可以做些什麼**：管理階層必須和人力資源專業人員與員工坐下來，好好規劃員工返國後可能的生涯路徑。
- **導師(mentors)可以讓外派人員覺得自己是公司重要的一份子**：譬如位於那士維爾(Nashville)的北方電訊(Northern Telecom)，資深經理和副總裁會定期與外派人員通信，並在總公司或外派地點會晤，以免外派員工覺得遭到公司遺忘，這樣當他們返國後重新融入公司的過程會比較順利。
- **開啓全球溝通的管道，讓外派人員能夠獲得公司發展最新的資訊**：有些企業會透過新聞信和簡報提供資訊，當然，電訊科技讓外派人員也可以透過傳眞和電子郵件跟總公司隨時保持聯繫。
- **肯定返國人員的貢獻，有助他們重新融入的過程**：返國人員在海外的貢獻如果獲得公司肯定，他們比較可能會繼續留在公司效力。

資料來源：Adapted from Shilling, M. (1993, September). How to win at repatriation. *Personnel Journal,* 40.

❖ 海外獲得的技能未能受到重視

大多數美國企業依然是以國內市場爲主。就算擁有國際營運悠久歷史的企業也不例外。所以國際經驗並未受到高度的重視。外派人員在海外任務累積豐富的資訊和寶貴的技能，可是返國後卻未受到同事和主管的重視，因而深感挫折。有些企業人士甚至認爲外派人員跟公司脫節，特別是維持好幾年的外派任務。根據最近的數據顯示，只有12%的外派人員覺得他們的海外任務有助於生涯發展，幾乎三分之二的受訪者認爲他們公司並未利用他們的海外經驗[43]。

❖ 喪失地位

返國人員往往面臨特權、權力、獨立性以及權限的喪失。多達四分之三的返國人員都受到這種地位逆轉(status reversal)的問題困擾[44]。最近有份意見調查顯示，返國後的失望情緒嚴重到77%的返國人員寧可接受其他公司的外派職務，也不願留在原公司國內的職位[45]。就如同以下這個例子所示，這樣的情況很可能讓返國人員心懷不滿：

> 當我在智利的時候，可以跟政府各部會首長和其他產業主管會晤。基本上，我說的話就算數。我有很大的權限，因爲總公司根本不想管智利這裡的事情，所以他們也不知道我的決定。我在智利可以做的決策，在國內是只有執行長才能做的決定。當我返國後，我覺得在智利累積的訓練和經驗完全沒有用。我在國內的職位好像比智利低了六級之多，我連人員聘用都得請示，我得獲得老闆簽署同意才能採購的商品價值，是我在智利可以下令購買的十分之一。光說覺得「失望」根本不足以描述我的感受[46]。

❖ 返國職位的規劃不良

管理階層要外派人員返國時，往往不知道要安排他們什麼職務。生涯安排的不確定性可能讓返國員工覺得焦慮不安。有份意見調查顯示，超過半數的外派人員都不清楚公司爲他們在母國安排了什麼職位[47]。以下這個案例是返國人員很常見的現象：

> 我在匈牙利的外派任務到期之前的三個月接到一紙通知，總公司要我返國接下技術服務部門總監的職務。可是我回國後才赫然發現公司給我一個榮譽頭銜，底下根本沒有任何部屬。我覺得情勢不對，於是立刻跳槽[48]。

❖ 逆向的文化震撼

大多數企業都以爲返國人員很高興回到母國，可是未必如此，特別是長期外派的人員。在別的文化之下長期居住和工作，往往會改變一個人，特別是如果他內化(internalize)部分的外國文化和風俗。由於這樣內化的過程通常是在不知不覺中進行，所以外派人員通常要等到回國後，才會發現到這對自己的心理層面造成多大的影響。據報導，80%的返國人員都面臨逆向文化震撼(reverse culture shock)的困擾，這有時候會導致疏離、沒有歸宿的感覺，有時甚至導致紀律問題[49]。且看以下這位曾外派西班牙的員工是怎麼說的：

> 我開始把同事之間的同志情誼和下班後與男性友人的交際視爲理所當然。可是回到美國後，我才發現到美國男性彼此之間的心理層面有多麼疏離，而且在工作環境裡競爭有多麼激烈。我友善示好往往遭到誤解，以爲我是爲了個人利益才低聲下氣[50]。

儘管有種種困難，不過現在企業逐漸領悟到具備國際經驗的員工可以成爲公司寶貴的資產，因此許多經理還是搶著爭取外派的任務。最近有份意見調查顯示，大多數公司從1989年起增加其外派人員人數，這樣的數量預料還會維持下去[51]。多年來「眼不見心不煩」的心態也逐漸消失，取而代之的心態是外派任務應該好好規劃，以便加強企業的全球據點。譬如，嬰兒產品製造商Gerber Products公司積極打造拉丁美洲和中歐與東歐的市場，宣佈從今以後，國際任務將成爲公司執行主管正常生涯發展的一部分。所以，該公司在波蘭的國家總經理認爲他比其他同事更占優勢，因爲「我的海外經驗讓我從其他只上過MBA課程的同仁當中脫穎而出」，他說，「我不是千萬人當中之一而已」[52]。

以人力資源管理政策有效管理外派任務

儘管外派任務的問題通常比國內調職多，不過企業可以透過人力資源管理政策和做法找到問題的根源，讓外派失敗的機率降到最低。在這個單元，我們將探討甄選、訓練、生涯發展，以及薪酬政策如何協助企業避免這方面的問題。

甄選

國際任務的人員甄選是個很重要的決策。由於大多數外派人員都將在遙遠的地方工作，沒有什麼上司監督，所以公司要是選錯人，等到發現問題時可能都爲時已晚。要選擇最適任的員工，管理階層應該：

■ **以文化的敏感度作為甄選標準之一**：公司應該評估候選人與背景不同的人對應的能力。譬如，某家大型電器製造商和候選者的直屬上司、同事以及屬下（特別是性別、種族和候選人不同的人）進行深入的面談。甄選過程中也應該和候選人進行個人的面談以及書面測試，衡量其社會適應能力。

■ **建立外派人員之甄選委員會**：有些人力資源管理專家強烈建議，所有的國際任務都應該由甄選委員會同意，而委員會的成員必須具備至少三到五年的國際外派經驗[53]。比起沒有國際背景的主管，這種委員會更能夠找出潛在的問題。譬如，員工可能表示想要到南美工作是因爲那裡的女傭比較便宜，這種言論在人力資源主管看來可能只是一笑置之，可是對於具備國際事務經驗的主管看來，卻可能是個警訊。

■ **要求具備國際經驗**：選擇在外國待過一段時間的人選，雖然不見得可行，但卻是非常理想的選擇。猶他州之所以成爲國際業務的前鋒，是因爲該州擁有龐大的摩門教徒人口。摩門教會要求他們必須在外國擔任至少兩年的傳教士。有些學校〔譬如亞利桑那州鳳凰城的美國國際管理研究所(American Graduate School of International Management)〕和有些多國企業提供海外實習的機會，讓候選人可以獲得一些該國語言和風俗的知識，成了氣候之後可以接下外派的任務。

■ **探索聘請在外國出生的員工未來擔任外派人員的可能性**：日本企業在此就做得非常成功，他們聘請在外國出生（非日本人）、剛出校門的年輕員工在日本總公司工作。這些新人在其國家沒有什麼工作經驗，所以如同一張白紙可以讓日本多國企業宣染其經營理念和價值觀[54]。有些美國企業，譬如可口可樂，多年來也採取類似的措施。

隨著企業全球化的程度日益升高，企業積極在世界各地尋找能夠滿足其需求的人才。譬如，網際網路加速了全球聘僱的熱潮。全球各地愈來愈多知名院校紛紛提供商業和專業課程，讓各國最優秀的學生可以彼此學習、建立終身的關係。這些課程是多國企業招募人才絕佳的管道[55]。

■ **篩選候選者的配偶和家庭**：外派人員的家人感到不高興是造成外派任務失敗的主要原因之一。所以有些公司開始對外派人選的家人進行篩選。譬如，福特汽車公司會針對外派人選配偶的彈性、耐心以及適應力等特質進行正式的評估，他們所問的問題包括：「你怎麼看待這次的外派任務？」「你覺得你可以適應嗎？」艾克森石油公司在甄選過程當中[56]，也會和外派人選的配偶與小孩見面。

花旗集團、麥肯錫以及數家矽谷企業都積極招募印度理工學院(Indian Institutes of Technology, IIT)的學生。印度理工學院培養出多位明星級的執行長人才，其中包括昇陽創辦人之一的維諾得．高夏(Vinod Khosha)以及US Airways執行長瑞克許．甘瓦(Rakesh Gangwal)。

經理人筆記

新興趨勢

網際網路瓦解了服務業的員工障礙

反對全球化的抗議人士往往成爲西雅圖、那不勒斯(Naples)、華盛頓、布宜諾斯艾利斯和墨西哥市等城市的報紙頭條。這些抗議人是擔心第三世界的血汗工廠勞工遭到剝削。不過西方企業開始在海外僱用有技術的服務業員工，支付他們比當地稍微高一些的薪水（可是跟總公司所在國比起來卻是微不足道）。這些反全球化的抗議人士通常沒有注意到，全球化的潮流已經出現了根本的變化。微軟的Office和網際網路無論在馬德里還是在牙買加的Kingston都跟明尼亞波利一樣好用——服務業已經行動化。貧窮的國家縫製球鞋的同時，也出口價值好幾十億美元的服務，從回答免付費電話、乃至於生產軟體程式碼，以及建立風險模型的數學工作。

這樣的影響是很可觀的，例如：

■ 奇異電器去年在印度聘用六千人，在該地的總員工人數達到一萬人，該地員工專門處理會計、申訴案的處理、顧客服務以及信用評估，並爲奇異電器進行全球性的研究。今年該公司預期會在印度增加大約一千名的人手。

■ 摩洛哥首都拉巴特(Rabat)和丹吉爾(Tangiers)附近由西班牙電話業者Telefonica以及承包商建立的客户服務中心裡，有兩千多位摩洛哥員工服務說西班牙和法語的顧客。印度、菲律賓、牙買加、愛沙尼亞、匈牙利和捷克等國，也開始定位爲低成本的客户服務中心。愛爾蘭以往是企業成立客户服務中心的最愛，不過當地的薪資水準現在跟歐洲其他各地也相差不遠。

■ 布萊爾(Tony Blair)於2002年拜訪印度時，並未參觀印度泰姬陵(Taj Mahal)，而是前往Inform豪華的企業園區。Inform在海外軟體程式碼開發和維繫價值達120億美元的市場裡首執龍頭地位。這家公司股票在那斯達克上市，去年盈餘爲1億3100萬美元，營收達4億1300萬美元。當然，他們的成功也引來許多模仿者。在印度、菲律賓、白俄羅斯、甚至於迦納，都有軟體程式法開發商和數據輸入業者，希望新的海底光纖電纜能夠提昇非洲和歐洲之間的頻寬，進而提昇他們的業務。

■ 香港上海銀行(Shanghai Bank)在印度有六千名員工從事後端辦公室的工作，去年秋季公司宣佈將在印度增加三倍的人手。HSBC也加入這樣的行列，和英國航空（會計）、美國運通（財務和顧客服務）、美國線上（顧客服務）以及麥肯錫（研究）一樣，在這個低薪資市場可以省下60%的成本。

何種因素促成這樣的改變？網際網路爆炸性的發展以及摩爾定律（電腦運算能力每年會呈現級數成長，而成本卻不會隨之增加）在其中占了極爲重要的地位——讓企業可以透過電腦輸入、輸出處理物流、設計、行銷、工程以及法務等領域。所以，東歐、中國和印度憑著他們龐大的勞動力和精良的學校，對世界經濟打開門户。另外還有技術蛙跳效應(leapfrog effect)。拜強大的光纖電纜之賜，十年前連電話都沒有的國家現在卻能和全球連線。

資料來源： Adapted with permission from Lavin, D. (2002, February 1), Globalization goes upscale. *Wall Street Journal,* A-3.

訓練

美國企業以爲全球各地對於同樣的形象、象徵和口號會有同樣的反應，可是這樣的假設會讓他們在拓展國際市場時吃盡苦頭。請看以下這些例子：

- 美國有家航空公司的國際部門把「坐在皮椅上遨遊天際」(Travel on leather)翻譯爲西班牙文，用在拉丁美洲的市場。可惜的是，這句口號字面的翻譯是「viaje en cuero」，是指「裸體旅行」的意思。這則廣告後來就被撤下。
- 選擇飯店(Choice Hotels)發現到德語裡裝衣服的箱子有比喻謀職之移民的意思，因此特別確定其國際廣告的德語版裡，行李箱這個字眼的確是指四四方方的箱子。
- 個人電腦產業(PC Industries)公司總經理約翰．瓦利(John P. Woolleys)運送一批價值1萬美元替換的電腦零件給某個法國客戶，結果當他拿到2500美元的加值稅單時大吃一驚。該公司只得自行吸收這筆意外的費用[57]。

如果這些企業在外派執行主管出發之前曾提供妥善的跨文化訓練，這些錯誤就不會發生。跨文化的訓練能夠讓外派人員熟悉當地風俗、文化、語言、稅制和政府[58]。理想的情況下，訓練流程應該在外派任務開始之前九到十二月開始[59]。

外派人員若對當地文化不夠敏感，可能造成嚴重的財務後果，所以跨文化訓練的座談會在放眼全球的企業當中愈來愈常見。這些座談會每名參加主管的費用高達1000美元或甚至更高，但許多企業覺得這樣的成本跟如果外派人員出錯所造成的代價相比之下還是小巫見大巫。譬如，汽車業界巨擘通用汽車雖然大舉削減成本，但每年還是耗資將近50萬美元爲大約一百五十位的美國外派人員及其眷屬開設跨文化訓練的課程。通用汽車的國際人事室主任指出，該公司外派失敗率相當低（不到1%）就是因爲這種訓練的功勞。俄亥俄州Cortland有戶人家接受通用汽車外派到肯亞的任務就是個很好的例子。這家人接受爲期三天的跨文化訓練，其中包括非洲政治衝突的歷史、行商之道以及社會風俗和非言語姿勢的涵義。這家人的兩個小孩正値青春期，非常不願搬到非洲，但他們在訓練課程裡品嚐印度食物（這在肯亞很風行）以及學習如何搭乘奈洛比的公共汽車，說些斯瓦西里話(Swahili)，甚至學會手技雜耍[60]。

另外一種跨文化訓練的設計是讓執行主管學習如何和價値觀不同的人相處，而不是訓練他們某個國家的文化和政治現狀。譬如摩托羅拉在其位於伊利諾州Shaumburg的總部成立一個特別的文化訓練中心，目的在於訓練該公司主管們「跨文化的能力」[61]。

雖然密切的訓練對於所有即將外派的人員有很有助益，但從經濟層面來看，如果外派期間將超過一年，而且任務內容需要具備對當地文化充分的了解，那麼雇主應該更積極提供期間較長的訓練。有最近有項意見調查顯示，57%的企業提供爲期一天的跨文化訓練課程，32%則是爲外派人員全家提供，22%只提供給外派人員和其配偶。令人驚訝的是，只有41%的公司強制要求外派人員參加跨文化的訓練課程[62]。表17.2顯示跨文化訓練的三種方法。價格最低的是「提供資訊法」，這種訓練不到一個禮拜，而且光是提供不可或缺的簡報和一些語言的訓練。「情感法」(affective approacch)（維持一到四周）則是提供外派人員在中長期外派期間所需的管理技能和心理準備。最密集的訓練是「印象法」(impression approach)（維持一到兩個月），則是針對外派期間長、權力和責任的主管，所提供的訓練內容可能包括實地經驗和較爲長期的語言訓練。比較理想的做法是至

表17.2 三種跨文化訓練

外派期間長度	訓練期間和層次	跨文化訓練方式
1～3年	1～2個月＋高	**印象法** 評鑑中心 實地經驗 模擬 敏感度訓練 長期語言訓練
2～12個月	1～4周＋中等	**情感法** 語言訓練 角色扮演 關鍵事件法 案例 減壓訓練 一些語言訓練
1個月或更短	不到1周＋低	**提供資訊法** 領域簡報 文化簡報 影片／書籍 運用口譯員 「生存層次」的語言訓練

資料來源：Adapted from Mendenhall, M., and Oddou, G. (1986). Acculturation profiles of expatriate managers: Implications for cross-cultural training. *Columbia Journal of World Business,* 78. Copyright 1986. *Columbia Journal of World Business.* Reprinted with permission.

少有一部分訓練是針對外派人員的家人提供的。表17.2雖然是指外派之前的訓練，這也可以用在返國人員的「減壓」訓練計劃上，協助他們面對逆向的文化震撼。

生涯發展

外派人員努力表現、外派期間堅守工作崗位，以及回國後表現依然亮麗的動機大多是看雇主提供他們多少的生涯發展機會。要為外派人員擬定成功的生涯規劃，企業至少必須做到這兩件事：

■ **把外派任務界定為在公司晉升的一步**：公司應該明確界定工作內容、外派期間的長度，以及外派人員重新回到公司內的職位、層級和生涯路徑。諸如陶氏化學和Arthur Andersen顧問公司等企業長期以來都秉持這項政策，而其外派計劃的確也都相當成功。在惠而浦，個人的生涯可以規劃到未來的二十五年，期間安排的重要外派職位顯然都是為日後晉升到高階管理職位鋪路。

■ **為外派人員提供支援**：為了避免外派人員覺得遭到孤立、脫節，總公司應該和他們定期保持聯繫。保持聯繫的方式有幾種[63]，其中一種熱門的方法是夥伴系統(buddy system)，母國辦公室某個經理或「導師」負責和外派人員聯繫，提供他們所需的任何協助。另外一種方式則是讓外派人員定期返國，讓他們覺得自己還是屬於公司的一部分，減少日後重新回到公司時的震撼。第三種方式則是讓外派員工每隔一段期間就可以回到母國辦公室（譬如每六個月可以回來兩個禮拜），讓外派人員可以掌握公司目前狀況，並為日後在公司的生涯做好規劃。有些公司還會支付員工的配偶和家人在這段期間隨同返國的費用。

■ **為外派人員之配偶提供生涯支援**：外派人員的配偶不再像以往「嫁雞隨雞」的刻板印象，事實上，如果配偶得放棄自己的工作，會導致家庭收入平均減少28%[64]。美林證券進行的調查顯示，五百六十九位接受意見調查的受訪者表示，大多數外派人員現在都會期待公司提供雙薪生涯的支援。如果公司無法滿足這樣的期望，外派任務的結果可能會令人失望[65]。

薪酬

企業可以透過薪酬提昇外派人員的工作效能。不過，如果當地員工和外派人員比較薪資，並且覺得自己遭到不公平的待遇，那麼薪酬政策可能會滋生衝突。

管理階層在規劃外派人員的薪酬時，需要考慮到以下這三項重要的原則：

■ **提供外派人員和在母國相當的可支配所得**：企業通常會提供外派人員額外補貼，以彌補房價、食品和其他消費品的價差；企業也可能考慮提供兒童上學和全家醫療費用的補貼。最知名的生活成本指數(cost-of-living index)是由位於日內瓦的顧問公司企業資源集團(Corporate Resources

Group)每年兩度針對全球九十七座城市進行調查所公佈的。

美國國務院也對全球各大城市彙整最新的生活成本指數。全世界最昂貴的地點當中(包括東京、大阪、倫敦以及大多數的北歐城市),有些的生活成本比起紐約市高出至少50%。

對於短期外派的任務,Runzheimer Guide提供一千個全球城市每日之生活成本指數。幾百家企業都以這種指數作爲出差費用的批准、標竿比較和編列預算的標準[66]。

提供外派人員和在母國公司相當水準的可支配所得並非十分精確的做法(譬如,要在日本找到跟美國郊區相當的房屋幾乎是不可能的事情),不過基於一般的法則,在精確度上失之廣泛還是可以接受的。表17.3提供全球各個城市的生活成本比較。

■ **為接受外派任務的人員提供明顯的加給獎金**:這種誘因有許多不同的型態。公司可能在外派人員出發之前提供簽約金,或是提供員工高於母國薪水一定百分比的加薪,一般來說是底薪的15%[67]。這也可能是在順利完成外國任務之後提供一次性的給付。有些公司則是綜合這些方式提供獎勵。一般來說,最差的地點需要最大的獎勵來吸引外派人員。譬如,多國企業爲了吸引西方經理人到東歐服務,東歐的空氣品質惡劣,政治動盪,而且缺乏高品質的房舍,讓這種外派任務乏人問津,不過企業通常會提供優渥的配套措施,其中包括由公司支付的房舍、補助稀有民生用品、甚是一年可以回國四次、還有週末可以到西歐渡假[68]。哥倫比亞長達三十八年的內戰讓在這個國家經營的石油公司經常面對恐怖份子的威脅。外派人員遭到綁架或殺害的案件時有所聞。光是Occidental石油公司的油管一年就被叛軍炸了一百七十次。在這樣的情況之下,大多數的企業都會提供外派人員三到五倍於母國薪水的加給。

■ **避免讓外派人員從事當地人同樣的工作或是階級較低的工作**:這是爲了避免當地人覺得不公平。

表17.3 全球各地生活成本的比較

2001年生活成本指數	
漢城	147.0
東京	138.8
莫斯科	113.4
紐約	100.0
新加坡	96.3
倫敦	95.1
北京	84.0
墨西哥市	77.6
巴黎	65.4
里約熱內盧	64.9
羅馬	60.3
雪梨	56.6
孟買	55.5
多倫多	51.3

以收入為10萬美元水準、三人的美國家庭計算

資料來源:Koretz, G. (2001). Where expats spend the most. *BusinessWeek*, 30.

當地員工通常會跟外派人員比較他們的薪資和生活水準，如果同階級或階級較低的外派人員薪水卻比當地人員高，他們難免會有不公平的感覺。可惜的是，要避免這類感覺幾乎是不可能的事情，特別是如果美國企業將其執行主管派駐海外的話。相較於西歐國家，美國執行主管的薪資動輒是當地同等主管的二十倍之多，這樣的差異在東歐、亞洲和開發程度比較低的國家會更大。除非有極為重要的理由不這樣做，否則多國企業應該試著讓當地人員擔任管理的職位。

外派人員的薪酬計算對於大多數多國企業而言也是最困難的挑戰之一[69]。以往薪酬是很單純的議題：低階當地人員是以當地貨幣支薪，外派經理的薪水則是根據在美國的薪水水準。不過，在企業積極進行組織再造和削減成本的時代裡，外派人員以美國薪水為準的薪酬顯得過於昂貴。而且，國際化比較後面的階段裡，企業是和在母國辦公室之外運作的國際員工團隊合作，而不是外派人員。由於維持這兩個族群員工的薪資平等變得比較昂貴，所以愈來愈多的美國企業仿效位於奧克拉荷馬州的飛利浦石油公司(Phillips Petroleum)所設計的薪資政策。有位為該公司服務的英國的地球物理學家於1970年代中期首度派駐海外時，他的薪資是以美元計算，和在美國從事類似工作的人員薪資相當。現在，根據飛利浦第三方國籍計劃(third-party nationals)，他還是有同樣的房屋津貼、休假和子女教育補助費用。不過他的薪水現在卻是根據其母國比較低的水準，而不是根據美國從事同樣工作的人員[70]。

儘管如此，有些企業還是提供外派人員非常優渥的薪酬。3M將員工從某個國際外派任務調到另外一地時，為了避免產生薪資不公平的可能性，於是根據新舊兩國的薪水淨值來作比較，從中選出比較優渥的薪資政策提供給調職的員工[71]。酒商Seagram Spirits &Wine Group也為永久派駐在外國的人員（不同於日後會返回國內的外派人員）設計出「國際幹部政策」(international cadre policy)，其中包括標準化的生活成本調整和全球標準員工房屋津貼，不論派駐地點為何都是一樣。對於暫時性的美國外派人員，Seagram則是比照其所謂的「純粹外派」政策，讓外派人員的薪資可以跟美國的薪資標準相當[72]。現今由於在網路上就可以找到國際薪資和福利的意見調查資料，所以企業要對這些薪資進行比較就容易得多。譬如，人事系統協會(Personnel Systems Associates)提供一千五百份這類調查，其中包括好幾百種工作職稱。使用者可以透過和網路瀏覽器相容的微軟Word檔案，自動和這些調查的網站相連[73]。

人力資源部門的角色

最近有份意見調查詢問外派人員：「你對人力資源部門在處理外派人員時有何建議？」根據喬伊斯．奧斯蘭(Joyce Osland)教授於2002年進行的調查顯示，「他們最希望人力資源部門消除沒有必要的不確定性。派駐海外本來就充滿了不確定性，他們不希望人力資源部門讓情況更為模糊不清。外派人員希望人力資源部門為他們剷除障礙。」有份意見調查的受訪者回答說，「人力資源部門的首務就是搞清楚搬家之類的物流問題……因為這些小問題會佔去外派人員的時間，讓他們無法處理其他的事情…許多人因此氣得發狂，突然之間『對人力資源部門』產生『我恨你』的想法。」另外一位受訪者表示，「我在那兒碰到許多外派人員對他們的工作都很不開心，因為……公司光是因為有些職缺空出來，就說「很好，我們可以把海瑞派到比利時三年……」可是其實並沒有任何實質的理由把海瑞派去那裡[74]。」不論如何，人力資源部門有時候是外派人員抒發不滿最安全的地方。

另外由Polak國際顧問公司〈Polak International Consultants，這是一家國際人力資源顧問公司〉最近進行的一份意見調查也證實外派人員對於人力資源部門提供的服務大多感到不滿，這項意見調查的受訪者認為人力資源部門並未為全球人員的需求做好準備。這樣的調查結果顯示，未來幾年當中多國企業人力資源部門的首務當在加強對國際人員需求的了解[75]。這不光是需要加強對外派人員的服務，還得追蹤海外的人力資源趨勢。譬如，海外的基本薪資法律可能差異極大，而且可能經常改變[76]。人力資源部門可以提供強大的物流支援（運輸、簽證和工作許可申請的文件處理），提供外國正確的資訊（譬如有關學校、房屋以及衣物的需求）、以及建立明確的工作定義和目標，可以藉此降低外派人員對於外派前景的不確定感。

女性和國際外派任務

儘管2003年女性在美國主管當中佔有49%的比例，但是美國外派的主管當中只有13%是女性。根據最近由Catalyst國際顧問公司進行的調查顯示，女性外派比例如此低是因爲以下這三個對女性處理國際任務的能力和外派意願的錯誤假設：(1)企業以爲女性的國際行動力不如男性，可是80%的女性從未拒絕外派的任務，可是從未拒絕外派任務的男性只有71%；(2)企業以爲外派女性會在工作或生活方面碰到比較多的衝突，可是其實將近半數的男性和女性都表示很難平衡工作和生活；(3)大多數企業以爲外國客戶和男性做生意會比較自在。事實上，76%的外派女性表示女性對於海外的效能能夠帶來正面或是中性的影響[77]。

下頁表17.4說明企業如何克服這些障礙，讓女性外派人員的效能達到最大的策略。

為全球舞台建立人力資源管理政策

在多國營運的企業不單得考慮到滿足外派人員的特殊需求，還得設計和執行可以跨越各種不同文化的人力資源管理計劃。全球統一的人力資源管理計劃當中，尤以可口可樂的最受推崇——該公司三分之二的員工都是在海外工作。

在許多國家，仰賴美國或是西方管理模式的做法很可能會和當地根深蒂固的習慣和價值觀產生衝突[78]。譬如，門戶開放的管理風格很適合勇於挑戰權威的文化，可是對於無法接受挑戰權威的國家而言（譬如中國）並不適合[79]。若要有效地克服多國挑戰，企業需要一套精密的人力資源管理系統，可以適應各種不同文化的環境。換句話說，管理者應該將人力資源管理政策配合設廠地點[80]的文化環境，而不是把根據母國社會和文化標準設計的人力資源管理政策整套搬到國外。如果地主國的文化和公司的人力資源管理政策差異太大，公司可能面臨員工不遵守規定的問題，更糟糕的情況是引起公開的對抗。

表 17.4 讓女性外派人員的效能達到最大的策略

策略	人力資源工具、方法或是干預	可能的問題／執行的策略
1. 選擇具備職位所需技能和管理能力的女性外派人員。不要派出象徵性的人物。	● 選擇應該根據候選人展現的能力而定。 ● 如果有必要的話，在出發前提供額外的技術或是管理訓練。	● 可能難以找到具備所有條件，而且願意接受外派的人選。 ● 公司應該找出全球外派任務所需的所有技巧。
2. 選擇知性導向更強的女性（譬如視野廣大）。	● 根據人格特質（譬如心胸開闊或是彈性）來選擇外派人選。考慮採取全球外派任務自我評鑑(Self-Assessment for Global Endeavors, SAGE)或是類似的工具。	● 可能難以找到具備所需人格特質，而且願意接受外派的人選。
3. 訓練女性對地主國有關女性之風俗、價值觀和傳統的了解。	● 出發前以及在任務所在地提供女性外派人員文化方面的訓練。	● 不可能預料到所有困難的情況。
4. 多國企業應該積極推薦其外派女性，將其形容為「條件最好」的人選，以免外界以為外派女性只是「象徵意義」。	● 介紹信 ● 資深執行主管親自介紹。 ● 說明資格的聲明。 ● 以任何其他文化上妥當的方法建立可信度。	● 根據各國不同的文化環境，有時候這些努力會遭到誤解。公司的介入應該配合該地的特定文化。
5. 提供女性外派人員國內的支援網路或是「導師」。	● 在母國有個「導師」和溝通的管道。 ● 具備國內的導師。	● 距離遙遠時，溝通會比較困難。提供具體的溝通媒體（譬如視訊會議、電子郵件）以及提供使用和設定的訓練。
6. 提供機制協助女性外派人員的配偶可以適應當地的文化。	● 為配偶提供跨文化的訓練。 ● 男性導向的社交網路。 ● 語言課程。 ● 找工作的協助。 ● 為其專業或是個人發展提供資金贊助。	● 總是有可能無法完全滿足配偶的需求。 ● 配偶可能不用這些服務。 ● 某些地區不見得有提供這些服務。 ● 為了提昇利用的程度，應該配合配偶的需求提供服務。
7. 提供機制，提昇女性外派人員的小孩適應當地文化的可能性。	● 托兒。 ● 教育協助。 ● 語言課程。 ● 跨文化訓練。	● 某些地區不見得能提供外派人員子女這些服務。 ● 為外派人員子女找到所需的服務。

表17.4 讓女性外派人員的效能達到最大的策略（續）

策略	人力資源工具、方法或是干預	可能的問題／執行的策略
8. 西方女性外派人員應該試著「融入」地主國的女性。	● 訓練女性如何因應和地主國女性「不同」的事實。	● 訓練女性外派人員所需的行為舉止（在日本女性員工必須倒茶）。 ● 女性外派人員可能很難平衡觀點（譬如不要顯得太過男性化）。 ● 提供外派女性可以仿效妥善（和專業）行為的榜樣。
9. 讓地主國多接觸公司裡成功的女性。	● 多派遣專業女性到地主國進行短期的出差，讓地主國的人員多和西方女性互動。	● 為專業女性提供出發前的訓練。
10. 在地主國為將和女性派外人員互動的人員提供訓練。	● 在女性外派人員抵達該地之前，為地主國的這些人員提供訓練。	● 地主國的人員可能不會參加這些訓練，而且就算參加，可能也不會因此改變他們對女性的態度。
11. 讓女性外派人員執掌有權力的職位。	● 女性高階外派職位的規劃	● 如果這個人沒有所需能力的話，這樣的策略可能有很大的風險。

資料來源：Adapted with permission from Caliguiri, P., and Cascio, W. F. (2002). Sending women on global assignments. Challenges, myths, and solutions. *Worldatwork Journal*, 9(2), 1-8.

國際環境下的EEO

各位現在應該很清楚，美國企業甄選員工的過程受到聯邦和州政府公平就業機會法(EEO)的嚴格規範。產業全球化的趨勢突顯出無數EEO的相關問題，美國法庭處理過其中一部分案例，有些只說就業法並不適用於國際事務，顯出這個領域的就業法規並無完善的規劃[81]。不過以下這些原則是很清楚的：

■ 美國企業不得根據求職者的種族、性別和年紀等特質做出聘僱的決定。這項禁令也適用於外派人選的選擇上，唯一的例外就是企業不可以違反地主國的法律。所以，如果某個國家禁止女性在特定商業環境下工作，在當地經營的美國企業在甄選外派人員時就可以僅限男性。不過應該注意的是，大多數公開歧視其本國女性的國家，對於美國企業的女性員工倒是很有彈性。所以企業不應該自動排除女性的可能性。

■ 美國企業外國國籍的員工在其本國或是其他外國工作時，不受美國就業法的保障。譬如，美國最高法院判決，某位在沙烏地阿拉伯為某美國石油公司服務的沙烏地阿拉伯籍員工不得根據民權法案第七條控告其雇主[82]。

■ 根據1986年的移民控制與改革法案(Immigration Control and Reform Act of 1986)，沒有美國國籍、但是在美國居住和工作的人不得受到歧視。

重要的警告

人力資源管理政策的效果端視其和文化價值體系的配合度而定。甚至於管理者得將以下這些警告謹記在心：

■ **「國家文化」未必是難以表述的概念**：基於這個原因，管理者應該避免受到刻板印象的誤導，有些刻板印象雖然正確，但不見得適用於每個人身上。在美國這樣大型且異質的國家，文化差異往往很大，刻板印象可能導致極大的風險，可是就算是在相對同質的國家，刻板印象也可能滋生問題。譬如聘請東德員工的西德企業經常發現到，東德員工對於獎工系統往往出現負面的反應，可是這些獎工系統對於西德同級員工卻很成功——儘管這兩方員工的語言、種族和文化背景都是一樣的。東德員工並不信賴這類獎工計劃，覺得受到管理階層的操縱，而且會規避績效突出的員工[83]。

■ **企業總部有時候未經仔細研究，就把國際人員的問題歸咎於文化要素**：人事方面的問題通常跟文化價值觀沒有什麼關係，而是跟管理不良有關。譬如，有家美國企業在其英國分公司為研發人員推出個別的獎工計劃，結果導致嚴重的衝突、缺乏合作，以及績效下降的問題。高層主管把這些問題歸咎於英國工會力量過於強大。事實上，大部分的證據都顯示個人獎工計劃對於需要大量團隊合作的工作會造成反效果（譬如研發）。這個案例跟國家文化一點關係也沒有[84]。

■ **各國文化下不同人力資源管理政策的成敗幾乎沒有實質資料可以參考**：這表示判斷力、直覺以及根據文化敏感度的試誤法(trial and error)和開放的心胸都是國際人力資源管理必備的條件。

■ **不同的文化對於是非黑白通常有不同的看法**：在價值結構彼此衝突的國

應思考的道德問題

這世界上有些地區的經商方式跟西方價值觀正好相反——譬如童工、對政府官員行賄，以及聘僱和升遷決策會受到性別或是種族歧視影響；這些現象都很常見。美國企業和其外派代表應該拒絕從事這些行為，即使這使得公司在當地陷入競爭劣勢也在所不惜嗎？

家，企業可能得秉持本身的價值系統施行政策。譬如在許多亞洲和非洲國家，童工是很常見的。企業可能基於道德的理由拒絕採用童工，可是他們也得體認到這樣做可能令公司陷入競爭的劣勢，因爲當地企業並不排斥童工，所以勞動成本比較低。而且，儘管全球貿易組織(World Trade Organiation)和聯合國都同意設置「核心勞動標準」(core labor standards)，禁止就業歧視、剝削童工以及利用奴工（譬如監獄的犯人），可是許多國家還是違反這些規定，出口產業至少有一千三百萬名童工，譬如紡織業[85]。

- **其他國家的商業法往往迫使公司改變他們的做法**：在某些情況下，如果企業希望在外國做生意，就得接受當地的規定和做法，即使這些方式跟母國做法有著極大的差異[86]。在西班牙，耐吉和當地某家公司成立合資公司，可是後來因爲管理階層不合而解散。該家當地企業對耐吉提出告訴，爭取繼續在西班牙和其他拉丁美洲國家以耐吉的標誌銷售運動服裝的權利。西班牙法庭同意該公司的訴求，並表示該公司大約三十年前就用過耐吉的標誌，而且這在希臘文學裡有上帝的意思，所以無法獲得專利。法庭判決該耐吉公司得以在西班牙以其向上勾的圖案作爲商標，但是不得作爲標誌(label)。
- 在針對特定文化打造人力資源政策和全球整合人力資源政策的趨勢之間，多國企業必須找到適當的平衡點。目前國際人力資源政策的趨勢顯然是傾向整合，而不是個別的人力資源政策。根據最近的意見調查顯示，85%的全球企業都試圖在所有營運地點建立符合公司目標和願景的文化。不過88%的受者表示當地文化和顧客對其在特定地點行商的方式有「一些到大」的影響[87]。企業必須在適應當地文化和朝著全球整合人力資源政策的趨勢之間找到平衡點。

譬如，電器製造商惠而浦採行「Protege」，這是一種周延且具有文化敏感度的全球領導開發計劃，其中包括資深執行主管提供密集的輔導。過程中還包括360度評鑑調查、實際行爲模擬，以及各種人格和商業技巧清單，並以攸關於全球領導成功的能力爲基礎。另外一個例子是在三十二個國家裡的兩百七十五個地點僱用一萬六千五百名員工的產業和消費性包裝供應商Sonoco產品公司。該公司爲散佈全球各地的執行主管採取一項績效管理計劃，其目的在讓員工（不論他們身在何處）了解個別績效和企業目標之間的關聯，並保持對當地狀況的敏感度[88]。

本章的討論重點是各國人力資源管理政策的差異，可是全球勞動力發揮極大的影響力，讓這方面的政策逐漸趨於一致。不論是哪個國家，財務投資人和股市一般而言都偏好特定的企業做法（譬如績效獎金、功績升遷以及組織再造），而全世界各地的企業似乎也從善如流。

人力資源管理和出口企業

本章的討論到目前爲止都是著重於在海外設分公司的大型企業（也就是第三階段到第五階段的國際化）。不過，我們的討論也跟比較小規模和只出口其商品的公司相關。據估計，員工不到五百人的美國企業當中只有大約20%的比例曾經積極從事出口業務，這樣的比例和大多數工業化國家都遠遠落後。美國至少三萬家小型企業都具有出口的競爭潛力，但卻沒有這樣做[89]。

許多研究顯示，阻礙企業從事出口業務的障礙主要是(1)缺乏對國際市場、經商方式以及競爭的知識；(2)管理階層缺乏創造國際業務的承諾[90]。這些障礙大多是因爲美國企業內部對於人力資源的利用並不得宜，而不是因爲外界的因素。許多跡象一再顯示，在人力資源管理政策方面強化國際活動的企業，在出口業務上的表現可能比較亮麗[91]。企業若要強化人力資源管理政策的國際活動，需要：

- 在升遷和招募人員時，必須明確考慮到國際經驗，特別是資深管理階層。
- 培養員工，讓他們具備在國際舞台上執行任務的技能和知識。有助企業提昇國際競爭力的這類發展活動包括(1)旨在提供國際業務之具體工作技能和能力的計劃；(2)在國際領域發展和成長的機會；(3)採取明確納入國際活動的績效評量。
- 建立生涯階梯，短期和長期的國際策略都要納入。
- 設計獎勵結構，激勵關鍵性的人物充分利用公司的出口潛力。由於主管更加矚目技術的培養、資訊的蒐集以及尋找國際機會的環境，強化和出口相關的理想行爲可能有助提昇對外國業務的投入。

企業如果決定從事出口活動，執行長和資深行銷人員得從辦公室抽出相當可觀的時間，去參加貿易商展以及和經銷商與海外企業建立關係。特別是在小規模的企業，這意味著在母國的人員必須獲得足夠的授權，才能一邊以傳眞機、電話或是電子郵件和出差的執行長和執行主管聯繫，一邊做出經營決策。

以往外銷業者建立關係和建立聯繫需要相當時間和努力，不過網際網路卻讓一切爲之改觀，不論公司規模大小都有外銷的機會。譬如，2004年美國企業透過網路外銷衣飾的淨値預期會激增到300億美元，1998年僅3億3000萬美元。譬如紐約的Girlshop.com開張的一年，就出口價値200萬美元的前衛商品，營業獲利達25萬美元[92]。

不過要透過網路打入國際市場，企業必須具備甄選和訓練計劃之類的人力資源政策。這些服務有助於企業克服語言障礙、配合不同顧客的需求以尖端科技組合產品，並讓產品配合不同文化的品味和偏好，贏得顧客的信賴等等。儘管這些議題也適用於國內市場，但海外市場的異質性和區隔性更高，所以在海外市場顯得更具挑戰性。

摘要與結論

❖ 國際化的步驟

企業國際化的步驟有五：(1)國內營運；(2)出口；(3)獨資或是合資企業；(4)多國營運；(5)跨國營運。國際化的程度愈高，人力資源政策就愈得配合多元文化、經濟、政治和法律環境。

❖ 判斷地主國和外派人員的組合

海外事業的管理方式可以分爲三種：母國中心式、多國中心式以及全球中心式。當國內人才不足、公司試圖建立全球觀願景、國際和國內單位高度相依、政治情勢不穩定，以及地主國和母國之間的文化差異很大時，企業會傾向外派人員。

❖ 外派任務的挑戰

國際人力資源管理的重點在於管理外派人員，不單是在他們外派期間，還包括他們返國之後的管理。國際任務會失敗是因爲生涯的阻礙、文化震撼、出發前缺乏跨文化的訓練、過度強調技術資格，以及利用這類外派任務除掉麻煩製造者和家庭問題。返國後，外派人員可能會面臨的問題包括企業不重視他們在海外累積的技能、喪失地位、工作規劃不夠，以及逆向的文化震撼。

❖ 提昇外派任務的效能

爲了避免國際外派任務的問題，企業應該具備一套完善的人力資源政策。在選擇外派人員時，企業應該重視文化的敏感度，成立外派人員甄選委員會，要求具備國際經驗，探索聘僱在外國出生的員工的可能性，作爲日後擔任「外派人員」的儲備員工，並且篩選外派人員的配偶和家人。各種長度和層次的跨文化訓練計劃可以協助員工爲外派任務做好準備。以外派人員的生涯發展來說，企業應該把外派任務定位爲在公司內部晉升的一步，並爲外派人員提供支援。爲了避免在薪酬領域出現問題，企業應該提供外派人員足夠的可支配所得和獎工紅利，避免讓外派人員從事當地人同樣或是階級比較低的工作。

❖ 為全球舞台建立人力資源管理政策

在多國營運的企業不單得考慮到滿足外派人員的特殊需求，還得設計和執行可以跨越各種不同文化的人力資源管理計劃。一般來說，人力資源管理政策和社會風俗的衝突愈高，失敗的可能性就愈大。

❖ 人力資源管理和出口企業

許多企業都有出口獲利的潛力。如果企業加強這些國際活動(1)在聘僱人員時明確考慮到國際經驗；(2)培養員工，讓他們具備國際技能；(3)爲具備國際經驗的員工創造生涯階梯；(4)設計獎勵結構，激勵員工投入外銷活動，在出口的表現可能會更爲亮麗。

問題與討論

1.在何種情況下，配合當地文化的人力資源管理政策所產生的結果會比「出口」總公司的人力資源政策差？

2.美國多國企業外派人員的失敗率高於歐洲和日本的多國企業。爲什麼會有這樣的差異？哪些人力資源管理政策和程序可以減少這樣的問題？

3.有些人認為美國多國企業應該在開發中國家引介現代的美國人力資源管理政策、帶入職場價值觀（譬如準時和效率），改變該地的文化，從而促進工業化的進程。你同意這樣的論點嗎？請說明你的立場。

4.有些人認為網際網路改寫了吸引、激勵和維繫國際人才的規則。Planet-Intra.com公司是一家位於加州Mountain View的軟體公司。三十七歲的共同創辦人與執行長艾倫．麥克米蘭(Alan J. McMillan)是加拿大人，他一直在香港工作。該公司的軟體產品是由一群克羅埃西亞(Croatia)的軟體團隊撰寫的。其技術部門副總裁位於俄羅斯，國際業務部門副總裁則是德國人，但住在東京。他們利用網際網路——事實上，他們自己的產品——跨越國界進行合作。「我們住在網路上，就連吸的也是網路的空氣」，麥克米蘭表示[93]。你覺得網際網路日後會如何改造人力資源政策？

你也可以辦得到！　新興趨勢個案分析17.1

❖ 全球化：好還是壞？

全球化可能是好也是壞，端視你是誰以及從何角度來看。許多人認為全球化是全球繁榮的關鍵，對於美國而言特別如此，美國企業能夠取得更廣大的投入要素市場（譬如便宜的勞動力和原料）以及產出的龐大市場（美國是產品和服務的頂尖生產和出口地方），這讓他們獲得很大的好處。儘管如此，愈來愈多人認為全球化威脅到他們的生活水準。譬如日本，多年來日本的成長和全球化有著密切的關係，可是現在許多日本人認為全球化程度日深是國內問題的癥結。

日本經濟不景氣已經長達十年。以往日本經濟大好的時候，甚至可以買下洛克菲勒中心(Rockerfeller Center)和Pebble Beach高爾夫球場，但現在經濟卻是一片蕭條。失業、破產、犯罪和自殺等以往都是很少見的現象，現在卻經常成為報紙的頭條新聞。在景氣蕭條的溫泉區Yufuin，居民甚至以物易物的方式為未來尋求一份保障。該地居名以一種叫做yufu的票券支付計程車費、清酒和醫院費用。他們得從事各種古怪的工作以取得yufu。「我們的財富正逐漸消失」，前大藏省高級官員神原英資(Eisuke Sakakibara)悲調地這麼說。

在東京的公園裡，流浪漢就住在帳棚裡。房地產的價值重挫到1982年的水準，表示現在許多房價都跌到所剩房貸餘額之下。

在日本，以往是保證終身就業的，可是現在卻沒有工作是有保障的。日本共同社（Kyodo

News）最近一份意見調查顯示，一百個日本企業界領袖當中有七十位表示打算今年減薪。地下道裡面容憔悴的人四處乞求一些零錢，他們的脖子上掛著「幫幫我」的牌子——在日本，實際上這是指「被炒魷魚」的意思。「我們希望能否極泰來，可是實際上誰知道呢？」，四十八歲的渡邊(Masyuki Watanabe)表示。渡邊曾是肉品批發商，由於當地稅率和各種支出費用節節高漲，本來經營得就很吃力，2002年因爲狂牛症的謠言令他流失了許多顧客，導致公司最後關門大吉。

日本製造業許多工作機會現在都轉移到中國，當地可以提供高品質的生產，而且工資便宜。新力第一代的PlayStations都是在中國製造的，大約七百萬台。東芝四十五座工廠當中現在將近一半都是在中國，從事空調、行動電話和電視的生產，而且只要有最熱門的產品出現，公司都打算在中國生產。日本工程師和工廠經理紛紛尋找在中國工作的機會，這是極大的轉變。「他們需要有經驗的人才」，PaHuma（專門爲失業的日本人尋找在亞洲各國工作機會的民間職業介紹所）Tomko Hata表示，「就算那裡的薪資只有這裡的一半，出於絕望，他們也願意接下來。」

❖ 關鍵性的思考問題

1. 大約十年前商業作者和學術界都把日本在二次世界大戰後的經濟榮景歸功於他們的人力資源管理：終身就業的保障、在企業的階級中逐漸向上爬、對於福利（譬如優渥的退休福利、員工子女的獎學金和房屋津貼）父權式的風格、缺乏以個人爲準的評估方式（這是爲了避免員工之間爲了一些獎金而彼此競爭）、運用團隊組織工作等等。其中許多做法在1990年代中期之前，廣爲各國執行主管訓練所推崇，成爲企業追求競爭力仿效的對象。你覺得最近這幾年爲什麼情勢丕變？你覺得這些做法（終身就業和終身企業訓練）是造成日本目前問題的部分原因嗎？請說明你的理由。

2. 認爲應該大刀闊斧改革的經濟學家主張，日本擺脫目前困境的唯一辦法就是大舉改變其「講究權利」(entitlement)的公司文化，肯定績效良好的人才，淘汰表現不佳的員工，爲公司各個階層聘請有技術的人才，吸引有技術的外國人才，以及透過個別或團隊爲主的獎勵體制（以公司目標的達成爲標準）激發內部的競爭。你同意這樣的主張嗎？請說明你的理由。

3. 有些人認爲美國近年的經濟繁榮是因爲他們願意讓製造業外移（到墨西哥、新加坡和中國之類的國家），專注在於知識經濟（譬如電腦、電子產品和製藥）以及服務業（譬如教育和金融業）這些他們比較有競爭優勢的領域。雖然許多藍領階級因此受到打擊，但對整體經濟是有好處的。你認同這樣的看法嗎？你覺得日本之類的國家爲什麼不願起而效尤？請說明。

❖ 團隊練習

美國政府擔心日本經濟的頹勢可能影響到世界其他各國，導致重大的金融危機。請以五人爲一組，以人力資源專家的角色對日本集團建議哪種人力資源的做法或許能夠減少這類問題。

資料來源：Adapted with permission from Gibney, F. (2002, February 18). *Time for hardball. Time,* 42-44.

你也可以辦得到！ 討論個案分析17.2

❖ 在歐洲管理人力資源

傑若米．威斯(Jerome Wirth)和他的事業夥件佛德列克．賀筆勒(Frederic Herbinet)在1997年推出其網路公司Beweb。現在Beweb年營業額高達250萬美元，提供電子商務公司軟體和服務，該公司在法國和英國都有業務，並且計劃進軍全歐洲。

可是Beweb後來卻結束在巴黎的營運，並遷到倫敦，因爲英國的薪資稅率跟法國的45%比起來還不到四分之一。不過對於Beweb而言，最大的打擊是法國法律把每週工時從三十九個小時減到三十五個小時。這項法律原本在2000年推出時是針對大型企業，不過2002年擴及員工人數不到二十名的企業（不過2003年法律再度修正，容納更大的彈性）。這樣一來，對於員工人數爲十五人的Beweb而言，爲了彌補損失的工時而增加人手並不實際。「這不可能」，三十三歲的威斯表示。「我愛法國，可是我對祖國的未來感到悲哀。」

對於每年湧入法國參觀的七千六百萬名觀光客而言，法國依然光鮮亮麗。龐畢度中心和巴黎歌劇院誇耀其所費不貲的整修成果。拜每週三十五小時的工時政策之賜，春天的午後，公園和咖啡座都擠滿了人。這是因爲法國企業紛紛裁員，而且遇缺不補。爲了避免受到僵化的反裁員法限制，諸如輪胎製造商米其林和營建材料巨擘St. Gobain等大型企業紛紛將製造活動遷移到海外。其他像是汽車製造商雷諾和PSA Peugeot Citroen，也都仰賴生產力的提升來避免增聘人員。對於大多數年輕人而言，找到工作最好的辦法就是開設小型公司。過去這十年法國將近90%的就業機會都是由這些小公司創造的，不過稅率和規則卻讓這些公司面臨前所未見的競爭威脅。

法國有一百五十多萬北非移民，可是這些移民卻無法和本國出生的人融合在一起（法國至少有7%的人口是在外國出生，大多數是來自法國前殖民地）。觀光客看不到的郊區滿是這類自覺被排拒在社會之外的年輕人。「就算你有文憑，還是找不到工作，只是因爲你是外國人」，十九歲的楊斯(Yams)表示，他是徘徊在巴黎郊區La Courneuve眾多失業年輕人當中的一個。他和朋友（他們不願透露姓氏）都是在法國出生的阿爾及利亞後裔，但是他們從來不覺得自己是法國人。

而且，法國頂尖人才外移的人數到了驚人的地步。從1995年以來，法國國民住在外國的人數攀升將近30%，到了將近兩百萬人，其中有二十四萬人在矽谷。這些人幾乎都是二十幾歲或三十幾歲的年輕人。另外有二十萬人左右搬到英國。更糟糕的是，在法國居住的年輕人必須承擔嬰兒潮世代的退休金。法國的退休體系在歐洲是最優渥的，員工只要年滿六十歲就可以退休，並取得完整的福利。而且，二十五歲以下年輕人的失業率高達21%左右。

❖ 關鍵性的思考問題

1. 根據諾貝爾經濟學得獎學者蓋瑞·貝克(Gary Becker)表示，「歐洲高失業率、失業期間長、資深員工提早退休以及就業成長非常緩慢等模式……都是因爲社會安全費用和各種勞工稅率居高不下，而且法律限制讓企業難以裁員，優渥的失業金以及法律規定高額的最低薪資（法國）。我建議降低企業聘僱和解僱人員的成本、降低勞動稅率、降低最低薪資水準，並且提高退休年紀。」你認同嗎？請說明你的理由。
2. 許多歐洲人認爲美國的人力資源政策過於嚴苛：員工必須承擔薪資和工作的風險、長時間的工作、隨支隨付的健康保險計劃、工作和個人生活之間沒有什麼間隔、企業對員工沒有什麼承諾，反之亦然，以及員工離職率極高。有位歐洲評論家表示，「美國人力資源的做法往往反映出美國社會裡缺乏人性且割喉的資本主義色彩。」歐洲人對他們比較高的生活品質以及如何避免美國職場的壓力感到自豪。可是美國人卻認爲歐洲人力資源的做法過於僵化，過於家長式的色彩、政府干預的規定過多（譬如三十五小時的工時規定），對於企業的生產力和競爭力都不利。你對於這兩方截然不同的觀點有何看法？請說明你的理由。
3. 西班牙就跟其他的歐洲國家一樣，企業要解僱員工向來非常困難且耗時，而且所費不貲。基於這點，許多企業只好留住表現差的員工，而不是解僱他們。然而，許多人認爲西班牙高失業率（過去十年間從10%到24%）乃肇因於企業對新進人員必須做出長期承諾，因而對於聘僱新人的意願低落。爲了改善僵化的勞工法，西班牙大幅放寬企業可以聘僱短期約聘人員的比例。在2003年，西班牙至少有三分之一的員工是屬於短期約聘人員。在美國大約有40%的比例是這種短期約聘人員，也就是說他們是受僱一段固定的期間，在契約即將屆滿時雇主可以決定是否續約。你認爲這是好的政策嗎？更多企業應該採用嗎？請說明你的理由？

❖ 團隊練習

某家美國汽車公司正爲了是否要擴張在法國的營運而傷腦筋。他們考慮的要素之一是法國的人力資源做法會不會讓公司對人員的管理增添麻煩。每五人爲一組進行角色扮演的練習，對該公司管理階層提供建議應該怎麼做出決定。

資料來源：Adapted with permission from Matlack, C. and Rossant, J. (2002, April 22). France: Who speaks for youth? *BusinessWeek*, 48-50.

註釋

第一章

1. Butler, J. E., Ferris, G. R., and Napier, N. K. (1991). *Strategy and human resources management*. Cincinnati, OH: South-Western; and McDonald, D. (2002). Radical change: Breaking ground for e-HR implementation. *Workspan, 45*(2), 5–10.
2. Golden, K., and Ramanujan, V. (1985). Between a dream and a nightmare: On the integration of the human resource function and the strategic business planning process. *Human Resource Management, 24*, 429–451; and Gagne, K. (2002). One day at a time: Using performance management to translate strategy into results. *Workspan, 45*(2), 20–26. See also Huselid, M.A. (1995). The impact of human resource management on turnover, productivity, and corporate financial performance. *Academy of Management Journal, 38*, 635–672.
3. Zingheim, P., and Schuster, J. (2002, February 12). Creating a workplace business brand. *HR.com*, www4.hr.com/hrcom.
4. Gunther, M. (2000, January 10). Publish or perish? *Fortune*, 141–160.
5. Ante, S. E., and Sager, I. (2002, February 11). IBM's new boss. *BusinessWeek*, 66–72.
6. Cited in Useem, J. (2000, January 10). Welcome to the new company. *Fortune*, 63.
7. Tejada, C. (2002, March 5). Home office: Millions don't leave work at home. *Wall Street Journal*, A-1.
8. See, for instance, stories appearing in Port, O. (2002, March 4). Web. *BusinessWeek*, 97; Green, H., and Hof, R. D. (2002, April 22). Lessons from the cyber survivors. *BusinessWeek*, 42; Nusbaum, A. (2000, January 5). Web cuts an entire order of middlemen. *Financial Times*, 14; Bulkeley, W. M. (2000, January 6). Virtual utilities peddle power over the Web. *Wall Street Journal*, B-1; Aeppel, T. (2000, January 5). A Web auctioneer soils the rust belt. *Wall Street Journal*, B-1; and Ramstad, E. (2000, January 5). Hot e-products from small fry jolt tech giants. *Wall Street Journal*, B-1.
9. Dreazen, Y. J. (2002, February 4). U.S. says Web use has risen to 54% of the population. *Wall Street Journal*, B-4.
10. Dreazen, Y. J. (2002, February 4). U.S. says Web use has risen to 54% of the population. *Wall Street Journal*, B-4; *Newsline* (2001, July 18). U.S. corporations losing millions through poor e-mail control. Available from http://resourcepro.worldatwork.org.
11. Weinstein, E. (2002, January 10). Help! I'm drowning in e-mail. *Wall Street Journal*, B-1.
12. *Newsline* (2001, July 19). E-mail not a time saver. resourcepro.worldatwork.org.
13. Wysocki, B. (1999, November 9). Corporate America confronts the measuring of a "core" business. *Wall Street Journal*, A-1.
14. *BusinessWeek* (2000, January 10). The best managers: What it takes, 158.
15. Lublin, J. (1999a, October 26). To find CEOs, Web firms rev-up search engines. *Wall Street Journal*, B-1; and Lublin, J. S. (1999b, November 9). An e-company CEO is also the recruitment chief. *Wall Street Journal*, B-1.
16. McWilliams, G. (1999, December 6). The best way to find a job. *Wall Street Journal*, R-16; and Dodge, S. (2002, February 12). Recruitment. *HR.com*. www4.hr.com/hrcom, 2.
17. Levering, R., and Moskowitz, M. (2000, January 10). The best 100 companies to work for. *Fortune*, 81–110; and Sager, I. (2000, January 10). Compaq's long road back. *BusinessWeek*, 52.
18. Id.
19. Symonds, W. C. (2000, January 10). Log on for company training. *BusinessWeek*, 138–139.
20. Symonds, W. C. (2002, December 3). Giving it the old online try. *BusinessWeek*, 76–80.
21. Cited in Id.
22. Flanery, P. (2000, January 2). Racial, ethnic shifts transform region. *Arizona Republic*, A-1.
23. Lundstrom, M. (1999, December 20). "Mommy, do you love your company more than me?" *BusinessWeek*, 175.
24. National Bureau of Economic Research study by David Card, John Dinardo, and Eugena Estes, summarized in Koretz, G. (2000, January 17). Hazardous to your career. *BusinessWeek*, 26.
25. Wartzman, R. (1999, October 20). One adviser's mission: Creating Hispanic investors. *Wall Street Journal*, C-1.
26. Zachary, P. G. (2000, January 1). A mixed future. *Wall Street Journal*, R-41.
27. Conlin, M., and Zellner, W. (1999, November 22). The CEO still wears wingtips. *BusinessWeek*, 83; and *BusinessWeek* (2000, January 10). The best managers: What it takes, 158.
28. Millman, J. (2002, January 23). Mexico attracts U.S. aerospace industry. *Wall Street Journal*, A-17; Mandel, M. J. (1999, December 13). Global growing pains. *BusinessWeek*, 40–45; Mitchener, B. (1999, November 22). Border crossings. *Wall Street Journal*, R-41; and Smith, G. (1999, December 20). Breaking the curse. *BusinessWeek*, 61–62.
29. Smith, G. (2002). The decline of the maquiladora. *BusinessWeek*, 59.
30. Id.; and Borden, T. (2002). Recovery is sluggish at

U.S. plants in Mexico. *Arizona Republic*, A-6.
31. Hagerty, B. (1993, June 14). Trainers help expatriate employees. *Wall Street Journal*, B1, B3.
32. Walker, J. (1992). *Human resource strategy.* New York: McGraw-Hill.
33. Newman, B. (1999, December 9). In Canada, the point of immigration is still unsentimental. *Wall Street Journal*, A-1.
34. Conlin, M., Coy, P., Palmer, A., and Saveri, G. (1999, December 6). The wild new workforce. *BusinessWeek*, 35–46; and Tejada, C. (2002, March 5). Home office: Millions don't leave work at home. *Wall Street Journal*, A-1.
35. Gómez-Mejía, L. R. (1994). *Fostering a strategic partnership between operations and human resources.* Scarsdale, NY: Work in America Institute.
36. Ledvinka, J., and Scarpello, V. G. (1991). *Federal regulation of personnel and human resource management.* Boston: Kent.
37. Machalaba, M. (2000, January 3). E-commerce's newest portals: Truck drivers. *Wall Street Journal*, A-11; and Weinstein, E. (2002, January 10). Help! I'm drowning in e-mail. *Wall Street Journal*, B-1.
38. Barrett, P. M. (2000, January 4). Why Americans look to the courts to cure the nation's social ills. *Wall Street Journal*, A-1.
39. *Wall Street Journal* (1993, June 21). Work and family, R5.
40. Levering, R., and Moskowitz, M. (2002, February 4). The best in the worst of times. *Fortune*, 60–68.
41. Reinberg, J. (2002). It is about time: PTOs gain popularity. *Workspan, 45*(2), 27–32.
42. Bureau of Labor Statistics Web page (2002). www.stats.bls.gov/empind/htm.
43. Salwen, K. G., and Thomas, P. (1993, December 16). Job programs flunk at training but keep Washington at work. *Wall Street Journal*, A1.
44. Denney, W. (2002, February 12). Ford takes a wrong turn and ends up in a ditch. *HR.com.* www4.hr.com/hrcom, 2.
45. Muller, J., and Kerwin, K. (September 3). Cruising for quality. *BusinessWeek*, 74–76.
46. Doeringer, P. B., and Piore, M. J. (1971). Theories of low-wage labor workers. In L. G. Reynolds, S. H. Masters, and C. H. Moser (Eds.), *Readings in labor economics and labor relations*, 15–31. Upper Saddle River, NJ: Prentice Hall; and Pinfield, L. T., and Berner, M. F. (1994). Employment systems: Toward a coherent conceptualization of internal labor markets. In G. Ferris (Ed.), *Research in Personnel and Human Resources Management, 12*, 50–81.
47. Gumbel, P., and Wartzman, R. (2000, January 5). E-covery. *Wall Street Journal*, A-1; and Dreazen, Y. J. (2002, February 4). U.S. says Web use has risen to 54% of the population. *Wall Street Journal*, B-4.
48. Lublin, J. S. (1994b, February 9). Before you take that great job, get it in writing. *Wall Street Journal*, B1; and Nussbaum, B. (2002, January 28). Can you trust anybody anymore? *BusinessWeek*, 31–35.
49. Landers, P. (2002, March 1). Japan's Sony, Hitachi slash work forces. *Wall Street Journal*, A-3.
50. Matlock, C. (2001, November 5). The high cost of France's aversion to layoffs. *BusinessWeek*, 58; Lavelle, L. (2002, February 11). Swing that ax with care. *BusinessWeek*, 78; Colvin, G. (2002, February 4). You are on your own. *Fortune*, 42; and Fairlamb, D. (2002, January 21). Wiggle room for euro bosses. *BusinessWeek*, 20.
51. See, for example, De Meuse, K. P., and Tornow, W. W. (1990). The tie that binds has become very, very frayed. *Human Resource Planning, 13*(3), 203–213; Shellenbarger, S. (2002, February 20). Along with benefits and pay, employers seek friends on the job. *Wall Street Journal*, B-1; and Colvin, G. (2002, February 4). You are on your own. *Fortune*, 42.
52. Salwen, K. G. (1994, February 8). Decades of downsizing eases stigma of layoffs. *Wall Street Journal*, B1; Upfront Section (2001, September 10). Job hopping. *BusinessWeek*, 16; and Lavelle, L. (2002, February 11). Swing that ax with care. *BusinessWeek*, 78.
53. Upfront Section (2001, September 10). Job hopping. *BusinessWeek*, 16.
54. Levering, R., and Moskowitz, M. (2002, February 4). The best in the worst of times. *Fortune*, 60–68.
55. Ireland, D. R., and Hitt, M. A. (1999, February). Achieving and maintaining strategic competitiveness in the 21st century. *Academy of Management Executive, 13*(1), 43–57; and Deogun, N., and Lipin, S. (1999, December 8). Some hot mergers come undone for a variety of reasons. *Wall Street Journal*, C-1.
56. Manz, C. C. (1992). *Mastering self-leadership: Empowering yourself for personal excellence.* Upper Saddle River, NJ: Prentice Hall.
57. Id.
58. U.S. Small Business Administration. (n.d.). SBA Loan Programs. Washington, DC: U.S. Small Business Administration.
59. Id.
60. Adapted from Schein, E. H. (1986). *Organizational culture and leadership.* San Francisco, CA: Jossey Bass.
61. Adapted from Id.
62. Drucker, P. F. (1993, October 21). The five deadly business sins. *Wall Street Journal*, A1.
63. Khermouch, G. (2002, January 21). There goes the creative juices. *BusinessWeek*, 52.
64. Odom, M. (1994, February 23). Management guru preaches to choir. *Arizona Republic*, E2.
65. Doeringer, P. B. (1991). *Turbulence in the American workplace.* New York: Oxford University Press.

66. Stewart, T. (2000, January 10). How Teledyne solved the innovator's dilemma. *Fortune*, 188–189.
67. Stepanek, M. (1999, December 13). Using the net for brainstorming, *BusinessWeek*, EB 55–58.
68. www.telecommute.org (2002, February 13).
69. Simpson, G. R. (2000, January 6). E-commerce firms start to rethink opposition to privacy regulation as abuses, anger rise. *Wall Street Journal*, A-24.
70. *Harper's Magazine* (2000, January 1). Special issue on the Internet, 57.
71. McCarthy, M. J. (1999a, October 21). Now the boss knows where you are clicking. *Wall Street Journal*, B-1.
72. Greenberger, R. S. (1999, November 10). Privacy battle over databases at high court. *Wall Street Journal*, B-1; Dreazen, Y. (2000, January 1). It's great being all connected, until, that is, something goes wrong. *Wall Street Journal*, 38; and Simpson, G. R. (2000, January 6). E-commerce firms start to rethink opposition to privacy regulation as abuses, anger rise. *Wall Street Journal*, A-24.
73. Wilke, J. R. (1993, December 9). Computer links erode hierarchical nature of workplace culture. *Wall Street Journal*, A10.
74. Id.
75. Lavelle, L. (2002, January 14). First, kill the consultants. *BusinessWeek*, 122.
76. Davis, A. (2002, February 6). Companies want the FBI to screen employees for suspected terrorists. *Wall Street Journal*, B-1.
77. Green, H. (2001, April 23). Your right to privacy going, going . . . *BusinessWeek*, 32–33.
78. Lancaster, H. (1995, September 12). Saving your career when your position has been outsourced. *Wall Street Journal*, B-1
79. Berstein, A., and Zellner, A. (1995, July 17). Outsourced—and out of luck. *BusinessWeek*, 61.
80. Id.
81. Melcher, R. A. (1996, January 8). Who says you can't find good help? *BusinessWeek*, 107.
82. Gupta, A. K., and Govindarajan, V. (1984). Business unit strategy, managerial characteristics, and business unit effectiveness at strategy implementation. *Academy of Management Journal 27*, 25–41.
83. Balkin, D. B., and Gómez-Mejía, L.R. (1985). Compensation practices in high tech industries. *Personnel Administrator, 30*(6), 111–123.
84. Hymowitz, C. (2002, February 19). Managers must respond to employee concerns about honest business. *Wall Street Journal*, A-1; Eisenberg, D. (2002, February 11). Ignorant and poor? *Time*, 32–38; Kadlec, D. (2002, January 21). Who is accountable? *Time*, 31–34; Pulliam, S., and Smith, R. (2002, February 15). Enron's actions before news event may have had multimillion payoff. *Wall Street Journal*, C-1; and Dreazen, Y. J. (2002, February 15). WorldCom suspends executives in scandal over order booking. *Wall Street Journal*, A-3.
85. Hamburger, T., and Brown, K. (2002, January 17). Andersen knew of Enron woes a year ago. *Wall Street Journal*, A-3
86. *USA Today* (2001, December 3). Snapshots, B-1.
87. Brown, K. (2002a February 21). Creative accounting: How to buff a company. *Wall Street Journal*, C-1.
88. Brown, K. (2002b, March 7). Accounting industry fights calls for "audit only" rules. *Wall Street Journal*, C-1.
89. Mathieu, J. E., and Zajac, D. M. (1990). A review and meta-analysis of the antecedents, correlates, and consequences of organizational commitment. *Psychological Bulletin, 108*, 171–194.
90. Berstein, A. (2001, February 26). Low skilled jobs: Do they have to move? *BusinessWeek*, 94–96.
91. White, J. B. (2000, January 1). Corporation aren't going to disappear but they are going to look a lot different. *Wall Street Journal*, R-36
92. Kelly, L. (2000, January 2). Preparation by applicant key to successful interview. *Arizona Republic*, C-1.
93. Hom, P., and Griffeth, R.(1994). *Employee turnover*. Cincinnati, OH: South-Western.
94. Campion, M. A., and McClelland, C. L. (1991). Interdisciplinary examination of the costs and benefits of enlarged jobs. *Journal of Applied Psychology, 76*, 186–198.
95. Cited in Hymowitz, C. (2000, January 4). How can a manager encourage employees to take bold risks? *Wall Street Journal*, B-1.
96. Id.
97. Petzinger, T. (2000, January 1). There is a new economy out there. *Wall Street Journal*, R-31; and White, J. B. (2000, January 1). Corporations aren't going to disappear but they are going to look a lot different. *Wall Street Journal*, R-36.
98. Shirouzu, N. (2000, January 5). Leaner and meaner. *Wall Street Journal*, A-1.
99. Dempsey, J., and Siebenhaar, M. (2002). Bankruptcy blues: retaining key employees during a financial crisis. *Workspan*, vol. 45, 2, 1–5.
100. Arndt, M. (2002, January 21). 3M: A lab for growth? *BusinessWeek*, 50–52.
101. Drucker, P. (1993, October 21). The five deadly business sins. *Wall Street Journal*, R2.
102. Arndt, M. (2002, January 21). 3M: A lab for growth? *BusinessWeek*, 50–52.
103. Butler, J. E., Ferris, G. R., and Napier, N. K. (1991). *Strategy and human resources management*. Cincinnati, OH: South-Western.
104. Mintzberg, H. (1990). The design school: Reconsidering the basic premises of strategic management. *Strategic Management Journal, 11*,

171–196; and Walker, J. (1992). *Human resource management strategy*, Chapter 1. New York: McGraw-Hill.
105. Id.
106. Brockner, J. (1992). The escalation of commitment to a failing course of action: Toward theoretical progress. *Academy of Management Review, 17*(1), 39–61; and Staw, B. (1976). Knee-deep in Big Muddy: A study of escalating commitment to a chosen course of action. *Organizational Behavior and Human Performance, 16*, 27–44.
107. See the following reviews: Dyer, L., and Holder, G. W. (1988). A strategic perspective of human resource management. In L. Dyer (Ed.), *Human resource management: Evolving roles and responsibilities*. Washington, DC: Bureau of National Affairs; and Gómez-Mejía, L. R., and Balkin, D. B. (1992). *Compensation, organizational strategy, and firm performance*. Cincinnati, OH: South-Western.
108. Bulkeley, W. M. (2000, January 6). Virtual utilities peddle power over the Web. *Wall Street Journal*, B-1.
109. Warren, S. (2002, February 5). DuPont cajoles independent units to talk to one another. *Wall Street Journal*, B-4.
110. Kerr, J. (1985). Diversification strategies and managerial rewards: An empirical study. *Academy of Management Journal, 28*, 155–179; Leontiades, M. (1980). Strategies for diversification and change. Boston: Little, Brown; and Pitts, R. A. (1974, May). Incentive compensation and organization design. *Personnel Journal, 20*(5), 338–344.
111. Gómez-Mejía, L. R. (1992). Structure and process of diversification, compensation strategy, and firm performance. *Strategic Management Journal, 13*, 381–397; and Kerr, J. (1985). Diversification strategies and managerial rewards: An empirical study. *Academy of Management Journal, 28*, 155–179.
112. Farnam, A. (1994, February 7). Corporate reputations. *Fortune*, 50–54.
113. Porter, M. E. (1980). *Competitive strategy*. New York: Free Press; Porter, M. E. (1985). *Competitive advantage*. New York: Free Press; and Porter, M. E. (1990). *The competitive advantage of nations*. Boston: Free Press.
114. Miles, R. E., and Snow, C. C. (1978). *Organizational strategy, structure, and process*. New York: McGrawHill; and Miles, R. E., and Snow, C. C. (1984). Designing strategic human resources systems. *Organizational Dynamics, 13*(1), 36–52.
115. Montemayor, E. F. (1994). Pay policies that fit organizational strategy: Evidence from high-performing firms. Unpublished paper. East Lansing, MI: School of Industrial and Labor Relations, Michigan State University.
116. Porter, M. E. (1980). *Competitive strategy*. New York: Free Press.
117. Id.
118. Byrne, H. S. (1992, November 16). Illinois Tool Works: Satisfying customers . . . and investors. *Barron's*, 51–52.
119. Miles, R. E., and Snow, C. C. (1978). *Organizational strategy, structure, and process*. New York: McGraw-Hill; and Miles, R. E., and Snow, C. C. (1984). Designing strategic human resources systems. *Organizational Dynamics, 13*(1), 36–52.
120. Miles, R. E., Snow, C. C., Meyer, A. D., and Coleman, H. J. (1978). Organizational strategy, structure, and process. *Academy of Management Review*, 3, 546–562.
121. Gómez-Mejía, L. R., and Balkin, D. B. (1992). *Compensation, organizational strategy, and firm performance*, 125. Cincinnati, OH: South-Western; and Gagne, K. (2002). One day at a time: Using performance management to translate strategy into results. *Workspan, 45*(2), 20–26.
122. For another example, see Corden, R., Elmer, M., Knudsen, J., Mountain, R., Rider, M., and Ross, W. (1994, March–April). When a new pay plan fails: The case of Beta Corporation. *Compensation & Benefits Review*, 26–32.
123. Jones, G., and Wright, P. (1992). An economic approach to conceptualizing the utility of human resource management practices. *Research in Personnel/Human Resources, 10*, 271–299; and Kearns, P. (2002, February 12). The case against HR benchmarks. *HR.com*, www4.hr.com/hrcom.
124. Gómez-Mejía, L. R. (1994). *Fostering a strategic partnership between operations and human resources*. Scarsdale, NY: Work in America Institute; Cadorette, S. (2002, February 12). Where exactly is your HR career headed? *HR.com*, www4.hr.com/hrcom; and Stoskopt, G. A. (2002). Taking performance management to the next level. *Workspan, 45*(2), 15–22.
125. Zingheim, P., and Schuster, J. (2002, February 12). Creating a workplace business brand. *HR.com*, www4.hr.com/hrcom; and McDonald, D. (2001). HR—earning its place at the table. *Worldatwork Journal, 10*(1), 1–6.
126. For more information, see Wiley, C. (1992, August). The certified HR professional. *HRMagazine, 37*(8), 77–79, 82–84; and Wiley, C., and Goff, E. F. (1994). *Trends, strategies, objectives, linkages, and professionalism. Compensation guide*. New York: Warren Gorham and Lamont.
127. *Newsline* (2001, May 18); *Newsline* (2002, January 8); and *Newsline* (2001, June 26).
128. Armour, S. (2002a, February 4). Employees' motto: Trust no one. *USA Today*, 5-A.
129. Quoted in Conlin, M., Coy, P., Palmer, A., and Saveri, G. (1999, December 6). The wild new workforce. *BusinessWeek*, 35–46.

130. Armour, S. (2002b, June 19). Security checks worry workers. *USA Today*, A–1.

第二章

1. Thompson, A., and Strickland, A. (1993). *Strategic management* (7th ed.). Homewood, IL: Irwin.
2. Hammer, M., and Champy, J. (1994, April). Avoiding the hottest new management cure. *Inc.*, 25–26.
3. Hammer, M., and Champy, J. (1993). *Reengineering the corporation*. New York: HarperCollins.
4. Ibid.
5. Greengard, S. (1993, December). Reengineering: Out of the rubble. *Personnel Journal*, 48B–48O; and Verity, J. (1993, June 21). Getting work to go with the flow. *BusinessWeek*, 156–161.
6. Hammer, M., and Champy, J. (1993). *Reengineering the corporation*. New York: HarperCollins.
7. Ibid.
8. Hammer, M. (1995, May 15). Beating the risks of reengineering. *Fortune*, 105–114.
9. *The Economist*. (1994, July 2). Re-engineering reviewed, 66.
10. Katzenback, J., and Smith, D. (1993, March–April). The discipline of teams. *Harvard Business Review*, 111–120.
11. Orsburn, J., Moran, L., Musselwhite, E., and Zenger, J. (1990). *Self-directed work teams*. Homewood, IL: Business One Irwin.
12. Katzenback, J., and Smith, D. (1993, March–April). The discipline of teams. *Harvard Business Review*, 111–120.
13. Jassawalla, A. R., and Sashittal, H. C. (1999). Building collaborative cross-functional new product teams. *Academy of Management Executive, 13*(3), 50–63.
14. Hoerr, J. (1989, July 10). The payoff from teamwork. *BusinessWeek*, 56–62.
15. Orsburn, J., Moran, L., Musselwhite, E., and Zenger, J. (1990). *Self-directed work teams*. Homewood, IL: Business One Irwin.
16. Ibid.
17. Dumaine, B. (1994, September 5). The trouble with teams. *Fortune*, 86–92.
18. Caramanica, L., Ferris, S., and Little, J. (2001, December). Self-directed teams: Use with caution. *Nursing Management*, 77.
19. Orsburn, J., Moran, L., Musselwhite, E., and Zenger, J. (1990). *Self-directed work teams*. Homewood, IL: Business One Irwin.
20. Chatman, J., and Flynn, F. (2001). The influence of dempgraphic hetereogeneity on the emergence and consequences of cooperative norms in work teams. *Academy of Management Journal, 44*, 956–974.
21. Hoerr, J. (1989, July 10). The payoff from teamwork. *BusinessWeek*, 56–62.
22. Lawler, E. (1992). *The ultimate advantage*. San Francisco, CA: Jossey-Bass.
23. Keenan, F., and Ante, S. (2002, February 18). The new teamwork. *BusinessWeek e.biz*, 12–16.
24. Kostner, J. (2001, October). Bionic eTeamwork. *Executive Excellence*, 78.
25. Steers, R. (1984). *Introduction to organizational behavior* (2nd ed.). Glenview, IL: Scott, Foresman.
26. Herzberg, F. (1968, January–February). One more time: How do you motivate employees? *Harvard Business Review*, 52–62.
27. Lofquist, L., and Dawis, R. (1969). *Adjustment to work: A psychological view of man's problems in a work-oriented society*. Upper Saddle River, NJ: Prentice Hall.
28. Locke, E. (1968). Toward a theory of task motives and incentives. *Organizational Behavior and Human Performance, 3*, 157–189.
29. Pinder, C. (1984). *Work motivation*. Glenview, IL: Scott, Foresman.
30. Hackman, J., and Oldham, G. (1976). Motivation through the design of work: Test of a theory. *Organizational Behavior and Human Performance, 16*, 250–279.
31. Nadler, D. A., Hackman, J. R., and Lawler, E. E. (1979). *Managing organizational behavior*. Boston: Little, Brown.
32. Ibid.
33. Behson, S., Eddy, E., and Lorenzet, S., (2000). The importance of critical psychological states in the job characteristics model: A meta-analytic and structural equations modeling examination. *Current Research in Social Psychology, 5*(12), 170–189.
34. Hackman, J. (1976). Work design. In Hackman, J., and Suttle, J. (Eds.). *Improving life at work*, 96–162. Santa Monica, CA: Goodyear.
35. Szilagyi, A., and Wallace, M. (1980). *Organizational behavior and performance* (2nd ed.). Santa Monica, CA: Goodyear.
36. Lawler, E. (1986). *High involvement management*. San Francisco, CA: Jossey-Bass.
37. Ibid.
38. Steers, R. (1984). *Introduction to organizational behavior* (2nd ed.). Glenview, IL: Scott, Foresman.
39. Lawler, E. (1986). *High involvement management*. San Francisco, CA: Jossey-Bass.
40. Campion, M. A., and Higgs, A. C. (1995, October). Design work teams to increase productivity and satisfaction. *HRMagazine*, 101–107.
41. Lawler, E. (1992). *The ultimate advantage*. San Francisco, CA: Jossey-Bass.
42. Drauden, G. M. (1988). Task inventory analysis in industry and the public sector. In S. Gael (Ed.), *The job analysis handbook for business, industry, and government*, 105–171. New York: Wiley and Sons.

43. Flanagan, J. C. (1954). The critical incident technique. *Psychological Bulletin, 51*, 327–358.
44. McCormick, E., and Jeannerette, R. (1988). The position analysis questionnaire. In S. Gael (Ed.), *The job analysis handbook for business, industry, and government*, 880–901. New York: John Wiley and Sons.
45. Fine, S. A. (1992). *Functional job analysis: A desk aid*. Milwaukee, WI: Sidney A. Fine.
46. Harvey, R. (2002). Functional job analysis. *Personnel Psychology, 55*, 202–205.
47. Chatman, J. A. (1989). Improving interaction organizational research: A model of person–organization fit. *Academy of Management Review, 14*, 333–349.
48. Cardy, R. L., and Dobbins, G. H. (1994). *Performance appraisal: Alternative perspectives*. Cincinnati, OH: South-Western.
49. Leonard, S. (2000, August). The demise of the job description. *HRMagazine*, 184.
50. Johnson, C. (2001, January). Refocusing job descriptions. *HRMagazine*, 66–72.
51. Cardy, R. L. and Dobbins, G. H. (2000, January). Jobs disappear when work becomes more important. *Workforce*, 30–32.
52. Cardy, R., and Dobbins, G. (1992, Fall). Job analysis in a dynamic environment. *Human Resources Division News*, 4–6.
53. Jones, M. (1984, May). Job descriptions made easy. *Personnel Journal*, 31–34.
54. Fierman, J. (1994, January 24). The contingent work force. *Fortune*, 30–36.
55. Hershey, R. D. (1995, August 19). Survey finds 6 million, fewer than thought, in impermanent jobs. *New York Times*, 1, 17; and Melcher, R. A. (1996, June 10). Manpower upgrades its résumé. *BusinessWeek*, 81+.
56. Flynn, G. (1999, September). Temp staffing carries legal risk. *Workforce*, 56–62; and Bernstein A. (1999, May 31). Now temp workers are a full-time headache. *BusinessWeek*, 46.
57. *The Economist*. (2000, June 10). Western Europe's job-seekers limber up, 53–54.
58. Rogers, B. (1992, May). Companies develop benefits for part timers. *HRMagazine*, 89–90.
59. Sunoo, B. P., and Laabs, J. J. (1994, March). Winning strategies for outsourcing contracts. *Personnel Journal*, 69–78.
60. *The Economist*. (1995, October 25). The outing of outsourcing, 57–58.
61. Klaas, B., McClendon, K., and Gainey, T. (2001, Summer). Outsourcing HR: The impact of organizational characteristics. *Human Resource Management*, 125–138.
62. Bates, S. (2002, April). Fishing bigger: HR outsourcing firms are forming partnerships and acquiring resource in a bid to get contracts from big business. *HRMagazine*, 38–42.
63. *The Economist*. (1994, April 23). Benetton: The next era, 68.
64. For information on a new twist on outsourcing, see Semler, R. (1993). *Maverick*. New York: Warner Books.
65. Pearce, J. (1993). Toward an organizational behavior of contract laborers: Their psychological involvement and effects on employee co-workers. *Academy of Management Journal, 36*, 1082–1096.
66. Albrecht, D. G. (1998, April). New heights: Today's contract workers are highly promotable. *Workforce*, 43–48.
67. Sheppard, E. M., Clifton, T. J., and Kruse, D. (1996). Flexible work hours and productivity: Some evidence from the pharmaceutical industry. *Industrial Relations, 35*, 123–129.
68. Denton, D. (1993, January–February). Using flextime to create a competitive workplace. *Industrial Management*, 29–31.
69. Ibid.
70. Pierce, J., and Dunham, R. (1992). The 12-hour work day: A 48-hour, eight-day week. *Academy of Management Journal*, 1086–1098.
71. Sunoo, B. P. (1996, January). How to manage compressed workweeks. *Personnel Journal*, 110.
72. *Forbes ASAP*. (1995, August 28). Their private Idaho, 20–25.
73. Garvey, C. (2001, August). Teleworking HR. *HRMagazine*, 56–60.
74. Kavanaugh, M., Gueutal, H., and Tannenbaum, S. (1990). *Human resource information systems: Development and application*. Boston, MA: PWS-Kent.
75. Dzamba, A. (2001, January). What are your peers doing to boost HRIS performance? *HR Focus*, 56.
76. Leonard, B. (1991, July). Open and shut HRIS. *Personnel Journal*, 59–62.
77. Ibid.

第三章

1. Hall, F. S., and Hall, E. L. (1994). The ADA: Going beyond the law. *Academy of Management Executive, 8*, 17–26.
2. Coie, P. (2001, December). Ninth circuit affirms $1.03 million jury verdict in race discrimination suit. *Washington Employment Law Letter*, 1.
3. Faircloth, A. (1998, August 3). Guess who's coming to Denny's? *Fortune*, 108–110.
4. Ibid., 110.
5. *Griggs v. Duke Power Co.*, 401 U.S. 424 (1971).
6. Hall, F. S., and Hall, E. L. (1994). The ADA: Going beyond the law. *Academy of Management Executive, 8*, 17–26.

7. Greenlaw, P. S., and Kohl, J. P. (1995). The equal pay act: Responsibilities and rights. *Employee Responsibilities and Rights Journal, 8*, 295–307.
8. *BNA's Employee Relations Weekly*. (1993, September 13). EEOC meets new, higher burden of proof in race bias case in California court. *11*, 1991.
9. *McDonnell Douglas Corp. v. Green*, 411 U.S. 792 (1973).
10. Uheling, A. (2002, April 29). Pregnancy Discrimination Act set clear management limits. *Federal Human Resources Week*, 1.
11. Ibid.
12. *HR Reporter.* (2001, June 4). City settles discrimination charge by pregnant police officer, 1.
13. Fitzgerald, L. F., Drasgow, F., Hulin, C., Gelfond, M., and Magley, V. J. (1997). Antecedents and consequences of sexual harassment in organizations: A test of an integrated model. *Journal of Applied Psychology, 82*, 578–589.
14. Gruber, J. E. (1998). The impact of male work environments and organizational policies on women's experiences of sexual harassment. *Gender & Society, 12*, 301–321.
15. Hendrix, W. H. (1998). Sexual harassment and gender differences. *Journal of Social Behavior and Personality, 13*, 135–253.
16. *BNA's Employee Relations Weekly*. (1994, January 31). Medical center employee awarded $1 million in Massachusetts suit, *12*, 111–112.
17. Shepela, S. T., and Levesque, L. L. (1998). Poisoned waters: Sexual harassment and the college climate. *Sex Roles, 8*, 589–611; and Shelton, N. J., and Chavous, T. M. (1999). Black and white college women's perceptions of sexual harassment. *Sex Roles, 40*, 593–615.
18. Cole, J. (1999, March). Sexual harassment: New rules, new behavior. *HR Focus*, 1–15.
19. Aronson, P. (2002, April 29). Mitsubushi comes back from disaster of 1998. *National Law Review*, A23.
20. Lewis, N. A. (1999, July 30). New penalty of Clinton in Jones case. *New York Times*, A15.
21. Luthar, H., and Pastille, C. (2000). Modeling subordinate perceptions of sexual harassment: The role of superior– subordinate social-sexual interaction. *Human Resource Management Review, 10*, 211–244.
22. Flynn, G. (1999, May). Sexual harassment interpretations give cause for new concerns. *Workforce*, 105–106; and Garland, S. B. (1998, July 13). Finally, a corporate tip sheet on sexual harassment *BusinessWeek*, 39.
23. O'Leary-Kelly, A., and Bowes-Sperry, L. (2001). Sexual harassment as unethical behavior: The role of moral intensity. *Human Resource Management Review, 11*, 73–92.
24. Slade, M. (1998, July 19). A hint of clarity in harassment case law. *New York Times*, www.nytimes.com.
25. *Wards Cove Packing Co. v. Antonio*, 409 U.S. 642 (1989).
26. Bureau of National Affairs. (1991, November 11). Civil rights act of 1991. *Employee Relations Weekly* (special supplement).
27. Carson, K. P. (1991, November 22). New civil rights law shoots itself in the foot. *Wall Street Journal*, A10.
28. Geyelin, M. (1993, December 17). Age-bias cases found to bring big jury awards. *Wall Street Journal*, B1.
29. Harper, L. (1994, April 5). Labor letter. *Wall Street Journal*, A1.
30. Milkovich, G. T., and Newman, J. M. (1996). *Compensation* (5th ed.). Chicago: Irwin.
31. Sharpe, R. (1994, April 19). Labor letter. *Wall Street Journal*, A1.
32. EEOC. (1992, January). *A technical assistance manual on the employment provisions of the Americans with Disabilities Act*.
33. Petesch, P. J. (1999, June). Are the newest ADA guidelines "reasonable"? *HRMagazine*, 54–58.
34. EEOC. (1992, January). *A technical assistance manual on the employment provisions of the Americans with Disabilities Act*.
35. Ledvinka, J., and Scarpello, V. G. (1991). *Federal regulation of personnel and human resource management* (2nd ed.). Boston: PWS-Kent.
36. Evans, S. (1994, March). Doing mediation to avoid litigation. *HRMagazine*, 48–51.
37. *Johnson v. Santa Clara County, Transportation Agency, Santa Clara County*, 107 S.Ct. 1442, 43 FEP Cases 411 (1987); Nazario, S. L. (1989, June 27). Many minorities feel torn by experience of affirmative action. *Wall Street Journal*, A1; and Roberts, S. V. (1995, February 13). Affirmative action on the edge. *U.S. News & World Report*, 32–38.
38. Sovereign, K. L. (1994). *Personnel Law* (2nd ed.). Upper Saddle River, NJ: Prentice Hall.
39. Ledvinka, J., and Scarpello, V. G. (1991). *Federal regulation of personnel and human resource management* (2nd ed.). Boston: PWS-Kent.
40. *BNA's Employee Relations Weekly*. (1994, March 28). Testing programs deter abuse, are cost effective, report says, *12*, 349.
41. *HR News*. (1994, March). Washington scorecard, *13*, 4.
42. Hall, F. S., and Hall, E. L. (1994). The ADA: Going beyond the law. *Academy of Management Executive, 8*, 17–26.

第四章

1. Loden, M., and Rosener, J. B. (1991). *Workforce*

America, 18. Homewood, IL: Irwin; and Society for Human Resource Management (SHRM). (2002c, February 13). What are employee networks and should they be a part of our diversity initiative? www.shrm.org/diversity.

2. Rosen, R. H. (2000). *Global literacies.* New York: Simon & Schuster, and Lynnes, K. S. (2002). Finding the key to the executive suite: Challenges for women and people of color. In R. Sitzer (Ed.). *The 21st Century Executive*, 229–274. San Francisco: Jossey-Bass.
3. *Fortune* (2003). Best companies for Asian, Black, and Hispanic employees. www.fortune.com.
4. Ibid.
5. Society for Human Resource Management (SHRM). (2002a, February 13). Diversity training. www.shrm.org/diversity.
6. Dass, P., and Parker, B. (1999). Strategies for managing human resource diversity: From resistance to learning. *The Academy of Management Executive, 13*(2), 68–80, White, J. E. (1999, August 23). Affirmative actions Alamo. *Time*, 48; and Society for Human Resource Management (SHRM). (2002f, February 13). How is a diversity initiative different from my organization's affirmative action plan? www.shrm.org/diversity.
7. Society for Human Resource Management (SHRM). (2002d, February 13). Where HR meets the world: How should my organization define diversity? www.shrm.org/diversity.
8. Merritt, J. (2002, March 11). Guess who's pushing a bold plan for diversity? Big business. *BusinessWeek*, 56–58; Amendariz, Y. (2002a, March 16). Many want more contracts with minority, female firms. *Arizona Republic*, D-1; and Amendariz, Y. (2002b, March 16). Minority groups looking for increased accountability. *Arizona Republic*, D-1.
9. Moore, S. (1999). Study results cited in Shaffer, M. (1999, September 3). Importing poverty. *Arizona Republic,* A-1. See also Amendariz, Y. (2002a, March 16). Many want more contracts with minority, female firms. *Arizona Republic*, D-1; and Amendariz, Y. (2002b, March 16). Minority groups looking for increased accountability. *Arizona Republic*, D-1.
10. Kannan, J., and Rosenberg, H. (2002, February 7). Survey looks at residents with foreign roots. *Arizona Republic*, A-8.
11. Dass, P., and Parker, B. (1999). Strategies for managing human resource diversity: From resistance to learning. *The Academy of Management Executive, 13*(2), 68–80; and Society for Human Resource Management (SHRM). (2002e, February 13). How can the results of our initiative be measured? www.shrm.org/ diversity.
12. Kanter, R. M. (1983). *The change masters, 52.* New York: Simon & Schuster.
13. Author's files.
14. Sheppard, C. R. (1964). *Small groups, 118.* San Francisco: Chandler; and Gómez-Mejía, L. R., and Balkin, D. B. (2002). *Management.* New York: Irwin/McGraw-Hill.
15. Roberts, E. (1999, July 19). The trickle-up effect. *Fortune,* 64.
16. *Fortune.* (1999, April 26). The bus company that stopped pretending it was an airline, 48.
17. Crockett, R. O. (1999, May 24). African-Americans get the investing bug. *BusinessWeek*, 39; and Koretz, G. (2001, September 3). Giant strides for U.S. blacks. *BusinessWeek*, 28.
18. Coker, S., and Weaver, V. J. (2001, September 10). Embracing the future Verizon addresses its Hispanic market opportunities. *BusinessWeek,* special section.
19. Duke, L. (1991, January 1). Cultural shifts bring anxiety for white men: Growing diversity imposing new dynamic in work force. *Washington Post,* A1; and Society for Human Resource Management (SHRM). (2002c, February 13). What are employee networks and should they be part of our diversity initiative? www.shrm.org/diversity.
20. Edwards, A. (1991, January). The enlightened manager. *Working Woman*, 46.
21. Dass, P., and Parker, B. (1999). Strategies for managing human resource diversity: From resistance to learning. *The Academy of Management Executive, 13*(2), 68–80; and Society for Human Resource Management (SHRM). (2002f, February 13). How is a diversity initiative different from my organization's affirmative action plan? www.shrm.org/diversity.
22. Author's files.
23. Study results reported in McDonough, D. C. (1999, April 26). A fair workplace? Not everywhere. *BusinessWeek*, 6.
24. Fine, M. C., Johnson, P. L., and Regan, S. M. (1990). Cultural diversity in the workplace. *Public Personnel Management, 19*(3), 305–319 (p. 307). See also Society for Human Resource Management (SHRM). (2002f, February 13). How is a diversity initiative different from my organization's affirmative action plan? www.shrm.org/diversity.
25. Harrison, D. A., Price, K. H., and Bell, M. P. (1998). Beyond relational demography: Time and the effects of surface- and deep-level diversity on work group cohesion. *Academy of Management Journal, 41*(1), 96–107.
26. Loden, M., and Rosener, J. B. (1991). *Workforce America, 18.* Homewood, IL.
27. Fine, M. C., Johnson, P. L., and Regan, S. M. (1990). Cultural diversity in the workplace. *Public Personnel Management, 19*(3), 305–319 (p. 307).
28. Morris, K. (1998, November 23). You've come a short way, baby. *BusinessWeek*, 82–86; and *The Economist.* (2002, March 2). Women in suits, 60–61.

29. Dwyer, P., and Cuneo, A. (1991, July 8). The "other minorities" demand their due. *BusinessWeek*, 60; and Pimentel, R. O. (2002, January 1). For Latinos, 2001 played tag with issues, emotions. *Arizona Republic*, A-18.
30. Kasindorf, M. (1999, September 10). Hispanics and blacks find their futures entangled. *USA Today*, 21-A; Pimentel, R. O. (2002, February 19). Latino assimilation: A median point or a melting pot? *Arizona Republic*, B-1; and Pimentel, R. O. (2002, February 26). Latino question insults Latino politicians. *Arizona Republic*, B-7.
31. Paltrow, S. J. (2002, January 9). Life of Georgia nears settlement over race bias. *Wall Street Journal*, C-1.
32. Berstein, A. (2002, February 25). The time bomb in the workforce: Illiteracy. *BusinessWeek*, 122.
33. *Wall Street Journal*. (2002a, April 8). The good news on race, A-26; and Koretz, G. (2001, September 3). Giant strides for U.S. blacks. *BusinessWeek*, 28.
34. Society for Human Resource Management (SHRM). (2002f, February 13). How is a diversity initiative different from my organization's affirmative action plan? www.shrm.org/diversity.
35. Marosi, R. (2002, March 11). Study finds deadly spike in racial violence against Asian Americans. *Arizona Republic*, A-18.
36. Loden, M., and Rosener, J. B. (1991). *Workforce America, 18*. Homewood, IL; and Lynnes, K. S. (2002). Finding the key to the executive suite: Challenges for women and people of color. In R. Sitzer (Ed.). *The 21st Century Executive*, 229–274. San Francisco: Jossey-Bass.
37. Weber, J. (1988, June 6). Social issues: The disabled. *BusinessWeek*, 140; and Savage, D. G. (2002, March). Wordaday rulings. *ABA Journal*, 34–35.
38. Koss-Feder, L. (1999, January 25). Able to work. *Time*, 25–30; and Savage, D. G. (2002, March). Wordaday rulings. *ABA Journal*, 34–35.
39. Koss-Feder, L. (1999, January 25). Able to work. *Time*, 25–30.
40. *Wall Street Journal*. (2002, February 13). Economic focus: Immigrants, B-13.
41. Moore, S. (1999). Study results cited in Shaffer, M. (1999, September 3). Importing poverty. *Arizona Republic*, A-1; *Time*. (2002, January 7). Immigration: The home front, 130; Merritt (2002); Kannan and Rosenberg (2002).
42. Golden, D. (2002, April 2). Some community colleges fudge facts to attract foreign students. *Wall Street Journal*, B-1.
43. For a critical discussion of the higher figure, see Muir, J. G. (1993, March 31). Homosexuals and the 10% fallacy. *Wall Street Journal*, A13.
44. Portes, A., and Truelove, L. (1987). Making sense of diversity: Recent research on Hispanic minorities in the U.S. *American Review of Sociology*, *13*, 359–385 (p. 360); and Pimentel, R. O. (2002, February 19). Latino assimilation: A median point or a melting pot? *Arizona Republic*, B-1.
45. Munk, N. (1999, February 1). Finished at forty. *Fortune*, 50–64; and Goldberg B. (2000). *Age works*. New York: The Free Press.
46. Chen, K. (2002, February 25). Age discrimination complaints rose 8.7% in 2001 amid overall increase in claims. *Wall Street Journal*, B-13.
47. McNamee, M. (1998, August 17). First hired, first fired? *BusinessWeek*, 22; and Society for Human Resource Management (SHRM). (2002e, February 13). How can the results of our initiative be measured? www.shrm.org/diversity.
48. Bureau of Labor Statistics, stats.bls.gov.
49. Highlights of Women's Earnings. (2002). Bureau of Labor Statistics, stats.bls.gov.
50. Dwyer, P. (1996, April 15). Out of the typing pool, into career limbo. *BusinessWeek*, 92–94; and Lynnes, K. S. (2002). Finding the key to the executive suite: Challenges for women and people of color. In R. Sitzer (Ed.). *The 21st Century Executive*, 229–274. San Francisco: Jossey-Bass.
51. Lynnes, K. S. (2002). Finding the key to the executive suite: Challenges for women and people of color. In R. Sitzer (Ed.). *The 21st Century Executive*, 229–274. San Francisco: Jossey-Bass.
52. Baird, J. E., Jr., and Bradley, P. H. (1979, June). Styles of management and communication: A comparative study of men and women. *Communication Monographs*, *46*, 101–110.
53. DePalma, A. (1991, November 12). Women can be hindered by lack of "boys" network. *Boulder Daily Camera*, Business Plus Section, 9; and Society for Human Resource Management (SHRM). (2002c, February 13). What are employee networks and should they be a part of our diversity initiative? www.shrm.org/diversity.
54. Castro, L. L. (1992, January 2). More firms "gender train" to bridge the chasms that still divide the sexes. *Wall Street Journal*, 7–11.
55. Crockett, R. O. (2003, January 23). Memo to the supreme court: Diversity is good business. *BusinessWeek*, 96.
56. Weaver, V. (2001, September 10). Winning with diversity. *BusinessWeek*, special section.
57. Society for Human Resource Management (SHRM). (2002b, February 13). What if your diversity training is successful? www.shrm.org/diversity.
58. Wynter, L. (1996, February 7). Business and race. *Wall Street Journal*, B1.
59. Wynter, L. (1996, February 7). Business and race. *Wall Street Journal*, B1.
60. Ibid.
61. Society for Human Resource Management (SHRM). (2002a, February 13). Diversity training.

www.shrm.org/diversity.
62. Society for Human Resource Management (SHRM). (2002b, February 13). What if your diversity training is successful? www.shrm.org/diversity.
63. Ibid.
64. Society for Human Resource Management (SHRM). (2002c, February 13). What are employee networks and should they be part of our diversity initiative? www.shrm.org/diversity.
65. *Comp/flash*. (1994, January). Benefits flash. *American Management Association*, 5.
66. Ashton, A. (2002, February). Around-the-clock child care. *Working Woman*, 14.
67. Conlin, M. (1999, September 20). 9 to 5 isn't working anymore. *BusinessWeek*, 94–95.
68. Newman, A. M. (2002, February). Fair shares. *Working Woman*, 64–71.
69. Goodstein, J. D. (1994). Institutional pressures and strategic responsiveness: Employer involvement in work–family issues. *Academy of Management Journal*, 37(2), 350–383; and Society for Human Resource Management (SHRM). (2002e, February 13). How can the results of our initiative be measured? www.shrm.org/diversity.
70. Kantrowitz, B., and Wingert, P. (1993, February). Being smart about the mommy track. *Working Woman*, 49–51, 80–81; and Horowitz, J. M. Rawe, J., and Song, S. (2002, April 15). Making time for a baby. *Time*, 49–58.
71. Horowitz et al. (2002).
72. Shellenbarger, S. (1995, May 11). Women indicate satisfaction with role of breadwinner. *Wall Street Journal*, B6–B7.
73. Fisher, A. (1998, October 12). Women need at least one mentor and one pantsuit. *Fortune*, 208.
74. Hymowitz, C. (1995, April 24). How a dedicated mentor gave momentum to a woman's career. *Wall Street Journal*, B1.
75. Crockett, R. (1998, October 5). Invisible—and loving it. *BusinessWeek*, 124–125.
76. Branigin, W. (1998, August 7). Patent office looks like U.S. future: Agency celebrates multicultural mix. *Washington Post*, A-23.
77. Microsoft Diversity. (2002, April 29). Equal access. www.microsoft.com/diversity.
78. Society for Human Resource Management (SHRM). (2002e, February 13). How can the results of our initiative be measured? www.shrm.org/diversity.
79. Wartzman, R. (1992, May 4). A Whirlpool factory raises productivity and pay of workers. *Wall Street Journal*, A1.
80. Scott, R. S. (2002, April 15). Hooray Halle! *U.S. News & World Report*, 8–12; Pimentel, R. O. (2002, February 26). Latino question insults Latino politicians. *Arizona Republic*, B-7; and *Time*. (2002, January 7). Immigration: The home front, 130.

第五章

1. *The Controller's Report*. (2002, March). Working alternatives to job cuts: The latest strategies for preserving human capital.
2. *Managing HR Information Systems*. (2002). Three companies reveal how they use employ! to cut hiring paperwork. January Newsletter, *1*, 12–14.
3. *Managing HR Information Systems*. (2001). Automating recruitment: How to select and implement the best new recruiting app. December Newsletter, *1*, 11–14.
4. See, for example, Rothwell, W. J., and Kazanis, H. C. (1988). *Strategic human resources planning and management*. Upper Saddle River, NJ: Prentice Hall; Bartholomew, D. J., and Forbes, A. F. (1979). *Statistical techniques for manpower planning*. Chichester, England: Wiley-Interscience; Heneman, H. G., III, and Sandver, M. G. (1977). Markov analysis in human resource administration: Applications and limitations. *Academy of Management Review*, 2(4), 535–542; and Burack, E. H., and Mathys, N. J. (1987). *Human resource planning: A pragmatic approach to manpower staffing and development*. Lake Forest, IL: Brace-Park.
5. Cardy, R. L., and Carson, K. P. (1996). Total quality and the abandonment of performance appraisal: Taking a good thing too far? *Journal of Quality Management*, *1*, 193–206.
6. Piper, G. (1999). Under inspection. *Credit Union Management*, 22, 48–51.
7. Wah, L. (1998). The perfect match. *Management Review*, 87, 50.
8. O'Reilly, C. A., and Chatman, J. (1994). Working smarter and harder: A longitudinal study of managerial success. *Administrative Science Quarterly*, 39, 603–627.
9. Rynes, S. L. (1991). Recruitment, job choice, and posthire consequences: A call for new research directions. In M. D. Dunnette and L. M. Hough (Eds.), *Handbook of industrial and organizational psychology* (2nd ed.), Vol. 2, 399–444. Palo Alto, CA: Consulting Psychologists.
10. Ibid.
11. Kaplan, K. (2002). Help (still) wanted: No hiring? It doesn't matter. Even managers wielding the layoff ax should keep their eyes open for tomorrow's superstars. Here's how to recruit in any economy. *Sales & Marketing Management*, *154*, 38(6).
12. *Human Resource Department Management Report*. (2002). What's your department's policy on rehiring laid-off employees? Institute of Management and Administration February Newsletter, *1*, 13–14.
13. Komando, K. (1999, April 26). Job hunt made easier by variety of online sites. *Arizona Republic*, E2.
14. Monster.com (2002, April 16). See

www.monster.com.
15. Leonard, B. (1999). Staffing firms struggle to meet labor demand. *HRMagazine, 44*, 23–24.
16. Kever, J. (2002, January 27). Life as a temp. *Houston Chronicle*, Texas Magazine section, 6.
17. Posner, B. G. (1990). Putting customers to work. *Inc., 12*, 111–112.
18. Kanter, R. M. (2002). Strategy as improvisational theater: Companies that want to outpace the competition throw out the script and improvise their way to new strategies. *MIT Sloan Management Review, 43*, 76(6).
19. Owen, T. (1998). Finding and keeping good employees. *Specialty Coffee Retailer, 5*, 30–40.
20. Wanous, J. P. (1992). *Organizational entry* (2nd ed.). Reading, MA: Addison-Wesley.
21. Andrews, J. (2001). Labor intensive. *Materials Management in Health Care, 10*, 20–30.
22. Leonhardt, D., and Cohn, L. (1999, April 26). Business takes up the challenge of training its rawest recruits. *BusinessWeek*, 30.
23. Kageyama, Y. (1998, December 1). Jobs disappearing at alarming rate for Japan teens. *Arizona Republic*, E10.
24. Laab, J. J. (1991, May). Affirmative outreach. *Personnel Journal*, 86–93.
25. Brooks, S. (2001). Kaleidscope eyes: These days, diversity is becoming more diverse than ever before. Smart marketers are beginning to see this, and here's what they're up to. *Restaurant Business, 101*, 28(6).
26. Walker, J. W. (1990, December). Human resource planning, 1990s style. *Human Resource Planning*, 229–230.
27. Hunter, J. E., and Hunter, R. F. (1984). Validity and utility of alternative predictors of job performance. *Psychological Bulletin, 96*, 72–98; Hunter, J. E., and Schmidt, F. L. (1982). The economic benefits of personnel selection using psychological ability tests. *Industrial Relations, 21*, 293–308; and Schmidt, F. L., and Hunter, J. E. (1983). Individual differences in productivity: An empirical test of the estimate derived from studies of selection procedure utility. *Journal of Applied Psychology, 68*, 407–414.
28. Hunter, J. E., and Hunter, R. F. (1984). Validity and utility of alternative predictors of job performance. *Psychological Bulletin, 96*, 72–98.
29. Gilbertson, D. (1999, August 22). Résumé fraud growing: Companies are often lax in checking. *Arizona Republic*, A1, A18.
30. Heneman, H. G., III, Heneman, R. L., and Judge, T. A. (1997). *Staffing organizations*. Middleton, WI: Mendota House/Irwin.
31. Kleiman, L. S., and Faley, R. H. (1985). The implications of professional and legal guidelines for court decisions involving criterion-related validity: A review and analysis. *Personnel Psychology, 38*, 803–833.
32. Heneman et al., 1997.
33. Ibid.
34. Muchinsky, P. M. (1979). The use of reference reports in personnel selection: A review and evaluation. *Journal of Occupational Psychology, 52*, 287–297.
35. Aamodt, M. G., Bryan, D. A., and Whitcomb, A. J. (1993). Predicting performance with letters of recommendation. *Public Personnel Management, 22*, 81–90.
36. Peres, S. H., and Garcia, J. R. (1962). Validity and dimensions of descriptive adjectives used in reference letters for engineering applicants. *Personnel Psychology, 15*, 279–296.
37. Taylor, P. (1999). Providing structure to interviews and reference checks. *Workforce Tools* (supplement to *Workforce*), 7, 10.
38. Russell, C. J., Mattson, J., Devlin, S. F., and Atwater, D. (1990). Predictive validity of biodata items generated from retrospective life experience essays. *Journal of Applied Psychology, 75*, 569–580.
39. Hunter, J. E. (1986). Cognitive ability, cognitive aptitudes, job knowledge, and job performance. *Journal of Vocational Behavior, 29*, 340–362.
40. Bounds, G. M., Dobbins, G. H., and Fowler, O. S. (1995). *Management: A total quality perspective*. Cincinnati, OH: South-Western.
41. Harville, D. L. (1996). Ability test equity in predicting job performance work samples. *Educational and Psychological Measurement, 56*, 344–348.
42. Hogan, J., and Quigley, A. (1994). Effects of preparing for physical ability tests. *Public Personnel Management, 23*, 85–104.
43. Kleiman, L. S., and Faley, R. H. (1985). The implications of professional and legal guidelines for court decisions involving criterion-related validity: A review and analysis. *Personnel Psychology, 38*, 803–833.
44. Funder, D. C., and Dobroth, J. M. (1987). Difference between traits: Properties associated with inter-judge agreement. *Journal of Personality and Social Psychology, 52*, 409–418.
45. Digman, J. M. (1990). Personality structure: Emergence of the five-factor model. *Annual Review of Psychology, 41*, 417–440; and Goldberg, L. R. (1993). The structure of phenotypic personality traits. *American Psychologist, 48*, 26–34.
46. Barrick, M. R., and Mount, M. K. (1991). The big five personality dimensions and job performance: A meta analysis. *Personnel Psychology, 41*, 1–26; Digman, J. M. (1990). Personality structure: Emergence of the five-factor model. *Annual Review of Psychology, 41*, 417–440; and Hogan, R. (1991). Personality and personality measurement. In M. D.

Dunnette and L. M. Hough (Eds.), *Handbook of industrial and organizational psychology* (2nd ed.), Vol. I. Palo Alto, CA: Consulting Psychologists.
47. Barrick, M. R., and Mount, M. K. (1991). The big five personality dimensions and job performance: A meta analysis. *Personnel Psychology, 41*, 1–26.
48. House, R. J., Shane, S. A., and Herold, D. M. (1996). Rumors of the death of dispositional research are vastly exaggerated. *Academy of Management Review, 21*, 203–224.
49. Dunn, W., Mount, M. K., Barrick, M. R., and Ones, D. S. (1995). Relative importance of personality and general mental ability in managers' judgments of applicant qualifications. *Journal of Applied Psychology, 80*, 500–509.
50. Wolfe, R. N., and Johnson, S. D. (1995). Personality as a predictor of college performance. *Educational and Psychological Measurement, 55*, 177–185.
51. Lublin, S. (1992, February 13). Trying to increase worker productivity, more employers alter management style. *Wall Street Journal*, B1, B3.
52. Martin, S. I., and Lehnen, L. P. (1992, June). Select the right employees through testing. *Personnel Journal*, 46–51.
53. *Preventing Business Fraud.* (2002). Industry focus: What can retailers do now to curtail employee theft? Institute of Management and Administration February Newsletter, 5–8.
54. Arnold, D. W., and Jones, J. W. (2002). Who the devil's applying now? Companies can use tests to screen out dangerous job candidates. *Security Management, 46*, 85.
55. Terris, W., and Jones, J. W. (1982). Psychological factors elating to employees' theft in the convenience store industry. *Psychological Reports, 51*, 1219–1238.
56. Bernardin, H. J., and Cooke, D. K. (1993). Validity of an honesty test in predicting theft among convenience store employees. *Academy of Management Journal, 36*, 1097–1108.
57. Arnold, D. W., and Jones, J. W. (2002). Who the devil's applying now? Companies can use tests to screen out dangerous job candidates. *Security Management, 46*, 85.
58. Budman, M. (1993, November–December). The honesty business. *Across the Board*, 34–37.
59. Arvey, R. D., and Campion, J. E. (1982). The employment interview: A summary and review of recent research. *Personnel Psychology, 35*, 281–322; and Harris, M. M. (1989). Reconsidering the employment interview: A review of recent literature and suggestions for future research. *Personnel Psychology, 42*, 691–726.
60. Springbett, B. M. (1958). Factors affecting the final decision in the employment interview. *Canadian Journal of Psychology, 12*, 13–22.
61. Buckley, M. R., and Eder, R. W. (1988). B. M. Springbett and the notion of the "snap decision" in the interview. *Journal of Management, 14*, 59–67.
62. Pursell, E. D., Campion, M. A., and Gaylord, S. R. (1980). Structured interviewing: Avoiding selection problems. *Personnel Journal, 59*, 907–912.
63. Wright, P. M., Licthenfels, P. A., and Pursell, E. D. (1989). The structured interview: Additional studies and a meta-analysis. *Journal of Occupational Psychology, 62*, 191–199.
64. See Pulakos, E. D., and Schmitt, N. (1995). Experience-based and situational interview questions: Studies of validity. *Personnel Psychology, 48*, 289–308.
65. Hunter, J. E., and Hunter, R. F. (1984). Validity and utility of alternative predictors of job performance. *Psychological Bulletin, 96*, 72–98.
66. Warmke, D. L., and Weston, D. J. (1992, April). Success dispels myths about panel interviewing. *Personnel Journal*, 120–126.
67. Harris, M. M. (1989). Reconsidering the employment interview: A review of recent literature and suggestions for future research. *Personnel Psychology, 42*, 691–726.
68. Ibid.
69. Pouliot, J. S. (1992, July). Topics to avoid with applicants. *Nation's Business*, 57–59.
70. Boyle, S., Fullerton, J., and Yapp, M. (1993). The rise of the assessment centre: A survey of AC usage in the UK. *Selection and Development Review, 9*, 14.
71. McEvoy, G. M., and Beatty, R. W. (1989). Assessment centers and subordinate appraisals of managers: A seven-year study of predictive validity. *Personnel Psychology, 42*, 37–52.
72. Coulton, G. F., and Feild, H. S. (1995). Using assessment centers in selecting entry-level police officers: Extravagance or justified expense? *Public Personnel Management, 24*, 223–254.
73. Bender, J. M. (1973). What is "typical" of assessment centers? *Personnel, 50*, 50–57; and Carrick, P., and Williams, R. (1999). Development centres—A review of assumptions. *Human Resource Management Journal, 9*, 77–92.
74. Lopez, J. A. (1993, October 6). Firms force job seekers to jump through hoops. *Wall Street Journal*, B1, B6.
75. Cowan, T. R. (1987). Drugs and the workplace: to drug test or not to test? *Public Personnel Management, 16*, 313–322.
76. Wessel, D. (1989, September 7). Evidence is skimpy that drug testing works, but employers embrace practice. *Wall Street Journal*, B1, B9.
77. Brown, M. (1991, December). Reference checking: The law is on your side. *Human Resource Measurements* (a supplement to *Personnel Journal*), 4–5.
78. Hernan, P. (2002). Looking for trouble: Employee's

backgrounds face closer scrutiny in the wake of September 11. *Industry Week, 251*, 15(3).
79. Fowler, A. (1991). An even-handed approach to graphology. *Personnel Management, 23*, 40–43.
80. Kleinmutz, B. (1990). Why we still use our heads instead of formulas: Toward an integrative approach. *Psychological Bulletin, 107*, 296–310.
81. For a review, see Gatewood, R. D., and Feild, H. S. (1994). *Human resource selection*. Orlando, FL: Harcourt, Brace.
82. Cardy, R. L., and Stewart, G. (1998). Quality and teams: Implications for HRM theory and research. In S. Ghosh and D. B. Fedor (Eds.), *Advances in the management of organization quality*, Vol. 3, Greenwich, CT: JAI Press.
83. Kristof, A. L. (1996). Person–organization fit: An integrative review of the conceptualizations, measurement, and implications. *Personnel Psychology, 49*, 1–49; and Barrett, R. S. (1995). Employee selection with the performance priority survey. *Personnel Psychology, 48*, 653–662.
84. Rynes, S. L. (1991). Recruitment, job choice, and posthire consequences: A call for new research directions. In M. D. Dunnette and L. M. Hough (Eds.), *Handbook of industrial and organizational psychology* (2nd ed.), Vol. 2, 399–444. Palo Alto, CA: Consulting Psychologists.
85. Macan, T. H., Avedon, M. J., Paese, M., and Smith, D. (1994). The effects of applicants' reactions to cognitive ability tests and an assessment center. *Personnel Psychology, 47*, 715–738.
86. Heneman, H. G., Huett, D. L., Lavigna, R. J., and Oston, D. (1995). Assessing managers' satisfaction with staffing service. *Personnel Psychology, 48*, 163–172.
87. Cook, S. H. (1988, November). Playing it safe: How to avoid liability for negligent hiring. *Personnel*, 32–36.
88. Ibid.

第六章

1. Polsky, D. (1999). Changing consequences of job separation in the United States. *Industrial and Labor Relations Review, 52*, 565–580.
2. Cascio, W. F. (1991). *Costing human resources: The financial impact of behavior in organizations*. Boston: PWS-Kent.
3. Gerencher, K. (1999, May 3). How to say "farewell." *InfoWorld*, 83–84.
4. DeMers, A. (2002). Solutions and strategies for IT recruitment and retention: A manager's guide. *Public Personnel Management, 31*, 27.
5. Abrams, M. (2002). Back to basics: Employee retention and turnover. *Health Forum*, 55.
6. Retention management and metrics. (2002). Available at www.nobscot.com/sales/retention.cfm.
7. Bliss, W. G. (2002). Fair treatment in firings avoids suits. *National Underwriter Property & Casualty, 106*, 20(3).
8. Alexander, S. (1999, March 3). No cure in sight. *Computerworld*. www.computerworld.com/home/print.nsf/all/9903299EA.
9. Mobley, W. H. (1982). *Employee turnover: Causes, consequences, and control*. Reading, MA: Addison-Wesley.
10. Quint, M. (1995, December 15). Company buyout: Was it that good? *New York Times*, C1, C2.
11. *The Economist*. (1999, September 4). Aging workers: A full life, 65–68.
12. Munk, N. (1999, February 1). Finished at forty. *Fortune*, 50–54.
13. Richards, D. (1999, July 5). Petrochemical manufacturers lay off thousands. *Chemical Market Reporter, 5*, 40.
14. Rimer, S. (1996, March 6). The downsizing of America (part 4 of a 7-part series). *New York Times*, A1, A8–A10.
15. *The Economist*. (1999, October 23). Restructuring Nissan: O-hayo gozaimasu, mon ami, 70–71.
16. Robbins, D. K., and Pearce, J. A. (1992). Turnaround: Retrenchment and recovery. *Strategic Management Journal, 13*, 287–309.
17. Laabs, J. (1999, April). Has downsizing missed its mark? *Workforce*, 30–38.
18. Kuczynski, S. (1999, June). Help! I shrunk the company. *HRMagazine*, 40–45.
19. Messmer, M. (1991, October). Right-sizing reshapes staffing strategies. *HRMagazine*, 60–62.
20. Balkin, D. B. (1992). Managing employee separations with the reward system. *Academy of Management Executive, 6*(4), 64–71.
21. Byrne, J. (1994, May 9). The pain of downsizing. *BusinessWeek*, 60–68.
22. Hill, R. E., and Dwyer, P. C. (1990, September). Grooming workers for early retirement. *HRMagazine*, 59–63.
23. Grant, P. B. (1991). The "open window"—Special early retirement plans in transition. *Employee Benefits Journal, 16*(1), 10–16.
24. Tomasko, R. (1991). Downsizing: Layoffs and alternatives to layoffs. *Compensation and Benefits Review, 23*(4), 19–32.
25. Johnson, P. B. (2002, February 24). FedEx finds ways to fight tough times in High Point, NC, area. *High Point Enterprise*.
26. *HR Focus*. (2002, February). How employers are handling layoffs and their aftermath, *79*, 8; and *HR Focus*. (2002, January). If you must lay off workers: Consider the long-term consequences, *79*, 8.
27. Greenhouse, S. (1999, September 23). In the U.A.W.

deal, something for almost everyone? *New York Times*. www.nytimes.com/library/financial.
28. Ehrenberg, R. G., and Jakubson, G. H. (1989). Advance notification of plant closing: Does it matter? *Industrial Relations, 28*, 60–71.
29. Brockner, J., Grover, S., Reed, T. F., and DeWitt, R. L. (1992). Layoffs, job insecurity, and survivors' work effort: Evidence of an inverted-U relationship. *Academy of Management Journal, 35*, 413–425.
30. Eisman, R. (1992, May). Remaking a corporate giant. *Incentive*, 57–63.
31. Bayer, R. (2000, January). Firing: Letting people go with dignity is good for business. *HR Focus*, 10.
32. Bunning, R. L. (1990). The dynamics of downsizing. *Personnel Journal, 69*(9), 69–75.
33. Thibodeau, P. (1998, February 19). Computer security woes come from outside as well as within. *Computerworld*. www.computerworld.com/home/onine9697.nsf/all/980218computer1CEBA; and Fabis, P. (1998, June 15). Safe exits. *CIO*, Sect. 1, 32.
34. Brockner, J. (1992). Managing the effects of layoffs on survivors. *California Management Review, 34*(2), 9–28.
35. *Inside Business*. (2002). By the numbers, 4, 12.
36. Reibstein, L. (1988, December 5). Survivors of layoffs receive help to lift morale and reinstate trust. *Wall Street Journal*, 31.
37. O'Neil, H. M., and Lenn, D. J. (1995). Voices of survivors: Words that downsizing CEOs should hear. *Academy of Management Executive, 9*(4), 23–34.
38. Noer, David M. (1993). *Healing the wounds: Overcoming the trauma of layoffs and revitalizing downsized organizations*. San Francisco: Jossey-Bass.
39. *Pay for Performance Report*. (2002, March). One key to success after layoffs.
40. Sweet, D. H. (1989). Outplacement. In W. Cascio (Ed.), *Human resource planning, employment and placement*. Washington, DC: Bureau of National Affairs.
41. Newman, L. (1988). Goodbye is not enough. *Personnel Administrator, 33*(2), 84–86.
42. Naumann, S. E., Bennett, N., Bies, R. J., and Martin, C. L. (1999). Laid off, but still loyal: The influence of perceived justice and organizational support. *International Journal of Conflict Management, 9*, 356–368.
43. Sweet, D. H. (1989). Outplacement. In W. Cascio (Ed.), *Human resource planning, employment and placement*. Washington, DC: Bureau of National Affairs.
44. Gibson, V. M. (1991). The ins and outs of outplacement. *Management Review, 80*(10), 59–61.
45. Burdett, J. O. (1988). Easing the way out. *Personnel Administrator, 33*(6), 157–166.

第七章

1. Carroll, S. J., and Schneir, C. E. (1982). *Performance appraisal and review systems: The identification, measurement, and development of performance in organizations*. Glenview, IL: Scott, Foresman.
2. Banks, C. G., and Roberson, L. (1985). Performance appraisers as test developers. *Academy of Management Review, 10*, 128–142.
3. Cleveland, J. N., Murphy, K. R., and Williams, R. E. (1989). Multiple uses of performance appraisals: Prevalence and correlates. *Journal of Applied Psychology, 74*, 130–135.
4. *Report on Salary Surveys*. (2002). Annual reviews are standard at most companies. April Newsletter of the Institute of Management and Administration.
5. Landy, F. J., and Farr, J. L. (1980). Performance ratings. *Psychological Bulletin, 87*, 72–107.
6. Bernardin, H. J., Hagen, C. M., Kane, J. S., and Villanova, P. (1998). Effective performance management: A focus on precision, customers, and situational constraints. In J. W. Smither (Ed.), *Performance appraisal: State of the art in practice*. San Francisco: Jossey-Bass.
7. Lancaster, H. (1998, December 1). Performance reviews: Some bosses try a fresh approach. *Wall Street Journal*, B1.
8. Scholtes, P. R. (1999). Review of performance appraisal: State of the art in practice. *Personnel Psychology, 52*, 177–181.
9. Heffes, E. M. (2002). Measure like you mean it: Q&A with Michael Hammer. *Financial Executive, 18*, 46(3).
11. Bernardin, H. J., and Beatty, R. W. (1984). *Performance appraisal: Assessing human behavior at work*. Boston, MA: Kent; Latham, G. P., and Wexley, K. N. (1981). *Increasing productivity through performance appraisal*. Reading, MA: Addison-Wesley; and Miner, J. B. (1988). Development and application of the rated ranking technique in performance appraisal. *Journal of Occupational Psychology, 6*, 291–305.
12. Miner, J. B. (1988). Development and application of the rated ranking technique in performance appraisal. *Journal of Occupational Psychology, 6*, 291–305.
13. Bernardin, H. J., Kane, J. S., Ross, S., Spina, J. D., and Johnson, D. L. (1995). Performance appraisal design, development, and implementation. In G. R. Ferris, S. D. Rosen, and D. T. Barnum (Eds.), *Handbook of human resources management*. Cambridge, MA: Blackwell.
14. Cardy, R. L., and Sutton, C. L. (1993). *Accounting for halo-accuracy paradox: Individual differences*. Paper presented at the Annual Conference of the Society for Industrial and Organizational Psychology, 1993,

San Francisco.
15. Bernardin, H. J., and Beatty, R. W. (1984). *Performance appraisal: Assessing human behavior at work*. Boston, MA: Kent.
16. Ibid.
17. Latham, G. P., and Wexley, K. N. (1981). *Increasing productivity through performance appraisal*. Reading, MA: Addison-Wesley.
18. Blood, M. R. (1973). Spin-offs from behavioral expectation scale procedures. *Journal of Applied Psychology, 59*, 513–515.
19. Harris, C. (1988). A comparison of employee attitudes toward two performance appraisal systems. *Public Personnel Management, 17*, 443–456.
20. Drucker, P. F. (1954). *The practice of management*. New York: Harper.
21. Gillespie, G. (2002). Do employees make the grade? *Health Data Management, 10*, 60.
22. Cardy, R. L., and Krzystofiak, F. J. (1991). Interfacing high technology operations with blue collar workers: Selection and appraisal in a computerized manufacturing setting. *Journal of High Technology Management Research, 2*, 193–210.
23. Bernardin, H. J., and Beatty, R. W. (1984). *Performance appraisal: Assessing human behavior at work*. Boston, MA: Kent.
24. Cardy, R. L., and Dobbins, G. H. (1994a). *Performance appraisal: Alternative perspectives*. Cincinnati, OH: South-Western.
25. Borman, W. C. (1979). Individual difference correlates of rating accuracy using behavior scales. *Applied Psychological Measurement, 3*, 103–115.
26. Cardy, R. L., and Kehoe, J. F. (1984). Rater selective attention ability and appraisal effectiveness: The effect of a cognitive style on the accuracy of differentiation among ratees. *Journal of Applied Psychology, 69*, 589–594.
27. Thorndike, E. L. (1920). A constant error in psychological ratings. *Journal of Applied Psychology, 4*, 25–29.
28. Cooper, W. H. (1981). Ubiquitous halo. *Psychological Bulletin, 90*, 218–244.
29. Haunstein, N. M. H. (1998). Training raters to increase the accuracy of appraisals and the usefulness of feedback. In J. W. Smither (Ed). *Performance appraisal: State of the art in practice*. San Francisco: Jossey-Bass.
30. Edwards, M. R., Wolfe, M. E., and Sproull, J. R. (1983). Improving comparability in performance appraisal. *Business Horizons, 26*, 75–83.
31. Bernardin, H. J., and Buckley, M. R. (1981). Strategies in rater training. *Academy of Management Review, 6*, 205–212.
32. Haunstein, N. M. H. (1998). Training raters to increase the accuracy of appraisals and the usefulness of feedback. In J. W. Smither (Ed). *Performance appraisal: State of the art in practice*. San Francisco: Jossey-Bass.
33. Zajonc, R. B. (1980). Feeling and thinking: Preferences need no inferences. *American Psychologist, 35*, 151–175.
34. Cardy, R. L., and Dobbins, G. H. (1994b). Performance appraisal: The influence of liking on cognition. *Advances in Managerial Cognition and Organizational Information Processing, 5*, 115–140.
35. Antonioni, D., and Park, H. (2001). The relationship between rater affect and three sources of 360-degree feedback ratings. *Journal of Management, 27*, 479–495
36. Cardy, R. L., and Dobbins, G. H. (1994a). *Performance appraisal: Alternative perspectives*. Cincinnati, OH: South-Western.
37. Cardy, R. L., and Dobbins, G. H. (1986). Affect and appraisal: Liking as an integral dimension in evaluating performance. *Journal of Applied Psychology, 71*, 672–678.
38. Cardy, R. L., and Dobbins, G. H. (1994a). *Performance appraisal: Alternative perspectives*. Cincinnati, OH: South-Western.
39. Ferris, G. R., and Judge, T. A. (1991). Personnel/human resources management: A political influence perspective. *Journal of Management, 17*, 1–42.
40. Murphy, K. R., and Cleveland, J. N. (1991). *Performance appraisal: An organizational perspective*. Boston: Allyn & Bacon.
41. Ferris, G. R., and Judge, T. A. (1991). Personnel/human resources management: A political influence perspective. *Journal of Management, 17*, 1–42; and Ferris, G. R., Judge, T. A., Rowland, K. M., and Fitzgibbons, D. E. (1993). Subordinate influence and the performance evaluation process: Test of a model. *Organizational Behavior and Human Decision Processes, 58*, 101–135.
42. Banks, C. G., and Roberson, L. (1985). Performance appraisers as test developers. *Academy of Management Review, 10*, 128–142.
43. Ibid.
44. Reilly, R. R., and McGourty, J. (1998). Performance appraisal in team settings. In J. W. Smither (Ed.), *Performance appraisal: State of the art in practice*. San Francisco: Jossey-Bass.
45. Dominick, P. G., Reilly, R. R., and McGourty, J. W. (1997). The effects of peer feedback on team member behavior. *Group and Organization Management, 22*, 508–520.
46. Denton, K. D. (2001). Better decisions with less information. *Industrial Management, 43*, 21.
47. Cardy, R. L., and Stewart, G. L. (1997). Quality and teams: Implications for HRM theory and research. In D.B. Fedor (Ed.), *Advances in the management of organization quality*, Vol. 2, Greenwich, CT: JAI

Press.
48. Ibid.
49. Barrett, G. V., and Kernan, M. C. (1987). Performance appraisal and terminations: A review of court decisions since *Brito v. Zia* with implications for personnel practices. *Personnel Psychology, 40*, 489–503.
50. Werner, J. M., and Bolino, M. C. (1997). Explaining U.S. courts of appeals decisions involving performance appraisal: Accuracy, fairness, and validation. *Personnel Psychology, 50*, 1–24.
51. Meyer, H. H., Kay, E., and French, J. R. P., Jr. (1965, March). Split roles in performance appraisal. *Harvard Business Review*, 9–10.
52. Prince, J. B., and Lawler, E. E. (1986). Does salary discussion hurt the development appraisal? *Organizational Behavior and Human Decision Processes, 37*, 357–375.
53. *Report on Salary Surveys*. (2002). Annual reviews are standard at most companies. April Newsletter of the Institute of Management and Administration.
54. Bernardin, H. J., and Beatty, R. W. (1984). *Performance appraisal: Assessing human behavior at work*. Boston, MA: Kent.
55. Dobbins, G. H., Cardy, R. L., and Carson, K. P. (1991). Perspectives on human resource management: A contrast of person and system approaches. In G. R. Ferris and K. M. Rowland (Eds.), *Research in personnel and human resources management*, Vol. 9. Greenwich, CT: JAI Press; and Ilgen, D. R., Fisher, C. D., and Taylor, S. M. (1979). Consequences of individual feedback on behavior in organizations. *Journal of Applied Psychology, 64*, 347–371.
56. Carson, K. P., Cardy, R. L., and Dobbins, G. H. (1991). Performance appraisal as effective management or deadly management disease: Two initial empirical investigations. *Group and Organization Studies, 16*, 143–159.
57. Kelly, H. H. (1973). The processes of causal attribution. *American Psychologist, 28*, 107–128.
58. Blumberg, M., and Pringle, C. D. (1982). The missing opportunity in organizational research: Some implications for a theory of work performance. *Academy of Management Review, 7*, 560–569; Carson, K. P., Cardy, R. L., and Dobbins, G. H. (1991). Performance appraisal as effective management or deadly management disease: Two initial empirical investigations. *Group and Organization Studies, 16*, 143–159; and Schermerhorn, J. R., Jr., Gardner, W. L., and Martin, T. N. (1990). Management dialogues: Turning on the marginal performers. *Organizational Dynamics, 18*, 47–59.
59. Cardy, R. L., and Dobbins, G. H. (1994a). *Performance appraisal: Alternative perspectives*. Cincinnati, OH: South-Western.
60. *Small Business Reports*. (1993, July). A twist on performance reviews, 27–28.
61. Rummler, G. A. (1972). Human performance problems and their solutions. *Human Resource Management, 19*, 2–10.
62. Evered, R. D., and Selman, J. C. (1989). Coaching and the art of management. *Organizational Dynamics, 18*, 16–33.
63. Schermerhorn, J. R., Jr., Gardner, W. L., and Martin, T. N. (1990). Management dialogues: Turning on the marginal performers. *Organizational Dynamics, 18*, 47–59.
64. Cardy, R. L. (1997). Process and outcomes: A performance-management paradox? *News: Human Resources Division, 21*, 12–14.

第八章

1. Fitzgerald, W. (1992). Training versus development. *Training & Development, 46*, 81–84.
2. Bartz, D. E., Schwandt, D. R., and Hillman, L. W. (1989). Differences between "T" and "D." *Personnel Administrator, 34*, 164–170.
3. Bernardin, H. J., Hagan, C. M., Kane, J. S., and Villanova, P. (1998). Effective performance management: A focus on precision, customers, and situational constraints. In J. W. Smither (Ed.), *Performance appraisal: State of the art in practice*. San Francisco: Jossey-Bass.
4. Galvin, T. (2001). The money. *Training, 38*, 42–47.
5. Leibs, S. (2002). Class struggle: E-learning technology may be poised to go mainstream. *CFO: The Magazine for Senior Executives, 18*, 31(2).
6. Goldstein, I. L. (1986). *Training in organizations: Needs assessment, development, and evaluation* (2nd ed.). Monterey, CA: Brooks-Cole.
7. Mirabile, R. J. (1991). Pinpointing development needs: A simple approach to skills assessment. *Training & Development, 45*, 19–25.
8. Mager, R. F., and Pipe, P. (1984). *Analyzing performance problems: Or, you really oughta wanna*. Belmont, CA: Lake and Rummler, 1972.
9. Nowack, K. M. (1991). A true training needs analysis. *Training & Development, 45*, 69–73; and Phillips, J. J. (1983, May). Training programs: A results-oriented model for managing the development of human resources. *Personnel*, 11–18.
10. McKenna, J. F. (1992, January 20). Apprenticeships: Something old, something new, something needed. *Industry Week*, 14–20.
11. Gupta, U. (1996, January 3). TV seminars and CD-ROMs train workers. *Wall Street Journal*, B1, B8.
12. Sickler, N. G. (1993). Synchronized videotape teletraining: Efficient, effective and timely. *Tech Trends, 38*, 23–24.

13. Goodridge, E. (2001, November 12). Slowing economy sparks boom in e-learning. *Information Week*, 100–104.
14. Leibs, S. (2002). Class struggle: E-learning technology may be poised to go mainstream. *CFO: The Magazine for Senior Executives, 18*, 31(2).
15. *Managing HR Information Systems*. (2002). Lessons learned: How one company's plan for e-learning fizzled. May Newsletter of the Institute of Management and Administration.
16. Goodridge, E. (2002, May 13). E-learning struggles to make the grade—Users say online training isn't living up to its potential. *Information Week*, 64.
17. For more on CD-ROM training, see Murphy, K. (1996, May 6). Pitfalls vs. promise in training by CD-ROM. *New York Times*, D3.
18. Agry, B. W. (1999). Class is out. *US Banker, 109*, 52–55.
19. Major, M. (2002). E-learning becomes essential: New and enhanced computer-based training programs have become a high priority for aggressive retailers. *Progressive Grocer, 81*, 35(2).
20. Geber, B. (1990). Simulating reality. *Training, 27*, 41–46.
21. Scheier, R. L. (1999, May 31). Virtual control tower tests new flight patterns. *Computerworld, 33*, 63.
22. *Wall Street Journal*. (1999, August 18). Army to award USC a $45 million contract for better simulation, B9.
23. Haitsuka, A. (1997, July 31). Virtual-reality training idea puts Mesa firm in demand. *Arizona Republic*, E1.
24. Agry, B. W. (1999). Class is out. *US Banker, 109*, 52–55.
25. Simmons, D. L. (1995). Retraining dislocated workers in the community college: Identifying factors for persistence. *Community College Review, 23*, 47–58.
26. Nilson, C. (1990). How to use peer training. *Supervisory Management, 35*, 8.
27. Messmer, M. (1992). Cross-discipline training: A strategic method to do more with less. *Management Review, 81*, 26–28.
28. Fyock, C. D. (1991). Teaching older workers new tricks. *Training & Development, 45*, 21–24.
29. Ludeman, K. (1995). Motorola's HR learns the value of teams firsthand. *Personnel Journal, 74*, 117–123.
30. Burns, G. (1995). The secrets of team facilitation. *Training & Development, 49*, 46–52.
31. Phillips, S. N. (1996). Team training puts fizz in Coke plant's future. *Personnel Journal, 75*, 87–92.
32. Goldstein, I. L. (1993). *Training in organizations* (3rd ed.). Pacific Grove, CA: Brooks-Cole.
33. *Training*. (1995b). Vital statistics, 32, 55–66.
34. Wise, R. (1991). The boom in creativity training. *Across the Board, 28*, 38–42.
35. Solomon, C. M. (1990). Creativity training. *Personnel Journal, 69*, 65–71.
36. Hequet, M. (1992, February). Creativity training gets creative. *Training*, 41–46.
37. Gillian, F. (1999). White males see diversity's other side. *Workforce, 78*, 52–55.
38. *Managing Training and Development*. (2001). 5 hours of diversity training has a positive bottom-line impact. July Newsletter of the Institute of Management and Administration, 10–12.
39. Nelms, D. W. (1993). Managing the crisis. *Air Transport World, 30*, 62–65.
40. Bensimon, H. F. (1994). Crisis and disaster management: Violence in the workplace. *Training & Development, 48*, 27–32.
41. Berta, D. (2002). Operators strive to include all in the family: Claim progress toward diversity amid new rash of bias suits. *Nation's Restaurant News, 36*, 1(4).
42. Wanous, J. P., Reichers, A. E., and Matik, S. D. (1984). Organizational socialization and group development: Toward an integrative perspective. *Academy of Management Review, 9*, 670–683.
43. Bragg, A. (1989, September). Is a mentor program in your future? *Sales & Marketing Management*, 54–63.
44. Little, P. J. (1998). Selection of the fittest. *Management Review*, July/August, 43–47.
45. Winkler, K., and Janger, I. (1998). You're hired! *Across the Board, 35*, 16–23.
46. Ibid.

第九章

1. Leibowitz, Z. B. (1987). Designing career development systems: Principles and practices. *Human Resource Planning, 10*, 195–207.
2. Murphy, D. (1999, July 18). New attitude for employees: "Emergent" workers think job, not career. *Arizona Republic*, AZ11.
3. Weber, P. F. (1998). Getting a grip on employee growth. *Training & Development, 53*, 87–91.
4. Morgan, D. C. (1977). Career development programs. *Personnel, 54*, 23–27.
5. Gutteridge, T., and Otte, F. (1983). Organizational career development: What's going on out there? *Training & Development, 37*, 22–26; Hall, D. T. (1986). An overview of current career development, theory, research, and practice. In D. T. Hall et al. (Eds.), *Career development in organizations*, 1–20, San Francisco: Jossey-Bass; and Leibowitz, Z. B., and Schlossberg, N. K. (1981). Designing career development programs in organizations: A systems approach. In D. H. Montross and C. J. Shinkman (Eds.), *Career development in the 1980s*, 277–291, Springfield, IL: Charles C Thomas.

6. Feldman, D. C., and Weitz, B. A. (1991). From the invisible hand to the gladhand: Understanding a careerist orientation to work. *Human Resource Management, 30,* 237–257.
7. Aryee, S., Wyatt, T., and Stone, R. (1996). Early career outcomes of graduate employees: The effect of mentoring and ingratiation. *Journal of Management Studies, 33,* 95–118.
8. Kalish, B. B. (1992, March). Dismantling the glass ceiling. *Management Review,* 64; and Hawkins, B. (1991, September 8). Career-limiting bias found at low job levels. *Los Angeles Times Magazine,* 33.
9. Swoboda, F. (1998, December 3). US Airways settles "glass ceiling" case. *Washington Post*, E2.
10. Jackson, M. (1998, February 25). Women hit glass ceiling, open businesses: Study respondents say corporations don't value them. *Arizona Republic*, E2.
11. Mattern, H. (1999, July 22). Women making headway push "glass ceiling" as federal workers. *Arizona Republic*, D1.
12. Jones, D. (1999, July 20). What glass ceiling? *USA Today,* B1, B2.
13. Kelly, J. (2002). Does health care still have a glass ceiling? *H & HN, 76,* 30.
14. Barnett, R. C., and Rivers, C. (1999, May 10). Family values go to work. *Washington Post*, A23.
15. *LIMRA's Market Facts.* (1998). Outlook on essential benefits and trends, *17*, 6.
16. Frazee, V. (1999). Expert help for dual-career spouses. *Workforce, 4*, 18–20.
17. Bures, A. L., Henderson, D., Mayfield, J., Mayfield, M., and Worley, J. (1995). The effects of spousal support and gender on workers' stress and job satisfaction: A cross national investigation of dual career couples. *Journal of Applied Business Research, 12*, 52–58.
18. Barnett, R. C., and Rivers, C. (1999, May 10). Family values go to work. *Washington Post*, A23.
19. Gordon, J. (1998). The new paternalism. *Forbes, 162*, 68–70.
20. Haskell, J. R. (1993, February). Getting employees to take charge of their careers. *Training & Development*, 51–54.
21. Anastasi, A. (1976). *Psychological testing* (4th ed.). New York: Macmillan.
22. Burn, A. (1998, November/December). Testing times. *British Journal of Administrative Management*, 16–17.
23. Engelbrecht, A. S., and Fischer, A. H. (1995). The managerial performance implications of a developmental assessment center process. *Human Relations, 48*, 387–404.
24. Scarpello, V. G., and Ledvinka, J. (1988). *Personnel/human resource management: Environment and functions*. Boston: PWS-Kent; and Russell, 1991.
25. Morgan, M. A., Hall, D. T., and Martier, A. (1979). Career development strategies in industry—Where are we and where should we be? *Personnel, 56*, 13–30.
26. Villeneure, K. (1999). Thought about succession? You should. *Discount Store News, 38*, 16.
27. Judge, T. A., Cable, D. M., Boudreau, J. W., and Bretz, R. D. (1995). An empirical investigation of the predictors of executive career success. *Personnel Psychology, 48*, 485–519.
28. Baehr, M. E., and Orban, J. A. (1989). The role of intellectual abilities and personality characteristics in determining success in higher-level positions. *Journal of Vocational Behavior, 35*, 270–287.
29. Seibert, S. E., and Kraimer, M. L. (1999). The five-factor model of personality and its relationship with career success. Paper presented at the Annual Meeting of the Academy of Management, Chicago.
30. Garrett, E. M. (1994, April). Going the distance. *Small Business Reports*, 22–30.
31. Russell, J. E. A. (1991). Career development interventions in organizations. *Journal of Vocational Behavior, 38*, 237–287.
32. Gutteridge, T. (1986). Organizational career development systems: The state of the practice. In D. T. Hall et al., *Career development in organizations*, 50–94. San Francisco: Jossey-Bass.
33. Gutteridge, T. G., Leibowitz, Z. B., and Shore, J. E. (1993). *Organizational career development: Benchmarks for building a world-class workforce*. San Francisco: Jossey-Bass.
34. Gutteridge, T. (1986). Organizational career development systems: The state of the practice. In D. T. Hall et al., *Career development in organizations*, 50–94. San Francisco: Jossey-Bass.
35. Russell, J. E. A. (1991). Career development interventions in organizations. *Journal of Vocational Behavior, 38*, 237–287.
36. Noe, R. A. (1988). An investigation of the determinants of successful assigned mentoring relationships. *Personnel Psychology, 41*, 457–479.
37. Hill, S. K., and Bahniuk, M. H. (1998). Promoting career success through mentoring. *Review of Business, 19*, 4–7.
38. Starcevich, M., and Friend, F. (1999, July). Effective mentoring relationships from the mentee's perspective. *Workforce*, Extra Supplement, 2–3.
39. Barbian, J. (2002). The road best traveled. *Training, 39*, 38(4).
40. Kaye, B. (1993, December). Career development—Anytime, anyplace. *Training & Development*, 46–49.
41. Ibid.
42. Stephenson, S. (2002). And wind up better off: Join the team! *Food Service Director, 15*, 80.
43. Morrisey, G. L. (1992, November). Your personal mission statement: A foundation for your future. *Training & Development*, 71–74.

44. Matejka, K., and Dunsing, R. (1993). Enhancing your advancement in the 1990s. *Management Decision, 31*, 52–54.

第十章

1. Milkovich, G. T., and Newman, J. M. (2002). *Compensation* (5th ed.). Homewood, IL: McGraw-Hill/Irwin.
2. Brenan, J. (1999). Group legal insurance: An effective recruitment and retaining tool. *Compensation and Benefits Review, 31*(3), 46–53; and *HR Focus b*. (2002, February).
3. Heneman, R. L., and Dixon, K. E. (2001, November–December). Reward and organizational systems alignment: An expert system. *Compensation and Benefits Review*, 18–27; Ledeler, J., and Weinberg, L. R. (1999). Setting executive compensation: Does the industry you are in really matter? *Compensation and Benefits Review, 31*(1), 13–24; and Bloom, M. (1999). The art and context of the deal: A balanced view of executive incentives. *Compensation and Benefits Review, 31*(1), 25–31.
4. Milkovich, G. T., and Newman, J. M. (2002). *Compensation* (5th ed.). Homewood, IL: McGraw-Hill/Irwin.
5. Gómez-Mejía, L. R., and Balkin, D. B. (1992a). The determinants of faculty pay: An agency theory perspective. *Academy of Management Journal, 35*(5), 921–955.
6. Balkin, D. B., and Gómez-Mejía, L. R. (2000). Is CEO pay related to innovation in high-technology firms? *Academy of Management Journal, 43*(6), 30–41.
7. Gómez-Mejía, L. R., and Welbourne, T. M. (1988). Compensation strategy: An overview and future steps. *Human Resource Planning, 11*(3), 173–189; and Heneman, R. L., and Dixon, K. E. (2001, November–December). Reward and organizational systems alignment: An expert system. *Compensation and Benefits Review*, 18–27.
8. Conlin, M., and Berner, R. (2002, February 18). A little less in the envelope. *BusinessWeek*, 64–66.
9. Lancaster, H. (1996, January 27). Chasing start ups may not always lead to a pot of gold. *Wall Street Journal*, B-1; and Milkovich, G. T., Gerhart, B., and Hannon, J. (1991). The effects of research and development intensity on managerial compensation in large organizations. *Journal of High Technology Management Research, 2*(1), 133–150.
10. Berner, R. (2002, March 18). Keeping a lid on unemployment: No bonus may mean fewer layoffs. *BusinessWeek*, 18.
11. Blumestien, R., Solomon, D., and Chen, K. (2002, February 21). As global crossing crashed, executives got loan relief pension payouts. *Wall Street Journal*, B-1; Schultz, E. E. (2002, January 16). "Lockdowns" of 401(k) plans draw scrutiny. *Wall Street Journal*, C-1; and Schultz, E. E., and Francis, T. (2002, January 23). Enron pensions had more room at the top. *Wall Street Journal*, A-4.
12. *Workspan*. (2002b, February). Financial awards produce better results, 12; and Swinford, D. N. (1999). Don't pay for executive failure. *Compensation and Benefits Review, 31*(1), 54–60.
13. Worldatwork. (2002a, February 13). Topic briefing: Skill-based pay. See customerrelations@worldatwork.org.
14. Milkovich, G. T., and Newman, J. M. (2002). *Compensation* (5th ed.). Homewood, IL: McGraw-Hill/Irwin.
15. Tosi, H., and Tosi, L. (1986). What managers need to know about knowledge-based pay. *Organizational Dynamics, 14*(3), 52–64; and Ledford, G. E., and Heneman, R. L. (2000). Pay for skills, knowledge, and competencies. In Berger, L. A., and Berger, D. R. (Eds.), *The compensation handbook* (4th ed.). New York: McGraw-Hill.
16. Ledford, G. E., and Heneman, R. L. (2000). Pay for skills, knowledge, and competencies. In Berger, L. A., and Berger, D. R. (Eds.), *The compensation handbook* (4th ed.). New York: McGraw-Hill; and Brown, D. (2000). Relating competencies to pay: A desirable or dangerous practice. In Berger, L. A., and Berger, D. R. (Eds.), *The compensation handbook* (4th ed.). New York: McGraw-Hill.
17. Gómez-Mejía, L. R., and Balkin, D. B. (1992b). *Compensation, organizational strategy, and firm performance*. Cincinnati, OH: South-Western; and Milkovich, G. T., and Newman, J. M. (2002). *Compensation* (5th ed.). Homewood, IL: McGraw-Hill/Irwin.
18. Caudron, S. (1993, June). Master the compensation maze. *Personnel Journal*, 64B–64O.
19. Gilles, P. L. (1999). A fresh look at incentive plans. *Compensation and Benefits Review, 31*(1), 61–72.
20. Eisenberg, D. (1999, August 16). We are for hire, just click. *Time*, 46–50.
21. Gómez-Mejía, L. R., Balkin, D. B., and Milkovich, G. T. (1990). Rethinking your rewards for technical employees. *Organizational Dynamics, 1*(1), 107–118; and Lawler, E. E., III. (1990). *Strategic pay*. San Francisco: Jossey-Bass.
22. *Fortune*. (2002). The 100 best companies to work for in America. www.fortune.com/lists/bestcompanies/snap502.html.
23. Handel, J. (2002, February). Capital view: IASB takes on controversial stock option accounting. *Workspan, 45*(2), 1–4.
24. Milkovich, G. T., and Newman, J. M. (2002). *Compensation* (5th ed.). Homewood, IL: McGraw-

Hill/Irwin; and Ingster, B. (2000). Methods of job evaluation. In Berger, L. A., and Berger, D. R. (Eds.), *The compensation handbook* (4th ed.). New York: McGraw-Hill.

25. *Fortune*. (2002). The 100 best companies to work for in America. www.fortune.com/lists/bestcompanies/snap502.html.
26. Lavelle, L. (2002, March 4). The danger of deferred compensation. *BusinessWeek*, 110; McNamee, M. (2002, February 18). 401(k)s: Workers need education, not handcuffs. *BusinessWeek*, 30; and Conlin and Berner (2002).
27. Bureau of Labor Statistics (2002). *Business Economics and Financial Statistics*. www.lib.gsu.edu/collections/govdocs/stats. htm; and Jarrel, S. B., and Staley, T. D. (1990). A meta-analysis of the union–nonunion wage gap. *Industrial and Labor Relations Review, 44*(1), 54–67.
28. Hambrick, D. C., and Snow, C. C. (1989). Strategic reward systems. In C. C. Snow (Ed.), *Strategy, organization design, and human resources management* . Greenwich. CT: JAI Press; Gilles, P. L. (1999). A fresh look at incentive plans. *Compensation and Benefits Review, 31*(1), 61–72; and Heneman, R. L., and Dixon, K. E. (2001, November–December). Reward and organizational systems alignment: An expert system. *Compensation and Benefits Review*, 18–27.
29. Associated Press. (1991, April 4). What matters to Americans, *Arizona Republic*, AZ.
30. Bloom, M. (1999). The art and context of the deal: A balanced view of executive incentives. *Compensation and Benefits Review, 31*(1), 25; and Thompson, M. A., and Cook, F. W. (2002, February). Forget white tablecloths: Executives like cafeteria plans too. *Workspan*, 34–40.
31. Seidman, W. L., and Skancke, S. L. (1989). *Competitiveness: The executive's guide to success*. New York: M.E. Sharpe.
32. Stewart, T. A. (1998, June 8). Can even heroes get paid too much? *Fortune*, 289–290; and Poster, C. Z. (2002, January–February). Retaining key people in troubled companies. *Compensation and Benefits Review, 34*(1), 7–12.
33. Lawler, E. E., III. (1990). *Strategic pay*. San Francisco: Jossey-Bass.
34. Gómez-Mejía, L. R., and Balkin, D. B. (1992a). The determinants of faculty pay: An agency theory perspective. *Academy of Management Journal, 35*(5), 921–955; and Milkovich, G. T., and Newman, J. M. (2002). *Compensation* (5th ed.). Homewood, IL: McGraw-Hill/Irwin.
35. Balkin, D. B., and Gómez-Mejía, L. R. (1990). Matching compensation and organizational strategies. *Strategic Management Journal, 11*, 153–169; Heneman, R. L., and Dixon, K. E. (2001, November–December). Reward and organizational systems alignment: An expert system. *Compensation and Benefits Review*, 18–27; and Lee, J. (2002, April). Finding the sweet spots: Optimal executive compensation. *Workspan*, 40–46.
36. Cantoni, C. J. (1995, May 15). A waste of human resources. *Wall Street Journal*, B-1; and Berstein, A. (1999, June 14). Stock options bite back. *BusinessWeek*, 50–51.
37. Milkovich, G. T., and Newman, J. M. (2002). *Compensation* (5th ed.). Homewood, IL: McGraw-Hill/Irwin.
38. Ibid.
39. Ibid.
40. Ibid.
41. Gómez-Mejía, L. R., Page, R. C., and Tornow, W. (1987). Computerized job evaluation systems. In D. B. Balkin and L. R. Gómez-Mejía (Eds.), *New perspectives on compensation*. Upper Saddle River, NJ: Prentice Hall.
42. NMTA Associates. (1992). National position evaluation plan, 3. Clifton, NJ.
43. Werner, S., Konopaske, R., and Touchey, C. (1999). Ten questions to ask yourself about compensation surveys. *Compensation and Benefits Review, 31*(3), 54–59.
44. Dunlop, J. T. (1957). The task of contemporary wage theory. In G. W. Taylor and F. C. Pierson (Eds.), *New concepts in wage determination*. New York: McGraw-Hill; Gerhart, B., and Milkovich, G. T. (1993). Employee compensation: Research and practice. In M. D. Dunnette and L. M. Hough (Eds.), *Handbook of industrial and organizational psychology*, Vol. 3. Palo Alto, CA: Consulting Psychologists Press; Treiman, D. J., and Hartmann, H. I. (Eds.). (1981). *Women, work, and wages: Equal pay for jobs of equal value*. Washington, DC: National Academy Press; and Berstein, A. (1999, June 14). Stock options bite back. *BusinessWeek*, 50–51.
45. HR.com (2002, February 12). Salarysource. www.salarysource.com: Creelman, D. (2002, February). Basics of job match salary surveys. In HR.com at www4.hr.com/hrcom/index.cfm; Werner, S., Konopaske, R., and Touchey, C. (1999). Ten questions to ask yourself about compensation surveys. *Compensation and Benefits Review, 31*(3), 54–59; Lichty, D. T. (2000). Compensation surveys. In Berger, L. A., and Berger, D. R. (Eds.), *The compensation handbook* (4th ed.). New York: McGraw-Hill; and Spiegel, B. I., and Slobodziam, T. (2000). Developing competitive compensation programs. In Berger, L. A., and Berger, D. R. (Eds.), *The compensation handbook* (4th ed.). New York: McGraw-Hill.
46. Risher, H. (2003, March). Making managers responsible for handling pay. *Workspan*, 8–12.

47. LeBlanc, P. V., and Ellis, G. M. (1995, Winter). The many faces of banding. *ACA Journal*, 52–62; *ACA Journal*. (1995, Autumn). Clark refining and marketing broadbands: Annual pay rates, 57.
48. Haslett, S. (1995, November/December). Broadbanding: A strategic tool for organizational change. *Compensation and Benefits Review*, 40–43; and Worldatwork. (2002b, February 12). Topic briefings: Broadbanding. Customerrelations @worldatwork.org/topicbriefings.
49. Ledford, G. E., and Heneman, R. L. (2000). Pay for skills, knowledge, and competencies. In Berger, L. A., and Berger, D. R. (Eds.), *The compensation handbook* (4th ed.). New York: McGraw-Hill; and Worldatwork. (2002a, February 13). Topic briefing: Skill-based pay. See customerrelations@worldatwork.org.
50. Workspan (2003, March). The work experience, 16.
51. Barton, P. (1996, February). Team-based pay. *ACA Journal, 5*(1), 15–30; Watson Wyatt Data Services (1996). The 1995–1996 ECS surveys of middle management and office personnel compensation. Rochelle Park, NJ; Gross, S. E. (2000). Team based pay. In Berger, L. A., and Berger, D. R. (Eds.), *The compensation handbook* (4th ed.). New York: McGraw-Hill; and Welbourne, T., and Gómez-Mejía, L. R. (2000). Optimizing team based incentives. In Berger, L. A., and Berger, D. R. (Eds.), *The compensation handbook* (4th ed.). New York: McGraw-Hill.
52. Gupta, N., Ledford, G. E., Jenkins, G. D., and Doty, D. (1992). Survey-based prescriptions for skill-based pay. *American Compensation Association Journal, 1* (1), 48–59; Ledford, G. E., and Heneman, R. L. (2000). Pay for skills, knowledge, and competencies. In Berger, L. A., and Berger, D. R. (Eds.), *The compensation handbook* (4th ed.). New York: McGraw-Hill; and Tosi, H., and Tosi, L. (1986). What managers need to know about knowledge-based pay. *Organizational Dynamics, 14*(3), 52–64.
53. Barton, P. (1996, February). Team-based pay. *ACA Journal, 5*(1), 15–30; Watson Wyatt Data Services (1996). The 1995–1996 ECS surveys of middle management and office personnel compensation. Rochelle Park, NJ.
54. Aaron, H. J., and Lougy, C. M. (1986). *The comparable worth controversy*, 3–4. Washington, DC: The Brookings Institution; Rhoads, S. E. (1993, July–August). Pay equity won't go away. *Across the Board*, 37–41; and Stillson, C. A., and Mohler, K. M. (2001). History still in the making—the continuing struggle for equal pay. *Worldatwork Journal, 10*(1), 1–8.
55. Werner, S., Konopaske, R., and Touchey, C. (1999). Ten questions to ask yourself about compensation surveys. *Compensation and Benefits Review, 31*(3), 54–59.

第十一章

1. Milkovich, G. T., and Newman, J. (2002). *Compensation* (7th ed.). New York: McGraw-Hill.
2. Bloom, M. (1999). The art and context of the deal: A balanced view of executive incentives. *Compensation and Benefits Review, 31*(1), 25–31; Tully, S. (1999, April 26). The earnings illusion. *Fortune*, 206–210; Byrne, J. A. (2002, April 15). Pay related wealth: Winners and losers. *BusinessWeek*, 83; and Makri, M., and Gómez-Mejía, L. R. (2002). Rewarding executives. In R. Silzer (Ed.), *The 21st Century Executive* (pp. 200–228). San Francisco: Jossey-Bass.
3. *Boston Globe*. (1992, October 16). Teaching to the test shortchanges pupils. *Arizona Republic*, A4; and Symonds, W. C. (2001, March 19). How to fix American schools. *BusinessWeek*, 68–73.
4. Saura, M. D. and Gómez-Mejía, L. R. (1997). The effectiveness of organization-wide compensation strategies in technology intensive firms. *Journal of High Technology Management Research, 8*(2), 301–317; Nofsinger, G. A. (2000). Performance measures: An overview. In L. Berger and D. R. Berger (Eds.) *The compensation handbook*. New York: McGraw-Hill; and Rich, J. T. (2002, February). The solution to employee performance mismanagement. *Workspan, 45*(2), 1–6.
5. Gómez-Mejía, L. R., and Balkin, D. B. (2002). *Management*. New York: Irwin/McGraw-Hill.
6. Gorman, C. (1999, February 8). Bleak days for doctors. *Time*, 53.
7. Ibid.
8. Bloom, M. (1999). The art and context of the deal: A balanced view of executive incentives. *Compensation and Benefits Review, 31*(1), 25–31; Edwards, M., and Ewen, A. J. (1995, Winter). Moving multisource assessment beyond development. *ACA Journal, 5*(1), 82–87; Bors, K. K., Clark, A. W., Power, V., Seltz, J. C., Schwartz, R. B., and Turbidy, G. S. (1996, Spring). Multiple perspectives: Essays on implementing performance measures. *ACA Journal, 5* (1), 40–45; and Milkovich, G. T., and Newman, J. M. (2002). *Compensation* (7th ed.), New York: McGraw-Hill.
9. Lawler, E. E., III, and Cohen, S. G. (1992). Designing a pay system for teams. *American Compensation Association Journal, 1*(1), 6–19.
10. Heneman, R. L., and Dixon, K. E. (2001, November–December). Reward and organizational systems alignment: An expert system. *Compensation and Benefits Review*, 18–27.
11. Hills, F. S., Scott, D. K., Markham, S. E., and Vest, M. J. (1987). Merit pay: Just or unjust desserts?

Personnel Administrator, 32(9), 53–64; Hughes, C. L. (1986). The demerit of merit. *Personnel Administrator, 31*(6), 40; and Berstein, A. (1999, June 14). Stock options bite back. *BusinessWeek*, 50–51.
12. Rich, J. T. (2002, February). The solution to employee performance mismanagement. *Workspan, 45*(2), 1–6.
13. Symonds, W. C. (2001, March 19). How to fix American schools. *BusinessWeek*, 68–73.
14. *BusinessWeek*. (1992, July 6), 38.
15. Rich, J. T. (2002, February). The solution to employee performance mismanagement. *Workspan, 45*(2) 1–6.
16. Schwab, D. P. (1974). Conflicting impacts of pay on employee motivation and satisfaction. *Personnel Journal, 53*(3), 190–206.
17. Makri, M., and Gómez-Mejía, L. R. (2002). Rewarding executives. In R. Silzer (Ed.), *The 21st Century Executive* (pp. 200–228). San Francisco: Jossey-Bass.
18. Deci, E. L. (1972). The effects of contingent and non-contingent rewards and controls on intrinsic motivation. *Organizational Behavior and Human Performance, 8*, 15–31. See related discussion in Bloom, M. (1999). The art and context of the deal: A balanced view of executive incentives. *Compensation and Benefits Review, 31*(1), 25–31; and Kohn, A. (1993, September–October). Why incentive plans cannot work. *Harvard Business Review*, 54–63.
19. *Academy of Management Review*. (1998, August). Special issue on trust.
20. *Profit-Building Strategies for Business Owners*. (1992, December), 22(12), 23–24.
21. Rich, J. T. (2002, February). The solution to employee performance mismanagement. *Workspan, 45*(2), 1–6; Parks, T. (2002). Uphill battle: Motivating a sales force in tough times. *Workspan, 4* (2), 65–67; and *HR Focus*. (2001, April). Incentive pay plans: Which ones work . . . and why, 3–5.
22. Gómez-Mejía, L. R., and Balkin, D. B. (1992). *Compensation, organizational strategy, and firm performance*. Cincinnati, OH: South-Western.
23. *Work in America Institute*. (1991, October). AT&T credit: Continuous improvement as a way of life, *16* (10), 2.
24. Gómez-Mejía, L. R., Page, R. C., and Tornow, W. (1982). A comparison of the practical utility of traditional, statistical, and hybrid job evaluation approaches. *Academy of Management Journal, 25*, 790–809; Stiller (2001).
25. Rich, J. T. (2002, February). The solution to employee performance mismanagement. *Workspan, 45*(2), 1–6; *Workspan* (2002b).
26. Greenberg, J. (1990). Looking fair vs. being fair: Managing impressions of organizational justice. In L. Cummings and B. M. Staw (Eds.), *Research in organizational behavior*, Vol. 2. Greenwich, CT: JAI Press.
27. Federico, R. E., and Goldsmith, H. B. (1998). Linking work/life benefits to performance. *Compensation and Benefits Review, 30*(4), 66–70; Schwartz, N. D. (1999, February 15). The tech boom will keep on rocking. *Fortune*, 64–69; Lewin, R., and Regime, B. (2000). *The soul at work*. Boston, MA: The Free Press, Simon and Schuster; and Newsline. (2002). Companies understand need to recognize outstanding performance. www.worldatwork.org/news linenews.
28. *Fortune* (2002). Fortune's best companies to work for. www.fortune.com/lists/bestcompanies/snap_502.html.
29. Milkovich, G. T., and Newman, J. M. (2002). *Compensation* (7th ed.), Plano, TX: B.P.I.
30. Gómez-Mejía, L. R., and Balkin, D. B. (1989). Effectiveness of individual and aggregate compensation strategies. *Industrial Relations, 28*, 431–445; and Balkin, D. B., and Gómez-Mejía, L. R. (2000). Is CEO pay related to innovation in high technology firms? *Academy of Management Journal, 43*(6), 30–41.
31. *HR Focus*. (2001, April). Incentive pay plans: Which ones work . . . and why, 3–5.
32. Weiss, T. B. (2000). Performance management. In L. Berger and D. R. Berger (Eds.), *The compensation handbook*. New York: McGraw-Hill; and Miller, J. S., Wiseman, R. M., and Gómez-Mejía, L. R. (2002). The fit between CEO compensation design and firm risk. *Academy of Management Journal, 45*(5), 90–99.
33. Locke, E. A., Shaw, K., Saari, L. M., and Latham, G. P. (1981). Goal setting and task performance: 1969–1980. *Psychological Bulletin, 90*, 125–152.
34. Fuchsberg, G. (1990, April 18). Culture shock. *Wall Street Journal*, R5:1.
35. Rich, J. T. (2002, February). The solution to employee performance mismanagement. *Workspan*, 45(2), 1–6.
36. Gómez-Mejía, L. R., and Balkin, D. B. (1992). *Compensation, organizational strategy, and firm performance*. Cincinnati, OH: South-Western; and Makri, M., and Gómez-Mejía, L. R. (2002). Rewarding executives. In R. Silzer (Ed.), *The 21st Century Executive* (pp. 200–228). San Francisco: Jossey-Bass.
37. Hewitt Associates, Lincolnshire, IL, reported in *Wall Street Journal* (1995, November 28), A1.
38. Bassim, M. (1988). Teamwork at General Foods: New and improved. *Personnel Journal, 67*(5), 62–70.
39. Welbourne, T. M., and Gómez-Mejía, L. R. (2000). Team incentives in the workplace. In L. Berger (Ed.), *Handbook of wage and salary administration* (2nd ed., pp. 240–245). New York: McGraw-Hill.
40. Gross, S., and Blair, J. (1995, September/October).

Reinforcing team effectiveness through pay. *Compensation and Benefits Review*, 34–36; Zigon, J. (1996). How to measure the results of work teams. Zigon Performance Group, Media, PA; and Welbourne, T. M., and Gómez-Mejía, L. R. (2000). Team incentives in the workplace. In L. Berger (Ed.), *Handbook of wage and salary administration* (2nd ed., pp. 240–245). New York: McGraw-Hill.
41. Liden, R. C., and Mitchell, T. R. (1983). The effects of group interdependence on supervisor performance evaluations. *Personnel Psychology, 36*, 289–299.
42. *HR Focus*. (2001, April). Incentive pay plans: Which ones work . . . and why, 3–5.
43. Butler, M. J. (2001, 2nd Quarter). Worldwide growth of employee ownership phenomena. *Worldatwork Journal, 10*(2), 1–5.
44. Heneman, F., and Von Hippel, C. Interview appearing in *Wall Street Journal* (1995, November 28), A1.
45. Albanese, R., and VanFleet, D. D. (1985). Rational behavior in groups: The free-riding tendency. *Academy of Management Review, 10*, 244–255.
46. Heneman, F., and Von Hippel, C. Interview appearing in *Wall Street Journal* (1995, November 28), A1.
47. Gordon, D. M., Edwards, R., and Reich, M. (1982). *Segmented work, divided workers: The historical transformation of labor in the United States*. London: Cambridge University Press.
48. Mohrman, A. M., Mohrman, S. A., and Lawler, E. E. (1992). *Performance measurement, evaluation and incentives*. Boston: Harvard Business School.
49. Milkovich, G. T., and Newman, J. M. (2002). *Compensation* (7th ed.), New York: McGraw-Hill.
50. Miller, J. S., Wiseman, R. M., and Gómez-Mejía, L. R. (2002). The fit between CEO compensation design and firm risk. *Academy of Management Journal, 45*(5), 90–99; and Makri, M., and Gómez-Mejía, L. R. (2002). Rewarding executives. In R. Silzer (Ed.), *The 21st Century Executive* (pp. 200–228). San Francisco: Jossey-Bass.
51. Pinchot, G. (1985). *Intrapreneuring*. New York: Harper & Row.
52. Selz, M. (1994, January 11). Testing self-managed teams, entrepreneur hopes to lose job. *Wall Street Journal*, B1-B2.
53. McGregor, D. (1960). *The human side of enterprise*. New York: McGraw-Hill.
54. Gómez-Mejía, L. R., Welbourne, T., and Wiseman, R. (2000). Gainsharing and employee risk takings. *Academy of Management Review, 25*(3), 492–509.
55. Ross, T. L., Hatcher, L., and Ross, R. A. (1989, May). The incentive switch: From piecework to companywide gainsharing. *Management Review*, 22–26; and *HR Focus*. (2001, April). Incentive pay plans: Which ones work . . . and why, 3–5.
56. Gómez-Mejía, L. R., Welbourne, T., and Wiseman, R. (2000). Gainsharing and employee risk takings. *Academy of Management Review, 25*(3), 492–509.
57. Welbourne, T., and Gómez-Mejía, L. R. (1995). Gainsharing: A critical review. *Journal of Management, 21*(3), 559–609; Welbourne, T., Balkin, D., and Gómez-Mejía, L. R. (1995). Gainsharing and mutual monitoring. *Academy of Management Journal, 38*(3), 818–834; and Gómez-Mejía, L. R., Welbourne, T., and Wiseman, R. (2000). Gainsharing and employee risk takings. *Academy of Management Review, 25*(3), 492–509.
58. Florkowski, G. W. (1987). The organizational impact of profit sharing. *Academy of Management Review, 12*, 622–636; and Berner, R. (2002, March 18). Keeping a lid on unemployment: No bonus may mean fewer layoffs. *BusinessWeek*, 18.
59. *Time*. (1988, February 1), 13.
60. Jaross, J., Byrnes, R., and Mercer, W. (2002, April). Mastering the share plan circus. *Workspan*, 55–64; and Lee, J. (2002, April). Finding the sweet spots: Optimal executive compensation. *Workspan*, 40–46.
61. Kaplan, J., and Granados, L. (2002, April). Tax law changes affect ESOPs. *Workspan*, 46–50.
62. Branch, S. (1999, January 11). The 100 best companies to work for in America. *Fortune*, 118.
63. Newsline. (2002). Companies understand need to recognize outstanding performance. www.worldatwork.org/newslinenews.
64. Butler, M. J. (2001, 2nd Quarter). Worldwide growth of employee ownership phenomena. *Worldatwork Journal, 10*(2), 1–5.
65. Burmeister, E. D. (2001). The top mistakes in implementing a global stock plan. *Worldatwork Journal, 10*(2), 3.
66. Cheadle, A. (1989). Explaining patterns of profit sharing activity. *Industrial Relations, 28*, 387–401.
67. Stewart, T. A. (1998, June 8). Can even heroes get paid too much? *Fortune*, 289–300; and Poster, C. Z. (2002, January–February). Retaining key people in troubled companies. *Compensation and Benefits Review, 34*(1), 7–12.
68. Lublin, J. (2002a, April 11). Executive pay under radar. *Wall Street Journal*, B-7; and Lublin, J. (2002b, April 11). The hot seat. *Wall Street Journal*, B-10.
69. *BusinessWeek*, (2002, April 15), Round UP, 15.
70. Rundell, A. G., and Gómez-Mejía, L. R. (2002). Power as a determinant of exective pay. *Human Resource Management Review, 12*(3), 3–23.
71. Thompson, M. A. (2001). Managing stock options in down market conditions. *Worldatwork Journal, 10* (2), 1–6; Bryniski, T., and Harsen, B. (2002, January–February). The cancel and regrant: A roadmap for addressing underwater options. *Compensation and Benefits Review, 34*(1), 28–33; and

Fox, R. D., and Hauder, E. A. (2001). Sending out an SOS—Methods for companies to resuscitate underwater stock options. *Worldatwork Journal, 10* (2), 7–12.
72. Kahn, J. (2002, January 7). When 401(k)s are KO'd. *Fortune*, 104; Hymowitz, C. (2003, February 24). How to fix a broken system. *Wall Street Journal*, R–1.
73. *Wall Street Journal*. (2002, April 11). The boss's pay, B-15–B-19.
74. Hyman, J. S. (2000). Long-term incentives. In L. Berger and D. R. Berger (Eds.), *The compensation handbook*. New York: McGraw-Hill; Gómez-Mejía, L. R., and Wiseman, R. (1997). Reframing executive compensation: An assessment and outlook. *Journal of Management, 23*(3), 291–374; Mazer, M. A. and Larre, E. C. (2000). Executive compensation strategy. In L. Berger and D. R. Berger (Eds.), *The compensation handbook*. New York: McGraw-Hill; Lublin, J. (2002a, April 11). Executive pay under radar. *Wall Street Journal*, B-7; and Lublin, J. (2002b, April 11). The hot seat. *Wall Street Journal*, B-10.
75. Tosi, H., Katz, J., Werner, S., and Gómez-Mejía, L. R. (2000). A meta-analysis of executive compensation studies. *Journal of Management, 26*(2), 1–39.
76. Lublin, J. (2002a, April 11). Executive pay under radar. *Wall Street Journal*, B-7.
77. *Wall Street Journal*. (2002, April 11). The boss's pay, B-15–B-19.
78. *Wall Street Journal News Roundup*. (1995, March 7). In a cost-cutting era, many CEOs enjoy imperial perks, B-1.
79. Lublin, J. (2002a, April 11). Executive pay under radar. *Wall Street Journal*, B-7.
80. Ibid.
81. Gómez-Mejía, L. R., and Wiseman, R. (1997). Reframing executive compensation: An assessment and outlook. *Journal of Management*, 23(3), 291–374; and Wiseman, R., and Gómez-Mejía, L. R. (1998). A behavioral agency model. *Academy of Management Review, 23*(1), 150–196.
82. Dalton, D. R., and Daily, C. M. (1999). Directors and shareholders as equity partners? *Compensation and Benefits Review, 31*(1), 73–79.
83. Ibid.
84. Creswell, J. (1999, April 4). More companies are linking directors' pay to performance. *Wall Street Journal*, R6; and McNamee, M. (2002, April 22). Turn up the heat on board cronyism. *BusinessWeek*, 36.
85. Makri, M., and Gómez-Mejía, L. R. (2002). Rewarding executives. In R. Silzer (Ed.), *The 21st Century Executive* (pp. 200–228). San Francisco: Jossey-Bass; Johnson, A. M. (2000). Designing and implementing total executive compensation programs. In L. Berger and D. R. Berger (Eds.), *The compensation handbook*. New York: McGraw-Hill; and Parks, T. (2002). Uphill battle: Motivating a sales force in tough times. *Workspan, 4*(2), 65–67.
86. Ibid.; Watson Wyatt Data Services, (1996). *The 1995–1996 sales and marketing personnel report*. New York, New York.
87. Parks, T. (2002). Uphill battle: Motivating a sales force in tough times. *Workspan, 4*(2), 65–67.
88. *HR Focus*. (2001, April). Incentive pay plans: Which ones work . . . and why, 3–5.
89. Sager, I., McWilliams, G., and Hof, D. (1994, February 7). IBM leans on its salesforce. *BusinessWeek*, 110.
90. *Forbes*. (1994, February 28), 15–20.
91. Edmonson, G. (1999, August 9). France: A CEO's pay secret shouldn't be a secret. *BusinessWeek*, 47.
92. Kohn, A. (1993, September–October). Why incentive plans cannot work. *Harvard Business Review*, 54–63.

第十二章

1. U.S. Bureau of Labor Statistics. (2001, June). *Employer costs for employee compensation*, 1–4.
2. Lieb, J. (1990, March 19). Day-care demand creates new perk. *Denver Post*, 1C, 5C.
3. Gómez-Mejía, L. R., and Balkin, D. B. (1992). *Compensation, organizational strategy and firm performance*. Cincinnati, OH: South-Western.
4. Jusko, J. (2002, April). Benefits costs below average. *Industry Week*, 18.
5. McCaffery, R. M. (1992). *Employee benefit programs: A total compensation perspective* (2nd ed.). Boston: PWS-Kent.
6. McCaffery, R. M. (1989). Employee benefits and services. In L. R. Gómez-Mejía (Ed.), *Compensation and benefits*. Washington, DC: The Bureau of National Affairs.
7. Lawler, E. E. III. (1990). *Strategic pay*. San Francisco: Jossey-Bass.
8. Levering, R., Moskowitz, M., and Katz, M. (1984). *The 100 best companies to work for in America*. Reading, MA: Addison-Wesley.
9. U.S. Chamber of Commerce. (1991). *Employee benefits 1990*. Washington, DC: U.S. Chamber of Commerce.
10. Hansen, F. (1999, May/June). Workers' compensation: Hard times ahead. *Compensation and Benefits Review*, 15–20.
11. Lorenz, C. (1995, May–June). Nine practical suggestions for streamlining workers' compensation costs. *Compensation and Benefits Review*, 40–44.
12. *Occupational Safety Hazards*. (2002, February). A checklist for managing workers' comp claims, 24.
13. Fefer, M. D. (1994, October 3). Taking control of your workers' comp costs. *Fortune*, 131–136.

14. Richman, L. S. (1995, April 17). Getting past economic insecurity. *Fortune*, 161–168.
15. Preston, H. (2002, March 16). Walking papers: How to make the best of losing a job. *International Herald Tribune*, 13.
16. Snarr, B. (1993, May–June). The Family and Medical Leave Act of 1993. *Compensation and Benefits Review*, 6–9.
17. Crampton, S. M., and Mishra, J. M. (1995). Family and medical leave legislation: Organizational policies and strategies. *Public Personnel Management, 24*(3), 271–289.
18. Gunsch, D. (1993, September). The Family Leave Act: A financial burden? *Personnel Journal*, 48–57.
19. Sunoo, B. P. (1998, November). Carrying the weight of the HIPAA-potamus. *Workforce*, 58–64.
20. Weber, J. (2002, January 28). The new power play in health care. *BusinessWeek*, 90–91.
21. Ibid.
22. Kendall, J. (2001, February 19). Patients' rights for all patients? *BusinessWeek*, 90–92.
23. Weber, J. (2002, January 28). The new power play in health care. *BusinessWeek*, 90–91.
24. Newton, C. (2002, February). Branching out with self-funded health care. *Workspan*, 45–47.
25. Bernstein, A. (1991, August 19). Playing "Pin the insurance on the other guy." *BusinessWeek*, 104–105.
26. Reese, A. (1999, August). Setting the pace. *Business & Health*, 17–18.
27. Bunch, D. K. (1992, March). Coors Wellness Center—Helping the bottom line. *Employee Benefits Journal*, 14–18.
28. Wiley, J. L. (1993, August). Preretirement education: Benefits outweigh liability. *HR Focus*, 11.
29. Johnson, R. (1998, Autumn). Dispelling the fables of ERISA. *ACA Journal*, 19–27.
30. *Money*. (1993, May). The best benefits, 130–131.
31. Murray, K. A. (1993, July). For some companies, portable pensions aren't practical. *Personnel Journal*, 38–39.
32. Milkovich, G. T., and Newman, J. M. (2002). *Compensation* (7th ed.). Homewood, IL: Irwin, McGraw-Hill.
33. Rotello, P., and Cornwell, R. (1994, February). Is it time to rethink your retirement program? *HR Focus*, 4–5.
34. Dimeo, J. (1992, October). Women receive the short end when it comes to their retirement pension incomes. *Pension World*, 28, 30.
35. Tully, S. (1995, June 12). America's healthiest companies. *Fortune*, 98–106.
36. Reinberg, J. (2002, February). It's about time: PTOs gain popularity. *Workspan*, 53–55.
37. Matthes, K. (1992, May). In pursuit of leisure: Employees want more time off. *HR Focus*, 1.
38. *Inc.* (1996, July). Severance policies, 92.
39. DeCenzo, D., and Robbins, S. (2002). *Human resource management* (7th ed.). New York: John Wiley & Sons.
40 Fuchsberg, G. (1992, April 22). What is pay, anyway? *Wall Street Journal*, R3.
41. Huang, A. (1999, July). Concierge services free employees from distractions. *HR Focus*, 6.
42. BNA. (1994, January 31). Self-defense classes for employees becoming popular. *Workforce Strategies* (published with *BNA's Employee Relations Weekly*), 5, 3.
43. Symonds, W. (2002, June 10). Providing the killer perk: Companies say on-site day care pays off in higher productivity and reduced turnover. *BusinessWeek*, 101.
44. Dex, S., and Schneibel, F. (1999, Summer). Business performance and family-friendly policies. *Journal of General Management*, 22–37.
45. Henderson, R. (1989). *Compensation management* (5th ed.). Upper Saddle River, NJ: Prentice Hall.
46. Barringer, M. W., and Milkovich, G. T. (1998). A theoretical exploration of the adoption and design of flexible benefit plans: A case of human resource innovation. *Academy of Management Review, 23*, 305–324.
47. DeCenzo, D. A., and Holoviak, S. J. (1990). *Employee benefits*. Upper Saddle River, NJ: Prentice Hall.
48. McCaffery, R. M. (1992). *Employee benefit programs: A total compensation perspective* (2nd ed.). Boston: PWS-Kent.
49. Wilson, M., Northcraft, G. R., and Neale, M. A. (1985). The perceived value of fringe benefits. *Personnel Psychology, 38*, 309–320.
50. Cohen, A., and Cohen, S. (1998, November/December). Benefits Websites: Controlling costs while enhancing communication. *Journal of Compensation and Benefits*, 11–18.
51. Shalowitz, D. (1992, October 12). Cracking the case of the confusing retirement plan. *Business Insurance*, 22.

第十三章

1. Roberts, K. (2002, May). Honest communications. *Executive Excellence*, 20.
2. Noer, D. M. (1993). *Healing the wounds: Overcoming the trauma of layoffs and revitalizing downsized organizations*, 103–104. San Francisco: Jossey-Bass.
3. Johnson, P. R., and Gardner, S. (1989). Legal pitfalls of employee handbooks. *SAM Advanced Management Journal, 54*(2), 42–46.
4. Hesser, R. G. (1991, July). Watch your language. *Small Business Reports*, 45–49.
5. Aronoff, C. E., and Ward, J. L. (1993, January).

Rules for nepotism. *Nation's Business*, 64–65.
6. Prasad, A. (2002, January). Digging deep for meaning: A critical hermeneutic analysis of CEO letters to shareholders in the oil industry. *The Journal of Business Communication*, 92–116.
7. *Information Management Forum*. (1993, January). Voice mail or voice pony express, insert into *Management Review*, 3.
8. Weeks, D. (1995, February). Voice mail: Blessing or curse? *World Traveler*, 51–54.
9. Leonard, A. (1999, September 20). We've got mail—always. *Newsweek*, 58–61.
10. Pearl, J. A. (1993, July). The e-mail quandary. *Management Review*, 48–51.
11. Ibid.
12. *Information Management Journal*. (2002, January/February). Company e-mail: To monitor or not to monitor, 8.
13. *Information Management Forum*. (1993, July). Who's reading your e-mail? An insert into *Management Review*, 1, 4; and Casarez, N. B. (1993, Summer), Electronic mail and employee relations: Why privacy must be considered. *Public Relations Quarterly*, 37–39.
14. Baig, E., Stepnek, M., and Gross, N. (1999, April 5). Privacy: The Internet wants your personal information. *BusinessWeek*, 84–90; and McGrath, P. (1999, March 29). Knowing you too well. *Newsweek*, 48–50.
15. *The Economist*. (1996, April 20). Textbooks on CD-ROM, 11.
16. *HR Focus*. (2002, May). Time to take another look at telecommuting, 6–7.
17. Kugelmass, J. (1995). *Telecommuting*. New York: Lexington Books.
18. Mintzberg, H. (1975, July–August). The manager's job: Folklore or fact. *Harvard Business Review, 53*, 69–71.
19. Michaels, E. A. (1989, February). Business meetings. *Small Business Reports*, 82–88.
20. Interview of Deborah Tannen by L. A. Lusardi (1990, July). Power talk. *Working Woman*, 92–94.
21. Elashmawi, F. (1991, November). Multicultural business meetings and presentations. *Tokyo Business Today, 59*(11), 66–68.
22. McCune, J. C. (1998, July/August). That elusive thing called trust. *Management Review*, 10–16.
23. *Business 2.0*. (2002, May). eePulse Inc. helps hospital save thousands and improve productivity. www.business2.com.
24. Gómez-Mejía, L. R., and Balkin, D. B. (1992). *Compensation, organizational strategy, and firm performance*. Cincinnati, OH: South-Western.
25. Aram, J. D., and Salipante, P. F., Jr. (1981). An evaluation of organizational due process in the resolution of employee/employer conflict. *Academy of Management Review, 16*, 197–204.
26. Kirrane, D. (1990). EAPs: Dawning of a new age. *HRMagazine, 35*(1), 30–34.
27. Filipowicz, C. A. (1979). The troubled employee: Whose responsibility? *Personnel Administrator, 24* (6), 5–10.
28. Bahls, J. (1999, March). Handle with care. *HRMagazine*, 60–66.
29. Lee, K. (2000). Bringing home benefits. *Employee Benefit News, 13*(4), 1–3.
30. Carson, K. D., and Balkin, D. B. (1992). An employee assistance model of health care management for employees with alcohol-related problems. *Journal of Employment Counseling, 29*, 146–156.
31. Cascio, W. F. (1991). *Costing human resources: The financial impact of behavior in organizations*, Vol. 6 (3rd ed.). Boston: PWS-Kent.
32. Luthans, F., and Waldersee, R. (1989). What do we really know about EAPs? *Human Resource Management, 28*, 385–401.
33. *Risk Management*. (1999, May). Working assistance, 8.
34. Deal, T. E., and Key, M. K. (1998). *Corporate celebration*. San Francisco: Barrett-Koehler.
35. Meyers, D. W. (1986). *Human resources management*. Chicago: Commerce Clearing House.
36. Nelson, B. (1994). *1001 ways to reward employees*. New York: Workman Publishing.
37. Arthur, J., and Aiman-Smith, L. (2001). Gainsharing and organizational learning: An analysis of employee suggestions over time. *Academy of Management Journal, 44*, 737–754.
38. Trunko, M. E. (1993). Open to suggestions. *HRMagazine, 38*(2), 85–89.
39. Knouse, S. (1995). *The reward and recognition process* . Milwaukee, WI: ASQC Quality Press.
40. Orsburn, J. D., Moran, L., Musselwhite, E., and Zenger, J. H. (1990). *Self-directed work teams*. Homewood, IL: Business One Irwin.
41. Flynn, G. (1998, July). Is your recognition program understood? *Workforce*, 30–35.
42. Wiscombe, J. (2002, April). Rewards get results. *Workforce*, 42–48.

第十四章

1. Cheeseman, H. (1997). *Contemporary business law* (2nd ed.). Upper Saddle River, NJ: Prentice Hall.
2. Egler, T. (1996, May). A manager's guide to employment contracts. *HRMagazine*, 28–33.
3. Flynn, G. (1999, February). Employment contracts gain ground in corporate America. *Workforce*, 99–101.
4. Gullett, C. R., and Greenwade, G. D. (1988).

Employment at will: The no fault alternative. *Labor Law Journal, 39*(6), 372–378.
5. Brett, J. M. (1980, Spring). Why employees want unions. *Organizational Dynamics, 8*, 316–332.
6. Driscoll, D. (1998, March). Business ethics and compliance: What management is doing and why. *Business and Society Review*, 33–51.
7. Sashkin, M., and Kiser, K. J. (1993). *Putting total quality management to work*. San Francisco: Berrett-Koehler.
8. Sovereign, K. (1994). *Personnel law* (3rd ed.). Upper Saddle River, NJ: Prentice Hall.
9. Hays, S. (1999, September). Censured! "Free" speech at work. *Workforce*, 34–37.
10. Labich, K. (1999, September 6). No more crude at Texaco. *Fortune*, 205–212.
11. Holley, W. H., and Jennings, K. M. (1991). *The labor relations process* (4th ed.). Chicago, IL: Dryden.
12. Buckley, M. R., and Weitzel, W. (1988). Employing at will. *Personnel Administrator, 33*(8), 78–80.
13. Flynn, G. (2000, July). How do you treat the at-will employment relationship? *Workforce*, 178–179.
14. Rosse, J., Miller, J., and Ringer, R. (1996, Summer). The deterrent value of drug and integrity testing. *Journal of Business and Psychology, 10*, 477–485.
15. Flynn, G. (1999, January). How to prescribe drug testing. *Workforce*, 107–109.
16. Gunsch, D. (1993, May). Training prepares workers for drug testing. *Personnel Journal*, 52–59.
17. Griffin, S., Keller, A., and Cohn, A. (2001, Winter). Developing a drug testing policy at a public university: Participant perspectives. *Public Personnel Management*, 467–481.
18. Nadell, B. (2001, August). Is your corporate culture on drugs? *Occupational Health & Safety*, 28–31.
19. Hamilton, J. O. (1991, June 3). A video game that tells if employees are fit for work. *BusinessWeek*, 36; and Maltby, L. (1990, July). Put performance to the test. *Personnel*, 30–31.
20. Eisenberg, B., and Johnson, L. (2001, December). Being honest about being dishonest. Society for Human Resources Management. www.shrm.org/whitepapers/.
21. Willis, R. (1986, January). White collar crime. *Management Review, 75*, 22–30.
22. Bates, R., and Holton, E. (1995). Computerized performance monitoring: A review of human resource issues. *Human Resource Management Review, 5*, 267–288.
23. *BusinessWeek*. (1990, January 15). Is your boss spying on you? 74–75.
24. Zimmerman, E. (2002, February). HR must know when employee surveillance crosses the line. *Workforce*, 38–45.
25. Near, J., and Miceli, M. (1985). Organizational dissidence: The case of whistleblowing. *Journal of Business Ethics, 4*, 1–16.
26. Wiscombe, J. (2002, July). Don't fear whistleblowers. *Workforce*, 26–32; and Zellner, W. (2002, January 28). A hero—and a smoking gun letter. *BusinessWeek*, 34–35.
27. Boyle, R. D. (1990). A review of whistle-blower protection and suggestions for change. *Labor Law Journal, 41*(12), 821–828.
28. Miceli, M., and Near, J. (1994). Whistle-blowing: Reaping the benefits. *Academy of Management Executive, 8*(3), 65–72.
29. Stanton, M. (1998, October). Courting disaster: The perils of office romance. *Government Executive*, 35–39.
30. Overman, S. (1998, November). Relationships: When labor leads to love. *HR Focus*, 1, 14.
31. Trevino, L. (1992). The social effects of punishment in organizations: A justice perspective. *Academy of Management Review, 17*, 647–676.
32. Weinstein, S. (1992, September). Teams without managers. *Progressive Grocer*, 101–104.
33. Redeker, J. R. (1989). *Employee discipline*. Washington, DC: Bureau of National Affairs.
34. Ramsey, R. D. (1998, February). Guidelines for the progressive discipline of employees. *Supervision*, 10–12.
35. Grote, D. (2001, September/October). Discipline without punishment. *Across the Board*, 52–57.
36. Osigweh, C., Yg, A. B., and Hutchison, W. R. (1989, Fall). Positive discipline. *Human Resource Management, 28*(3), 367–383.
37. Falcone, P. (1998, November). Adopt a formal approach to progressive discipline. *HRMagazine*, 55–59.
38. Sherman, C. V. (1987). *From losers to winners*. New York: American Management Association.
39. Bureau of National Affairs. (1987). *Grievance guide* (7th ed.). Washington, DC: Bureau of National Affairs.
40. Flynn, G. (2000, September). Does a new right make a wrong? *Workforce*, 122–123.
41. Hindera, J. L., and Josephson, J. L. (1998). Reinventing the public employer–employee relationship. The just cause standard. *Public Administration Quarterly, 22*, 98–113.
42. Redeker, J. R. (1989). *Employee discipline*. Washington, DC: Bureau of National Affairs.
43. Shellenbarger, S. (1994, January 13). More companies experiment with workers' schedules. *Wall Street Journal*, B1-3.
44. Segal, J. (1997, July). Looking for trouble? When it comes to the Americans with Disabilities Act, what you know about your employees can hurt you. *HRMagazine*, 76–83.
45. Sculnick, M. W. (1990, Spring). Key court cases. *Employee Relations Today, 17*(1), 53–59.

46. Sherman, C. V. (1987). *From losers to winners*. New York: American Management Association.
47. Denton, D. K. (1992, Summer). Keeping employees: The Federal Express approach. *SAM Advanced Management Journal, 57*(3), 10–13.
48. Leblanc, P. V., and McInerney, M. (1994, January). Need a change? Jump on the banding wagon. *Personnel Journal*, 72–78.

第十五章

1. Brett, J. M. (1980). Why employees want unions. *Organizational Dynamics, 9*, 316–332.
2. U.S. Bureau of Labor Statistics. (2002, July 25). Work stoppage data. data.bls.gov/cgi-bin/surveymost.
3. Kaufman, B. E., and Lewis, D. (1998, September). Is the NLRA still relevant to today's economy and workplace? *Labor Law Journal*, 113–126.
4. Delaney, J. T. (1998). Redefining the right-to-work debate: Unions and the dilemma of free choice. *Journal of Labor Research, 19*, 425–443.
5. Moorman, R. (2000, March). Throwing down the gauntlet. *Air Transport World*, 49–51.
6. Flynn, G. (1996, February). TEAM Act: What it is and what it can do for you. *Personnel Journal*, 85–87.
7. *HR News*. (1994, February). Washington scorecard. *13*(2), 5.
8. Budd, J. (1996). Canadian strike replacement legislation and collective bargaining: Lessons for the United States. *Industrial Relations, 35*, 245–260.
9. Holley, W. H., and Jennings, K. M. (1991). *The labor relations process*. Chicago: Dryden.
10. Hunter, L. W. (1998). Can strategic participation be institutionalized? Union representation on American corporate boards. *Industrial and Labor Relations Review, 51*, 557–578.
11. Fossum, J. (1995). *Labor relations* (6th ed.). Chicago: Irwin.
12. Greenhouse, S. (2000, January 20). Growth in union membership in 1999 was the best in two decades. *New York Times*, A10.
13. Overman, S. (1991, December). The union pitch has changed. *HRMagazine*, 44–46.
14. Freeman, R. B. (1989). The changing status of unionism around the world. In W. C. Huang (Ed.), *Organized labor at the crossroads*. Kalamazoo, MI: W. E. Upjohn Institute for Employee Research.
15. International Labor Organization (1997); and Chang, C., and Sorrentino, C. (1991, December). Union membership statistics in 12 countries. *Monthly Labor Review*, 46–53.
16. Ofori-Dankwa, J. (1993). Murray and Reshef revisited: Toward a typology/theory of paradigms of national trade union movements. *Academy of Management Review, 18*, 269–292.
17. Husain, I. (1995, January). Fresh start: Laid off workers need somewhere to turn. *Entrepreneur*, 306.
18. *The Economist*. (2002, May 25). Europe: A general strike looms; Spanish labor law, 50.
19. Ofori-Dankwa, J. (1993). Murray and Reshef revisited: Toward a typology/theory of paradigms of national trade union movements. *Academy of Management Review, 18*, 269–292.
20. Delaney, J. T. (1991). Unions and human resource policies. In K. Rowland and G. Ferris (Eds.), *Research in personnel and human resources management*. Greenwich, CT: JAI Press.
21. McHugh, P. P., and Yim, S. G. (1999, Fall). Developments in labor–management cooperation: The codification of cooperative mechanisms. *Labor Law Journal*, 230–236.
22. Gray, G. R., Meyers, D. W., and Meyers, P. S. (1999, January). Cooperative provisions in labor agreements: A new paradigm? *Monthly Labor Review*, 29–45.
23. Kochan, T. A., and Katz, H. C. (1988). *Collective bargaining and industrial relations*. Homewood, IL: Irwin.
24. *The Economist*. (1999, October 2). Wal-Mart wins again, 33.
25. Bernstein, A. (1999, July 19). All's not fair in labor wars. *BusinessWeek*, 43.
26. Bryant, A. (1994, April 6). Lorenzo plan for airline rejected. *New York Times*, D53.
27. Olafson, C. (1999, May). Cyber unions. *The Futurist*, 70.
28. Romero, C. L. (1999, November 11). Union makes pitch to local IBMers. *Boulder Daily Camera*, 3A.
29. Kleiner, M. (2001, Summer). Intensity of management resistance: Understanding the decline of unionization in the private sector. *Journal of Labor Research*, 519–540.
30. Rose, J., and Chaison, G. (1996). Linking union density and union effectiveness: The North American experience. *Industrial Relations, 35*, 78–105.
31. Walton, B., and McKersie, R. (1965). *A behavioral theory of labor negotiations*. New York: McGraw-Hill.
32. Cimini, M. H., Behrmann, S. L., and Johnson, E. M. (1994, January). Labor–management bargaining in 1993. *Monthly Labor Review*, 20–35.
33. McGinn, D. (1998, August 10). GM still has miles to go: The settlement doesn't fix its deep problems. *Newsweek*, 46.
34. Voos, P. (2001, Winter). As IR perspective on collective bargaining. *Human Resource Management Review*, 487–503.
35. Ibid.; and Kelly, K. (1993, August 2). Labor deals that offer a break from "us vs. them." *BusinessWeek*, 30.

36. Bernstein, A. (1995, March 18). United we own. *BusinessWeek*, 96–102.
37. Arndt, M. (2001, November 12). To-do list for United's Mr. Fix-It. *BusinessWeek*, 62.
38. Cook, M. (Ed.). (1993). *The human resources yearbook: 1993/1994 edition*, 162. Upper Saddle River, NJ: Prentice Hall.
39. BLS Reports. (1994, February 14). Record low number of strikes continues into 1993. *BNA's Employee Relations Weekly, 12*(7), 167.
40. Greenhouse, S. (2000, March 21). Unions predict gain from Boeing strike. *New York Times*, A11; and *The Economist*. (2000, March 18). The slow death of Boeing man, 29–30.
41. Freeman, R. B., and Medoff, J. L. (1984). *What do unions do?* New York: Basic Books.
42. Lewin, D. (2001, Winter). IR and HR perspectives on workplace conflict: What can they learn from each other? *Human Resource Management Review*, 453–485.
43. Holley, W., and Jennings, K. (1994). *The labor relations process* (5th ed.). Fort Worth, TX: The Dryden Press; and Fossum, J. (1995). *Labor relations* (6th ed.). Chicago: Irwin.
44. Freeman, R. B., and Medoff, J. L. (1979). The two faces of unionism. *The Public Interest, 57*, 69–93.
45. Abraham, K. G., and Medoff, J. L. (1985). Length of service and promotions in union and nonunion work groups. *Industrial and Labor Relations Review, 38*, 408–420.
46. Foulkes, F. (1980). *Personnel policies in large nonunion companies*. Upper Saddle River, NJ: Prentice Hall.
47. Bernardin, J., and Beatty, R. (1984). *Performance appraisal: Assessing human behavior at work*. Boston: Kent.
48. Abraham, K. G., and Farber, H. S. (1988). Returns to seniority in union and nonunion jobs: A new look at evidence. *Industrial and Labor Relations Review, 42*, 3–19; and Freeman, R. B., and Medoff, J. L. (1984). *What do unions do?* New York: Basic Books.
49. Bartel, A. P. (1989). *Formal employee training programs and their impact on labor productivity: Evidence from a human resources survey*. National Bureau of Economic Research Working Paper No. 3026.
50. Stevens, C. (1995). The social cost of rent seeking by labor unions in the United States. *Industrial Relations, 34*, 190–202; Jarrel, S., and Stanley, T. (1990). A meta-analysis of the union-nonunion wage gap. *Industrial and Labor Relations Review, 44*, 54–67; and Freeman, R. B. (1982). Union wage practices and wage dispersion within establishments. *Industrial and Labor Relations Review, 36*, 3–21.
51. Freeman, R. B. (1982). Union wage practices and wage dispersion within establishments. *Industrial and Labor Relations Review, 36*, 3–21.
52. Wasilewski, E. (1996, January). Bargaining outlook for 1996. *Monthly Labor Review*, 10–24.
53. Driscoll, J. W. (1979). Working creatively with a union: Lessons from the Scanlon plan. *Organizational Dynamics, 8*, 61–80.
54. Freeman, R. B. (1981). The effect of unionism on fringe benefits. *Industrial and Labor Relations Review, 34*, 489–509.
55. Fosu, A. G. (1984). Unions and fringe benefits: Additional evidence. *Journal of Labor Research, 5*, 247, 254.
56. Gómez-Mejía, L. R., and Balkin, D. B. (1992). *Compensation, organizational strategy and firm performance*. Cincinnati: South-Western.
57. Budd, J. W., and McCall, B. P. (1997). The effect of unions on the receipt of unemployment insurance benefits. *Industrial and Labor Relations Review, 50*, 478–492.
58. Hirsch, B. T., MacPherson, D. A., and Dumond, M. (1997). Workers' compensation recipiency in union and nonunion workplaces. *Industrial and Labor Relations Review, 50*, 213–236.
59. Foulkes, F. (1980). *Personnel policies in large nonunion companies*. Upper Saddle River, NJ: Prentice Hall.
60. Flynn, G. (2000, September). Does a new right make a wrong? *Workforce*, 122–123.
61. Morgan, J., Owens, J., and Gomes, G. (2002, Winter). Union rules in nonunion settings: The NLRB and workplace investigations. *SAM Advanced Management Journal*, 22–32; and Hodges, A., Coke, C., and Trumble, R. (2002, Summer). *Weingarten* in the nonunion workplace: Looking in the funhouse mirror. *Labor Law Journal*, 89–97.

第十六章

1. Bureau of Labor Statistics. (2002, June 15). Injuries, illnesses, and fatalities. stats.bls.gov/iif/home.htm #News.
2. Bureau of Labor Statistics. (2002, June 15). News release: Workplace injuries and illnesses in 2000. stats.bls.gov/iif/oshwc/ osh/os/osshr0013.txt.
3. Roberts, S. (2002). Employer priorities don't match costly worker injuries. *Business Insurance, 36*, 3.
4. Ledvinka, J., and Scarpello, V. G. (1991). *Federal regulation of personnel and human resource management* (2nd ed.), 209. Boston: PWS-Kent.
5. Sherman, A. W., and Bohlander, G. W. (1996). *Managing human resources* (10th ed.). Cincinnati, OH: South-Western.
6. Ibid., 59–60.
7. Bauer, T. F. (2002). Safety: A profit opportunity? Companies that consider safety more than a

nuisance might profit from it. *C & D Recycler, 4*, 26(3).
8. Goch, L. (1999). Working toward a speedy recovery. *Best's Review Property/Casualty, 100*, 73–74.
9. Hays, D. (2002). Second terrorism hit could "ruin" WC. *National Underwriter Property & Casualty, 106*, 6(1).
10. Colburn, L. E. (1995). Defending against workers' compensation fraud. *Industrial Management, 37*, 1–2.
11. Wilkerson, M. (1999). Healthy savings. *Strategic Finance, 80*, 42–46.
12. Gunsauley, C. (2002, June 1). Workers' comp costs to $40 billion annually. *Employee Benefit News*.
13. Roberts, S. (2002). Employer priorities don't match costly worker injuries. *Business Insurance, 36*, 3.
14. French, W. L. (1994). *Human resources management* (3rd ed.), 529. Boston: Houghton Mifflin.
15. Ashford, N. A. (1976). *Crisis in the workplace: Occupational disease and injury*, 3, Cambridge, MA: MIT Press.
16. Anthony, W. P., Perrewe, P. L., and Kacmar, K. M. (1993). *Strategic human resource management*, 514. Fort Worth, TX: Dryden; and Cascio, W. F. (1989). *Managing human resources: Productivity, quality of work life, profits* (2nd ed.), 554–556. New York: McGraw-Hill.
17. *Professional Safety*. (2001). OSHA launches outreach on new recordkeeping rule, 46, 6.
18. May, B. D. (1986, August). Hazardous substances: OSHA mandates the right to know. *Personnel Journal, 65*, 128.
19. See *Whirlpool Corporation v. Marshall*, 445 U.S. 1, 10–12 (1980).
20. Ellis, T. (1999). The governments' new response. *Occupational Health and Safety, 68*, 77–79.
21. Ledvinka, J., and Scarpello, V. G. (1991). *Federal regulation of personnel and human resource management* (2nd ed.), 221–224. Boston: PWS-Kent.
22. Ibid., 19–22.
23. Garland, S. B. (1989, February 20). This safety ruling could be hazardous to employer's health. *BusinessWeek*, 34.
24. U.S. Department of Labor. (1989). *Fact sheet no. OSHA 89–04*. Washington, DC: U.S. Government Printing Office.
25. Ibid., 8; and Ledvinka, J., and Scarpello, V. G. (1991). *Federal regulation of personnel and human resource management* (2nd ed.), 220. Boston: PWS-Kent.
26. U.S. Department of Labor, Occupational Safety and Health Administration. (1985). *All about OSHA* (rev. ed.), 33–34. Washington, DC: U.S. Government Printing Office.
27. Bureau of National Affairs. (1993, April 5). AIDS ranks as chief health concern of half of U.S. workers, survey says. *BNA Employee Relations Weekly, 11*, 4.
28. Hunter, S. (1998). Your infection control program. *Occupational Health and Safety, 67*, 76–80.
29. Oswald, E. M. (1996). No employer is immune: AIDS in the workplace. *Risk Management, 43*, 18–21.
30. Bee, L., and Maatman, G. L. (2002). Workers with AIDS have legal rights. *National Underwriter Property & Casualty, 106*, 32(3).
31. Ibid.
32. Jackson, M. (1999, August 2). No ignoring workplace violence. *Arizona Republic*, A1.
33. Security Director's Report. (2001b). Domestic violence costs much more than you think. November Newsletter of the Institute of Management and Administration.
34. *Arizona Republic*. (1999, September 6). Poll: 1 in 6 workers want to hit someone, A11.
35. Laabs, J. (1999). Employee sabotage: Don't be a target. *Workforce, 78*, 32–38.
36. Boddenhausen, K. G. (1994, March 3). It's . . . becoming a fact of life. *Springfield News-Leader*, B3.
37. Rudolph, B. (1987, May 18). Thou shalt not smoke. *Time, 129*, 58–59.
38. Prewitt, E. (1986, September 15). The drive to kick smoking at work. *Fortune, 114*, 42–43.
39. Joyce, A. (1998, November 15). Smoke-free workplaces spreading like wildfire: Sharp rise in number of employers that ban cigarettes is good news for advocates, and a burden for those who enjoy a puff. *Washington Post*, H4.
40. Litvan, L. M. (1994). A smoke-free workplace? *Nation's Business, 82*, 65.
41. Worsnop, R. L. (1995). Repetitive stress injuries. *CQ Researcher, 5*, 539–556.
42. Hartelt, C. (1999). Ouch! *Credit Union Management, 22*, 18–21.
43. Whalen, J. (2001). Silence is golden. *Warehousing Management, 8*, 29.
44. Safety Director's Report. (2002). Hearing protection strategies for any safety department budget. May Newsletter of the Institute of Management and Administration.
45. Whalen, J. (2001). Silence is golden. *Warehousing Management, 8*, 29.
46. Wermiel, S. (1991, March 21). Justices bar "fetal protection" policies. *Wall Street Journal*, B1, B5.
47. Trost, C. (1990, October 8). Business and women anxiously watch suit on "fetal protection." *Wall Street Journal*, 1.
48. Altman, L. E. (1988, June 5). Pregnant women's use of VDT's is scrutinized. *New York Times*, 22; and Meier, B. (1987, February 5). Companies wrestle with threats to reproductive health. *Wall Street Journal*, 23.
49. Jacob, S. L. (1988, November 22). Small business slowly wakes to OSHA hazard rule. *Wall Street Journal*, B2; and Myers, D. W. (1992). *Human*

resource management (2nd ed.), 717. Chicago: Commerce Clearing House.
50. Pirtle, L. (1999). Chemical safety goes online. *Occupational Hazards, 61*, 59–60.
51. *Employee Benefit Plan Review*. (1999). Genetic testing: "Minefield" of potential legal liability for employers, *53*, 41–42.
52. Bureau of National Affairs (1991, November 18). Value of genetic testing said minimal for gauging workplace risks. *BNA's Employee Relations Weekly*, 1235; Draper, E. (1991). *Risky business: Genetic testing and exclusionary practices in the hazardous workplace*. Cambridge, England: Cambridge University Press; Olian, J. D. (1984). Genetic screening for employment purposes. *Personnel Psychology, 37*, 423–438; and Schuler, R. S., and Huber, V. L. (1993). *Personnel and human resource management* (5th ed.), 251. Minneapolis: West.
53. *Medicine & Health*. (2002). Government, railroad settle genetic testing case, *56*, 5.
54. *Occupational Hazards*. (2001). Railroad halts genetic testing, *63*, 34.
55. Cullen, L. (1999). Safety committees: A smart business decision. *Occupational Hazards, 61*, 99–104.
56. Ibid.
57. Johnson, A. T. (1995). Employee assistance programs and employee downsizing. *Employee Assistance Quarterly, 10*, 13–27.
58. Fisher, C. C., Schoenfeldt, L. F., and Shaw, J. B. (1996). *Human resource management* (3rd ed.). Boston: Houghton Mifflin; and Schuler, R. S., and Huber, V. L. (1993). *Personnel and human resource management* (5th ed.), 667–669. Minneapolis: West.
59. Thompson, R. (1990). Fighting the high cost of workers' comp. *Nation's Business, 78*(3), 28.
60. Moulson, G. (1999, September 6). The longest workday: It's in the U.S. *Arizona Republic*, A1.
61. Cordes, C. L., and Dougherty, T. W. (1993). A review and integration of research on job burnout. *Academy of Management Review, 18*, 621–656.
62. Kahill, S. (1988). Symptoms of professional burnout: A review of the empirical evidence. *Canadian Psychology, 29*, 284–297.
63. Cordes, C. L., and Dougherty, T. W. (1993). A review and integration of research on job burnout. *Academy of Management Review, 18*, 621–656.
64. Jackson, S. E., and Maslach, C. (1982). After effects of job-related stress: Families as victims. *Journal of Occupational Behavior, 3*, 63–77.
65. Nighswonger, T. (2002). Depression: The unseen safety risk. *Occupational Hazards, 64*, 38(3).
66. Kirrane, D. (1990, January). EAPs: Dawning of a new age. *HRMagazine*, 34.
67. Bahls, J. E. (1999). Handle with care. *HRMagazine, 44*, 60–66.
68. Helmer, D. C., Dunn, L. M., Eaton, K., Macedonio, C., and Lubritz, L. (1995). Implementing corporate wellness programs. *AAOHN Journal, 43*, 558–563.
69. Brotherton, P. (1998). Paybacks are healthy. *HRMagazine, 43*, F2–F6.
70. Ibid.
71. Bourne, R. W. (1999). Square deal. *Executive Excellence, 16*, 11–12.

第十七章

1. Wild, J. J., Wild, K. L., and Han, J. C. Y. (2003). *International business*. Upper Saddle River, NJ: Prentice Hall.
2. Collins, S. M. (1998). *Export, imports, and the American worker*. Washington, DC: Brooking Institute.
3. World Trade Organization, International Trade Trends and Statistics, 2003; and Dickson, M. (1998, October 16). All those expectations aside, many firms are finding the Internet invaluable in pursuing international trade. *Los Angeles Times*, 10; Millman, J. (2002a, January 23). Mexico attracts U.S. aerospace industry. *Wall Street Journal*, A-1; and Millman, J. (2002b, February 13). Visions of sugar plums south of the border. *Wall Street Journal*, A-15.
4. Mandel, M. J. (2002, March 6). How companies can marry well. *BusinessWeek*, 28; Cooper, J. C., and Madigan, K. C. (1999, October 4). So much for that safety valve. *BusinessWeek*, 31–32; and Smith, G., and Malkin, E. (1998, December 21). Mexican makeover. *BusinessWeek*, 50–52.
5. Millman, J. (2002a, January 23). Mexico attracts U.S. aerospace industry. *Wall Street Journal*, A-1; Millman, J. (2002b, February 13). Visions of sugar plums south of the border. *Wall Street Journal*, A-15; Khanna, T., Gulati, R., and Nohria, N. (1998). The dynamics of learning alliances: Competition, cooperation, and relative scope. *Strategic Management Journal, 19*, 193–210; and Vitzhum, C. (1999, July 20). Global strategy powers Endesa's power moves. *Wall Street Journal Europe*, 4–6.
6. Prasso, S. (2002, April 22). To get an MNA is glorious. *BusinessWeek*, 14; Oster, P. (1993, November 1). The fast track leads overseas. *BusinessWeek*, 64–68; and Murray, S. (1999, June 22). Europe's MBA programs attract Americans—Demand for global view gets students across Atlantic. *Wall Street Journal Europe*, 4–5.
7. *ACA News*. (1996, June). International, 32.
8. Beck, E. (1995, May 1). Foreign companies in Hungary concerned about wage increase. *Wall Street Journal*, B13(1).
9. *Fortune*. (2002). American's most admired companies. www.fortune.com.
10. Prasso, S. (2002, April 22). To get an MNA is

glorious. *BusinessWeek*, 14.
11. *Newsline*. (2002, January 17). Skillsoft breaking into China market. Available at www.nashuatelegraph.com.
12. Carrico-Kahn, J., and Brahy, S. (2000). A meeting of minds: The importance of culture awareness in cross-border virtual teams. *Innovations in International HR, 26*(3), 1–11.
13. Siekman, P. (1999, January 11). Bosch wants to build more of your car. *Fortune*, 143–147.
14. De La Torre, J., Doz, Y., and Devinney T. (2000). *Managing the global corporation*. New York: Irwin/McGraw-Hill; Sheridan, W. R., and Hansen, P. T. (1996, Spring). Linking international business and expatriate compensation strategies. *ACA Journal*, 66–78; Greenburg, L. (2001). Long distance care giving: Providing for elderly parents while living abroad. *Expatriate Observer, 24*(2), 9–11; and Rogers, M. J. (2001). Effective tax rates: How much do you really pay? *Expatriate Observer, 24*(2), 1–3.
15. Cafaro, D. (2001, February). A passport to productivity in the new global economy. *Workspan, 44*(2), 1–8.
16. Boyacigiller, N. (1990). Role of expatriates in the management of interdependence, complexity, and risk of MNNs. *Journal of International Business Studies*, 3rd quarter, 357–378; and Hill, C. W. (2003). *International business*. Chicago: Irwin.
17. Dunn, E. (1991, January). Global outlook; Whirlpool Corporation. *Personnel Journal*, 52.
18. *Fortune*. (2002). American's most admired companies. www.fortune.com.
19. Chang, L. (1999, May 7). A dream project turned nightmare. *Wall Street Journal Europe*, 10; McGeary, J. (1999, September 27). Russia's ruble shakedown. *BusinessWeek*, 54–57; and Polak International Consultants. (2002). International HR practices lay behind workplace trends. www.polak.net.
20. Palich, L. E., and Gómez-Mejía, L. R. (1999). A theory of global strategy and firm efficiencies: Considering the effects of cultural diversity. *Journal of Management, 25*(4), 587–606.
21. Mendenhall, M., and Oddou, G. (1985). Dimensions of expatriate acculturation. *Academy of Management Review, 10*(1), 39–47; Tanski, A. (2001). Going home again: A checklist for easy repatriation. *Expatriate Observer, 24*(1), 1–3; and Kittell, A. J. (2001). Globally mobile children. *Expatriate Observer, 24*(1), 5–9.
22. *Newsline*. (2002, February 14). Expatriate activity expands but at a slower rate than expected. Available at www.windhamworld.com.
23. Allen, J. L. (1999). *Student atlas of economic growth*, 50. Guilford, CT: Dushkin/McGraw-Hill.
24. Runzheimer Report on Relocation. (2002). U.S. companies impact high level employees. Available at www.runzheimer.com.
25. *Fortune*. (1995, October 16). From the front, 225.
26. Wilson, M. L. (1999, July 16). She got the last laugh when colleagues bet she would fail in Japan. *Wall Street Journal*, B-1; and Frisbie, P. E. (2000). Expatriate policy and practices: Heading into the 21st century. *International HR, 26*(2), 1–11.
27. Gómez-Mejía, L. R., and Balkin, D. B. (1987). The determinants of managerial satisfaction with the expatriation and repatriation process. *Journal of Management Development, 6*, 7–18; Cigna Corporation. (2002). Employers missing ROI when expatriating employees. Available at www.cigna.com; and Osland, J. (2002). What do expatriates want from HR departments? *HR.com*. Available at www.hr.com.
28. Follett, L. N. (2000). Why ORC links certain locations. *Innovations in International HR, 26*(4), 1–11.
29. Rowland, M. (1993, December 5). Thriving in a foreign environment. *New York Times*, Sect. 3, 17; and Ossorio, S. (2002). Misconceptions about women in international area limit numbers. Available at www.catlystwomen.org.
30. *Newsline*. (2002, February 14). Expatriate activity expands but at a slower rate than expected. Available at www.windhamworld.com.
31. Swaak, R. (1995, November–December). Expatriate failures: Too many, too much cost, too little planning. *Compensation and Benefits Review*, 47–75.
32. *Fortune*, 1995.
33. Personal interview conducted by authors.
34. Swaak, R. (1995, November–December). Expatriate failures: Too many, too much cost, too little planning. *Compensation and Benefits Review*, 47–75.
35. Dallas, S. (1995, May 15). Working overseas: Rule no. 1: Don't diss the locals. *BusinessWeek*, 8.
36. Tung, R. (1988). *The new expatriates: Managing human resources abroad*. Cambridge, MA: Bellinger.
37. Swaak, R. (1995, November–December). Expatriate failures: Too many, too much cost, too little planning. *Compensation and Benefits Review*, 47–75.
38. Pascoe, R. (1992, March 2). Employers ignore expatriate wives at their own peril. *Wall Street Journal*, A10; and Osland, J. (2002). What do expatriates want from HR departments? *HR.com*. Available at www.hr.com.
39. Oster, P. (1993, November 1). The fast track leads overseas. *BusinessWeek*, 64–68; and *Newsline*. (2002, February 14). Expatriate activity expands but at a slower rate than expected. Available at www.windhamworld.com.
40. Oddou, G. R., and Mendenhall, M. E. (1991, January–February). Succession planning for the 21st century: How well are we grooming our future business leaders? *Business Horizons*, 26–35; and

Fulkerson, J. R. (2002). Growing global executives. In R. Silzer (Ed.), *The 21st Century Executive*, 300–335.

41. Cigna Corporation. (2002). Employers missing ROI when expatriating employees. Available at www.cigna.com.
42. Grant, L. (1997, April 14). That overseas job could derail your career. *Fortune*, 166; and Fulkerson, J. R. (2002). Growing global executives. In R. Silzer (Ed.), *The 21st Century Executive*, 300–335.
43. Oddou, G. R., and Mendenhall, M. E. (1991, January–February). Succession planning for the 21st century: How well are we grooming our future business leaders? *Business Horizons*, 26–35.
44. Gómez-Mejía, L. R., and Balkin, D. B. (1987). The determinants of managerial satisfaction with the expatriation and repatriation process. *Journal of Management Development, 6*, 7–18; and Tanski, A. (2001). Going home again: A checklist for easy repatriation. *Expatriate Observer, 24*(1), 1–3.
45. Handel, J. (2001). Out of sight, out of mind—opinions differ on assignment success. *Workspan, 44* (6), 1–8.
46. Oddou, G. R., and Mendenhall, M. E. (1991, January–February). Succession planning for the 21st century: How well are we grooming our future business leaders? *Business Horizons*, 29.
47. Gómez-Mejía, L. R., and Balkin, D. B. (1987). The determinants of managerial satisfaction with the expatriation and repatriation process. *Journal of Management Development, 6*, 7–18; and Wellins, R., and Rioux, S. (2001, February). Solving the global HR puzzle. *Workspan, 44*(2), 1–14.
48. Personal interview conducted by authors.
49. Gómez-Mejía, L. R., and Balkin, D. B. (1987). The determinants of managerial satisfaction with the expatriation and repatriation process. *Journal of Management Development, 6*, 7–18; and Wellins, R., and Rioux, S. (2001, February). Solving the global HR puzzle. *Workspan, 44*(2), 1–14.
50. Personal interview conducted by authors.
51. *Newsline*. (2002, February 14). Expatriate activity expands but at a slower rate than expected. Available at www.windhamworld.com.
52. Oster, P. (1993, November 1). The fast track leads overseas. *BusinessWeek*, 64–68.
53. Hixon, A. L. (1986, March). Why corporations make haphazard overseas staffing decisions. *Personnel Administrator*, 91–94.
54. Bird, A., and Makuda, M. (1989). Expatriates in their own home: A new twist in the human resource management strategies of Japanese MNCs. *Human Resource Management, 28*(4), 437–453.
55. Murray, S. (1999, June 22). Europe's MBA programs attract Americans—Demand for global view gets students across Atlantic. *Wall Street Journal Europe*, 4–5; Oster, P. (1993, November 1). The fast track leads overseas. *BusinessWeek*, 64–68; Byrne, J. (1999, October 4). The search of the young and gifted. *BusinessWeek*, 108–119; Kripalani, M., Engardio, P., and Nathans, L. (1998, December 7). Whiz kids. *BusinessWeek*, 116–120.
56. Shellenbarger, S. (1991, September 6). Spouses must pass test before global transfers. *Wall Street Journal*, B1.
57. Barrett, A. (1995, April 17). It is a small business world. *BusinessWeek*, 96–97.
58. Hill, C. W. (2003). *International business*. Chicago: Irwin; Wild, J. J., Wild, K. L., and Han, J. C. Y. (2003). *International business*. Upper Saddle River, NJ: Prentice Hall; and De La Torre, J., Doz, Y., and Devinney T. (2000). *Managing the global corporation*. New York: Irwin/McGraw-Hill.
59. Osland, J. (2002). What do expatriates want from HR departments? *HR.com*. Available at www.hr.com.
60. Lublin, J. S. (1992, August 4). Companies use cross-cultural training to help their employees adjust abroad. *Wall Street Journal*, B1, B3.
61. Hagerty, B. (1993a, June 14). Trainers help expatriate employees build bridges to different cultures. *Wall Street Journal*, B1, B3.
62. *Newsline*. (2002, February 14). Expatriate activity expands but at a slower rate than expected. Available at www.windhamworld. com.
63. Grant, L. (1997, April 14). That overseas job could derail your career. *Fortune*, 166; and Handel, J. (2001). Out of sight, out of mind—opinions differ on assignment success. *Workspan, 44*(6), 1–8.
64. Runzheimer Report on Relocation. (2000). Circle of chaos often develops during family relocation process. Available at www.runzheimer.com.
65. Cafaro, D. (2001, February). A passport to productivity in the new global economy. *Workspan, 44*(2), 1–8.
66. Ibid.
67. Fuchsberg, G. (1992, January 9). As costs of overseas assignments climb, firms select expatriates more carefully. *Wall Street Journal*, B1.
68. Lublin, J. S. (1993, March 12). Jobs in Eastern Europe demand more goodies. *Wall Street Journal*, B1.
69. Herod, R. (2001). The cardinal sins of expatriate policies. *International HR, 27*(4), 1–5.
70. Bennett, A. (1993, April 21). What's an expatriate? *Wall Street Journal*, R5.
71. Ibid.
72. Cook, M. (Ed.). (1993). *The human resources yearbook, 1993–1994 edition*, 3.14–3.16.
73. Survey Sources for U.S. and International Pay and Benefits Survey. (2002, February 14). Available at resource.worldatwork.org.
74. Osland, J. (2002). What do expatriates want from

HR departments? *HR.com*. Available at www.hr.com.

75. Polak International Consultants. (2002). International HR practices lay behind workplace trends. www.polak.net.
76. Sassalos, S. (2002, February 1). Basic pay laws outside the U.S. resourcepro.worldatwork.org.
77. Ossorio, S. (2002). Misconceptions about women in international area limit numbers. Available at www.catlystwomen.org.
78. *BusinessWeek*. (1990, May 14). The stateless corporation, 98–105.
79. Chang, L. (1999, May 7). A dream project turned nightmare. *Wall Street Journal Europe*, 10.
80. Burg, J. H., Siscovick, I., and Brock, D. (2000). Aligning performance and reward practices in multinational subsidiaries. *Worldatwork Journal, 9* (3), 10–20; and Bhagat, R. S., Kedia, B. L. Harveston, P. D., and Triandis, H. C. (2002). Cultural variations in the cross-border transfer of organizational knowledge. *Academy of Management Review, 27*(2), 204–222.
81. Player, M. A. (1991). *Federal law of employment discrimination*. St. Paul, MN: West Publishing; Twomey, D. P. (1994). *Equal employment opportunity* (3rd ed.). Cincinnati, OH: South-Western; and Ledvinka, J., and Scarpello, V. G. (1991). *Federal regulation of personnel and human resource management* (2nd ed.). Boston: PWS-Kent.
82. Player, M. A. (1991). *Federal law of employment discrimination*, 28. St. Paul, MN: West Publishing.
83. Gómez-Mejía, L. R., and Welbourne, T. (1991). Compensation strategies in a global context. *Human Resource Planning, 14*(1), 38; and Woodruff, D., and Widman, M. (1996, June 17). East Germany is still a mess—$580 billion later. *BusinessWeek*, 58.
84. Gómez-Mejía, L. R., and Welbourne, T. (1991). Compensation strategies in a global context. *Human Resource Planning, 14*(1), 38.
85. Bureau of National Affairs. (2001). Economic report calls for regulation of core labor standards. Available at www.bna.com.
86. Landsburg, S. (2002, February 11). Highway robbery. *Wall Street Journal*, B-2; and Tran, K. T. L., and Johnson, K. (1999, September 30). Nike barred by Spanish court from use of name on sports apparel sold there. *Wall Street Journal*, B-24.
87. Wellins, R., and Rioux, S. (2001, February). Solving the global HR puzzle. *Workspan, 44*(2), 1–14.
88. Ibid.
89. Barrett, A. (1995, April 17). It is a small business world. *BusinessWeek*, 96–97.
90. Cavusgil, T. S. (1984). Organizational characteristics associated with export activity. *Journal of Management Studies, 24*(1), 3–21; and Hill, C. W. (2003). *International business*. Chicago: Irwin.
91. Gómez-Mejía, L. R. (1988). The role of human resources strategy in export performance: A longitudinal study. *Strategic Management Journal, 9* (3), 493–505.
92. Echikson, W. (1999, October 11). Designers climb onto the virtual catwalk. *BusinessWeek*, 164–165.
93. Byrne, J. (1999, October 4). The search of the young and gifted. *BusinessWeek*, 108–119; and Millman, J. (2002b, February 13). Visions of sugar plums south of the border. *Wall Street Journal*, A-15.

英文索引

E

F

G

H

中文索引

一劃

二劃

三劃

四劃

五劃

六劃

七劃

八劃

九劃

十劃

十一劃

十二劃

十三劃

十四劃

十五劃

十五劃以上

譯者簡介

胡瑋珊　國立中興大學經濟系畢，曾任英商路透社財經新聞編譯、記者，目前專職從事翻譯工作。譯作《知識管理》獲頒九十年度經濟部頒發 「金書獎」；其他譯著包括《聚合行銷大趨勢》、《人性管理黃金定律》、《金融時報大師系列——創業精神與管理》、《管理學》等十餘本，領域擴及財經、商管、勵志、語言學習與科技新知。

國家圖書館出版品預行編目資料

人力資源管理/Luis R. Gómez-Mejía、David B. Balkin、Robert L. Cardy 著；謝昌隆審閱；胡瑋珊譯. -- 初版 .-- 臺北市：臺灣培生教育, 2005[民 94]
面； 公分.
譯自：Managing Human Resources, 4th ed
ISBN 986-154-080-6（平裝）

1. 人事管理 2. 人力資源 - 管理
494.3 93022325

人力資源管理

原　　著	Luis R. Gómez-Mejía、David B. Balkin、Robert L. Cardy
譯　　者	胡瑋珊
審　　閱	謝昌隆
校　　閱	劉韻僖
發 行 人	洪欽鎮
主　　編	鄭佳美
編　　輯	賴文惠
美編印務	謝惠婷
電腦排版	歐陽碧智
封面設計	陳健美
發 行 所 出 版 者	台灣培生教育出版股份有限公司 地址／台北市重慶南路一段 147 號 5 樓 電話／02-2370-8168　傳真／02-2370-8169 網址／www.pearsoned.com.tw E-mail／reader@pearsoned.com.tw
台灣總經銷	全華科技圖書股份有限公司 地址／台北市龍江路 76 巷 20 號 2 樓 電話／02-2507-1300　傳真／02-2506-2993　郵撥／0100836-1 網址／www.opentech.com.tw E-mail／book@ms1.chwa.com.tw
全華書號	18015
香港總經銷	培生教育出版中國有限公司 地址／香港鰂魚涌英皇道 979 號（太古坊康和大廈 2 樓） 電話／852-3180-0000　傳真／852-2564-0955
版　　次	2005 年 3 月初版一刷
I S B N	986-154-080-6